U0291453

■ 2018 年 1 月，国务院南水北调办党组书记、主任鄂竟平带队赴河南省郑州新郑市、中牟县调研南水北调工程丹江口水库移民安稳发展工作，看望慰问移民群众。　　　（南水北调网站　供稿）

■ 2018 年 1 月，国务院南水北调办党组书记、主任鄂竟平带队检查中线京石段工程冬季输水运行管理情况。　　　　　　　　　　　　　　（南水北调网站　供稿）

■ 2018 年 3 月，国务院南水北调办党组成员、副主任张野一行检查中线河北段保工程安全平稳运行各项加固措施落实情况。 （南水北调网站　供稿）

■ 2018 年 7 月，水利部党组成员、副部长蒋旭光带队检查南水北调中线干线河南分局叶县管理处防汛工作。 （南水北调网站　供稿）

■ 2018 年 5 月，江苏省委书记娄勤俭调研洪泽湖水质。　　　　　　　（江苏省南水北调办　供稿）

■ 2018 年 12 月，山东省副省长王书坚赴南水北调济平干渠工程开展鲁东段巡河调研。

（丁　益　摄）

■ 2018 年 5 月，河南省委书记王国生调研南水北调焦作城区段绿化带项目建设。 （李新梅 摄）

■ 2018 年 1 月，国务院南水北调办在北京召开 2018 年南水北调工作会议。

（南水北调网站 供稿）

■ 2018 年 1 月，国务院南水北调办召开直属机关党建工作述职评议考核大会。

（南水北调网站 供稿）

■ 2018 年 2 月，国务院南水北调办党组书记、主任鄂竟平主持会议，商讨定点扶贫县湖北省十堰市郧阳区脱贫工作。

（南水北调网站 供稿）

■ 2018年6月，原国务院南水北调办举办迎"七一"暨学习习近平总书记关于水利工作重要思想交流大会。 　　　　　　　　　　　　　　　　　　　　　　　　　　（南水北调网站　供稿）

■ 2018年4月，国务院南水北调工程建设委员会专家委员会在北京组织召开了中线工程闸门特性辨识及调度运行方式综合评价项目技术验收会。 　　　　　　　　（南水北调网站　供稿）

■ 2018 年 12 月，天津市召开南水北调通水四周年新闻发布会。　（天津市南水北调办　供稿）

■ 2018 年 10 月，水利部组织有关专家赴湖北省开展南水北调工程文物保护项目技术性验收。

（南水北调网站　供稿）

■ 2018 年 2 月，山东省南水北调工程建设指挥部全体成员会议在济南召开。

（山东省南水北调办　供稿）

■ 2018 年 4 月，原国务院南水北调办直属机关团委开展以"播种绿色，共筑雄安"为主题的学雷锋志愿者植树暨与中国雄安建设投资集团有限公司青年组织联学联做活动。（南水北调网站　供稿）

■ 2018 年 5 月，原国务院南水北调办在中线工程惠南庄管理处举办 2018 年南水北调系统公文写作培训班。 　　　　　　　　　　　　　　　　　　　　（南水北调网站　供稿）

■ 2018 年 5 月，中央网信办和原国务院南水北调办联合主办的"水到渠成共发展"网络主题活动在河南省南阳市南水北调中线工程陶岔渠首启动。 　　　（南水北调网站　供稿）

■ 2018年5月，山东省南水北调局、山东干线公司和济宁市政府联合在南水北调梁济运河段开展突发水污染事件应急处置演练。　　　　　　　　　　　　　　　　　（李新强　摄）

■ 2018年11月16日，焦作市南水北调纪念馆、南水北调第一楼举行开工仪式。　（张沛沛　摄）

■ 2018 年 12 月，观众在国家博物馆参观改革开放四十周年成就展南水北调工程沙盘。

（南水北调网站　供稿）

■ 2018 年 10 月，水利部组织有关专家赴湖北省开展南水北调工程文物保护项目技术性验收。

（湖北省文物局　供稿）

■ 2018 年 10 月，南水北调中线水源公司举办丹江口水库鱼类增殖放流站建成首次放流活动。

（中线水源公司　供稿）

■ 南水北调中线工程为沙河生态补水。　　　　　　　　　　　　　　（南水北调网站　供稿）

■ 南水北调中线工程为白洋淀生态补水。　　　　　　　　　　　　（南水北调网站　供稿）

■ 截至 2018 年年底，武当山遇真宫文物复建工程完成约 90%。　　　　（南水北调网站　供稿）

■ 丹江口库区风光。 　　　　　　　　　　　　　　　　　　（南水北调网站　供稿）

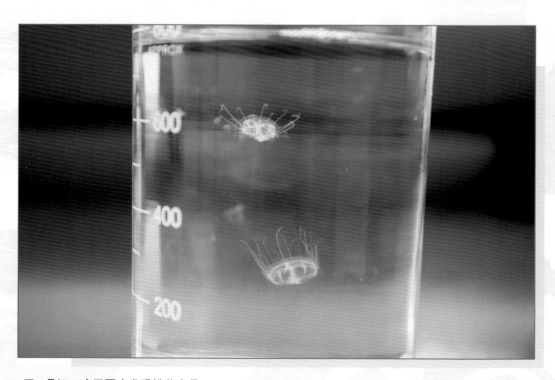

■ 丹江口库区再次发现桃花水母。 　　　　　　　　　　　　（南水北调网站　供稿）

中国南水北调工程
建设年鉴
2019

《中国南水北调工程建设年鉴》编纂委员会 编

中国水利水电出版社
www.waterpub.com.cn
·北京·

图书在版编目（CIP）数据

中国南水北调工程建设年鉴. 2019 / 《中国南水北调工程建设年鉴》编纂委员会编. -- 北京：中国水利水电出版社，2019.12
ISBN 978-7-5170-8322-1

Ⅰ. ①中… Ⅱ. ①中… Ⅲ. ①南水北调－水利工程－中国－2019－年鉴 Ⅳ. ①TV68-54

中国版本图书馆CIP数据核字(2019)第295434号

责任编辑：李康

书　　　名	中国南水北调工程建设年鉴2019 ZHONGGUO NANSHUIBEIDIAO GONGCHENG JIANSHE NIANJIAN 2019
作　　　者	《中国南水北调工程建设年鉴》编纂委员会　编
出 版 发 行	中国水利水电出版社 （北京市海淀区玉渊潭南路 1 号 D 座　100038） 网址：www. waterpub. com. cn E - mail：sales@ waterpub. com. cn 电话：(010) 68367658（营销中心）
经　　　售	北京科水图书销售中心（零售） 电话：(010) 88383994、63202643、68545874 全国各地新华书店和相关出版物销售网点
排　　　版	中国水利水电出版社微机排版中心
印　　　刷	北京印匠彩色印刷有限公司
规　　　格	184mm×260mm　16 开本　30.75 印张　980 千字　24 插页
版　　　次	2019 年 12 月第 1 版　2019 年 12 月第 1 次印刷
印　　　数	0001—2000 册
定　　　价	**300.00 元**（附光盘 1 张）

凡购买我社图书，如有缺页、倒页、脱页的，本社营销中心负责调换

版权所有·侵权必究

《中国南水北调工程建设年鉴》
编纂委员会

主任委员：鄂竟平　水利部部长

副主任委员：蒋旭光　水利部副部长

卢　彦　北京市人民政府副市长

李树起　天津市人民政府副市长

费高云　江苏省人民政府副省长

于国安　山东省人民政府副省长

武国定　河南省人民政府副省长

万　勇　湖北省人民政府副省长

委　　员：（按姓氏笔画排序）

于合群　马承新　王　威　王松春　石春先　卢胜芳

由国文　吕国范　刘　杰　孙云峰　李卫东　李长春

李洪卫　李鹏程　张文波　周汉奎　郑在洲　赵存厚

赵登峰　荣迎春　袁连冲　耿六成　潘安君　瞿　潇

《中国南水北调工程建设年鉴》
编纂委员会办公室

主　　任：井书光

副 主 任：袁其田　刘国华　张玉山

编　辑　部

主　　任：张继群　孙永平

副 主 任：陈　梅　梁　祎

责任编辑：肖　军　任志远　孟令广　侯　坤　钟一丹　安　岩

　　　　　杨晓婧　曹鹏飞　罗　敏　胡桂全　赵春红　王煜婷

　　　　　李恩宽　谢宇宁

特约编辑：（按姓氏笔画排序）

丁晓雪　马　云　马兆龙　王乃卉　王晓森　王　熙

邓文峰　田　雨　丛　英　冯晓波　朱东凯　朱明献

刘顺利　关　炜　李庆中　李笑一　李　慧　李震东

杨占军　肖　军　肖慧莉　吴小海　邱型群　余　洋

汪　敏　宋海波　张　晶　陈良骥　武　健　周珺华

周韶峰　郑福寿　单晨晨　赵　彬　郝　毅　胡敏锐

班静东　袁　浩　耿新建　倪效欣　高立军　黄卫东

曹俊启　盛　晴　常　跃　章　佳　梁钟元　梁　韵

谢智龙　雷淮平　魏军国

编　辑　说　明

一、《中国南水北调工程建设年鉴》是由原国务院南水北调工程建设委员会办公室主办的专业年鉴，是逐年集中反映南水北调工程建设、运行管理、治污环保及征地移民等过程中的重要事件、技术资料、统计报表的资料性工具书，自2005年起每年编印一卷。

二、《中国南水北调工程建设年鉴2019》记载2018年的重要事件，重点反映工程建设、运行管理、质量安全、征地移民、治污环保和重大技术攻关等方面的工作情况。共设15个篇目，包括南水北调全面通水四周年效益、重要会议、重要讲话、重要事件、重要文件、考察调研、文章与专访、综合管理、东线工程、中线工程、西线工程、配套工程、队伍建设、统计资料、大事记。另有重要活动剪影和英文目录。

三、本年鉴所载内容实行文责自负。年鉴内容、技术数据及是否涉密等均经撰稿人所在单位把关审定。

四、本年鉴一律使用法定计量单位。技术术语、专业名词、标点符号等使用力求符合规范要求或约定俗成。

五、本年鉴力求内容全面、资料准确、整体规范、文字简练，并注重实用性、可读性和连续性。

《中国南水北调工程建设年鉴》编辑部

2019年9月

篇　目

目　　录

重要活动剪影
编辑说明

特辑　　南水北调全面通水四周年效益

壹　重要会议

贰　重要讲话

叁　重要事件

肆　重要文件

伍　考察调研

陆　文章与专访

综合管理

捌 东 线 工 程

玖 中 线 工 程

拾 西 线 工 程

拾壹 配 套 工 程

拾贰 队 伍 建 设

拾叁　统 计 资 料

拾肆　大 事 记

特辑 | 南水北调
全面通水四周年效益

—— 改变供水格局 增加供水量
支撑经济 社会发展 促进生态文明建设

自南水北调中线一期工程 2014 年 12 月 12 日正式通水，东、中线工程已全面通水 4 周年，累计调水 222 亿 m³。东、中线一期工程供水量持续快速增加，进一步优化了水资源配置，有力支撑受水区经济社会发展，促进了生态文明建设。

全面通水以来，水利部按照党中央国务院的要求部署，坚持"三先三后"原则，把工作重点放在工程管理和安全运行上，以问题为导向，完善体制机制，强化工程建设和运行管理监督，推动工程运行管理标准化、规范化，保障工程安全运行，提升工程综合效益，服务国家重大战略，保障水安全，努力打造南水北调品牌。

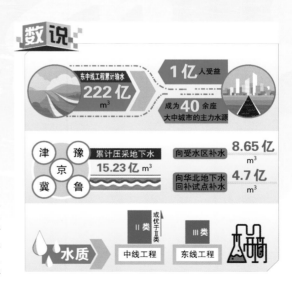

中线一期工程累计调水 191 亿 m³，不间断供水 1459 天，累计向京、津、冀、豫四省（直辖市）供水 179 亿 m³；东线一期工程累计向山东供水 31 亿 m³。从东、中线工程通水到输水 100 亿 m³，用了 3 年多时间，从 100 亿 m³ 到 200 亿

m^3，只用了1年时间，可见南水北调供水量持续快速增加，供水效益显著。

南水北调东、中线工程水质全面达标。中线工程输水水质一直保持在Ⅱ类或优于Ⅱ类，Ⅰ类水质断面比例由2015—2016年的30%提升至2017—2018年的80%左右；东线工程输水水质一直保持在Ⅲ类。沧州市南水北调办的邢春江告诉记者，东辛阁水厂每升水含氟量由1.8～2.7mg降低到0.28mg，沧州市400多万人告别了苦咸水、高氟水，喝上甘甜的南水。显著改善了沿线群众的饮水质量，提升了生活质量，解决了人民群众最为关切的饮水安全问题。

东、中线一期工程从根本上改变了北方受水区的供水格局，供水保障水平大幅提升。南水已成为京津冀鲁地区40多座大中型城市的主力水源，直接受益人口超过1亿人。山东干线公司副总经理高德刚告诉记者，山东胶东半岛实现南水全覆盖，连续4次向胶东半岛抗旱调水，支撑了受水区经济社会发展。湖北省兴隆水利枢纽等汉江中下游4项治理工程效益持续发挥。

全面通水以来，通过限制地下水开采、直接补水、置换挤占的环境用水等措施，有效遏制了黄淮海平原地下水位快速下降的趋势。北京、天津等6省（市）压减地下水开采量15.23亿 m^3，平原区地下水位明显回升，至2018年10月底，北京市地下水位与上年同期相比回升了2.13m。中线一期工程连续两年利用汛期弃水向受水区生态补水8.65亿 m^3，河湖水量增加、水质提升，促进了区域生态环境修复和改善。

自2018年9月始，水利部、河北省人民政府联合开展华北地下水超采综合治理河湖地下水回补试点工作，向河北省滹沱河、滏阳河、南拒马河三条重点试点河段实施补水。10月20日，滹沱河补水水头到达深泽县，在北中山村通往南关村的桥上，人头攒动，大家争相观看滚滚南水奔涌向前。一位老爷爷撩起一捧水啧啧感叹，20多年没有看到这么好的水了，感谢南水北调啊！

三条河流补水4.7亿 m^3，补水水头均已到达试点河段终点，累计形成水面约40km²。滹沱河时隔20年再次形成大面积水面，滏阳河、南拒马河重现生机。

（张存有）

一、中线工程：生态补水　惠及沿线

● 北京密云水库

　　2018 年 6 月 30 日，南水北调中线工程今年已完成向受水区天津市、河北省、河南省生态补水 8.68 亿 m³。

　　过去几年中，丹江口上游来水量少，属于枯水期，自去年秋天起，丹江口库区来水量变大，进入丰水期。根据汉江水情和丹江口水库水位偏高等实际情况，水利部决定，2018 年 4—6 月，南水北调中线工程首次正式向北方进行生态补水。

　　从 2018 年 4 月开始，南水北调中线工程向沿线受水区生态补水。南水北调水的到来，大大缓解了沿线白河、清河、澧河、滏阳河、七里河、滹沱河、瀑河、北拒马等 31 条河流的"饥渴"状态，涵养了水源，补充了地下水，使这些区域河流重现生机。

　　中线工程通过向河北郑家佐河、瀑河、北易水河、北拒马河补水，为白洋淀实施生态补水。通过向瀑河补水，仅保定徐水境内就新增河渠水面面积 40 余万 m²。河道周边地下水位回升明显，浅层地下水埋深平均回升 0.96m。目前，河道周边部分灌溉机井出水快、水量足。清冽的南水流入，也让河道水环境得到了明显改善。

　　天津市充分利用南水北调水源，为重要河湖湿地和缺水区域实施生态补水，提升了天津市中心城区水环境。天津海河水生态得到明显改善，地下水位回升。

　　从 4 月 17 日起，南水北调中线总干渠通过 18 个退水闸和 4 条配套工程管道向河南省进行生态补水，惠及南阳、漯河、平顶山、许昌、郑州、焦作、新乡、鹤壁、濮阳、安阳等 10 个省辖市和邓州市。河南省受水区围绕"多引、多蓄、多用"的原则，完善优化补水方案，科学调度，加强巡逻，确保补水安全。6月30日，河南省内沿线退水闸全部关闭，生态补水任务全部完成。据统计，两个多月来，南水北调中线工程对河南省生态补水 5.02 亿 m^3。

中线工程改善了受水区水质，增加了生态环境用水，修复了区域生态环境，遏制了地下水超采状况，改善了河流生态，发挥了显著的生态效益。

二、北京：节喝存补　水惠京城

2014年12月27日，源自丹江口水库的南水，经过15天的长途跋涉，越过淮河和黄河，终于实现长江流域和海河流域的第一次握手，抵达北京，润泽千家万户，编织着首都水城共融、蓝绿交织、文化传承的梦。

光阴如梭。南水北调中线工程已不间断安全运行4个年头了，累计调水入京42亿 m³。"保供水、多调水、管好水"的思路已融会贯通到工作的每一个环节；"节、喝、存、补"的用水原则已落实到每一个工作层面。科学调度，最大限度发挥南水效益，南水已成为北京城市供水的主力水源，正改变着北京的供水格局。

●　团城湖调节池

三、天津：一纵一横　入卫兴津

数说

向天津安全输水
超过 **34** 亿 m³

南水水量已超过
天津城镇生产生活
水量的 **70%**

910 万市民受益

天津供水格局

引滦水变为引滦引江
双水源保障

2018 年上半年
天津市国考断面
优良水体比例
上升至 **50%**

劣 V 类水体比例
下降至 **25%**

累计利用南水向天津中心
城区及环城四区生态调水

7.36
亿 m³

南水北调中线工程通水 4 年来，累计向天津安全输水超过 34 亿 m³，全市 14 个行政区、910 万市民从中受益。到 2017 年，南水水量已超过天津城镇生产生活用水量的 70%，成为城镇供水主要水源，为天津经济社会发展提供了可靠的供水保障。

（1）有效缓解了天津水资源短缺局面。全市总用水量和城镇用水量均呈稳步增长。南水供水区域覆盖中心城区、环城四区、滨海新区，宝坻、静海城区及武清部分地区等 14 个行政区，除北部的蓟州区、宁河区，基本上实现全市范围全覆盖，910 万市民从中受益。

（2）切实提高了城市供水保证率。南水通水后，在引滦工程的基础上，天津又拥有了一个充足、稳定的外调水源，中心城区、滨海新区等经济发展核心区实现了引滦、引江双水源保障。

（3）成功构架了城乡供水新格局。南水通水后，一横一纵、引滦引江双水源保障新的供水格局，形成了引江、引滦相互连接、联合调度、互为补充、优化配置、统筹运用的天津市供水体系。

（4）明显改善了城镇供水水质。南水通水以来，原水水质常规监测 24 项指标一直保持在地表水 Ⅱ 类标准及以上，氯化物、硫酸盐等指标大幅低于引滦水源，水质波动平稳，耗氧量维持在 2.0mg/L 左右。由于引江水耗氧量、叶绿素等指标优于引滦水，自来水出厂水浊度大大降低，管网水浊度指标也明显下降，市民饮用水口感、观感得到全新提升。

（5）有力改善了城市水生态环境。南水还为生态补水创造了条件。2016 年，天津利用南水向海河补充生态水量，同时，替换出一部分引滦外调水，有效补充农业和生态环境用水。水系循环范围不断扩大，水生态环境得到有效改善。

（6）有效促进了地下水压采进程。通水以来，天津加快了滨海新区、环城四区地下水压采进程。2016 年，全市深层地下水开采量已降至 1.76 亿 m³，提前完成了天津 2020 年深层地下水开采量控制在 2.11 亿 m³ 的目标。截至 2017 年，全市整体地下水位埋深呈稳定上升趋势，局部地区水位下降趋势趋缓。

四、河南：护水用水　豫见芳华

数说

▶ **供水总量 37%**

截至 2018 年 12 月 8 日，河南省累计受水 64 亿 m³，约占中线工程供水总量的 37%。

▶ **新增 11 座水厂**

河南省新增了多个供水目标，在原规划 83 座受水水水厂的基础上，新增 11 座水厂。

▶ **13 个地市**

供水目标涵盖南阳、漯河、周口、平顶山、许昌、郑州、焦作、新乡、鹤壁、濮阳、安阳 11 个省辖市和 2 个省直管县（市）。

▶ **115.4 万亩**

2017—2018 调水年度供水 21.97 亿立方米，全省受益人口达到 1900 万人，农业有效灌溉面积 115.4 万亩。

▶ **补水总量 58%**

今年 4 月以来，河南省通过中线工程总干渠，向全省受水区大面积、长时间生态补水 5.02 亿 m³，占此次中线全线生态补水总量的 58%。

▶ **地下水平均升幅 1.14 m**

河南全省受水区浅层地下水平均升幅 1.14 m，其中安阳市上升 3.6 m，新乡市上升 2.35 m；中深层地下水平均上升幅度 1.88 m，其中郑州市上升 3.03 m，许昌市上升 2.96 m。

▶ **51 个规划项目**

丹江口库区及上游水污染防治和水土保持"十二五"规划确定的 181 个项目全部建成投运。"十三五"规划 2018 年安排规划项目 51 个，已完工项目 22 个，19 个项目正在实施。

▶ **保护区 2565** km²

划定丹江口水库（河南辖区）饮用水水源保护区面积 1595 km²，中线总干渠（河南段）两侧水源保护区面积 970 km²。

▶ **否决 700 个存在污染风险项目**

严把水源保护区环评审核关口，受理保护区内新建扩建建设项目 1100 余个，700 个因存在污染风险被否决。

▶ **生态带建设 19.14 万亩**

加快推进水源地及总干渠沿线生态建设，完成中线工程总干渠两侧生态带建设 19.14 万亩。焦作绿化带征迁任务全面完成，南水北调带状公园正在建设。

▶ **造林面积 5.17 万亩**

河南完成丹江口水库环库生态隔离带造林面积 5.17 万亩，基本形成闭合圈层。

▶ **治理水土流失面积 2704** km²

加大水源地水土流失治理力度，累计治理水土流失面积 2704 km²，为南水北调水质安全筑牢生态屏障。

▶ **6 区 6 县（市）"一对一"**

扎实开展京豫对口协作，与北京市政府签订了全面深化京豫战略合作"1+6"协议，北京 6 区与河南省水源区 6 县（市）建立了"一对一"结对协作。

▶ **249 个对口协作项目**

2014—2018 年，河南引入北京水源地对口协作资金 12.5 亿元，实施 249 个对口协作项目，设立了总规模 3.6 亿元的南水北调对口协作产业投资基金。

中线工程通水 4 年，高质量的南水让中原百姓得到了更多的幸福感，满足了越来越多群众对南水的需求，为河南省实施重大生态修复工程、推进地下水超采综合治理、实现人与自然和谐共生奠定了坚实基础。4 年来，河南用水逐渐增加，供水效益日益显著；全面排查整治水质污染风险隐患，推进总干渠污染点整治，确保水质稳定达标；扎实开展京豫对口协作，深化京豫战略合作协议，实现了互利多赢。

● 陶岔渠首

五、河北：亲水润泽　冀焕青春

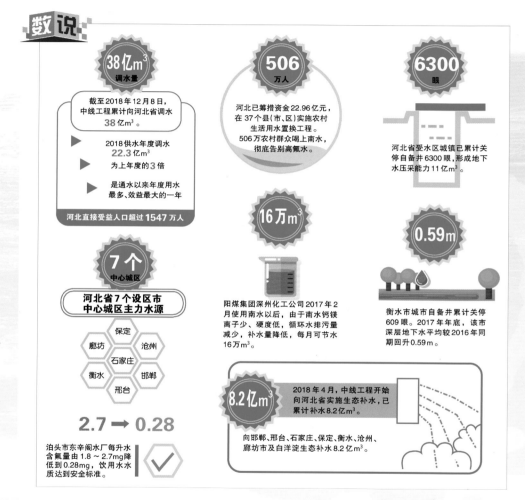

数说

38亿m³ 调水量

截至2018年12月8日，中线工程累计向河北省调水38亿m³。

▶ 2018供水年度调水 **22.3亿m³**

▶ 为上年度的3倍

▶ 是通水以来年度用水最多、效益最大的一年

河北直接受益人口超过 **1547万人**

7个 中心城区

河北省7个设区市中心城区主力水源

保定　廊坊　沧州　石家庄　衡水　邯郸　邢台

2.7 ➡ 0.28

泊头市东辛阁水厂每升水含氟量由1.8～2.7mg降低到0.28mg，饮用水水质达到安全标准。✓

506 万人

河北已筹措资金22.96亿元，在37个县（市、区）实施农村生活用水置换工程。506万农村群众喝上南水，彻底告别高氟水。

16万m³

阳煤集团深州化工公司2017年2月使用南水以后，由于南水钙镁离子少、硬度低，循环水排污量减少，补水量降低，每月可节水16万m³。

6300 眼

河北省受水区城镇已累计关停自备井6300眼，形成地下水压采能力11亿m³。

0.59m

衡水市城市自备井累计关停609眼。2017年年底，该市深层地下水平均较2016年同期回升0.59m。

8.2亿m³

2018年4月，中线工程开始向河北省实施生态补水，已累计补水8.2亿m³。

向邯郸、邢台、石家庄、保定、衡水、沧州、廊坊市及白洋淀生态补水8.2亿m³。

中线工程通水4年来，南水在河北省保障城乡生活用水、促进经济发展、改善水生态环境等方面发挥了重大作用。

南水从根本上改变了河北省受水区供水格局，改善了城市用水水质，提高了受水区中心城市的供水保证率。特别是为黑龙港地区城乡居民提供了优质的水源，结束了部分地区长期饮用高氟水、苦咸水的历史。同时，南水有力地保证了经济发展用水，为沿线工业企业提供了稳定可靠的水源，降低了能耗，提高了产品质量。南水的到来，通过置换城镇、工业长期挤占的农业用水，改善了受水区农业生产条件，也有力地改善了沿线水生态环境。

六、江苏：依水凭江　打造精品

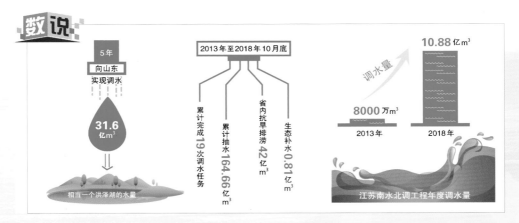

（1）调水规模大，5年一个洪泽湖。江苏省南水北调工程5年向山东实现调水31.6亿 m³，相当于一个洪泽湖正常年景的水量。自2013年东线工程通水到2018年10月底，累计完成19次调水任务，累计抽水164.66亿 m³，省内抗旱排涝42亿 m³，生态补水0.81亿 m³。年度调水出省量逐步攀升，从2013年度调水量8000万 m³，逐步攀升到2018年度调水量10.88亿 m³。

（2）管理水平高，10S标准化管理体系逐步完善。结合江苏省江水北调工程，基本构建起了南水北调新建工程与原有工程联合运行机制。基本形成"公司-分公司-现地管理机构"三级调度体系。调度指挥机制成熟，保障能力提高，具备了水量水质自主监测能力。完成了10S标准化管理体系建设，实现工程管理全面提档升级。调度方案逐年优化，调水运行降本增效明显，累计节约运行电费2亿元。

（3）综合效益好，叫响南水北调江苏品牌。洪水来时，泵站开机泄洪，部分泵站通过改造，实现反向发电目标，将洪水变成了资源。成立技术咨询公司，输出大型泵站的建设与运行管理经验，先后帮助湖北、北京南水北调系统培养运行管理队伍，还服务浙江一些水利工程。成功开拓代建市场，将成功的技术管理输出到乌兹别克斯坦等"一带一路"沿线国家。打造南水北调工程智能化管理江苏品牌，江苏省泵站工程中心已经成为同济大学和河海大学实习基地。加强流域环境综合治理，输水干线水质稳定达标，成功获评2016年度国家水土保持生态文明工程。

七、山东：T形水网 脉动齐鲁

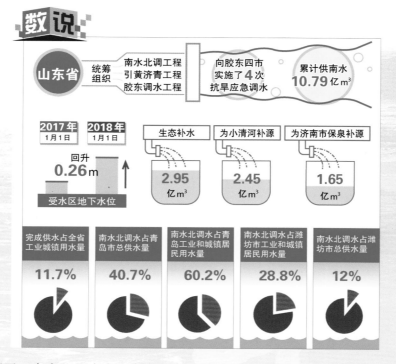

（1）离不了。南水已经成为山东省水资源的重要组成部分。从2013年通水以来，水量逐年增加。山东段工程已完成了2013—2017年五个年度调水任务，累计调入山东水量30.76亿 m³，相当于2500多个大明湖水量。

2013年通水以来，全省已有枣庄、济宁、济南、聊城、德州、淄博、滨州、潍坊、青岛、烟台、威海等11个市调引长江水，青岛、潍坊两市年度计划供水量已经达到规划用水量，山东省南水北调受益人口达3473万人。

南水北调为山东省胶东地区供水安全提供了重要保障。尤其是潍坊、青岛、烟台、威海等胶东4市，自2014年以来进入连续枯水期，山东省统筹组织南水北调、引黄济青、胶东调水工程向胶东4市实施了4次抗旱应急调水，连续3年实施汛期调水。

（2）覆盖广。南水北调工程构建起了山东全省骨干水网，水资源保障能力明显增强。山东省南水北调工程建成通水后，供水范围覆盖全省13市61县（市、区），通过近1200km干线工程与南水北调配套工程和其他水利工程相衔接，形成了南水北调相通、东西互济的现代水网工程体系，不仅具备每年为全省增加净供水量13.53亿 m³的能力，缓解水资源短缺矛盾，而且打通了调引长江水的通道，构建起了长江水、黄河水与当地水联合调度、优化配置的骨干水网。

（3）功能多。社会效益显著。在工程规划设计建设过程中，山东省积极强化大型水利工程的带动作用。21 项中水截蓄导用工程与防洪除涝、灌溉、生态保护等结合实施，在有效发挥工程水质保障功能同时，还使山东省 30 个县（市、区）直接获益，每年可消化中水 2 亿 m³，增加灌溉面积 200 万亩。泵站工程、渠道工程等与沿线防洪除涝结合实施，大大提高了城市防洪标准和农田排涝条件。南水北调工程通水延伸了通航里程，改善了航运条件。南四湖至东平湖段南水北调工程建设与航运相结合，打通了两湖段的水上通道，新增通航里程 62km；京杭运河的韩庄运河段航道由三级航道提升到二级航道，大大提高了通航能力；近两年南水北调工程持续调水，稳定了航道水位，改善了通航条件，增加了货运吨位，提高了航运安全保障能力。干线工程与灌区改造、地方补偿结合实施，维护了沿线人民群众的利益，促进了当地经济发展。

（4）靠得住。区域水生态环境得到极大改善。改变了南四湖、东平湖无法有效补充长江水的历史。2014 年、2015 年，南四湖出现生态危机；2016 年，南四湖、东平湖水位接近生态红线。通过南水北调工程，先后进行生态补水 2.95 亿 m³，有效改善了湖区生产、生活、生态环境，避免了湖泊干涸导致的生态灾难。

累计为小清河补源 2.45 亿 m³，有效维持了河流生态健康，极大改善了小清河济南市区段水质和生态环境，提升了济南城市形象，为沿岸群众提供了人水和谐的良好生活环境。为济南市保泉补源供水 1.65 亿 m³，通过济南市"五库联通"工程，改变了市区南部河道和孟家等小水库靠天等水的局面，有效维持了河道生态基流，改善了生态环境，保障了济南市泉水四季喷涌，彰显了济南泉城城市名片形象。

八、湖北：南水北上　泽被荆楚

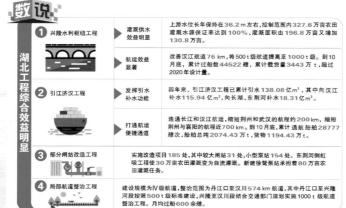

风过长渠，流水拍岸。

兴隆水利枢纽工程、引江济汉工程、部分闸站改造工程、局部航道整治工程发挥了巨大的工程综合效益，缓解了中线调水对汉江中下游生活、生产和生态用水等方面的影响，这是我们能够看到的湖北奇迹。

还有一种奇迹，只有身临其境才能深刻体会到。

湖北为保护水质，关闭大量高耗能高污染企业，取缔网箱养鱼，助力移民依托丰富的生态资源，发展生态产业，走上了转型发展之路。十堰五河治理成全国样板，因为中线工程建设，神定河、泗河、犟河、剑河、官山河这5条河流，发生了巨大的变化。2015年7月，丹江口库区水源地入围首批"中国好水"水源地。

● 引江济汉荆堤大闸

九、陕西：源头活水　丹心耀秦

陕南地区是国家南水北调中线工程的主要水源区。近年来，陕西省加强水土保持，实施生态环境建设，保护和净化水源，确保南水北调中线工程清水永续供水。

（1）呵护水质保安全。为确保南水北调水源区水质安全，陕西省以汉丹江水质持续稳定达标和水源涵养为目标，实施了《陕西省汉江丹江流域水质保护行动方案（2014—2017年)》（以下简称《三年行动方案》）、《陕西省水污染防治工作方案》及年度方案。

汉中、安康、商洛等陕南三市推进产业结构调整，控制污染物排放总量。以绿色发展为主线，构建循环型产业链，建设循环经济产业园，提升生态工业园，支持清洁生产和发展绿色产业。

2016年以来，汉丹江流域水质持续保持优。2018年1—6月，汉江、丹江出境断面稳定达到Ⅱ类，重要支流水质达到水功能区划要求。其中，烈金坝、峡口、湘河、构峪口、丹凤下等断面个别月份达到Ⅰ类水质，石门水库、瀛湖水质为优。城市及以上集中式饮用水水源地水质全部达标。

（2）水土保持成效显。陕西省丹江口库区及上游水土保持工程，在控制境内南水北调中线水源区的水土流失、改善生态环境、减少面源污染、促进当地经济社会发展等方面取得了显著成效。

水土流失治理工作逐步加强，生态环境有所改善。据监测资料分析，各项治理措施建成后，

陕西水质保护情况

2018年1—6月，汉江、丹江流域水质持续保持优。汉江、丹江出境断面稳定达到Ⅱ类，城市及以上集中式饮用水水源地水质全部达标。

2016—2018年陕西水污染防治资金投入情况

	投入金额	安排项目
宝鸡市	17727万元	20个
汉中市	20200万元	14个
安康市	6173万元	9个
商洛市	4026万元	8个

津陕对口协作情况

2014—2015年	陕西吸纳2.1亿元天津财政金支持，用于水源区发展，重点突出水污染防治、水土保持、社会事业、社会事业等项目。
2016年至今	2016年至今，陕西吸纳对口协作资金总额从每年2.1亿元提高到3亿元。

20个排污口整治项目

10个 已验收	9个 试运行	1个 开工

75个水土保持项目

27个 已验收	48个 试运行

28个重金属污染治理项目

全部完成

7个工业治理项目

11项 已验收	26项 试运行

水源区24个县(区)建了29条生态清洁小流域

年均减少土壤侵蚀4593.87万t，年均蓄水29171.3万 m^3。整个项目区的水土流失由中度侵蚀下降为轻度侵蚀。

陕西省"丹治"工程坚持小流域综合治理，田、林、路、电、塘、渠综合配套建设，改变了山区薄弱的农业生产基础，加强了基础设施配套建设，为项目区农村经济发展创造了良好的生态环境和条件。近年来，陕西省依托"丹治"工程，积极开展以面源污染防治为核心的生态清洁小流域试点建设。在水源区24个县（区）建设了29条生态清洁小流域，减少了面源污染对水源区水质的危害。

CHINA SOUTH-TO-NORTH WATER DIVERSION PROJECT CONSTRUCTION YEARBOOK

壹 重要会议

IMPORTANT MEETING

2018 年南水北调工作会议在北京召开

2018 年 1 月 17—18 日，国务院南水北调办在北京召开 2018 年南水北调工作会议。国务院南水北调办党组书记、主任鄂竟平作工作报告。中央纪委派驻纪检组组长田野出席会议并就全面从严治党工作讲话，国务院南水北调办副主任张野、蒋旭光出席会议。

鄂竟平指出，东、中线一期工程进入运行管理新阶段后，我们提出了"稳中求好、创新发展"的工作总思路。几年来，工程运行平稳，水质稳定达标，移民稳定发展，效益显著发挥，后续工程有序推进。2017 年，取得了稳的态势进一步巩固、好的形势基本形成、创新发展取得实质性进展、全面从严治党继续强化的好成绩。

鄂竟平指出，党的十九大对南水北调提出了新要求，破解新的社会主要矛盾对南水北调提出了新需求，建委会八次全会对南水北调作出了新部署。新形势下南水北调任务艰巨，要求更高，责任更重。破解新的社会主要矛盾，需要我们更新观念、转变思路，推动工程更加充分地发挥效益，更好满足人民群众对美好生活的需要、满足区域协调发展的需要、满足生态文明建设的需要，这是新时代南水北调人面临的新课题，也是我们的历史责任。

鄂竟平强调，今后一个时期南水北调工作的总思路为：以习近平新时代中国特色社会主义思想为指导，深入贯彻党的十九大和中央经济工作会议精神，全面落实建委会八次全会工作部署，以党的建设为统领，坚持"稳中求进"总基调，按照"提质增效"总要求，在抓好工程平稳运行的基础上，着力增加供水量、提升供水水质、扩大供水范围、提高用水效率、实现资产保值增值增效，统筹抓好工程安全运行、生态环境保护、移民稳定致富、节约高效用水、后续工程推进、企业创新发展，坚定不移推进全面从严治党，奋力开创新时代南水北调事业新局面。

鄂竟平要求，一是持之以恒抓好"稳"；二是力促发展实现"进"；三是推动工作全面"提质"；四是实现工程显著"增效"；五是坚定不移推进全面从严治党。

田野指出，当前，我们最重要的政治任务就是要以习近平新时代中国特色社会主义思想为指导，结合实际把党的十九大关于全面从严治党决策部署落到实处。刚刚闭幕的十九届中央纪委二次全会，对贯彻落实党的十九大精神、推进新时代全面从严治党工作进行了再部署、再动员。南水北调系统各级党组织和广大党员干部一定要认真学思践悟，准确把握精神实质，切实把思想和行动统一到中央对全面从严治党形势的科学判断上来，统一到中央持之以恒推动全面从严治党向纵深发展的战略部署上来。要清醒认识当前反腐败斗争形势依然严峻复杂，进一步增强责任感和使命感，把履行管党治党责任作为最根本的政治担当，层层压实、一贯到底，在坚持中深化、在深化中发展，不断把全面从严治党引向深入。

就推进全面从严治党工作，田野提出三点要求，一是提高政治站位，坚持党对一切工作的领导；二是压实主体责任，认真解决管党治党不严不力问题；三是强化执纪监督，坚定不移推动全面从严治党向纵深发展。

工程沿线各省（直辖市）南水北调办事机构、移民机构、环保机构和项目法人负责同志分别进行交流发言，并分组进行讨论，就有关工作提出了建议。国务院南水北调办总经济师、总工程师，机关全体公务员、各直属单位班子成员和中层以上干部参加会议。

（摘自中国日报网，略有删改）

国务院南水北调办召开党组扩大会议，传达贯彻党的十九届二中全会和十九届中央纪委二次全会精神

2018 年 1 月 23 日，国务院南水北调办党组书记、主任鄂竟平主持召开党组扩大会议，传达学习党的十九届二中全会、十九届中央纪委二次全会精神，结合南水北调工作实际研究贯彻落实会议精神。中央纪委派驻纪检组组长田野，办党组成员、副主任张野、蒋旭光出席会议。

会上，鄂竟平传达了党的十九届二中全会、十九届中央纪委二次全会精神，并就贯彻会议精神提出明确要求。田野传达了赵乐际同志在十九届中央纪委二次全会上的工作报告。

鄂竟平指出，党的十九届二中全会实在全党全国全面贯彻落实党的十九大精神、中国特色社会主义进入新时代大背景下召开的一次十分重要的会议。全会高度肯定现行宪法在改革开放和社会主义现代化建设历史进程、在我们党治国理政实践中发挥的重要作用，高度评价党的十八大以来以习近平同志为核心的党中央以前所未有的力度推进全面依法治国取得的历史性成就，并顺应党和人民事业发展要求，审议通过了《中共中央关于修改宪法部分内容的建议》，把党的十九大确定的重大理论观点和重大方针政策特别是习近平新时代中国特色社会主义思想载入国家根本法，为今后国家重大改革发展提供宪法依据。十九届中央纪委二次全会对坚定不移落实党的十九大关于全面从严治党的战略部署、扎实做好 2018 年纪检监察工作作出具体安排，提出明确要求，具有很强的针对性和指导性。

鄂竟平强调，要充分认识修改宪法的必要性和重要性，坚决拥护党中央决策。要以习近平新时代中国特色社会主义思想为指导，深入贯彻党的十九大精神，推动全面从严治党向纵深发展。在学习领会方面，要充分认识十八大以来取得的巨大成就，充分认识当前严峻复杂的形势，重点领会"重整形装再出发""全面从严治党永远在路上"的深刻意义和内涵，把握好下阶段工作重点。在贯彻落实方面，要突出重点，坚定理想信念不动摇，对党忠诚不含糊，贯彻八项规定精神不折扣，进一步加强纪律建设，在责任担当落实上下功夫，推进南水北调系统全面从严治党各项工作。

中央纪委派驻纪检组正局级纪律检察员，国务院南水北调办总经济师和办机关各司、各直属单位负责同志参加会议。

（闫智凯）

南水北调东线总公司 2018 年工作会议在北京召开

2018 年 1 月 29 日，南水北调东线总公司召开 2018 年工作会议。国务院南水北调办副主任张野出席会议并作了重要讲话。

张野指出，东线总公司 2017 年坚持贯彻落实"稳中求好　创新发展"的总体发展思路，圆满地完成了年度调水任务和水费收缴等重点工作，工程运行安全平稳，企业管理稳中向好，党建工作卓有成效，凸显了国有企业党组织的领导作用。

张野强调，当前已进入中国特色社会主义新时代，我国社会主要矛盾已经转变，新形势赋予南水北调新使命，东线总公司要适应新形势，肩负新使命，贯彻落实 2018 年南水北调系统工作会会议精神，进一步推动东线事业"稳中求进　提质增效"。

张野对东线总公司 2018 年工作提出要求：一要防控风险，保障调水安全、水质安全和安全生产；二要以问题为导向，提高各

项重点工作质量；三要进一步推动公司规范化管理，增加效益；四要科学谋划未来，拓展发展空间，力求公司长远发展；五要贯彻落实十九大精神，进一步加强从严治党，践行党的政治建设新要求，党员教育要结合新思想，使东线总公司党组织建设迈上新台阶。

赵登峰总结了东线总公司 2017 年工作并安排部署了 2018 年工作。

国务院南水北调办机关各司、各直属单位主要负责同志及东线总公司全体员工参加了会议。

（摘自南水北调网，略有删改）

南水北调直属机关党建述职评议考核大会在北京召开

2018 年 1 月 30 日，国务院南水北调办党组书记、主任、党建工作领导小组组长鄂竟平主持召开直属机关党建工作述职评议考核大会，办党组成员、副主任、党建工作领导小组副组长、直属机关党委书记蒋旭光出席会议，直属机关党委委员、各司各直属单位党组织书记和党员代表 40 余人参加现场考评。

会议按照有关要求完成了述职、评议、考核三项工作。机关 12 名党组织书记就 2017 年履行党建工作职责和全面从严治党责任等情况、存在的问题及原因、下一步工作思路举措进行了现场集中统一述职。机关党委负责同志、党委委员、党员代表对各党组织书记履职情况进行了严肃认真的现场评议。

在听取述职报告和评议后，鄂竟平指出，各党组织书记述职报告准备充分，述职内容主题突出，讲成效客观真实，查找问题不回避不掩饰，下一步工作针对性强、重点明确；参会人员的评议直奔主题、直面问题、实事求是；述职评议考核会议取得了实实在在的成效，充分反映了各位书记抓党建履职尽责的情况。一年来，各党组织书记认

真履行"一岗双责"，切实担负起了党建工作"第一责任人"的职责，带领所在单位党员干部深入学习贯彻党的十九大精神，认真落实"三会一课"等党的基本制度，用好日常教育途径，注重党员教育管理，针对党建工作中的重点、要点和薄弱点，采取切实有效措施，党建工作得到有效加强，营造了风清气正、干事创业的氛围，党支部的战斗堡垒作用和党员干部的先锋模范作用充分发挥。党员干部牢固树立了"四个意识"，坚定了"四个自信"，自觉用习近平新时代中国特色社会主义思想武装头脑，立足本职岗位，创造一流业绩，为南水北调业务工作提供了坚强有力的政治思想和组织保障。

鄂竟平强调，全面从严治党永远在路上，各党组织书记要深入学习贯彻党的十九大对党建工作的新要求，坚持以问题为导向，要针对党建工作中的不足和薄弱环节，着力整改，进一步提升党务工作的能力和素质，进一步强化基层党组织的功能和作用。一要提高政治站位，切实增强政治意识、大局意识、核心意识、看齐意识，坚决维护习近平总书记在党中央和全党的核心地位，坚决维护党中央权威和集中统一领导。二要做到守土有责，牢固树立"抓好党建是本职、不抓党建是失职、抓不好党建是不称职"的责任意识，守土有责、守土负责、守土尽责，聚精会神抓好党建工作。三要狠抓责任落实，层层传递压力，逐级压实责任，在强化履行政治、落实、统筹、教育、监督、管理责任上下功夫，把全面从严治党责任落地。四要苦练党建基本功，各单位党组织书记和专兼职党务干部要加强自身学习，增强做好党建工作的本领，以提升组织力为重点，认真落实"三会一课"等基本制度，严格党内政治生活，坚持两手抓两促进，推动党建和业务工作深度融合，促进 2018 年党建工作再上新台阶。

（摘自南水北调网，略有删改）

南水北调中线建管局2018年工作会议在北京召开

2018年1月31日，中线建管局召开2018年工作会议，国务院南水北调办副主任张野出席会议并讲话。张野要求，要按照"稳中求进、提质增效"的总思路，确保安全供水更稳、运行管理更规范、企业发展更快。

张野在讲话中充分肯定了中线建管局在2017年取得的成绩。他指出，去年中线工作"实现一个确保、提升两个水平、抓好三个建设"，即确保足额安全平稳供水，提升日常管理水平和应急管理水平，抓好尾工建设、队伍建设和企业建设的任务要求。中线工程成功应对了暴雨洪水和意外风险的考验，实现了工程平稳运行、水质稳定达标的目标；运行管理水平有新提高，供水水量和水费收入有了较大幅提升，供水效益越来越好，创新发展取得初步成果。

张野要求，中线建管局要全面贯彻落实2018年南水北调工作会议精神和部署，坚持"稳中求进、提质增效"的总要求，以问题为导向，谋划好2018年各项工作。中线建管局广大职工要进一步深入学习贯彻党的十九大精神，强化全面从严治党责任，切实抓牢反腐倡廉和党员干部作风建设，突出"四个意识"，增强思想自觉和行动自觉。要进一步强化担当精神、创新意识、问题导向、督办问责，确保南水北调中线事业更好更快发展。

中线建管局局长于合群作了题为"稳中求进、提质增效、推动南水北调中线事业不断向前发展"的工作报告。

于合群表示，中线建管局要重点抓好以下几项工作：一是坚持以问题为导向，以督办为抓手，通过查改问题达到保安全的目标；二是优化运行维护模式，狠抓维护队伍管理，逐步实现核心业务的自主维护；三是以信息化为抓手，提高工程安全系数，提升规范化管理水平；四是优化预算计划管理模式，实现"精准定价"，解决管理粗放的问题；五是细化工作任务，严格目标考核，加快推进建设收尾工作；六是充分发挥工程效益，统筹谋划经营创新，企业发展要有新作为。

国务院南水北调办总经济师、总工程师，机关各司、各直属单位负责人参加会议。

（摘自南水北调网，略有删改）

国务院南水北调办党组召开2017年度民主生活会

2018年2月2日，国务院南水北调办党组书记、主任鄂竟平主持召开办党组2017年度民主生活会，围绕"认真学习领会习近平新时代中国特色社会主义思想，坚定维护以习近平同志为核心的党中央权威和集中统一领导，全面贯彻落实党的十九大各项决策部署"，进行党性分析，开展批评和自我批评。办党组成员、副主任张野、蒋旭光参加会议。

办党组对开好民主生活会高度重视，精心制订方案，做好充分准备。党组开展专题学习研讨，深入学习贯彻党的十九大精神，学习贯彻习近平新时代中国特色社会主义思想，打牢思想基础，自觉同以习近平同志为核心的党中央保持高度一致；同时，坚持发扬民主，通过书面征求意见、召开座谈会、设置意见箱等形式广泛征求意见建议；深入开展谈心谈话，从多方面了解对党组和党组成员的意见建议；深刻剖析检查，鄂竟平主持起草了党组对照检查材料，党组成员认真撰写了个人发言提纲。

民主生活会上，鄂竟平首先代表办党组通报了上年度民主生活会整改情况，介绍了本次民主生活会准备情况，代表办党组作了对照检查；之后，班子成员之间开展了严肃认真的批评与自我批评。在自我批评中，鄂竟平带头，每位同志都开门见山，直奔主题，结合一年来的工作得失、自身查找的问题和征求到的意见建议，联系思想、工作、生活和作风实际，主动查问题找不足，深刻剖析原因，实事求是地提出整改措施。在相互批评中，党组成员从关心爱护同志的善意出发，坦诚相见，真心实意地帮助查找问题，提出改进意见建议，被批评者则虚心诚恳地接受批评，作出整改表态。大家坚持问题导向，落细落小，见人见事，深入具体地进行党性分析，达到了红脸出汗的效果和统一思想、明确方向、凝聚力量的目的。

鄂竟平在总结讲话时说，南水北调办党组召开了一次严肃认真、富有成效的民主生活会，党组成员经受了党内组织生活的严格锻炼，思想上受到了深刻的教育。鄂竟平要求，办党组和党组成员都要针对查摆的问题，制定切实有效的整改措施，扎扎实实整改，以民主生活会的实效进一步贯彻落实好党的十九大精神，更加紧密地团结在以习近平同志为核心的党中央周围，高举习近平新时代中国特色社会主义思想伟大旗帜，不断增强"四个意识"，始终坚定"四个自信"，不忘初心、牢记使命，狠抓党中央决策部署在国务院南水北调办落地落实，推进全面从严治党向纵深延伸，坚持"稳中求进、提质增效"总思路，以钉钉子精神做细做实各项工作，奋力开创南水北调事业发展新局面。

（摘自南水北调网，略有删改）

国务院南水北调办安全生产领导小组第十七次全体会议在北京召开

2018年2月28日，国务院南水北调工程建设委员会办公室安全生产领导小组（以下简称"领导小组"）在京召开第十七次全体会议。国务院南水北调办副主任、领导小组组长张野主持会议并讲话，领导小组全体成员参加会议。

会议传达学习贯彻了全国安全生产电视电话会议精神，听取了领导小组办公室关于2017年南水北调工程安全管理工作汇报，对2018年安全管理工作进行了研究讨论。

会上，张野充分肯定了2017年南水北调工程安全管理、防洪度汛工作取得的成绩。他指出，2017年南水北调安全管理工作按照办党组提出的"稳中求好，创新发展"的总体思路，认真贯彻落实国务院和安委会有关工作部署，在领导小组各成员单位的大力支持下，立足"平稳通水、安全运行"，不断加强安全生产管理工作，加大安全生产监督管理和检查力度，保证了东中线工程年度水量调度工作的顺利进行，实现了工程安全平稳运行、完成供水计划的工作目标。

张野强调，2018年安全管理工作要紧密围绕"稳中求进、提质增效"的总要求，以责任管理为核心，高度重视，真抓实干，强化安全监管，全力做好年度安全管理工作。一要高度重视。要充分认识做好南水北调工程安全管理工作的重要性，结合工程运行管理实际，深入梳理细化今年安全管理工作重点、核心，切实做到心中有数，扎扎实实将各项工作落到实处。二要压实责任。要明确并落实领导小组及成员单位、地方人民政府相关部门等各方安全管理监管职责，形成合力，加强安全监管，不留死角。要严格落实各项目法人主体责任，将安全管理责任落实到各个工作环节，确保安全责任落实全覆盖。三要真抓实干。要提前部署做好汛前检查、安全检查、标准化建设、应急演练、治安反恐等各项工作，制定详细工作方案，明确实施节点，抓好关键措施落实，消除各类安全、防汛隐患，保证工程运行、供水安全。

（管永宽）

国务院南水北调工程建委会专家委召开"穿黄隧洞工程补强措施抗震安全影响评价研究"项目技术验收会

2018年3月13日，国务院南水北调工程建设委员会专家委员会在北京组织召开"穿黄隧洞工程补强措施抗震安全影响评价研究"项目技术验收会。会议成立了专家组，听取了项目承担单位中国水利水电科学研究院的汇报，审阅了相关资料。经过认真讨论，形成了验收意见。

（摘自南水北调网，略有删改）

国务院南水北调办召开《中国南水北调工程》丛书编纂出版督导会

2018年3月16日，国务院南水北调办召开《中国南水北调工程》丛书编纂出版督导会，会议要求各参编单位要严格把控时间节点，在保证质量的前提下，按照丛书进度计划表，抓好编纂工作进度，确保按期保质完成各卷出版发行工作。国务院南水北调办副主任蒋旭光出席会议并讲话。

蒋旭光指出，南水北调是一项伟大的事业。经过几十年前期论证，十几年的工程建设，数十万人在勘测设计、工程施工、建设监管、征地移民、环保治污、文物保护等方面辛勤付出，东、中线一期工程得以建成通水。四年来，南水北调东中线一期工程发挥了显著的社会、经济、生态效益，已经成为沿线大中城市的生命线。我们有责任、有义务，以丛书编纂出版为重要载体，把南水北调工程建设期间各方面的工作经验总结好、记载好，把南水北调精神传承好、弘扬好，

把南水北调文化成果和精神成果利用好。

蒋旭光要求，要在思想上高度重视《中国南水北调工程》丛书的编纂工作，深入理解和把握编纂出版这套丛书的现实意义和存史价值。全体参编单位和人员，要始终保持思想上同心、目标上同向、工作上同力，高水平、高效率、高质量地完成任务。要力求精品，牢固树立质量第一的思想，坚持精益求精的原则，保证进度，更要保证质量，以严谨细致、求真务实的工作作风，努力把各项工作做细、做实、做精。

针对丛书编纂出版后续工作，蒋旭光要求，一是保持定力，努力实现既定目标；二是加强统筹、合作与交流；三是确保丛书如期出版；四是进一步推动宣传和发行工作。

总工程师出席会议，各卷主编汇报了编纂工作进展情况，出版单位负责人和审稿专家分别发言。

（摘自南水北调网，略有删改）

2018年南水北调工程运行监管工作会议在徐州召开

2018年3月29日，2018年南水北调工程运行监管工作会议在江苏省徐州市召开，会议围绕"稳中求进、提质增效"思路和要求，总结2017年运行监管工作，分析形势任务，部署安排2018年运行监管工作。水利部副部长蒋旭光出席会议并讲话。

蒋旭光指出，2017年，南水北调工程创新和发展运行监管机制，丰富和完善运行监管制度，全面监督检查运管问题，开展规范化监管试点工作，强化举报受理和调查复核，强化重点项目和重点时期监管，加强问题研判，严格会商和责任追究，有力保障了南水北调工程安全平稳运行和效益持续发挥。2018年，运行监管工作还面临很多任务和挑战，工程运管基础还不牢固、不稳定，工程整体规范化水平需进一步提升，工

程管理人员的培训需进一步加强，对此要保持清醒的认识。

蒋旭光强调，当前南水北调工程运行监管工作要遵循"稳中求进、提质增效"原则，坚持服务大局，坚持问题导向，坚持高压严管，坚持紧盯重点，坚持专业精准，坚持务求实效。重点要做好六项工作：一是严查问题，严督整改；二是防控风险，紧盯重点；三是规范运行，深化监管；四是提高效能，强化举报受理；五是完善会商，强化追责；六是完善优化监管体制机制。

会上，国务院南水北调办监督司通报了2017年运行监管工作情况和2018年工程运行监管重点工作，与会代表就工程运行监管工作做了交流发言。

国务院南水北调办建管司、监督司、监管中心、稽察大队和沿线省（直辖市）南水北调办（局）、各工程管理单位代表参加会议。

（摘自南水北调网，略有删改）

南水北调工程2018年安全管理暨防汛工作会议在郑州召开

2018年4月11—12日，南水北调工程2018年安全管理暨防汛工作会议在河南省郑州市召开。水利部副部长蒋旭光出席会议并讲话。会议期间，蒋旭光副部长会见了河南省人民政府副省长徐光，就有关工作进行了交流。

会议贯彻党中央、国务院关于安全生产和防汛工作的决策部署，传达了全国国土绿化、森林防火和防汛抗旱工作电视电话会议精神，按照2018年南水北调工作会议要求，总结经验，分析形势，研究部署南水北调工程安全管理和防洪度汛的重点工作。

蒋旭光肯定了2017年南水北调工程安全管理和防汛工作取得的显著成绩。在南水北调工程沿线各省（直辖市）人民政府和全体管理者的共同努力下，全年未发生重特大安全事故、责任事故和断水事件，工程安全平稳运行，确保了南水北调工程安全、度汛安全、供水安全和沿线人民群众生命安全。

针对当前工作，蒋旭光指出，各单位要按照"安全第一、预防为主、综合治理"的方针，紧紧围绕"稳中求进、提质增效"工作思路，把"稳"放在首位，突出防洪度汛安全重点，落实主体责任，强化安全监管和综合治理，全力做好南水北调工程防汛和运行安全管理各项工作。

蒋旭光强调，防洪度汛工作是南水北调工程运行安全的重中之重，各单位主要负责人务必增强"四个意识"，提高政治站位，健全"党政同责、一岗双责、齐抓共管、失职追责"安全责任体系，加强组织管理，落实主体责任，做到守土有责，守土尽责，严阵以待，严防死守。

蒋旭光强调，各单位要增强安全意识，以铁的决心、铁的手段、铁的纪律落实安全责任，规范运行管理人员安全管理行为，夯实安全管理基础。开展运行安全管理标准化建设，形成有南水北调特色的组织、责任、制度和监督体系及管理行为清单，为推进运行管理规范化、信息化、智能化建设奠定基础。要加强安全风险分级管控和隐患排查治理，杜绝和减少事故隐患。要加强特殊时期安全管理，强化人防、物防、技防等安全加固措施，努力消除运行安全隐患。要构建指挥统一、反应灵敏、协调有序、运转高效的应急管理机制，不断提高应急管理能力和管理水平。

会上，与会代表就工程防汛和安全管理工作做了交流发言，并赴中线双洎河渡槽工程现场观摩运行安全管理、防汛工作开展情况及运行安全标准化建设情况。

国务院南水北调办综合司、设计司、建管司、经财司、环保司、征移司、监督司、防办、设管中心、监管中心和南水北调工程沿线各省（直辖市）南水北调办（局）、项目法人、工程管理单位负责同志参加会议。

（摘自南水北调网，略有删改）

南水北调工程验收管理工作会在武汉市召开

2018年4月27日，南水北调工程验收管理工作会在湖北省武汉市召开，全面总结南水北调验收工作，分析形势和任务，研究部署和加快推进2018年验收工作。水利部副部长蒋旭光出席会议并讲话。

蒋旭光指出，在当前机构改革的过渡时期，要坚决做到"思想不乱、队伍不散、工作不断、干劲不减"，先立后破、不立不破，按照既定职责和"稳中求进、提质增效"的总思路、年初制定的工作计划，宁可做重、不能做漏，扎实推进各项工作。

蒋旭光强调，把好工程验收关，是全面检验设计和施工质量、考核投资效益的关键程序。东、中线一期工程只有通过验收，才算真正完成建设使命，真正完成党中央、国务院交给我们的任务。

蒋旭光要求，要充分认识南水北调工程验收工作的复杂性艰巨性，正确处理好专项验收与设计单元工程完工验收的关系，验收进度与验收质量的关系，工程验收与运行管理的关系。对南水北调下一步验收工作，一是要坚决贯彻落实八次建委会和2018年南水北调工作会议精神；二是要高度重视验收工作；三是要确保验收组织体系平稳过渡；四是要严格执行2018年验收计划；五是要抓紧制定验收总体进度计划；六是要严把验收质量关；七是要加快尾工建设；八是要加强考核奖惩。

会议通报了南水北调工程验收工作进展情况和2018年验收重点工作，省（直辖市）南水北调办（建管局）、项目法人、东线公司、项目建管单位、南水北调工程验收工作领导小组成员等单位作了交流发言。

南水北调工程验收领导小组成员单位，沿线各省（直辖市）南水北调办（建管局），项目法人、东线公司，项目管理单位主要负责同志参加会议。

（摘自南水北调网，略有删改）

第三届调水工程建设与运行管理交流会在北京召开

为深入贯彻落实习近平总书记新时期水利工作方针，促进新时代水资源优化配置、改善修复水生态环境、确保水安全，2018年5月29—30日，第三届调水工程建设与运行管理交流会在北京召开。水利部副部长蒋旭光出席会议并讲话。

蒋旭光指出，党的十八大以来，习近平总书记多次就治水兴水作出重要论述和重大部署，强调指出"要从全面建成小康社会、实现中华民族永续发展的高度重视解决好水安全问题"，并高瞻远瞩，提出了"节水优先、空间均衡、系统治理、两手发力"的新时期治水思路，这是我们做好新时期水利工作及南水北调工作的强大思想武器和科学行动指南。南水北调工程在践行治水新理念、强化水资源优化配置、加强水资源节约保护、保障人民饮水安全、支撑国家经济发展和国家重大战略实施、保障国家粮食安全，特别是在改善修复区域生态环境、促进资源节约型社会建设等方面发挥了重要作用，是缓解缺水地区水资源供需矛盾，实现水资源优化配置的有效举措，是国家重要的战略基础设施、大国重器，也是重要的民生工程、生态工程和战略工程。

蒋旭光强调，新时代的调水工程面临着新形势、新任务，要深入学习领会习近平总书记关于水利工作的重要思想，贯彻落实"节水优先、空间均衡、系统治理、两手发力"的治水思路。一要坚持节水优先，科学合理谋划调水工程；二要坚持系统治理，加强调水工程生态环保；三要聚焦现代化一流工程，加强调水工程建设管理；四要坚持提质增效，不断提高调水工程运行管理水平；五要两手发力，促进调水工程可持续发展。

交流会上，与会专家景来红作了《南水北调西线工程调水方案研究》报告，石定寰作了《我国可再生能源发展现状及趋势》报告，周长青作了《快速城镇化下的城市水源安全管理》报告。

黄河勘测规划设计有限公司、广东粤港供水有限公司等 10 家单位作了交流发言。

会后，代表们还调研了北京市南水北调配套工程和密云水库的建设运行情况。

交流会由原国务院南水北调办政研中心、南水北调中线建管局、南水北调东线总公司联合组织召开。有关专家，水利部、原国务院南水北调办机关及直属单位，国内主要调水工程单位、规划设计单位负责同志和代表 90 余人参加会议。

（摘自南水北调网，略有删改）

原国务院南水北调办举办迎"七一"暨学习交流大会

2018 年 6 月 27 日，原国务院南水北调办举办迎"七一"暨学习习近平总书记关于水利工作重要思想交流大会。水利部党组成员、副部长蒋旭光主持会议并作交流发言，驻部纪检组正局级纪检员唐宝振出席会议，原国务院南水北调办机关总经、总工和机关各司各直属单位主要负责同志发言，机关各司各直属单位干部职工 150 余人参加会议。

蒋旭光指出，习近平总书记关于水利工作的重要思想具有很强的现实针对性和重大的实践指导意义，部党组高度重视并带头学

习，办机关各党支部（党委）按照部党组要求，通过党组（党委）中心组学习、党员大会、党小组会、专题学习讨论、撰写学习心得等多种形式，认真组织党员干部学习习近平总书记关于水利工作重要思想，取得了初步成效。下一步还要在深化学习、狠抓落实上再下功夫，要将学习习近平总书记关于水利工作的重要思想作为头等大事，结合南水北调工作实际，细分专题学，加深理解，学思践悟，将习近平总书记关于水利工作的重要思想领会透彻，切实转化为做好实际工作的具体措施。

蒋旭光强调，机构改革过渡期，要进一步加强机关党建工作。一是各级党组织书记要把全面从严治党主体责任承担好、落实好，把党建工作抓具体、抓深入、抓实在、抓精准，做到守土有责，守土尽责。二是要突出做好思想政治工作，关心关爱干部职工，及时了解干部职工所思所想，切实帮助干部职工解决实际问题。三是要强化党风廉政建设，加强经常性纪律教育和警示教育，加强日常监督，扎紧扎牢扎密制度的笼子，尽快完成廉政风险防控手册的编制，做好关键领域、关键岗位、关键工作的廉政风险识别和防控工作。四是要坚持"三会一课"、民主生活会、组织生活会、主题党日活动、民主评议党员等基本制度，严格党内政治生活，加强党员日常教育管理监督。近期要认真组织开展好"不忘初心，重温入党志愿书"主题党日活动，教育党员干部进一步强化党性观念，更好地发挥先锋模范作用。

（摘自南水北调网，略有删改）

2018 年南水北调宣传工作会议在青岛召开

2018 年 6 月 28 日，2018 年南水北调宣传工作会议在山东省青岛市召开。会议深入贯彻落实习近平总书记新时期治水思路，按

照南水北调"稳中求进、提质增效"的总体思路和加强宣传工作的要求,研究探讨新形势下宣传工作的新思路、新方法,部署下一阶段工作。水利部党组成员、副部长蒋旭光出席会议并讲话。

蒋旭光充分肯定了南水北调宣传工作取得的成效,强调系统各单位围绕工程通水运行大局,扎实开展南水北调宣传工作,新闻宣传不断加强,重点策划亮点纷呈,专项工作硕果累累,舆情引导成效明显,信息工作更加充分,为南水北调工程营造了良好氛围。

针对南水北调工作面临的新形势、新任务,蒋旭光指出,要认清形势、转变思路,增强使命感和责任感。一是南水北调工程所发挥的巨大效益,迫切需要宣传工作与之相适应相匹配。二是南水北调事业的发展,迫切需要宣传工作为之引领为之鼓劲。三是社会各界对南水北调工程的关注,迫切需要通过宣传工作解疑释惑。四是新技术新媒体时代舆论环境的新变化、新特点,迫切需要宣传工作牢牢守住主阵地掌握主动权。

蒋旭光强调,各单位要按照党组统一部署,深入学习贯彻落实习近平总书记新时期治水思路,积极推动各项宣传工作。宣传工作中要时刻牢记党的宣传工作指导方针,坚持把握多干多说的总基调、正面宣传为主的总原则、总方向,加强舆论引导,主动作为,积极创新,努力开创南水北调宣传工作新局面。

当前要做好以下重点工作:一是充分学习领会宣传习近平总书记新时期治水思路;二是深入挖掘南水北调作为国之重器的深刻内涵;三是突出宣传南水北调在生态文明建设中的重要作用;四是进一步发挥各类媒体的作用;五是切实增强宣传能力。

水利部办公厅,原国务院南水北调办综合司、设计司、经财司、建管司、征移司、监督司、政研中心、监管中心、设管中心和南水北调工程沿线各省(直辖市)南水北调办(局)、移民办(局)、环保部门、项目法人、工程运行管理单位负责同志参加会议。

(摘自南水北调网,略有删改)

原国务院南水北调办直属机关团委组织召开"学习贯彻团十八大精神,进一步扎实做好团和青年工作"专题会

2018 年 6 月 29 日,原国务院南水北调办直属机关团委组织召开"学习贯彻团十八大精神,进一步扎实做好团和青年工作"座谈会,直属机关党委常务副书记卢胜芳出席并讲话,直属机关团委委员、直属单位团组织负责人参会。

会议认真学习了王沪宁同志代表党中央在开幕式上的致词《乘新时代东风 放飞青春梦想》,参会人员就学习情况与自身业务相结合畅谈了认识和体会。大家纷纷表示此次大会是一次胜利的大会,广大青年同志深受鼓舞,为如何做好新时代青年工作指明了方向;作为南水北调青年人要坚决维护以习近平同志为核心的党中央权威,牢记习总书记对青年的谆谆教诲,始终坚定理想信念,不断提升综合能力,为南水北调工程安全平稳运行、为实现中国梦贡献青春力量。

参会人员就各单位机构改革期间青年思想动态、已开展的工作及下步工作安排进行汇报研讨。

卢胜芳书记对机关团委迅速开展学习贯彻团十八大精神和团组织近期开展的各项工作给予肯定,对下一步工作开展提出具体要求。他指出在机构改革过渡期间,要进一步加强团和青年工作,各级团委要重点关注青年员工的思想状况,履行好组织青年、引导青年、服务青年的职能,切实做到"思想不乱、工作不断、队伍不散、干劲不减"。

(摘自南水北调网,略有删改)

南水北调中线生态补水效益新闻通气会召开

2018 年 8 月 2 日，水利部召开南水北调中线生态补水效益新闻通气会。会议指出，南水北调中线一期工程日前完成首次正式向北方 30 条河流生态补水，截至 6 月 30 日累计补水 8.68 亿 m^3。

据原国务院南水北调办综合司司长、新闻发言人耿六成介绍，工程沿线白河、清河、澧河、滏阳河、七里河、滹沱河、瀑河、北拒马河等 30 条河流得到生态补水，沿线城市河湖、湿地以及白洋淀水面面积明显扩大，大幅度改善了区域水生态环境，受水河流重现生机与活力，部分区域地下水位有不同程度回升。

作为国家战略性基础设施，南水北调中线工程在保障京津等华北地区城市供水安全的同时，也发挥了巨大的生态环境效益。

在河南，中线工程向郑州、南阳、焦作等 12 个城市生态补水，涉及白河、清河、颍河等 18 条河道，补水河湖周围地下水位得到不同程度回升。耿六成表示，河南省补水后的河湖水量明显增加。

在河北，此次生态补水共覆盖石家庄、邯郸、保定等 7 个城市，涉及滏阳河、瀑河等 11 条河道，为白洋淀实施生态补水 1.12 亿 m^3。白洋淀上游干涸 36 年的瀑河水库重现水波荡漾，徐水区新增河渠水面面积约 43 万 m^2，河道周边浅层地下水埋深平均回升 0.96m，不仅改善了白洋淀上游水生态环境，对淀区水质和生态环境提升作用更为明显。

天津市充分利用南水北调水源，为重要河湖湿地和缺水区域实施生态补水。海河水生态得到明显改善，地下水位回升。生态补水有效促进了城市水生态环境改善，中心城区环境水质明显好转，4 个河道监测断面水质由补水前的 Ⅲ ~ Ⅳ 类改善到 Ⅱ ~ Ⅲ 类，其他河道水质也得到不同程度改善。

（摘自中国新闻网，略有删改）

原国务院南水北调办召开党建工作联席会暨党建制度培训会

2018 年 8 月 7 日，水利部副部长蒋旭光主持召开原国务院南水北调办党建工作第九次联席会议暨党建制度培训会，学习《关于新形势下党内政治生活的若干准则》，听取各单位机构改革期间党建工作及干部职工思想状况汇报，研究部署下阶段党建工作。直属机关党委、纪委负责同志，各司各直属单位党支部（党组、党委）书记和纪检委员（纪检组长、纪委有关同志）参加会议。

会议观看了《关于新形势下党内政治生活的若干准则》专家讲解视频，蒋旭光解读了《关于新形势下党内政治生活的若干准则》学习重点，并要求各单位反复学深入学，读原文悟原理，切实加强和规范党内政治生活，推进全面从严治党深入发展。

在听取各单位汇报后，蒋旭光指出，近段时间，办机关各党支部（党组、党委）认真落实部党组要求，党建工作形式多样，内容丰富，效果很好，为机构改革期间各项工作提供了有力的思想政治保障。蒋旭光强调，当前，机构改革已进入关键期和敏感期，要紧抓党建工作不放松，充分发挥党建工作的政治引领作用。一是各单位党组织负责人要切实担负起全面从严治党责任，把党的建设贯穿到业务工作中，不停歇不松劲，切实落实好主体责任和监督责任。二是要提高政治站位，统一思想认识，切实增强"四个意识"，坚定"四个自信"，保持政治定力，坚决贯彻落实好党中央决策部署和水利部党组安排。三是要突出做好机构改革中的思想政治工作，各级党组织要采取具体的有针对性的措施，开展深入的一对一的谈心谈话，及时传达精神，讲清政策，解疑释惑。四是要严守机构改革期间党的纪律，严守六大纪律，按程序和规则办事，自觉服从组织安排，正确对待个人得失，维护和谐稳定大局。五是要加强党风廉政建设，加强监督执纪问责，强化廉政风险防控，教育党员干部守住廉政底线。六是要一以贯之地做好当前各项工作，尤其是要做好防汛安全工作，确保工作不断档不断线，确保南水北调工程安全平稳运行，确保机关正常有序运转和大局稳定。

（摘自南水北调网，略有删改）

南水北调验收工作领导小组召开第一次全体会议

为适应机构改革后的新变化、新要求，加强南水北调东、中线一期工程验收工作的组织领导，水利部成立南水北调工程验收工作领导小组。2018 年 10 月 22 日，水利部副部长、验收工作领导小组组长蒋旭光主持召开领导小组第一次全体会议，讨论通过了领导小组工作规则和南水北调工程验收近期工作要点。

蒋旭光指出落实部党组工作要求、做好南水北调东、中线一期工程验收，是发挥南水北调各项战略任务、践行新时期治水思路的重要工作。南水北调验收既是对工程12年建设历程的总结，也是落实十九大部署、面向新时代充分发挥南水北调完善水网功能的开篇，是一项重大政治任务。

蒋旭光强调，南水北调验收工作在机构改革后迎来了新契机，同时也存在难点和风险。因此，要全力以赴保证东、中线一期工程验收科学规范、高效快速推进，如期实现验收工作目标，并经得起历史和实践的检验。

蒋旭光要求，验收工作要坚持问题导向，按照鄂竟平部长"五个什么"的要求，积极谋划、主动作为，以最大决心、最强力度、最实措施、最硬监管抓落实。一是健全机制、压实责任，各成员单位按照职责分工迅速进入角色、明确责任，各司其职，分兵把口。二是细化管理，加强协调，计划环节要细化到事，时间要细化到月，责任要明确到人，挂图作战、动态追踪、精准施策。三是加强沟通协调，保证有序高效，重点问题合力攻坚。四是强化监管、做好保障，建立催办、督办、约谈和通报机制，量化指标、严格考评，强化考核结果运用。五是及时发现、树立和宣传验收工作先进典型，营造良好环境和氛围。

水利部南水北调工程验收工作领导小组成员出席会议。

（摘自南水北调网，略有删改）

水利部召开南水北调中线冰期输水工作部署会

2018 年 11 月 5 日下午，水利部副部长蒋旭光主持召开会议，听取南水北调中线干线工程冰期输水准备工作情况汇报，对进一步做好冰期输水工作进行安排部署。

在听取了相关情况汇报后，蒋旭光对当前已开展的冰期输水准备工作予以肯定。他指出，南水北调中线干线工程全线通水以来，已经历数次冰期输水的考验，保证了冰期输水安全。中线运行管理单位要深入总结以往工作经验，充分把握冰期输水特点，紧盯工程防护重点，继承和发扬好机制、好做法，确保冰期输水安全稳定运行。

蒋旭光强调，面对复杂多变的气候条件，提高警惕意识，要以"防极端天气、防特大冰情，确保供水安全"为目标，完善预案、扎实准备，不断提高防范能力和水平，确保冰期无虞；要进一步提高责任意识，强化行政监管职责，逐级明确并压实责任；要完善技术手段，不断提升信息化水平，畅通信息渠道，紧盯气象信息，科学调度，确保供水安全；要完善应急预案，盯实重点部位，合理布设融冰扰冰设备，确保现场各项设备正常运转并发挥作用；要坚持问题导向，深入检查排查薄弱环节、风险隐患，补齐工作短板，以临战状态做好各项准备工作。

水利部南水北调司、监督司、监管中心、中线建管局有关负责同志参加会议。

（摘自南水北调网，略有删改）

南水北调工程运行管理工作会在北京召开

2018 年 11 月 13 日，水利部在北京召开南水北调工程运行管理工作会议。水利部副部长蒋旭光出席会议并讲话。

蒋旭光强调，南水北调工程运行管理工作要坚持"水利工程补短板、水利行业强监管"的工作总基调，进一步完善南水北调工程运行管理工作体系，着力打造南水北调工程运行品牌、管理品牌，持续规范运行管理、夯实安全基础、扩大供水范围、提高用水效率，在确保工程运行安全的基础上，充分发挥工程效益。

针对下一步工作，蒋旭光强调，要坚持问题导向扎扎实实"补短板"。一是严格落实工程管理单位运行安全主体责任；二是深入推进工程运行管理标准化、规范化建设；三是加强应急能力建设；四是加强冰期输水管理；五是全力抓好防汛工作；六是加快推进左岸排水防洪影响处理工程建设、保护范围划定和桥梁超限超载治理；七是持续做好工程安全防范工作，深入开展运行安全教育培训。

蒋旭光同时强调，要坚守安全底线持之以恒"强监管"。一是抓紧健全完善南水北

调工程运行管理工作体系。按照机构改革新形势和水利部"三定"方案，从制度体系、组织体系和工作机制三个方面着手，抓紧构建科学合理有效的工程运行管理工作体系。二是严格落实运行安全监管责任。根据机构改革后新情况、新职能，进一步完善工程运行安全监管责任体系，将责任落到实处。三是进一步强化工程运行安全巡查工作。要通过全方位、不间断的问题查摆整改，不断夯实工程运行安全基础。四是进一步强化工程管理单位内部监管。各单位要通过飞检、互检、抽查等形式，及时发现和消除安全隐患，不断提升工程运行安全管理水平。五是加大责任追究力度。要按照"四不放过"原则严肃责任追究，强化运行安全工作考核。

水利部南水北调工程管理司、水资源管理司、监督司、调水管理司、长江水利委员会、淮河水利委员会、南水北调规划设计管理局、南水北调政策及技术研究中心、南水北调工程建设监管中心、南水北调工程设计管理中心和南水北调工程沿线各省（直辖市）水利（水务）厅（局）、南水北调办（建管局），汉江水利水电（集团）有限责任公司，以及各工程管理单位有关负责同志参加会议。

（摘自南水北调网，略有删改）

南水北调工程验收暨完工财务决算工作会在北京召开

2018 年 12 月 25 日，水利部在北京召开南水北调工程验收暨完工财务决算工作会，总结南水北调验收工作及财务决算编制工作，在"水利工程补短板、水利行业强监管"的总基调下，客观分析南水北调工程验收工作面临的形势任务，进一步统一思想、落实责任，研究部署今后工作。水利部副部长蒋旭光出席会议并讲话。

蒋旭光指出，各相关省（市）水利厅（局）、南水北调机构负责人和项目法人要提高政治站位，高度重视南水北调工程验收工作。抓好验收工作是南水北调工程全面发挥综合效益的需要，是南水北调工程基建程序完备、完成南水北调工程建设任务的需要。目前，南水北调工程验收工作取得了积极成效，验收工作体系逐步完善，建立了专项协调机制，研究了量化指标考核机制，设计单元完工验收和财务决算工作推进规范有序，为下一步完成验收任务奠定了坚实的基础。

蒋旭光强调，随着机构改革到位，南水北调验收和财务决算工作迎来了新契机，组织得到了加强，工作更高效，工程经多年通水运行检验，发挥了重大效益，为验收提供了客观事实依据。但同时还要看到南水北调验收和财务决算工作的复杂性、艰巨性，存在的难点和风险，形势严峻。

蒋旭光要求，针对下一步工作，一要统一思想、进一步提高认识；二要健全机制、压实责任；三要细化管理、加强协调；四要加强监管、做好保障；五要全力推进尾工建设；六要重点解决完工财务决算工作的难点和重点问题。

水利部总经济师张忠义，水利部办公厅、规划计划司、财务司、水土保持司、水库移民司、监督司、南水北调工程管理司、水利水电规划设计总院、南水北调工程建设监管中心、南水北调工程设计管理中心，以及工程沿线省（市）水利机构（南水北调办）、项目法人、工程委托和代建机构负责人参加了会议。

（摘自南水北调网，略有删改）

贰 重要讲话

IMPORTANT SPEECHES

国务院南水北调办党组书记、主任鄂竟平在 2018 年南水北调工作会议上的讲话

（2018 年 1 月 17 日）

同志们：

这次会议是在中国特色社会主义进入新时代、南水北调事业发展关键时期召开的。会议的主要任务是：高举习近平新时代中国特色社会主义思想伟大旗帜，深入贯彻党的十九大精神和中央经济工作会议精神，全面落实建委会八次全会决策部署，认真总结全面通水以来的经验教训，客观分析南水北调工作面临的形势和使命，进一步统一思想、明确目标、落实责任，奋力开创南水北调事业新局面。

下面，我讲三点意见。

一、过去工作的回顾

东、中线一期工程进入运行管理新阶段后，我们牢记习近平总书记重要指示，积极适应转型需要，针对运行管理起步阶段的主要矛盾，提出了"稳中求好、创新发展"的工作总思路，对内建机制、定规矩、强监管，对外遵法规、勤协调、谋共赢。几年来，工程运行平稳，水质稳定达标，移民稳定发展，效益显著发挥，后续工程有序推进。2017 年，我们更是取得了"稳的态势进一步巩固，好的形势基本形成，创新发展取得实质性进展，全面从严治党继续强化"的好成绩。

（一）"稳"的态势进一步巩固

南水北调系统紧紧围绕防风险保安全这一主题，坚持"稳"字当头，稳扎稳打，守住了工程平稳运行、水质稳定达标、移民总体安稳、收尾稳步推进四条底线。

（1）工程运行平稳。成功应对了沿线暴雨洪水考验，化解了极寒天气下冰冻威胁，及时妥善处置了中线金灯寺涌水险情，

避免了工程质量事故和供水安全事故。实践证明，工程质量可靠，运行安全平稳。

安全生产常抓不懈。严格落实安全生产责任制，全面梳理确定防汛重点部位和风险点，明确责任人，强化风险源管理，开展多轮多批次督查，排查安全隐患。国务院南水北调办领导带队对 73 个重点项目全覆盖检查。完善应急预案，开展实战演练。完善安保反恐体制机制，东、中线 67 个警务室挂牌执法，中线 43 个管理处完成安保接管。

始终保持监管高压态势。延续"三位一体"监管机制和"三查一举"监管方式，通过飞检、专项稽察、重点项目巡查、专项督查、举报受理、月度会商、责任追究等措施，严查问题，紧盯整改，严肃追责，消除隐患。全年常规飞检 120 组次、专项飞检 16 组次、专项稽察 18 组次、办领导特定飞检 45 次，设立举报公告牌 1535 块，受理举报事项 70 余项。

积极协调消除安全隐患。协调推进中线左岸防洪影响处理工程建设，批复的 250 项工程已基本完工 130 项。运管单位积极配合开展保护范围划定，中线已基本完成，东线方案已报水利部。中线跨渠桥梁管理移交基本完成，超限超载治理不断加强。京津冀豫四省（市）将中线应急管理纳入地方应急体系，应急能力日趋完善。

（2）水质稳定达标。扎实推动实施规划治污项目，积极建立健全水质安全风险防范体系，中线水质稳定达到或优于Ⅱ类，东线水质保持Ⅲ类。

严格落实水质保护责任。国务院南水北调办与中线豫鄂陕三省签订水源保护目标责任书，明确水质"只能更好，不能变坏"的目标要求。水源区和沿线各地层层压实责任，将水质达标纳入地方政府治污目标责任书，把治污工作纳入综合考核指标体系。

夯实治污环保基础。中线豫鄂陕三省积极落实《丹江口库区及上游水污染防治和

水土保持"十二五"规划》，全面启动实施"十三五"规划，东线苏鲁两省全面落实"水十条"。国务院南水北调办积极协调将东线深化治污项目纳入《重点流域水污染防治规划（2016—2020年）》，将南水北调水源区及沿线作为优先整治区域纳入《"十三五"生态环境保护规划》。针对湖北十堰五条严重污染河流，制定"一河一策"补充治污规划，因河施策。对东线水污染防治、中线水源区生态建设等进行专项督查。

健全水质安全保障体系。协调出台水质监测方案，开展国控断面加密监测和逐月监测。构建"信息互通、衔接配合、多层次、可对比"监测体系，做好藻类防控，加强汛期水质保障，采取措施防范跨渠桥梁桥面排水污染，会同地方全面排查整治干渠两侧污染源。

（3）移民总体安稳。各地严格落实责任，开展矛盾纠纷排查化解，创新移民村社会治理，建立维稳应急机制，加固维稳措施，确保移民和社会大局稳定。

深抓移民维稳。"两会"和十九大期间，研究采取加固措施，逐村逐户全面排查，建立省到村的维稳信息员网络，上下联动，确保了征地移民群众和社会稳定。河南省充分发挥移民村民事调解委员会作用，把矛盾化解在基层，对重点信访案件实行挂牌督办和领导包案。湖北省组织矛盾分类，逐一化解，对信访疑难积案和"缠访"个案运用行政、法律等手段，集中"会诊"。

以人为本帮扶受灾移民。国务院南水北调办积极筹措补助资金，协调帮助湖北省开展移民灾后安置和生产生活恢复工作。湖北省加强组织领导，第一时间安全转移安置受灾移民，妥善安排灾后重建工作。

高度重视丹江口水库地质灾害防治问题，积极协调国土资源部赴库区开展调研并联合发文，落实地质灾害应急处置项目资金，明确豫鄂两省组织编制地灾防治专项规划有关工作。

（4）收尾稳步推进。严把投资收口。建立系统内部审计约束机制，规范资金监管，查找问题，落实整改，审减投资，消除隐患。开展概算专项核查，严控新增项目。

加快建设扫尾。中线纳入督办的变更新增项目全部完成。东线管理设施工程建设按计划有序推进。

按计划开展验收工作。编制完成东、中线一期工程总体竣工验收工作方案，建委会八次全会原则通过。累计核准56个设计单元完工财务决算，占全部155个设计单元的36%。用地手续办理取得突破，天津市率先将土地证移交中线建管局。2017年计划的14个设计单元完工验收全部完成，累计完成56个。充分利用丹江口水库来水较多的有利条件，顺利完成167m高程蓄水试验，中线首次实现入渠流量达到设计规模350m³/s。

（二）"好"的形势基本形成

系统上下奋发有为，开拓进取，在"稳"的基础上，各项工作再上新台阶，工程效益显著发挥，"好"的形势基本形成。

（1）管理水平明显提高。运管单位组织开展运行管理标准化建设，试点单位扩大到30家，一批有代表性的标准化渠段、闸站、泵站初步形成。中线建管局积极推进管理流程规范化、清单化专题试点，江苏水源公司扎实推进"规范化、标准化、精细化、信息化"建设，山东干线公司组织开展ISO9000体系认证。国调办组织开展现地管理处规范化建设和监管试点。

（2）水质持续向好。各地不断深化治污措施，加强生态保护，东线水质总氮浓度有所降低，中线干线Ⅰ类水质断面比例由2016年的38.6%增至84.9%，藻密度明显低于2016年同期。国务院南水北调办发布实施中线投放危险物举报处置管理办法，与冀豫两省联合组织开展突发水污染事件应急演练。运管单位建立应急队伍，完善物资储备。中线丹江口水库饮用水水源地规范化建设稳步推进，沿线水源保护区划定工作取得突破性进展。干渠沿线生态带建设步伐加快，中线京津豫境内生态带建设基本完成，累计建成近700km、20万亩。

（3）移民帮扶取得新进展。积极推动移民后扶规划，研究协调筹资渠道。豫鄂两省加大帮扶力度，确保移民群众安居乐业，库区和移民安置区长治久安。移民生产生活条件得到较大改善，初步实现身安、心安、业安。河南省实施"强村富民"战略，确立"一村一品"、普惠制帮扶和壮大村集体经济思路，整合各类资金以集体资产形式投向生产项目，移民村经济发展势头强劲；落实"五美"标准，"宜居、宜业、秀美"的美丽移民村建设取得新进展。湖北省坚持政府主导、企业带动、移民主体、产业支撑的发展思路，大力发展移民村特色产业，壮大集体经济，促进移民致富。

（4）脱贫攻坚取得新成绩。多方协调，多措并举，全力推进扶贫帮包工作，郧阳区圆满完成2017年度脱贫目标，全区脱贫4.6万人，出列重点贫困村31个。协调有关部委支持郧阳区项目资金1300万元，协调郧阳区地灾紧急防治项目资金5300万元，推动北控集团与郧阳区签署战略合作协议。湖北省移民局、南水北调办及北京市东城区提供帮扶资金2400万元；中线建管局新录100多名安保人员，并安排贫困劳动力参与工程维护；东线公司帮助开展农业技术培训；山东建管局联系青岛啤酒公司与郧阳区开展业务洽谈；挂职干部和驻村第一书记积极帮助地方脱贫。

（5）配套工程加快推进。各地配套工程大头落地，京津两市已具备接纳规划水量的能力。河北水厂以上输水管线工程全部建成，128座水厂中124座已基本实现江水切换。河南水厂以上输水管线工程基本建成，89座水厂中61座已实现江水切换。山东水厂以上输水管线37个供水单元中36个基本建成。江苏批复了配套工程实施方案。

（6）供水量逐年增加。2016—2017年度，东线向山东省调水8.89亿m³，是上一年度的1.5倍；中线净供水45.15亿m³，为年度计划的115%，是上一年度的1.2倍。在原调水计划的基础上，又分别向京津两市调增1亿m³、1.05亿m³，保障了北京"一带一路"国际合作高峰论坛和天津全运会用水；利用汉江秋汛为沿线补充生态水约3亿m³。截至2018年1月，东线已累计抽江水135亿m³，调水到山东省21亿m³；中线累计向京津冀豫四省（直辖市）调水119亿m³。工程从根本上改变了受水区供水格局，南水已成为不少北方城市的"主力"水源，直接受益人口超过1亿人，比2016年增加了1000多万人。

（7）供水效益越来越好。工程通水以来，对保障京津冀协同发展等国家重大战略实施、支撑经济社会发展、促进生态文明建设发挥了十分重要的作用。

社会、经济效益十分显著。北京市城区南水占到自来水供水量的73%，密云水库蓄水量自2000年以来首次突破20亿m³，增强了北京市的水资源储备，提高了首都供水保障程度，中心城区供水安全系数由1.0提升到1.2，自来水硬度由过去的380mg/L降低至120mg/L。天津市14个区居民全部喝上南水，南水北调已成为天津市供水的"生命线"。河南省受水区37个市（县）全部通水，郑州市中心城区自来水八成以上为南水。河北省80个市（县）用上南水，在黑龙港流域9县开展城乡一体化供水试点，沧州地区400多万人告别了长期饮用高氟水、苦咸水的历史。江苏省50个区（县）共4500多万亩农田的灌溉保证率得到提高。山东省胶东半岛实现南水全覆盖。汉江中下游四项治理工程效益持续发挥，兴隆枢纽抬高水位为 300 余万亩农田提供了稳定的灌溉水源，电站累计发电 8.5 亿 kW·h；引江济汉工程累计向汉江下游补水约 99 亿 m³。

生态效益逐步显现。随着南水用量的增长，多地地下水位长期不断下降的趋势得到有效遏制，开始回升，受水区生态环境得到较大改善。北京城区新增水面 550 hm²，应急水源地地下水位最大升幅达 18.2 m，平原区地下水位平均上升近 0.8 m。天津市海河水生态得到明显改善，地下水位保持稳定或小幅回升。河北省利用南水先后向滹沱河、七里河生态补水 0.8 亿 m³，试点区浅层地下水位回升 0.58 m。河南省平顶山、郑州、焦作等城市水环境明显改善，受水区浅层地下水位平均升幅达 1.1 m。湖北省十堰市五条河恢复了水清草美的景象。江苏省以东线输水干线为主轴努力打造江淮生态大走廊。山东省累计向南四湖、东平湖生态补水近 3 亿 m³。

（8）水费收缴逐年增加。国务院南水北调办会同省（市）南水北调办，多管齐下力促水费收缴。各地积极创新建立水费收缴机制，北京市成立水费收缴中心，授权签订水费收缴协议，山东省将南水北调基本水费纳入市县两级财政预算。截至 2018 年 1 月，东、中两线共收取水费 168.63 亿元（中线 131.88 亿元、东线 36.75 亿元），水费收取额逐年增长。2017 年共收取水费 74.43 亿元（中线 58.56 亿元、东线 15.87 亿元），较 2016 年增长 19.4%。

（9）工程形象面貌更好。一是通水以来，工程在保障供水、生态恢复、改善水质等方面效益显著，得到受水区人民群众一致称赞，工程社会形象明显提升。二是通过规范化建设，工程风格一致、标识统一，进一步提升沿线绿化景观效果，打造了美观大方的工程形象。三是全方位、多层次宣传工程重大意义，充分展示工程成果及效益，将南水北调建设成就纳入中宣部十九大宣传计划，配合央媒拍摄播出纪录片《辉煌中国》《超级工程》，参加"砥砺奋进的五年"大型成就展，在全社会引起强烈反响。

（10）干部职工素质明显提高。通过深入推进全面从严治党，南水北调系统各级党组织的凝聚力、战斗力不断增强，"负责、务实、求精、创新"的南水北调精神得到进一步弘扬，广大党员干部呈现出昂扬向上、奋发有为的精神状态。基层党组织的战斗堡垒作用、领导干部的表率垂范作用、党员的先锋模范作用得以充分发挥，涌现出一大批优秀党员、先进工作者和劳动模范，为南水北调事业健康发展提供了坚强保障。

（三）"创新"迈出新步伐

全系统充分认识创新是引领发展的第一动力，在"创新"方面进行了大胆尝试和有益探索。

（1）理念创新。坚持理念创新引领实践创新，有效破解难题。水质保护上，水源区牢固树立"绿水青山就是金山银山"的发展理念，不断把污染治理、生态保护推向新高度。水资源利用上，认真践行习近平总书记治水新理念，扎实开展节水、治污、地下水压采等工作，推动经济社会与生态环境协调发展。移民帮扶上，始终坚持以人为本和精准脱贫新理念，积极争取各方支持，多措并举帮助移民发展致富。工程管理上，始终坚持开放共享新理念，加强与国内外调水工程交流，相互学习、相互借鉴、共同提高。

（2）思路创新。不断研究和适应新形势，开拓新思路，谋划新发展。东线方面，按照先通后畅的思路，以应急供水为切入点，紧紧把握国家设立雄安新区历史契机，主动对接相关省（市），推动应急供水和后续工程前期工作进度。中线方面，统筹应急调蓄工程、抽水蓄能电站与雄安新区砂石骨料基地建设、用电保障四项需求，主动对接雄安投资集团，提出了综合开发利用方案，得到国务院领导和各有关方面首肯。

（3）体制创新。以保障工程安全运行、充分发挥工程效益、实现国有资产保值增值为目标，紧密结合国家深化国有企业改革新形势，创新加强南水北调建设和运行管理顶层设计，提出了南水北调集团有限公司组建方案，已报国务院待批。积极推动东线工程体制和运行管理模式落实，国务院南水北调办和山东省已就有关问题达成一致意见，与江苏省形成初步共识。

（4）机制创新。工程管理上，创建省部级联席会、季度协调会、双周会商等机制，有力推进工程验收、左岸防洪影响处理工程建设、跨渠桥梁超载治理等工作。运行监管上，建立完善月度会商和问题研判机制，有力促进问题整改。水量调度上，建立与水利部和沿线省（市）的沟通协商机制和应急管理机制，确保年度调度计划有效执行，确保调度安全，同时满足受水区各省（市）的临时调整需求。移民维稳上，建立完善信访联络机制、应急和风险防控机制。治污环保上，建立水源保护目标考核、信息通报机制。内部管理上，建立重要事项督办机制，确保各项工作扎实落地。

（5）方法创新。资金管理上，创新制定办管企业财务报告制度和建设期运行管理阶段财务管理规范。投资管理上，商发展改革委、审计署制定了暂剩余投资使用管理办法。宣传工作上，协调开通"两微一端"。党建工作上，创新建立党建工作联席会、纪检工作联席会两个"平台"。企业管理上，中线建管局加快向分局、管理处下放权力；江苏水源公司试点实行经费包干制和所长派驻制；湖北省南水北调管理局派驻机关干部参与工程一线管理。

（6）科技创新。积极推动"南水北调中东线工程运行管理关键技术及应用"国家科技计划项目研究，取得一大批实用技术成果。积极推动信息化建设，编制《智慧南水北调规划（纲要）》。充分发挥科技创新主体作用，中线建管局开展闸门开启度、水位、流量实时预警及监控系统建设，进行膨胀土渠段变形自动化监测、工程巡查实时监管系统研发，完成水体污染控制与治理科技重大专项国家科研立项；鼓励一线员工加强技术创新，研发了新型拦油、拦藻及相关应急处置装备。江苏水源公司研发"智慧泵站"软件，利用新技术开展远程故障诊断。

（四）"发展"取得新突破

南水北调系统以护好水、调好水、用好水为着力点，立足自身优势和特点，做足"水"文章，在业务拓展、后续工程推进、水源区和受水区可持续健康发展等方面取得了较好"发展"。

（1）有序推进后续工程。积极协调有关方面开展东线二期工程规划、西线工程规划方案比选论证、"引江补汉"工程规划，其中东线后续前期规划工作时限从2018年8月底提前到4月底。立足京津冀区域协同发展大局，开展东线一期工程北延应急供水线路方案研究论证并上报国务院，国务院领导已作出重要批示，有关部门和省（市）正在开展相关工作。组织开展中线断水应急工程前期论证研究，河南观音寺调蓄工程和洪洲湖抽水蓄能调蓄工程已经列入当地"十三五"规划。河北省研究开展向廊坊市北三县延伸供水工程前期工作。向雄安新区供水的调蓄池建设项目得到国务院领导批示和各方积极响应，已被纳入正在编制的雄安新区规划中。国务院南水北调办结合国家区域协调发展战略，就国民经济、社会发展、产业调整等与西线工程的关系开展深入研究。

（2）积极寻求新的增长点。江苏水源公司大做"水"文章，通过推动企业合作与资本并购、构建多元水务业务、加快介入地方水务PPP市场、子公司上市等举措，多领域参与并获得多项业务，向做强做大企业目标迈出坚实步伐。中线建管局经营发展多点推进，光伏发电试点、西黑山电站等项目取得较大进展，"以地换绿、建养统筹"绿化试点启动实施。东线公司组织开展以保障京津冀城市规划和产业布局用水为主要内容的专题研究前期工作。

（3）推动受水区绿色发展。工程通水以后，京津等北方大中城市基本摆脱了缺水制约，为经济结构调整创造了条件。受水区各地深入落实"三先三后"原则，大力推广节水技术，淘汰限制高耗水、高污染行业，实行区域用水总量控制，加强用水定额管理，提高用水效率和效益；落实两部制水价政策，有力推动水价改革，促进节水型社会建设。国务院南水北调办召开"三先三后"工作促进会，跟踪督促落实。目前受水区万元 GDP 用水量、灌溉水有效利用系数、万元工业增加值用水量等节水指标全国领先，地下水累计压采 8.22 亿 m³，水生态环境得以较大改善，受水区步入了绿色发展新阶段。

（4）促进水源区转型发展。持续加大对中线水源区转移支付支持力度，财政部近三年累计安排资金 120 多亿元，有效提高了水源区基本公共服务均等化水平。京津两市和中线水源区豫鄂陕三省开展对口协作，三年间安排协作资金 23.1 亿元，支持水源区实施生态建设、环境保护、生态特色产业发展。通过规划项目的实施，水源区基本实现了县级及库周重点乡镇污水、垃圾处理设施全覆盖，水源涵养能力不断增强。东线苏鲁两省通过提高排污标准，倒逼企业转型升级和产业结构调整，探索出了国家重点流域水污染防治工作新模式，为经济快速发展过程中解决治污难题提供了样板。

（五）全面从严治党，政治保障不断增强

国务院南水北调办高度重视党建工作，牢固树立"抓党建是最大的政绩"理念和"党的一切工作到支部"的鲜明导向。办党组切实担负起全面从严治党责任，以党的政治建设为统领，以制度建设为突破口，以加强基层党建工作为着力点，以发挥南水北调基层党组织战斗堡垒作用和党员先锋模范作用为目标，坚持思想建党、组织建党和制度建党相结合，推进南水北调党建工作再上新台阶，为业务工作提供坚实思想基础和政治保障。

（1）落实全面从严治党责任。创新建立完善管党治党工作机制，构建了党组书记负总责、分管领导分工负责、机关党委推进落实、司局长"一岗双责"的党建工作格局。党建工作领导小组统筹协调、谋划引导、督促落实等职能得到充分发挥。发挥党建工作联席会、纪检工作联席会两个"平台"作用，整合力量，传导压力，压实责任，加强党建、纪检工作的统筹规划和推动落实。统筹党建与业务工作，将党建工作与业务工作同部署、同推进、同落实、同检查、同考核。通过经常性督察、干部考核和党建考核等多种手段，加强对各级领导班子抓党建的督促检查。

（2）深抓学习教育。深入学习宣传贯彻党的十九大精神，国务院南水北调办集中6 周时间，组织广大党员研读十九大报告、党章，分专题进行研讨。党组中心组带头学，各党支部集中学，举办十九大精神学习培训班，处以上党员干部全覆盖。坚持读原著、学原文、悟原理，牢牢把握"十个深刻领会""六个聚焦"，做到学深悟透，用习近平新时代中国特色社会主义思想武装头脑，指导实践。积极推进"两学一做"学习教育常态化制度化，落实好"三会一课"等基本制度，开展"集中党课月"活动，办党组成员带头讲，带动司局级干部和普通党员讲，强化干部教育培训。通过学习，广大党员干部"四个意识"牢固树立，"四个自信"不断增强，思想和行动切实统一到十九大精神和习近平新时代中国特色社会主义思想上来。

（3）大抓制度建设。建立健全管党治党制度体系，保证各项工作的科学化、规范化。修订《党组工作制度》《工作规则》等，提高决策的科学化民主化水平。结合中央全面从严治党新要求和南水北调新实践，修订出台《贯彻落实全面从严治党要求实施意见》，制定出台《关于进一步加强基层党建工作的意见》；认真贯彻落实《关于新形势下党内政治生活的若干准则》，出台《谈心制度实施办法》《提醒谈话办法》；制定出台《贯彻落实〈中国共产党问责条例〉实施办法》《基层党组织监督办法》，强化问责和监督；落实中央八项规定精神，组织修订《八项规定实施办法》。

（4）实抓组织建设。认真贯彻落实《党和国家机关基层组织工作条例》，结合近年来机构建设、人员队伍不断充实完善的实际情况，扎实推进基层党组织建设，夯实党建工作基础。通过为中线建管局党组、东线公司党委配备专职书记，调整完善中线建管局各分局党的组织机构，配齐党委书记、纪委书记，建立健全沿线45个现地管理处党支部，使南水北调系统基层党的组织建设得到极大加强，为落实全面从严治党责任、推进党的建设各项工作落实到基层打下了坚实组织基础。各党支部认真落实"一账一册一法"，促进支部工作规范化、制度化、经常化。

（5）常抓作风建设。深入贯彻落实中央八项规定，严格遵守中央关于办公用房、用车、公有住房、秘书配备等规定；改进调查研究方式，轻车简从，推进机关干部"深入基层、服务工程"活动。深入开展整治"四风"问题专项检查，对赴直属单位前方出差搭伙用餐纪律作出明确规定。深入开展"突出'四个意识'，落实担当精神"专题学习研讨回头看，对查找出的问题逐项整改，对担当意识不强，工作不认真、不负责，空话大话多、务虚不务实，遇事绕着走、推诿扯皮的现象绝不姑息，切实增强广大党员干部的责任担当精神。

（6）深入推进反腐败斗争。全面贯彻落实中央关于反腐败斗争要求，在年初党风廉政建设工作会议上，对党风廉政建设工作作出全面部署。推动廉政风险防控机制建设，坚持把纪律、规矩挺在前头，逐级签订党风廉政建设责任书，层层传导压力、压实责任。通过编制廉政风险防控手册，明确风险领域，突出防控重点。严格执行个人有关事项报告制度、领导干部述职述廉制度、干部任前谈话和诫勉谈话制度。开展主题警示月活动，到教育基地接受警示教育，重要节假日廉政提醒，提高党员干部法律意识、底线意识。综合施策、落细落小、抓常抓细抓长，构建风清气正的干事环境，筑牢党员干部职工不敢腐、不能腐、不想腐的思想道德防线。

在南水北调工程建设和运行实践中，我们积累了讲政治、勇担当、严管理、重机制、善创新、抓精细、转作风、求实效的宝贵经验，这是全体南水北调人经过长期努力凝练出来的宝贵精神财富，对于进一步凝聚南水北调力量、推动南水北调发展具有十分重要的意义，需要继续发扬光大。

同志们，这些年我们一路披荆斩棘、一往无前；这些年我们同舟共济、并肩战斗；这些年我们不辱使命、不负重托。在此，我谨代表国调办，向所有关心、支持、帮助过南水北调的领导和同志们，向系统内所有干部职工，向全体工程建设者、运管人员、移民征迁群众和水源区广大人民群众表示崇高的敬意和衷心的感谢！

二、当前形势分析

党的十九大作出了中国特色社会主义进入新时代的重大政治判断，确立了习近平新时代中国特色社会主义思想在全党的指导地位，提出了新时代党领导全国人民治国理政的基本方略。建委会八次全会对南水北调各项工作作出了全面部署，为我们做好下一步工作指明了方向，南水北调事业进入新的发展时期。

（一）发展机遇

十九大报告是我们党迈进新时代、开启新征程、续写新篇章、铸就新辉煌的政治宣言和行动纲领。习近平新时代中国特色社会主义思想阐释了新论断、新方略，提出了新目标、新战略、新要求，为我们做好南水北调各项工作提供了根本遵循和行动指南。

习近平总书记多次作出重要指示，指方向、定方针；李克强总理多次批示，明思路、提要求；张高丽副总理、汪洋副总理多次听汇报、作指导。中央领导同志视察工程现场、慰问干部职工。党中央、国务院的坚强领导和亲切关怀，为做好南水北调工作提供了强大动力。

建委会八次全会对南水北调取得的巨大成就和发挥的显著效益给予了充分肯定，原则通过了总体竣工验收工作方案、应急管理和安全监管工作方案，就工程运行管理、水质监测保护、移民帮扶等作出了安排部署，在体制机制、后续工程等方面破了题、指了向。

建委会各成员单位密切配合、倾力支持，形成推进南水北调工作的强大合力。通水效益不断发挥，人民群众获得感显著增强。长期以来，我们致力于加快移民稳定发展，推动水源区绿色健康发展，赢得了库区和水源区的理解和支持。南水北调的形象面貌和舆论评价越来越好，发展环境更加和谐有利。

经过十多年工程建设和几年运行实践，我们积累了丰富的工程施工、水量调度管理经验和技术储备，打造了一支业务精湛、作风过硬的高素质人才队伍。南水北调工程质量优良，运行平稳，效益巨大，进一步增强

了全体南水北调人的自信心、自豪感、荣誉感和归属感。南水北调经验、人才和自信为南水北调事业发展提供了内生动力。

（二）困难与挑战

十九大对南水北调提出了新要求，破解新的社会主要矛盾对南水北调提出了新需求，建委会八次全会对南水北调作出了新部署。新形势下，南水北调任务艰巨，要求更高，责任更重。我们要清醒地看到，南水北调还面临不少困难和挑战。

后续工程上，南水北调总体规划"四横三纵""三线八期"，我们仅完成了东、中线一期工程建设。东线二、三期，东线一期向北应急供水工程，中线后续水源工程，中线应急调蓄工程等都还未实施，西线前期工作进展缓慢，后续建设任务十分繁重。

工程运行上，突发水污染等意外风险、管理和保护范围未完全划定、中线防洪影响处理工程未完工、中线未建设断水应急工程等问题，都对平稳运行和供水安全构成威胁。

管理体制上，东线管理模式还未落地，中线尚未实现统一管理，顶层管理体制方案没有最终确定，对工程安全高效运行十分不利。

效益发挥上，受配套工程建设滞后、地下水压采方案未全面落实等影响，工程调水量距规划达效目标还有不小差距，工程效益还没有得到充分发挥。比如，中线按照设计要求，2016—2017年度净供水量应该达到59.78亿 m^3，实际只完成45.15亿 m^3。

其他问题也不容忽视。水质长期稳定达标的基础还需进一步夯实。库区移民与安置地居民生产生活水平仍有差距，存在成为新的贫困群体的风险。库周地质灾害隐患等遗留问题有待解决。水费欠缴严重，影响贷款偿还和工程良性运行。少数干部存在能力不足、精神懈怠的问题，廉政风险仍将长期存在。

（三）工作思路

破解新的社会主要矛盾，需要我们更新观念、转变思路，推动工程更加充分地发挥效益，更好满足人民群众对美好生活的需要、满足区域协调发展的需要、满足生态文明建设的需要，这是新时代南水北调人面临的新课题，也是我们的历史责任。2016 年以来，我们深入贯彻"稳中求好、创新发展"总思路，各项工作取得较好成绩。但必须看到，我们的工作距离新时代新要求还有不小差距，发展质量还不高，效益发挥还不充分，迫切需要根据新形势作出新判断，研究新思路，解决新问题，开创新未来。

今后一个时期南水北调工作的总思路是：以习近平新时代中国特色社会主义思想为指导，深入贯彻党的十九大和中央经济工作会议精神，全面落实建委会八次全会工作部署，以党的建设为统领，坚持"稳中求进"总基调，按照"提质增效"总要求，在抓好工程平稳运行的基础上，着力增加供水量、提升供水水质、扩大供水范围、提高用水效率、实现资产保值增值增效，统筹抓好工程安全运行、生态环境保护、移民稳定致富、节约高效用水、后续工程推进、企业创新发展，坚定不移推进全面从严治党，奋力开创新时代南水北调事业新局面。

"稳中求进、提质增效"，"稳中求进"是总基调、总目标，"提质增效"是总要求、总任务，要实现"稳中求进"就必须"提质增效"。"稳"是基本，是底线；"进"是追求，是目标；"提质"是关键，是方向；"增效"是根本，是目的。

推动南水北调"稳中求进、提质增效"，要坚持以习近平新时代中国特色社会主义思想为指导，深入落实习近平总书记在中线一期工程通水时作出的重要指示要求。

同志们，我们要紧紧抓住大有可为的历史机遇期，勇敢面对困难挑战，以时不我待的紧迫感，舍我其谁的使命感，锐意进取，埋头苦干，奋力谱写南水北调事业发展新篇章。

三、2018 年重点工作安排

2018 年是全面贯彻落实十九大精神的开局之年，是改革开放 40 周年，是决胜全面建成小康社会、实施"十三五"规划承上启下的关键一年。我们要坚持"稳中求进、提质增效"总思路，扎实做好南水北调各项工作。

（一）持之以恒抓好"稳"

"稳"是底线，是做好一切工作的前提。过去几年运行中，我们始终紧紧把握住"稳"这个核心，顺利完成了从建设管理向运行管理的平稳过渡，稳的态势进一步巩固。但各类不稳定因素仍将长期存在，有的还很突出。我们必须始终保持高度警惕，按照中央打好防范化解重大风险、精准脱贫、污染防治三大攻坚战总部署，紧密结合南水北调实际，重点围绕防范化解工程运行风险、水质安全风险、移民稳定风险等，全面排查安全隐患，不断完善细化各类制度体系、监管体系和应急体系，守住工程要稳、水质要稳、移民要稳这三条底线，确保不发生系统性重大风险，为南水北调事业健康发展筑牢基础，提供保障。

（1）确保工程平稳运行。要聚焦总体国家安全观，对内严加监管，对外密切协调，及时发现并消除各类安全隐患，完善应急预案，确保工程运行万无一失，确保完成 2018 年东线 11 亿 m³、中线 58 亿 m³ 的年度调水任务。

一是严格落实安全生产责任制，强化运行安全管理，针对运行安全重点和难点，完善细化各类应急预案，落实应急措施，保障工程运行安全和度汛安全。

二是全面排查安全隐患，建立安全风险防范工作机制，加强重点工程项目运行安全检测监测，着力消除威胁工程安全运行的深层次系统性隐患，化解运行安全风险。

三是继续突出高压严管，完善"三位一体"全方位监管体系，加大风险项目和典型渠段重点监控，用足用好责任追究利器，进一步提高监管工作质量。

四是沿线各地要积极配合有关部门尽快完成工程管理和保护范围划定，加强跨渠桥梁车辆超载超限治理，依法打击各类危害工程安全的行为，加快完成中线左岸防洪影响处理工程建设。

（2）确保水质稳定达标。要进一步夯实水质保护基础，加快构建水质监测网络体系，加强突发水污染事件应急处置能力建设，确保水质稳定达标，确保不发生重大水污染事故。

一是东线苏鲁两省要抓紧实施《重点流域水污染防治规划（2016—2020年）》（东线部分），中线豫鄂陕三省要抓紧实施《丹江口库区及上游水污染防治和水土保持"十三五"规划》。国务院南水北调办将会同有关部门强化监督考核和检查。

二是沿线各地和运管单位要加强水质监测，构建一套完整的监测网络体系。强化水污染应急处置能力建设，完善政府、企业联动的应急处置机制。

三是沿线各地和运管单位要组织开展中线干渠两侧风险源排查整治，加快打造"绿色走廊"。

四是加强干渠水生态问题研究，提高防范水质风险的能力。

（3）确保移民总体安稳。要牢固树立以人民为中心的思想，积极有效化解移民矛盾，妥善处理移民反映的突出问题，坚守底线、突出重点、完善制度、优化机制，维护移民稳定大局。

一是沿线各地要强化工作责任，畅通信息渠道，加强形势研判，建立预防处置机制，完善管理网络，及时处置问题隐患。

二是国务院南水北调办将继续实行"六抓四保"维稳加固措施，沿线各地要做

实做细做深基础工作，加强征迁群众生产生活影响问题处置。

三是协调配合国土资源部和豫鄂两省，做好丹江口库区地质灾害防治工作。

四是沿线各地要按照验收计划，倒排工期，推进征地移民验收。

（二）力促发展实现"进"

"进"是进步，是发展。要实现"进"，必须从破解发展不平衡、不充分的新矛盾上去找突破口。按照习近平总书记新时期治水思路，围绕破解经济发展与环境保护不平衡、破解区域发展不平衡、破解水资源效益发挥不充分等问题，着力在增加供水量、提升供水水质、提高用水效率、推进后续工程、加快工程收尾上取得新突破。

（1）增加供水量上"求进"。在保证工程安全平稳运行的基础上，各有关方面要齐心协力，想方设法增加供水量，力争东、中线一期工程用水量每年递增不低于10%，直至达到设计供水规模。

一是运管单位要加强调度管理和协调，落实好水量调度计划，配合有关部门优化水量省际配置和调度方案，完善跨区域水量转让机制，最大限度满足沿线受水区的用水需求，提高整体用水效益。

二是国务院南水北调办要协调有关部门科学制定年度调水计划，加强丹江口水库和上游水库群的科学调度，加强中线后续水源研究，保障南水北调供水量，实现洪水资源化。

三是受水区各地要进一步加快配套工程建设，冀鲁豫三省配套工程力争在2018年全部完成，国务院南水北调办将会同国家发展改革委等部门加强督导。

（2）提升供水水质上"求进"。有关各方要顺应国家环保新形势、新要求，通过深度治理和生态建设，在Ⅲ类基础上进一步改善东线水质部分指标，稳定并提升中线Ⅱ类水指标，增加Ⅰ类水断面数量。

一是沿线各地要继续加强中线干线饮用水水源保护区划定；要加快生态带建设步伐，尤其是河北省要尽快启动，加速实施。

二是协调有关部门完善中线水源区生态保护补偿转移支付政策，积极争取中央财政资金支持。水源区各地要将资金向治污环保项目倾斜。

三是推动京津两市和豫鄂陕三省对口协作"十三五"规划实施，使对口协作上层次上水平。

四是继续组织开展相关课题研究，进一步提升水质保障能力。

（3）提高用水效率上"求进"。南水来之不易，受水区要提高责任意识，严格落实"三先三后"原则，综合施策，确保南水得到有效利用。

一是推动节水型社会建设，强化各项节水措施，坚决杜绝大水漫灌式用水。

二是严格落实地下水压采方案，限制并逐步压减地下水开采，确保城市长期挤占的农业用水、生态用水得到有效退还。

三是建立科学的外调水、当地水联合调配使用机制，统筹生活、生产和生态用水，推进受水区水价改革，发挥市场配置水资源的作用，促进优水优用。

四是探索构建南水北调效益发挥的综合量化指标体系，研究跟踪评价和考核办法，切实提高用水效率。

（4）推进后续工程上"求进"。有关各方要加强协作配合，紧密结合国家发展战略和区域协调发展需要，加快推进后续工程。

一是及时跟踪了解东线一期工程北延应急供水方案工作进展，积极协调推动工程尽早实施。

二是继续推动中线干线调蓄工程建设，具备条件的项目力争取得实质性进展，特别是围绕京津冀协同发展和保障雄安新区建设用水需求，深入推进综合利用调蓄工程选址及立项工作。

三是协调推动东线后续工程前期工作，尽早启动建设实施。

四是加强西线工程相关重大课题研究，积极建言献策，推动前期工作进程。

（5）加快工程收尾上"求进"。加强协调配合，落实责任，按照建委会部署，坚持高标准、严要求，加紧开展工程建设扫尾和工程验收。

一是完善总体竣工验收工作方案，优化进度安排，加强验收组织，强化督导检查，全面加快验收进程。

二是加快工程建设扫尾，加紧推进陶岔电站机组启动试运行，尽快完成东线管理设施和自动化调度系统建设。

三是做好投资收口关闸工作，抓好投资控制监管，做好特殊预备费和结余投资使用管理，严控新增项目和投资。

四是加快合同决算进度，推进完工财务决算，从严审核，提高质量，控制工程建设成本。

（三）推动工作全面"提质"

推动高质量发展是新时代经济社会发展的必然要求。高质量发展是不断满足人民日益增长的美好生活需要的发展，要求我们为受水区群众提供更加充足、更加优质的水资源；高质量发展是坚持改革创新的发展，要求我们结合国家深化供给侧结构性改革，不断增强企业创新力和竞争力；高质量发展是更加公平、更加协调的发展，要求我们加快后续工程进度，满足区域协调发展用水需求，统筹协调实现受水区、水源区同发展共受益；高质量发展是人与自然和谐共生的发展，要求我们为建设美丽中国发挥更大作用。聚焦十九大和中央经济工作会议对经济社会发展的新要求，我们要推动各项工作全面"提质"。

（1）工程运行管理"提质"。坚持高标准，持续加强规范化、信息化建设，不断提高工程运行管理现代化水平，树立工程建设管理标杆，打造调水工程样板。一是按照"干什么、谁来干、怎么干、干不好怎么办"的工作要求，将运行管理、应急管理等行为流程化、清单化，逐步构建"组织、责任、制度"等全覆盖的管理体系。二是全面提升信息化水平，开展"一套信息标准、一张地图展示、一个应用平台"建设，实现数据整合和全面共享，逐步构建统一高效的信息管理平台。三是综合运用大数据、互联网+、云计算等高科技手段，提高水量调度、运行管理、预警预报智能化水平，逐步实现工程管理现代化。四是加快安全运行技术标准体系建设，完善南水北调法规体系，实现依法依规管理。五是创新监管机制和方式，扩大规范化监管试点，逐步构建运行监管规范化制度体系，进一步提高监管工作效率和水平。六是强化工程精细化、现代化管理，打造"美观大方、绿色生态、管理高效"的国际工程形象。

（2）水质保护"提质"。水质是南水北调供水安全的关键，要努力打造"督""防""促"一体的水质保障体系，确保"一泓清水永续北送"。

一是"督"，积极协调有关部门和地方将南水北调水质保护工作纳入国家和地方生态文明建设重点，统筹安排，协同推进。水源区和沿线各地要逐步构建政府为主导、企业为主体、社会组织和公众共同参与的环境治理体系。

二是"防"，运管单位要高起点规划、高标准建设和完善水质监测预警和应急管理体系，研究利用现代信息技术手段，做好水质监测、评估、预警、报警等工作，配备先进的水质监测设备，逐步形成地表水109项全指标监测能力。

三是"促"，水源区和沿线各地要积极支持培育循环产业发展，构建市场导向的绿色技术创新体系，形成人与自然和谐发展的新格局，为提升南水北调水质创造条件。

（3）移民帮扶"提质"。深入实施乡村振兴战略，整合各项扶持政策、措施，加大帮扶力度，促进移民发展致富奔小康。

一是国务院南水北调办要积极协调有关部门加大相关移民扶持政策、项目和资金支持，豫鄂两省要进一步抓好落实，加大帮扶力度，把该给的政策给足。

二是豫鄂两省要深入调研，摸清移民群众生产生活存在问题，制定措施，精准施策，确保移民与当地群众同步奔小康不掉队。

三是响应国家乡村振兴战略，总结试点经验，全面推进美丽移民村建设，打造南水北调移民品牌。

四是指导支持豫鄂两省编制移民后续帮扶发展规划，积极协调有关部门促进规划落实。

（4）精准脱贫攻坚"提质"。要按照中央坚决打赢脱贫攻坚战的要求，以扶贫帮包的郧阳区为脱贫攻坚主阵地，出实招、求实效、精准发力，确保实现脱贫目标。

一是深入实施扶贫协作，进一步协调加大项目、资金、人才、劳务等支持力度，深化措施，整合资源，持续做好定点扶贫工作。

二是注重扶贫同扶志、扶智相结合，创新扶贫开发模式，由偏重"输血"向偏重"造血"转变，充分调动贫困地区干部群众积极性和创造性，增强贫困人口自我发展能力。

三是充分发挥挂职干部和驻村第一书记现场联络员和战斗员作用，紧盯扶贫项目实施，确保项目又快又好建设，确保各项扶贫政策落地不走样。

（5）落实"三先三后""提质"。加强督导考核，加大宣传力度，推进节水、地下水压采等工作再上新水平。

一是受水区要大力开展节水行动，切实强化水资源节约集约循环利用，加强供用水全过程管理，努力构建全覆盖节水格局。

二是受水区要深入开展地下水压采工作，国务院南水北调办会同有关部门继续开展年度考核，加强跟踪评价。

三是要进一步加大宣传力度，让受水区广大人民群众深知南水来之不易，更加珍惜宝贵的水资源。

（6）推进后续工程"提质"。要紧密结合国家区域协调发展战略，加强协调，主动作为，加快推进后续工程前期工作步伐，为尽早实施创造条件。

一是从需求侧研究论证东中线二期后续工程和西线工程的重要性、必要性，加强影响工程决策的重大技术经济环境问题研究，提出有针对性的建议意见。

二是通过组织调研、座谈、研讨等多种方式，积极争取有关部门和地方支持，凝聚推进后续工程的合力。

三是充分发挥专家委、人大代表、政协委员、媒体记者的作用，通过内参报告、提案建议、调研报告、媒体文章等方式多渠道发声，回应社会各界关切，形成促进工程建设的良好氛围。

四是继续开展多渠道融资和建设模式研究，探索后续工程建设的新思路、新机制。

（7）体制机制和综合管理"提质"。坚持创新驱动，加强体制、机制、技术、管理创新，推动事业全面发展。

一是研究完善工程建设运行管理顶层设计方案，加强汇报协调沟通，推动管理体制创新。落实东线运行管理模式，尽早实现东线工程统一管理。进一步加强中线统一管理方案研究。

二是牵头建立由有关部门和地方参加的联席会议制度，统筹协调水源区及沿线综合治理、生态保护补偿、对口协作、监测预警、应急处置、水费计缴等相关工作。

三是充分利用现代信息通讯技术，优化推广"工程巡查实时监管系统"应用软件、中线工程气象应用软件、自动化实时监测系统应用等，逐步形成综合应用平台，实现信息集中应用管理。

四是认真做好重要事项督办任务分解，完善督办考核评价办法，进一步提高办理质量和效率。

（四）实现工程显著"增效"

南水北调工程作为国家重大战略性基础设施，对于保障北方地区城乡供水安全、社会稳定、经济发展、生态修复具有十分重要的作用，要通过完善工程建设，加强工程管理，推进综合开发，全面提升南水北调综合效益。"增效"主要包括增加工程供水效益、充分发掘工程资产效益、不断提高企业效益、全面提升社会效益。

（1）增加工程供水效益。供水效益是南水北调工程的基本效益，要推动已建工程尽快达到规划供水目标，充分挖掘工程供水潜力，推进后续工程尽早实施，以扩大工程供水范围，增大供水量。

一是受水区各地要统筹输水管线、水厂、配水管网建设，提高接水能力，制定实现规划供水达效目标的计划，通过加强节水、地下水压采、水价政策引导等多种措施，尽快实现水源切换，加大南水用量。

二是受水区要积极探索研究向原规划目标之外的城镇、高新农业开发区、饮水困难和饮用水水质较差的农村供水，进一步扩大供水范围。

三是运管单位要进一步总结生态补水经验，充分利用已建工程输水能力，挖掘洪水资源化利用潜力，相机开展生态补水。

四是加快推进后续工程进度，早日构建起"四横三纵、南北调配、东西互济"的中国大水网，为"一带一路"、西部大开发、京津冀协同发展、雄安新区建设、长江经济带建设等国家战略实施提供水资源支撑和保障。

（2）充分发掘工程资产效益。结合自身特点，充分利用土地、人才、技术资源，积极拓展业务，盘活固定资产，发掘工程资产效益，从单纯的工程管理向工程管理与资产、资本管理相结合的目标迈进。

一是沿线各地及项目法人要加快土地确权，取得不动产权证，为企业管理和经营不动产创造条件。

二是运管单位要加快实施走出去战略，充分利用自身优势，抢占水利水务市场先机，积极拓展涉水业务，实现更大发展。中线建管局要研究自有维护队伍建设，加快光伏发电、中线调蓄、西黑山电站等项目研究和实施。东线公司要继续深入开展专题研究，高起点谋划东线产业带发展宏观战略思路及规划。

三是充分发挥企业市场主体作用和巨型融资平台作用，积极探索盘活企业资产，扩大经营范围，实现国有资产保值增值，做强做优做大国有资本，为后续工程建设多渠道融资和实现企业发展战略创造条件。

（3）不断提高企业效益。加快建立产权明晰、权责明确、管理科学的现代企业制度，按照"提质增效、精细为本、优化指标、管控成本、持续改进、争创一流"的要求，提升企业发展质量。

一是受水区要严格执行两部制水价政策，建立和完善水费收缴机制，及时足额交纳水费。运管单位要按照《南水北调工程供用水管理条例》规定，依法推动与用水方签订供水合同，建立相关机制措施，确保水费及时足额收缴。国务院南水北调办要加强督导检查，推动相关工作开展。

二是运管单位要按照公司法，研究提出现代企业制度方案，尽快完善法人治理结构，加快研究制定企业发展战略。

三是运管单位要建立集约高效的资产管理、岗位职责、绩效考核等指标体系，加强财务管理专题培训，开展资产清查、经营业绩考核，深化对标创优，实行精细化管理，节约运行成本。

四是运管单位要建立以企业为主体、市场为导向、产学研深度融合的创新体系，加强技术创新、管理创新、文化创新，增强企业发展活力。

（4）全面提升社会效益。在充分发挥工程供水效益的同时，也要全面发挥工程在促进产业结构优化升级、防洪除涝、环保治污、精准脱贫、旅游开发等方面的效益。

一是各地要加紧研究构建重要城市供水安全水量水质保障体系，统筹调配使用各种水资源，进一步提高城市供水安全保障程度，保障人民群众饮水安全。

二是加强工程调度管理，充分发挥东、中线干线输水（调蓄）工程、丹江口水库、汉江中下游四项治理工程等在防洪、除涝、航运、抗旱等方面的作用。

三是深入研究利用南水北调工程进一步改善受水区和水源区水生态环境的机制措施，最大限度提升工程生态环保效益。

四是通过实施东线治污规划、中线水源区生态保护规划、对口协作、精准扶贫、生态带建设等措施，促进水源区及沿线产业结构升级，打造南水北调绿色生态走廊，实现人与自然和谐共生。

五是高度重视工程实施对水源区及下游地区的影响，持续加强监测，认真研究采取措施，最大限度消除不利影响。

六是进一步加强工程效益研究，加大宣传力度，讲好南水北调故事，扩大社会影响，积极维护工程良好形象。

（五）坚定不移推进全面从严治党

党的十九大标定了我国发展新的历史方位，向全党发出了坚定不移全面从严治党、不断提高党的执政能力和领导水平的动员令。2018年，南水北调党建工作要深入贯彻落实党的十九大精神，以习近平新时代中国特色社会主义思想为指导，以党的政治建设为统领，统筹推进思想建设、组织建设、作风建设、纪律建设，强化党建制度的宣贯和执行，深入推进反腐败斗争，扎实开展"不忘初心、牢记使命"主题教育，推进"两学一做"学习教育常态化制度化，坚定不移推动全面从严治党向纵深发展，切实加强以运管处为主体的基层党组织建设，充分发挥基层党组织的战斗堡垒作用，努力打造一支信念过硬、政治过硬、责任过硬、能力过硬、作风过硬的南水北调干部队伍，为南水北调事业发展提供政治保障。

（1）始终坚持把党的政治建设摆在首位。旗帜鲜明讲政治是我们党作为马克思主义政党的根本要求，抓好党的政治建设是全面从严治党的重要经验。南水北调干部职工要不断提高政治站位和政治自觉，切实增强政治意识、大局意识、核心意识、看齐意识，坚决维护习近平总书记在党中央和全党的核心地位，坚决维护党中央权威和集中统一领导，在政治立场、政治方向、政治原则、政治道路上始终同党中央保持高度一致。严格执行党的政治纪律和政治规矩，坚决防止和纠正自行其是、各自为政，有令不行、有禁不止，上有政策、下有对策的行为，坚定政治立场，坚决反对搞两面派、做两面人。坚持正确的政治方向，从政治高度谋划南水北调事业发展，制定政策措施，建设干部队伍，落实各项工作。坚决贯彻落实习近平总书记关于南水北调工作的重要指示，确保党中央、国务院的各项方针政策、决策部署在南水北调落地生根。

（2）深入学习宣传贯彻十九大精神。十九大是在全面建成小康社会决胜阶段，中国特色社会主义进入关键时期召开的一次十分重要的大会。大会确立了习近平新时代中国特色社会主义思想的指导地位，明确了中国特色社会主义现代化建设的分阶段目标任务，在我国改革开放和社会主义现代化建设征程中具有里程碑意义。学习宣传贯彻十九大精神是当前和近一个时期的首要政治任务。学习十九大精神必须坚持全面准确，坚

持读原著、学原文、悟原理，做到学深悟透。要认真研读党的十九大报告和党章，学习习近平总书记在党的十九届一中全会的重要讲话精神，牢牢把握"十个深刻领会""六个聚焦"的要求，真正学懂弄通做实。各级党组织要切实负起领导责任，把学习宣传贯彻十九大精神摆上重要议事日程，牢牢把握正确导向，营造浓厚学习氛围，不断增强学习宣传贯彻的实际效果。党组中心组要发挥学习的示范引领作用，以上率下，学在前、做在前，多学一点、深学一层。各级党员领导干部要充分发挥学习带头作用，经常学、系统学、深入学。充分利用中心组学习、报告会、辅导讲座等多种形式，精心组织十九大精神的学习宣讲，切实把党员干部的思想认识统一到十九大精神上来，统一到习近平新时代中国特色社会主义思想上来。要准确把握新时代社会主要矛盾变化，聚焦新时代坚持和发展中国特色社会主义基本方略和工作部署对南水北调工作提出的新要求，找准方位，积极作为，奋力开创新时代南水北调事业新局面。

（3）推进党建制度全面贯彻落实。党的十九大要求把制度建设贯穿于党的建设始终。制度的生命力在于执行，提高党的制度执行力，是推进党的工作和党的建设规范化科学化，提高党科学执政民主执政依法执政的应有之义，是严明党的纪律和规矩，增强党的凝聚力战斗力的必然要求。党章是党内根本大法，要加强学习党章，切实增强全体党员干部尊崇党章、遵守党章的意识。全面加强党内法规制度的宣传贯彻，认真执行新形势下党内政治生活若干准则，推动各项制度要求落地落实。2017年，国务院南水北调办狠抓党建制度建设，出台了一批办法规定，使南水北调党建工作制度化规范化向前推进了一大步。2018年，要重点加强这些制度的宣传贯彻，加强专项培训。各级领导干部要认真学习带头执行，带动各级党组织

和广大党员深入了解制度、自觉遵守制度。要充分发挥督查督办的威力和效力，对制度宣传不力贯彻不实的要严肃问责，维护制度的严肃性权威性。

（4）着力加强组织建设。以提升组织力为重点，突出政治功能，把基层党组织建设成为宣传党的主张、贯彻党的决定、领导基层治理、团结动员群众、推动改革发展的坚强战斗堡垒。强化党委（党组）加强基层党组织建设的政治责任，充分发挥领导作用，确保党和国家路线方针政策及国调办党组各项决策的贯彻执行。健全党建工作责任制，形成党委（党组）统一领导，职能部门牵头抓总，相关部门齐抓共管，一级抓一级，层层抓落实的党建工作格局。发挥党支部整体功能，担负好直接教育党员、管理党员、监督党员和组织群众、宣传群众、凝聚群众、服务群众的职责，引领广大党员发挥先锋模范作用。坚持"三会一课"制度，把"两学一做"学习教育纳入"三会一课"，精心组织，统筹安排。坚持党建和业务工作深度融合，两手抓、两手硬。认真贯彻落实《关于进一步加强基层党建工作的意见》，针对工程运行管理队伍的实际情况，重点抓好运行管理处党支部建设，严格落实"一账一册一法"要求，着力解决基层党组织弱化、虚化、边缘化问题，以基层组织建设的成果推动各项工作落实。

（5）继续深化作风建设。作风建设永远在路上。南水北调工程是重要民生工程，我们的工作与受水区和水源区广大人民群众利益息息相关。要深入贯彻以人民为中心的思想，牢固树立正确政绩观，真心实意为人民群众谋利益、解难题、求实惠。要发扬求真务实、真抓实干的工作作风，以钉钉子精神抓好各项工作的落实。要勇于担当，敢于担责，直面矛盾和问题，讲真话办实事求实效。巩固拓展落实中央八项规定精神成果，认真对照检查形式主义、官僚主义十个方面

的新表现，对涉及工程运行、维修养护、安全管理等方面的问题要进行认真排查，坚决防止走过场，做表面文章。切实纠正"四风"，坚决反对特权思想和特权现象。领导干部要重视家庭家教家风，管好身边工作人员和亲属子女；认真践行"三严三实"要求，大兴调查研究之风，继续发扬深入一线"飞检"的工作作风，深入基层、沉到一线，察实情、听真话，全面了解情况，把准事物本质，破解南水北调事业发展难题。

（6）持续保持反腐高压态势。南水北调工程浩大、投资巨额、社会关注度高，无论是建设期还是运行期，廉洁风险始终存在，确保工程安全、资金安全、干部安全是一项长期任务。我们要坚决贯彻落实十九大精神和中纪委十九届二次全会部署，切实抓好南水北调系统的反腐败工作。要坚持无禁区、全覆盖、零容忍，坚持重遏制、强高压、长震慑，运用好监督执纪"四种形态"，抓早抓小抓苗头，紧盯资金管理、合同管理、招投标等重点领域和关键环节的腐败问题，充分发挥巡视、稽察、审计作用，加强对工程运行管理和资金使用各环节的全过程监管。强化自上而下的组织监督，加强对党员领导干部的教育和日常监督管理；改进自下而上的民主监督，畅通举报渠道，充分发挥网络举报平台作用，有报必接、接案必查，查必到底，形成广泛的社会监督。进一步建立完善反腐败工作机制，编制风险防控手册，突出重点领域和关键环节，努力做到全覆盖。严肃查处党员领导干部违规违纪问题，落实"一案双查"，严格责任追究，形成反腐败高压震慑。

（7）建设高素质干部队伍。建设一支高素质干部队伍是南水北调事业长远发展的根本保证。各级干部要主动对标新时代要求，勤于学习、善于学习，培养战略思维、创新思维、辩证思维、法治思维、底线思维，增强学习本领、领导本领、创新本领、

科学发展本领、依法执政本领、群众工作本领、狠抓落实本领、驾驭风险本领。要坚持党管干部原则，突出政治标准，坚持德才兼备、以德为先，坚持事业为上、公道正派，把好干部标准落到实处。坚持正确选人用人导向，匡正选人用人风气，真正把政治强、能担当、敢负责、善创新的人才选拔出来。加强干部监督管理，坚持严管和厚爱结合、激励和约束并重，充分调动干部干事创业的积极性、主动性、创造性。要充分利用提醒、函询、诫勉，个人有关事项报告抽查核实，将从严治党、从严治吏要求落到实处。完善干部考核评价机制，充分发挥考核导向作用，加大考核结果使用力度，鼓励干部爱岗敬业，立足岗位多做贡献。各级党组织要关心爱护基层干部，主动为他们排忧解难，让他们安身安心安业。注重培养专业能力、专业精神，增强干部队伍适应南水北调事业发展要求的能力，以高素质专业化干部队伍保证南水北调事业长远发展。

同志们，征程万里风正劲，重任千钧再扬鞭。让我们更加紧密地团结在以习近平同志为核心的党中央周围，高举习近平新时代中国特色社会主义思想伟大旗帜，不忘初心、牢记使命，坚持"稳中求进、提质增效"总思路，恪尽职守、勤勉工作，奋力开创南水北调事业发展新局面，为全面建成小康社会、夺取新时代中国特色社会主义建设伟大胜利，实现中华民族伟大复兴的中国梦作出新的更大贡献。

南水北调中线工程水源地实施禁渔令

2018年3月1日0时至7月31日24时，淅川丹江口水库迎来为期5个月的禁渔期，比往年延长了一个月。

据介绍，此次禁渔令是淅川有史以来最严禁渔令，除了比往年延长一个月外，渠首一类水源区、淇河、鹳河贾沟码头以上和丹江老城穆山码头以上水域，将设为常年禁渔区；丹江口库区山河口以上、红庙码头以下水域设为银鱼常年禁捕区。

丹江口水库是南水北调中线工程水源地，为加强水生生物资源和丹江湖库区水生态环境保护，淅川县自2003年起，连续16年实行春季禁渔。

禁渔期间，淅川县渔政部门会对辖区水域进行全线拉网式巡查，定期开展水上巡逻，加强法律知识宣传，近距离与渔民接触，解决他们的实际困难，让渔民从心底里能接受、配合禁渔，从而有效维护丹江口水库库区渔业生态的发展。

（摘自新华网，略有删改）

《中国南水北调工程》丛书首卷首发

"十二五""十三五"国家重点图书出版规划项目《中国南水北调工程》丛书首卷《文明创建卷》于2018年3月出版发行。

南水北调工程是当今世界上最宏伟的跨流域调水工程。工程于2002年开工建设以来，数十万人在施工建设、工程监管、征地移民、环保治污、文物保护等各方面艰苦奋斗、无私奉献，取得了很多成功经验。东、中线一期工程分别于2013年、2014年胜利建成。工程通水运行以来，取得了巨大的实实在在的社会、经济、生态等综合效益，在全社会、国内外产生了强烈反响。在这一过程中，广大建设者和沿线干部群众用真情和汗水铸就的工程建设经验和"负责、务实、求精、创新"的南水北调核心价值理念，是南水北调工程建设积累的最为宝贵的精神财富，也是社会主义核心价值观的生动体现。《中国南水北调工程》丛书编纂工作于2012年启动，共分为九卷，其他八卷分别为《前期工作卷》《经济财务卷》《建设管理卷》《工程技术卷》《质量监督卷》《征地移民卷》《治污环保卷》《文物保护卷》，于2018年全部出版发行。

《文明创建卷》全书约90万字，全面记录了南水北调工程行业文明、机关文化、队伍建设、党群建设等工作，系统回顾、总结、思考文明创建工作的经验、做法，展示特有的南水北调工程核心价值理念、典型的文明工地创建经验、昂扬的人文精神风貌和强大的新闻宣传力度，为社会公众了解南水北调文明创建工作提供了全面、准确、翔实的资料参考和经验借鉴。

（摘自《中国水利报》，略有删改）

生态环境部、水利部联合部署全国集中式饮用水水源地环境保护专项行动

2018年3月30日下午，生态环境部和水利部在京联合召开全国集中式饮用水水源地环境保护专项行动（以下简称"专项行动"）动员部署视频会议，生态环境部有关负责人出席会议并讲话，水利部水资源司有关负责同志出席。

经国务院同意，原环境保护部、水利部已于2018年3月9日向各省、自治区、直辖市人民政府和新疆生产建设兵团联合印发《全国集中式饮用水水源地环境保护专项行动方案》。此次会议，是对专项行动的具体

部署和动员。

生态环境部有关负责人指出，党中央、国务院一直高度重视饮用水水源地环境保护工作，不仅将保障人民群众饮用水安全视为环保领域的重中之重，更是将这项工作提升到社会稳定和民生工程的高度。党的十九大明确提出，从现在到 2020 年，要坚决打好防范化解重大风险、精准脱贫、污染防治的攻坚战。开展饮用水专项行动，全面解决当前影响饮水安全的环境隐患问题，不仅是打好"污染防治攻坚战"的重要内容，更是落实"防范化解重大风险"决策部署的一项务实举措。

为深入贯彻习近平总书记关于长江经济带"共抓大保护、不搞大开发"的决策部署，原环境保护部 2016 年、2017 年已经组织开展了长江经济带饮用水水源地环境保护执法专项行动，对地级及以上饮用水水源地开展排查整治。截至 2017 年年底，排查发现的 490 个问题全部完成整治，取得了显著成效。同时，原环境保护部提前谋划，于 2017 年 12 月部署全国各级环保部门先行对全国饮用水水源地开展排查，全面掌握饮用水水源地环境保护现状，为此次专项行动的开展奠定了坚实基础。

生态环境部有关负责人强调，要充分借鉴过去两年的工作经验，在各级环保部门目前已开展的排查工作基础上，继续紧紧围绕《环境保护法》《水污染防治法》等法律法规的相关规定，聚焦"划、立、治"三项工作内容，最终实现"保"工作目标。"划"是指划定饮用水水源保护区，"立"是指设立保护区边界标志，"治"是指清理整治饮用水水源保护区内的违法问题。通过划定饮用水水源保护区、设立保护区边界标志、清理整治违法项目，全面提升饮用水水源地的水质安全保障水平。

对比过去两年，此次专项行动有不少新的特点：

一是整治范围更加广泛。在前两年工作基础上，2018 年年底前，要全部完成长江经济带县级和其他地区地级及以上地表水型水源地清理整治。2019 年年底前，要全部完成其他地区县级地表水型水源地清理整治。

二是更加压实地方政府责任。饮用水水源保护是地方人民政府的法定职责。此次专项行动方案经国务院批准印发各省级人民政府，由其负责组织制定总体行动实施方案，督促指导市、县开展工作，核查整改情况，加强跟踪督办。市、县人民政府则负责具体的排查整治工作，按照"一个水源地、一套方案、一抓到底"的原则，建立问题清单整改销号制度，保证每个问题都得到有效解决。

三是更加强调信息公开。专项行动要求各地政府在当地官方报纸和政府网站上开设饮用水水源地环境保护专项行动专栏，及时公开问题清单和整治进展情况。从 2018 年 4 月起，生态环境部也将通过官方网站、微信和微博，及时公开各地问题清单和整治进展情况。

生态环境部有关负责人表示，作为今年重点攻坚的"七大战役"之一，生态环境部将对各地饮用水水源保护专项行动开展情况开展大督查，同时对长江经济带地级及以上城市水源地开展"回头看"，重点督办各地水源地"划、立、治"工作完成情况。对履职不力、弄虚作假、进展迟缓、水质恶化的，将予以通报批评、公开约谈；情节严重的，将移送地方按不同情形进行追责。

（摘自《中国日报》，略有删改）

我国南水北调中线一期工程首次向北方实施生态补水

根据 2018 年 4 月汉江水情和丹江口水库蓄水水位偏高的实际情况，我国南水北调中线一期工程4—6月期间向北方启动生态调度，累计向天津、河北、河南三个受水区生态补水5.07亿 m^3，这是我国南水北调中线一期工程运行三年多以来，首次正式向北方进行生态补水。

根据近日下发的《水利部办公厅关于做好丹江口水库向中线工程受水区生态补水工作的通知》，针对当前汉江水情和丹江口水库蓄水水位偏高等实际情况，统筹考虑水库防洪、受水区供水和汉江中下游用水情况，经研究，决定于2018年4—6月组织中线工程向受水区实施生态补水工作。

据介绍，初步确定的5.07亿 m^3 生态补水规模中，天津市为0.47亿 m^3，河北省为3.1亿 m^3，河南省为1.5亿 m^3。

长江水利委员会将根据丹江口水库来水蓄水情况，在优先保障年度水量调度计划和水库月末水位控制的前提下，合理安排生态补水调度规模和方案。

会商会上有关部门介绍，4月16日8时，丹江口水库水位161.95m，蓄水量196.035亿 m^3。目前陶岔渠首供水流量245m^3/s，较年度计划供水流量多68m^3/s。

（摘自新华网，略有删改）

南水北调工程进京水量突破50亿 m^3

自2008年9月南水北调中线京石段应急供水工程通水以来，截至2018年5月8日5时许，北京累计接收南水北调来水突破50亿 m^3。其中，累计接收丹江口水库来水33.94亿 m^3。

北京地处南水北调中线工程末端，外调水历经冀水进京、江水进京两个阶段。为缓解首都水资源短缺状况，2008—2014年，先期建成的南水北调中线京石段应急供水工程，从河北水库调水入京。2014年12月底至今，南水北调中线一期工程又从丹江口水库向北京输送江水。

数据显示，50亿 m^3 的南水北调来水中，包括16.06亿 m^3 的河北水库来水以及33.94亿 m^3 的丹江口水库来水。为最大限度用好南来之水，北京近年来按照"喝、存、补"的原则分配外调水。其中，自来水厂"喝水"累计达35亿多 m^3，向十三陵、怀柔、密云等水库和应急水源地"存水"9亿多 m^3。此外，还通过优化配置，利用外调水替代密云水库向城市重点河湖补充清水，涵养水源。

北京市南水北调办有关负责人表示，50亿 m^3 的外调水，增加了北京水资源总量，不仅提高了城市供水安全保障水平，也改善了城市居民用水条件，"在显著改变首都水源保障格局和供水格局的同时，也为北京赢得了宝贵的水资源涵养期"。

按照规划，北京将进一步完善南水北调"喝、存、补"供水工程体系，推动京津冀区域河湖水系互联互通。计划到2020年，每年可利用外调水15亿 m^3。

（摘自新华网，略有删改）

引江济汉工程进口段泵站试运行通过验收

2018年5月10—11日，湖北省南水北调管理局在荆州市召开了南水北调中线一期引江济汉工程进口段泵站机组试运行验收会议。

验收工作组查看了工程现场，听取了工程参建单位的工作报告，查阅了相关档案资料，对南水北调中线一期引江济汉工程进口段泵站机组试运行进行了验收。

验收工作组认为，引江济汉工程进口段泵站工程形象面貌满足机组试运行验收要求，各检查项目、试验项目和试运行结果均满足设计及规范要求。安全监测资料显示，主要建筑物工作性状正常，运行管理制度基本齐全，运行管理人员已到位，相关准备工作已完成，验收工作组同意该机组试运行通过验收。

据了解，泵站机组在前期三次试运行的基础上，于2018年春节期间进行连续24天的应急调水运行，工程运行情况良好。

（摘自南水北调网，略有删改）

北京累计安排20亿元支持南水北调中线水源区发展

截至2018年5月，南水北调中线一期工程从丹江口水库向北京输送江水已3年多，首都超过1100万人受益。为了"反哺"水源地，北京已累计安排资金20亿元，实施项目665个，用于支持南水北调中线水源区经济社会发展。

根据北京市南水北调对口协作工作实施方案，2014—2020年，北京计划每年安排南水北调对口协作资金5亿元，以支持水源区建设发展。对口协作资金及合作项目涉及水质保护、精准扶贫、产业转型、民生事业等多领域。

近年来，北京16个区与河南、湖北两省16个县（市、区）建立了"一对一"对口协作关系，结对开展了一系列交流合作活动。通过资金支持、资源共享、人员培训等多种方式，北京海淀、朝阳、顺义、昌平等区都与湖北丹江口市及河南淅川、西峡、栾川等县展开对接，开展了校舍改造、生态保护、教师培训、医疗卫生等系列帮扶项目。

同时，北京还与河南、湖北两省互派挂职干部311人次，培训干部人才1万多人次，安排教育、医疗等领域干部人才交流学习及锻炼2000多人次。此外，北京还动员社会力量与水源地开展深层次、多领域合作。

（摘自新华网，略有删改）

安徽省南水北调工程通过完工验收

2018年5月25日，安徽省水利厅在合肥组织召开南水北调东线一期洪泽湖抬高蓄水位影响处理工程（安徽省境内）完工验收会议。

验收委员会察看了工程现场，听取了建设管理、设计、施工、监理、质量监督和运行管理等单位的工作汇报，查阅了工程档案资料，并经过充分讨论，认为安徽省南水北调工程已完成初步设计批复的建设内容，工程设计变更已按规定履行了相关审批程序，历次验收遗留问题已处理完毕，水保、环保、档案和征迁等专项均已通过相关主管部门验收，工程完工财务决算已经完成，投资控制使用合理，工程档案齐全，工程质量合格，工程初期运行正常，同意通过完工验收。

安徽省南水北调工程是国家南水北调东线一期洪泽湖抬高蓄水位影响处理工程，涉及安徽省滁州、蚌埠、宿州三市的五河、泗县、明光、凤阳等4个县（市），总投资3.74亿元。自2010年年底正式开工建设以来，安徽省南水北调项目办团结带领各建设管理机构克服工程点多面散、单体工程多、管理协调难度大等困难，严格执行有关规定和规范，积极组织、协调推进，顺利完成建设任务，工程效益显著。此次顺利通过完工验收，标志着安徽省南水北调工程建设阶段任务已经完成，正式进入运行管理阶段。

（摘自人民网，略有删改）

"水到渠成共发展"网络主题活动在南水北调中线工程陶岔渠首启动

2018年5月28日，"水到渠成共发展"网络主题活动在河南省南阳市南水北调中线工程陶岔渠首启动。本次活动由中央网信办网络新闻信息传播局和原国务院南水北调办综合司、建设管理司联合主办，京津冀豫四省（直辖市）网信办和南水北调中线建管局承办。

人民网、新华网、光明网、大河网、长城网等34家网络媒体和行业媒体组成的媒体采风团，将在为期9天的活动中，从南水北调中线工程陶岔渠首出发，途经河南、河北、天津、北京4省（直辖市），探访南水北调沙河渡槽、穿黄工程、滹沱河倒虹吸、天津市外环河出口、总调中心、团城湖等节点工程和工程水源区保护生态环境成果，以及沿线省市优化水资源配置、城市生态环境改善和促进经济发展的成果。活动期间，网络媒体将开设"水到渠成共发展"专题栏目，采用文字、图片、航拍、视频、短视频、直播、VR、H5等多种形式，深度挖掘、立体报道南水北调中线工程运行、经济民生、生态保护、精准扶贫等多方面内容，紧密结合南水北调这一国家工程、政治工程、民生工程建设，宣传沿线各地贯彻新发展理念、推进现代化经济体系建设取得的显著成效和生动实践。

南水北调工程东中线一期工程建成通水以来，累计输水170多亿 m³，受益人口超过1亿人，大大缓解了北方极度缺水的局面。其中，南水北调中线工程向北方输水143.8亿 m³，受水区覆盖北京、天津、石家庄、郑州等沿线19座大中城市，直接惠及人口5300万人。随着配套管网的建成投运，受水规模逐步增加，供水效益日益扩大。

（摘自南水北调网，略有删改）

江苏省南水北调工程2017—2018年度向省外调水工作圆满完成 年度跨省调水量首次突破10亿 m³

根据水利部、国务院南水北调办和江苏省委、省政府关于南水北调年度调水工作

的计划安排，江苏省南水北调工程按照南水北调新建工程和江水北调工程统一调度、联合运行的原则，自2017年11月15日起，正式启动年度调水工作。在江苏省有关部门和沿线地方各级政府的共同努力下，截至2018年5月29日10时，年度跨省调水至山东省水量达10.88亿 m³，首次突破10亿 m³，为历年之最，较上一年度增加22%；据环保部门监测数据表明，调水水质符合要求，顺利实现了调水水量与水质双达标，圆满完成了国家下达的2017—2018年度向省外调水任务。

江苏省委、省政府高度重视本年度跨省调水工作，省领导多次对调水工作提出要求。江苏省水利厅多次召开会议，研究落实年度调水工作任务，要求各级各有关部门严格履行职能职责，全力协调做好调水各项工作，确保圆满完成本年度向山东省任务。江苏省南水北调办充分发挥统筹、组织、协调等职能作用，会同江苏水源公司等省南水北调领导小组成员单位，协同做好调水期间工程运行管理、水质保障、航运监管、养殖管理、电力保障等工作，切实加强调水运行监督检查，保障了调水各项工作顺利开展。

按照年度调水计划和江苏省防汛防旱指挥部的调度指令，2017—2018年度向山东省调水分两阶段实施。其中，第一阶段从2017年11月15日起，至2018年2月9日结束，向山东省调水4.3亿 m³；第二阶段从2018年3月2日开始，至5月29日结束，向山东省调水6.58亿 m³。据统计，江苏省南水北调段工程自2013年正式通水以来，已累计向省外调水约31.6亿 m³，为缓解北方水资源短缺状况作出了积极贡献。

（摘自江苏南水北调网，略有删改）

南水北调中线工程累计向河南供水超50亿 m³

截至2018年5月29日8时，南水北调

中线工程累计向河南省供水超过 50 亿 m³，受益人口超过 1800 万。

据介绍，南水北调中线工程自 2014 年 12 月 12 日正式通水以来，干线工程与河南省配套工程已平稳运行 1200 多天，累计向河南省供水 50.05 亿 m³，受益人口超过 1800 万，惠及 11 个省辖市、2 个省直管县（市）。

2017 年秋天以来，由于上游来水丰沛，丹江口库区水位提升，河南省通过总干渠退水闸和配套工程管道，向沿线河湖水系进行水资源战略储备。自 4 月 17 日以来，河南省已累计储备水资源 2.34 亿 m³，大大改善了沿线河湖水系生态环境。

除原有规划供水地区外，河南省正在规划建设一批供水工程，进一步发挥南水北调中线工程效益，让丹江水为更多中原人民造福。

（摘自《河南日报》，略有删改）

我国高铁首座跨南水北调干渠特大桥转体合龙

2018 年 6 月 1 日，我国高铁首座跨南水北调干渠特大桥——郑州至万州高铁张良镇特大桥顺利转体合龙。

据建设单位中铁十八局集团二公司项目经理田振中介绍，该特大桥全长 309.6m，主跨设计为下承式钢管混凝土拱桥结构。

为避免施工过程中的建筑垃圾对南水北调干渠水源造成污染，建设者们先在桥面将 26 节、重达 502t 的钢管拱拼装焊接成两个拱圈，再利用两侧的桥塔牵引张拉，在空中竖向转体一次性对接合龙，合龙精度误差仅 5mm。

他说，为了确保南水北调饮用水的安全，施工过程中采用全封闭的防护措施、24 小时视频监控和安全员巡查，实现了建设与环保的同步推进。

郑万高铁是沟通我国西南地区与中原、华北和东北地区的重要客运通道，预计 2019 年年底前建成通车。

（摘自新华网，略有删改）

北京市湖北省签署深化京鄂战略合作协议

2018 年 6 月 21 日，北京市委书记蔡奇，市委副书记、市长陈吉宁与湖北省委书记、省人大常委会主任蒋超良，省委副书记、省长王晓东及湖北省党政代表团一行座谈，并签署深化京鄂战略合作协议。

蒋超良对北京市委、市政府和首都人民长期以来对湖北经济社会发展的关心、支持和帮助表示感谢。他说，湖北是南水北调中线工程的坝区、主要库区、移民集中安置区和核心水源区，我们把确保一库清水永续北送，作为践行"四个意识"，坚决维护习近平总书记在党中央和全党的核心地位、坚决维护党中央权威和集中统一领导的重要检验，作为服从党中央、服务首都、服务京津冀协同发展的具体行动，坚决贯彻落实党中央决策部署，全力以赴服务南水北调工作大局，举全省之力做好迁移民、建工程、保水质、促转型等各阶段各方面工作。我们将牢记习近平总书记的殷殷嘱托，切实履行好水源地职责，一如既往、持之以恒做好丹江口库区水质保护工作。

蒋超良说，我们要认真学习北京在推动经济高质量发展、全面深化改革开放、推进生态文明建设、切实保障和改善民生等方面的宝贵经验，完成好习近平总书记交给湖北的"考卷"。我们要进一步深化两地交流合作，推进对口协作工作常态化、制度化；进一步丰富合作形式，深入推进生态保护、脱贫攻坚、产业升级、科技创新、教育卫生文化、人才交流等领域合作；进一步建立健全合作机制，推动对口协作工作上台阶、上水平。

蔡奇说，湖北省为南水北调中线工程作出了巨大贡献，我代表北京市委、市政府和2100多万首都人民，向湖北省委、省政府和湖北人民，表示衷心感谢和崇高敬意。我们一定自觉把南水北调对口协作和对口支援工作放在重要位置，当做北京分内的事，坚持首善标准，认真组织实施好对口协作和对口支援工作方案，促进京鄂两地优势互补、合作共赢。

蔡奇指出，以新一轮京鄂战略合作协议为抓手，广泛开展多层次、宽领域的合作，促进京鄂两地共同发展。进一步深化产业合作，联合开发水源地特色文化旅游资源，加强重大科研项目、教育、医疗等合作，深化"手拉手"结对活动，让水源地人民有实实在在的获得感。以水资源污染防治为重点，着力推动水源地生态保护和修复，推进一批重大生态治理工程和协作示范项目，共同构建南水北调中线生态走廊，确保水质稳定达标。加大对口协作、支援力度，助力脱贫攻坚，实现可持续发展。完善两地领导互访磋商机制，广泛动员社会各方参与，推动京鄂两地合作向更深、更广领域拓展。

会上，王晓东、陈吉宁分别介绍了两地经济社会发展和对口协作情况并代表双方在协议上签字。

湖北省和北京市领导马国强、黄楚平、梁伟年、张维国，崔述强、卢彦，湖北省政府秘书长别必雄、北京市政府秘书长靳伟出席。

（摘自南水北调网，略有删改）

河南省开展南水北调防汛抢险及山洪灾害防御应急演练

2018年6月25日，水利部、河南省人民政府在新乡辉县市南水北调中线石门河倒虹吸工程现场联合举办河南省南水北调防汛抢险及山洪灾害防御应急演练。演练分信息报告、应急响应、先期处置、应急抢险等步骤，检验了南水北调中线工程防汛抢险及山洪灾害的防御准备工作，锻炼了防汛队伍抗洪抢险技术、协同作战能力和快速反应能力。

（摘自新华网，略有删改）

中线工程2018年生态补水8.68亿 m³

截至2018年6月30日，南水北调中线工程今年已完成向受水区天津市、河北省、河南省生态补水8.68亿 m³。

过去几年中，丹江口上游来水量少，属于枯水期，自2017年秋天起，丹江口库区来水量变大，进入丰水期。根据汉江水情和丹江口水库水位偏高等实际情况，水利部决定，2018年4—6月，南水北调中线工程首次正式向北方进行生态补水。

从2018年4月开始，南水北调中线工程向沿线受水区生态补水。南水北调水的到来，大大缓解了沿线白河、清河、澧河、滏阳河、七里河、滹沱河、瀑河、北拒马河等31条河流"饥渴"状态，涵养了水源，补充了地下水，使这些区域河流重现生机。

中线工程通过向河北省郑家佐河、瀑河、北易水河、北拒马河补水，为白洋淀实施生态补水。据悉，通过向瀑河补水，仅保定徐水境内就新增河渠水面面积40余万 m²。河道周边地下水位回升明显，浅层地下水埋深平均回升0.96m。目前，河道周边部分灌溉机井出水快、水量足。清冽的南水的流入，也让河道水环境得到了明显改善。

天津市充分利用南水北调水源，为重要河湖湿地和缺水区域实施生态补水，提升了天津市中心城区水环境。天津海河水生态得到明显改善，地下水位回升。

从4月17日起，南水北调中线总干渠通过18个退水闸和4条配套工程管道向河南省进行生态补水，惠及南阳、漯河、平顶山、许昌、郑州、焦作、新乡、鹤壁、濮阳、安阳等10个省辖市和邓州市。河南省受水区围绕"多引、多蓄、多用"的原则，完善优化补水方案，科学调度，加强巡逻，确保补水安全。6月30日，河南省内沿线退水闸全部关闭，生态补水任务全部完成。据统计，两个多月来，南水北调中线工程对河南省生态补水5.02亿 m^3。

2018年生态补水，南阳市受水最多，白河城区段，清河、潘河方城段河流水质得到明显改善。6月28日，在南水北调中线工程白河退水闸，丹江水从闸门呼啸而过，流入白河河道中。

中线工程改善了受水区水质，增加了生态环境用水，修复了区域生态环境，遏制了地下水超采状况，改善了河流生态，发挥了显著的生态效益。

（摘自南水北调网，略有删改）

丹江口水库大坝新老安全监测系统整合基本完成

在长江流域新一轮强降雨来临之前，南水北调中线工程丹江口水库大坝新老安全监测系统整合工作基本完成，新系统将为研判丹江口水库大坝安全运行提供有效依据。

2018年7月5日，大坝基础廊道静力水准、渗压计等监测设施的安装调试已完毕，这标志着汛前丹江口大坝新老安全监测系统整合工作目标基本达成。据南水北调中线水源公司有关负责人介绍，此次大坝新老安全监测系统整合主要任务是更新和完善大坝安全监测相关设施，获取大坝变形、渗流渗压、应力应变及流量、气温、降雨量等相关监测数据。

整合完成后的丹江口大坝安全监测系统能满足现阶段日常监测及汛期加密监测需要，将为丹江口水库防洪、供水等工作提供

及时准确的监测数据，为南水北调中线工程整体顺利运行提供保障。

（摘自新华网，略有删改）

水来了，河"活"了——南水北调中线2018年已向北方河流生态补水8.68亿 m^3

南水北调中线一期工程从2018年4月13日至6月30日完成向北方30条河流生态补水，共向沿线受水区河北省、河南省、天津市生态补水8.68亿 m^3。

水利部水资源司司长陈明忠在当天举行的新闻通气会上说，南水北调中线工程沿线城市河湖、湿地以及白洋淀水面面积明显扩大，地下水水位明显回升，河湖水量明显增加，河湖水质明显提升。

（一）河南省：12个城市18条河道获生态补水

"南水北调中线工程作为国家战略性基础设施，在保障京津等华北地区城市供水安全的同时，发挥巨大的生态环境效益。"水利部南水北调司司长李鹏程说。

李鹏程介绍，补水后的河湖水量明显增加。焦作市区龙源湖、新乡市共产主义渠、漯河市临颍县湖区湿地、邓州市湍河城区段等河湖水系水量显著增加。其中，南阳市利用南水北调生态补水置换白河水量7714万 m^3，置换鸭河口水库水量5200万 m^3。

与此同时，河湖水质得到明显提升。许昌市通过生态补水，对"九河两渠八湖一轴"河湖水系水体进行了全面置换，鹤壁市淇河控制单元和卫河控制单元水功能区水质状况得到有效改善，郑州市补水河道基本消除了黑臭水体，安阳市安阳河、汤河水质由补水前的Ⅳ类、Ⅴ类水质提升为Ⅲ类水。

（二）河北省：为白洋淀生态补水逾1.1亿 m^3

在河北省，此次生态补水共覆盖石家

庄、邯郸、保定等 7 个城市，涉及滏阳河、瀑河、北易水河、北拒马河等 11 条河道，为白洋淀实施生态补水 1.12 亿 m³。

李鹏程说，白洋淀上游干涸 36 年的瀑河水库重现水波荡漾，徐水区新增河渠水面面积约 43 万 m²，河道周边浅层地下水埋深平均回升 0.96m，改善了白洋淀上游水生态环境，对淀区水质和生态环境提升作用明显，白洋淀淀口藻杂淀监测断面入淀水质由补水前的劣 Ⅴ 类改善为 Ⅱ 类。

生态补水倒逼河道排污口改造，河北省向白洋淀补水的瀑河、府河在补水前，加大了污水处理力度，改造了入河排污口，瀑河所经徐水区对河内现有污水进行集中处理，保证了入淀水质。

同时，本次补水使得滏阳河、七里河、滹沱河、瀑河、北易水河等天然河道得到恢复。此外，生态补水后，部分地区饮水困难问题得到缓解。

（三）天津市：海河水生态因补水改善明显

据介绍，天津市充分利用南水北调水源，为重要河湖湿地和缺水区域实施生态补水。生态补水有效促进了天津城市水生态环境改善，中心城区环境水质得到明显好转，4 个河道监测断面水质由补水前的 Ⅲ～Ⅳ 类改善到 Ⅱ～Ⅲ 类。

南水北调中线建管局局长于合群说，2018 年的生态补水是第一次长时间大范围实施，全线启用退水闸 30 座、分水口 68 座，启用分水口门共计 98 处，如此大规模、大范围的分水，对中线尚属首次。

南水北调中线一期工程是解决我国京津等华北地区城市缺水问题，改善受水区生态环境的重大战略基础设施。工程主要供水目标是城市生活和工业供水，兼顾农业和生态用水。工程自 2014 年 12 月通水以来，已累计向受水区供水超过 150 亿 m³。同时，利用中线一期工程向受水区实施生态补水，

改善受水区生态环境。

（摘自新华网，略有删改）

南水北调引江济汉工程调水超 110 亿 m³

截至 2018 年 8 月 15 日 8 时，引江济汉工程建成通水近 4 年来，已累计调水 118.19 亿 m³，有效补充汉江中下游河段因南水北调中线调水而减少的水量，改善了工程沿线的生态、灌溉、供水条件。

引江济汉工程于 2014 年 9 月 26 日建成通水，是南水北调中线一期汉江中下游四项治理工程之一。工程位于湖北省江汉平原腹地，干渠全长 67.23km，从荆州市龙舟垸引入长江水，在潜江市高石碑镇兴隆水利枢纽工程下游注入汉江，一线横贯荆州、荆门、仙桃、潜江四市，兼具通航功能。

引江济汉工程建成后，对工程沿线及汉江中下游地区的抗旱、防洪、航运、生态修复等方面发挥了积极作用。2017 年 7 月，湖北省持续晴热，面对特大旱情，从 7 月 1 日至 8 月 31 日，引江济汉工程累计引水 14.6 亿 m³，相当于 12 个东湖水量，500 万亩农田、百万群众从中受益。

在防洪方面，引江济汉工程也发挥了巨大作用。2016 年 7 月，面对汛期内长湖水位居高不下的状况，引江济汉工程在成功应对拾桥河、西荆河、殷家河等中小河流汛情的同时，两次为长湖撤洪 1.1 亿 m³，相当于降低长湖最高洪水位 0.4m，为确保人民群众生命财产安全发挥了重要作用。

引江济汉工程还极大改善了长江与汉江之间的航运条件。往返荆州和武汉的船舶，通过引江济汉工程河道直取汉江，航程缩短 200 多 km；而往返襄阳与荆州的航程则缩短 600 多 km。截至 2018 年 7 月底，引江济汉工程累计通航船舶 25846 艘次、船舶

总吨 1840 万 t、货物 1047 万 t。

（摘自新华网，略有删改）

河南省南水北调干线征迁安置工作通过验收

2018 年 8 月 30 日，河南省南水北调干线征迁安置工作通过省级验收。副省长武国定参加验收会并讲话。

河南省南水北调干线长 731km，征迁安置工作自 2005 年 9 月启动，至 2017 年 5 月基本完成。工程建设用地 36.9 万亩，涉及 43 个县（市、区）944 个行政村，搬迁安置 4.73 万人。征迁安置验收委员会认为，河南省南水北调干线工程征迁安置工作已按计划完成任务，同意通过验收。

武国定指出，河南省在征迁安置工作中形成了"河南速度""河南质量"，创造了水利移民史上的奇迹。要切实抓好征迁后续工作，对存在的问题，要高度重视，研究对策，强化责任，彻底整改。要始终坚持以人民为中心的发展思想，认真落实"搬得出、稳得住、能发展、可致富"的要求，着眼长远，科学谋划，着力办好民生实事、抓好产业发展、推动乡村振兴，努力实现搬迁群众发展致富的目标，确保全面小康路上一个都不少。

（摘自《河南日报》，略有删改）

南水北调东、中线一期工程累计调水约 200 亿 m³

截至 2018 年 9 月 3 日，南水北调东中线一期工程累计调水约 200 亿 m³。东中线一期工程供水量逐年增加，已成为京津冀豫鲁地区受水区大中型城市的供水"生命线"，直接受益人口超过 1 亿人。

据了解，中线一期工程已不间断安全供水 1371 天，共调水 169.29 亿 m³，累计向

京、津、冀、豫四省（直辖市）供水 158.55 亿 m³，分别向北京市供水 38.75 亿 m³、天津市供水 31.57 亿 m³、河南省供水 58.97 亿 m³、河北省供水 29.26 亿 m³。其中，2016—2017 年度供水 45.15 亿 m³，2017—2018 年度前 10 个月已实际供水 57.57 亿 m³，提前超额完成年度供水计划。东线已累计调水到山东省 30.67 亿 m³。2017—2018 年度调水到山东省 10.88 亿 m³，比上一年度增加 22%。

（摘自《经济日报》，略有删改）

南水北调东线一期大沙河闸等 5 个设计单元工程通过水利部组织的完工验收

2018 年 10 月 11 日，水利部在江苏省徐州市召开了南水北调东线一期大沙河闸、杨官屯河闸、姚楼河闸、潘庄引河闸和台儿庄泵站设计单元工程完工验收会议。

会上组建了由特邀专家、验收成员单位代表组成的验收委员会。验收委员会查看了工程现场建设和运行情况，听取了工程建设管理、技术性初步验收、质量监督和工程运行管理工作报告，查阅了相关档案资料。讨论并通过了《设计单元工程完工验收鉴定书》。验收委员会认为，大沙河闸、杨官屯河闸、姚楼河闸、潘庄引河闸和台儿庄泵站设计单元工程，已按照批准的设计内容建设完成；验收项目符合国家和行业标准的规定，工程质量合格；各专项验收已通过。同意大沙河闸、杨官屯河闸、姚楼河闸、潘庄引河闸和台儿庄泵站通过设计单元工程完工验收。

（摘自南水北调网，略有删改）

南水北调中线水源地建成鱼类增殖放流站　首次放流 12 万尾鱼苗

丹江口水库羊山林场码头，人工繁育

的鲢、鳙、中华倒刺鲃、团头鲂、三角鲂等品种累计12万尾，2018年10月26日，在公证人员的见证下，放归一碧万顷的丹江口水库。这意味着2015年国家在丹江口水库启动的鱼类增殖放流站项目正式建成，并成功完成首次增殖放流。

来自水利部、农业农村部、中国科学院、湖北、陕西、河南等部门和地区的有关领导共同参与了增殖放流活动。长江水利委员会总工程师金兴平在活动仪式上表示，开展库区鱼类增殖放流是加强丹江口库区及南水北调中线水生态环境修复，强化水生生物资源保护的重要举措。

丹江口水库是南水北调中线核心水源水库，具有巨大的水资源配置综合效益。但是，丹江口大坝加高后，正常蓄水位提升至170m，对库区湖北十堰郧阳区以上至陕西安康大坝汉江江段产漂流性卵的鱼类产卵场有较大影响；另外，陶岔取水口每年也有大量鱼卵流失。2015年12月，国家批复南水北调中线一期丹江口水库鱼类增殖放流站项目，打造丹江口水库"鱼类种质库"，通过人工繁育技术减少工程对生态的影响。

此次放流的鱼苗全部为丹江口水库鱼类增殖放流站人工培育，苗种规格为4～15cm，且全部通过了检疫检测。负责这一生态补偿项目建设的长江水利委员会中线水源公司、汉江集团的专家介绍，丹江口水库鱼类增殖放流站主要承担放流鱼类的驯养、催产、受精孵化、苗种培育等整套生产任务，放流规模每年不小于325万尾。

据介绍，丹江口水库鱼类增殖放流站采用了全循环水养殖系统，即所有的培育养殖用水都是"零排放"，并与库区林场、绿地、城市管网联通，实现人工繁育鱼苗和水质保护的双重目标，为下一步加大放流规模打下很好的基础。

近年来，作为长江流域管理机构，长江水利委员会加快推进生态大保护工作。2011年至今，运用三峡水库共进行11次生态调度试验以促进四大家鱼自然繁殖；2018年4月，首次在金沙江中游开展圆口铜鱼人工增殖放流活动，共放流人工繁育圆口铜鱼幼鱼1万多尾；2018年5月，首次在汉江中下游探索专门针对鱼类产卵的梯级生态调度。

（摘自新华网，略有删改）

中线工程超额完成2017— 2018年度调水任务

2018年10月31日，南水北调中线一期工程超额完成2017—2018年度调水任务。本调水年度从2017年11月1日至2018年10月31日，累计供水69亿 m³，占水利部下达51.17亿 m³计划供水量的134.8%。其中正常供水56.45亿 m³，生态补水12.55亿 m³。水质稳定达到或优于地表水Ⅱ类标准。

据了解，2017—2018年度北京市分水量为12.10亿 m³，天津市分水量10.43亿 m³，河北省分水量为22.42亿 m³，河南省分水量为24.05亿 m³，各省（市）供水量均超过年度计划分水量，沿线受益人口已超5320万。

2017—2018年度，中线工程运行安全，输水调度平稳，设备设施运行状况良好，水质稳定达标。部分渠段首次达到设计流量工况，工程设备设施得到全面检验，为更好地发挥中线工程综合效益奠定了基础。

截至11月8日，中线一期工程通水近4年来，已不间断安全供水1427天，共调水183.55亿 m³，累计向京津冀豫四省（直辖市）供水171.72亿 m³。北京、天津等6省（直辖市）地下水位得到不同程度回升，其中2016年和2017年底北京平原区地下水位较同期分别回升0.52m、0.23m。天津海河水生态得到明显改善，地下水位保持稳定或小幅回升。

中线一期工程效益日益显著，不仅保障了北方人民饮水安全，还从根本上改变了北方受水区的供水格局，供水保证程度大幅提升，水质、饮用口感大为改善，已成为京津冀豫地区不少城市供水的"生命线"。

中线一期工程通过优化调度，已连续两年利用汛期弃水向受水区实施生态补水，已累计补水 11.6 亿 m^3，生态效益十分显著。2018 年 4 月 17 日至 6 月底，在丹江口水库来水充足的条件下，南水北调中线工程首次启动大规模生态补水，最大时达到 $380m^3/s$。

为确保大流量输水期间工程安全平稳运行，中线建管局加强安全管理，严控调度过程。在调度方案实施过程中，严格按照调度策略，精心调度。各级调度机构层层把控，提高对数据变化的敏感度，发现异常立即复核，及时报告，确保工程安全和供水安全。

中线工程为沿线生态补水，有效解决了城市生产生活用水挤占农业用水、超采地下水的局面，使地下水位逐步上升，干涸的洼、淀、河、渠、湿地得到补水，因缺水而萎缩的部分湖泊、水库、湿地重现生机。

2018 年 7 月 23—25 日，受台风"安比"影响，南水北调中线工程迎来一次大范围强降雨。南水北调中线工程防汛工作面临大考，经过周密部署和准备，台风"安比"过境未对中线工程造成影响，工程运行安全平稳。通过此次备战防汛，考验了现场抢险能力，达到了应急演练大练兵的目的，为工程防汛工作打下坚实基础。

此外，中线工程通水以后，有力促进了经济结构转型。工程沿线各地大力推广工农业节水技术，逐步限制和淘汰高耗水、高污染的建设项目，实行区域内用水总量控制，加强用水定额管理，提高用水效率和效益。

据悉，近日，水利部下达了南水北调中线工程 2018—2019 年度调水计划。计划从 2018 年 11 月 1 日到 2019 年 10 月 31 日，总分水量 59.11 亿 m^3，其中，北京 11.19 亿 m^3，天津 10.96 亿 m^3，河北 15 亿 m^3（包括试点河段地下水补水量 5 亿 m^3），河南 21.96 亿 m^3（含南阳引丹灌区 6 亿 m^3）。

（摘自南水北调网，略有删改）

南水北调工程亮相庆祝改革开放 40 周年大型展览

2018 年 11 月 13 日，"伟大的变革——庆祝改革开放 40 周年"大型展览在国家博物馆举办。展览分设关键抉择、壮美篇章、历史巨变、大国气象、面向未来等主题展区，运用历史图片、文字视频、实物场景、沙盘模型、互动体验等多种手段和元素进行展示。

走进大国气象展区，首先映入眼帘的是南水北调工程实体沙盘，采用声光电技术模拟江河流向，显示受水区范围。南水北调工程成为庆祝改革开放 40 周年大型展览的亮点，受到观众的广泛关注。

南水北调工程规划分为东、中、西三线，目前东、中线工程已经通水。北京现在喝的就是南水北调调来的水，中线工程为北京供水近 60 亿 m^3，增加密云水库等地战略储备，为北京绿色发展提供了强有力支撑。

本次南水北调展区采用三种方式全方位展示。一是大型电子沙盘模型，全景式展现南水北调工程"四横三纵"的总体布局、东中西三条调水线路及沿线重要工程。二是名为"大国重器"的视频，全面介绍了工程是实现中国水资源优化配置、促进经济社会发展、保障改善民生、促进生态文明建设的重大战略性基础设施。三是东、中线工程建设和效益发挥的图片墙，向观众徐徐展开了一幅世界上规模最大调水工程的画面。

本次展览于 11 月 14 日面向公众开放。2018 年年底前结束。

（摘自《南水北调报》，略有删改）

南水北调 4 周年
超 1 亿人直接受益

2014 年 12 月 12 日 14 时 32 分，随着河南南阳陶岔渠首大闸缓缓开启，蓄势已久的南水奔涌而出，南水北调中线工程正式通水，也宣告南水北调东中线全面通水。

出陶岔、过哑口、飞渡槽、钻暗涵，向北穿行 1432km，从长江到京津冀豫等北方地区，南水一路逆势北上。4 年来，"不舍昼夜"的南水北调中线一期工程不间断供水 1461 天，累计调水 191 亿 m³；东线一期工程累计向山东供水 31 亿 m³。随着供水量持续快速增加，南水滋润着北方大地，优化了我国水资源配置格局，修复了区域生态环境，有力支撑了受水区和水源区经济社会发展。

南水北调，成败在水质。监测结果显示，通水以来，南水北调中线工程输水水质一直保持在 Ⅱ 类或优于 Ⅱ 类，其中 Ⅰ 类水质断面比例由 2015—2016 年的 30% 提升至 2017—2018 年的 80% 左右；东线工程输水水质一直保持在 Ⅲ 类。优质的南水显著改善了沿线群众的饮水质量，让很多人告别了高氟水、苦咸水。

"南水北调工程改善了城市用水水质，提高了受水区 40 多座城市的供水保证率，直接受益人口超过 1 亿人。"水利部副部长蒋旭光表示，南水北调工程从根本上改变了受水区供水格局，优化了水资源配置格局。

中线——北京主城区南水占自来水供水量的 73%，密云水库蓄水量自 2000 年以来首次突破 25 亿 m³，中心城区供水安全系数提高；天津市 14 个区居民喝上南水，南水北调成为天津供水的"生命线"；河南受水区 37 个市（县）全部通水，郑州中心城区自来水 8 成以上为南水，鹤壁、许昌、漯河、平顶山主城区用水 100% 为南水；河北 80 个市县用上南水，石家庄、邯郸、保定、衡水主城区南水供水量占 75% 以上，沧州占 100%。

东线——南水北调山东干线工程及其配套工程构成了山东省 T 形调水大水网，实现了长江水、黄河水和本地水的联合调度与优化配置，胶东半岛实现南水全覆盖；江苏 50 个区县 4500 多万亩农田的灌溉保证率得到提高。

2018 年 9 月始，水利部和河北省政府联合启动华北地下水超采综合治理河湖地下水回补试点，利用南水北调中线工程向河北省滹沱河、滏阳河、南拒马河三条重点试点河段实施补水，累计补水 4.7 亿 m³，累计形成水面约 40km²，三条河流重现生机。

在此之前，中线一期工程已连续两年利用丹江口水库汛期弃水向受水区 30 条河流实施生态补水，累计补水 8.68 亿 m³，生态效益显著，河湖水量明显增加，水质明显提升——天津市中心城区 4 个河道监测断面水质由补水前的 Ⅲ ~ Ⅳ 类改善到 Ⅱ ~ Ⅲ 类；河北省白洋淀监测断面入淀水质由补水前的劣 Ⅴ 类提升为 Ⅱ 类；河南省郑州市补水河道基本消除了黑臭水体，安阳市安阳河、汤河水质由补水前的 Ⅳ 类、Ⅴ 类水质提升为 Ⅲ 类水。

在水利部南水北调司副司长袁其田看来，地下水是极其宝贵的战略资源，此前华北地区普遍面临地下水超采问题。南水北调东中线工程通水以来，通过限制地下水开采、直接补水、置换挤占的环境用水等措施实施生态补水，有效遏制了黄淮海平原地下水位快速下降的趋势，地下水位开始回升。

北京、天津等 6 省（市）累计压减地下水开采量 15.23 亿 m³，平原区地下水位明显回升。截至 2018 年 5 月底，北京市平原区地下水位与上年同期相比回升 0.91m；天津市地下水位 38% 有所上升；河北省深层地下水位由每年下降 0.45m 转为上升 0.52m；河南省受水区地下水位平均回升 0.95m；山东省南水北调受水区地下水位 2018 年年初较 2017 年同期回升 0.26m；截至 2017 年年底，江苏省地下水位上升区和稳定区面积占全省总面积的 98.6%。

水利部总规划师汪安南表示，南水北调工程很大程度上改变了京津冀豫等北方地区的供水结构，降低了受水区水资源开发利用率，缓解了华北地区此前因过度开发水资源导致的生态问题，产生了重要的生态效益。

（摘自《光明日报》，略有删改）

南水北调东中线累计调水 222 亿 m³

自南水北调中线一期工程 2014 年 12 月 12 日正式通水以来，东中线工程已全面通水 4 周年。水利部最新数据显示，截至 2018 年 12 月 12 日，南水北调东中线工程累计调水 222 亿 m³，供水量持续快速增加，优化了我国水资源配置格局，有力支撑了受水区和水源区经济社会发展，促进了生态文明建设。

"南水北调东中线工程通水以来，通过采取限制地下水开采、直接补水、置换挤占的环境用水等措施，不少干涸的河流重现生机。"水利部南水北调司副司长袁其田介绍，中线一期工程连续两年利用丹江口水库汛期弃水向受水区 30 条河流实施生态补水，已累计补水 8.68 亿 m³，河湖水量明显增加。与此同时，河道复流，地表水和地下水良性循环关系逐步恢复，华北地区地下水位快速下降趋势有效遏制。据统计，截至 2018 年 5 月底，北京市平原区地下水位与上年同期相比回升了 0.91m；天津市地下水位 38% 有所上升，54% 基本保持稳定；河北省滹沱河、滏阳河、南拒马河 3 条试点补水河段的地下水回升平均都在 0.5m 以上。

生态补水增加了河湖水量，提升自净能力，水质也得到了明显改善。天津市中心城区 4 个河道监测断面的数据显示，水质由补水前的 Ⅲ ~ Ⅳ 类改善到 Ⅱ ~ Ⅲ 类；河北省白洋淀监测断面入淀水质由补水前的劣 Ⅴ 类提升为 Ⅱ 类；河南省郑州市补水河道基本消除了黑臭水体，安阳市的安阳河、汤河水质由补水前的 Ⅳ 类和 Ⅴ 类水质提升为 Ⅲ 类。

随着南水北调工程沿线供水保证程度大幅提升，南水已成为京津冀豫鲁地区 40 余座大中型城市的主力水源，黄淮海平原地区超过 1 亿人直接受益。中线工程总受益人口 5300 余万人，东线工程总受益人口 6600 余万人，其中山东胶东半岛实现南水全覆盖。

"目前，中线工程进入冰期输水，已抬高渠道运行水位，并适当减少输水流量，保持较低流速。"南水北调中线建管局总调度中心副主任韩黎明介绍，为确保工程安全平稳运行，南水北调中线沿线配备了一定数量的捞冰设施，并设置了排冰闸，紧急时可以排出流冰到渠外；闸门安装有热融冰装置，可加热门槽，保障冬季闸门顺利启闭；渠道中的一些部位还设置水流扰动装置，通过不断扰动水流避免结冰。

对于下一步南水北调的工作重点，水利部将着眼解决新时期水资源短缺、水生态损害、水环境污染三大水安全问题，提供更多优质生态产品。

（摘自《经济日报》，略有删改）

回顾四十年成就　总书记再次点赞南水北调

2018 年 12 月 18 日，庆祝改革开放 40

周年大会在京举行，中共中央总书记、国家主席、中央军委主席习近平发表重要讲话。在盘点改革40年来基础设施建设显著成就，总书记再次点赞南水北调。

习近平指出，40 年来，我国基础设施建设成就显著，信息畅通，公路成网，铁路密布，高坝矗立，西气东输，南水北调，高铁飞驰，巨轮远航，飞机翱翔，天堑变通途。

习近平总书记十分关心南水北调工程。2009 年 7 月 10 日，焦作市南水北调城区段总干渠红线范围征迁工作取得显著进展，时任中共中央政治局常委、中央书记处书记、国家副主席习近平对此充分肯定。

2013 年 11 月 15 日，经过多年建设，南水北调东线一期主体工程完工，正式通水。2014 年 12 月 12 日，南水北调中线一期工程正式通水。

习近平对工程建设取得的成就表示祝贺，向全体建设者和为工程建设作出贡献的广大干部群众表示慰问。习近平指出，南水北调工程功在当代，利在千秋。希望继续坚持先节水后调水、先治污后通水、先环保后用水的原则，加强运行管理，深化水质保护，强抓节约用水，保障移民发展，做好后续工程筹划，使之不断造福民族、造福人民。

2015 年 1 月 1 日，国家主席习近平在发表新年贺词时，再次点赞最近通水的南水北调中线工程。

五次点赞，五次寄语。是肯定，是鼓舞，更是鞭策。南水北调人纷纷表示，我们为参与建设这一战略工程而自豪，总书记五次点赞南水北调，这是对我们的最高褒奖，也是对今后南水北调工作的激励和鞭策。

（闫智凯）

南水北调入选改革开放四十年大事记

日前，《人民日报》、新华社等全国主要媒体播发中央党史和文献研究院编写的《改革开放四十年大事记》。南水北调东、中线工程开工及通水入选。

《改革开放四十年大事记》中记录：2002 年 12 月 27 日，南水北调工程开工典礼在北京人民大会堂和江苏省、山东省施工现场同时举行；2013 年 11 月 15 日，南水北调东线一期工程正式通水运行；2003 年 12 月 30 日，南水北调中线工程正式启动；2014 年 12 月 12 日，南水北调中线一期工程正式通水。

（闫智凯）

肆 重要文件

IMPORTANT FILES

水利部重要文件一览表

序号	文 件 名 称	文号	发布时间
1	水利部办公厅关于做好南水北调中线一期工程 2017—2018 年度水量调度工作总结和 2018—2019 年度水量调度计划编制工作的通知	办南调函〔2018〕220 号	2018 年 9 月 11 日
2	水利部办公厅关于做好丹江口水库向河北省试点河段生态补水工作的通知	办南调〔2018〕221 号	2018 年 9 月 12 日
3	水利部办公厅关于做好南水北调东线一期工程 2018—2019 年度水量调度计划编制工作的通知	办南调〔2018〕212 号	2018 年 8 月 30 日
4	水利部关于印发南水北调东线一期工程 2018—2019 年度水量调度计划的通知	水南调函〔2018〕143 号	2018 年 9 月 30 日
5	水利部关于印发南水北调中线一期工程 2018—2019 年度水量调度计划的通知	水南调〔2018〕155 号	2018 年 10 月 30 日
6	水利部办公厅关于加强南水北调中线工程冰期输水运行工作确保供水安全的通知	办南调函〔2018〕1494 号	2018 年 11 月 13 日
7	水利部关于进一步加强南水北调工程运行安全工作的通知	水南调〔2018〕309 号	2018 年 12 月 11 日
8	水利部办公厅关于做好南水北调工程 2019 年元旦、春节期间运行安全工作的通知	办南调函〔2018〕1813 号	2018 年 12 月 24 日
9	水利部办公厅关于印发南水北调工程重点风险项目清单切实加强汛期重点监管的通知	办综〔2018〕93 号	2018 年 6 月 5 日

国务院南水北调办重要文件一览表

序号	文 件 名 称	文号	发布时间
1	关于印发《丹江口库区及上游水污染防治和水土保持"十三五"规划》实施分工方案的通知	发改办地区〔2018〕235 号	2018 年 2 月 11 日
2	关于开展 2017 年度南水北调东中线一期工程受水区地下水压采考核工作的通知	水调函〔2018〕31 号	2018 年 3 月 1 日
3	南水北调办关于 2017 年工作总结和 2018 年工作要点的报告	国调办综〔2018〕2 号	2018 年 1 月 10 日
4	关于印发南水北调中线一期工程禹州和长葛段设计单元工程档案专项验收意见的通知	综综合函〔2018〕34 号	2018 年 2 月 8 日
5	关于印发《贯彻落实 2018 年南水北调工作会议精神重点工作分工意见》的通知	国调办综〔2018〕24 号	2018 年 3 月 20 日
6	关于印发 2018 年南水北调宣传工作要点的通知	国调办综〔2018〕28 号	2018 年 3 月 29 日
7	关于印发 2018 年南水北调普法依法治理工作要点的通知	国调办综〔2018〕25 号	2018 年 3 月 22 日
8	关于开展南水北调中线一期工程禹州和长葛段设计单元工程档案专项验收的通知	综综合函〔2018〕15 号	2018 年 1 月 19 日
9	关于开展南水北调中线一期工程方城段设计单元工程档案专项验收的通知	综综合函〔2018〕73 号	2018 年 4 月 10 日

序号	文 件 名 称	文号	发布时间
10	关于下达南水北调工程2018年第一批投资计划的通知	国调办投计〔2018〕13号	2018年2月7日
11	关于南水北调丹江口大坝缺陷检查与处理专题补充设计报告的批复	国调办投计〔2018〕30号	2018年4月16日
12	关于济南市实施东湖水库扩容增效工程事宜的复函	国调办投计函〔2018〕8号	2018年2月27日
13	关于大运河文化保护传承利用规划纲要（初稿）建议的函	综投计函〔2018〕36号	2018年2月13日
14	关于洪泽湖抬高蓄水位影响处理工程（安徽省境内）消防验收事宜的复函	综投计函〔2018〕39号	2018年2月27日
15	关于委托审查南水北调中线丹江口库区地质灾害防治规划的函	综投计函〔2018〕48号	2018年3月7日
16	关于开展南水北调中线京石段应急供水工程（北京段）西四环暗涵工程等四个工程完工财务决算审计的函	经财函〔2018〕2号	2018年1月15日
17	关于开展南水北调东线一期东平湖蓄水影响处理工程等三个工程完工财务决算审计的函	经财函〔2018〕3号	2018年1月15日
18	关于开展南水北调中线一期汉江中下游局部航道整治工程完工财务决算审计的函	经财函〔2018〕4号	2018年1月15日
19	关于开展南水北调工程资金审计的通知	经财函〔2018〕9号	2018年4月9日
20	关于抓紧做好陶岔渠首电站机组启动试运行及并网发电手续办理工作的通知	综建管函〔2018〕4号	2018年1月8日
21	关于南水北调东线一期南四湖水资源监测工程江苏境内工程开工请示的批复	国调办建管〔2018〕1号	2018年1月4日
22	关于召开南水北调工程验收管理工作会的通知	综建管函〔2018〕81号	2018年4月18日
23	关于做好丹江口水库水资源化利用有关准备工作的通知	综建管函〔2018〕71号	2018年4月4日
24	关于抓紧做好南水北调中线北京段工程验收工作的通知	综建管函〔2018〕11号	2018年1月17日
25	关于对中线干线自动化调度与运行管理决策支持系统专项验收准备工作开展检查的通知	综建管函〔2018〕16号	2018年1月22日
26	关于征求姚楼河闸工程等4个设计单元工程完工验收工作意见的通知	综建管函〔2018〕70号	2018年4月8日
27	关于做好南水北调中线京石段应急供水工程（北京段）西四环暗涵工程穿越五棵松地铁车站工程和总干渠下穿铁路立交工程设计单元工程完工验收有关工作的通知	综建管函〔2018〕75号	2018年4月11日
28	关于商请补充报送南水北调配套工程建设计划及执行情况的函	综建管函〔2018〕32号	2018年2月2日
29	关于印发韭山路公路桥上游渠道边坡处理工作专题会会议纪要的通知	综建管函〔2018〕85号	2018年4月20日
30	关于加大南水北调工程运行期安全风险隐患排查治理工作的通知	综建管〔2018〕6号	2018年3月15日

续表

序号	文　件　名　称	文号	发布时间
31	关于深入开展南水北调工程运行安全管理标准化建设工作的通知	综建管〔2018〕11 号	2018 年 4 月 11 日
32	关于对南水北调中线河南段工程运行安全检查发现问题进行整改的通知	综建管函〔2018〕49 号	2018 年 3 月 12 日
33	关于印发丹江口水库大坝缺陷处理问题会议纪要的通知	综建管函〔2018〕28 号	2018 年 2 月 6 日
34	关于开展"十二五"国家科技支撑计划"南水北调中东线工程运行管理关键技术及应用"项目课题验收工作的通知	综建管函〔2018〕45 号	2018 年 3 月 2 日
35	关于印发《南水北调工程数据库数据字典和表结构编制准则》等四项信息化标准的通知	国调办建管〔2018〕11 号	2018 年 1 月 30 日
36	关于做好严寒天气条件下供水安全的紧急通知	国调办防办〔2018〕1 号	2018 年 1 月 3 日
37	关于做好南水北调工程防汛重点部位和风险点管理工作的通知	国调办防办〔2018〕2 号	2018 年 2 月 24 日
38	关于做好南水北调工程防汛重点部位和风险点管理工作的通知	国调办防办〔2018〕3 号	2018 年 2 月 24 日
39	关于开展南水北调中线天津干线工程防汛检查工作的通知	国调办防办〔2018〕4 号	2018 年 4 月 2 日
40	关于开展南水北调北京、河北境内工程防汛检查工作的通知	国调办防办〔2018〕5 号	2018 年 4 月 2 日
41	关于对南水北调东线江苏境内工程进行防汛检查的通知	国调办防办〔2018〕8 号	2018 年 4 月 16 日
42	关于检查南水北调中线河北境内工程防汛工作的通知	国调办防办〔2018〕9 号	2018 年 4 月 16 日
43	关于切实做好"五一"节和汛期水利安全防范工作的通知	国调办防办〔2018〕10 号	2018 年 4 月 28 日
44	关于提供南水北调工程防汛安全管理信息的通知	国调办防指〔2018〕1 号	2018 年 1 月 16 日
45	关于开展南水北调中线干线工程自动化调度与运行管理决策支持系统（京石应急段）专项验收技术性检查的通知	综建管函〔2018〕10 号	2018 年 1 月 22 日
46	关于开展南水北调中线干线工程自动化调度与运行管理决策支持系统专项验收技术性检查的通知	综建管函〔2018〕9 号	2018 年 1 月 22 日
47	关于加强全国"两会"期间安全管理工作的通知	综建管〔2018〕4 号	2018 年 2 月 26 日
48	关于加强 2018 年春节期间运行安全管理工作的通知	综建管函〔2018〕26 号	2018 年 2 月 5 日
49	关于对南水北调中线河南段工程进行防汛检查的通知	综建管函〔2018〕72 号	2018 年 4 月 9 日
50	关于对定点扶贫工作存在主要问题情况说明的函	综征移函〔2018〕38 号	2018 年 2 月 25 日
51	关于做好 2018 年南水北调工程征地移民稳定工作的通知	国调办征移〔2018〕18 号	2018 年 2 月 26 日
52	关于丹江口水库建设征地移民安置工程环境保护和水土保持验收有关事宜的函	国调办征移函〔2018〕20 号	2018 年 4 月 3 日
53	关于丹江口库区移民档案技术性验收工作有关事宜的复函	国调办征移函〔2018〕18 号	2018 年 3 月 29 日
54	关于对 1 月 10 日特定飞检发现中线干线工程运行管理问题实施责任追究的通知	国调办监督〔2018〕4 号	2018 年 1 月 16 日
55	关于对 1 月 10 日特定飞检发现工程运行管理问题进行整改的通知	国调办监督〔2018〕5 号	2018 年 1 月 16 日

序号	文 件 名 称	文号	发布时间
56	关于对1月9日特定飞检发现工程运行管理问题进行整改的通知	国调办监督〔2018〕6号	2018年1月16日
57	关于对1月25日特定飞检发现工程运行管理问题进行整改的通知	国调办监督〔2018〕12号	2018年2月6日
58	关于对2月6日特定飞检发现中线干线工程运行管理问题实施责任追究的通知	国调办监督〔2018〕14号	2018年2月9日
59	关于对2月6日特定飞检发现工程运行管理问题进行整改的通知	国调办监督〔2018〕15号	2018年2月9日
60	关于对2月8日特定飞检发现工程运行管理问题进行整改的通知	国调办监督〔2018〕16号	2018年2月11日
61	关于对2月12日特定飞检发现中线干线工程运行管理问题进行责任追究及整改的通知	国调办监督〔2018〕17号	2018年2月23日
62	关于对3月1日特定飞检发现工程运行管理问题进行整改的通知	国调办监督〔2018〕19号	2018年3月5日
63	关于对4月4—7日特定飞检发现工程运行管理问题进行整改的通知	国调办监督〔2018〕29号	2018年4月10日
64	关于印发南水北调中线干线工程闸门启闭系统规范化管理专项督查复查报告的通知	综监督〔2018〕5号	2018年3月5日
65	关于对南水北调中线干线工程消防系统开展专项稽察的通知	综监督函〔2018〕47号	2018年3月6日
66	关于印发南水北调中线干线工程消防系统专项稽察报告的通知	综监督〔2018〕12号	2018年4月19日
67	关于对南水北调东线江苏境内工程运行管理进行专项稽察的通知	综监督函〔2018〕83号	2018年4月19日
68	关于对南水北调中线干线工程安全监测自动化系统开展专项稽察的通知	综监督函〔2018〕84号	2018年4月19日
69	关于拟定南水北调工程重点风险项目的通知	综监督函〔2018〕61号	2018年3月21日
70	关于开展南水北调中线工程后穿跨越工程施工管控检查和影响检测的通知	综监督函〔2018〕76号	2018年4月11日
71	关于开展中线干线工程运行管理存量问题"回头看"的通知	综监督〔2018〕10号	2018年4月14日
72	关于报送工程运行管理举报事项整改处理情况的通知	综监督函〔2018〕62号	2018年3月21日
73	关于切实做好"五一"劳动节和汛期南水北调工程运行监管工作的通知	综监督函〔2018〕82号	2018年4月19日

沿线各省（直辖市）重要文件一览表

序号	文 件 名 称	文号	发布时间
1	关于印发《北京市南水北调工程运行管理标准化建设标准（试行）》的通知	京调办函〔2018〕107号	2018年3月27日
2	关于印发《北京市南水北调工程信息化运维标准（试行）》的通知	京调办〔2018〕38号	2018年11月13日
3	关于印发《北京市南水北调工程调度运行管理规程（试行）》的通知	京调办〔2018〕39号	2018年11月13日
4	关于印发《北京市南水北调工程运行管理标准化考核标准（试行）》的通知	京调办〔2018〕40号	2018年11月14日
5	关于做好江苏南水北调工程2017—2018年度第二阶段向省外供水工作的通知	苏调办〔2018〕7号	2018年2月23日
6	关于下达2018年度南水北调工作目标任务的通知	苏调办〔2018〕9号	2018年2月28日
7	关于做好2018年我省南水北调工程征地移民稳定工作的通知	苏调办〔2018〕12号	2018年3月5日
8	关于加强2018年我省南水北调工程维修养护工作的通知	苏调办〔2018〕13号	2018年3月23日
9	关于进一步做好机构改革期间南水北调工程征迁安置稳定工作的通知	苏调办〔2018〕32号	2018年8月22日
10	关于做好江苏南水北调工程2018—2019年度向省外供水工作的通知	苏调办〔2018〕44号	2018年11月27日
11	关于进一步做好我省南水北调工程安全生产工作的通知	苏调办〔2018〕50号	2018年12月17日

项目法人单位重要文件一览表

序号	文 件 名 称	文号	发布时间
1	关于印发《南水北调东线山东干线有限责任公司教育培训管理办法（试行）》的通知	鲁调水企发〔2018〕1号	2018年1月4日
2	关于印发《南水北调东线山东干线有限责任公司招标项目采购管理办法》和《南水北调东线山东干线有限责任公司非招标项目采购管理办法》的通知	鲁调水企计〔2018〕47号	2018年8月30日
3	关于印发《南水北调东线山东干线有限责任公司应急抢险特种作业车辆使用管理办法（试行）》	鲁调水企发〔2018〕6号	2018年9月17日
4	关于印发《南水北调东线山东干线有限责任公司资产管理办法》的通知	鲁调水企发〔2018〕8号	2018年9月20日
5	南水北调中线水源有限责任公司财务预算管理暂行办法	中水源工〔2018〕33号	2018年3月13日
6	关于印发南水北调中线水源工程丹江口水库巡库管理办（暂行）的通知	中水源移〔2018〕58号	2018年4月13日
7	关于印发南水北调中线水源有限责任公司干部因私出国（境）管理暂行办法的通知	中水源人〔2018〕81号	2018年5月19日
8	关于印发南水北调中线水源公司"三重一大"决策制度实施办法的通知	中水源发〔2018〕122号	2018年8月16日

伍 考察调研

VISIT AND INSPECTION

国务院南水北调办党组书记、主任鄂竟平检查京石段工程冬季输水运行情况

2018年1月10日，国务院南水北调办党组书记、主任鄂竟平带队检查中线京石段工程冬季输水运行管理情况。

鄂竟平一行先后检查了岗头隧洞、漕河渡槽，以及西黑山排冰闸、天津进口闸、节制闸等控制性建筑物的拦冰、扰冰、排冰、融冰系统的运行管理情况以及西黑山光伏发电试点工作情况。

在岗头隧洞、西黑山天津进口闸前渠道，鄂竟平检查了拦冰索和扰冰系统的工作情况，详细了解了两种不同扰冰方式的工作原理、特点，并启动射流扰冰和曝气扰冰装置，现场检验了扰冰效果。他要求，运行管理人员要制定扰冰系统启停的实施细则，每个管理人员都要明白扰冰系统的操作要求、启动条件，都能够熟练操作。

在岗头隧洞、西黑山天津进口闸、节制闸，鄂竟平询问了冬季输水的流量、流速、水温、冰情等，详细了解了热管融冰系统和电热融冰系统的温度参数设定、加热功率、加热方式、加热效果等，并在西黑山排冰闸开启闸门验证排冰能力。鄂竟平指出，管理人员一定要熟悉改造升级后的融冰系统工作原理，定期巡查、检验融冰系统工作情况，发现问题及时处理，确保在极寒天气下融冰系统能够正常稳定运行。

检查期间，鄂竟平专门抽出时间查看了西黑山光伏发电试验项目。鄂竟平充分肯定了中线建管局挖掘潜力、积极探索创新的精神，要求他们要总结经验、科学分析、合理论证，使试验成果具有推广价值。

国务院南水北调办有关司局负责同志参加检查。

国务院南水北调办党组书记、主任鄂竟平调研河南省南水北调丹江口水库移民安稳发展工作 看望慰问移民群众

2018年1月30—31日，国务院南水北调办党组书记、主任鄂竟平带队赴河南省郑州新郑市、中牟县调研南水北调工程丹江口水库移民安稳发展工作，看望慰问移民群众。期间，与河南省省长陈润儿等省领导就有关工作交换了意见。

调研期间，鄂竟平一行深入丹江口水库移民外迁安置点新郑市新蛮子营村、观沟村、中牟县北沟石井村、全店村，来到村矛盾调处室、便民服务中心、党建工作室，看望了移民贫困户和因病致贫的家庭，察看了移民村发展依托的产业项目新郑市君源生态农业科技有限公司、河南瑞亚牧业有限公司、河南天邦农产品开发有限公司等。

在移民户家中、田间地头、生产厂房，鄂竟平与移民群众亲切交谈，详细了解移民土地流转、就业、收入、参与当地发展项目及收益情况，畅谈搬迁前后的变化，仔细询问当前主要困难，并高度赞扬移民群众为南水北调工程做出的巨大贡献。在看望移民贫困户时，鄂竟平详细了解贫困原因、家庭人员情况，叮嘱陪同调研的当地干部切实做好移民中的贫困群众脱贫和帮扶工作，对他们多关心、多帮助。在察看移民村发展依托的产业项目时，鄂竟平详细了解企业生产经营、吸纳移民就业、移民工资水平，与村支部书记共话发展，强调要进一步壮大集体经济，关注让更多移民在产业发展、集体经济中受益。

调研途中，鄂竟平在与河南省有关负责同志交谈时要求，要提高政治站位，按照十九大精神和八次建委会的部署，把系统工作会确定的"稳中求进、提质增效"的要

求落实好，在移民更稳、发展更好、质量更高上多下功夫，在移民发展的均衡上多下功夫，在结合乡村振兴战略促进移民村发展上多下功夫。

国务院南水北调办综合司、征地移民司负责同志随同调研，河南省南水北调办、省移民办等参加调研。

国务院南水北调办党组书记、主任鄂竟平检查中线沙河至高元段工程运行管理情况

2018年2月6日，国务院南水北调办党组书记、主任鄂竟平带队检查南水北调中线沙河至高元段工程运行管理工作情况。

鄂竟平一行先后检查了南沙河倒虹吸北段、七里河退水闸、南大郭中心开关站、邢台管理处、午河渡槽、槐河（一）倒虹吸等。

在降压站、中心开关站，鄂竟平检查了消防设施、消防报警、高低压配电室、变压器室、自动化机房等设施设备工作情况，以及电缆沟改造升级情况等，认真翻阅了电力设备维护养护记录，火灾报警设备、自动化设备巡查、维护记录等。他要求，管理单位要监督运维单位的检查频次和检查内容，在过节期间不能放松警惕，更要从严要求。

在倒虹吸、退水闸闸站现场，鄂竟平检查了闸门、启闭机、融冰系统、闸控柜等设备的运行工作情况，查看了电动葫芦、台车、闸门静态巡视记录表，考核了闸站值守人员的工作职责等。他指出，一线工作人员要切实负起责任，要有责任心和主人翁精神，钻研业务，积极主动发现问题，确保输水平稳安全。

在管理处中控室，鄂竟平检查了视频监控系统、安防系统、闸控系统、消防报警终端系统等，询问自动化设备运行中存在哪些问题，安防、消防报警接警处置流程，查看了交接班记录、输水运行日志等。他叮嘱

管理人员，过节期间一定要注意工程运行安全，要认真对待每一个报警，不能放过每一个可能引起输水安全的问题。

最后，鄂竟平强调，春节期间各级管理人员不能麻痹大意，对设施设备的巡查、维护频次不能减少，对巡查内容不能打折扣，不能"偷工减料"，对各项工作都要严格要求，确保节日期间的输水平稳安全。同时，鄂竟平代表国务院南水北调办党组对现场管理人员的辛苦工作表示肯定，并提前预祝大家春节快乐。

国务院南水北调办有关司局陪同检查。

国务院南水北调办党组书记、主任鄂竟平检查中线运行情况并慰问现场工作人员

2018年2月12日，国务院南水北调办党组书记、主任鄂竟平一行检查了中线涞涿管理处、易县管理处运行情况，看望慰问现场工作人员。

在涞涿管理处坟庄河倒虹吸，鄂竟平先后检查了闸控值班室、自动化室、低压室、高压室、柴油发电机室、物资仓库和水质自动监测站。每到一处，鄂竟平都认真听取设备运行情况汇报，仔细查看设施设备维护保养、巡查记录等资料，详细询问闸站值班人员工作情况及生活安排情况，并现场考核闸站值守人员应急事件现场处置能力，他要求中线建管局要确保节日期间人员值守到位。

在涞涿管理处和易县管理处，鄂竟平测试了消防报警装置，查看了安防系统、电力电池室和网管中心。他强调，运管人员要监督检查运维单位是否按合同约定履行职责，要增强主人翁意识，主动发现问题，主动承担责任，不能以包代管。

检查期间，鄂竟平还到安保人员的食堂及宿舍进行慰问检查，代表办党组对春节期间

仍坚守在运管岗位的员工表示节日问候。他叮嘱一定要做好节日期间值班值守工作，确保工程平稳安全运行，为沿线近1亿人民过上幸福祥和的中国传统节日履行好我们的职责。

国务院南水北调办有关司局主要负责同志参加检查。

国务院南水北调办副主任张野检查南水北调中线天津干线冰期输水工作

2018年1月10—11日，国务院南水北调办副主任张野检查了中线天津干线工程冰期输水工作。

张野一行先后查看了天津干线郎五庄分水口、2号保水堰、北城南分水口、6号保水堰、王庆坨连接井和外环河出口闸等工程，检查了分水口管道、保水堰堰顶过流、自动化设备等冰期输水关键部位的运行管理、维护等情况，以及冰期输水值班和现场应急抢险准备情况。每到一处，他都亲切看望了现场巡查、操作人员，叮嘱要做好保暖工作，防止冻伤，保证人员安全。

张野指出，2018年冰期输水准备工作较为充分，为冰期安全输水奠定了基础，但要充分认识冰害问题的复杂性、严重性，高度重视冰期输水工作。他要求，一是要主动作为，研究天津干线冰期输水运行特点，掌握运行规律，加强严寒天气预报预警，科学调度冰期输水。二是要进一步明确冰期输水工作任务，层层落实责任，加强督导检查，确保冰期输水安全。三是要提高安全意识，强化冬季安全生产管理，注意防火、防爆、防冻、防滑、防坠落，实现冬季安全生产。四是要加强科技攻关和技术革新，鼓励各级技术人员，结合本职工作开展科技创新，提前研究调蓄工程与干线工程的联合调度等问题，为运行安全提供技术支撑。

国务院南水北调办总经济师程殿龙，

投计司、建管司，中线建管局，天津市、河北省南水北调办负责同志参加检查。

国务院南水北调办副主任张野检查中线河北段安全稳定加固措施落实情况

2018年3月13—14日，国务院南水北调办副主任张野一行检查了中线河北段保工程安全平稳运行各项加固措施落实情况。

张野一行先后检查了马磁铁路倒虹吸、磁县膨胀土渠段、西槐树桥上游渠段、讲武城南桥上游渠段、35kV供电塔、滏阳河渡槽、滏阳河退水闸、输元河左排倒虹吸、沁河倒虹吸、陆港桥膨胀土渠段等工程项目，听取了磁县管理处及设计单位有关工作情况的汇报。

在工程现场，张野认真查看了工程防汛准备、边坡处理及闸门、闸控柜、高低压供电等设施设备工作情况，向现场管理人员详细了解运行安全状况，询问加固措施落实情况，提出了工程防汛准备、工程及设施设备运行维护的要求。在检查过程中，他还对加强新设备研究、加强闸站管理等提出了具体意见和建议。

张野强调，在"两会"召开之际，各工程管理单位务必要严格按照办党组的统一部署，将确保南水北调工程安全平稳运行当做首要政治责任，认真细致地落实好各项加固措施，积极开展防汛准备工作，及时排除安全隐患，加强安全管理，确保工程安全、供水安全及沿线人民生命安全。

国务院南水北调办建管司负责同志参加检查。

国务院南水北调办副主任蒋旭光调研湖北省丹江口库区移民安稳发展及定点扶贫工作

2018年1月30日至2月1日，国务院

南水北调办副主任蒋旭光一行赴湖北省调研南水北调丹江口库区移民安稳发展和郧阳区定点扶贫工作，慰问库区移民干部群众并看望中线水源公司的干部职工。

2018年入冬以来，丹江口库区出现了两次多年不遇的大降雪，对库区移民的生产生活产生了一定的影响。春节前夕，办党组非常牵挂库区移民的生产生活状况，受办党组和鄂竟平主任委托，蒋旭光专程到湖北省丹江口库区看望慰问。蒋旭光一行先后查看了郧阳区柳陂镇沙洲村移民安置点和蔬菜水果种植大棚受损情况，并到困难移民家庭进行了慰问；查看了丹江口市三官庙镇蔡湾村移民安置点和生产设施受灾情况，并慰问了困难移民家庭。调研和慰问过程中，蒋旭光详细听取了地方政府有关降雪情况的汇报，实地了解移民群众生产生活情况，慰问了一线的移民干部和困难群众，对地方政府应对突发降雪采取的应急措施、取得的成效和对移民群众的关怀给予了充分肯定。蒋旭光一行还专程到郧阳区柳陂镇调研督促郧阳区的扶贫工作，现场查看龙韵村扶贫易地搬迁安置区房屋和产业设施建设情况，听取了区委区政府有关扶贫工作情况的汇报。

蒋旭光强调，地方政府和移民部门要深入细致关心库区移民春节前的生产生活，帮助做好生产设施受灾保险理赔和有关恢复工作，做好群众稳定工作，采取措施确保群众安全过冬，过上一个祥和的新春佳节。要持续加大对库区移民的帮扶力度，发展壮大移民村产业，提高移民生产生活水平，打造一批南水北调美丽移民村。按照十九大精神和中央有关要求，进一步落实地方政府的脱贫攻坚主体责任，尽锐出战，落实好扶贫政策措施，做到脱真贫、真脱贫，确保郧阳区按期实现脱贫目标。

在看望水源公司干部职工时，蒋旭光对2017年水源公司在各项工作中取得的成绩表示肯定，希望在新的一年抓好工程运行管理、环保移民、验收等各项工作，水源公司按照"稳中求进、提质增效"总基调，促进各项工作再上新台阶，为南水北调工程效益的全面发挥做出更大的贡献。

国务院南水北调办投资计划司、征地移民司，湖北省移民局、十堰市政府及中线水源公司负责同志参加调研和慰问。

国务院南水北调办副主任蒋旭光春节前检查惠南庄管理处运行管理工作

2018年2月12日，国务院南水北调办副主任蒋旭光带队来到南水北调中线惠南庄管理处检查工程运行和泵站检修情况，看望并慰问一线职工。

蒋旭光一行来到工程现场，先后检查了泵站设备现场检修情况、中控室值班运行情况和消防室报警系统，检查了北拒马河进口段防冰冻措施现状，详细了解了各项设备设施当前运行状况和泵站冬季检修情况、2018年冰期输水情况，并了解惠南庄管理处党建工作。

检查中，蒋旭光对现场职工致以节日问候。他强调，新春佳节即将到来，冰期输水仍在关键时期，确保安全平稳供水的各项工作都要时刻抓紧抓好。要合理安排春节假日期间值班工作，安排好值班人员的生活，让大家过一个祥和、愉快的春节。要切实做好春节假日期间运行值班、工程巡查等运行生产工作，以及防火、防盗、防溺亡等安全生产工作，确保工程安全、平稳运行。目前气温仍然较低，运行人员要保持高度警惕，加强巡视，密切关注冰情，并做好相关的应急处置准备，确保冰期向北京供水安全。要进一步加强基层党建工作，改进工作方法，使党建工作与业务工作深度融合，做到两手抓、双促进。

国务院南水北调办监督司、监管中心、中线建管局负责同志参加。

水利部副部长蒋旭光检查中东线工程运行及防汛情况

2018年5月4日、5月8—10日，水利部副部长蒋旭光带队，检查中线天津干线以及东线山东境内工程防汛工作。

5月4日，蒋旭光一行飞检了天津干线西黑山管理处、徐水管理处、天津管理处运行情况和防汛工作，并提出了具体要求：在机构改革的重要时期，要增强四个意识，加强组织领导，落实好主体责任，切实做好安全工作。确保南水北调安全通水是第一位的，各项工作都要紧紧围绕这一目标开展。要强化工作措施，狠抓细节，务求落实。加强巡查巡视，优化运行调度，搞好值班值守。各单位尤其要做好汛期的各项准备工作，加强与地方防汛部门的沟通联系与合作，共享水文气象信息；完善防汛方案，补充防汛物资设备，做好防汛演练，启动防汛抢险力量联防联动机制，确保防汛安全。

在检查东线长沟泵站、邓楼泵站、穿黄工程时，蒋旭光对防汛工作提出了要求：一是各单位要加强组织领导，严格履行主体责任，层层落实防汛责任制，严防死守，做好防洪度汛各项工作。二是早准备早落实，分清主次缓急，及时开展防汛隐患排查，修订完善各类方案预案，落实防汛物资储备，开展培训演练，加强与地方的沟通联系。三是抓实抓细防汛工作，各单位主要负责人要深入防汛一线，督查防汛重点部位和风险点的巡视巡查、值班职守等工作。要进一步细化防汛应急预案和应急抢险措施，提高预案的针对性、可操作性。

水利部副部长蒋旭光现场观摩南水北调工程防汛抢险及山洪灾害防御应急实战演练

2018年6月25日，河南省人民政府、水利部在河南新乡辉县市南水北调中线石门河倒虹吸工程现场联合举行了防汛抢险及山洪灾害防御应急演练。河南省省长陈润儿、水利部副部长蒋旭光观看演练并讲话，河南省副省长武国定一同观看。

石门河倒虹吸工程为南水北调中线工程2018年Ⅰ级防汛风险项目。此次演练分五个科目，分别对石门河倒虹吸进口裹头抢险，加固总干渠左岸渠堤外坡，群众避险转，拆除河道内阻碍行洪生产堤，加高总干渠裹头及渠堤进行了演练。

蒋旭光在讲话中指出，此次演练是深入贯彻落实全国防汛抗旱电视电话会议和胡春华副总理在武汉防汛工作座谈会上讲话精神的重要举措。从现场情况看，此次防汛抢险演练准备充分，从实战出发，立足放大汛、抢大险，合理设定科目；参加演练的全体同志现场展现了不怕苦、不怕累的精神；演练中指挥调度、险情处置程序清晰，过程组织严密；参加演练的各单位配合密切，协作高效，形成合力。此次演练达到了预期效果，锻炼了队伍，积累了经验，强化了意识，密切了协作，提高了实战能力，为下一步有针对性地整改问题、补齐短板、加强措施提供了有益借鉴，奠定了坚实基础。

蒋旭光在讲话中强调，主汛期已到，各单位一定要以此次演练为契机，切实增强防汛抗洪的责任感、紧迫感，再动员、再加压、再施力，严谨细致精准地做好防汛工作。一要强化责任。各单位要健全"党政同责，一岗双责，齐抓共管，失职追责"安全责任体系，加强防汛工作组织领导，逐级夯实主体责任，坚决克服麻痹思想和侥幸心理，严阵以待，做到守土有责，守土尽责。二要强化预报预警。要完善雨情水情监测预报预警机制，加强联合分析研判，提前预报预警，及时启动应急响应，把握防汛应急抢险主动权。三要强化应急抢险能力。要高标准、严要求做好防汛应急应对工作，要结合南水北调工程运行管理实际，切实提高防汛应急预案的针对性、可操作性，切实提高防汛抢险的指挥协调能力、快速反应能力和应急处置能力。四要强化防御重点。要对大型河渠交叉建筑物、水库以及深挖方、高填方、膨胀土、高地下水位渠段等防汛重要部位和风险项目，要特别关注，专项研判，预筹措施，盯牢盯紧，严防死守。五要强化联防联动机制。有关方面要加强联系，协同配合，落实好群防联动措施，要听从统一指挥，科学研判，集体会商，群策群力，万众一心，全力夺取今年防汛工作的全面胜利！

陈润儿在讲话中指出，此次演练旨在强化防汛抢险意识、提高抢险实战能力、减少自然灾害损失。从演练效果看，准备充分、科目实用、组织严密、协调高效、指挥有序，特别是参加演练的同志们表现出了良好的精神风貌和卓越的实战能力，值得肯定。

他强调从气象预报看，今年发生洪涝的几率较高；从工程设施看，造成洪灾的隐患较多；从应急抢险看，麻痹懈怠的思想较重。各级各部门要务必保持高度警醒，以此次演练为契机，增强风险意识、完善应急方案、抓好隐患排查、严格落实责任，确保人民群众生命财产安全和工程度汛安全。

此次演练由河南省水利厅、南水北调中线干线工程建设管理局、河南省南水北调办、新乡市政府承办。

水利部相关司局负责同志，南水北调中线干线工程建设管理局和南水北调东线总公司主要负责同志，河南省工程沿线市县政府相关负责同志观摩了演练。

陆 文章与专访

ARTICLE AND INTERVIEW

鄂竟平：形成人与自然和谐发展的河湖生态新格局

保护江河湖泊，事关人民群众福祉，事关中华民族长远发展。以习近平同志为核心的党中央从人与自然和谐共生、加快推进生态文明建设的战略高度，作出全面推行河长制湖长制的重大战略部署。中共中央办公厅、国务院办公厅 2016 年印发《关于全面推行河长制的意见》，2017 年印发《关于在湖泊实施湖长制的指导意见》。在各地各有关部门共同努力下，河长制湖长制在全国迅速推行，在实践中产生良好成效，为探索形成有中国特色的生态文明体制积累了宝贵经验。

一、全面推行河长制湖长制是习近平生态文明思想在治水领域的具体体现

习近平总书记多次强调，绿水青山就是金山银山，要像保护眼睛一样保护生态环境，像对待生命一样对待生态环境。全面推行河长制湖长制，创新河湖管理体制机制，破解复杂水问题，维护河湖健康生命，是习近平生态文明思想在治水领域的具体体现。

全面推行河长制湖长制是推进生态文明体制改革的重大举措。党的十九大报告明确提出，加快生态文明体制改革，牢固树立社会主义生态文明观，推动形成人与自然和谐发展现代化建设新格局。习近平总书记强调，要用最严格制度最严密法治保护生态环境，加快制度创新，强化制度执行，让制度成为刚性的约束和不可触碰的高压线。全面推行河长制湖长制，坚持党政同责，由各级党政负责同志担任河长，作为河湖治理保护的第一责任人，明确河湖治理主体和职责，同时严格考核问责，实行水安全损害责任终身追究制，对造成水安全损害的，严格按照有关规定追究责任，确保各项措施落地生根。河长制湖长制这一重大制度创新的效果已逐步显现。

全面推行河长制湖长制是破解我国复杂水问题的有力抓手。习近平总书记指出，河川之危、水源之危是生存环境之危、民族存续之危。当前，我国新老水问题交织，水资源短缺、水生态损害、水环境污染十分突出，水旱灾害多发频发。河湖水系是水资源的重要载体，也是新老水问题体现最为集中的区域。河湖管理保护涉及上下游、左右岸、不同行政区域和行业，十分复杂。全面推行河长制湖长制，由各级党政负责同志牵头抓总，能够调动多方力量，协调解决各类新老水问题。一方面，通过开展专项行动、集中治理，解决河湖乱占滥用、水体污染、围湖养鱼等突出问题；另一方面，以水资源水环境承载能力倒逼经济发展方式转变、产业结构调整，从根子上解决水资源短缺、用水效率不高、水污染及水生态损害等问题。同时，通过山水林田湖草系统治理，增强水源涵养能力，增加河湖和地下含水层对雨水径流的"吐纳"和"储存"能力，有利于减轻洪涝灾害，实现化害为利。

全面推行河长制湖长制是维护河湖健康生命的内在要求。习近平总书记指出，人与自然是生命共同体，人类必须尊重自然、顺应自然、保护自然。江河湖泊是自然生态系统的重要组成部分，河湖健康是人与自然和谐共生的重要标志。河湖包括"水"，即河流、湖泊中的水体，也包括盛水的"盆"，即河道湖泊空间及其水域岸线。全面推行河长制的水资源保护、水域岸线管理保护、水污染防治、水环境治理、水生态修复、执法监管等六大任务，归纳起来就是要做好"水"和"盆"两方面的管理保护，通过水陆共治、综合整治、系统治理，改善河湖生态环境、实现河湖功能永续利用。

全面推行河长制湖长制是更好满足优美生态环境需要的重要保障。习近平总书记指出，良好生态环境，是最公平的公共产品，是最普惠的民生福祉。新时代我国社会主要矛盾发生了变化，干净、整洁、优美的河湖生态环境成为群众更强烈的诉求和更美好的期盼。全面推行河长制湖长制的主要任务，都是针对当前群众反映比较强烈、直接威胁水安全的突出问题提出的。落实好这些主要任务，把群众身边的河湖治理好，才能提供更多优质生态产品，还给老百姓清水绿岸、鱼翔浅底的景象。

二、河长制湖长制制度优势逐渐显现

河长制作为因问题而生、由基层首创的河湖保护制度，自诞生之初就显示出强大的生机与活力。一年多来，水利部会同有关部门多措并举、强力推进，地方党委政府高位推进、狠抓落实，截至 2018 年 6 月，全国 31 个省（自治区、直辖市）已提前半年全面建立河长制，河长制的组织体系、制度体系、责任体系初步形成，全国河湖管理与保护局面发生可喜的变化。

河长湖长上岗履职。河湖保护任务能否落到实处，关键在各级党政河长湖长。目前，全国已有 30 多万名党政负责同志上岗到位，担任省、市、县、乡四级河长，很多省份还将河长体系延伸到村，设立村级河长（部分省份含巡河员）77 万多名。各级河长既挂帅又出征，亲自动员部署、审定方案、巡调研、解决难题。有的地方实行党政主要负责同志"双河长制"，有的地方层层签订责任书，明确河湖管理保护责任河段、目标任务。不少地方党政主要负责同志主动将问题突出的"老大难"河湖作为自己的"责任田"，形成"头雁效应"、发挥示范作用。

治水合力逐步形成。各地以河长制为平台，充分发挥河长的统筹协调作用。有的成立多部门联合作战指挥部，建立协作机制，形成各司其职、密切配合、齐抓共管的工作格局。有的实施"互联网+河长制"行动计划，整合水利、环保、住建、国土等信息资源，构建掌上治水圈。有的实行河长+警长+督察长"三长治河"，设立河道警长、生态法庭，严厉打击涉河湖违法行为。流域管理机构积极发挥协调、指导、监督、监测作用，协调推进跨省河湖联防联治。

河湖整治相继启动。各地加快摸清河湖现状，建立河湖名录，制定一河（湖）一策方案，因地制宜开展河湖专项整治行动。不少地方集中治理断头河，沟通水系、活化水体，增强河湖自净能力。有的全面清理涉河湖违章建筑、阻水林木、垃圾渣土，维护河湖良好秩序。有的积极开展生态河湖、生态水系建设，河湖生态环境得到明显改善。

监督考核压实责任。各地将督查整改、激励问责作为压实责任的重要举措，不少地方还通过党委政府督查、人大与政协监督、深改组专项督察，以及明察暗访、媒体曝光、电视问政等多种方式，监督河长履职、部门尽责。有的省份逐月考核点评、定期排序通报，对进度滞后的及时约谈督办。有的聘请社会监督员，建立投诉热线，实行网上举报，推动河长履职情况公开。有的省份树立"一县、一镇、一村"示范典型，对优秀河长、先进集体进行表彰，对履职不力的干部严肃问责。

全民参与社会共治。各地大力宣传普及河长制政策和相关知识，积极推进河长制进企业、进校园、进社区、进农村，涌现出一大批"党员河长""企业河长""乡贤河长"等民间河长和志愿者服务队。有的地方吸引社会资本参与水生态环境治理修复。有的地方将河长制与美丽乡村建设结合，纳入村规民约。总的看，河长制赢得广大群众的普遍支持，全社会共抓河湖保护的局面逐步形成。

全面推行河长制以来，很多河湖实现了从"没人管"到"有人管"、从"管不住"到"管得好"的转变。一些地方有效解决了长期以来损害群众健康的突出河湖生态环境问题，原来脏乱差的河湖变成老百姓休闲散步的亲水公园，得到群众的广泛认可。然而必须清醒地认识到，河湖问题的产生是长期累积形成的，彻底解决这些问题绝非一日之功。当前，全面推行河长制还存在一些薄弱环节：有的地方河长责任不落实、履职不到位，有的河湖突出问题整治力度不够，有的地方部门协同、区域联动机制尚未全面建立，有的地区技术力量薄弱、河湖管理手段比较落后等。这些问题需要我们在下一步工作中予以重点解决。

三、推动河长制湖长制各项任务落地见效

全面推行河长制湖长制是一项长期任务。今后一段时期，是河长制湖长制实现有名有实、名实相副的关键期，是向河湖管理顽疾宣战、还河湖以美丽的攻坚期。我们要坚持以习近平新时代中国特色社会主义思想为指引，贯彻落实"节水优先、空间均衡、系统治理、两手发力"治水思路，树立人与自然和谐共生的理念，把维护河湖健康作为重大政治责任抓实抓好，确保河长制湖长制取得实效，推动河湖生态环境实现根本好转，让干净、整洁、生态的河湖成为美丽中国的新名片。

落实河长湖长责任。河长制湖长制不是挂名制，而是责任田。在落实河长制湖长制任务阶段，需要统筹河湖生态保护与地区经济发展、统筹协调各部门动作步调、统筹协调河湖治理各项措施、统筹协调项目安排与资金配置。各级河长要继续履职尽责，当好河湖治理的"领队"，积极谋划、主动作为，真正做到守河有责、守河担责、守河尽责。

实施系统治理。各级河长湖长要坚持问题导向，牵头负责提出山水林田湖草系统治理的具体措施，编制"一河（湖）一策"方案，明确部门间、区域间的责任分工和各项任务完成的时间节点，开展系统治理。严格实行河湖水域空间管控，划定红线。严格控制河湖排污行为，核定河湖水体对污染物的承载能力，倒逼岸上各类污染源治理。

开展专项整治。针对河湖存在的问题，开展摸底调查，找准"病因"，对症下药。对河道非法采砂、岸线乱占滥用、河湖水体污染等突出问题，开展专项治理，集中力量解决一批，在短期内取得实效；对其他一些问题，要以钉钉子的精神，积小胜为大胜，逐步有序解决。水利部已部署开展全国河湖"清四乱"（乱占、乱采、乱堆、乱建）等一系列专项整治行动，旨在解决一批损害河湖健康的突出问题。各地也要针对河湖管理保护中存在的突出问题，组织开展专项整治行动。

强化河湖监管。健全监督考核机制，对河长制湖长制任务落实进行全过程跟踪监管，对不作为、慢作为的追责问责，对落实好的地区和个人给予奖励和激励。水利部建立了河长制明察暗访机制，重点暗访各级河长履职情况。建立社会公众监督渠道，对老百姓反映强烈或媒体曝光的河湖突出问题，约谈有关地方河长和河长制办公室负责人，向省级河长通报，督促问题整改。县级及以上河长负责组织对相应河湖下一级河长进行考核，考核结果作为地方党政领导干部综合考核评价的重要依据，确保各级河长湖长在工作中把维护河湖健康放在经济社会发展的全局来考虑，综合施策，统筹推进，实现河湖面貌根本改观。

凝聚社会合力。坚持"开门治水"，引导和鼓励社会公众参与河湖治理，形成社会各方广泛参与的治水格局。因地制宜设立"党员河长""企业家河长""乡贤河长"等类型多样的"民间河长"，参与河道巡查、垃圾清理等工作。建立和完善公众参与平台，对河长制相关事项，明确公众参与的要求与程序，有效对接政府决策和公众诉

求。创新河湖治理保护项目的融资、建设、管理模式，采取多种方式支持政府和社会资本合作项目。采用知识竞赛等宣传形式，提高群众对河长制湖长制的认知，把维护身边美丽河湖作为每个人的自觉行动，推动河长制湖长制落地生根、取得实效。

（来源：《求是》 2018 年第 16 期
作者：水利部党组书记、部长鄂竟平）

抓好美好移民村试点
逐步实现移民村振兴

2018 年 2 月 28 日，绿城郑州乍暖还寒。位于红专路上的河南省移民办机关办公楼里却紧张而忙碌。会议接二连三，人们步履匆匆。

说起南水北调征迁移民工作，河南省移民办主任吕国范信心满满，思路清晰："着力打造一批起点高、形象好、亮点突出的美好移民村试点，推广到全省，带动并逐步实现全省移民村振兴。"

"虽然基础设施条件不错，但与迁入地群众收入水平相比，还有 10% ~ 20% 的差距。"吕国范说，当前南水北调移民工作最突出的矛盾是移民村发展不平衡。包括产业效益不平衡、产业门路不充分、生态建设不充分、乡村文明建设不充分等。此外，移民信访问题也影响社会整体稳定，移民干部队伍的能力和水平还不完全适应新形势。

产业兴旺、生态宜居、乡风文明、治理有效、生活富裕。十九大报告提出的乡村振兴战略二十字方针是我们的工作目标。吕国范说，2018 年，河南省移民办将实施"乡村振兴"战略、以开展美好移民村创建和"四比四化五提升"活动为抓手，稳步推进征地移民各项工作。

2018 年南水北调征迁移民具体任务有哪些？吕国范做了概括，主要从五个方面着力：

一是围绕工程运行，着力推进征地移民工作。抓好征地移民安置验收迫在眉睫。丹江口库区移民工作按照国家验收要求，加快扫尾，抓好省级初验问题整改，配合好国家终验；稳步推进干线征迁各验收环节。抓好干线征迁扫尾。大力推进永久用地手续办理，加快完善剩余 4391 亩用地手续，争取高质量完成所有临时用地返还退还。

二是围绕乡村振兴，着力加快移民创新发展。在全省开展美好移民村建设活动，每年选择 10 个试点，逐步实现移民村振兴。到 2020 年移民村振兴制度框架和政策体系基本形成，到 2035 年移民村的现代化基本实现，到 2050 年移民村全面振兴，实现农业强、移民村美、移民富的目标。

三是围绕民生改善，着力补齐移民发展短板。扎实搞好丹江口水库库周地质灾害防治，继续抓好移民帮扶政策争取，深入做好困难移民帮扶工作，解决实际问题，加快发展步伐，确保全面小康路上"一个也不少"。

四是围绕政策落实，着力提升移民工作效能。首先切实做好后期扶持工作。直补资金及时足额发放，保障移民基本需求。加大已批复后扶项目监管力度，确保早日发挥效益。其次加快南水北调征地移民完工财务决算。最后是加快九重镇产业试点建设。积极总结产业项目选择、民主化建设管理、收益分配等方面可复制、推广的经验，发挥示范带动作用。

五是围绕社会稳定，着力做好移民信访工作。突出问题导向，把移民矛盾隐患化解在基层、消除在萌芽状态。坚持"属地管理、分级负责""谁主管、谁负责"原则，建立信访台账，加快突出矛盾、信访积案的处理，确保重要节点大局稳定。坚持进村入户，走进群众，解决移民难题，落实移民政策，改善移民生产生活。

能否打胜移民村振兴这一仗，移民干

部队伍是关键。吕国范说，围绕作风优化，河南省移民办着力加强干部队伍建设。将在全省移民系统开展"四比四化五提升"活动，通过移民干部之间比学习、比奉献、比创新、比绩效，实现移民工作制度化、规范化、超前化、精准化。提升移民系统的责任担当意识、创先争优意识、务实重干意识、统筹协调意识、遵纪守规意识，切实在系统内兴起比学赶帮、创先争优、干事创业的浓厚氛围和新风正气，努力锻造一支懂移民工作、爱移民群众、热爱移民村的移民工作队伍。

（来源：《中国南水北调报》 2018年3月27日 记者：许安强 郭安强）

一江清水送来绿色希望
——南水北调东、中线全面
通水4周年综述

2018年的12月12日是南水北调东、中线工程全面通水4周年。据水利部消息，截至12日，南水北调东、中线工程累计调水222亿 m^3 ，随着供水量持续快速增加，优化了我国水资源配置格局，有力支撑了受水区和水源区经济社会发展，促进生态文明建设。

一、南水成为沿线重要城市主力水源

"以前喝水基本靠去挑水、买水，家里没有抽水马桶，楼房在设计时根本不用考虑供水系统，因为当地没有水。"90岁的河南省平顶山市石龙区离休老人沈君振说，如今南水北调水来了，家里通了自来水，每天可以用好水泡茶，他最大的愿望是"能多喝几年南水"。

老人的心愿反映了北方很多一直"喊渴"地区的百姓心声。

南水送来清凉。水利部数据显示，截至目前，南水北调中线一期工程累计调水191亿 m^3 ，东线一期工程累计向山东供水

31亿 m^3 。南水成为京、津、冀、豫、鲁地区40余座大中型城市的主力水源，黄淮海平原地区超过1亿人直接受益。

水利部南水北调司副司长袁其田表示，目前，南水占北京市主城区的自来水供水量的73%，密云水库蓄水量自2000年以来首次突破25亿 m^3 ；南水成为天津市14个区居民供水"生命线"；河南受水区37个市县全部通水，郑州中心城区自来水8成以上为南水，鹤壁、许昌、漯河、平顶山主城区用水全部为南水；石家庄、邯郸、保定、衡水主城区南水供水量占75%以上，沧州达到100%。

监测结果显示，中线水源区水质总体向好，丹江口水库水质为Ⅱ类，中线工程输水水质保持在Ⅱ类或优于Ⅱ类，其中Ⅰ类水质断面比例达到80%左右；东线工程输水水质保持在Ⅲ类。南水显著改善了沿线群众饮水质量，特别是河北省黑龙港地区500多万群众告别了高氟水、苦咸水。

二、沉睡的河流恢复生机

在位于河北滹沱河畔的冀之光广场附近，流水潺潺、波光粼粼，宽阔水面中丛生的芦苇随着清风摇曳，不时有水鸟飞过，岸边垂钓的老人怡然自得。

"以前河里四季没水，全是垃圾、乱砖头，近两年来水以后，夏天凉爽，野鸭子也来了，老人和小孩都喜欢到附近游玩。"附近居民杜晓娜对记者说。

干涸了几十年的滹沱河重现生机，是南水北调工程生态补水的一个缩影。

2018年9月，水利部、河北省联合开展华北地下水超采综合治理河湖地下水回补试点，向河北省滹沱河、滏阳河、南拒马河三条重点试点河段实施补水，至今累计补水4.7亿 m^3 。

南水北调中线建管局总调中心副主任韩黎明表示，中线一期工程连续两年利用丹江口水库汛期弃水向受水区30条河流实施生态补水，累计补水8.65亿 m^3 ，生态

效益显著。

河湖水量的增加促进水质明显提升。天津市中心城区 4 个河道监测断面水质由补水前的 Ⅲ～Ⅳ 类改善到 Ⅱ～Ⅲ 类；河北省白洋淀监测断面入淀水质由劣 Ⅴ 类提升为 Ⅱ 类；河南省郑州市补水河道基本消除黑臭水体。

三、黄淮海平原地下水快速下降得到遏制

曾有专家表示，南水北调工程不是一般意义的水利工程，它承担了供水与探索解决生态问题的双重责任。

"东中线一期工程全面通水以来，通过限制地下水开采、直接补水、置换挤占的生态用水等措施，有效遏制了黄淮海平原地下水位快速下降的趋势。"袁其田说，工程坚持先节水后调水、先治污后通水、先环保后用水的"三先三后"原则，妥善处理跨流域调水与节水、治污及环保的关系。

监测数据显示，北京、天津等 6 省（市）累计压减地下水开采量 15.23 亿 m³，平原区地下水位明显回升。至 2018 年 5 月底，北京市平原区地下水位比上年同期回升了 0.91m；天津市地下水位 38% 有所上升，54% 基本保持稳定；河北省深层地下水位由每年下降 0.45m 转为上升 0.52m；河南省受水区地下水位平均回升 0.95m。

记者从南水北调中线建管局了解到，为了保护水质，水源区和沿线重要区域设置国控监测断面。中线输水线路全部与沿线河流立交，周围地表水基本不会对总干渠水质造成污染。总干渠两侧布设电子围栏，并安排人工巡查。建设水污染应急物资库，多次进行大型应急演练。

4 年来，工程智慧化管理水平不断提升。中线工程通过水情数据自动监测与预警，全部闸站远程控制，实现输水调度自动化；依托视频、智能安防系统，无死角安全监控，实现安全管理立体化；构建起标准制度体系，实现运行管理规范化。

（来源：新华社 2018 年 12 月 12 日 记者：于文静）

记录历史　传承文明
——专访《中国南水北调工程文明创建卷》编纂委员会负责人

"十二五""十三五"国家重点图书出版规划项目《中国南水北调工程》丛书的文明创建卷已经正式出版发行。该书挖掘了伟大工程背后的精神支撑，向读者展示了南水北调工程孕育的行业文化和工程文明。

日前，记者围绕文明创建卷的出版意义、出版中面临的困难、工程在文明创建方面的特点等，采访了编纂委员会负责人，探知文明创建卷出版背后的故事。

问：为什么要组织编纂出版《中国南水北调工程》这一总结性丛书？

答：南水北调工程是缓解中国北方水资源严重短缺局面的重大战略性基础设施，是事关发展全局和保障民生的重大工程，也是继承中华民族优良传统、弘扬现代文明成果的精神丰碑。

2002 年 12 月 27 日，南水北调工程开工建设，中华民族的跨世纪梦想终于付诸实施。来自全国各地 1000 多家参建单位铺展在长近 3000km 的工地上，艰苦奋战，用智慧和汗水攻克一个又一个世界级难关。有关部门和沿线七省市干部群众全力保障工程推进，40 余万移民征迁群众舍家为国，为调水梦的实现，作出了卓越贡献。经过十几年的奋战，东、中线一期工程分别于 2013 年 11 月、2014 年 12 月如期实现通水目标，造福于沿线人民，社会反响良好。

伟大的工程背后必然有伟大的精神作为支撑。南水北调工程在长达数十年的规划、勘测、建设、运行进程中，孕育了博大、深邃的行业文化和工程文明，成为

"国字号"工程的典范。为全面、系统、准确地反映南水北调工程建设全貌，国务院南水北调办于 2012 年启动《中国南水北调工程》丛书的编纂工作。丛书以南水北调工程建设、技术、管理资料为依据，由相关司分工负责，组织项目法人、科研院所、高等院校、参建单位的专家、学者和技术人员，对资料进行收集、整理、加工和提炼，并补充完善相关的理论依据和实践成果，分门别类进行编纂，形成南水北调工程总结性全书，为中国工程建设乃至国际跨流域调水留下宝贵的参考资料和可借鉴的成果。

问：《中国南水北调工程》编纂出版工作任务繁重，如何组织实施？

答：国务院南水北调办高度重视《中国南水北调工程》丛书的编纂工作，2012年 6 月成立了以国务院南水北调办党组书记、主任鄂竟平为主任委员，国务院南水北调办副主任为全书副主任委员，相关司局领导和各地方建设委员会领导为委员的编纂委员会，由国务院南水北调办副主任蒋旭光担任丛书主编，全面负责编纂工作。丛书成立顾问团队和专家组，对全书内容进行统筹把关，并全面参与书稿终审工作。

丛书共分 9 卷，每卷由相关司局领导担任主编，并聘请业界权威专家担任卷内审稿专家，保证书稿质量。自正式启动以来，组成了以机关各司、相关部委司局、系统内各单位为成员单位的编纂委员会，确定了全书的编纂方案、实施方案，成立了专家组和分卷编纂机构，明确了相关工作要求。各卷参编单位攻坚克难，在完成日常业务工作的同时，克服重重困难，对丛书编纂工作给予支持。各卷编写人员和有关专家兢兢业业，无私奉献，埋头著述，保证了丛书的编纂质量和出版进度，并力求全面展现南水北调工程的成果和特点。

丛书编委会办公室由国务院南水北调办综合司和中国水利水电出版社联合组成，负责相关组织、联系工作。编纂之初，全书制定了严格的编纂规则，并根据编纂工作需要及时补充、修订，以确保在涉及内容广、参与编写人员众多的情况下丛书编写能够保证统一的风格和体例。编委会办公室和各卷编纂工作人员上下沟通，多方协调，充分发挥了桥梁和纽带作用。经中国水利水电出版社申请，丛书被列为国家"十二五""十三五"重点图书。

在出版组织方面，中国水利水电出版社选派具有国家重点图书出版经验、长期负责水利类专业图书出版的专业团队担任本套丛书的责任编辑，每卷图书由两名责任编辑负责出版的具体工作，包括组织审稿、与作者沟通、协调出版流程等，由出版社资深编辑担任本书的复终审工作。按照中国水利水电出版社对重点图书的要求，图书印刷前外聘专家对图书内容质量进行质检，确保达到精品图书要求。根据丛书各卷的出版进度要求，在保证质量的前提下，采用倒排工期的方法，保证丛书各卷能够按时出版。

在实际工作中，中国水利水电出版社编辑与编写人员密切配合，在编写大纲制定之初，就全程参与书稿的编写工作，在撰写、审稿、修改等环节，与作者共同解决编纂中的困难和问题，并及时将共性问题汇总反馈编委会。深入细致的书稿中耕工作，保证了各卷编纂工作的顺利推进。

问：《中国南水北调工程》编纂出版工作有无现成的经验、做法可借鉴？

答：作为当今世界上最宏伟的跨流域调水工程，《中国南水北调工程》的编纂出版并没有成熟的、可以照搬照抄的经验和做法。中国南水北调工程在工程形式上属于线性工程，工程跨度大，涉及流域、省份多，编纂人员涉及行政人员、技术人员、施工人员等不同类型的作者，编纂组织的难度更大。可以借鉴的，有大型丛书出版过程中一些类似的组织方式，像已经出版的《中国河湖大典》《中国水利史典》和其他大型工程总结性图书等。这些图书出版的成功做法，都被结合实际吸收借鉴到该套丛书的出版中。

问：《中国南水北调工程·文明创建卷》是首卷出版，经历了哪些挫折和困难？是如何克服的？

答：《中国南水北调工程·文明创建卷》（以下简称《文明创建卷》）作为首卷出版，其示范作用尤为显著，为其他各卷在编辑出版方面统一了规范，树立了标准，提供了样本，也积累了多方面经验。

第一是内容组织难度大。南水北调工程历时长，涉及范围广，文明创建工作表现在工作的各个方面，如何去合理梳理组织并整合内容是巨大的挑战。在主编的组织领导下，编纂人员与有关专家共同研讨，确定了全面系统的编写大纲，从核心价值理念、行业文明建设到具体的文明成果，都在书中得到了展现。在资料收集方面，相关部门克服建设任务重、时间紧等多方面困难共同努力，各建设、管理单位和部门密切配合，提供了系统、翔实的基础资料，为全书编纂奠定了良好的基础。

第二是初稿语言风格不一致。因为《文明创建卷》包括四个方面的内容，由多位作者合作撰写，每一部分的写作风格会有不同。为了解决这个问题，《文明创建卷》进行了多次审稿和统稿工作，力求语言风格的统一规范。

第三是出版周期短。作为国务院南水北调办的督办项目，近100万字的原稿从定稿到正式出版只有短短的5个月，出版时间容不得一丝一毫拖延，全体编纂人员和出版社一起倒排工期，既要抓好质量，又要保证进度。在大家的共同努力下，《文明创建卷》终于在2017年年底正式与读者见面。

第四是印刷出版时恰逢北京市对印刷企业进行清理整顿，相关印刷企业的印刷和装订工期受到很大影响。在出版社高度重视和支持下，相关人员积极协调优秀印刷、装订企业，为《文明创建卷》的顺利出版保驾护航，最终保证了按期出版。

《文明创建卷》的顺利出版，是各级领导支持、全体编纂人员辛勤耕耘的结果，是出版社密切配合，对图书质量和工期进行精准控制的结果，是提前做好相关预案，有力组织、及时协调的结果，为后续的编纂工作积累了十分宝贵的经验。

问：南水北调工程涉及多个专业技术领域，为什么设立《文明创建卷》？南水北调工程在文明创建方面有哪些特点？

答：文明创建工作是南水北调工作的重要组成部分，始终贯穿建设全过程，为南水北调工程的建设、运行、管理等提供了支撑和保障。

南水北调从无到有，经历了构想酝酿、勘测设计、规划论证、规划决策、建设实施等阶段，形成了一以贯之、始终不渝的文化内核。南水北调工程参与前期工作的单位数以百计，人员不计其数，涉及计划、财政、水利、交通、国土、环保、科技、住房建设、林业、文物、电力等众多领域，历时整整50年，付出了几代人的心血和智慧。很多人没有能够看到工程的开工建设，留下了终身的遗憾。其中，支撑前期工作锲而不舍、持续深入开展的关键因素是精神力量。没有这种精神的支撑，前期工作的顺利开展是不可想象的。

工程开工以后，国内数以千计的建设单位投身南水北调工程建设，形成了优秀参建单位的大会战。数百万工程建设者忘我工作、精心施工、默默无闻、甘于奉献，用实际行动构筑起这一泽被后世的民心工程。南水北调工程参建单位和建设者广泛开展文明工地创建、青年文明号评选、劳动竞赛等活动，形成比学赶帮超的积极氛围。开展无障碍施工环境建设活动，为南水北调工程建设和运行创造条件。南水北调工程实行"建委会领导、省级政府负责、县为基础、项目法人参与"的征地补偿和移民安置工作管理体制，抓好补偿安置政策的顶层设计，以人为本，精心组织，如期实现搬得出、稳得住、能发展，使其生活水平达到或超过原有水平。34.5万丹江口水库移民和10万干线征迁群众体现了顾全大局、舍家为国、无私奉献、自力更生的家园情怀。各级移民干部勇于担当，协力拼搏，无怨无悔。在此过程中形成的移民精神是一笔宝贵的社会财富，是南水北调这样伟大工程孕育出的伟大精神。南水北调工程统筹兼顾，精心协调，确保关键工程率先实施并及时发挥效益，使工程沿线各地和人民群众及早喝上放心水，使沿线群众真真切切感受到南水北调工程带来的实惠，感受到改革开放和经济社会发展取得的成果。而且，南水北调工程相关的新闻、文化、艺术等宣传工作扎实开展，使南水北调工程在社会上的积极影响不断扩大，凝心聚力，鼓舞士气，为南水北调各项工作的顺利开展营造了良好的舆论氛围和社会环境。

精神的力量是无穷的。南水北调工程数百万建设者用实际行动展现着对工程的担当和对事业的忠诚，并在长期的实践中进一步锤炼和升华这种内化于心、外化于行的精神。2011年之后，通过基层调研、收集意见、研究对比、座谈研讨等方式，国务院南水北调办全面梳理了60多年来积淀的南水北调精神和文化。经过反复选比、精炼和提升，形成了以"负责、务实、求精、创新"为主旨的南水北调核心价值理念。2013年，国务院南水北调办正式印发南水北调核心价值理念及其阐释，成为南水北调人为之骄傲、为之奋斗的精神所寄。

《文明创建卷》真实记录南水北调工程行业文明、机关文化、队伍建设、党群建设等工作，系统回顾、总结、思考文明创建工作的经验、做法，展示特有的南水北调工程核心价值理念、典型的文明工地创建经验、昂扬的人物精神风貌和强大的新闻宣传力度，为人们系统了解、借鉴南水北调工程文明创建工作，提供全面、准确、翔实的资料参考和经验借鉴。

问：作为出版单位，中国水利水电出版社承担了哪些工作任务？

答：作为出版单位，中国水利水电出版社不仅承担了整套丛书的审稿、编辑、排版、校对、装帧设计、印刷、装订、发行全出版流程工作，同时还参与了书稿的编纂组织工作，配合编纂委员会做好各卷内容统筹，编制书稿编纂出版工作规范和要求，协助协调资金与进度，协助组织相关工作会议，给编纂人员讲解编纂规范和要求。还参与各卷审稿会议，与专家同时审核初稿，尽力在成稿时减少出版方面的差错，及时反馈各卷编纂中遇到的问题，并将统一后的意见要求与各位编纂者进行沟通，与相关编纂人员在书稿内容、装帧形式等方面反复研讨，做好编办各项沟通、协调工作等。

问：《中国南水北调工程》丛书其他卷什么时间出版发行？估计全部出版后，其总体规模如何？

答：《中国南水北调工程》全套丛书计划于2018年年底全部出齐。全部出版后，丛书将有9卷，约1000万字，除了文明创建内容以外，还将涵盖南水北调工程前期工作、经济财务、建设管理、工程技术、质量监督、征地移民、治污环保、文物保护等内容，将分别独立成卷，形成南水北调工程总结性全书，为中国工程建设乃至国际跨流域调水工程留下宝贵的参考资料和可借鉴的成果。

纸质图书全部出版完成后，还将以纸书为基础，进行《中国南水北调工程》电子书的开发制作，并补充相关重要文件等内容，为广大读者提供更加便捷、全面、多样的阅读体验。

问：《中国南水北调工程》丛书被列为

"十二五""十三五"国家重点图书出版规划项目,与普通图书有何不同?

答:作为"十二五""十三五"国家重点图书出版规划项目,《中国南水北调工程》具有重大现实意义和历史价值。

南水北调是当今世界上最宏伟的跨流域调水工程,是一项关系重大的民生和民心工程,其顺利实施是一个历史性壮举。对这样一个工程进行全方位梳理和总结,必将对今后全国乃至全世界建设跨流域调水工程提供经验积累,具有重要的现实意义和借鉴价值。

中国南水北调工程凝聚了几代中央领导集体的心血,集中了几代科学家和工程技术人员的智慧,也是中央各部门、沿线各级党委政府和广大人民群众理解和支持的成果。将这一成果以文字的形式完整记录和留存,不仅是对此项工程参建者的重大褒奖,为工程管理保留珍贵的历史档案,也是对以"负责、务实、求精、创新"为核心理念的南水北调精神的弘扬,对后代认识国情、了解水情,提升民族自信必将产生深远影响。

作为国家重点图书出版规划项目,在质量要求上更加严格,编纂组织管理更加规范,编纂者和出版者都将本着对国家项目高度负责的精神和精益求精的态度完成全书任务,力争为人民、为社会交上一份满意的精品力作。

问:《中国南水北调工程》出版发行,对南水北调宣传工作有哪些促进作用?

答:南水北调工程无论是设计阶段、建设阶段,还是在运行阶段都涉及多地区、多部门和数以亿计的人民群众的切实利益。随着正式通水运行时间的不断拉伸,工程沿线广大人民群众对工程的各类信息需求越来越多,范围也越来越广,加强南水北调相关信息的发布和宣传是大势所趋、应有之义。

《中国南水北调工程》丛书的编纂出版,其中一个重要目的就是为南水北调工程建设者和关心南水北调工程的读者提供全面、准确、权威的信息媒介,使其对南水北调的建设、运行、生产、管理、科研等工作有所帮助。

作为南水北调宣传工作的重点项目,《中国南水北调工程》的出版发行对进一步做好宣传工作意义重大。在全体编纂人员及审稿专家的共同努力下,经过多年的不懈努力,《中国南水北调工程》丛书首卷终于得以面世。丛书是全面总结南水北调工程建设经验和成果的重要文献,其编纂是南水北调事业的一件大事,不仅对南水北调工程技术人员有阅读参考价值,而且有助于社会各界对南水北调工程的了解和研究,对加强南水北调宣传工作具有十分重要的现实意义。

问:南水北调在宣传出版工作方面还有哪些计划或打算?

答:2018年南水北调工作会议明确了今后一个时期工作的总基调、总目标是"稳中求进、提质增效"。南水北调宣传工作将继续加大宣传力度,回应社会关切,满足受众全方位的需求。具体来说,2018年的宣传工作要努力抓住"一个中心、五个重点"。"一个中心"即以南水北调工程效益及其对经济社会发展的促进作用为宣传工作的中心。"五个重点"即纪实宣传、新闻发布、丛书出版、文化宣传、法治宣传。

在纪实宣传方面,推进全景式报告文学《龙脉》、工程效益报告文学创作出版;发挥央视的主导作用,配合制作纪录片《话说南水北调》;编印《中国南水北调工程效益报告(2017)》宣传册。

在新闻发布方面,做好调水年度节点宣传报道;策划做好改革开放40周年宣传报道;落实例行新闻发布制度,适时召开新闻发布会;推动沿线有关单位加强新闻发布,通过不同层级对外发声;组织开展新闻发布业务培训,提升发布水平;针对生态文明、对口协作、移民发展等亮点工作进行集中采访报道。

在丛书出版方面,按照计划,《中国南水北调》丛书将在2018年年底全部与读者见面,全方位、多角度呈现南水北调工程在前期工作、经济财务、建设管理、工程技术、质量监督、征地移民、治污环保、文物保护、文明创建等方面所取得的经验和成效。这也是今年南水北调在出版方面的工作重点之一，丛书编委会将勠力同心，积极工作，力争尽早实现这一目标。

在文化宣传方面，继续策划播出央视公益广告；指导公益广告牌布设并利用好沿线宣传资源；指导组织并规范东中线开放日活动；利用外宣平台，向国际社会推介南水北调的成果和效益。

在法治宣传方面，协调落实机关内部的法治宣传工作；协调推动南水北调系统法治宣传，落实"谁执法谁普法"工作责任。

与此同时，我们还将在做好信息公开、信息报送等工作的同时，做好突发事件应对工作，维护良好舆论氛围。

（来源：《中国水利报》 2018 年 3 月 27 日
记者：闫智凯 吴 娟）

我为南水北调点赞
——"水到渠成共发展"
网络主题活动纪实

"从首都北京到南阳渠首，坐飞机 3 个小时，从渠首回到密云水库，我们整整走了 9 天。"2018 年 6 月 5 日，"水到渠成共发展"网络主题活动在山清水秀的北京密云水库管理处圆满结束。

《中国水利报》记者赵学儒 57 岁，年龄最大，是一名老南水北调。未来网记者刘文静只有 22 岁，年龄最小，第一次接触南水北调。"这是一次难忘的采访经历。南水北调，我为你点赞！"一路走来，这几乎是采访团成员共同的心声。

沿中线工程走向，采访团途经南阳、平顶山、许昌、郑州、邢台、石家庄、沧州、天津、北京 9 市。无论烈日炎炎，还是月明星稀，记者们深入渠道闸站、田间地头、工厂车间、河道湖泊、百姓家中，通过独特视角，捕捉工程为沿线经济发展带来的变化，把所见所闻迅速广泛传播，在社会上掀起了"南水北调热"。

一、大国重器 名副其实

陶岔渠首是中线工程的水龙头，丹江口水库的清水从这里启程，记者们纷纷用镜头记录下它的波澜壮阔。截至 6 月 8 日，中线工程累计调水超过 147 亿 m^3，1 亿人口受益，从根本上改变了北方受水区供水格局。

凭栏远眺，记者们的心却飞到了彩虹飞架的沙河渡槽，飞到了首次实现长江与黄河握手的穿黄工程，飞到了长龙卧波的七里河倒虹吸和滹沱河倒虹吸工程……

确保全长 1477km 的中线工程安全运行，把一渠清水送到千家万户，是南水北调中线工程运行管理者的光荣职责和神圣使命。为此，他们日夜守护，枕戈待旦。

中线干线水质监测已经形成体系。在他们的呵护下，如人体体温，中线工程细微变化，尽在掌握。记者们第一次走近这些总干渠水质卫士，听他们讲述平凡的工作。静静品尝一口南水北调"龙井"茶，分明感到清茶里不一样的味道，那是辛勤劳动的甘甜。

工程巡查人员无论春秋冬夏，对重点部位巡查，风雨无阻。每人一部手机，工程巡查系统 App，组成了他们日常工作的细密网格，凸显认真与负责。中控室和闸站里，机电设备一尘不染，标准统一。工作生活环境干净整洁，规范化管理活动深入人心。

全线近百座闸站实现远程自动操作，信息机电自动化系统如虎添翼。"制度规范化、设备标准化是保证工程安全平稳运行的基础，南水北调是名副其实的大国重器！"亲眼目睹，切实感受后，记者们发出赞叹。

中线建管局河南分局在沙河开展的机电技术大比武能否提高运行管理人员技术水平？穿黄工程为何能够吸引众多小学生前来

接受教育和动手实践？孩子们怎样和从事工程运行管理的爸爸妈妈过一个有意义的儿童节？安全员刘四平怎么成了渠道沿线十几所学校广大同学们最亲密的老师？这一切都引起了记者们的好奇，他们刨根问底，写出一篇篇佳作，不仅道出了运行管理工作的酸甜苦辣，也从侧面反映了守护大国重器极不平凡的一面。

二、绿水青山　金山银山

淅川县是中线工程核心水源区。在经济转型过程中，他们选择了有利于水土保持的软籽石榴、薄壳核桃、金银花等生态农业。

在采访了淅川县福森药业金银花种植和鲁山县软籽石榴种植扶贫产业基地后，未来网记者刘文静连夜赶稿，报道为保护南水北调水源区水质，发展高效生态农业给当地农民带来的经济收益，积极宣传精准扶贫成果和经验。

2014 年夏天，平顶山大旱，百万市民用水陷入危机。

"在党中央和国务院的关怀下，中线工程应急调水，平顶山市民喝上了南水北调的第一口水，中线工程救了我们一座城。" 5 月 29 日，平顶山市副市长冯晓仙动情地告诉记者，若不是南水北调工程及时为平顶山解渴，平顶山或许将变成下一个"楼兰"。

"我们始终对南水北调心怀感恩，大力建设生态文明，用好每一滴水，珍惜南水北调中线工程的巨大作用，把良好生态带来的综合效益永远传导下去。" 冯晓仙说道。

因为南水北调，许昌成了东方的威尼斯水城，郑州航空港区的南水北调生态文化公园风姿初现，邢台七里河休闲公园游人如织。过去黄沙满天的滹沱河如今碧波荡漾，成了石家庄城市生态文明建设的一张名片。天津海河三岔口，垂钓爱好者悠闲自得。北京房山大宁调蓄水库烟波浩渺，水鸟翩翩飞舞。密云水库更是达到了自 1994 年以来的最大蓄水面积 129km²，美得饱满而丰盈。

中国经济网首席评论员年巍在中线工程通水前曾多次深入沿线采访报道，此次故地重游，被工程带来的巨大变化深深吸引，每到一处，他都用 VR 镜头记录下全景。拍摄时他全神贯注，忘记了一切。

绿水青山就是金山银山。南水北调中线工程不仅是民生工程，更是一个生态工程，沿线的焦作、鹤壁、安阳、邯郸、保定等城市，因南水北调的到来，置换出了大量的地下水和饮用水水源，用于生态水系建设，不仅美了城市、润了大地，而且亮了眼睛、愉悦了心情。

三、共同促进　厚积薄发

水到渠成共发展。南水北调工程沿线城市良好的生态环境成为吸引国内外客商投资的重要资本。

南阳金冠电器公司的产品 35kV 高压开关柜曾用于南水北调工程。近年来，他们以创新引领发展，以匠心铸就品牌，推动产业向价值链高端不断迈进，由他们自主研发的特高压避雷器目前已经占到国内 35% 以上的市场份额。

在荥阳市，中车四方轨道车辆公司河南分公司正式落户这里，为河南省的轨道交通快速发展提供了基础保证。在郑州中铁工程装备集团公司，记者看到了由我国自主研发的大型盾构机。而在中线工程穿黄隧洞开工的 2004 年，由于当时国内还不具备大型盾构机制造技术，南水北调中线建管局不得不从德国一家公司订制了两台大型盾构机。

由于核心维修技术受到制约，南水北调中线穿黄工程施工一波三折。虽然最终我们克服了重重困难，但中国何时能够拥有自己制造的盾构机，成为一代工程设备专家的梦想和热切期盼。

看着眼前的庞然大物，记者们感慨万千。南水北调中线穿黄工程促使中铁工程装备集团公司加快了自主研发步伐，公司成立7年来，实现了从盾构行业的"追赶者"到"领军者"的快速升级，国内市场占有率连续5年位居第一。

在"一带一路"倡议提出后，中铁装备集团积极推动"中国制造"走出去，产品远销马来西亚、新加坡、黎巴嫩、以色列、伊朗等"一带一路"沿线多个国家和地区。"中国品牌"在世界盾构市场的影响力与日俱增。

水到渠在共发展。沿途一路走来，记者们用敏锐的眼光捕捉南水北调社会新闻，采用各种报道方式，创新传播形式，图文并茂，声像兼备。他们在宾馆挑灯夜战赶稿，他们在车上还不忘敲击键盘发稿，他们争先恐后，比赛谁报道的角度独特，谁的稿件质量更高，谁的报道内容更加贴近网友，一时间，微信、微博、客户端，"水到渠成共发展"网络主题活动报道内容如潮水般上涨，有关南水北调的新闻一度上了热搜。

年轻记者好学，她们不懂就问，向身边的老师虚心请教，采访深入而细致，废寝忘食写稿。老记者一专多能，摄像摄影和文字运用自如，对于年轻记者的问题，知无不言，言无不尽。9天下来，采访团成员之间结下了深厚的友谊。

中央网络媒体和地方网络媒体记者共同发力，把宣传活动推向一个个高潮，社会影响力非同一般。活动开展期间，曾任河南省南水北调办主任的焦作市委书记王小平在网上看到新闻报道后，忍不住向主办方负责人打来电话，"如此重大的宣传活动，怎么能够绕过焦作这个南水北调中线工程唯一穿越中心城区的城市呢？"他诚挚地邀请并期待网络媒体记者到焦作走一走，看一看南水北调工程带给焦作市的巨大改变。

"水到渠成共发展"网络媒体主题活动虽然结束了，但对南水北调的宣传报道则刚刚开始，记者们结下的深情厚谊将通过南水北调这一纽带延续下去。随着南水北调中线工程效益的持续发挥，沿线城市经济发展质量、生态环境将越来越好，水到渠成共发展的宣传命题，将成为网络媒体记者长期关注的一个领域。

柒 综合管理

GENERAL MANAGEMENT

综　　述

南水北调东、中线一期工程水量调度

（1）制定南水北调东线一期工程2018—2019年度水量调度计划。2018年8月30日，水利部办公厅发文要求有关单位开展南水北调东线一期工程2018—2019年度水量调度计划编制工作。9月12日，淮河水利委员会依据《南水北调东线一期工程水量调度方案（试行）》和东线总公司报送的东线一期工程运行管理状况、苏鲁两省报送的年度用水计划建议，编制完成《南水北调东线一期工程2018—2019年度水量调度计划（送审稿）》。9月19日，水利部调水局组织专家对年度水量调度计划进行了审查。会后会同淮河水利委员会，根据专家意见修改完善了年度水量调度计划，并于9月20日将审查意见和修改后的年度调度计划报水利部。水利部于9月30日批复下达了东线一期工程2018—2019年度水量调度计划。

（2）制定南水北调中线一期工程2018—2019年度水量调度计划。2018年9月11日，水利部办公厅发文要求有关单位开展南水北调中线一期工程2018—2019年度水量调度计划编制工作。9月21日，湖北省水利厅报送湖北省用水计划建议；10月8日，长江水利委员会提出了中线一期工程2018—2019年度可调水量。10月19日，长江水利委员会依据《南水北调中线一期工程水量调度方案（试行）》和丹江口水库可调水量，中线干线工程建设管理局报送的中线一期总干渠工程运行管理情况，汉江集团会同中线水源公司报送的丹江口水库运、

行管理情况以及北京、天津、河北、河南四省（直辖市）报送的用水计划建议，编制完成《南水北调中线一期工程2018—2019年度水量调度计划（送审稿）》。10月23日，水利部调水局组织专家对年度水量调度计划进行审查。会后会同南水北调司及长江水利委员会，根据专家意见修改完善年度水量调度计划，并于10月24日将审查意见和修改后的年度调度计划报水利部。水利部于10月30日批复下达了中线一期工程2018—2019年度水量调度计划。

（3）南水北调东线一期工程2017—2018年度水量调度计划执行情况。南水北调东线一期工程向山东省调水工作于2017年10月19日启动。2018年5月29日台儿庄泵站停止抽水，6月1日鲁北段工程完成年度调水任务，7月29日胶东干线工程完成年度调水任务。南水北调东线一期工程2017—2018年度水量调度计划抽江水量58.62亿 m^3（其中江苏省抽江水量45亿 m^3），入山东省10.88亿 m^3，向山东省供水7.04亿 m^3，调水时间为2017年10月至2018年5月。实际东线一期工程2017—2018年度调入山东省水量为10.88亿 m^3，完成年度计划调水量的100%，入南四湖下级湖10.85亿 m^3，入南四湖上级湖10.29亿 m^3，入东平湖9.23亿 m^3，向胶东干线调水7.23亿 m^3，向鲁北供水0.91亿 m^3。

（4）南水北调中线一期工程2017—2018年度水量调度计划执行情况。南水北调中线一期工程2017—2018年度水量调度计划陶岔渠首枢纽供水量57.84亿 m^3，向受水区各省（市）供水51.17亿 m^3，其中北京市11.06亿 m^3、天津市9.00亿 m^3、河北省13.38亿 m^3、河南省17.73亿 m^3。

实际中线一期工程 2017—2018 年度陶岔供水量为 74.63 亿 m^3（含生态补水），向受水区各省（市）供水量为 56.45 亿 m^3（不含生态补水），其中北京市 12.10 亿 m^3、天津市 9.96 亿 m^3、河北省 15.92 亿 m^3、河南省 18.47 亿 m^3，分别完成年度计划供水量的 109.4%、110.7%、119% 和 104.2%，四省（直辖市）总体完成率为 110.3%。

（5）南水北调中线一期工程 2017—2018 年度生态补水情况。2017 年 11 月，利用丹江口水库秋汛富余水量向河南省、河北省生态补水 9159.26 万 m^3。2018 年 4 月 13 日，水利部印发《水利部办公厅关于做好丹江口水库向中线工程受水区生态补水工作的通知》，组织实施向受水区生态补水，计划补水 5.07 亿 m^3。本次生态补水工作自 4 月 13 日开始至 6 月 30 日结束，历时 79 天，累计补水 8.65 亿 m^3，其中河南省 4.67 亿 m^3、河北省 3.51 亿 m^3、天津市 0.47 亿 m^3，完成计划的 171%。2018 年 8 月 8—31 日，按照水利部工作安排，中线工程再次向河北省生态补水 5300.52 万 m^3。2018 年 8 月 22 日，水利部、河北省人民政府联合发文部署开展华北地下水超采综合治理河湖地下水回补试点工作。根据工作安排，中线一期工程于 9 月 13 日开始向河北省滹沱河、滏阳河和南拒马河试点河段实施生态补水，截至 10 月 31 日，补水 2.45 亿 m^3。综上，2017—2018 年度累计完成生态补水 12.55 亿 m^3。

（6）年度水量调度计划执行情况调研及监督检查。2018 年，水资源司、南水北调司、调水局会同有关单位于 3 月 6—8 日、5 月 28—31 日、11 月 5—9 日和 1 月 22—24 日、6 月 26—29 日、12 月 3—7 日先后 6 次对东、中线一期工程 2017—2018 年度水量调度计划执行情况和 2018—2019 年度调水运行情况进行了监督检查。重点检查了东、中线年度水量调度计划执行情况，工程运行情况及下一步水量调度工作安排，中线一期

工程总干渠冰期输水情况，生态补水实施情况和补水效果等。监督检查期间与有关单位进行座谈并交换意见。

（7）南水北调水资源统一管理系统建设工作。南水北调水资源统一管理系统分 3 年建设，总投资 350 万元，2016 年启动建设。2018 年的主要建设任务是调度决策支持子系统建设，为南水北调水量调度计划制定提供预测、预报、决策支持及会商平台。2018 年，系统建设在 2016 年、2017 年建设成果的基础上继续有序推进。5 月 15 日，经公开招投标后，与系统建设承担单位签订了 2018 年建设任务合同；随后开展了需求分析，系统设计、开发、集成和测试等有关工作；12 月 24 日，初步完成了调度决策支持子系统建设。2018 年是系统 3 年建设期的最后一年，通过 3 年的建设，南水北调水资源统一管理系统已经初具规模，基本完成了系统建设任务。该系统现已部署在国家水资源管理系统平台，通过水利部官网经授权可以登录访问。

（孙 月）

南水北调东、中线一期工程受水区地下水压采评估考核

根据《国务院关于南水北调东中线一期工程受水区地下水压采总体方案的批复》（国函〔2013〕49 号）要求，水利部会同国家发展改革委、财政部、原国土资源部等部门，于 2018 年 4 月 24 日至 5 月 6 日组织 30 余位专家对北京、天津、河北、山东、河南 5 省（直辖市）2017 年度南水北调东中线一期工程受水区地下水压采成效进行了技术评估，并结合实行最严格水资源管理制度一并开展了考核。

根据评估情况，受水区 5 省（直辖市）2017 年度计划压采地下水总量 3.05 亿 m^3，其中，北京市 0.87 亿 m^3、天津市 0.11 亿 m^3、

河北省0.47亿 m³、河南省1.13亿 m³、山东省0.47亿 m³；5省（直辖市）2017年度实际压采地下水总量7.01亿 m³，超额完成了年度压采计划，其中，北京市0.87亿 m³（完成率100%）、天津市0.16亿 m³（完成率145.5%）、河北省3.41亿 m³（完成率725.5%）、河南省2.06亿 m³（完成率182.3%）、山东省0.51亿 m³（完成率108.5%）。2017年度，受水区5省（直辖市）计划封填井5914眼，其中，北京市71眼、天津市219眼、河北省3000眼、河南省2109眼、山东省515眼；5省（直辖市）2017年度实际封填井7031眼，其中，北京市71眼（完成率100%）、天津市219眼（完成率100%）、河北

省2448眼（完成率81.6%）、河南省3609眼（完成率171.1%）、山东省684眼（完成率132.8%）。

截至2017年年底，受水区通过充分利用南水北调水等置换水源，累计压减城区地下水15.23亿 m³（含江苏省的0.35亿 m³），占《总体方案》近期压采量目标（到2020年压减地下水开采量22亿 m³）的69.2%。

在评估基础上，考核评估工作组编写完成了《关于2017年度南水北调东中线一期工程受水区地下水压采情况的报告》，以水调〔2018〕223号文由水利部等4部委联合上报国务院。报告已经国务院主要领导圈阅。

（高媛媛）

投 资 计 划 管 理

概　　述

2018年，根据国务院机构改革方案和水利部机关各司局职能配置规定，南水北调工程投资计划管理由国务院南水北调办投资计划司负责转为由水利部规划计划司负责。南水北调工程投资计划管理部门深入落实2019年全国水利工作会议和2019年南水北调工程建设工作会议精神，按照"水利工程补短板，水利行业强监管"的水利改革发展总基调，围绕原国务院南水北调办党组提出的"稳中求进、提质增效"的总体思路，以有序推进后续工程，加快投资收口关闸为目标，开展各项工作。东线一期已具备向河北、天津地区供水条件；东线二期工程规划形成初步成果；中线调蓄工程立项进一步推进；西线工程研究论证不断深入；丹江口库区地质灾害防治规划编制完成；投资计划安排合理有序，工程收尾投资保障有力，投资控制形势基本明朗。

（王　熙）

投资计划情况

2018年，投资计划管理工作的基本思路是合理有序地保障南水北调工程尾工建设和应对新情况新问题所需投资供给。主要措施是加快审查并安排中线水源工程和中线干线工程独立费用和一般变更价差投资，提前安排丹江口库区地质灾害防治紧急项目投资，有序安排中线水源调度运行管理系统等工程尾工建设投资。主要成果是商国家发展改革委下达南水北调东、中线一期工程2018年度投资计划14.9亿元；其中，下达河北省南水北调中线邯石段防洪影响处理工程投资计划1亿元，下达水利部南水北调投资计划13.9亿元；水利部分解下达项目法人2018年度投资计划39.3亿元（含往年结转投资计划25.4亿元）。

（1）投资计划总体情况。截至2018年年底，水利部和原国务院南水北调办累计下达南水北调东、中线一期工程投资计划2678.7亿元。按照投资来源划分，中央预算内投资

254.2亿元，中央预算内专项资金（国债）106.5亿元，南水北调工程基金215.4亿元，国家重大水利工程建设基金1626.7亿元，贷款475.9亿元。按照投资用途划分，工程建设投资2497.5亿元，前期工作投资21亿元，文物保护工作投资10.9亿元，待运行期管理维护费10.9亿元，特殊预备费0.5亿元，中线一期工程安全风险评估费0.8亿元，丹江口大坝加高施工期电量损失补偿1.1亿元，过渡性资金融资费用136亿元。

（2）年度投资计划管理。下达2018年投资计划，保障尾工建设和处理新情况新问题的投资需求。水利部和原国务院南水北调办2018年共下达4批投资计划，共计39.3亿元，按照投资来源划分，南水北调工程基金15亿元，国家重大水利工程建设基金24.3亿元。按照投资用途划分，工程建设投资39.2亿元，丹江口水库施工期电量损失费用0.1亿元。工程建设投资39.2亿元，用于中线一期工程价差投资37.6亿元、中线一期丹江口库区地质灾害防治工程紧急项目0.8亿元、中线一期中线水源调度运行管理系统工程管理设施和安全监测项目0.6亿元、中线一期京石段应急供水工程征迁投资0.2亿元。组织项目法人编报2019年投资建议计划，综合平衡后报送国家发展改革委。2019年，建议国家发展改革委安排投资计划9.2亿元，全部为续建项目，其中，中线一期黄河北至漳河南段工程1亿元、中线一期沙河南至黄河南段工程2.8亿元、中线干线工程自动化调度与运行管理决策支持系统工程4.9亿元、中线一期丹江口水利枢纽大坝加高工程0.3亿元、中线一期中线水源调度运行管理系统工程0.1亿元、中线一期丹江口库区移民安置工程0.1亿元。

（王　熙）

投 资 控 制 管 理

2018年，通过设计单元工程投资使用情况核查、项目法人投资控制情况摸底调研、工程尾工投资需求情况分析等措施，规范投资使用，严控投资增量，确保将南水北调东、中线一期工程投资控制在国务院批复的投资规模3082亿元以内。

（1）强化投资使用监管。为落实原国务院南水北调办主任专题办公会提出的"南水北调投资使用核查工作要扩大范围、提高质量、强化监管"的要求，组织南水北调工程设计管理中心和南水北调中线干线工程建设管理局开展了2018年度设计单元工程投资使用核查工作。通过抓重点、抓难点，分析筛选出超批复投资风险较大的设计单元工程，对其结算工程量的准确性、变更单价的合理性及投资使用的合规性和合理性进行抽查，抽查了中线干线安阳段、汤阴段等8个设计单元工程，共抽查合同清单和变更项目1841个，涉及投资44亿元。从抽查情况看，项目法人对投资的使用和变更的处理总体比较规范，对抽查发现的问题也及时进行了整改。自2015年起，共组织完成中线干线20个设计单元工程投资使用情况抽查，约占中线干线75个设计单元工程的27%，对预计有超批复投资风险的所有设计单元工程全部进行了核查，促进了已批投资合规合理使用。

（2）严控新增投资审批。对照可研批复原则，严格审批丹江口大坝缺陷检查与处理、河南段压覆矿产补偿等项目投资。根据价差编制办法规定，严格审查价差投资，批复中线干线陶岔渠首至沙河南段膨胀土试验段工程（南阳段）2009—2014年度价差、中线干线71个设计单元工程和丹江口大坝加高工程独立费用价差、中线干线44个设计单元工程一般变更价差共计37.6亿元。根据运行确有需要的原则，严控东线东湖水库扩容增效、山东段管理保护范围划定经费、山东省南水北调水环境监测中心、丹江口水库安全隔离设施规划等新增项目，指导项目法人统筹考虑使用节余投资、水费等渠道合理解决投资来源问题。

（3）开展投资收口工作。摸清尾工投资需求，为推进南水北调工程建设投资收口，有计划实施尾工项目，保障工程发挥更大效益，组织各项目法人对所管理的工程尾工建设项目进行分类梳理，按照轻重缓急提出了尾工建设投资需求计划。开展投资收口分析，通过摸底调研和深入沟通，基本掌握了各项目法人投资控制情况；通过梳理东中线工程可研内项目初设批复情况，汇总尾工建设投资需求，基本摸清了部级层面和项目法人层面投资控制底数，分析了投资控制风险点及应对措施，投资收口形势基本明朗。

（王　熙）

专 题 专 项

2018年审查批复重大设计变更和专题专项2项，包括：中线一期工程总干渠河南段压覆矿产资源补偿投资43507万元，较初步设计新增38507万元；丹江口大坝缺陷检查与处理专题补充设计投资3058万元。对2项设计变更和专题专项提出答复意见，分别是东湖水库扩容增效工程和山东南水北调水环境监测中心建设。处理其他工程穿越、跨越或者邻接南水北调工程备案项目20个。

（王　熙）

技术审查及概算评审

（1）河南、湖北两省丹江口水库受蓄水影响的地质灾害防治规划报告所列项目危害分析及风险评估。南水北调工程设计管理中心于2017年7月13—16日对《南水北调中线一期工程河南省丹江口水库蓄水影响的地质灾害防治规划》和《南水北调中线一

期工程湖北省丹江口水库地质灾害防治规划》进行了现场查勘和评估；2018年3月，组织对丹江口水库地质灾害防治项目的可行性研究、初步设计和实施阶段情况进行了全面梳理，并对规划报告所列的受蓄水影响的地质灾害项目的紧急程度做了进一步分析评估。评估认为，规划报告提出的受蓄水影响的地质灾害项目基本符合实际，是合理的；灾害综合防治是一项长期任务，需根据其紧急程度逐步实施；河南、湖北两省列入紧急项目共63处，其中，河南省2处、湖北省61处。

（2）丹江口大坝缺陷检查与处理专题补充设计报告审查。南水北调工程设计管理中心于2018年3月6日组织对《南水北调丹江口大坝缺陷检查与处理专题补充设计报告》进行了现场查勘和审查。审查认为，报告提出的检查项目符合实际；根据不同的缺陷特点采取相应的检查实施方案基本合适；廊道内坝体排水孔积水及堵塞等7个日常维护项目不宜列入本次处理范围；各处理项目设计方案、检查和处理的施工方法基本合适；根据项目的具体情况和特点，报告提出的工程量可作为投资估算基本依据。

（3）南水北调中线丹江口库区地质灾害防治规划评审。南水北调工程设计管理中心于2018年4月18—19日组织对湖北、河南两省分别报送的《丹江口库区（湖北）地质灾害防治规划》和《丹江口库区（河南淅川）地质灾害防治规划（2018—2025）》进行了预审，会后要求两省按照国家相关规范及政策完善规划报告；7月11—14日组织对两省完善后的规划报告进行了审查，并在会前对部分地质灾害项目进行了现场查勘，会后要求两省进一步修改规划报告；10月11—14日再次组织对两省修改后的规划报告进行了复审。评审确定，湖北、河南两省地质灾害防治规划期限近期按

2020 年、远期按 2025 年考虑；纳入湖北省防治规划的地质灾害体共 769 处，其中因自然因素引发共 455 处，包括崩塌 16 处、滑坡 439 处；纳入河南省防治规划的地质灾害体共 104 处，其中因自然因素引发共 41 处，包括滑坡 33 处、崩塌 8 处。

（4）南水北调中线一期工程总干渠河南段压覆矿产资源补偿复核报告审查。南水北调工程设计管理中心于 2017 年 8 月 10—11 日组织对《南水北调中线一期工程总干渠河南段压覆矿产资源补偿复核报告》进行了现场查勘和审查。8—9 月，原国务院南水北调办投资计划司组织征地移民司、设管中心、中线建管局依据 8 月 18 日主任专题办公会精神，协商明确河南段压覆矿产资源审查原则，要求项目法人根据商定原则修改复核报告；2018 年 7 月，项目法人组织完成复核报告修改。

（5）南水北调中线一期工程总干渠河南段压覆矿产资源补偿复核报告概算评审。南水北调工程设计管理中心于 2018 年 8 月 7 日组织对《南水北调中线一期工程总干渠河南段压覆矿产资源补偿复核报告》补偿投资进行概算评审，提出了河南段压覆矿产资源补偿投资的概算控制数，并对项目实施提出有关工作建议。

（关　炜　孙庆宇）

变更索赔监督管理

2018 年，南水北调工程设计管理中心组织对中线干线安阳段、白河倒虹吸、汤阴段、鲁山北段 4 个设计单元工程的投资使用情况进行核查分析，同期协调项目法人共同开展镇平段、沙河渡槽、南沙河倒虹吸和高邑县至元氏县段 4 个设计单元工程投资使用情况核查分析。核查分析的工作重点是主要结算工程量和单价的准确性、合理性，工程变更的合规性、合理性等，以及各设计单元

工程建安投资使用情况复核。通过核查分析，对工程结算中存在的主要问题及其原因进行汇总分析，并对设计单元工程投资控制提出有关工作建议。

（关　炜　孟路遥）

投资控制考核

2018 年，南水北调工程设计管理中心组织有关专家共完成 22 个设计单元工程投资控制考核工作。其中，中线干线完成 8 个设计单元工程，分别为漕河渡槽工程、北拒马河暗渠工程、古运河枢纽工程、永定河倒虹吸工程、滹沱河倒虹吸工程、北京段总干渠下穿铁路立交工程、西四环暗涵穿越五棵松地铁站工程和西四环暗涵工程；湖北省境内 1 个设计单元工程，为汉江中下游局部航道整治工程；安徽省境内 1 个设计单元工程，为洪泽湖抬高蓄水位影响处理工程；江苏省境内 5 个设计单元工程，分别为高水河整治工程、沿运闸洞漏水处理工程、邳州站工程、徐洪河影响处理工程和睢宁二站工程；山东省境内 7 个设计单元工程，分别为长沟泵站工程、邓楼泵站工程、八里湾泵站工程、大屯水库工程、双王城水库工程、七一·六五河段工程及南四湖湖内疏浚工程。

（贾　楠　孙庆宇）

科 技 项 目

2018 年，南水北调工程设计管理中心联合中国水利水电科学研究院、长江勘测规划设计研究有限责任公司、黄河勘测规划设计研究院有限公司、天津大学、华北水利水电大学、南水北调中线干线工程建设管理局、南水北调东线总公司 8 家单位申报了"十三五"国家重点研发计划——"南水北调工程运行安全检测技术研究与示范"项目。8 月 17 日，项目通过科技部评审并正式立项；项

目研究周期为 3 年，自 2018 年 7 月至 2021 年 6 月；研究经费 3145 万元；主要研究成果包括 4 套大型输水建筑物检测装备、3 套线性工程智能检测装备和 1 套监测检测智能预警处置集成系统，并在南水北调工程 100km 渠段内进行示范。9 月 12 日，组织召开项目启动会，之后，组建项目协调组、督导组、协作组、咨询专家组，开展一次项目督导检查，完成项目及各课题年度执行报告。

（关　炜　贾　楠）

南水北调通水效益统计

2018 年，南水北调工程设计管理中心按照国家统计报表形式编制了《南水北调工程通水效益统计调查表》，协调水利部办公厅明确了通水效益数据填报工作制度，组织相关单位填报效益基础数据，并编制完成通水效益统计分析（2018 年上半年）工作成果；之后，组织开发南水北调工程通水效益指标信息化管理系统，并对 16 家数据填报单位进行了操作培训。同时，还组织完成了河南省境内受益范围及人口统计方式专题研究。有效推动了南水北调工程通水效益统计工作制度化建设，同时实现了通水效益数据的便捷填报和快速汇总分析。

（关　炜　孙庆宇）

资金筹措与使用管理

概　　述

2018 年是机构改革之年，南水北调工程建设运行管理进入新的历史阶段。水利部全面贯彻落实中央决策部署，积极做好改革过渡期间的南水北调经济财务工作衔接，指导南水北调系统各单位经济财务部门按照 2018 年南水北调工作会确定的"稳中求进、提质增效"工作总思路，全面推进南水北调经济财务各项工作，有效保障了东、中线一期工程扫尾项目建设和安全平稳运行。

（邓文峰）

资　金　监　管

2018 年，国务院南水北调办继续强化南水北调系统资金监管，并纳入重点督办任务。机构改革后，该督办事项交由水利部南水北调司继续办理。通过实施年度工程资金审计、专项审计、经济责任审计、配合审计署预算执行审计等工作，揭示并督促整改问题，防范和化解风险，进一步强化了南水北调系统内部审计约束机制的执行力，保障了工程资金安全。

（一）开展内部审计和复审

2018 年 5 月，原国务院南水北调办根据《关于建立南水北调系统内部审计约束机制的通知》（国调办经财〔2016〕51 号），按照交叉审计的原则，从 2017 年招标建立的"南水北调系统内部审计中介机构备选库"中选取了 10 家中介机构，对中线建管局、中线水源公司、湖北省南水北调管理局、河北省建管局、河南省建管局、江苏水源公司、山东干线公司和东线公司的 2017 年度工程建设资金使用和管理情况，以及河南、湖北 2 个省征地移民机构 2017 年度征地移民资金使用情况进行了全面审计。2018 年 6—7 月，针对审计揭示的问题，原国务院南水北调办陆续向有关项目法人和省级征地移民机构下达了整改意见书，督促抓紧审计整改。各项目法人和省级征地移民机构根据整改意见书的要求进行了整改，并于 9 月底向水利部报告了整改情况。

2018年9月，按照南水北调系统内部审计约束机制要求，水利部南水北调司从"国务院南水北调办经济财务专家库"中随机抽取9名工程和财务专家组成专家组，对河南省南水北调建管局2017年度工程建设资金使用和管理情况实施了复审，对实施年度资金审计中介机构的审计质量进行评价。同时，专家组还复核了河南省南水北调建管局2018年系统内部审计揭示的问题整改落实情况。

2018年10月下旬，水利部南水北调司组成3个考核小组对2018年系统内部审计各单位整改落实情况进行了复核，审计揭示问题均已整改到位。

（二）开展专项审计

2018年1月，国务院南水北调办委托中介机构对"南水北调中东线工程运行管理关键技术及应用"项目各课题进行了专项审计，检查各课题承担单位和参与单位课题专项经费使用情况，揭示整改存在的问题。

（三）经济责任审计

2018年8月，根据《党政主要领导干部和国有企业领导人员经济责任审计规定》（中办发〔2010〕32号）和《党政领导干部和国有企业领导人员经济责任审计规定实施细则》（审经责发〔2014〕102号）的相关要求，国务院南水北调办组织完成了对直属单位政研中心原主要负责同志的经济责任审计。

（四）配合审计署开展2017年预算执行审计

2018年，国务院南水北调办组织配合审计署固定资产投资司完成对原国务院南水北调办2017年预算执行情况审计。为切实配合好此次审计，国务院南水北调办组织机关各司和直属企事业单位积极配合审计组开展现场审计。2018年7月，向审计署报送了预算执行审计整改情况，审计揭示问题全部整改到位。

（陈　蒙　邓文峰）

完工项目财务决算

2018年，水利部进一步加快推进南水北调东、中线一期工程完工财务决算相关工作，取得了显著成效。

（一）完工财务决算编报及核准

2018年，水利部督促南水北调东、中线一期工程各项目法人全面推进完工财务决算，要求各单位加强组织领导、细化落实工作责任、建立专项协调机制、加快决算编报进度、提高决算编报质量。按照《南水北调工程竣工完工财务决算编制规定》中确定的"先审计、后核准"原则，水利部从2017年国务院南水北调办招标建立的"南水北调工程内部审计中介机构备选库"中选取中介机构，对各单位编报的完工财务决算（包括设计单元工程完工财务决算和单独编报的征地移民项目完工财务决算）进行审计，并督促各单位依据中介机构审计意见及时调整完善完工财务决算报告。依据中介机构提交的审计结果，水利部全年共核准东、中线一期工程完工财务决算28个，其中设计单元工程完工财务决算26个、单独编报的征地移民项目完工财务决算2个，详见表1。截至2018年年底，水利部累计核准南水北调东、中期一期工程完工财务决算85个，其中设计单元工程完工财务决算79个，单独编报的征地移民项目完工财务决算6个。

（二）南水北调工程财务决算系统

为进一步规范南水北调东、中线一期工程完工财务决算管理，提高编制南水北调工程竣工财务决算自动化水平，2018年3月，国务院南水北调办与北京久其软件股份有限公司签订委托协议，委托其研究开发南水北调工程财务决算系统。2018年12月，水利部南水北调司组织专家对系统开发单位提交的财务决算系统进行审查验收，并开始投入试运行。

（邓文峰　陈　蒙）

表1　　　　2018 年度南水北调东、中线一期工程完工财务决算核准明细表

序号	编报单位	工程项目名称	核准文号	核准时间	备注
一	设计单元工程完工财务决算				
（一）	东线一期工程				
1	山东干线公司	明渠段工程	水办〔2018〕121 号	2018 - 06 - 13	
2	山东干线公司	七一·六五河工程	水办〔2018〕135 号	2018 - 06 - 22	
3	山东干线公司	东平湖抬高蓄水位影响处理工程	水办〔2018〕152 号	2018 - 07 - 11	
4	山东干线公司	柳长河工程	水南调〔2018〕325 号	2018 - 12 - 22	
5	山东干线公司	小运河工程	水南调〔2018〕326 号	2018 - 12 - 22	
6	山东干线公司	梁济运河工程	水南调〔2018〕324 号	2018 - 12 - 22	
7	淮委建设局	姚楼河闸工程	水南调〔2018〕352 号	2018 - 12 - 29	
8	淮委建设局	杨官屯闸工程	水南调〔2018〕356 号	2018 - 12 - 29	
9	淮委建设局	大沙河闸工程	水南调〔2018〕350 号	2018 - 12 - 29	
（二）	中线一期工程				
10	中线建管局	西四环暗涵工程	水办〔2018〕140 号	2018 - 06 - 27	
11	中线建管局	京石段河北段生产桥工程	水办〔2018〕156 号	2018 - 07 - 16	
12	中线建管局	惠南庄—大宁段工程、卢沟桥暗涵工程、团城湖明渠工程	水办〔2018〕195 号	2018 - 08 - 02	含北京段专项设施迁建
13	中线建管局	石家庄至北拒马河段总干渠及连接段工程	水南调〔2018〕310 号	2018 - 12 - 12	
14	中线建管局	南沙河倒虹吸工程	水南调〔2018〕311 号	2018 - 12 - 13	
15	中线建管局	西黑山进口闸至有压箱涵段工程	水南调〔2018〕337 号	2018 - 12 - 26	
16	中线建管局	磁县段工程	水南调〔2018〕338 号	2018 - 12 - 26	
17	中线建管局	惠南庄泵站工程	水南调〔2018〕353 号	2018 - 12 - 29	
18	中线建管局	保定市 2 段工程	水南调〔2018〕354 号	2018 - 12 - 29	
19	中线建管局	中线穿黄工程管理专题	水南调〔2018〕351 号	2018 - 12 - 29	
20	中线建管局	湍河渡槽工程	水南调〔2018〕355 号	2018 - 12 - 29	
21	中线建管局	沁河渠道倒虹吸工程	水南调〔2018〕358 号	2018 - 12 - 29	
22	中线建管局	廊坊市段工程	水南调〔2018〕359 号	2018 - 12 - 29	
23	中线建管局	穿漳工程	水南调〔2018〕357 号	2018 - 12 - 29	
24	湖北省南水北调管理局	汉江中下游局部航道整治工程	水办〔2018〕136 号	2018 - 06 - 22	
25	湖北省南水北调管理局	汉江中下游泽口闸改造工程	水南调〔2018〕306 号	2018 - 12 - 11	

续表

序号	编报单位	工程项目名称	核准文号	核准时间	备注
26	湖北省南水北调管理局	汉江中下游其他闸站改造工程	水南调〔2018〕307号	2018-12-11	
二	单独编报的征地移民完工财务决算				
27	河南省移民办	陶岔渠首工程征迁安置	水南调〔2018〕226号	2018-09-21	
28	河南省移民办	丹江口大坝加高工程董营副坝工程征迁安置	水南调〔2018〕238号	2018-09-30	

注 核准文号为"水办〔2018〕××号"的，系2018年8月机构改革到位前核准的文件。核准文号为"水南调〔2018〕××号"的，为机构改革到位后核准的文件。

水价政策落实

2018年，南水北调东、中线一期主体工程运行初期供水价格政策进一步落实，受水区相关省市推进建立完善水费收缴机制，明确了水费来源渠道，水费收缴率逐步提高。

（一）中线水价政策落实

经过谈判，中线建管局于2018年第一季度与北京、天津、河南、河北4省（直辖市）受水单位分别签订了中线一期工程2017—2018年度供水合同。中线建管局履行主体责任，采取电话、上门、致函、发送水费账单等多种方式，多措并举协调4省（直辖市）足额缴纳水费。

水利部和原国务院南水北调办领导高度重视并出面协调水费收缴工作，在会见河北省等省（市）领导时，将水费督缴作为商谈的重要议题，督促落实两部制水价政策，足额交纳水费。

水利部南水北调司和原国务院南水北调办经济与财务司负责人利用出差、调研、会议等机会，督促相关省（市）南水北调办（局）严格执行两部制水价，足额交纳水费。

2018年4月，根据国家发展改革委价格司工作安排，原国务院南水北调办经济与财务司组织中线建管局、中线水源公司报送了中线工程水价政策执行情况，以及下一步工作建议。

2018年6月，原国务院南水北调办经济与财务司协调国家发展改革委价格司赴河南、河北、天津等省（市）开展调研，督促地方建立完善水费收缴机制，保障水费交纳资金来源。

2018年9月，国家发展改革委价格司委托中国国际工程咨询有限公司开展中线水价政策执行情况评估。水利部南水北调司组织中线建管局、中线水源公司予以积极配合，并建议评估单位将水费收缴作为重要内容纳入水价执行情况评估报告。

2018年10月，水利部南水北调司组织研究制定2018—2019年水量调度计划时，将交纳水费与分配年度调水量挂钩，督促有关省（市）（特别是河北省）足额交纳水费。

截至2018年年底，中线建管局全年共收取水费75.28亿元，累计收取水费207.15亿元，占累计应收水费266.02亿元的77.9%，即水费收缴率为77.9%，较2017年年底的70.2%提高了7.7个百分点。除北京市受水单位依据合同足额交纳水费外，其余3省（直辖市）受水单位均不同程度欠交水费，其中天津市欠交5.37亿元（欠交率7.5%）、河南省欠交13.9亿元（欠交率45.0%）、河北省欠交39.6亿元（欠交率57.0%）。值得一提的是，2018年河北省水费交纳工作取得了突破性进展，全年共交纳水费22.25亿元，约为以前年度交费水费总额的3倍。

（二）东线水价政策落实

2018 年，南水北调东线公司履行主体责任，多措并举推进水费收缴工作，取得了积极进展。截至 2018 年年底，东线公司全年共收到水费 10.26 亿元（均为山东省交纳），累计收到水费 47.01 亿元，占累计应收水费 83.88 亿元的 56.0%，水费收缴率与 2017 年基本持平。此外，由于东线工程管理模式尚未明确，东线公司与江苏省受水单位的供水合同商谈工作仍在进行中，尚未签订，也未收缴水费。

2018 年 6 月，原国务院南水北调办经济与财务司会同国家发展改革委价格司赴山东省开展了调研，督促进一步完善水费收缴机制，保障水费交纳资金来源。

（邓文峰）

资 金 筹 措 供 应

资金筹措与供应是确保扫尾工程建设顺利进行的重要条件。各类工程建设资金来源的落实情况如下：

（一）南水北调工程基金政策落实情况

2017 年起，财政部将南水北调工程基金转为一般公共预算管理，用于南水北调工程建设的一般公共预算（原南水北调工程基金）通过原国务院南水北调办部门预算进行安排。

2018 年，依据年度部门预算和南水北调工程建设用款需要，财政部共拨付一般公共预算（原南水北调工程基金）9.22 亿元，均用于中线干线工程建设。

截至 2018 年年底，随着河北省完成2018 年 9.22 亿元的年度基金上缴任务，受水区 6 省（直辖市）完成了总额 220 亿元的南水北调工程基金筹集上缴任务。南水北调东、中线一期主体工程建设累计到账的南水北调工程基金共 211.77 亿元（含苏鲁两省直接投入工程建设资金、东线截污导流工程建设资金，以及 2017 年转为一般

公共预算资金），其中，东线江苏水源工程12 亿元、东线山东干线工程 27.8 亿元、中线干线工程 171.97 亿元。

（二）国家重大水利工程建设基金政策落实情况

2018 年 4 月 13 日，为进一步减轻企业负担，促进实体经济发展，经国务院同意，财政部印发了《关于降低部分政府性基金征收标准的通知》（财税〔2018〕39 号），明确自 2018 年 7 月 1 日起，将国家重大水利工程建设基金（以下简称重大水利基金）征收标准在 2017 年 7 月 1 日已降低 25% 的基础上，再统一降低 25%。征收标准降低后南水北调、三峡后续规划等中央支出缺口，在适度压减支出、统筹现有资金渠道予以支持的基础上，由中央财政通过其他方式予以适当弥补。

2018 年，北京、天津、河北、河南、山东、江苏、上海、浙江、安徽、江西、湖北、湖南、广东、重庆等 14 个南水北调和三峡工程直接受益省（直辖市）〔以下简称 14 个省（直辖市）〕征收的重大水利基金上缴中央国库，其中按 75% 的分配比例可安排用于南水北调工程建设的重大水利基金为 162.66 亿元（含增值税返还资金17.48 亿元），同比减少约 19.6%。截至2018 年年底，14 个省（直辖市）累计上缴中央国库，其中按 75% 的分配比例可安排用于南水北调工程建设的重大水利基金为1645.89 亿元（尚未扣除分摊用于三峡公益性资产运行维护费的基金规模）。

2018 年，财政部拨付用于南水北调工程的重大水利基金为 161.05 亿元。此外，2018 年财政部安排一般公共预算 48.34 亿元弥补降标后的重大水利基金收入，全部安排用于偿还过渡性资金融资贷款本金。

截至 2018 年年底，财政部累计拨付用于南水北调工程的重大水利基金（含利用一般公共预算弥补的基金收入 48.34 亿元）

为 1597.66 亿元。其中，直接用于南水北调工程建设 852.29 亿元，用于偿付南水北调工程过渡性融资贷款利息、印花税及其他相关费用支出 170.22 亿元，用于偿还过渡性资金融资贷款本金 562.83 亿元，直接拨付河北、河南两省用于地方负责实施的中线干线防洪影响处理工程 12.32 亿元。

（三）南水北调工程过渡性资金融资工作情况

2018 年，水利部没有新增提取南水北调工程过渡性资金。截至 2018 年年底，水利部累计提用并向相关项目法人拨付过渡性资金 620.07 亿元。其中，江苏水源公司 25.8 亿元、山东干线公司 45.15 亿元、安徽省南水北调项目办 2.8 亿元、东线总公司 1.23 亿元、中线水源公司 203.71 亿元、中线建管局 302.8 亿元、湖北省南水北调管理局 35.5 亿元、淮委建设局 3.08 亿元。

2018 年，依据财政部批复水利部的部门预算和已签订的融资借款合同，水利部和原国务院南水北调办共偿还相关金融机构过渡性资金借款本金 189.36 亿元。截至 2018 年年底，水利部和原国务院南水北调办累计偿还过渡性资金借款本金 562.83 亿元，借款本金余额 57.24 亿元。

（邓文峰）

资金使用管理

（一）资金到位情况

2018 年，根据投资计划和工程建设进度及用款需要，南水北调东、中线一期主体工程共到账工程建设资金 232534 万元，其中一般公共预算（原南水北调工程基金）92200 万元，重大水利基金 140334 万元。按项目法人划分为：山东干线公司 13437 万元、中线水源公司 34550 万元、中线建管局 184547 万元。

截至 2018 年年底，南水北调东、中线

一期主体工程累计到账工程建设资金 25160372 万元（含分摊水利部以前年度下达的东、中线一期工程前期工作经费，不含地方负责组织实施项目、南水北调工程过渡性融资费用和财政贴息资金，下同）。其中，中央预算内资金（含国债专项）3605986 万元、南水北调工程基金 2071899 万元、重大水利基金 8522878 万元、南水北调工程过渡性资金 6200710 万元、银团贷款 4758899 万元。各项目法人的累计到账资金情况分别为：江苏水源公司 1138667 万元、山东干线公司 2147508 万元、安徽省南水北调项目办 37493 万元、东线公司 22579 万元、中线水源公司 5379456 万元、中线建管局 15215375 万元、湖北省南水北调管理局 1143447 万元、淮河水利委员会建设局 58847 万元（陶岔渠首枢纽工程，不含电站）；此外，设管中心累计到账 17000 万元。

（二）年度决算和预算工作

1. 2017 年度决算工作

根据财政部的要求，国务院南水北调办组织编制了 2017 年部门决算报表、中央行政事业单位住房改革支出决算报表、固定资产投资报表、政府采购信息统计报表、国库集中支付年度结余资金申报核批表等，并于 2018 年 3—4 月报送财政部。

根据国家机关事务管理局的要求，国务院南水北调办组织办机关和直属事业单位对 2017 年 12 月 31 日前所占用的国有资产进行了全面清查，在此基础上填报了 2017 年度国有资产年度决算报表。

按照中央国家机关工会联合会的要求，国务院南水北调办组织编制并报送了办工会的 2017 年度预决算报表。

2. 2018 年度预算工作

按照机构改革工作安排，2018 年，国务院南水北调办部门预算作为水利部部门预算的组成部分，由水利部和国务院南水北调办共同做好年度部门预算相关工作。

4月，财政部正式下达了水利部2018年部门预算。根据财政部下达的2018年部门预算，水利部按照《预算法》的相关规定，将2018年预算分解下达到各单位，并要求各单位严格按照预算批复的范围和标准控制支出，同时要加快预算执行进度，落实财政部预算执行管理要求。

7—8月，按照财政部全面推进部门预算改革的要求，原国务院南水北调办组织开展2019年部门预算及2019—2021年滚动支出规划申报和审核工作。委托中介机构对机关各司、事业单位编制报送的100万以上的项目进行预算评审，对其他项目严格审核，形成2019年的预算及2019—2021年3年支出规划，并纳入水利部部门预算一并报送财政部。

8月底，机构改革到位后，水利部负责组织做好原国务院南水北调办机关预算调整、执行等工作。12月，按照财政部下达的2019年部门预算"一下"控制数，水利部组织编制并向财政部报送涉及南水北调的相关预算（"二上"）。

根据财政部关于部门预决算公开的要求，水利部2018年4月对2018年部门预算进行公开；2018年7月对2017年部门决算进行公开。

（三）机构改革财务资产清查

按照机构改革工作安排，国务院南水北调办成立了财务资产工作组，对原国务院南水北调办机关的财务资产（截至2018年3月）进行清查，并委托中介机构开展审计，保障机构改革财务资产交接工作的顺利开展。

（四）资金管理制度建设

2018年3月14日，为切实加强办机关经费支出管理，针对交通费审批管理规定执行不够严格的问题，国务院南水北调办印发了《关于修订〈国务院南水北调办机关机关经费支出管理办法〉的通知》（综经财〔2018〕7号），将第二十二条第三款修订为"（三）因紧急工作需要且买不到乘坐交通工具等级（或以下等级）票的，应事先向主管副主任报告，报销时需经主管副主任签字确定，并附证明无规定等级（或以下等级）交通工具票的相关材料。其他任务未按规定乘坐交通工具的，超支部分由个人自理"。

（邓　杰　邓文峰）

企业财务管理

2018年，水利部履行投资者的财务管理职责，加强并规范中线建管局、东线公司的企业财务监管，依法备案了企业报送的年度决算、预算等事项。

2018年12月17日，水利部副部长蒋旭光主持召开专题办公会议，研究南水北调工程经济财务工作，其中要求尽快修订《关于印发企业财务管理的若干意见的通知》（国调办经财〔2017〕174号）。会后，南水北调司向财务司提供了修订意见建议。

截至2018年年底，水利部财务司正组织研究修订南水北调工程企业财务监管的具体意见。

（邓文峰）

南水北调工程经济问题研究

为进一步促进南水北调工程良性运行，推动建立有利于南水北调中线工程效益充分发挥的受水区水价体系，原国务院南水北调办于2018年4月委托国家发展改革委价格认证中心，对南水北调中线工程受水区水价体系优化衔接问题开展了专项研究。该课题梳理了2005年以来受水区水价变化及中线工程通水3年多来的主体工程水价政策落实情况，分析了受水区水价体系优化衔接面临的主要问题，提出了受水区水价体系优化衔接的政策建议。11 月中旬，该课题通过水利部南水北调司组织的专家审查验收。12 月，水利部南水北调司将该课题研究成果提供国家发展改革委价格司指导地方推进水价改革工作参考。

（邓文峰）

建 设 与 管 理

水量调度工作

东线连续 5 个年度圆满完成调水任务，累计调水到山东 30 亿 m³，其中 2017—2018 年度调水到山东 10.88 亿 m³，比上一年度增加 22%。中线已不间断安全供水 1400 余天，累计向京津冀豫四省（市）调水 188 亿 m³，其中 2017—2018 年度调水 74.6 亿 m³，完成年度 57.8 亿 m³ 调水计划的 129%。

工程从根本上改变了受水区供水格局，改善了城市用水水质，提高了受水区 40 多座城市的供水保证率，直接受益人口超过 1 亿人。其中，中线工程总受益人口约 5300 万人，受益城市 24 个；东线工程受益人口约 6600 万人，受益城市 17 个。汉江中下游四项治理工程效益持续发挥，电站累计发电 11 亿 kW·h；引江济汉工程累计向汉江下游补水约 140 亿 m³。

根据南水北调司新职能，按照《南水北调工程供用水管理条例》《南水北调东线一期工程水量调度方案（试行）》和《南水北调中线一期工程水量调度方案（试行）》有关规定，组织东、中两线有关流域机构、水利厅（局）、南水北调办事机构和工程管理单位开展东、中线一期工程 2018—2019 年度水量调度计划制定工作，并赴江苏、山东两省约谈水利厅负责同志，协调增加水量计划有关事宜。《南水北调东线一期工程 2018—2019 年度水量调度计划》和《南水北调中线一期工程 2018—2019 年度水量调度计划》按规定如期印发。

（李　益　李震东）

运 行 管 理

（一）工程运行管理标准化、规范化建设

按照"稳中求进、提质增效"总体工作思路开展规范化建设工作，围绕"供水安全"的核心要求，以问题为导向，组织工程管理单位加强顶层设计。

组织中线建管局、东线总公司编制规范化建设总体规划，明确近 3 年规范化建设目标及实施路径和年度计划。各单位按照规划目标，完善制度体系，组织开展了标准化闸站、标准化中控室、标准化水质自动监测站建设及达标工作。中线建管局已完成 12 个专业 489 项业务的梳理和 30 个关键业务流程图的绘制工作，以及 148 项制度标准的制定和修订工作。

扩大东、中线工程运行安全管理标准化试点，推进运行安全管理标准化建设。印发《关于深入开展南水北调工程运行安全管理标准化建设的通知》，安排部署工程管理单位开展以三级管理机构为基础、二级管理单位为重点的八大管理体系和四项行为清单的建设；组织调研督导东、中线标准化中控室、标准化闸站、标准化水质监测站有关工作进展，实现三级管理机构运行安全管理标准化建设全覆盖。

积极协调配合公安部《南水北调工程安全防范标准》编制工作。组织公安系统、全国安全防范报警系统标准化技术委员会（以下简称"全国安防标委会"）专家调研东、中线全线安防建设工作，协调运管单位对《南水北调工程安全防范标准（征求意见稿）》提意见，配合参加全国安防标委会召开的审查会，有力推动了标准编制工作。

（二）确保工程安全运行

（1）加强安全运行工作组织领导。2018年年初，组织召开国务院南水北调办安全生产领导小组第十七次全体会议，传达党中央、国务院关于安全生产工作的重要精神及有关安全管理要求，研究部署年度安全生产工作。4月，组织召开南水北调工程安全生产暨防汛工作会议，总结交流安全生产和防汛工作经验，全面部署2018年安全生产和防汛工作。部署机构改革新形势下的工程运行安全工作。机构改革搬迁到位后，及时组织召开南水北调工程运行安全座谈会和南水北调工程运行管理工作会，安排部署各有关单位在机构改革新形势下，进一步做好南水北调工程运行安全管理有关工作。制定印发《研究进一步加强南水北调工程运行安全工作会议纪要》《水利部关于进一步加强南水北调工程运行安全管理工作的通知》（水南调〔2018〕309号），部署落实部党组"水利工程补短板、水利行业强监管"工作总基调，积极构建新时期南水北调工程运行安全管理体系。

（2）保障工程安全度汛。加强防汛工作组织领导，召开防汛领导小组会议和工作会议，汛期建立防汛工作周例会制度，传达学习贯彻中央领导和国家防总的重要防汛文件精神，总结交流防汛工作经验，分析和研判工程防汛形势，对防汛工作进行部署。组织工程管理单位深入研究、梳理本单位所辖区域工程防汛重点部位和风险点。东线总公司组织江苏、山东两省南水北调相关单位调查、梳理、统计了东线沿线防汛重点部位，并按照水库、泵站、渠道（河道）等工程项目进行了分类。中线建管局研究确定了防汛风险项目，按照大型河渠交叉建筑物、左排建筑物、全填方渠段、全挖方渠段等工程项目分类，并确定相应风险等级；针对防汛重点部位，逐一分析了可能造成的危害，提出应对措施，明确了责任人、联系方式，为做好防汛工作提供指导。组织中线建管局、东线总公司开展多次培训工作，总结并推广重点部位风险防范经验。组织汛前检查、汛期检查和安全大检查等活动，对北京、天津、河北、河南、江苏、山东、安徽、湖北等省（直辖市）内的南水北调工程、移民新区、外部环境影响等防汛风险项目及应急抢险措施进行反复督查。会同监督、监管和稽察等单位采取专项检查、稽察、飞检等方式，对南水北调工程实体运行情况、防汛物资准备、防汛应急预案编制、水毁项目修复、保护范围划定等影响工程安全和供水安全的防汛风险项目进行了重点检查。组织工程管理单位加强与地方有关部门的联系，建立汛情信息共享平台，中线工程"豫汛通""冀汛通"等汛息App实现了全覆盖；沿线重点部位安设64个雨量观测站，适时进行雨量观测，及时掌握雨情、水情、汛情信息，分析雨情、水情、汛情进行，做好预警响应准备。组织工程管理单位修订度汛方案，组织研究新需求、新技术、新装备研究，并在防汛检查中现场开展防汛应急预案推演，推动工程管理单位在预报预警、险情信息传递、预案启动、抢险组织、与地方防汛部门及解放军等抢险力量联防联动等方面能力提升，保证工程安全、度汛安全和供水安全。组织工程管理单位优化防汛队伍，开展应急演练，检验较大灾情发生后信息传递、应急响应等实战能力，提高应对重大防汛风险的应急抢险和应急处置能力。督促各单位加强汛期巡视巡查，密切关注天气形势变化，及时发布预警信息，严格落实24小时值班和领导带班制度，保证联络畅通，确保信息及时、准确上报；根据雨情、汛情，及时安排抢险人员和抢险设备提前进驻现场。

（三）狠抓运行安全管理

（1）强化监督管理。原国务院南水北调司及时传达党中央、国务院关于安全生产工作的重要指示精神，加强组织领导和部署落实，强化日常安全监督管理，紧盯隐患排查治理，狠抓应急能力提升，推进运行安全管理标准化建设，力促运行安全管理上水平。指导工程沿线各省（市）有关部门加强运行安全监督管理，协调供水各方，保障工程平稳运行和供水安全。督促各工程管理单位不断完善运行安全规章制度，落实运行安全主体责任，加强巡视巡查、值班职守、委托单位管理和职工安全培训，规范运行安全管理行为，做好应急应对准备，推进工程运行安全各项工作。

（2）提升应急能力。结合南水北调工程运行管理阶段特点和需求，不断完善应急预案体系，建设横向到边、纵向到底的应急预案体系。组织工程管理单位加强应急实战演练，并针对应急预案执行过程和实战演练中暴露出的问题，修订应急预案，不断提高应急预案的针对性、实用性和可操作性。

（3）隐患排查治理。深入推进工程运行安全隐患排查治理，加强安全风险管控和隐患排查双重预防机制体系建设。突出重大危险源管理、突发性灾害防范、节假日期间和特殊时期的安全工作，根据季节和气候条件变化督促各有关单位做好高温、台风、严寒、冰期等极端恶劣天气下的运行安全工作。

（4）抓好工程安全防范工作。组织专家对中线工程管理及保护范围管理情况进行调研，协调工程管理及保护范围划定。组织各有关单位不断完善人防、物防、技防建设。建立安全防范管理体系，加强警务室建设，中线工程和东线山东段工程基本实现工程安全保卫机构全覆盖。

（5）推动桥梁超限超载治理工作。组织中线建管局对分布于河北、河南两省中线工程沿线约35个县（区），疑似超限超载车辆通行较多的122座桥梁，进行历时1年、每月为期3天的监控，并结合监控成果致函河北省人民政府、河南省人民政府，商请进一步加强南水北调中线工程跨渠桥梁超限超载治理。

（6）组织开展运行期重点项目关键部位安全监测监控技术指标研究。组织开展安全监测管理相关工作。印发《关于开展运行期重点项目关键部位安全监测监控技术指标研究工作的通知》，督促有关单位落实责任，做好安全监测工作，编写完成指标研究方案，确定重点项目关键部位。

（7）加强节假日、冰期等特殊时期安全管理工作。加强特殊时期安全生产管理，先后多次印发文件，督促各单位切实做好"两会"及节假日期间和冰期等重要时期南水北调工程运行工作，加强值班值守、隐患排查、应急处置等各项工作。

（四）加强建设安全生产管理

（1）强化穿、跨、邻接项目管理。会同原南水北调工程建设监管中心对中线建管局和河北、河南境内穿、跨、邻接南水北调中线干线工程项目管理情况进行调研。先后实地察看河北分局石家庄管理处、唐县管理处，河南分局港区管理处、郑州管理处、荥阳管理处管辖范围内的穿、跨、邻接项目。与正在施工的施工单位、第三方监测单位等进行沟通，与中线建管局、分局、管理处三级管理机构进行座谈，分发调查问卷，共同探讨了加强穿、跨、邻接南水北调中线干线工程项目管理的方法。安排原南水北调工程建设监管中心于2018年10月中下旬对中线建管局5个分局11个管理处进行穿、跨、邻接项目监管专项检查。11月，就调研基本情况、存在问题和下一步工作建议向部领导进行专门汇报，向中线建管局下发整改通知，提出整改意见。起草穿、跨、邻接项目管理办法，组织召开专家咨询会并修改完善。

（2）加强尾工建设项目安全生产管理。

督促项目法人加强南水北调东线一期工程管理设施、调度运行管理系统、中线陶岔渠首自动化建设安全生产管理工作，开展现场检查，确保工程安全。

（3）督促加快中线防洪影响处理工程建设。组织对南水北调中线防洪影响处理工程建设工作进行督导检查，督促地方加快中线防洪影响处理工程建设，确保工程安全和沿线群众生命财产安全。

（李震东　杨东东）

生 态 补 水

（一）实施生态补水

2018年3—4月，部署有关单位做好利用丹江口水库洪水资源进行全线生态补水的准备工作。指导中线建管局提前做好退水闸及相关设施设备的检修维修，建立值班制度，制订应急预案，落实抢险物资、队伍。要求天津、河北、河南省（直辖市）南水北调办做好迎接生态补水准备，加强补水河湖沿线涉水安全宣传，确保周边群众人身财产安全。

此次中线工程生态补水于4月13日开始，6月30日结束，历时79天。下达生态补水计划5.07亿 m^3，实际补水8.68亿 m^3，计划完成率171.2%。河湖生态与水质得到改善，地下水位回升，河湖水量明显增加，生态效益显著。

（1）地下水位回升。河北省补水后9条河道沿线5km范围内，浅层地下水位上升0.49m；保定市徐水区河道周边浅层地下水埋深平均上升0.96m。河南省焦作市修武县郇封岭地下漏斗区观测井水位上升0.4m。

（2）河湖水量增加。河北省12条天然河道得以阶段性恢复，向白洋淀补水1.12亿 m^3，瀑河水库新增水面370万 m^2，保定市徐水区新增河渠水面43万 m^2。河南省焦作市龙源湖、濮阳市引黄调节水库、新乡市共产主义渠、漯河市临颍县湖区湿地、邓州市湍河城区段、平顶山市白龟湖湿地公园、白龟山水库等河湖水量明显增加。

（3）河湖水质提升。天津市中心城区4个河道监测断面水质由补水前的Ⅲ～Ⅳ类改善到Ⅱ～Ⅲ类。河北省白洋淀淀口藻杂淀监测断面入淀水质由补水前的劣Ⅴ类提升为Ⅱ类。河南省郑州市补水河道基本消除了黑臭水体，安阳市安阳河、汤河水质分别由补水前的Ⅳ类、Ⅴ类提升为Ⅲ类。

（4）生态环境改善。天津市"水十条"国考断面优良水体比例上升至50%，城市河道水环境明显改善。河北省滹沱河重新变回了石家庄人民的"母亲河"；瀑河水库干涸36年后重现水波荡漾的昔日魅力；白洋淀及其上游的水生态环境得到有效改善。河南省11个省辖（直管）市形成了水清、草绿的景观。

（二）实施华北地下水超采综合治理河湖地下水回补试点工作

按照部统一部署，主动配合实施华北地下水超采综合治理河湖地下水回补试点工作。2018年9月13日组织实施中线工程向试点河段补水，11月底圆满完成第一阶段生态补水任务。2018年，中线工程向河北省滹沱河、滏阳河、南拒马河三条试点河段共补水约5.01亿 m^3。其中，向滹沱河补水约3.8亿 m^3，向滏阳河补水约0.76亿 m^3，向南拒马河补水约0.45亿 m^3。滹沱河、滏阳河、南拒马河重现生机。

（杨东东　刘运才）

工 程 验 收

水利部党组高度重视、全力推进南水北调工程验收工作。2018年2月，时任国务院南水北调办主任的鄂竟平主持召开办公会，要求坚决认真贯彻落实八次建委会精神，切实把验收作为重点工作，按照科学规范要求加快验收进程，明确责任，加强督导，加快尾工建设，加强验收力量，强化考核奖惩，尽早完成总体竣工验收。

2018年4月，水利部组织召开南水北调工程验收工作会，蒋旭光副部长就扎实做好改革期间各项验收工作进行部署。机构改革后，又于12月召开南水北调工程验收暨完工财务决算工作会，蒋旭光副部长参加会议并讲话，在"水利工程补短板、水利行业强监管"的总基调下，进一步统一思想、落实责任，研究部署工作。

（一）完善工程验收体系

（1）建立水利部南水北调工程验收领导机构。机构改革后，水利部于2018年10月16日组建南水北调工程验收工作领导小组（以下简称"领导小组"）。水利部副部长蒋旭光任组长，水利部总工程师刘伟平、水利部总经济师张忠义、水利部南水北调工程管理司司长李鹏程任副组长，成员单位有水利部办公厅、规划计划司、财务司、水土保持司、水库移民司、监督司、南水北调工程管理司、水利水电规划设计总院、南水北调工程建设监管中心和南水北调工程设计管理中心。领导小组办公室设在南水北调工程管理司。2018年10月22日，水利部副部长蒋旭光主持召开领导小组第一次全体会议。会议讨论确定了领导小组工作规则和南水北调工程验收近期工作要点，明确了验收职责分工，要求狠抓落实，推动南水北调工程验收。

（2）明确南水北调工程验收标准体系。原国务院南水北调办制定的验收管理制度和规定，是以水利行业有关标准为基础、结合南水北调工程特点制定的，两者总体是一致的，不存在实质差别，南水北调工程验收继续延用南水北调工程标准体系。在明确标准体系的基础上，对完工验收工作导则进行修订完善。

（二）明确验收工作分工

（1）领导小组成员单位分工。办公厅组织工程档案专项验收，就工程档案和移民档案验收等工作联系国家档案局。规划计划司指导验收涉及的设计、变更、投资等工作。财务司就工程财务决算等工作联系财政部、审计署。水土保持司指导水土保持专项验收工作，履行相关程序。水库移民司组织征地补偿和移民安置专项验收。监督司组织质量监督有关工作。南水北调工程管理司组织设计单元完工验收；承担领导小组办公室相关工作，承担组织工程财务决算的具体工作。水利水电规划设计总院承担指导验收涉及的设计、变更、投资等的具体工作。水利部河湖保护中心（原南水北调工程建设监管中心）承担质量监督具体工作，承担相关监督检查工作。水利部南水北调规划设计管理局（原南水北调工程设计管理中心）承担工程档案专项验收具体工作，组织设计单元工程完工验收技术性初步验收，承担完工验收有关准备工作，开展南水北调工程验收措施和有关标准研究工作。

（2）验收主持单位分工。根据南水北调工程建设管理分工和历史沿革，由原国务院南水北调办主持验收的项目由水利部主持验收，原委托省（直辖市）南水北调办事机构主持验收的项目继续委托省（直辖市）水利厅（局）或南水北调办主持验收。

（三）完善验收专家库

水利部南水北调工程规划设计管理局在原有专家库基础上进行增补，做好验收专家资源保障。

（四）明确目标，完善计划

在多轮征求意见、开展沟通协调工作的基础上，2018年12月，水利部办公厅印发《南水北调东、中线一期工程设计单元工程完工验收计划图表》（办南调函〔2018〕1835号），对水保、环保、消防、征移等专项验收，以及法人验收、完工验收等工作进行详细安排。

（五）强化协调，压实责任

（1）构建体系，明确责任。构建横到

边、纵到底的责任体系,明确各验收主持单位和项目法人的职责。

(2)前移关口、强化协调。水利部南水北调工程管理司严格督促验收进度计划执行,在中线干线工程开展司领导划片专项协调,对需要协调的关键事项现场办公,明确工作任务、时间节点、责任单位,协调督促办理。

(六)细化管理,精心组织

(1)细化管理。验收总进度计划明确了验收时间节点,时间细化到月,明确了责任到单位,明确要求各单位要加强各环节工作的统筹协调,提高效率、保证质量。

(2)强化管控机制。南水北调验收工作持续执行半月调度,定期组织验收管理单位和项目法人调度验收工作、协调有关事项,盯问题、商措施、定任务、抓落实。坚持执行催办机制,在验收计划时间节点前向责任单位告知、提醒、催办。

(3)着力提升验收队伍能力。对各有关单位验收工作队伍和作风建设提出明确要求,在验收工作中督促落实。

(七)2018年验收工作进展

在多方面共同努力下,2018年按计划高质量完成各项验收任务,南水北调工程验收开始提速,为后续工作奠定基础。

(1)专项验收。水保、环保、消防、征移、档案5类专项验收共计644个,已累计完成502个,完成率为78%。2018年完成80个,年度计划完成率为100%。

(2)完工验收。完工验收项目共计155个,其中东线68个、中线87个;已完成51个,其中东线46个、中线5个;完成率为33%。2018年完成19个,年度计划完成率为100%。

(刘 军 陈良骥)

各省配套工程建设

2018年以来,根据原国务院南水北调办

和国家发展改革委《关于印发南水北调配套工程建设督导工作方案的通知》(国调办建管〔2017〕131号)要求,督导河北、河南、山东、江苏四省配套工程建设,建立配套工程季度通报制度,督促相关省(直辖市)推进配套工程建设,配套工程进展显著,大部分省(直辖市)建设任务基本完成。

(一)河北省

2018年,河北省4座水厂通水。后续配套水厂工程建设目标明确,部分后续配套工程开始实施。其中,14个直供水项目,通水6个,在建4个,招标1个,批复设计方案2个,正在开展前期工作1个;3座水厂建设项目,主体完工1座,在建1座,完成征地1座。

(二)河南省

2018年,河南省实际完成输水管线5.42km。建成水厂10座,通水11座,具备通水条件8座,正在调试1座。累计完成投资5.06亿元,占年度计划的93%。

(三)山东省

2018年,山东省东昌府区供水单元建设完成;建成水厂2座、配水管网1处。山东省配套工程建设任务全面完成。

(四)江苏省

2018年,宿迁市尾水导流工程完成投资1.73亿元,占年度计划的115%。郑集河输水扩大工程提前开工建设,完成投资1.60亿元。

(牛文钰 高立军)

尾 工 建 设

2018年,根据水利部《水利部办公厅关于加快南水北调工程尾工建设工作的通知》(办综函〔2018〕753号)要求,通过督导、现场调研、召开座谈会等方式,加快推进南水北调尾工建设,顺利完成建设任务。

(牛文钰 高立军)

征 地 移 民

概 述

2018年，在水利部、原国务院南水北调办的指导和部（办）党组的领导下，按照2018年南水北调系统工作会议确定的总思路，南水北调征地移民工作以习近平新时代中国特色社会主义思想为指导，深入贯彻党的十九大和中央经济工作会议精神，全面落实建委会第八次全体会议工作部署，坚持"稳中求进"总基调，按照"提质增效"总要求，攻坚克难，砥砺前行，圆满完成各项工作任务，确保了征地移民安稳发展和工程平稳运行。

（朱东恺　逄智堂）

工 作 进 度

（一）库区移民

（1）移民验收工作。湖北省人民政府、河南省移民安置指挥部分别于2018年1月、2月以鄂政函〔2018〕8号文、豫移指〔2018〕1号文向原国务院南水北调办报送终验申请，原国务院南水北调办委托原南水北调工程设计管理中心开展相关技术性验收工作。截至2018年12月，河南、湖北两省档案管理、文物保护、移民安置均已完成技术性验收工作。

（2）地质灾害防治。水利部会同自然资源部对河南、湖北两省分别上报的丹江口库区地质灾害防治规划组织审查，并报送国家发展改革委，积极争取立项；按照原国务院南水北调办《关于丹江口库区地质灾害防治工程紧急项目的批复》（国调办投计〔2017〕191号），协调原湖北省移民局跟踪督办丹江口库区紧急地灾治理项目，确保移民生命财产安全。

（3）移民后续帮扶规划。协调长江勘测规划设计研究院修编完成南水北调工程丹江口水库移民遗留问题处理及后续帮扶规划。湖北、河南两省人民政府分别于2018年8月、9月向国务院上报恳请批复后续帮扶规划（修编版）的请示，国务院办公厅将两省请示报告转国家发展改革委和水利部研究办理。国家发展改革委、水利部积极会商财政部，研究帮扶资金渠道，争取规划早日实施。

（4）包干协议签订。协调南水北调中线水源有限责任公司和河南省移民办、原湖北省移民局三方就包干协议文本达成一致意见。2018年6月、7月，南水北调中线水源有限责任公司分别与河南省移民办、原湖北省移民局签订了投资和任务包干协议。

（二）干线征迁

征迁安置专项验收顺利推进。干线工程沿线各省依据《南水北调干线工程征迁安置验收办法》规定和南水北调工程完工验收计划，组织开展市县自验、征迁档案验收、编制征迁财务决算，具备条件的开展征迁安置完工验收。东线山东省东平湖蓄水影响处理、梁济运河和济南市区段3个设计单元工程、江苏省里下河水源调整工程、河北省京石段应急供水工程和河南干线全部设计单元工程完成征迁安置完工验收工作。至2018年年底，南水北调干线工程沿线征迁安置专项验收涉及的北京、天津、山东、河南、安徽省（直辖市）已全部完成，江苏省、湖北省已大部分完成，河北省已完成近半。

（朱东恺　盛晴　逄智堂）

政 策 研 究

（1）移民安稳发展研究。为全面了解

和掌握丹江口水库移民收支水平和安稳发展情况，更好地帮扶移民增收致富，国务院南水北调办委托河南华北水电工程监理有限公司开展2018年丹江口水库移民安稳发展研究。通过独立、专业的监测评估工作，梳理影响稳定和制约发展的因素和问题，客观分析评价移民后续发展能力，为国家后续帮扶决策提供重要依据，也对南水北调丹江口水库农村移民安稳发展、助力乡村振兴起到很大的推进作用。

（2）稳定风险评估。为及时掌握丹江口水库移民安置及恢复发展过程中存在的问题，以及可能诱发的社会矛盾和群体性事件，原国务院南水北调办委托华东勘测设计研究有限公司承担南水北调工程预防和处置群体性事件——丹江口水库移民稳定风险评估课题的研究工作。对可能诱发丹江口水库移民社会矛盾和群体性事件的不稳定因素进行调查，在风险调查基础上进行风险识别，以搬迁安置后、生产恢复发展过程中可能出现的新情况和新问题为主线，识别出影响移民稳定的主要风险因素，并对主要风险因素进行风险评估，提出风险防范和化解的措施和建议，为丹江口水库移民稳定风险的管理工作提供研究基础。

（3）干线工程通水运行社会环境保障研究。自南水北调东、中线一期工程通水以来，沿线社会环境较征迁安置实施期发生了一些变化，为及时发现并解决干线征迁安置遗留问题和工程运行影响群众生产生活的问题，消除隐患，给工程通水运行提供和谐的社会环境保障，国务院南水北调办组织开展了本项研究。分别委托中水东北勘测设计研究有限责任公司和黄河勘测规划设计有限公司，根据干线征迁安置实施的先后时间，在开工较早的设计单元工程中选取典型调查点。选择南水北调东线一期工程沿线江苏、山东、安徽省和中线一期工程沿线天津、河北、河南省（直辖市）的征迁安置点、现场运管处共22个，开展干线征

迁安置效果（含生产安置和生活安置）典型调查，查找工程通水运行与群众生产生活相互干扰、可能引发矛盾的社会隐患问题并提出措施建议，作为工程通水运行的社会环境保障工作参考依据。

（4）丹江口水库移民实施工作总结。由原国务院南水北调办牵头，长江勘测规划设计研究院主编，河南省移民办、原湖北省移民局、水利部水利水电规划设计总院、南水北调中线水源有限责任公司等单位参加撰写的《国家行动　人民力量——南水北调大移民纪实》一书于2018年8月正式出版发行。本书回顾了南水北调中线工程的决策过程及丹江口水库大坝加高工程移民安置的工作历程，全面阐述了移民安置规划体系、方法、创新成果，系统总结了移民安置实施做法和主要经验，既具有深厚的理论性，也具有较强的可操作性，可为水利水电开发及工程征地移民事业提供借鉴。

（朱东恺　盛　晴　逢智堂）

管 理 和 协 调 工 作

（一）库区移民

（1）协调开展丹江口水库移民验收工作。协调河南、湖北两省按照《关于丹江口水库建设征地移民安置工程环境保护和水土保持验收有关事宜的函》（国调办征移〔2018〕20号）要求，完成环境保护、水土保持省级验收工作；组织南水北调工程设计管理中心自2018年6月起，分6次对河南、湖北两省6个库区区县和10个外迁安置区（县）开展移民档案验收，于2018年12月完成丹江口水库移民档案技术性验收工作；组织南水北调工程设计管理中心于2018年10—12月开展河南、湖北两省文物保护和移民安置技术性验收工作，并形成技术性验收报告。

（2）继续做好地质灾害防治和防汛工

作。水利部领导十分关心南水北调移民安置点的地灾防治和安全度汛等工作。2018年6月7—8日，蒋旭光副部长带队赴湖北省丹江口库区实地察看了郧阳区柳陂中心幸福院地灾防治点，强调要做好地灾安全监测，防止次生灾害的发生，尤其在汛期，要按照国家防汛工作安排，结合实际完善预案，做好地质灾害防治工作，确保群众生命财产安全。2018年7月18—19日，蒋旭光副部长带队调研湖北省黄冈市团风县黄湖移民新区防汛和移民安稳发展工作，深入黄湖泵站施工现场检查，察看防洪排涝设施，了解灾害恢复情况。针对河南省反映的淅川县地质灾害防治情况，2018年7月6日，原国务院南水北调办征地移民司起草了《关于河南省淅川县老城镇穆山村和大石桥乡西岭村地质灾害防治工作的复函》（办综函〔2018〕788号），明确了相关意见，要求地方做好受灾移民群众的生产生活转移安置和库区社会稳定工作。

（二）干线征迁

（1）督促指导干线征迁验收工作。根据南水北调工程验收计划，督促开展完工阶段征迁安置验收工作。2018年4—5月，原国务院南水北调办组织专项督导组，分别赴保定、石家庄、郑州开展现场督导，要求河北省南水北调办、河南省移民办细化管理，加快验收进度。全年依据《南水北调工程干线征迁安置验收办法》，按程序批复各省提出的验收申请，核准验收大纲，并对2018年内历次征迁专项验收进行现场监督，在验收通过后继续督促相关省报备验收意见书。东线山东分别于7月、9月完成东平湖抬高蓄水位影响处理工程、梁济运河和济南市区段工程征迁验收，至此，山东干线征迁验收全部完成。中线河南干线工程于8月完成全部征迁验收，涉及干渠长度731km。河北京石段工程于12月通过征迁验收，涉及干渠长度227km。

（2）督促解决征迁遗留问题。2018年4月，原国务院南水北调办赴河南省冀村东弃土弃渣场专项督导临时用地退还工作，要求现场运管单位务必高度重视渣场稳定问题，进行必要的临时加固防护，加强日常巡查，确保不发生意外；督导地方政府落实分工责任，促进临时用地复垦方案有效推进。

（3）协调加快文物保护验收。根据南水北调工程验收计划和南水北调沿线各省文物保护验收工作进展，协调国家文物局，督促尚未完成文物保护验收的河北省、江苏省、山东省、河南省、湖北省南水北调办（建管局）以及河南省、湖北省移民办（局）与省级文物行政部门密切协调配合，按照《南水北调东、中线一期工程文物保护管理办法》和《南水北调工程建设文物保护资金管理办法》要求，系统梳理文物保护项目完成情况和资金使用情况，认真组织开展验收工作。原国务院南水北调办征地移民司、水利部水库移民司分别于2018年6月、11月赴湖北省、河南省与两省文物局会商，调度文物验收进展。水利部水库移民司于12月联合国家文物局文物保护与考古司赴山东省，对山东省文物保护资金使用情况进行调研督导，提出具体工作要求。

（朱东恺　盛　晴）

移民帮扶工作

（1）做好后期扶持相关工作。督促河南、湖北两省对移民加大生产扶持，鄂竟平部长在南水北调系统工作会上专门提出要求，通过部领导调研检查、日常工作调度等方式，督促地方做好相关工作；水利部于2018年8月20日印发《关于进一步做好大中型水库移民后期扶持工作的通知》（水移民〔2018〕208号），对包括丹江口水库移民在内的移民后期扶持工作作出安排；在全国水库移民工作会议上搭建交流平台，专门安排湖北省移民局和河南省移民办做典型发言和主持分组讨论，学习其他省份好的做法，进一步做好丹江口水库移民生产发展。

（2）推进美丽移民村建设。指导地方结合乡村振兴战略实施，推进美丽移民村建设，提高移民安置质量，其中河南省研究提出《美好移民村建设指导意见》，在摸清300人以上的1358个村基本情况基础上，开展美好移民村规划，打造一批起点高、形象好、亮点突出的美好移民村，助推移民村振兴；湖北省召开全省水库移民美丽家园建设现场推进会，认真贯彻落实省委2018年1号文件，新增30个南水北调移民安置点，每个安排200万元打造移民省级示范村建设。河南、湖北两省根据各自实际情况推进美丽移民村建设，在全国水库移民工作会议上得到参会单位一致好评。

（朱东恺　逄智堂）

信访维稳工作

（1）安排部署。2018年2月23日，印发《关于做好2018年征地移民稳定工作的通知》，部署沿线各省在3月、4月开展为期两个月的矛盾纠纷排查化解专项活动；通过专项活动，建立问题矛盾台账，排查识别影响稳定的"重点人"和"重点事"；分省、分单位制定"南水北调征地移民稳定风险防控措施表"，明确责任人、对策措施和处理期限，限期完成，逐项落实，督促协调地方政府依法分类处理移民群众反映的问题。2018年2月27日"两会"前夕，蒋旭光副部长在河南省主持召开了移民稳定工作座谈会，要求"再排查、找隐患、抓重点、上措施、保稳定"，强调提高政治站位，落实责任，采取加固维稳措施，保障大局稳定。

（2）一线督导。针对征地移民信访稳定"重点人"和"重点事"，原国务院南水北调办征地移民司赴湖北省进行调研督导，专程赴天门市召开"'重点人'信访案件处理工作座谈会"，全面系统地掌握信息和动态，了解湖北省落实移民政策情况。要求湖北省各级相关部门要高度重视"重点人"信访案件，坚持问题导向，千方百计解决群众困难，坚决打好防范化解重大风险攻坚战，依法依规做好稳控工作，不发生极端恶性事件，确保2018年"两会"和国家重大政治活动期间的移民稳定。

（3）总结交流。2018年6月在湖北省组织召开南水北调工程征地移民稳定工作会，总结交流矛盾纠纷排查化解工作成果，深入分析征地移民稳定工作形势，研究和部署下一阶段工作。蒋旭光副部长强调要深刻认识维护征地移民稳定的极端重要性，切实加强对征地移民维护稳定工作的领导，坚持矛盾纠纷定期排查化解，进一步抓好防控网络信息建设。

2018年，各省（市）坚持以问题为导向，以矛盾纠纷排查化解活动为抓手，健全维稳工作机制，积极有效化解各类矛盾，妥善处理遗留问题，未发生重大影响的群体性事件和极端上访事件。矛盾问题显著降低，维护了丹江口库区、移民安置区和干线工程沿线社会稳定。

（朱东恺　盛　晴）

定点扶贫

2018年1月30日至2月1日，国务院南水北调办副主任蒋旭光一行赴湖北省郧阳区调研定点扶贫工作，现场查看柳陂镇龙韵村扶贫易地搬迁安置区房屋和产业设施建设情况，听取了区委区政府有关扶贫工作情况的汇报。蒋旭光强调，郧阳区的扶贫工作取得了一定成绩，按照十九大报告和中央有关要求，进一步落实地方政府的脱贫攻坚主体责任，尽锐出战，落实好扶贫政策措施，加大帮扶力度，谋划好脱贫产业，增加贫困户收入，做到脱真贫、真脱贫，确保郧阳区按期实现脱贫目标。

2018年2月27日，国务院南水北调办主任鄂竟平主持召开商讨会，专门讨论郧阳区脱贫工作。会上，郧阳区委书记孙道军通报了过去一年郧阳区脱贫攻坚工作和2018年工作打算；鄂竟平充分肯定了郧阳区脱贫攻坚工作，并对2018年定点扶贫工作提出了要求和希望。会后，国务院南水北调办征地移民司会同郧阳区梳理出9项需帮扶事项，明确牵头单位和需协调部门，规定办理期限，纳入2018年重点工作督办考核事项。通过抓项目落实、抓对接成效、抓行业支持、抓精准培训、抓精准帮扶、抓党建扶贫、抓宣传引导、抓考核督办等八项举措积极推进帮扶事项。

2018年6月7—8日，蒋旭光副部长带队赴湖北省调研郧阳区定点扶贫工作，考察了扶贫项目织袜厂、沙洲村香菇菌棒厂和沙洲社区网络服务工作站。充分肯定挂职干部结合自身工作协调优势产业入驻郧阳，助力贫困群众脱贫致富的做法，并鼓励挂职干部要牢记使命、履职尽责、再接再厉，和地方同志一道协力打赢脱贫攻坚战；同时强调地方政府和移民部门要深入贯彻落实党的十九大精神，打好脱贫攻坚战，真抓实干、埋头苦干，克服时间紧、任务重等诸多困难，在精准帮扶和项目落地上再下功夫，要以更加昂扬的精神状态和更加扎实的工作作风，团结带领广大干部群众坚定信心、顽强奋斗、驰而不息，夺取脱贫攻坚全面胜利。

2018年8月24日，水利部办公厅印发了《水利部办公厅关于印发水利部定点扶贫三年工作方案（2018—2020）的通知》（办扶贫〔2018〕210号），其中明确南水北调司作为组长单位牵头组织定点扶贫湖北省郧阳区工作，防御司和调水司作为副组长单位，水库移民司、水规总院、南水北调政研中心、监管中心、设管中心、长江委、淮委、水利工程协会、中水淮河公司、水科院、中线建管局、中线水源公司和汉江集团等13家单位为成员单位，湖北水利厅、移民局、南水北调办作为地方参与单位。

2018年9月29—30日，魏山忠副部长带队赴郧阳区调研定点扶贫工作，深入杨溪铺、茶店、城关、南化塘等9个乡镇，实地察看香菇小镇、汉江生态经济带、扶贫产业示范园、易地扶贫搬迁点等脱贫攻坚项目建设情况；入户走访贫困群众，了解脱贫成效，召开场院会、座谈会听取基层干部群众的意见建议。充分肯定水利部定点扶贫取得的成绩，并指出郧阳区党委、政府按照中央和省委关于脱贫攻坚的决策部署，坚持党政一把手负总责和"五级书记抓扶贫"责任制要求，狠抓责任落实，真抓实干、真帮实扶，做到责任到位、部署到位、措施到位、帮扶到位，脱贫攻坚取得明显进展和成效。

2018年10月12日，南水北调司组织召开水利部定点扶贫郧阳区工作组第一次全体会议，就定点扶贫郧阳区三年工作实施方案和2018年工作计划初稿进行讨论。10月15日，根据会议讨论意见，南水北调司修改完善并印发了《郧阳区定点扶贫三年工作实施方案和2018年工作计划》（南调便函〔2018〕32号），将水利定点扶贫郧阳区八大工程的责任分解到各成员单位。10月16—18日，南水北调司组织部分成员单位代表专程赴郧阳区，就定点帮扶年度工作任务与地方进行对接。随后，各成员单位按照责任分工，在与郧阳区对接的基础上研究细化落实工作方案，并有序推进2018年定点扶贫八大工程各项任务。

2018年11月22日，蒋旭光副部长在北京主持召开郧阳区定点扶贫工作推进会，听取郧阳区脱贫攻坚工作推进情况、定点扶贫郧阳区八大工程2018年工作进展以及郧阳区罗堰村脱贫攻坚工作情况汇报，研究部署推进郧阳区定点扶贫相关工作。强调郧阳区是水利部6个定点扶贫县（区）中脱贫攻坚任务最艰巨的，郧阳区的主体责任和水利部的帮扶责任都很大，要求开展扶贫工作要注意把握提高站位、落实责任、夯实任务、强化协同、转变作风和强加监管六个方面，确保郧阳区如期完成脱贫攻坚任务。

2018年，水利部定点扶贫郧阳区工作组担当负责、措施有力，全面完成了2018年水利定点扶贫"八大工程"和中央单位定点扶贫责任书确定的各项任务，脱贫攻坚取得阶段性成效，全年减贫7307户24074人、出列重点贫困村15个，贫困发生率由35.52%降至8.1%。

（朱东恺　逄智堂）

其　他

（1）督办事项办理。扎实做好2018年原国务院南水北调办督办事项。按时限完成了维护全国两会期间南水北调稳定、深化"六抓四保"维稳加固措施、排查地灾洪灾隐患、排查识别影响稳定的"重点人"和"重点事"、督促地方加大移民扶持、推进美丽移民村建设、开展干线征迁验收、推进丹江口水库移民技术验收、协调加快文物保护验收等9项督办事项，其中3项被评定为"优秀"。

（2）人大建议办理。2018年共办理涉及南水北调丹江口水库移民安稳发展的人大代表、政协委员提案5件，提案较集中反映编制审批南水北调中线工程丹江口水库移民后续发展帮扶规划。水利部水库移民司从丹江口水库移民特殊困难、领导重视、协调推进、所做工作等方面阐述了开展此项工作的必要性，并认真吸纳代表们的建议，努力推进工作，与国家发展改革委有关司局赴河南省淅川县联合调研，了解库区移民实际情况，争取国家有关部门理解和支持。

（3）编纂完成《中国南水北调工程（征地移民卷）》。按照出版相关要求，组织开展稿件修改和集中审稿工作。各省南水北调办（建管局）按要求对所供稿件分别修改完善，并负责保密合法性审查。6月，在安徽省蚌埠市开展校样集中审稿工作，原国务院南水北调办征地移民司、各单位供稿联络员、中国水利水电出版社编辑参加审稿，集中核实数据、校对文字、完善细节，形成可出版的校样，成稿字数110万字。

（朱东恺　盛　晴　逄智堂）

监　督　稽　察

概　述

2018年，按照部党组"水利工程补短板、水利行业强监管"的工作总基调和南水北调"稳中求进、提质增效"的工作思路，南水北调工程运行监管以保工程安全、提运行管理水平为重点，坚持问题导向，突出高压严管。以督办事项为抓手，紧盯风险项目、重点工作和重要时期，进一步提高监管工作质量，有力保障了机构改革年南水北调工程安全平稳运行。

全年，监督司组织监管中心、稽察大队开展南水北调监督稽察148组次，实现东、中线工程监管全覆盖，运行管理和外观质量问题逐年减少。在"互联网+监管"的新形势要求下，稽察大队和监管中心充分利用大数据、遥感测绘、无人机航拍等先进科技手段开展现场工作，对中线网络运行安全模拟测试，对电缆工况取样检测；通过开通短信和微信等举报受理渠道，实现对南水北调工程运行监管内容的全面覆盖和监管手段的提档升级。

2018年，监督司结合政治敏感期、冰期、汛期、节假日等关键时期，统筹提出开展中线干线工程运行管理问题"回头看"、东中线工程冰期运行管理专项稽察、中线汛期运行管理专项稽察等8件督办事项。同时，继续推进中线运行管理规范化监管、华北地下水超采综合治理补水试点督查等工作，明确相应时间计划和阶段性工作成果。通过分析问题发生规律，预判安全隐患，紧盯整改落实，消除安全隐患，确保工程运行安全和人员安全，实现机构改革的平稳过渡。

各省（直辖市）南水北调办（局）积极配合工程运行监管工作，及时反馈举报事项调查、跟踪整改情况。各工程管理单位积极开展运行管理问题自查自纠，中线建管局积极推行所有人查所有问题的"两个所有"活动，切实做好问题整改，实现了工程安全平稳向好，工程效益持续发挥。

（赵　镝　魏　伟）

运 行 监 管

（一）运行监管工作部署和规划

按照部党组"水利工程补短板、水利行业强监管"的工作总基调和南水北调"稳中求进、提质增效"的监管目标，监督司会同稽察大队、监管中心切实贯彻2018年南水北调工程运行监管工作会议部署，组织召开运行监管务虚会，研究探讨工程运行新阶段和新形势下，如何创新监管方式和措施，提升监管效率和监管质量，进一步增强运行监管工作效能。通过研究制定2018年运行监管工作方案及监督检查、运行管理问题"回头看"、重点项目监管、重要时期监管、典型问题监管、规范化监管、责任追究等多个单项工作方案，对南水北调工程运行监管工作思路、重点任务、督办事项等进行安排部署。

（二）运行管理问题"回头看"

2018年，监督司会同监管中心、稽察大队、中线建管局，对截至2017年年底中线干线工程、东线工程、湖北境内工程尚未完成整改的运行管理存量问题实施"回头看"，实现对存量问题全面梳理、专项研判、明确责任、系统整改、防范风险等工作目标；同时督促东、中线工程管理单位规范问题整改销号程序，完善工作机制，落实全面整改责任，并对问题整改情况组织检查复核。通过"回头看"，实现了对问题整改的动态管理，对系统性问题整改开展专项研判，强力督改，有效提高问题整改率和整改质量，对暂不具备整改条件问题采取有效防控措施，防范风险。

（三）东、中线工程监督检查

2018年，继续强化"三位一体"监管机制，监督司加强重点项目监管和问题研判，紧盯重要时期、重点时段和问题整改；监管中心侧重开展专项稽察、专项巡查，组织专家研判，对问题整改进行复查；稽察大队实施特定飞检、专项飞检和常规飞检，强化整改监管力度。全年组织开展南水北调工程监督检查共计148组次，实现东、中线监管全覆盖。其中，水利部领导带队实施特定飞检27组次；稽察大队实施常规飞检73组次，155人次；监管中心组织专项稽察19组次，开展举报调查31组。从检查情况看，南水北调工程运行管理和外观质量问题逐年减少，运行监管工作卓有成效。

（四）重点项目专项监管

（1）开展东、中线工程重点风险项目监管。监督司梳理分析后确定东、中线工程监管重点风险项目，并印发《关于印发南水北调工程重点风险项目清单切实加强汛期重点监管的通知》（办综〔2018〕93号）。明确要求工程管理单位要以风险项目清单为基础和参照，切实做好工程巡查。同时，以清单为抓手开展重点风险项目专项巡查，将发现的问题及时纳入运行监管月度会商分析研判。

（2）开展中线穿跨越工程施工管控情况专项督查。监督司印发了《关于开展南水北调中线工程后穿跨越工程施工管控检查和影响监测的通知》，同时组织监管中心、稽察大队、中线建管局进行梳理统计；通过专项检查、无损检测、分析影响、措施建议等方式对中线工程后穿跨越工程进行严密监控，提出对后穿跨越工程事前、事中、事后层层把关的具体预防和监控措施意见，对中线干线工程安全输水具有重要意义。

（五）重要时期专项督查

监督司高度重视节假日和政治敏感期的运行监管工作，根据2018年工程运行工况及环境特点，及时统筹部署重要时期的监督检查工作，对各运行管理单位重要时期的运行管理工作提出明确要求，有效防范可能出现的思想松懈和问题隐患。

2018年，监督司先后印发了《关于切实做好"五一"劳动节和汛期南水北调工程运行监管工作的通知》《关于印发南水北调工程重点风险项目清单切实加强汛期重点监管的通知》等一系列文件，在明确汛期、冰期应急体系建设和设备设施监管重点的基础上，强化现场实际演练监管和动态监测检查。大流量输水期间，重点检查衬砌板损坏情况、高填方渠段背水坡是否渗水、沿线退水闸运行完好等情况，及时化解隐蔽工程风险隐患，同时督促各工程管理单位做好冰期、汛期各项工作及问题精准整改。

机构改革后，针对中线干线工程运行管理中存在问题整改不及时、统计分析不到位、系统性问题整改方案不明确等问题及时

印发《水利部办公厅关于加强近期南水北调中线工程运行管理问题整改工作的通知》，实现南水北调工程运行监管的有序进行。

（六）典型问题专项监管

（1）开展中线干线工程消防系统、安全监测系统专项监管。2018年，监督司组织监管中心、稽察大队、中线建管局，对消防系统、安全监测系统分别开展专项稽察和专项飞检，发现问题分别召开专项研判会，提出具体可行的整改方案，督促实施消防系统典型设计方案和安全监测系统改造方案。截至2018年12月，具备整改条件的问题均已整改到位，未整改的消防系统问题已制定整改计划，未整改的安全监测问题待安全监测系统改造方案实施时同步完成整改。通过对中线工程消防系统、安全监测系统进行深入全面的排查和研判，督促有关单位对问题精准整改，有效提升了中线工程消防系统和安全监测系统运行管理规范化水平。

（2）开展中线韭山桥渠道水下修复试验。该项目是中线工程第一个水下试验，对后期其他部位的水下修复意义深远，自2017年11月开工以来，监督司多次赴现场了解方案、检查质量、询问进度。2018年3月，组织稽察大队赴现场检查进度，并提交《关于韭山桥上游一级马道以下渠坡修复生产性试验项目进度严重滞后专项检查报告》，为部领导及时掌握韭山桥渠道水下修复有关情况提供一手资料。

（3）开展电缆抽样检测。为消除防范工程电缆质量问题所带来的潜在火灾隐患，保证南水北调工程安全运行，监督司组织稽察大队对南水北调工程电缆质量进行抽样检测，抽取东、中线工程18组电缆样品进行检测。检测结束后向东、中线工程管理单位印发整改通知，并提出明确整改要求和增设感温电缆等建议。截至2018年12月底，各工程管理单位问题整改率达94.4%。

（4）开展维护单位履约能力专项稽察。南水北调中线干线工程线路长、涉及专业多，运行维护队伍和人员数量庞大，不同程度存在运维队伍履约不到位，部分维护人员技术水平不高、责任心不强等情况。2018年，监督司组织监管中心分两批次对中线建管局金结机电设备维护、永久供配电系统运行维护、土建绿化日常维修养护等项目维护单位的履约情况进行专项稽察。稽察结束后，及时印发问题整改通知，明确整改要求及整改时限。截至2018年12月，问题整改率达84%，有效提升了运行管理水平。

（七）运行管理规范化建设监管

2018年，继续深化中线工程运行管理规范化监管试点工作。监督司组织稽察大队、监管中心以建立"运行管理规范化任务清单"为抓手，在中线邓州、叶县、禹州和定州四个试点管理处实施驻点监督（监督司驻点邓州、稽察大队驻点叶县和禹州、监管中心驻点定州）。3月，监督司对运行管理规范化试点工作进行调研，了解规范化试点任务清单编制、实际应用及工作创新等情况。在驻点监督和现场调研的基础上，分别于4月和10月在定州、郑州召开中线工程运行管理规范化监管工作座谈会，对规范化建设进行阶段性总结，并安排部署规范化监管重点工作和实施计划。

（八）运行管理问题责任追究

2018年，监督司组织稽察大队和监管中心召开南水北调工程运行监督会商会、专项问题研判会共计9次，对严重问题实施责任追究6次，涉及中线建管局及所辖18家运行管理单位。

（李笑一　吴小海　张银武）

质　量　监　督

（一）质量监督管理

为进一步加强南水北调工程各省

（市）质量监督站工作管理，做好南水北调工程进入政府验收高峰期的各项准备工作，监管中心于4月9—13日、4月23—28日分两个阶段对南水北调工程各省（市）质量监督站工作开展情况进行了专项检查。督促各质量监督机构认真负责地做好法人验收核备工作并编制好政府验收质量监督报告，同时要求各质量监督机构做好职责范围内的运行监管工作和质量监督资料收集归档工作。

（二）质量监督工作

2018年度，在工程进入试运行期后，监管中心仍将所有影响主体工程质量安全的在建项目纳入质量监督检查范围，主要包括自动化调度与运行管理决策支持系统等主体工程，以及水毁修复专项项目、防护加固项目、物资设备仓库专项项目等主体工程以外的项目。监管中心现场质量监督机构全年共发出《监督检查结果通知书》15份，发现各类问题91项，并督促有关单位对问题进行整改。

根据工程建设及验收进展情况，监管中心现场质量监督机构按规定及时开展有关法人验收的监督检查工作，对在建项目的分部工程、单位工程和合同工程的验收过程进行监督检查，对不合规的验收行为和工程遗留问题提出了意见建议。2018年共检查单位工程验收5次、分部工程验收56次，核备180个分部工程。

（三）运行监管工作

1. 开展运行监管专项巡查

2018年，监管中心共完成4组次膨胀土重点渠段专项巡查、12组次其他风险项目专项巡查、1组次东线山东境内工程风险项目专项巡查；并针对中线干线总干渠重点河渠交叉建筑物裹头部位防汛准备情况开展了3组次专项巡查、1组次安全大检查、1组次高地下水渠段专项巡查、1组次大流量输水期专项巡查、2组次中线穿跨临工程监管情况专项巡查；共计 25 组次专项巡查。全年共发现各类问题和隐患 248 项。对于检查过程中发现的问题和隐患，现场已要求相关单位组织整改。

2. 开展重点风险部位无损检测工作

为深入查找工程存在的隐蔽性隐患和问题，监管中心继续发挥工程检测技术优势，对工程沿线 15 处风险较大的部位（包括 1 个盾构段地铁后穿越、3 个定向钻后穿越、高填方渠段 8 座左排倒虹吸和 3 座分水口门），以及双泃河支渡槽进口疑似内水外渗部位开展了检测。并为工程管理单位制定加固方案提供了技术支撑。

（四）编制设计单元工程完工验收质量监督报告

监管中心高度重视验收工作，按照《水利部办公厅关于印发 2018 年南水北调设计单元工程完工验收进度计划图表的通知》的时限及相关要求编写完成了东线南四湖水资源控制工程大沙河闸、潘庄引河闸、姚楼河闸、杨官屯河闸，天津干线天津 2 段、惠南庄泵站等 6 个设计单元工程完工验收质量监督报告，并在完工验收会上进行了汇报。质量监督评价意见得到了验收委员会和工程参建各方的认可，很好地履行了质量监督职责，为设计单元工程完工验收顺利开展提供了保障。

（五）质量监督资料整编工作

按照《南水北调工程质量监督导则》相关要求，监管中心研究制定了《南水北调工程质量监督资料归档办法（初稿）》，并在 12 月底前组织完成了直属站点质量监督资料整编工作。

（宋海波　常　跃　褚　健）

运行监督

2018 年，监管中心组织开展专项稽察 22 组次，实现了东、中线全覆盖，包含水泵机组、机电金结、供配电、安全监测、消防系统、自动化系统、安全生产、应急管理等专业。

（1）拓宽稽察专业范围。2018 年，在对机电金结、供配电、安全监测等专业，以及汛期、冰期开展专项稽察的基础上，首次对中线干线工程消防系统和运行维护队伍履约能力、企业安全生产情况开展专项稽察。

（2）问题"回头看"。为加强问题督促整改力度，2018 年上半年，对 2015—2017 年年底稽察发现的问题开展了"回头看"。大部分问题已进行整改，对尚未整改到位的存量问题加大督促力度。

（3）规范化试点定向监管。2018 年，在对河北分局定州管理处规范化试点定向监管方面，聚焦"提质"，着力解决"怎么干"的问题。根据现场实际，对中线建管局制定的"通用型"表格进行修订，对缺少的项目进行补充，并删除实际没有的项目，关键是针对每个项目制定了"巡查（维护）方法"和"合格标准"。最终形成 10 个专业 221 个细化后的表格，编写具体作业方法（含合格标准）1288 项；基本达到"一站一机一表"的深度。

（高立军　李晓璐　谢智龙）

举报受理和办理

南水北调工程自通水运行以来，沿线共设立举报公告牌 1500 余块，向社会公布了举报受理电话、电子邮箱和奖励措施，得到沿线群众的积极支持和响应。

2018 年，监督司以问题为导向，组织开通微信、短信接收功能，进一步拓宽举报受理渠道，方便潜在举报人反映问题线索。同时，对汤阴、鹤壁、穿黄管理处所辖举报公告牌管理情况进行抽查，督促工程管理单位加强举报公告牌的维护保养，确保举报受理渠道畅通有效。

关注机构改革期间的敏感信息，及时处

理可能影响工程运行安全的问题线索，全年累计受理举报事项31项，兑付奖励4项。举报信息量及类型分布与上年同期持平，热点问题相对集中在运行管理违规行为及水质环境保护方面，如河南焦作段学生破坏隔离网进入渠道玩耍、工程保护区内有养殖场等。

举报受理坚持"专报、月报、季报"动态分析重点事项，纳入运管问题月度会商，分批次跟踪整改，同时开展《工程运行管理举报核查处理管理办法》研究，不断提高举报调查工作效率和质量。按照"一事一档"的原则，对2012年以来的举报调查事项整编归档，保证建设及运行期举报档案的连续性和完整性。

（李笑一）

稽察专家管理

监管中心根据稽察工作的需要，对金属结构、机电、安全监测、消防系统、自动化系统、安全生产、应急管理等专业专家及时进行补充和优化，力求专家年龄层次、专业技能、知识结构的合理搭配。2018年，在库稽察专家148名，共派出稽察专家88人次开展稽察工作。

（高立军　李晓璐　谢智龙）

制 度 建 设

为进一步提高南水北调工程运行监管水平、紧贴工程运行监管实际需要，为南水北调工程安全平稳运行提供制度保障，监督司牵头组织修订《南水北调工程运行管理问题责任追究办法》。

2018年4—8月，监督司通过制定修订方案、现场调研、征求意见等方式形成《南水北调工程运行管理问题责任追究办法（修订）》（送审稿）。修订内容主要包括：调整责任追究方式，对部分违规行为实施即时责任追究突显追究时效性；修订N值，合理解决部分运行管理单位管辖线路短、设备多、问题集中导致责任追究结果过严的状况，使责任追究更公平；增加运行维修养护队伍为责任单位，删除责任主体，使检查人员更加精准地确定责任主体等。同时对问题责任清单检查项目分类进行了重新调整和划分，保留原办法条款77条，合并修改条款33条，合并条款72条，修改条款160条，新增条款247条，删除条款7条。

通过修订，使《南水北调工程运行管理问题责任追究办法》更加贴合实际、公平合理、便于实际操作。机构改革后，监督司结合相关职责将《南水北调工程运行管理问题责任追究办法》并入计划印发的《水利工程运行管理监督检查办法（试行）》统筹实施。

（吴小海）

其 他 工 作

（一）运行监管会议

2018年3月29日，南水北调工程运行监管工作会议在江苏徐州召开，此次会议由国务院南水北调办监督司组织，国务院南水北调办建管司、监管中心、稽察大队和沿线省（直辖市）南水北调办（局）、各工程管理单位负责同志参加。会议主要议程包括：水利部副部长蒋旭光讲话，对2017年运行监管工作进行回顾和总结，并对2018年的运行监管工作给出"七个坚持"的总体思路；通报2017年南水北调工程运行监管发现的典型问题；通报2018年工程运行监管的重点工作；参会各单位就工程运行监管工作做交流发言，提出加强运行监管工作的意见和建议等。通过召开本次会议，进一步强调了南水北调工程运行监管工作的重要性和必要性，明确了2018年运行监管总体思路和监管重点，为更好地完成年度运行监管工作任务奠定了基础。

（黄　莹　吴小海）

（二）国家财政项目

2018 年，监督司完成了《重要建筑物和典型渠段监管重点研究（2018 年度）》《南水北调工程责任追究体系研究》《南水北调工程实体问题认证处理研究（2018 年度）》《南水北调工程运行监管方式及成效研究（2018 年度）》《南水北调工程运行管理评价研究》和《南水北调工程运行监管专项档案（2018 年度）》等 6 个课题研究，并提交研究成果。

（1）《南水北调工程责任追究体系研究》。在全面梳理南水北调工程责任追究信息数据、系统分析南水北调工程质量监管责任追究特点及成效的基础上，采用对比的分析方式，设计提出南水北调责任追究体系数据系统结构，编制责任追究信息数据库，深入研究建立南水北调工程建设责任追究体系，实现责任追究信息检索、查询、统计的信息化，为责任追究信息管理提供技术支撑，促进南水北调工程责任追究管理水平进一步提高。

（2）《南水北调工程实体问题认证处理研究（2018 年度）》。通过调研分析南水北调东线典型泵站工程，提出体系完整、类别清楚的大型泵站实体问题清单。在此基础上对泵站实体问题进行分类统计、逐类分析，从危害程度、易发程度、重要程度等角度提出了三色分级的分析方法，针对性的建立泵站问题严重程度的认证标准。再根据问题产生原因、处理难度等提出南水北调泵站工程实体问题处理导则，从而进一步提高南水北调泵站工程规范化、标准化、流程化和精细化管理水平，也为同类工程建设监管提供经验借鉴。

（3）《重要建筑物和典型渠段监管重点研究（2018 年度）》。系统梳理南水北调渡槽 27 座、倒虹吸 167 座工程建设相关资料，运用统计方法对已发现问题进行汇总，从频次、严重性、重要性等角度对工程问题进行原因分析和危害程度探讨。从而厘清渡槽、倒虹吸类工程建设监管关键点、关键项目、关键指标参数等重点监管清单和因素，总结治理措施，提出质量问题信息化监管编码构架，对大型渡槽和倒虹吸工程建设研究提出系统性监管措施和监管方案，为类似工程质量监管和运行监管提供借鉴。

（4）《南水北调工程运行监管方式及成效研究（2018 年度）》。通过系统梳理和总结南水北调工程运行管理规范化监管工作情况、统计分析"三查一举"等发现的主要问题以及开展工程规范化建设和监管工作情况调研，提出模块化的"运行管理规范化任务责任清单"，构建了运行管理规范化监管内容、指标体系及考核办法，并对现地管理单位进行了考核试点应用。提出了工程运行监管廉政风险监控重点及预防建议。项目成果对加强南水北调工程运行监管工作具有较强的指导作用。

（5）《南水北调工程运行管理评价研究》。通过对南水北调中线、东线运行管理情况进行调研和对南水北调工程运行管理机制、制度、考核办法及存在问题等相关资料进行收集，对南水北调工程运行管理体系进行深入分析，针对各类工程特点，研究提出了评价对象的划分，构建了评价指标体系和赋分标准。并对具有代表性的南水北调现场运行管理单位开展了试点评价，提出了南水北调中线工程重点风险点和后穿（跨）越工程项目不同阶段的管控建议，对南水北调工程安全运行具有指导作用。

（6）《南水北调工程运行监管专项档案（2018 年度）》。全面、系统搜集整理 2018 年南水北调运行监管工作资料，并按档案规范化管理要求进行分类汇编归档。研究编制《南水北调工程运行监管工作应用与探讨（2018 年度）》和《南水北调工程运行管理举报核查处理管理办法》（初稿）。制作运行管理典型问题警示片。项目成果对进一步总结运行监管工作经验，促进运行监管工作制度化、规范化，提高运行监管工作效率和水平，具有较大意义。

（韩小虎　黄　莹）

（三）督办事项办理

2018年，监督司牵头组织实施的督办事项共计10项，其中涉及南水北调工程8项，包括：中线干线工程运行管理问题"回头看"；《南水北调工程运行管理问题责任追究办法》修订；开展中线工程桥梁超载监控和危化品通过监控专项督导检查；开展中线后穿跨越工程施工管控情况专项督查；东、中线工程冰期运行管理专项稽察，中线汛期运行管理专项稽察；中线干线工程消防系统、安全监测系统专项稽察和专项飞检；新增举报受理渠道，对举报公告牌的更新、维护情况开展专项检查；组织制定《工程运行管理举报核查处理管理办法》和确定东、中线工程监管重点风险项目，组织开展重点风险项目专项巡查。由于机关机构改革和南水北调工程运行监管实际需要，将"《南水北调工程运行管理问题责任追究办法》修订"并入水利部2019年计划印发的《水利工程运行管理监督检查办法（试行）》统筹实施；将"开展中线工程桥梁超载监控和危化品通过监控专项督导检查"转由中线建管局实施。"开展中线干线工程运行管理问题回头看"督办事项办理情况被评为优秀，其余5件督办事项如期或提前办结，考核为合格。

（吴小海）

（四）华北地下水超采综合治理补水试点督查

2018年，按照习近平总书记关于生态文明建设和保障水安全的重要指示精神，水利部统筹采取综合治理措施，着力解决华北地下水超采问题。在地下水超采严重水资源条件具备的地区，选择典型河流先行开展地下水回补试点，为总体推进治理行动提供经验和示范。

（1）做好总体治理规划。水利部、河北省人民政府于2018年8月20日联合印发了《华北地下水超采综合治理河湖地下水回补试点方案（2018—2019年）》。选定河北省境内的南拒马河、滹沱河、滏阳河三条河流为回补试点河流。

（2）开展试点河段前期调查。8月29日至9月4日，组织人员对南拒马河、滹沱河、滏阳河三条河流试点河段进行现状调查，掌握了生态补水前试点河段的基本情况。

（3）召开督导检查工作会。9月12日，监督司会同河北省水利厅、海河委员会、南水北调中线局等有关单位和部门召开生态补水工作督导会。并对与会单位提出相关工作要求，督促其分别履行好有关责任，相互协作、相互配合，确保生态补水各方面工作高效进行。

（4）周密制定督导检查工作方案。根据9月12日生态补水工作督导会工作要求，结合监督司工作实际，制定督导检查工作方案。明确检查阶段、时间安排、检查方式、检查范围、检查内容、检查要求等具体内容。

（5）开展现场监督检查。监督司于9—11月分3个批次对南拒马河、滹沱河、滏阳河三条河流第一阶段补水情况进行全过程监督检查。现场发现各类问题均已及时反馈给各相关单位，并适时对发现问题进行复核。截至12月10日，经初步复核，综合整改率达76%。

（6）补水效果较为明显。监督司对试点河段选定的地下水监测井进行了纵向和横向水位变化分析、区域面积变化分析。截至2018年12月3日，南拒马河、滹沱河、滏阳河三条河流均完成第一阶段补水任务，共计补水5.53亿m^3。其中，南水北调中线总干渠补水4.64亿m^3，水库补水0.89亿m^3。本阶段试点河段补水效果初步显现，周边生态环境得到极大改善。

（7）提出相关工作建议。为了更好地保证试点河段地下水回补效果和补水工作的顺利进行，对各相关单位提出如下建议：建议相关单位应深入分析研究枢纽系统内的进洪闸、节制闸、控制闸等闸门调度原则；建议对超过监测范围的自动监测井和排污口进行调整；建议在跨河道路两侧增设防护栏杆和警示标识，在沿河桥梁、河岸增设警示宣传标语，对沿河中小学加强安全宣传，确保安全补水。

（楼　军）

（五）《中国南水北调工程·质量监督卷》编纂

推进《中国南水北调工程·质量监督卷》编纂工作，开展校样和修改工作。将书稿清样审核修改过程中需进一步核实的问题确定修改意见反馈给丛书编写组，编写组修改完善。完成三审意见修改，交出版社进行出样，进行一校、二校修改。组织专家再次审改，汇总相关意见，提交出版社进行最后订正。完成出版前书稿系列校核工作。确定丛书参编人员名单和内容提要。搜集挑选质量监管工作照片，提交出版社美编排版，与出版社校正部分细节问题，完成出版发行前的准备工作。

（黄　莹）

（六）配合审计工作

配合审计提供中线穿黄工程、叶县段工程和东线东湖水库工程建设质量监督相关材料。收到审计意见后，迅速就审计处理意见开展落实工作。期间，部领导高度重视，蒋旭光副部长先后5次召开专题协调会，传达部党组精神，研究实施措施，提出阶段性要求。监督司认真梳理领会部党组指示精神，按照"事实一定要准确、依据一定要充分、结论一定要可靠、责任追究一定要从严、彻底解决问题"的思路开展工作。要求中线建管局、山东省南水北调建管局、山东干线公司认真研究审计处理意见，分别对问题原因、责任主体、责任追究及缺陷处理提出意见。多次召开协商讨论会，赴工程现场反复与相关单位研究磋商、沟通协调，督促全面落实审计处理意见。

6月下旬，中线建管局、山东省南水北调建管局分别报送审计意见落实情况的有关材料。监督司据此形成落实审计处理意见的初步建议报部领导，并按照部领导指示要求，对中线工程叶县段渠堤质量缺陷责任单位、东线东湖水库质量缺陷责任单位实施责任追究，督促各有关单位严格按合同规定对相关单位进行经济处罚。

（黄　莹　吴小海）

（七）《南水北调廉政风险防控手册（运行监管分册）》编写

多次召开支委会，确定工作分工和进度节点，部署手册结构设计、工作流程梳理、风险点查摆、风险等级划分、防控措施拟定等重点内容。认真梳理南水北调工程运行监管各项业务工作流程，全面深入排查工作各环节流程可能发生的廉政风险点及涉及对象，研究划定风险等级，明确责任主体，提出有效防控措施，汇总形成初稿，为加强岗位廉政风险防范管理提供依据。

（黄　莹　庆瑜）

技　术　咨　询

专家委员会工作

2018年，国务院南水北调工程建设委员会专家委员会（以下简称"专家委员会"）围绕原国务院南水北调办党组"稳中求进、提质增效"总思路和机构改革后新一届水利部党组有关工作部署要求，勤勉履责、努力工作。全年共开展检查调研、技术咨询、专题研究等活动 21 项（其中专项检查 1 项，技术咨询、专题调研 10 项，课题研究 3 项，综合工作 7 项）。发挥了专家委员会权威性强、专业水准高、公正超脱的独特作用，为南水北调工程运行安全、水质安全及水利工程生态功能发挥等重点工作做出了积极的贡献。

（高立军　冯晓波　朱　锐）

咨　询　活　动

2018 年，专家委员会针对运行安全、运行管理规范化等工作，对重大关键技术研究成果和运行管理标准编制等先后开展了中线工程闸门特性辨识及调度运行方式综合评价项目技术验收、中线建管局《水质自动监测站标准化建设标准》等 3 个标准技术咨询等咨询活动 6 次。

（高立军　冯晓波　朱　锐）

工程检查评价与专题调研

专家委员会持续关注南水北调工程水质安全、运行调度等方面工作。同时，根据南水北调工程建设委员会及办公室并入水利部改革阶段的特点，在做好南水北调技术咨询工作的同时，围绕新一届水利部党组有关部署和要求，拓宽咨询领域，开展水利工程生态功能调研等工作，努力为新时期水利改革发展、南水北调工程生态效益发挥建言献策。

（1）南水北调东线工程水质保护调研（专项检查）。根据年度工作安排，此项工作为年度重点工作（该项工作被纳入了国务院南水北调办公室重要督办事项）。按照国务院南水北调办公室党组提出的"稳中求进、提质增效"工作总思路，对东线一期工程通水 5 年来的水质保护工作情况进行了调研和评价，对生态保护、水污染防治、可持续发展经验进行总结提炼，为东线水质"升级"和区域绿色发展提出了有益的意见建议。调研认为，通水以来在各方共同努力下，东线水质持续达标，发挥了显著的社会、经济和生态环境效益；在原有基础上，进一步制定实施深化治污方案，形成东线治污体系，打造出一条"清水廊道"；在东线治污辐射带动下，区域生态治理与绿色发展良性互动，实现了东线与周边、生态环境保护与经济社会发展两个"双赢"。同时，对调研发现的问题提出了意见和建议。

（2）甘肃省景泰川电力提灌工程调研。2018 年 7 月，为进一步提高工程运行调度管理水平，更大程度发挥工程效益，交流借鉴国内供水工程成功经验，专家委员会组织专家和中线建管局及东线总公司调度运行方面的管理人员，赴甘肃省景泰川电力提灌工程开展专题调研。从调度管理、信息化建设、水量计量、水价机制等方面"面对面"交流经验和做法，并针对南水北调工程运行实际，提出了有价值的意见和建议，供南水北调东、中线工程运行管理借鉴。

（3）水利工程生态功能系列调研。根据鄂竟平部长"深入研究以都江堰为代表的生态水利工程，使水利工程不仅充分发挥水资源开发、利用、配置功能，也能充分发挥生态保护作用"讲话精神，专家委员会以"生态调水（补水）和调水工程生态效益"为主题开展系列调研活动，于2018 年 9 月、10 月、11 月分别对山西万家寨引黄生态补水、黑河生态调水、南水北调中线干线生态补水进行了 3 次调研。与调（补）水沿线各省（市）有关单位就生态调（补）水情况进行座谈，实地察看生态湿地、水利枢纽工程、河道、受水区等，了解生态补水实施情况及产生的生态效益。同时也发现存在缺乏生态补水制度设计、水费征收难、补水成本高、缺乏生态补水效益科学评估、河流水权不明晰、管理体制复杂等问题，并提出相关建议，形成调研分报告。现场调研活动结束后，组织专家结合系列调研成果，围绕活动主题，编制完成了生态调（补）水和调水工程生态效益调研总报告，为包括调水工程在内的水利工程最大化发挥生态功能和综合效益提供借鉴。

（高立军　冯晓波　朱　锐）

专 项 课 题

（1）穿黄隧洞 A357 和 A361 洞段抗震安全性能复核研究。考虑穿黄工程是南水北调中线工程的关键工程，为更加全面掌握全隧洞的抗震安全性，专家委员会在 2017 年对 A56 代表性洞段进行了地震响应对比分析计算。为进一步评价安全性，提高研究代表性，2018 年，对南岸洞段代表性洞段 A357 和 A361 进行性能复核，对其抗震安全性进行深入研究，为确保穿黄隧洞在遭遇地震情况下安全运行提供科学依据。

（2）东线一期工程向黄河以北增加供水的能力问题研究。为进一步提高京津冀协同发展供水保障程度、推进生态文明建设、充分发挥东线一期工程效益，专家委员会开展了此专项课题研究。对东线一期工程向黄河以北增加供水的能力进行多方案计算，对工程增加向黄河以北供水的影响进行分析，并提出相关建议，为开展东线一期工程北延应急供水等相关工作提供参考。

（3）东线一期工程轴流泵站效率、机组运行稳定性示范研究与评价。为对"南水北调工程水泵模型同台测试"成果进行真机检验，对泵站工程研究、设计、制造、安装、运行管理进行科学评估，专家委员会开展了此专项课题研究工作。选择立式轴流泵进行性能测试，开展低扬程、大流量泵站机组效率测试内容和方法研究，运行稳定性测试内容和方法研究及评价。研究成果为泵站安全稳定、经济合理运行和科学管理提供参考，为东线后续工程泵站建设提供借鉴。

（高立军　冯晓波　朱　锐）

关键技术研究与应用

重大专题及关键技术研究

研究部署技术管理重点工作，组织开展科技项目研究，积极推荐国家重点研发计划项目申报，促进技术管理工作创新发展。组织开展国家科技支撑计划"南水北调中东线工程运行管理关键技术及应用"项目10 个课题的研究、监督检查、验收等工作。2018 年 3 月，完成课题验收，并按科技部相关要求正式提交项目验收申请函。该项目已于 2018 年 5 月 15 日提前顺利通过科技部组织的国家验收。研究单位在调度控制策略、风险识别、监测预警预报、健康诊断、防护治理等方面提出了科研成果，为提高工程运行效率、降低运行管理成本、延长使用寿命等提供了有力技术支撑，完成了研究任务。结合南水北调工程运行管理科技需求研究，根据南水北调工程建设运行实际，及时向科技部报送了"水资源高效开发利用"重点专项 2018 年度"南水北调工程运行安全检测技术研究与示范"项目技术研究需求，对项目申报指南组织专家进行了审定，按照科技部要求推荐设管中心组织申报该项目，并全程跟踪指导。组织中线建管局和东线公司开展运行期重点项目关键部位安全监测监控技术指标研究，提高风险管控能力。4月 4 日，印发《关于开展运行期重点项目关键部位安全监测监控技术指标研究工作的通知》，督促有关单位落实责任，认真做好安全监测工作。4月底，组织编制重点项目关键部位安全监测监控技术指标研究方案。6月底，组织确定运行期安全监测监控重点项目关键部位。督促协调开展重点项目关键部位安全监测监控技术指标研究，明确安全监测监控指标值。委托开展南水北调东线二、三期及中线二期工程建设技术需求研究成果数据库开发研究和南水北调东线二、三期及中线二期工程建设技术需求研究成果总集成。

（罗　刚　张　晶）

新 闻 宣 传

北京市新闻宣传

2018年，按照北京市水务局党组和原北京市南水北调办党组的各项工作部署，北京市南水北调宣传工作紧紧围绕南水北调各项中心工作开展，圆满完成了各项任务。

（一）新闻宣传

1. 抓住重要节点发声

2018年3月，组织北京市属媒体记者首次赴南水北调中线工程涵养区和水源地陕西省汉中市、安康市和湖北省丹江口市，深入报道当地在守护水源地、治理小流域河道护一江清水北送的"生态战"中所作出的杰出贡献；6月，组织"水到渠成共发展"网络主题宣传北京站活动；并借助春季植树、团九二期盾构机始发、外调水累计达50亿m³、江水进京40亿m³、2017—2018年度调水计划超额完成、江水进京4周年等重要节点组织了集中宣传，向社会公众展示工程效益的同时，也体现了水利工程建设与生态文明建设的融合。期间，还与北京市外宣办联合组织了加拿大电视台及《联合早报》《大公报》等境外媒体的采访活动。全年发稿72篇，媒体转发1000余篇。

2. 多角度策划主题节目

深度挖掘，多形式展现南水北调故事。1月，讲述南水北调基层工作者故事的《把脉南水进京的"女医生"》在北京电视台播出；3月，全国两会期间，协调电影频道在晚间黄金时间播出了南水北调现实题材电影《天河》；3月，北京电视台生活频道《生活广角》栏目播出特别节目《南水北调润泽京城》；4月，《手中的这杯南方水你知多少》登陆北京新闻广播《照亮新闻深处》节目；先后参与了北京电视台综合频道《中国故事大会之大国工程》、科教频道《最北京》南水北调专题节目、《中国梦365个故事》微电影、陕西卫视《国之自信》之《一泓清水润北方》等节目的策划录制；《国之重器——南水北调工程》的亮相，生动展现了"只有伟大的时代，才能造就伟大的工程"的时代宣言。此外，配合央视纪录频道拍摄了《话说南水北调》《记住南水北调人》等纪录片，记录南水北调人奋斗的故事，把工程取得的巨大成就和对社会的积极效益展现给大众，也充分展示了党中央和国务院宏观决策的战略性、科学性和前瞻性。

3. 持续开展社会宣传

贴近社会，继续开展好"七进"活动，讲述老百姓听得懂的南水北调效益。目前已形成公众参观为主，社会宣讲、工程课堂、座谈交流等形式为辅的科普教育模式，"走出去"与"请进来"相结合，通过系列社会宣传活动的开展，"南水来之不易，点滴都要珍惜"的理念逐渐深入人心，进一步增强了市民的节约用水的自觉性，南水北调工程也被赋予了宣传、科普、教育等新的使命和责任。一方面，抓好团城湖明渠纪念广场基地建设，12月1日被正式命名为"市级爱国主义教育基地"。纪念广场作为南水北调工程对外展示的重要窗口,依托建管中心、团城湖管理处,已组建专兼职讲解队伍,通过邀请专家定期培训和指导,现可进行中、英文讲解。2018年接待中、外参观近2万人次,其中国家级、部级领导调研检查10余次;外宾及港澳参观交流团体14批次;国内水利同行和大专院校水利专业学生学习考察近50次。另一方面,主动与周边学校及高校建立合作关系,共建中小学生科普学习以及水利专业学生教学实践基地;同时组织办属单位积极开展"七进活动",如南水北调走进清华大学、中国农业大学,以及进社区、进公园等饮水思源宣传活动;向学生、市民普及南水北调工程情况,增强民众保护工程、爱水节水的意识。此外试水文创开发,制作南水北调系列宣传品,在"七进"活动中用群众喜闻乐见的文创产品引导群众饮水思源。

4. 拓展多平台宣传渠道

利用官方微信公众号"南水润京城"在重要节点以图文、图解、H5、直播等新媒体形式,展现南水北调安全调水、水质监测、通水效益等情况。其中,《北京南水北调1分钟》微视频用数据和影像形象地呈现了江水北上的重要意义和作用。同时试刊《北京市南水北调报》6期,记录南水北调人风采,搭建了南水北调工程与公众互动、职工交流的新平台。开展"我心中的南水北调"文艺作品征集活动,收到来自全国各地的作品1714件;组织拍摄了微电影《南水北调人的初心》,荣获北京市"我与改革开放"故事征集活动视频类二等奖,视频以建管中心职工刘峻伟为主要拍摄对象,通过一线建设者的内心独白和故事讲述,反映出南水北调工程与改革开放大潮的关系。

(二)舆情管理

提前研判、妥善处置,提高引导舆论工作水平。在日报、月报、半月报、简报和专报制度基础上成立舆情微信工作群,部署舆情监测和分析工作。

1. 舆情处置机制

完善舆情应对和突发事件新闻发布机制,建立健全《北京南水北调办公室舆情监测报送制度》和《北京市南水北调工程突发事件新闻发布应急预案》,就舆情分类分级提出不同的应对措施和办法,为舆情管理工作有序开展提供组织保障和流程保障。

2. 舆情应对主动权

加强与舆情搜索服务机构的深入合作。严格落实24小时网络舆情监控值班制度,实现网络舆情交叉跟踪监测,确保第一时间发现舆情,掌握工作的主动权。进一步完善日汇总、周分析、月总结制度,采取一事一报、急事急报、重大网络舆情双报告方式,及时上报网络舆情,为决策提供参考。

3. 网络舆情信息员

加强网络舆情信息员和网络评论员队伍建设,建立办系统舆情信息管理工作群,协助宣传部门收集涉及南水北调工程的资讯信息,并针对媒体不实报道、网民负面言论等开展评论等舆情应对和引导工作。2018年年初以来,多次预判舆情信息重点,迅速安排专人密切跟踪舆情发展变化,连续分析和解读当时舆情的传播态势和舆论观点,做出积极稳妥的应对。

截至2018年12月底,全年编印舆情日报235期、月报12期、半月报12期、简报24期、专报7期。

(北京市水务局)

天津市新闻宣传

2018年,天津市南水北调办紧紧围绕南水北调工作中心任务,牢牢把握正确舆论导向,以南水北调配套工程建设新成就和南水北调发挥重大综合效益为重点,不断整合资源,改进方式,积极谋划,主动进位,及时充分展示了天津南水北调工程建设成就和各项工作动态，扩大了南水北调工程在全市乃至全国的影响，为全社会了解南水北调、支持南水北调，更好地推进南水北调工程建设创造了有利的外部环境和舆论氛围。全年组织南水北调集中宣传活动 6 次，累计在中央和本市重要新闻媒体上刊发（播发）天津市南水北调新闻报道 30 篇。全年共编发《南水北调信息》31 期，为领导决策起到了参考作用。制定 2018 年天津南水北调宣传工作计划和江水进津四周年宣传工作方案，组织实施江水进津四周年系列宣传活动，报请天津市政府召开江水进津四周年新闻发布会。组织天津市主要媒体赴南水北调中线源头丹江口水库采访报道，在《天津日报》头版刊发江水进津四周年通讯文章，在北方网开设"江水进津四周年"专题，在地铁 5 号线、6 号线发布南水北调公益广告，宣传南水北调工程重大意义和综合效益，倡导社会公众饮水思源。

（刘丽敬）

河北省新闻宣传

2018 年，河北省南水北调办围绕"两攻坚一收官"，即打好江水利用、配套工程规范化运行管理两个攻坚战，抓好工程建设收官工作重心，扩大南水北调影响力，营造促进江水利用、工程运行管理的浓厚舆论氛围和良好社会环境。

积极宣传工程的重要作用，深入挖掘基层典型，用数据、实例宣传南水北调工程在优化水资源配置、缓解水资源短缺，促进民生改善、保障经济发展，建设生态文明、美丽城镇等方面的显著作用。大力宣传工程综合效益，先后组织 5 次新闻媒体集中采访，反映南水北调工程对促进工商贸发展、改善城镇居民饮水状况、优化生态环境的成效，尤其是反映江水对黑龙港流域高氟区水质改善、保障饮水安全、提高生活质量带来

的变化。2018 年，《河北日报》1、2 版、河北电视台《新闻联播》栏目刊播 12 篇新闻报道，是在主要媒体的主要栏目刊播数量最多的 1 年。按照原国务院南水北调办要求，开展通水效益调查，广泛搜集资料，进行精细编排，编制《2018 年南水北调通水效益报告》，用图片形式记载南水北调综合效益。开展南水北调重点宣传，5 月底，配合原国务院南水北调办、中央网信办，开展 50 余家网络媒体参加的"水到渠成共发展"网络主题宣传活动，取得了良好社会反响。系统总结了近年来南水北调配套工程投资规模大、输水管线长、新建水厂多所取得的成绩。宣传水质保护措施，组织河北省电视台专题报道了中线工程饮用水源保护区划定、防治水体污染、开展生态带建设等方面的成效。工程沿线各市在当地媒体播放南水北调公益广告，开展南水北调知识进社区、进校园活动。在配套工程中心站（所）设立主题宣传展厅、展板。组织作家采风，邯郸市、衡水市、沧州市南水北调办编辑了《南水北调作家采风集》。

（梁　韵）

河南省新闻宣传

2018 年年初，组织召开河南省南水北调系统宣传工作会议，回顾总结 2017 年宣传工作取得的成绩，表彰先进单位和先进个人。印发《关于印发 2018 年全省南水北调宣传工作要点的通知》（豫调办综〔2018〕19 号），对 2018 年河南省南水北调宣传工作提出要求。

加强宣传队伍人才培养，参加上级单位组织的新闻写作培训、新闻舆情应对培训，更新新闻观念，提升新闻素养。组织举办河南省南水北调系统宣传工作培训，课程涵盖新闻写作、公务摄影、舆情应对及新媒体与新传播等内容，专门邀请新闻界权威人

士进行授课。

组织新闻、摄影类业内专家对河南省南水北调办组织的"通水三周年"摄影征文比赛作品进行评选，最终评选出 70 幅获奖作品，并对获奖人颁发荣誉证书。获奖作品集结成册，编辑出版《辉煌三周年：河南省南水北调通水三周年征文及新闻作品选》一书。持续开展南水北调精神研究，《南水北调精神研究初探》一书由人民出版社出版发行。

2018 年上半年，34 家网络媒体和行业媒体组成的"水到渠成共发展"网络主题活动采风团，在河南境内集中采访中线水质保护、水源地生态保护成果、沿线重点控制性工程以及南水北调中线工程支撑地市经济发展成果等。各网络媒体在网站醒目位置开设"水到渠成共发展"网络主题活动专题。河南省南水北调办公室网站转载大河网"水到渠成共发展"专题。在河南省接水 50 亿 m³、60 亿 m³ 的关键节点上、在调整完善水源保护区和提高供水效益的重点工作上，省内外多家新闻媒体和网络媒体发布相关报道，取得显著的宣传实效。

2018 年 4—6 月，水利部启动南水北调中线工程向北方大规模生态补水。截至 6 月 30 日，河南省累计完成生态补水 5.02 亿 m³。为进一步宣传河南省生态补水取得的实效，6 月 27 日，河南省南水北调办公室协调配合央视记者到许昌报道生态补水效益情况，并于 6 月 30 日分别在央视《新闻直播间》和《新闻联播》中播出相关报道。同时，抓住时机及时组织《河南日报》、河南人民广播电台、河南电视台、《东方今报》《河南商报》以及大河网等多家媒体到焦作、许昌、南阳和郑州采访生态补水及其效益，多篇相关报道上传至河南省南水北调办网站。

2018 年，按时完成《中国南水北调工程建设年鉴》《河南年鉴》《长江年鉴》

《河南水利年鉴》供稿任务。完成《南水北调中线工程口述史》（河南卷）供稿。完成《改革开放 40 年》供稿，并在此基础上编辑 7 万字的《改革开放 40 年——河南南水北调流光溢彩》，作为内部资料印制。

（薛雅琳）

湖北省新闻宣传

2018 年 5 月，湖北省召开南水北调系统宣传工作会，要求充分发挥宣传工作在"外塑形象、内聚力量"方面的重要作用，继续"弘扬南水北调精神，讲好南水北调故事"。

（一）积极开展媒体宣传

2018 年 4 月 18 日，湖北卫视播出现场新闻《汉江兴隆水利枢纽库区增殖放流 31000 尾鱼苗》；《湖北日报》刊登《汉江增殖放流 3 万尾鱼苗》。2018 年 4 月 19 日，腾讯视频播出新闻《湖北省南水北调办开展增殖放流活动》。2018 年 7 月 4 日，湖北卫视报道兴隆枢纽管理局船闸管理所职工李强同志先进事迹报告会。2018 年 7 月 23 日，湖北省南水北调局党组书记、局长冯仲凯接受湖北日报专访，提出"在工程建管中落实长江大保护"的思路。2018 年 9 月 6 日，湖北省政府新闻办在武汉组织召开南水北调中线工程通水四周年新闻发布会。新华社、《人民日报》、中央人民广播电台、《湖北日报》、湖北电视台、《长江日报》等 30 多家新闻媒体记者参加新闻发布会。发布会后，相关媒体发布了 19 篇系列报道。2018 年 9 月 9 日，湖北广播电视台湖北影视频道《榜样湖北》栏目播出《一片丹心映碧水——湖北省南水北调局创新发展纪实》。2018 年 11 月 29 日，腾讯大楚网开辟《南水北调中线工程通水四周年成果展》专栏，宣传南水北调工作。

（二）发挥门户网站的功能

2018 年，湖北南水北调门户网站全年

发布各类政务信息、新闻动态、文艺作品超过 2300 篇，在全国南水北调系统处于领先地位，多篇新闻、信息被中国南水北调网、《中国南水北调报》转载，并受到好评。同时，湖北南水北调门户网站及时转发国家重大时政要闻，及时发布南水北调方面的政府信息。2018 年，对部分栏目和板块重新进行制作和布局，对部分新闻发布的范围、格式和照片质量进行了严格规定，进一步规范了网站的管理，吸引了更多的社会关注，扩大了南水北调的社会影响力。

（三）加强信息报送

2018 年，湖北省南水北调局向国务院南水北调办和湖北省委、省政府报送政务信息共计 40 多条，圆满完成报送任务。

（四）开展法制宣传活动

组织干部职工到工程到临近镇、村人群密集区张贴《湖北省南水北调工程保护办法》海报 2000 余张，发放《湖北省南水北调工程保护办法》小册子 5000 余份，达到了家喻户晓的目标。邀请局法律顾问到潜江和荆州工程一线集中开展了《湖北省南水北调工程保护办法》的宣讲和解读。为进一步加强贫困村法制宣传教育，增强群众的法制意识，局驻村工作队在荆州区网新村开展了一场法制宣传教育活动。此外，积极开展了"3·22 世界水日""中国水周"、"4·15"全民国家安全教育日、"12·4"宪法宣传日、网络安全法宣传周和国防教育日宣传教育活动。

（湖北省水利厅）

山东省新闻宣传

2018 年，山东省南水北调宣传工作认真贯彻落实山东省南水北调局、山东干线公司党委关于加强宣传信息工作的部署要求，密切联系南水北调工程运行管理实际，结合工程通水五周年系列活动，切实加强宣传信息工作，深入宣传工程建设成果和运行效益，为南水北调工程运行营造良好舆论氛围和社会环境，达到较好的宣传引导效果。

（一）切实加强理论学习和思想引导，宣传南水北调工程的重大意义和作用

坚持推进党纪国法、时事政治、业务技能、道德文明等方面的学习，重点学习宣传贯彻国务院南水北调建委会重大决策部署、2018 年国家和山东省有关南水北调工作的系列会议精神，加强对中央和省领导批示、调研、现场办公等重要活动的宣传报道。对重要活动进行跟踪拍摄，用于信息宣传和留存档案。为工程宣传工作提供了优秀素材；及时准确报道年度调水节点信息，对 2017—2018 年度、2018—2019 年度调水全程跟踪报道。全方位报道配套工程基本建成并陆续发挥效益、保证山东省供水安全等重要事件，使社会各界进一步了解南水北调工程对缓解山东水资源短缺局面、保障经济社会发展的重大意义。

开展"3·22 世界水日""中国水周"系列宣传活动，通过分发传单、制作展板、组织志愿者服务和参与社会活动等多渠道、多角度宣传报道南水北调工程的经济社会综合效益，赢得工程沿线群众关注支持。

做好日常信息发布和投稿工作，积极向《中国南水北调报》、"中国南水北调"网站等媒体投稿。"江水润齐鲁"公众号推送文章 100 余篇，"山东南水北调"网站更新信息近 800 条，有效地推广宣传了南水北调工程。

（二）通水五周年系列宣传活动

山东省政府新闻办召开"山东南水北调工程通水五周年"新闻发布会，邀请了中央驻鲁、山东省和济南市 30 余家媒体 50 余名记者参加发布。发布会引起社会新闻媒体的高度关注，在重要版面和时段刊发了大量稿件，做了详细报道和深入解读。据不完全统计，全国各新闻媒体、微博平台和手机客户端平台总报道量达 294 篇，社会关注度

和正面宣传效果均超过预期。

与东线总公司联合策划山东段通水五年来的建设历程与辉煌成就宣传。11月1—2日，东线总公司组织中央驻济媒体、山东省级主流媒体集中对山东省进行东线通水五周年宣传采访报道活动，十余家新闻媒体和当地群众代表走进南水北调工程进行参观采访、宣传报道，使社会公众进一步了解山东南水北调工程。

结合通水新闻发布会和通水五周年系列活动，以传承南水北调文化为宗旨，与山东省电视台签订战略合作协议，制作反映运行及工程效益情况的专题片和公益广告，在山东电视台宣传播放。制作《南水北调江水润鲁》——南水北调东线通水五周年纪实专题片，于10月在山东公共频道播出，集中展示了工程形象和发挥效益情况；制作公益广告，分别在山东卫视和公共频道播出，扩大了南水北调在社会的影响力。

（三）深化《条例》宣贯工作，坚持依法治水，加强安全教育

集中做好《南水北调工程供用水管理条例》和《山东南水北调条例》的宣传贯彻工作。印制《山东南水北调条例》宣传本和"致家长的一封信"，在暑假前发放给工程沿线中小学生。以提高学生的安全为目的，向学生和家长进行《条例》的宣贯，图文并茂地宣传南水北调工程知识、重大意义和安全防范措施。

（四）举办系列专项业务培训班，全面提升员工素质

邀请摄影、演讲、社交礼仪等领域的专业人士对相关部门负责人及从事具体工作的职工进行业务培训。7月举行了摄影培训班并举行摄影比赛，11月举办讲解员培训班并进行实际演练竞赛等，取得良好培训效果。

（五）利用多种媒体全方位展示山东南水北调形象

与齐鲁晚报社合作，创办《南水北调·山东》报纸，现已出版4期，主要刊登山东南水北调的重要新闻、先进工作经验、人物专题及文化生活等内容，反映山东南水北调良好社会形象，让社会大众理解南水北调工程的重要意义，加大宣传力度，使社会各界对南水北调工程意义有一个更加全面、清晰、直观的认识。9—12月，进行微电影《守望者》的拍摄、剪辑等前期工作。通过多角度、多人物、多形式反映南水北调职工工作情况及良好形象。在山东干线公司新办公楼大厅采用展板的形式，简要介绍山东省南水北调工程情况、建设过程以及建成后的综合效益，反映管理创新、科技创新和体制创新的优秀成果，体现"负责、务实、求精、创新"的南水北调精神，积极推进山东省南水北调文化建设。

（六）启动企业理念识别系统和企业行为识别系统设计工作

按照宣传工作计划，在已建立的视觉形象识别系统（VIS）的基础上，启动干线公司企业理念识别系统（MIS）和企业行为识别系统（BIS）项目的前期工作。该项目已在2018年11月7日通过立项，于2018年12月13日召开了竞争性磋商文件审查会。

（于颖莹）

江苏省新闻宣传

2018年，江苏省南水北调办紧紧抓住工程运行、重要会议、领导调研等重要契机，统筹做好宣传工作，借势宣传，为工程良性运行营造良好氛围。

（1）制定宣传工作计划。年初研究制定江苏南水北调2018年度重点宣传工作方案，重点围绕工程建设成果和效益发挥开展相关宣传工作。

（2）抓好专项宣传。以通水5周年为契机，江苏省南水北调办会同江苏水源公司

在《新华日报》上策划刊载了4期系列宣传报道，全面展示江苏南水北调工程建设成果、调水运行等情况，收到良好的效果；以"安全生产月"活动为抓手，会同江苏水源公司共同开展"安全生产月"专题宣传，组织策划一线生产管理单位报道安全生产管理情况。

（3）做好网站运行管理。利用江苏南水北调网迁移至江苏省政府网站群的优势，积极向江苏省政府网站推送南水北调新闻信息，扩大宣传面；同时，切实加强网站日常管理，积极挖掘南水北调信息源，丰富内容，并做到及时更新，全年累计编发各类信息500余篇，展现了江苏南水北调工程建设管理与运行管理情况，展示了江苏南水北调工程的良好形象。

（4）做好信息简报编发。认真做好建设与管理月报、信息专报、政务信息、会议纪要的编发和报送工作，2018年累计编发各类简报30期，让各级领导及时了解江苏南水北调工程建设与管理情况。

（江苏省水利厅）

南水北调中线干线工程建设管理局新闻宣传

2018年，中线建管局宣传中心积极贯彻新时代治水思路，认真落实南水北调中线建管局党组关于宣传工作的工作部署，对外拓宽中央地方媒体宣传平台，对内创优融媒体，形成媒体联动，引导舆论，传播新闻，讲好人民群众在水安全、水生态领域的幸福感和获得感的好故事，扩大工程影响力、传播力。

（一）宣传报道工程运行进展和发挥效益，得到中央媒体关注

（1）始终牢牢抓住效益发挥做文章。在工程关键节点，组织新华社等10多家中央媒体集中报道，中国政府网等60多家媒体转载报道，浏览量近千万人次，在社会上引起强烈反响。

（2）举办"南水北调中线发挥生态效益"新闻媒体发布会。2018年7月，与水利部共同组织《人民日报》、新华社等15家中央媒体，召开新闻发布会，就"生态补水发挥效益""与抗旱应急补水有什么区别"等问题向社会作回应，扩大南水北调发挥效益的社会影响力。

（3）抓住中线工程首次完成生态补水的重要节点。组织中央电视台报道中线工程2018年生态补水。《新闻联播》《新闻频道》等栏目报道中线沿线白河、清河、澧河、北拒马河等31条河流"饥渴"状态，涵养了水源，补充了地下水，使这些区域河流重现生机。《中国南水北调报》及南水北调微信、微博、App利用新媒体手段进行多种形式的宣传。

（4）做好"改革开放40周年"南水北调工程展览宣传。按照水利部要求，积极做好由中宣部、水利部在国家博物馆联合举办的展览。布设展馆南水北调沙盘，策划制作《国之重器——南水北调》宣传片。50万名观众观看了南水北调工程建设成就及通水效益，为工程通水运行营造良好的社会宣传氛围。新华社新媒体平台进行宣传报道。

（5）做好"中线通水四周年"宣传。组织中央主流媒体、网络新媒体进行宣传报道，举办南水北调文化创意研讨会暨文创产品发布会。中国南水北调专版专刊宣传，刊发通水综述，采访沿线调水办4年工作历程，南水北调微信、微博、App、网站、H5、微视频等多媒体融合、联动。设计制作生态补水、水源区生态保护等H5宣传品，中线建管局门户网站策划推出4周年宣传专题，推出南水北调第二部动漫片。

（6）在海外讲好南水北调故事。利用国家外宣渠道中国网开设南水北调英语频道，通过中国网设在海外的推特、脸书讲南水北调故事，中线建设者南水北调工程上的

集体婚礼，获得了 83 万的阅读量、15 万的点赞和评论量。

（二）打造对外宣传品牌，开展宣传活动，完成督办项目

（1）提前完成中线工程增设宣传牌及公益广告项目，被水利部评为优秀督办项目。2018 年在中线重要的工程节点、车流人流大的地方设立 14 块公益宣传牌。以"南水北调　绿水青山就是金山银山""南水北调　生态工程"等为主题，扩大工程公益形象。9 月，完成公益广告《效益篇——南水北调助力美丽中国》，在中央电视台综合、新闻、中文国际等 15 个频道多时段播出，获得全社会对南水北调工程的认同与支持，树立民生工程的民众口碑。深入践行习近平总书记提出的"绿水青山就是金山银山"的发展理念，国之重器永续造福民族、造福人民。

（2）组织"水到渠成共发展"网络主题活动，收到水利部感谢信。5 月，由中央网信办和原国务院南水北调办主办，中线建管局与京津冀豫网信办联合承办，网络媒体采访团沿南水北调中线工程输水总干渠一路向北，途径南阳、平顶山、许昌、郑州、邢台、石家庄、沧州、天津、北京 9 座城市，行程 3000 多 km。活动共有 127 家网络媒体开展专题报道，全网发布信息 1.6 万条，相关新闻 6600 多篇。这是南水北调事业发展中规模最大的一次集中宣传报道活动，在社会上掀起了南水北调宣传热潮，得到水利部领导的好评及全系统员工的广泛关注。

（3）完成督办项目中线工程开放日活动深入。9 月下旬，中线各分局陆续举办"人水和谐"为主题的开放活动。活动邀请人大代表、政协委员、中小学生，以及社会媒体记者等 2248 人，举办大型开放活动 22 场，其中集中举办 9 场。这次开放日活动不仅历时长、活动范围广，而且各地创意多。36 家中央及地方媒体创作新闻报道 76 篇。

（4）举办南水北调公民大讲堂 300 多期。分别走进北京、天津、河北、河南、山东等地，先后到中国科学院、中小学、幼儿园，讲授南水北调故事，传播安全知识，形成独具特色的南水北调宣传项目。共举办 60 期，有 6000 多人次参加。

（5）开展南水北调科技生产教育基础设施项目。利用穿黄工程建设南水北调教育、培训宣传展示平台，项目已进入设计规划阶段，前期工作已经展开。基础设施立足于南水北调中线关键性节点穿黄工程，通过建设一批基础设施、收集一批历史资料、展示一批重点项目、培养一批专业人才，逐步形成具备南水北调科技生产、教育、科普教育功能的综合性场所。

（6）全国中小学生研学实践教育基地全面启动。制定了《南水北调中线工程中小学生研学实践教育基地管理规定》，成功申报 4 个研学教育基地。一年来，共举办活动 50 次，近 2000 名学生参加，研学课程和研学线路逐步形成，成为弘扬南水北调文化的一个重要窗口。

（7）完成督办项目中线建管局门户官网建设。改版后的网站在原有信息发布功能的基础上新增四大系统，包括图片视频库管理系统、舆情管理分析系统（宣传效果评估分析）、720 全景管理系统和直播平台的网站管理系统。该项目实现稿件库的资源整合、信息共享，网站后台管理系统、App 后台管理系统等多平台的内容同步发布，提升中线建管局对外品牌传播的质量。

（三）调整宣传策略，开展南水北调工程形象宣传研究项目

（1）组织中国传媒大学完成中线工程重点区域宣传牌设立项目研究。对广告牌设置及传播价值做了详细的测算和规划，研究成果为厘清南水北调中线工程沿线广告资源的价值空间，科学规划和设置中线工程宣传资源提供了理论支撑和参照依据。组织中国

人民大学开展南水北调品牌与战略传播课题研究。

（2）开展南水北调文创产品项目。邀请多位作家、书画家和艺术家研讨，以南水北调为题材，以工程提升群众环境获得感幸福感为落脚点，挖掘南水北调的文化，传递南水北调的情怀，研究创作具有南水北调历史感、艺术性的惠民生文化创意产品。策划推出文化创意系列产品，发行《一图绘到底——南水北调手绘本》《伟大工程——南水北调系列书签》《南水北调奇游记》等文创产品。

（3）开发移动互联网端南水北调互动体验文化宣传品。开发制作《畅游中线》《空中看南水北调东线》《生态补水》《水源区生态保护》《4年不停止的水脉》等5个H5文化宣传品，并利用新媒体平台进行推广。

（四）做细做实工作，做好重点项目的落地

（1）高质量完成领导交办的重点工作。在胡春华副总理考察渠首、尼日利亚水资源部部长来访、北京市政协主席吉林考察等重大接待活动中，高质量地配合有关部门完成有关宣传品的设计制作，为接待活动提供了有力支撑。

（2）推广原创微电影、动漫片。创意微视频《南水北调——最Skr的中国制造》，在央视网首播，腾讯视频、微信公众号平台推广后，全网播放阅读量突破500万，"紫光阁""共青团中央""腾讯新闻"等官方微博大号和媒体大号转发。拍摄制作"我与南水北调的故事"系列微视频《寒假巡游记》、南水北调第二部动漫片《鸭小弟》。

（3）开展2018年航拍及360度全景展示项目。推出中线工程重要节点工程航拍，360度全角度展示千里水脉的水韵风采，宣传世界最长距离的线性调水工程，树立品牌形象。

（4）品牌项目有序开展。组织"我唱我歌"之南水北调届原创歌曲大赛及展演活动。启动第四届摄影微视频大赛，设计制作第四届宣传专题，评选优秀作品。开展"我与南水北调的故事"系列微视频2018年拍摄制作有关工作。

（五）加强系统宣传平台建设，以正能量引领舆论场

（1）做好中国南水北调报、手机报。出版报纸35期，发行42万份。南水北调手机报编发50期。围绕"稳中求进、提质增效"主题，报道南水北调年度工作会，发表系列评论5篇，开展专题访谈报道10篇。报道"中线工程大流量输水""'两个所有'活动开展""生态补水""工程抗击台风安比"的重大事件。创新视频、H5、滢滢读报等形式，开辟《滢滢读报》栏目，推出20期，从可看到可听，扩大报纸在移动端落地传播，抓牢网络端的覆盖范围。

（2）运行、维护，精心打造南水北调官方"微博、微信、客户端"新媒体平台。"信语南水北调"微信公众号共发布200余篇原创内容，2018年共发布135篇，总浏览量30余万次；微博共发布100期，2018年发布94期，浏览量40余万次；客户端App平均日更新量为5~6条；H5共发布10期，浏览量千余次。微信公众号策划《南水北调这段宣传片，燃爆了！》浏览量近4万次；《水往高处流！南水北调如何创造这个奇迹？》被"中国水利"等15个公众号转载。做好"长渠微语"公众号，推出"改革开放40周年""两个所有""水到渠成共发展""新春走基层""两会进行时""南水北调纵横谈"等10余个板块，策划公众号微信300多期。

（3）加强通联队伍建设。举办南水北调系统宣传通联业务培训班7期，1200多人次参加培训，有效提高了通讯员新闻写作摄影和新媒体创意水平。开展分片区培训

50 多次，1500 多人次参加学习。启动南水北调新媒体培训工作，邀请央视网、南方电网有关媒体专家授课。

（4）加强舆情监测，强化舆情应对与管理。做好每日舆情监测，及时报送《南水北调舆情日报》和《专报》。及时应对"滴滴司机畏罪跳河"事件产生的社会负面舆论对南水北调工程的影响，研判、处置、修复南水北调舆情。

（胡敏锐）

南水北调中线水源有限责任公司新闻宣传

中线水源公司制定 2018 年宣传工作要点；调整了宣传工作领导小组；充实了通信员队伍；开展了宣传工作培训；召开了宣传工作会和宣传工作座谈会。积极开展宣传策划，长江水利委员会工作会期间，刊发了《勠力同心勇担当　安全供水谱华章》专题报道。在中线通水 150 亿 m^3 时，刊发了长篇通讯《中线源头护水人》，新华网进行了转载。《中国水利报》在《壮阔东方潮，奋进新时代》栏目刊登了《护中线调水源头保清水永续北上》专题报道。丹江口水利枢纽开工 60 周年，策划了一期图片报道，长江委网站、美丽长江公众号进行了刊发，中国南水北调报刊发了整版报道。开展了丹江口水库鱼类增殖放流专题宣传，中央电视台新媒体对活动进行了直播，新华社、《人民日报》《中国水利报》《中国南水北调报》《人民长江报》等媒体记者进行了现场采访。新华网、人民网、中新网、中国政府网、人民政协网、水利部网站、自然资源部网站、搜狐、网易、新浪、文汇网等媒体对活动消息进行了转载。"美丽长江""长江之鉴""信语"南水北调微信公众号以不同方式对活动进行了报道。通水 4 周年之际，在人民长江报上先后刊发了 3 期宣传报道，

系统介绍公司在供水、工程运行管理、库区管理方面的工作成绩。2018 年在公司网站上刊发稿件 157 篇，在长江委网站刊发稿件 57 篇。在《中国水利年鉴》《长江年鉴》上刊登了彩页宣传，推出了《丹江记忆——中线水源工程通水大事记》。

（班静东）

南水北调东线江苏水源有限责任公司新闻宣传

（1）完善工作机制。为切实加强和改进新闻宣传工作，江苏水源公司专门制定下发《南水北调江苏水源公司新闻信息报送奖励办法》，鼓励全体员工围绕公司发展中心工作，积极做好新闻信息报送工作，进一步提高新闻宣传工作实效。建立新闻信息报送把关制度，做好采编各环节管理，各类宣传报道由部门专门人员负责扎口，杜绝问题信息、垃圾信息。落实宣传思想意识形态检查考核制度，在年中的党建考核和年底基层党组织书记述职评议考核中，把意识形态工作作为重要指标，考核结果将纳入对领导班子及公司中层干部综合考核权重。

（2）全面加强宣传。围绕迎接改革开放 40 周年和东线工程全线通水 5 周年，开展南水北调工程宣传活动。组织开展"东线通水 5 周年——走进江苏南水北调"系列宣传活动，邀请省内外主流媒体、网络媒体到南水北调江苏段站（闸）进行采访，实地感受调水运行、防洪抗旱发挥的巨大作用，切实增强南水北调江苏境内工程综合效益的宣传效果和影响。在《新华日报》连续刊发 4 篇专题报道，重点宣传南水北调工程东线一期江苏境内工程通水 5 周年以来重要作用、显著效益，工程运行管理取得的成绩和经验，水质保护的成效。组织拍摄的南水北调公益宣传片入围"中国·扬州首届

运河主题国际微电影展"。

（3）抓好新媒体平台建设。大力推进公司门户网站改版工作。加强公司微信公众平台建设，完善栏目设置，丰富发布内容，增强感染力和吸引力。微信平台基本做到在每个工作日发送信息，公司重要活动和重要工作动态都得到及时宣传报道，一些重要的工作动态得到上级领导部门转发，受到了广泛关注。高度重视加强网络意识形态安全，加强 QQ 群、微信群内容引导和管理，制定网络安全管理办法，专门请阿里云专家就网络安全作专题培训，取得了较好成效。与此同时，在获得全国文明单位基础上，继续办好公司精神文明网。各分公司和子公司也开通了网站和自媒体平台。

（张超峰）

捌 东线工程

THE EASTERN ROUTE PROJECT
OF THE SNWDP

综　述

总　体　情　况

概　述

南水北调东线一期工程从江苏省扬州市附近的长江干流引水，利用京杭大运河及与其平行的河道，通过 13 梯级泵站逐级提水北上。经洪泽湖、骆马湖、南四湖、东平湖调蓄后，分两路，一路向北穿黄河，经小运河接七一河、六五河到大屯水库，同时具备向河北和天津应急供水条件；另一路向东通过济平干渠、济南市区段、济东明渠段工程，输水到东湖和双王城水库，并与引黄济青输水渠相接，向胶东地区供水。东线一期工程主体干线全长 1467km。

（东线总公司）

投　资　管　理

（一）投资情况

南水北调东线总公司（以下简称"东线总公司"）作为项目法人管理南水北调东线一期苏鲁省际工程管理设施专项工程、苏鲁省际工程调度运行管理系统工程和东线总公司开办费三个项目，初设批复投资共计 22579 万元。截至 2018 年 12 月底，已累计下达投资计划 22579 万元，累计完成投资 19451 万元。

（1）管理设施专项工程。苏鲁省际工程管理设施专项工程的初设批复投资为 3793 万元，已下达投资计划 3793 万元。2018 年完成投资 154 万元，自开始建设累计完成投资 3793 万元，占初设批复投资的 100%。

（2）调度运行管理系统工程。苏鲁省际工程调度运行管理系统工程的初设批复投资为 14461 万元，已下达投资计划 14461 万元。2018 年完成投资 1784 万元，自开始建设累计完成投资 11936 万元，占初设批复投资的 82.5%。

（3）东线总公司开办费。东线总公司开办费的初设批复投资为 4325 万元，已下达投资计划 4325 万元。2018 年完成投资 445 万元，自开始建设累计完成投资 3722 万元，占初设批复投资的 86.1%。

（二）管理情况

2018 年，采取完善变更管理程序、明确变更审批权限、严核工程变更价格、定期进行投资分析等措施，加强工程变更管理，扎实做好投资控制工作。

（1）变更处理工作。严格控制工程投资，保证变更审核工作及时有效开展，2018 年印发《关于进一步加强工程变更管理工作的通知》《关于明确南水北调东线一期苏鲁省际工程调度运行管理系统工程及管理设施工程变更审批权限的通知》，进一步明确苏鲁省际两项工程变更审批权限及各参建单位变更管理职责、完善变更管理程序。2018 年开展两项工程变更处理工作 16 项。

（2）投资控制工作。及时掌握苏鲁省际两项工程实施情况和项目投资情况，定期对投资使用和结余情况进行梳理和分析，编制工程投资分析报告，加强投资动态分析，分析预测投资控制形势，提出切实可行的措施，严格按照批复的初步设计概算控制工程投资。

（东线总公司）

工程管理

（一）加强工程维修养护管理

协调掌握东线工程维修养护年度计划和主机组大修计划，并采取现场驻站、督导检查等方式，实时跟踪掌握工程维修养护及大修情况。编制完成《姚楼河闸、大沙河闸、杨官屯河闸和骆马湖水资源控制工程维修养护暂行规定》，为省际四闸维修养护工作开展提供制度保障。不定期开展工程设备运行和维修养护质量检查，及时督导问题整改。

（二）做好工程验收工作

积极参与台儿庄泵站等工程的项目法人验收和设计单元工程完工验收工作，同时，参与睢宁二站、泗阳站设计单元工程完工验收工作，并按照年度验收计划要求，多次赴省际管理设施工程现场检查验收工作准备情况，并组织召开验收工作推进会，协调解决存在的问题。

（三）落实安全生产工作责任

组织召开南水北调东线工程安全生产领导小组工作会议，研究部署 2018 年安全生产管理工作。及时督促修订完善相关工作制度和责任人员清单，并抓好"两会"等重要时期安全生产工作落实。组织开展"生命至上、安全发展"为主题的安全生产月活动。通过多种方式进行安全宣传教育。推进运行安全管理标准化建设，实现东线工程运行安全管理标准化建设全覆盖。加强应急管理工作，健全应急预案等制度体系，并加强现场工程巡查。

（四）开展各类安全生产检查和运行安全监管督查

结合重大节日、重要时段等时机，组织开展现场安全生产加固检查。配合水利部、监管中心等开展安全大检查、专项稽察、专项检查及问题复查。组织开展安全监测、电缆敷设等典型问题专项普查，同时对泵站现场外接供电线路运维情况进行实地调研。组织开展全覆盖监督检查，并针对历次检查发现问题建台账，并及时开展工程复查，紧盯问题整改。

（东线总公司）

运行调度

（一）加强调度管理，完成调水任务

根据水利部下达的南水北调东线一期工程 2017—2018 年度水量调度计划，结合实际，东线总公司商苏鲁两省有关单位，制订年度水量调度实施方案，统筹考虑受水区用水计划和沿线水情、工情，提前部署工程专项检查日常维护、水质监测等工作，协调做好水利、供电、航运等运行准备事宜，于 2017 年 10 月 19 日 15 时组织启动南水北调东线一期工程 2017—2018 年度调水工作。2018 年 5 月 29 日，南水北调东线一期工程完成调水入山东省 10.88 亿 m^3；6 月 1 日，鲁北段工程完成年度调水任务；7 月 29 日，胶东干线工程完成年度调水任务。

2017—2018 年度累计调水运行 283 天，共 10 个梯级 11 座泵站参与抽水，累计运行 9.54 万台时。供水期间，工程运行安全平稳，经环保部监测，水质符合调水要求。

（二）强化防汛管理，确保安全度汛

修订完善防汛制度，编报《南水北调东线一期工程 2018 年度汛方案及应急预案》和 2018 年防汛检查工作方案。制定防汛值班工作手册，明确值班日常工作及相关职责，指导防汛突发应急事件处理，规范防汛工作管理。严格防汛值班纪律，执行 24 小时值班制度，规范值班人员调、替班管理，及时传达执行上级有关台风预警应急响应启动指令等，按时编报工程汛情。加强防汛检查，督促现场运行管理单位落实防汛各项制度，认真排查防汛风险，加强应急演练。2018 年公司负责人带队进行 4 次汛前检查，

4 次汛中检查。开展南水北调东线工程防汛及运行管理新技术应用研究，提升防汛应急保障能力。统计分析东线防汛重点部位，分类提出相应应急措施，督促做好防汛、防台工作，紧盯防汛重点，加强巡视巡查，及时消除防汛安全隐患。督促苏鲁两省相关单位建立防汛联防联动工作机制，主动联系地方各级政府防汛指挥机构、气象、水文等部门，建立畅通的预警信息共享联络机制和抢险联动机制，加强沟通和协作，形成防汛抢险工作合力，确保防汛应急工作顺利开展。

（三）推进工程运行管理标准化、规范化建设

2018 年，持续推进工程运行管理标准化和规范化建设工作。开展顶层设计，完成东线工程运行管理规范化总体规划编制；组织制定泵站、渠道、水闸、平原水库 4 类工程规范运行管理标准，推进全线工程运行管理标准化建设工作；完成南水北调东线企业视觉识别系统和工程永久标识系统设计，统一全线工程标识标志，打造企业形象；完成 8 座泵站标准化试点扩展创建基础工作，进一步推进现场工程管理单位运行管理规范化。

（四）开展研究探索，夯实信息化发展基础

适应东线工程发展需要，补工程在信息化建设领域的"短板"。开展"南水北调东线一期工程自动化调度与信息化管理系统总体研究"，为建立统一平台下的全线调度运行系统做前期研究与探索；响应国家计算机信息系统等级保护及水利部网信办工作要求，完成东线总公司信息系统等级保护的初步评估；通过苏鲁省际调度运行系统和东线一期工程调水控制系统信息安全加固、东线总公司廉政风险防控系统等项目建设，深入东线一期工程信息化建设一线，夯实发展基础；针对现有信息化建设标准不统一、规范性较差等实际，以项目建设为契机，推动全线互联互通、数据共享等工作，为建立东线信息领域标准化工作作出尝试。

（东线总公司）

经 济 财 务

（一）资金筹措及水费收缴

全额收缴山东省 2018—2019 调水年度基本水费 10.26 亿元。保持与东线总公司发展相适应的授信额度，及时办理授信额度延期。

（二）资金监管

出台《南水北调东线总公司资金需求应急预案》，建立资金需求应急处置机制，成立资金需求应急处置领导小组，并组织召开应急处置办公室会议，贯彻制度精神，落实责任分工。出台《两省项目法人最低资金需求计划审核管理办法》，明确资金需求计划的审核内容、职责、标准与流程。定期对两省项目法人运行维护资金进行监督检查，对检查中查出的问题进行沟通和交流，提出问题整改意见与管理建议。

（三）预算管理

东线总公司自 2018 年开始由费用预算转为全面预算。2018 年 3 月，正式下达 2018 年度预算并向国务院南水北调办报备，同时要求各单位严格预算执行、加强成本费用控制、强化预算执行监控；2018 年 4 月，按时完成 2017 年度预算执行情况分析报告；2018 年 8 月，按时完成 2018 年上半年预算执行情况分析和 2018 年预算调整，并向水利部报备预算调整情况。

（四）成本核算

2018 年，东线总公司组织开展运行成本核算方法与流程研究，搭建基于全线统一管理的运行成本核算体系和成本分摊模型。

（东线总公司）

工 程 效 益

自东线一期工程正式通水以来，累计调

入山东省水量 30.69 亿 m³，输水水质稳定达标，增强了受水区的供水保障能力，有效缓解了鲁南、鲁北，特别是山东半岛用水紧缺问题。2017—2018 年度，胶东四市（青岛、烟台、威海、潍坊）当地水源严重不足，为保障供水安全，东线一期工程向胶东四市供水 4.8 亿 m³。2018 年 5—8 月，江苏段泗洪站、睢宁二站、刘老涧二站、泗阳站、刘山站、解台站等泵站相继参与苏北地区的抗旱调水运行，累计抽水 6.97 亿 m³，有效缓解苏北地区旱情，发挥了工程应有的效益。

（东线总公司）

科 学 技 术

2018 年，东线总公司积极推进多项科研课题的研究工作，制定科研项目管理工作机制，定期跟踪项目进展，明确研究目标和研究思路，并及时解决研究过程中出现的问题，确保科研课题成果质量。组织完成《南水北调东线一期工程水质提升工作大纲编制》《南水北调东线一期工程水质监测规划》《南水北调东线后续工程研究》《南水北调东线工程管理突出问题研究》等研究课题的验收，推进《南水北调东线工程通水运行五年来经验教训总结》《南水北调工程运行安全检测技术研究与示范项目》（国家重点研发计划）《南水北调东线一期工程山东段水质安全瓶颈分析及对策研究》等科研项目的申报批复、立项准备工作。在此基础之上，组织开展专利申请工作，已提交发明专利和实用新型专利各 1 项。

东线总公司按照"一横一纵流程管理体系"和"技术支撑保障体系"的思路构建技术管理体系。按照国家对科学技术研究管理的相关规定，结合东线工程实际，对 2015 年印发的《南水北调东线总公司科技项目管理暂行办法》进行修订完善。印发《南水北调东线工程科技项目管理办法》（东线水质发

〔2018〕71 号），进一步完善科技项目管理规章制度和操作细则，有效规范科技工作，保证科研项目实施推动公司持续发展。

（东线总公司）

创 新 发 展

为落实"水利工程补短板、水利行业强监管"总基调，在充分考虑东线工程实际的基础上，不断推动东线资产管理的标准化、规范化和信息化水平。

2018 年，东线总公司大力推进以资产全寿命周期为基础、以资产大数据为驱动的智能资产管理信息化建设，完成资产管理信息系统需求分析，为下一步全面采集东线资产相关数据，全面建成覆盖各级运行管理单位的资产管控系统奠定了坚实的基础。

（东线总公司）

苏鲁省际工程

（一）管理设施专项工程

南水北调东线一期苏鲁省际工程管理设施专项工程于 2016 年 4 月 8 日开工建设；2018 年 1 月 19 日，完成施工合同完工验收；2018 年 6 月 11 日，通过徐州市公安消防支队新城大队的消防备案复查；2018 年 10 月 12 日，完成环保验收；2018 年 11 月 15 日，通过徐州市规划局建设项目竣工规划核实；2018 年 12 月 4 日，通过徐州市档案局组织的档案专项验收。

（二）调度运行管理系统工程

（1）通信线路工程。通信线路已基本贯通，2018 年 6 月，完成通信线路 A、B 标分部工程验收工作；2018 年 12 月，完成线路代维单位选择工作。

（2）设备安装工程。现地泵闸站已完成现地泵闸站工程的计算机网络、传输、时钟、电源、数据存储与管理等系统设备的安

装。调度中心已完成通信、电力、数据机房的电源、传输、计算机网络、消防、时钟、安全等系统设备安装。

（3）运行实体环境。截至 2018 年年底，完成综合会商中心和调度中心装修工程，完成综合布线和机房消防系统、综合会商中心和调度中心的 DLP 大屏、调度中心和网管中心工控台、调度中心电子模拟屏等设备的安装。

（4）软件开发系统工程。截至 2018 年年底，完成调度系统工程管理系统、信息监测与管理系统、综合会商系统、水量调度系统（含模型）、综合办公系统的基本版测试，完成 GIS 地图的采购及部署。

（5）系统集成。截至 2018 年年底，完成调度系统 IP 地址总体规划，完成调度系统集成方案的编制，基本完成各应用子系统定制软件的优化完善及各应用子系统的集成。

（东线总公司）

江 苏 段

概　　述

2018 年，江苏省南水北调工作在江苏省委、省政府和水利部、国务院南水北调办的正确领导下，在江苏省有关部门的协同配合下，江苏省水利厅、省南水北调办（省南水北调工程管理局）精心组织，科学谋划，严格管理，圆满完成年初制定的各项任务。

（1）圆满完成年度向省外调水任务。根据水利部年度南水北调水量调度计划，按照新老工程统一调度、联合运行的原则，在保障江苏省内用水的同时，圆满完成年度向省外调水 10.88 亿 m³ 任务。

（2）输水干线水质持续稳定达标。江苏省南水北调办协同省有关部门，切实抓好水质达标长效管理，强化输水干线水质监督监测，严格危化品船舶禁航监管，强化水质保障联合执法，环保监测数据表明，2018年度调水水质持续稳定达到国家考核标准。

（3）工程管理水平不断提高。金湖站等 3 项工程获年度中国水利工程优质（大禹）奖，完成 4 座泵站的"10S"标准体系建设。徐州、淮安、扬州和宿迁市大力清除输水干线沿线非法码头、违章房屋，保障了"水量水质"双安全。

（4）年度建设管理任务全面完成。南水北调调度运行系统、管理设施专项、南四湖水资源监测和宿迁尾水导流二期工程建设按计划推进，完成投资 2.81 亿元，超额完成年度投资任务。完成睢宁二站等 3 项调水设计单元工程完工验收，江苏省负责验收的34 项设计单元工程，已完成 27 项。完成金宝航道设计单元等 3 项征迁安置完工验收，江苏省负责验收的 27 项已完成 26 项。

（5）南水北调后续工程取得重要进展。一期配套工程中的郑集河输水扩大工程于2018 年 10 月 24 日开工建设；南水北调东线二期工程规划中的线路布局方案基本完成，完成对江苏省的综合影响分析和处理方案研究并形成初步成果。

（江苏省水利厅）

工 程 管 理

2018 年，江苏省南水北调办根据南水北调新建工程和江水北调工程统一调度、联合运行、省外供水省内用水同时保障等的实际情况，加强沟通、协调、会商，不断完善工程管理体制和机制，强化工程运行监管。

（1）完善管理运行机制。根据机构改革后的新形势、新职能、新定位情况，进一步完善了"江苏省政府统一领导、江苏省水利厅和省南水北调办统筹组织与协调、江苏省水利厅统一调度、江苏水源公司及厅属管理单位分别具体管理新老工程、江苏省有关部门根据职责分工负责"的江苏省南水北调工程管理体制。结合开展南水北调东线二期工程规划有关专项研究的契机，统筹考虑南水北调一期、二期工程，从多角度、多方位对江苏省南水北调工程管理体制展开深入研究，形成了初步成果和建议方案。继续强化调水出省的部省之间、成员单位之间、省市之间的协调会商、巡查检查、水质保障、应急处置、信息共享等工作机制，确保2018年各类工程平稳运行。联合江苏省财政厅、江苏水源公司与南京财经大学等单位开展江苏境内南水北调工程计量方式和计量水费收缴机制研究；同时与江苏省财政厅等有关部门共同推进江苏省南水北调一期工程水价政策执行方案的研究。

（2）加强工程运行监管。在调水工程日常监管方面，汛前、汛后以及调水运行准备阶段、调水运行过程中，组织有关专家，组建专门工作组赴工程一线开展监督检查，认真梳理存在的问题和缺陷隐患，提出加强运行管理工作的意见与要求。对检查和督查中发现的问题，督促运行管理单位认真落实整改，在检查整改中不断提高管理水平，保证工程安全运行。在尾水导流工程监管方面，协调江苏省省级财政专项资金落实截污导流、尾水导流工程年度省级维修养护经费近200万元，加强工程运行检查指导，组织开展应急演练与培训，确保充分发挥效益。在江水北调用水管理方面，以确保省外调水和兼顾省内用水为原则，将用水计划按月分配到沿线各地，同时加强对用水计划执行情况的监督检查和考核，确保北调水位满足要求。在安全标准化建设方面，继续推进南水北调工程运行管理规范化、标准化创建工作，不断提升工程运行管理规范化水平，夯实工程安全运行的基础。

（江苏省水利厅）

建 设 管 理

江苏省南水北调一期工程包括调水工程和治污工程，总投资约267亿元。其中，调水工程投资约134亿元，治污工程总投资约133亿元，分两阶段实施。工程自2002年起开工建设，2013年5月建成试通水，8月通过国务院南水北调办组织的全线通水验收，11月正式投入运行，实现江苏省委省政府确定的"工程率先建成通水，水质率先稳定达标"的总体目标。截至2018年年底，调水工程累计完成投资132.5亿元，占总投资的98.9%；南水北调治污规划确定的第一阶段102个治污项目全面建成，实际完成总投资70.2亿元；江苏省政府批复的第二阶段新增治污项目已经基本完成，其中由江苏省南水北调办组织实施的4个尾水导流工程完成3项，1项正在实施（宿迁市尾水导流工程），累计完成投资13.4亿元。

2018年，江苏省南水北调工程建设主要包括调水工程的扫尾工程（调度运行管理系统、管理设施和南四湖水资源监测等3项专项工程）和第二阶段新增治污工程的宿迁尾水导流工程等。2018年共计完成投资28060万元，占年度投资计划的109%，其中调水工程完成10760万元、宿迁尾水导流工程完成17300万元。截至2018年年底，具体工程建设进展如下：

（1）调度运行管理系统工程。完成通水应急调度中心建设、全线骨干环网光缆修复、水环境监测中心建设、系统总集成数据中心软件采购、水质移动实验室试运行、水质自动监测站试运行、通信设备系统总集成合同验收等，年度完成投资9000万元，总累计完成投资44193万元。

（2）管理设施专项工程。完成南京管理设施和徐州、扬州、淮安二级机构管理设施所有建设内容，宿迁二级机构管理设施装饰工程正在施工，年度完成投资 760 万元，总累计完成投资 44301 万元。

（3）南四湖水资源监测工程。土建工程除鹿口、三座楼水文站因征迁未完成外，其他水文站主体工程施工基本完成；巡测基地后方管理房已经购置完成，年度完成投资 1000 万元，总累计完成投资 1530 万元。

（4）宿迁市尾水导流工程。完成 72.0km 压力管道铺设和 21 处顶管施工等，年度完成投资 17300 万元，总累计完成投资 37500 万元。

（江苏省水利厅）

运 行 调 度

按照南水北调新建工程和江水北调工程统一调度、联合运行的原则，江苏省水利厅、江苏省南水北调办（管理局）在江苏省政府统一领导下，统筹调配长江水、淮河水等水资源，充分发挥洪泽湖、骆马湖调蓄功能，进行各类水资源的优化配置。灵活启用南水北调新建工程和江水北调工程，在保障江苏省内用水的同时全力保证向省外供水。

（1）向省外调水。2017 年 11 月 15 日，苏鲁省际的台儿庄泵站率先开启，标志着 2017—2018 年度南水北调东线江苏段向山东第一阶段调水工作正式启动；11 月 30 日，运西线的泗洪站、睢宁二站、沙集站、邳州站等 4 座泵站开机，江苏省内工程正式投入调水运行。本阶段调水由泗洪站抽水出洪泽湖，经徐洪河，由睢宁二站、沙集站、邳州站接力，经房亭河、中运河入骆马湖，经骆北中运河、韩庄运河由山东境内台儿庄站调水出省。2018 年 2 月 9 日 14 时，4 座泵站全部停机，第一阶段调水顺利结束，历时 87 天，累计向山东省调水 4.30 亿 m³。2018 年 3 月 2 日，第二阶段调水启动，依

然用洪泽湖以北运西线泗洪站、沙集站、睢宁二站、邳州站等工程向骆马湖调水，经骆北中运河、韩庄运河出省。5 月 29 日，4 座泵站全部停机，第二阶段省内调水圆满完成，历时 61 天，累计向山东省调水 6.58 亿 m³。2017—2018 年度，江苏省南水北调工程跨省向山东省调水量达 10.88 亿 m³，首次突破 10 亿 m³，为历年之最，较上一年度增加 22%。据统计，南水北调江苏段工程自 2013 年正式通水以来，已累计向山东省调水约 31.6 亿 m³，为缓解北方地区水资源短缺状况作出了积极贡献。

（2）江苏省内抗旱调水。受干旱天气和农业用水影响，5 月中下旬至 6 月中下旬，江苏淮北地区发生旱情，城乡生活、工农业及交通航运受到较大影响。根据江苏省防汛防旱指挥部的调度指令，南水北调泗洪站、睢宁二站于 5 月 22 日同时投入抗旱调水运行，泗阳站、刘老涧二站随后分别于 6 月 11 日、6 月 12 日投入抗旱调水运行。

（江苏省水利厅）

工 程 效 益

2018 年，江苏省南水北调工程圆满完成年度向省外调水和参与省内抗旱翻水运行任务，累计抽水 17.85 亿 m³，其中向省外调水 10.88 亿 m³，工程效益得到显著发挥。

根据水利部下达的南水北调年度调水计划，江苏省南水北调工程自 2017 年 11 月 15 日至 2018 年 5 月 29 日，分两阶段向江苏省外调水，两阶段累计调水出省 10.88 亿 m³。其中，2017 年 11 月 15 日至 2018 年 2 月 9 日调水出省 4.30 亿 m³，3 月 2 日至 5 月 29 日调水出省 6.58 亿 m³。水质方面，据环保部门监测数据表明，调水水质持续稳定达到国家考核标准。

2018 年 5 月 12 日至 8 月 13 日，刘老涧二站、泗洪站、睢宁二站等泵站根据江苏省防汛防旱指挥部的调度指令开机运行，参

与江苏省内局部地区抗旱翻水，有效缓解了江苏淮北地区旱情。

（江苏省水利厅）

科 学 技 术

2018年，江苏省南水北调办积极推进科学研究工作，多项科研课题进展顺利，研究成果为南水北调东线工程的调度运行管理与后续工程规划研究提供了借鉴与技术支撑。

（1）完成《南水北调东线工程调蓄湖泊联合优化调度研究》课题，并通过结题验收。

（2）完成《江苏省南水北调一期工程受水区供用水平衡复核与分析》课题，并通过结题验收。

（3）会同江苏省水利勘测设计研究院有限公司完成《南水北调江苏省后续工程水量配置及工程布局研究》课题。

（4）会同江苏水源公司、南京财经大学联合启动开展《南水北调江苏境内新增供水计价方式及水费结算机制研究》课题的研究工作。

（江苏省水利厅）

征 地 移 民

截至2018年年底，江苏省南水北调工程共计永久征用土地4.39万亩，其中3.77万亩办理用地手续全部通过国家批复，临时征用土地2.3万亩，已基本退还当地群众复垦耕种。拆迁各类房屋49.6万m^2，搬迁人口1.52万人、4557户，生产安置人口1.26万人，拆迁群众安置工作基本完成。

2018年年初，江苏省南水北调办专门制定并下发年度征迁安置验收时间节点计划，要求各地做好验收的各项准备。2018年共完成文物保护、里下河水源调整、金宝航道等3个设计单元工程的征迁安置完工验收，累计完成26个设计单元工程征迁安置

完工验收，验收率达96.3%。

为改善征迁安置群众的生产生活条件，2018年，江苏省南水北调办根据南水北调工程征迁结余资金使用规定，组织地方征迁机构利用征迁包干结余资金，实施里下河水源调整工程滨海县民便河影响处理、徐州市南四湖下级湖抬高蓄水位影响处理工程补充完善、宝应县夏集镇大寨河配套、宝应县金宝航道工程金宝渔业村生产路等项目，获得当地群众的一致好评。

2018年，江苏省按照"谁主管、谁负责"的要求，在南水北调沿线建立健全矛盾纠纷排查化解机制，细致排查工程建设、运行管理、水质保护等可能出现的信访风险点，超前提出防范、化解的各类措施，及时将矛盾化解在基层单位、解决在萌芽状态。针对徐州市一名群众多次向中纪委写信反映的在南水北调工程征迁过程中上级截留挪用农民征迁款的问题，江苏省南水北调办高度重视，不厌其烦，多次现场调查，查阅相关档案资料，与当地群众和村组干部座谈，邀请信访人当面沟通，当面解释相关政策依据等。

（江苏省水利厅）

环 境 保 护

在截污（尾水）导流工程建设方面，2018年，江苏省南水北调截污（尾水）导流工程建设总体进展有序，扫尾工程建设任务全面完成并及时推进验收，在建工程进展顺利。2018年共组织完成淮安截污导流工程竣工验收、睢宁尾水导流工程档案专项验收、推进完成丰沛尾水导流工程征迁专项验收；年内宿迁市尾水导流工程完成投资1.76亿元，累计完成投资3.76亿元，完成72km压力管道铺设和21处顶管施工。

在水质保障方面，江苏省生态环境厅每月发布15个国控断面的水质监测与评价结果，并在调水期间加密监测频次。监测数据表明，

2018年度，江苏省南水北调输水干线水质全部达到国家考核标准。江苏省生态环境厅、省南水北调办强化对干线水质情况的监管，对个别水质波动断面联合开展现场督查，发现问题及时通报地方政府并跟踪督促落实整改。江苏省交通运输厅在调水前提前发布危化品船舶禁航公告，调水期间严格落实航运监管相关规定，定期开展巡航检查、联防联控和应急值班等工作，保障了输水干线水环境稳定。江苏省住建厅督促指导南水北调沿线各地加大投入，加快推进城镇污水处理厂配套管网建设，从源头控制干线污染源。同时，强化对污水处理设施的运行监管，开展城镇污水处理厂运行管理考核，充分发挥设施污染物减排效益。江苏省海洋与渔业局严格渔业行政执法监管，协调地方政府拆除洪泽湖、骆马湖部分围网，规范围网养殖，优化调整养殖结构，推广渔业生态养殖，保障湖泊水生态环境。

（江苏省水利厅）

工 程 验 收

2018年，江苏省南水北调办会同江苏水源公司、南水北调江苏质量监督站，根据各设计单元工程准备工作开展情况，编制了详细的年度完工验收计划。验收过程中，一方面严格验收程序、严把工程质量关，另一方面帮助项目法人和现场建设单位协调解决具体困难。2018年共组织完成睢宁二站、泗阳站、金宝航道等3个设计单元工程的完工验收，以及纳入主体调水工程中的淮安市截污导流工程的竣工验收。

（江苏省水利厅）

工程审计与稽察

2018年，江苏省南水北调办组织对泰州市、金湖县和宝应湖农场境内项目征迁安置完工进行财务决算审计，并加强审计过程

中发现问题的督促整改。在整改过程中，重点关注民生问题，如金湖县拆迁群众安置区规划安置与实际安置人数存在较大差距，江苏省南水北调办主动与金湖县政府主要领导沟通协商整改方案，按实际入住户数分摊投资，妥善解决相关问题。

（江苏省水利厅）

创 新 发 展

2018年，江苏省南水北调办和江苏水源公司切实加强南水北调新建工程管理，在管理能力、管理方式、管理内容、管理标准上创新突破，全面提高工程管理水平。

（1）推进"10S"标准化管理体系建设。将"10S"标准化管理体系在2017年泗洪站试点成功的基础上，推广到洪泽站、宝应站和解台站等工程，并在湖北南水北调兴隆枢纽工程标准化创建中进一步推广应用，标准化建设初见成效。

（2）不断完善管理方式。2018年，江苏水源公司以清单式管理为框架，以量化考核为手段，以过程考核为合同金额兑现依据，不断提高工程委托管理水平，工程管理效果进一步提升。

（3）探索智能化管理。积极开展包括水量水质自动采集、泵站现地智能化控制、工程运行大数据分析及故障诊断预警、泵站群远程实时监控等在内的调度运行系统建设，2018年，已初步实现工程、水文等数据实时采集、分析和远程监控功能。同时，联手阿里云公司，着手建设南水北调工程江苏水源云服务平台。

（江苏省水利厅）

其 他

2018年，根据水利部关于南水北调东线二期工程规划工作的部署要求，江苏省水

利厅、省南水北调办认真组织做好江苏省南水北调二期工程规划工作。经现场查勘调研、专家咨询讨论，江苏省南水北调二期工程规划在线路布局、综合影响、管理体制等方面取得阶段成果，及时向水利部淮河水利委员会及中水淮河公司提交了基础素材，同时，做好与规划总承单位的沟通、对接与协调。2018 年，江苏省水利厅、省南水北调办按要求向水利部淮河水利委员会反馈了《南水北调东线二期工程规划（初稿）》的相关意见。

（江苏省水利厅）

山　东　段

概　述

2018 年，山东省南水北调办认真学习习近平新时代中国特色社会主义思想及党的十九大精神，深入落实水利部的部署要求，坚持稳中求进、提质增效工作总要求，积极开拓进取，确保了工程运行平稳、水质稳定达标，圆满完成工程运行管理各项任务，为山东省经济社会可持续发展提供了可靠的调水保障。

（一）工程安全平稳运行，调水水量创历年新高

2017—2018 年度调水历时 316 天，从省界调水量 10.88 亿 m^3，年度调水量创历年新高，整体工程处于安全稳定状态，输水干线水质稳定达到地表水 Ⅲ 类标准。期间，完成向青岛重要活动期间供水保障政治任务，利用胶东干线调引黄河水 4013 万 m^3。为应对超强台风对局部地区带来的强降水，先后调度八里湾泵站、双王城水库和济平干渠等工程为地方抽排雨洪水，积极服务山东省的防汛工作。2018—2019 年度计划从省界调水量为 8.44 亿 m^3，已调入 2.17 亿 m^3。

（二）尾工建设项目全部完成，主体工程验收稳步推进

山东省南水北调工程尾工建设项目主要有调度运行管理系统工程、南四湖水资源监测工程和管理设施专项工程 3 个设计单元工程。2018 年，完成施工投资 11521 万元，

按《水利部办公厅关于加快南水北调工程尾工建设工作的通知》（办综函〔2018〕753 号）文件要求的建设目标全部完成。

山东省南水北调主体工程 2018 年完成双王城水库、明渠段、七一·六五河段、小运河段、东平湖输蓄水影响处理工程 5 个设计单元工程项目法人自验及完工验收工作。山东省南水北调工程建设管理局、南水北调东线山东干线公司（以下简称"山东干线公司"）配合水利部完成姚楼河闸、杨官屯闸、大沙河闸、潘庄引河闸和台儿庄泵站 5 个设计单元工程完工验收。

（三）推进规范化建设，管理水平不断提升

结合对国内调水工程的学习调研，组织对水保绿化、金结机电、土建维护、信息化建设、文化设施完善等方面进行对标检查，按照"整体面貌美观、内部设施规范、标示标牌清晰、文化设施完善"的标准制订实施方案，并分步推进，工程整体面貌有了较大提升。南水北调东线一期大屯水库工程和八里湾泵站工程荣获 2017—2018 年度中国水利工程优质（大禹）奖。

（武　健　丁晓雪）

工　程　管　理

（一）维修养护

2018 年 1 月，组织召开 2018 年度工程

日常维修养护计划内部专家审查会议。4月，完成运行期工程造价咨询机构备选库框架协议签订工作；完成 2018 年度 3 个标段日常维修养护合同签订。6 月 6—8 日，山东干线公司组成 5 人调研组，赴江苏水源公司宝应管理所和洪泽管理所，对维修养护管理工作进行调研；完成 2017 下半年日常维修养护合同验收工作。8 月，组织召开 2017年上半年工程维修养护合同项目结算审计交流会暨 2018 年维修养护工作会议；办理山东省工程建设标准造价信息网会员事宜。10月 16—25 日，组织对泰安局、济宁局、济南局、胶东局、德州局、聊城局的渠道管理处进行维修养护工作检查。

（二）安全监测

（1）完成变形观测网建设项目土建及部分观测工作。泵站、穿黄及重点渠道建筑物变形观测网建设项目招标工作结束后，为了尽快启动并推动该项工作，连续召开 3 次工作会议，并形成会议纪要。3 月，施工单位进入施工现场，先经过试点探索，优化工序和总结经验后大面积展开，经过 2 个月野外紧张施工，完成基点埋设及改造等土建工作，以及三大段共 61 个基准点、115 个工作基点的建设。基点经过一个雨季后，沉陷趋于稳定。各施工单位于 10 月开展野外观测工作，目前观测任务过半，即将进行第二次观测。施工过程中，监理单位全过程监理，严格把关，尽职尽责，圆满完成监理任务，保证了工程的质量和进度。

（2）完成安全监测内观改造项目测压管疏通等部分工作。完成安全监测渗压和环境量等监测项目招标工作，进入实施阶段，该项目主要解决安全监测内观设施目前存在的问题，如测压管淤堵、传感器损坏及检测数据不准确等。通过该项目实施，能够提高内观设施的完好率和使用率，为山东段南水北调工程安全平稳运行提供可靠的检测资料保障。完成聊城局测压管疏通 165 处的施工，其中灵敏度试验合格 137 处，灵敏度试验不合格 28 处，合格率达 83%；穿黄新建2 处雷达水位计、1 处电子水尺工作；双王城水库完成 15 处测压管钻孔、4 只渗压计更换及 1 处雷达水位计安装工作。

（3）完成安全监测多期技术培训工作。安全监测涉及专业较多、技术性强，为此山东干线公司高度重视培训工作，每年都组织开展相关技术培训活动，培训方式有集中培训、现场指导培训、远程指导培训等，培训内容涉及理论知识讲解、仪器操作、数据处理、精度评定、仪器维护保养等。通过培训提高了现场人员的技术能力和水平，为做好安全监测工作打下了坚实的基础。为了加强技术培训工作，2018 年，公司引入了第三方社会专业力量，通过公开招标选择服务队伍，从外观到内观进行全面的指导和培训。2018 年 7 月、8 月、10 月，先后开展多期安全监测集中培训，其中 10 月的培训首次采用技能比武大赛的形式，取得了很好的培训效果。

（4）完成 2018 年度变形观测仪器年检工作。对于有强制检定要求的测绘仪器，山东干线公司定期组织开展仪器年检，完成连续 4 年的年检工作。随着仪器数量增加，2018 年，公司采用了委托第三方服务的方式进行，提高了年检效率，短时间内共检定电子水准仪 20 台、水准尺 20 对、全站仪 7台，取得较好效果。

（5）完成安全监测监控技术指标研究工作。安全监测监控指标研究，能为工程安全预警提供依据，实用价值较大，具有较强的研究意义。东线总公司多次开会协调，山东干线公司也高度重视。工程管理部下文通知各相关单位进行资料的整理及准备并积极联系第三方单位进行研究，最终选择南瑞集团有限公司承担该课题。课题历时 3 个月，南瑞集团已于 2018 年 12 月 5 日提交了初步报告，初步完成合同内容。

（6）其他工作。主要包括水下机器人考察工作、2018 年度安全监测预算审核工作及领导交办的其他工作。

（三）尾工建设

（1）根据《关于对山东省南水北调配套工程和尾工项目开展督导检查的通知》要求，山东干线公司高度重视，认真组织做好迎接督查相关准备工作。

（2）按照《关于报送 2018 年度南水北调工程尾工建设工作总结和 2019 年度建设计划的通知》（南调便函〔2018〕105 号）的要求，按时上报《关于报送 2018 年度南水北调工程尾工建设工作总结和 2019 年度建设计划的报告》（鲁调水企工字〔2019〕2 号）文件。尾工建设项目主要有调度运行管理系统工程、南四湖水资源监测工程和管理设施专项工程。2018 年，完成施工投资 11521 万元，按《水利部办公厅关于加快南水北调工程尾工建设工作的通知》（办综函〔2018〕753 号）文件要求的建设目标全部完成。

（四）安全管理

（1）安全生产目标管理。印发了《关于 2018 年安全生产总体目标和年度目标的通知》，明确了 2018 年南水北调干线工程安全生产总体目标和年度目标，逐级签订了安全生产目标责任书，明确了各级各部门各岗位安全生产目标和责任。

（2）安全生产会议。2018 年，每季度召开安全生产会议，传达学习安全生产会议和文件精神，总结安全生产工作情况，研究安全生产重大问题，部署安全生产工作任务。

（3）安全生产投入。组织编制《2018 年安全生产专项费用使用计划》，落实费用使用计划，专款专用，保障安全生产投入；制定安全生产类费用合同和非合同两种价款支付申请单格式。

（4）法律法规和安全管理制度及标准化建设。狠抓安全生产标准化管理制度、安全规程以及应急预案的学习和贯彻落实。

2018 年 12 月，通过水利部安全生产标准化一级单位达标验收，并获得证书。全面开展运行安全管理标准化建设，形成运行安全管理八大体系和四大清单，在全线执行。2018 年 11 月，完成自评和考评工作。工程管理标准化体系整合工作取得进展，按照以 ISO9000 质量体系为统领，整合各标准化体系的要求，编制完成质量体系文件。运行管理标准化建设取得阶段性成果，长沟泵站、韩庄泵站、万年闸泵站、八里湾泵站、双王城水库和平阴管理处 6 个试点单位完成标准化体系文件编制，管理条件标准化一期项目通过验收。安全风险管控和隐患排查治理双重预防体系建设稳步推进，组织安全管理人员赴山东省双重预防体系建设标杆企业济南黄台发电有限公司调研学习，研究制定风险分级工作办法，组织开展安全风险分级和危险源辨识工作。2018 年 4 月，建立风险分级管控台账。

（5）教育培训与宣传工作。2018 年 7—8 月，组织安全生产管理人员赴赤峰市、青岛市参加水利部等单位举办的安全生产标准化培训班。

2018 年，共举办三期安全生产培训班。3 月和 6 月，山东干线公司分别组织安全生产培训班，对特种作业人员管理、特种设备管理、电气安全及安全生产现场隐患、泵站、水闸设备管理等级评定和运行安全标准化体系建设等内容进行培训，参加人数共 150 名。9 月，配合东线总公司在德州举办工程管理与安全管理培训班，山东干线公司 35 名安全生产管理人员参加培训。

2018 年 6 月，制定 6 类 16 项具体的安全生产宣传教育活动的工作方案。开展安全发展主题宣讲活动。山东干线公司、各管理局、管理处先后开展"一把手谈安全"活动，共举办宣讲活动 29 场，发放"致工程沿线学生家长的一封信"和"南水北调安全宣传练习册"各 15 万份，在工程现场悬挂安全标语横幅 300 条,利用宣传车广播《山东南水北调条例》等内容。举办"生命至上,安全发展"主题演讲比赛活动,参加山东省水利演讲比赛活动,公司选手获得了第一名的优异成绩;参加水利部 2018 年全国水利网络安全生产知识竞赛,公司共有 420 人参加知识竞赛,全员参赛率 80%,总成绩位列全国企业排行总成绩第 62 名,全省企业排行第 2 名。组织员工观看《生命至上科学救援》等事故警示教育资料,开展安全警示教育活动 23 场,参加人员 400余人次。组织参加"2018 年全国防汛抗旱知识大赛",公司共有 326 人参加线上答题竞赛。

(6)隐患排查和治理。2018 年,山东干线公司组织开展危化品综合治理、消防安全专项检查、防汛度汛专项检查、泵站机组大修安全专项检查、电气防雷接地专项检查等活动。参与安全检查和隐患排查人数累计 936 人次,组织检查组累计 181 个,公司各现场单位共自查自纠一般安全隐患 914 个,无重大安全隐患。公司组织检查抽查共 7批,开出问题告知书 37 份,提出问题 148项,2018 年 12 月 31 日前全部完成整改。做到问题整改"五落实"(责任人、措施、资金、期限和应急预案)。

(7)职业健康。2018 年,组织泵站运行人员到山东省职业病医院进行职业健康查体,5 月和 8 月分别组织两批共计 140 人;委托山东省职业病防治研究院进行泵站职业病危害因素检测评价,5 月,向济南市安全生产监督管理局申报检测结果。

(8)应急管理。组织开展全省、全国"两会",春节、"五一"、国庆节,以及上海合作组织青岛峰会等期间的重要会议、敏感时段和重大活动期间的安全运行与保障工作。印发"两会"、重点节日及上海合作组织青岛峰会期间工程安全运行与保障工作方案,并贯彻执行保障了重要时期的安全运行。5 月,组织召开《突发事件综合应急预案》评审会,根据专家评审意见,进一步补充完善了应急预案。组织开展应急演练。2018 年,共开展防汛度汛演练、水污染应急处置演练、消防逃生应急疏散、消防灭火、溺水救援、水政执法演练、移动发电车应急接电演练、应急安全、地震逃生、电气事故演练、触电急救演练、GIS 室 SF_6 泄漏反事故演练等演练 61 场次,参演人员达1362 人次。

(林 云 常 青)

运 行 调 度

(一)年度水量调度计划

2017 年 9 月 26 日,水利部批复下达了《水利部关于印发南水北调东线一期工程2017—2018 年度水量调度计划的通知》(水资源〔2017〕177 号)。2017—2018 年度,山东省计划用水 7.04 亿 m³,其中,向枣庄、济宁、聊城、德州、济南、滨州、淄博、东营、潍坊、青岛、烟台、威海 12 城市供水 6.62 亿 m³,为双王城水库生态供水0.12 亿 m³,为东平湖补水 0.3 亿 m³。

按照南水北调东线一期工程 2017—2018 年度水量调度方案,考虑沿线水量损耗,各关键节点计划调水量为入山东省境内10.88 亿 m³、入南四湖下级湖 10.55 亿 m³、入南四湖上级湖 9.99 亿 m³、出上级湖 9.23亿 m³、入东平湖 8.86 亿 m³、入鲁北干线0.85 亿 m³、入胶东干线 7.62 亿 m³。

(二)年度调水实施情况

1. 工程运行情况

山东段工程年度调水自 2017 年 9 月 29日启动,至 2018 年 10 月 1 日完成年度调水任务。年度调水历时 367 天,南水北调山东省境内 7 级大型梯级泵站均达到设计流量并顺利实现联合调度运行,泵站运行平稳,安全可靠,状态良好。南水北调济平干渠及济

南以东段242km渠道工程，2016年2月至2018年8月连续运行905天，运行期间最大达到设计流量50m³/s运行，并实现渠首、沿线多个引黄口门同时入流，渠道及其建筑物工程运行安全。穿黄隧洞、鲁北输水干线累计运行200天，最大引水流量达到30m³/s，鲁北干线实现聊城土渠段多口门的同步分水，工程运行高效有序。大屯、双王城两座水库蓄水量已经达到设计库容，水库大坝及建筑物工程运行安全。

2017—2018年度调水过程分两个阶段实施，其中第一阶段为2017年9月29日至2018年2月1日，第二阶段为2018年3月1日至7月8日。鲁南段泵站工程自2017年9月29日开始，至2018年7月8日结束。2018年5月29日，韩庄运河段三级泵站工程完成运行，苏鲁省界台儿庄泵站完成从骆马湖调水10.88亿m³入山东省，调水10.85亿m³入下级湖；2018年6月16日，二级坝泵站完成运行，调水10.29亿m³入上级湖；2018年7月8日，两湖段三级泵站工程完成运行，调水9.23亿m³入东平湖；鲁南段工程完成运行后，在上级湖存蓄长江水3000万m³。

鲁北段分两阶段完成供水。其中，第一阶段为2017年11月4日至12月4日，第二阶段为2018年3月26日至6月6日，累计从东平湖引水0.91亿m³；市界闸过水量0.41亿m³。

胶东段工程自2017年9月29日开始，至2018年8月10日结束，累计从东平湖引水7.53亿m³，累计向引黄济青渠道供水6.55亿m³。整个调水过程分两个阶段实施，其中第一阶段为2017年9月29日至2018年5月21日，第二阶段为2018年6月11日至8月10日。

2017—2018年度，大屯水库完成入库水量3331万m³；东湖水库完成入库水量931万m³；双王水库完成入库水量4679万m³。

2017年9月29日至2018年10月1日，三座水库持续向德州、济南、潍坊供水。

2. 水量调度

（1）工程关键节点实际调水量。2017—2018年度调水实际完成水量为：台儿庄泵站从江苏调水10.88亿m³，入南四湖下级湖10.85亿m³，入南四湖上级湖10.29亿m³，调入东平湖9.23亿m³，向鲁北干线调水0.91亿m³，向胶东干线调水7.53亿m³。

（2）各受水市实际供水情况。2017—2018年度累计向各受水市供水6.64亿m³，各受水市供水量分别为：枣庄2400万m³，济宁650万m³，德州2349万m³，聊城3826万m³，济南5941万m³，滨州2214万m³，潍坊17144万m³，青岛27948万m³，烟台1074万m³，威海2808万m³。

（3）湖泊生态补水情况。2017—2018年度向东平湖生态补水3000万m³。

（4）水量调配情况。因淄博市、东营市没有补水，相应水量调配至胶东地区4市进行供水，共计3000万m³。

3. 应急调水

（1）保障上海合作组织青岛峰会期间供水安全。根据2018年5月15日山东省水利厅关于"保障青岛市重要活动期间供水安全"工作部署，在山东省水利厅、山东省胶东调水局和地方政府的支持下，2018年5月18日至6月11日，南水北调山东段工程分别从田山沉沙池、道旭分水闸、胡楼分水闸调引黄河水，保障上合组织青岛峰会期间青岛市供水安全。三个口门合计调引黄河水水量4013万m³。

（2）向济南市小清河及华山湖补水。应济南市要求，2018年9月24—30日，南水北调济平干渠调引东平湖湖水向小清河方向华山湖应急补水，调水水量783万m³。

（3）配合地方政府防汛排涝。2018年8月，受台风"温比亚"影响，山东省境内多地连降暴雨，寿光等地受灾尤为严重，南水北调山东段工程积极响应中央及山东省政府号召，配合地方政府进行防汛排涝工作。8月21—22日，配合梁山县为柳长河防汛排涝，开启八里湾泵站调水入东平湖，排涝水量182.46万 m³；8月22日，配合寿光市分洪工作，开启双王城水库入库泵站抽水入库，排涝水量22.91万 m³；8月13—14日、8月18—19日，配合聊城市为聊城市防汛分洪，开启南水北调聊城东昌府段闸门泄水入徒骇河、周公河、马颊河等外河道；8月23—25日、9月1—3日、9月18—19日，配合济南市为浪溪河防汛分洪，开启浪溪河分洪闸泄水入小清河，排涝水量约为416.8万 m³。

（邵军晓）

工 程 效 益

（一）供水效益

山东省南水北调规划多年，平均供水量13.53亿 m³，从2013年通水以来，调水量逐年增加。2017—2018年度，国家批复山东省调入境水量10.88亿 m³。

（二）生态补湖效益

按照2017—2018年度调水计划，下级湖批复4700万 m³损失水量补湖，上级湖批复5450万 m³损失水量补湖，充分发挥了南水北调生态及航运效应，保障了南四湖水质达标，湖区周边群众的生活质量有了明显的提高。

2017—2018年度，向东平湖补水3000万 m³，弥补了东平湖干旱缺水的生态之需，使其保持在最低生态水位以上。

（三）航运补水效益

南四湖至东平湖段工程调水与航运结合实施，增加通航里程62km，打通了东平湖与南四湖水上交通。2017—2018年度南水北调工程调水期间，对航运用水进行有效补充，保障了韩庄运河以及南四湖地区内河航运的正常。

（四）防洪排涝效益

受台风"温比亚"影响，2018年8月18—19日，山东省境内多地连降暴雨，多地河流急需泄洪排涝，南水北调山东段工程配合沿线地方政府采取开启泵站机组抽取洪水及开闸泄洪等方式，充分发挥了南水北调工程防洪排涝效益。南水北调工程与沿线防洪除涝结合实施，大大提高了城市和农村防洪排涝标准。

（五）受水区地下水压采成效

根据山东省政府批复的《山东省地下水超采区综合整治实施方案》，到2025年将超采的深层承压水全部压减，地下水压采后替代水源主要依靠外调水源。2017年，山东省南水北调受水区共完成地下水压采量8061万 m³（浅层地下水3845万 m³、深层承压水4216万 m³），完成封井1375眼（浅层井950眼、深层承压井425眼），超额完成受水区地下水压采任务。2018年1月1日与2017年1月1日比较，受水区扣除降水因素影响后的地下水位回升0.26m。2017年、2018年山东省开展地下水超采区综合治理国家试点，主要在受水区的县（市、区）开展，南水北调工程为推动山东省地下水压采做出了重要贡献，解决了山东省超采区特别是受水区压采水源需求的后顾之忧。

（邵军晓）

科 学 技 术

"十二五"国家科技支撑计划项目课题"南水北调河渠湖库联合调控关键技术研究与示范""南水北调平原水库运行期健康诊断及防护技术研究与示范""南水北调工程地震灾害监测与预警关键技术研究与示范"已根据项目要求完成全部研究任务，于2018年5月通过科技部验收。

2015年度，山东省水利科研与技术推

广项目"河-湖-泵站复杂系统调度关键技术研究",于2018年1月26日通过山东省水利厅验收;2016年度,山东省水利科研与技术推广项目"渠道自动化巡查系统研究",于2018年6月14日通过水利厅验收。2017年度,山东省省级水利科研与技术推广项目"调水工程建设运行管理关键技术研究"完成全部研究任务。

组织申报2019年山东省省级水利科研与技术推广项目"同步电机轴承油冷技术研究""梯级泵站集中控制技术及相关标准研究"。

"南水北调东线一期鲁北段工程大屯书库工程""南水北调东线第一期工程南四湖-东平湖输水与航运结合工程八里湾泵站枢纽工程"获2017—2018年度中国水利工程优质(大禹)奖。

(焦璀玲　宋翔)

征 地 移 民

组织完成东平湖蓄水影响处理工程、梁济运河工程和济南市区段3个设计单元工程征迁省级完工验收工作。截至2018年年底,南水北调东线一期山东段干线工程29个设计单元工程征迁完工验收工作全部完成。

组织完成山东省南水北调干线工程征迁内部审计工作,根据审计意见,对山东省南水北调干线工程征迁实施管理、财务管理等方面做了进一步规范和完善。

妥善利用干线工程征迁结存资金,2018年,山东省南水北调工程建设管理局批复实施了3个干线影响工程项目,充分维护了干线工程沿线群众的合法权益,有力保障了干线工程的正常运行。

工 程 验 收

山东省南水北调主体工程2018年完成双王城水库、明渠段、七一·六五河段、小运河段、东平湖输蓄水影响处理工程5个设计单元工程项目法人自验及完工验收工作。山东省南水北调工程建设管理局、南水北调东线山东干线公司配合水利部完成姚楼河闸、杨官屯闸、大沙河闸、潘庄引河闸和台儿庄泵站5个设计单元工程完工验收。

(一)验收完成情况

1. 设计单元工程完工验收情况

2018年9月19日完成东湖蓄水影响处理设计单元工程完工验收,9月29日完成台儿庄泵站、潘庄引河闸、姚楼河闸、大沙河闸、杨官屯河闸5个设计单元工程完工验收,10月22日完成双王城水库设计单元工程完工验收,10月23日完成明渠段设计单元工程完工验收,10月24日完成小运河段设计单元工程完工验收,10月25日完成七一·六五河段设计单元工程完工验收。2018年南水北调山东段工程共计完成10个设计单元工程完工验收工作。

完成南水北调东线山东干线设计单元工程2018年完工验收计划的调整。

2. 项目法人验收(验收自查)情况

2018年3月28日完成双王城水库设计单元工程项目法人验收自查,6月29日完成明渠段设计单元工程项目法人验收自查,7月27日完成七一·六五河段设计单元工程项目法人验收自查,8月13日完成台儿庄泵站、潘庄引河闸2个设计单元工程项目法人验收,9月6日完成东湖蓄水影响处理设计单元工程项目法人验收自查,9月14日完成姚楼河闸、大沙河闸、杨官屯闸3个设计单元工程项目法人验收,9月27日完成小运河段设计单元工程项目法人验收自查,9月28日完成东湖水库设计单元工程项目法人验收自查。2018年南水北调山东段工程共计完成11个设计单元工程项目法人验收(验收自查)工作。

完成双王城水库等11个设计单元项目法人验收自查各单位工作报告、验收备查材料、现场准备等各项准备工作。

落实项目法人验收（验收自查）的遗留问题。

（二）补充安全评估工作

2018年9月13日，组织水利水电规划设计总院召开东湖水库补充安全评估座谈会。对补充安全评估工作大纲、报告格式提出要求，为后续工作的顺利开展奠定了基础。起草《南水北调东线一期穿黄河工程补充安全评估委托协议》《南水北调东线一期穿黄河工程补充安全评估工作大纲》，积极推进穿黄河工程补充安全评估工作。

（三）完工验收有关调研工作

2018年5月22—24日，南水北调工程设计管理中心组织专家对苏鲁省际5个设计单元工程完工验收准备情况进行调研。调研组对台儿庄泵站、潘庄引河闸、姚楼河闸、大沙河闸、杨官屯闸设计单元工程完工验收准备工作进行检查，查看了工程现场，并对发现的问题进行现场座谈，形成《调研工作报告》。山东干线公司根据报告中提出的台儿庄泵站、潘庄引河闸工程运行管理存在的问题进行整改并形成整改报告。6月19—22日，原国务院南水北调办建管司组织专家对南水北调东中线一期工程竣工验收方案进行调研。调研组查看了大屯水库工程现场，查阅了工程完工验收有关档案，并在现场进行座谈交流。7月31日至8月1日，山东干线公司北京分局对东线泵站设计单元工程验收准备工作进行调研。调研组查看了台儿庄泵站、韩庄泵站、二级坝泵站现场，并对验收准备工作有关情况进行座谈。

（四）落实验收遗留有关问题推进工作

2018年5月31日，组织专家召开穿黄河工程验收专家咨询会，并形成专家意见。根据专家意见积极推进穿黄河工程验收遗留的落实工作。7月18日，组织召开七一·六五河设计单元工程完工验收推进工作座谈

会，会议对验收遗留问题落实了责任人、责任单位及完成时限，为按时完成完工验收奠定了基础。11月14—15日，组织召开二级坝泵站验收准备工作推进会，查看工程现场，会议对工程存在的问题落实了责任人、责任单位及完成时限。

（五）验收有关其他工作

2018年，起草完成《设计单元工程完工验收项目法人验收（验收自查）的通知》《设计单元工程完工验收项目法人验收（验收自查）工作方案》《设计单元工程完工验收请示》《设计单元工程完工验收工作指南》《山东干线工程完工验收情况报告》等验收有关通知、方案、报告、回函等文件37份。完成2018年影响验收问题推进工作方案编制。汇总完成2018年度验收工作推进方案分解表。制作完成山东干线设计单元工程完工验收计划展板。进行完工财务决算中预留尾工项目的统计汇总。

（张东霞）

工程审计与稽察

一、工程审计

2018年5月3日至6月22日，根据原国务院南水北调办经财司《关于开展南水北调工程资金审计的通知》（经财函〔2018〕9号）要求，中建华会计师事务所有限责任公司和北京中建华投资顾问有限公司联合体对山东境内南水北调工程建设资金进行审计。7月9日，收到水利部办公厅《关于山东干线公司2017年度工程建设资金审计整改意见以及相关要求落实情况的通知》（办综字〔2018〕134号）。9月26日，山东干线公司向水利部报送了《关于2017年度工程建设资金审计整改意见落实情况的报告》（鲁调水企财字〔2018〕17号）。

2018年9月27日至11月10日，根据

水利部南水北调工程管理司《关于开展南水北调东线鲁北段小运河段工程等3个设计单元工程完工财务决算审计的通知》（南调便函〔2018〕11号）要求，大信会计师事务所（特殊普通合伙）和中大信开元工程管理咨询有限公司联合体对柳长河段工程和韩庄运河段水资源控制工程完工财务决算进行审计，浙江科信联合工程项目管理咨询有限公司和宁波科信会计师事务所有限公司联合体对小运河段工程完工财务决算进行审计。

2018年10月8—23日，根据水利部南水北调工程管理司《关于开展南水北调东线梁济运河工程完工财务决算审计的通知》（南调便函〔2018〕24号）要求，中审华国际工程咨询（北京）有限公司和中审国际会计师事务所有限公司联合体对梁济运河工程完工财务决算进行审计。

2018年10月16—26日，根据南水北调工程管理司《关于开展南水北调东线大沙河闸工程等3个设计单元工程完工财务决算审计的通知》（南调便函〔2018〕25号）要求，中兴财光华会计师事务所（特殊普通合伙）和中联造价咨询有限公司联合体对该3个完工财务决算进行审计。

二、工程稽察

（一）工程运行质量管理监督检查工作

（1）定期组织开展自查自纠工作。三级管理单位每月开展一次自查自纠，二级管理单位每季度开展一次自查自纠，一级管理单位每月督促自查问题的整改落实，并开展不定期抽查工作。

（2）组织开展各类稽察、巡查、督查、飞检等检查发现问题的整改落实工作。2018年，稽察、督查、飞检等上级检查及遗留问题共计527项，除盘柜线缆整理及线缆标识标牌、渠道、桥梁等混凝土老化、冻融修复、测压管更换替代、调度运行系统升级改造等几类需要借助专业力量整改的问题外，都已整改到位。

（3）落实工程运行管理问题责任追究有关规定。组织召开问题整改与责任追究专题工作会议，2017—2018年度约谈2次，应原国务院南水北调办要求特定飞检约谈邓楼泵站主要负责人，应审计要求约谈东湖水库、穿黄河、台儿庄泵站、韩庄泵站主要负责人并形成会议纪要。

（二）配合水利部、监管中心、东线总公司的有关工作

（1）配合上级各类专项稽察、专项巡查、专项检查及督查共计14批次。其中，配合东线总公司对工程沿线20个管理处所辖重要闸站的运行安全监管督查9批次；配合南水北调工程监管中心运行管理专项稽察、调度运行系统专项稽察、重点风险项目专项巡查、台儿庄泵站运行管理专项巡查等共计6批次。配合组织召开运行管理专项稽察会议，协助被查单位对发现问题进行反馈销号，并先后形成10期整改报告按期上报。

（2）组织开展各类稽察、飞检、督查、自查发现问题的月报、年报工作。专家委检查发现问题月报、东线总公司督查大队督查、自查问题月报、东线总公司专项稽察、飞检问题月报，含电子版共计上报了28期。

（3）按照要求参加原国务院南水北调办工程运行监管工作会议，并完成有关资料的准备工作。按照东线总公司安全工作会议要求，并完成2017年度工程运行安全监管工作总结。

（4）根据原国务院南水北调办要求，完成南水北调工程重点风险项目的报送和核对确认工作。

（5）完成东线总公司运行管理监督检查工作实施细则意见反馈。

（6）根据原国务院南水北调办监督司要求，形成山东干线公司关于责任追究修订

办法征求意见反馈并上报。

（三）配合开展审计及审计意见落实等相关工作

配合国家审计署对东湖水库审计及审计意见落实工作，完成审计问题答复、审计意见落实工作方案及整改报告资料整理工作；配合离任审计相关工作。

（四）举报受理工作

（1）完成举报受理7起。完成国调办〔2018〕003号、信访电话记录2起举报事项调查，核实举报是否属实并上报；核实聊城肖庄附近挖断电线杆、夏津武成候王庄桥举报牌折断2起举报不实事宜；核实德州苏留庄镇西韩村隔离网缺失、桃园沟交通桥被大车碾压损坏等2起举报调查事宜；完成长清郭庄村东的跨渠桥限宽限高丢失举报，督促整改并上报。

（2）配合法务部完成举报5起。配合完成山东省水利厅转办的南水北调工程长清段防护网碱化、八里湾村交通桥面损坏、济平干渠平阴段污染水质环境、长清段乱弃渣土等举报事宜。

（刘传霞　刘益辰　刘晓娜）

创 新 发 展

2018年4月，山东干线公司工会编制《山东南水北调"岗位创新活动"实施方案》，成立"岗位创新活动"领导小组，依据《南水北调东线山东干线有限责任公司工会会员岗位创新管理暂行办法》及《山东省南水北调工程建设管理局"工作创新奖"评定管理办法》，组织各工会小组对年度岗位创新成果进行初评、互评，组织有关专家对申报"工作创新奖"项目进行初审，上报山东省南水北调工程建设管理局评审小组进行评审。

2018年，山东干线公司各部门、各单位共申报山东省农林水利畜牧系统第四届职工合理化建议暨技术创新成果48项，1项成果获得技术创新成果二等奖，4项成果获得技术创新成果三等奖；48项成果获得"山东省农林水利畜牧系统合理化建议和技术改进成果"。山东干线公司工会获得"先进单位"称号。

（张金平　许雅静）

工 程 运 行

长 江—洪 泽 湖 段

宝 应 站 工 程

一、工程概况

南水北调宝应站工程位于宝应县和高邮市交界处，是南水北调东线一期工程的水源工程，其主要作用是与江都站共同组成第一级抽水站，通过三阳河、潼河将长江水引至其下游，利用四台主机泵抽排三阳河、潼河的水至京杭大运河，以满足南水北调规划确定的东线一期工程抽江水500m³/s北送的要求，并可结合抽排江苏省里下河地区涝水。

宝应站是南水北调东线工程第一个开工、第一个建成、第一个发挥效益的工程。工程设计规模100m³/s，设计扬程7.6m，共安装3500HDQ－7.6型立式导叶液压全调

节混流泵 4 台（三主一备），水泵叶轮直径 2950mm，配 TL-3400/48 立式同步电动机 4 台，总装机容量 13600kW。泵站为堤身式布置，采用肘形进水、虹吸式出水流道，真空破坏阀断流。工程设计规模为大（2）型泵站，工程等级为Ⅱ等。

二、工程管理

南水北调宝应站工程于 2003 年 9 月 2 日正式开工建设，于 2005 年 4 月 13 日通过水下工程阶段验收，2005 年 10 月 9 日通过机组试运行验收，2005 年 12 月 18 日通过单位工程完工验收，2005 年 11 月 8 日工程移交委托运行管理单位运行管理，2013 年 1 月通过设计单元工程完工验收。

2005 年 9 月至 2018 年 4 月，宝应站由江苏省江都水利工程管理处代为管理。自 2018 年 5 月起，由江苏水源公司扬州公司直接管理，现场管理单位为南水北调东线江苏水源公司宝应站管理所。宝应站工程管理各项工作始终处于前列，2009 年被评为江苏省水利风景区，2014 年荣获 2013—2014 年度中国水利工程优质（大禹）奖，2015 年被评为江苏省一级水利工程管理单位。

维修养护管理是工程管理重要环节，宝应站工程每月进行设备调试、日常检查、摸查设备、金属结构、水工建筑物等相关工程相关设施存在的问题，对存在的问题每年进行岁修及日常维修养护工作。2018 年，宝应站（含大汕子枢纽）岁修、急办、完工验收、管养分离等项目共 18 项，批复经费约 328 万元，2018 年度已全部实施完成，并通过分公司验收。在项目实施过程中，宝应站严格规范开展维修养护项目管理。

2018 年是宝应站工程过渡交接期，安全工作尤为重要，宝应站时刻紧绷安全这根弦，时时保安全，事事讲安全，确保安全工作万无一失。根据工程实际情况及历年工作经验，宝应站认真落实上级安全与防汛工作精神，及时修订安全组织网络，修订完善防汛预案及反事故预案，编制年度度汛方案，确保内容及措施与宝应站实际情况吻合。汛前，宝应站根据在站人员情况及时编排汛期值班表，修订完善防汛值班制度。进入汛期后，宝应站加强防汛值班工作，严格根据汛期值班表确保 24 小时值班，每日及时上报水情汛情，同时根据防汛预案规定，加强工程巡视检查力度，确保工程设备设施完好。

根据工程防汛需要，及时购置补充防汛抢险装备，合理增补防汛物资，物资数量、品种严格按照《防汛物资储备定额编制规程》（SL 298—2004）要求，采用自备与代储相结合的方式，管理所现场储备部分常用物资，其他部分与宝应县防汛防旱办公室签订代储协议，明确规定调用方式及代储物资运输路线，确保出现紧急汛情时物资能顺利运至现场。同时积极将防汛工作纳入地方防汛体系，明确防汛联络人，加强与宝应县防办及周边地方政府的沟通联系，实现水情汛情共享。为防患于未然，不断强化员工的防汛责任意识，提高员工的防汛工作能力。

三、运行调度

2018 年度，宝应站工程根据江苏水源公司调度计划部及分公司工程管理科调度要求，共接收分公司调度指令 7 条，准确执行指令 7 条，执行指令准确率 100%。工程运行过程中因工程设备年份久远，2018 年度对 5 号、6 号清污机进行改造，其余金结机电设备运行正常。

四、工程效益

宝应站工程自 2005 年建成投运以来，至 2018 年共安全运行 253 天，运行总台时 15162 台时，抽排水 18.10 亿 m³。

五、环境保护与水土保持

宝应站管理所在管理区域内设置安全警

示及保护环境警示牌。同时通过每月日常检查，检查管理区环境保护和水土保持情况。坚决取缔沿线排污口和违章建筑，杜绝管理区出现环境污染和水土破坏、流失情况。

（扬州分公司）

金 湖 站 工 程

一、工程概况

金湖站工程是南水北调东线一期的第二级抽水泵站，位于江苏省金湖县银集镇境内，三河拦河坝下的金宝航道输水线上。其主要任务是通过与下级洪泽站联合运行，由金宝航道、入江水道三河段向洪泽湖及以北地区调水，调水设计流量150m³/s；并结合宝应湖地区排涝，排涝设计流量为130m³/s。工程包括泵站、110kV变电所、站上跨河公路桥、站下清污机桥、上下游引河以及配套管理设施。泵站安装液压全调节卧式灯泡贯流泵5台（套）（含备机1台），单机设计流量37.5m³/s，设计扬程2.45m，配套电机功率2200kW，总装机容量11000kW。工程总投资3.78亿元。

二、工程管理

（一）工程管理机构

金湖站工程采用委托管理模式，从2012年12月开始，江苏水源公司与江苏省洪泽湖水利工程管理处签订委托协议书，管理范围包括泵站、泵站上下游交通桥、上下游引河、站下清污机桥、管理用房及附属设施等。管理内容主要有工程建（构）筑物、设备及附属设施的管理，工程用地范围土地、水域及环境等水政管理，工程运行管理，工程档案管理，以及参与泵站机组试运行等。

2013年1月，洪泽湖管理处成立江苏省南水北调金湖站工程管理项目部，具体负责日常管理工作，项目部设项目经理1名，副经理1名，技术负责人1名，运行期安排30人参加管理，非运行期安排19人参加管理。技术人员专业包含热能及动力工程、电气工程自动化、水利建筑工程、计算机应用技术等，运行人员均为中级以上泵站运行工。组建以来，项目部班子内部团结务实、协调配合，工作扎实稳步推进。

（二）设备管理工作

（1）做好设备管理的基础性工作。不断完善和更新泵房各设备间的工程平面剖面图、电气接线图、维修揭示图、操作规程、巡视检查内容等标牌；定期对设备标识，更新设备管理卡，完善设备台账，及时记录设备维修和现状情况，明确责任人。

（2）加强设备汛前、汛后检查与保养。重点对主机组、高低压开关柜、清污机、拦污栅、输送机、液压启闭机、变电所设备、室外视频设备、观测沉陷标点、测压管、断面桩、水位尺等设施进行维修和保养，确保设备与设施时刻处于良好状态。

（3）坚持日常保养，提升管理实力。每周对设备开展1次动态巡检，并进行1次清洁保养，每月对设备进行1次经常性检查，检查后对主辅机组进行1次试运转，每台机每次运行30分钟，每周对液压启闭机事故闸门进行1次开闭操作。通过机组定期试运转，及时掌握设备状况，确保设备随时可以投入运行。

2018年度，项目部组织对1号、5号机组开展水下检查，对闸门、导叶体、水泵外壳、叶轮等进行检查，测量了叶片间隙，对叶轮表面气蚀进行处理。

（三）建筑物管理工作

（1）重点开展汛前、汛后检查保养。重点对主厂房、变电所、控制楼、办公楼、食堂、仓库、餐厅、招待所等处进行检查保养；清理厂房电缆沟，对主厂房上游挡墙渗漏部位进行堵渗维修；对泵房水泵层局部渗水进行防渗处理，并对水泵层墙壁重新涂刷

吸音涂料。

（2）依据规范定期开展工程观测。2018 年，开展垂直位移测量 4 次，测量结果显示工程沉降已趋于稳定；泵站底板扬压力每周观测一次，测压管水位浸润线变化基本正常；每年汛前和汛后各开展河道断面观测一次，上、下引河底部混凝土浇筑平坦，推移质较少，引河河床淤积量基本正常，河床稳定；每两年开展一次水下检查，经检查，上下游翼墙、护坦、护坡及进出水池等部位均正常，泵站机组水下部分无异常。

（3）认真做好日常检查与维护。汛期每月 2 次，非汛期每月 1 次，组织技术人员对水工建筑物进行全面检查，并认真做好巡查记录。夏、秋季节及时组织人员清除堤防上杂草，及时修复雨淋沟，清除河道内漂浮物、水草和混凝土上附着物，保证建筑物整洁美观。

（四）安全管理

金湖站坚持将安全生产工作置于工作首位，2018 年未发生任何安全生产事故。

（1）健全安全网络，责任到人。成立了安全生产领导小组，组建了完备防汛组织网络，配备了专职安全员，层层落实安全生产责任制。

（2）定期开展安全检查，及时上报信息。每月集中开展 1 次安全检查，对查出的问题及时进行整改，并安排专人及时填报安全信息和安全月报。

（3）强化安全培训，做到持证上岗。组织职工学习安全生产规章制度、电业安全操作规程、消防知识等；安排特种作业人员参加专门培训，项目部全体人员通过高压电工证培训及考核，有 5 人持有电力调度系统运行值班证，2 人持有劳动部门颁发的起吊作业证书，做到持证上岗。

（4）建立危险源识别标识。为切实把危险源防控措施落到实处，集中力量对站区危险源进行识别、统计和分类，在危险行为易出现场合醒目公示危险防控措施牌，落实应急救援和处置措施，明确责任人，确保隐患消除在萌芽状态。

（5）做好安全工作的软、硬件配置。安全工具配备齐全，并按规程要求每年对其进行两次试验；完善安全规程、反事故预案等，设备的操作规程上墙；消防器材配备齐全，定期对消防器材进行检查维护，重点对泵站辅机层、液压室、职工餐厅等处灭火器进行增补，在消防设备箱上张贴了使用规程；防雷、接地设施可靠、完好；按照规范要求及时对行车、进行校验和检查。

（6）加强安全值班，强化值班保卫。重点是加强站区的安全保卫和值班，做好防火、防盗，值班人员严格遵守相关制度和规定，不擅离岗位，厂房、门卫实行 24 小时保卫值班，禁止周边闲杂人员进入管理范围，禁止外来人员进入站区游泳、划船和垂钓。

三、运行调度

接调度指令，金湖站于 2018 年 12 月 25 日 14 时开启 1 台机组，流量 35m³/s；12 月 26 日 14 时，增开 1 台机组，流量 70m³/s；12 月 27 日 14 日，流量增大到 90m³/s；12 月 28 日 14 时 45 分，调水流量调整为 82m³/s。上述调度指令执行及时准确，指令回复及时规范，人员到位，操作无误，机组启停安全稳定。

通过机组试运行，主机组各部位温度、振动、噪声及电气参数均处于正常范围；辅机设备运转良好，冷却水压、水量、水温正常，叶片调节机构运转正常；各项电气测量、监视、自动化控制等设备动作正常，机组装置效率满足设计要求，工程发挥了应有的效益。

四、工程效益

截至 2018 年年底，工程已安全运行 6606 台时，累计抽水 9.64 亿 m³，充分发挥了南水北调工程效益，保证了宝应湖地区工农业和群众生命、财产安全。

五、环境保护与水土保持

（1）环境保护措施。对金湖站管理区生活污水设置了膜生物污水处理装置，日处理能力24t。办公区污水和化粪池污水通过地下管道集中输送到污水处理站，经生化处理达标后排入外河。在生活区设置了垃圾池和垃圾箱，划分了卫生责任区，专人负责各责任区的卫生保洁工作，经常性对垃圾池进行清理，集中指定地点堆放，并统一由城市垃圾收集车收集处理。

（2）水土保持措施。定期对护坡、排水沟和裸露土地进行检查整治。管理区植物措施按照乔灌结合原则，常青树与落叶树结合、花草结合的原则，优化林木种类，增加林木品种，达到了"四季有花、常年有绿，水土保持与园林景观相结合"的效果。

六、其他

金湖站工程通过中国水利工程优质（大禹）奖现场复核。被江苏水源公司评为2018年度工程运行管理考核"优秀"等级。

（扬州分公司）

洪泽站工程

一、工程概况

洪泽站是南水北调东线第三梯级泵站之一，位于淮安市洪泽县境内的三河输水线上，距蒋坝镇约1km处，介于洪金洞和三河船闸之间，紧邻洪泽湖。主要由泵站、挡洪闸、进水闸、洪金地涵、引河等工程设施组成。主要任务是通过与下级金湖站联合运行，由金宝航道、入江水道三河段向洪泽湖调水150m³/s，并结合宝应湖、白马地区排涝。

洪泽站工程等别为Ⅰ等，工程规模为大（1）型。挡洪闸、泵站防洪标准采用100年一遇设计、300年一遇校核。泵站共安装立式全调节混流泵5台（套）[含备机1台（套）]，单机设计流量37.5m³/s，配套电机功率3550kW，总装机容量17750kW。采用正向进、出水方式，堤后式布置，水泵采用竖井筒体式结构，配肘形进水、虹吸式出水流道，真空破坏阀断流。

2018年，洪泽站调水运行6天，332台时，调水4762.3万m³；发电运行74天，累计运行12004台时，发电量760.37万kW·h。工程安全运行，南水北调工程效益和社会效益得到较好发挥。

二、工程管理

洪泽站管理所于2013年4月16日成立，2018年7月更名为"南水北调东线江苏水源有限责任公司洪泽站管理所"，洪泽站管理所作为南水北调管理系统的第三级组织，各项工作接受淮安分公司领导。

洪泽站管理所组织岁修项目实施，弥补工程短板，提升工程形象。2018年，江苏水源公司批复洪泽站电缆整改、渗水处理、防汛道路及巡查道路维修、水轮机机组维修等岁修项目共14项，总经费670.21万元。规范项目实施流程，抓好项目实施关键环节，认真组织施工前技术交底与安全交底，注意把好施工方案初审、单位选择、质量检验、技术指导、进度把控、安全督查、资料收集、项目初验、经费支付等"九关"，所有项目已全部保质保量完成。

洪泽站管理所每年根据汛后检查结果并结合工程存在的问题、缺陷编制下一年度岁修计划报淮安分公司由淮安分公司报总公司批复。洪泽站岁修项目由淮安分公司批复至分公司工管部或洪泽站管理所组织实施。洪泽站养护项目由洪泽站管理所每季度编制养护计划报淮安分公司批复。养护项目由洪泽站管理所自行组织实施。洪泽站工程岁修与养护项目要按公司维修养护管理办法要求编制项目管理卡，并经管理所、分公司、总公司三级验收。

洪泽站管理所高度重视防汛工作，严格按照上级防汛工作有关要求，认真制定汛前检查工作计划，成立汛前检查工作领导小组，明确汛前检查行政负责人和技术负责人，召开汛前检查动员会和推进会，将汛前检查具体责任细分到班组，落实到人员，明确检查内容、检查时间、检查标准及检查负责人，确保按时完成汛前检查工作任务。按照"查严、查细、查实"要求，扎实开展汛前检查工作，对照公司标准化定期检查表单，查找存在的问题，消除安全隐患。还组织开展水工建筑物水下检查、机电设备等级评定、特种设备年检、汛前工程观测等工作，进一步查找工程存在的问题。完成防汛预案、反事故预案修订并组织专家审查，报淮安公司批复，报洪泽区防指备案。完成防汛抢险领导小组和安全领导小组调整工作，配强防汛抢险突击队，完善防汛抢险组织网络，明确岗位工作职责，并主动多次与洪泽区防指、洪泽湖管理处沟通联系，明确防汛责任划分，形成防汛合力。认真开展防汛物资盘点工作，结合现场实际情况，补充了编织袋、土工布、铁锹铁丝、手推车、油料等必要防汛物资，现场不便于存储的块石、砂石料、木桩等防汛物资，继续与洪泽区防汛物资管理中心签订代储协议，还一一核实了代储货车、挖掘机等联络电话，确保汛期发生险情时防汛物资能有效及时调配。

洪泽站管理所认真落实安全生产责任制，与各班组、全体员工签订了安全生产责任书，将安全责任层层分解，把日常安全隐患排查、危险源治理、安全专项检查与日常工程设备设施巡查检查保养有效结合，确保隐患问题尽早发现解决，存量问题尽快整改销号，新增问题减少发生，同时认真开展工

程观测，及时掌握工程安全发展趋势。组织开展安全生产活动月活动，观看安全知识宣教片、参加全国水利安全生产知识网络竞赛、分公司安全演讲比赛，联合蒋坝派出所、头河村委会组织开展安全生产法规宣传教育进村活动，开展安全大检查、消防演练，增强员工安全生产意识，维护洪泽站安全稳定整体态势。

三、运行调度

洪泽站管理所制定调水运行工作方案，落实人员组织和后勤保障，结合人员技术水平和运行经验，采取四班三值、每班3人、以老带新模式，合理配置运行值班人员。

2018年10月31日和12月20日，洪泽站管理所组织主机组两轮试运行，重点详查电缆整改后可能存在的安全隐患，确保开机万无一失。加强与供电部门联系，提前做好110kV供电线路调水前专项检查维护保养，提前做好主变、机组绝缘检测，提前用电申请供电到位，保证机组随时投入运行。12月17日，组织运行人员培训演练，结合洪泽站运行案例，组织学习反事故预案和应急预案，并逐班进行主机组开停机实战演练，提升员工应急处置能力。同时，外聘一名泵站运管技术专家，负责现场运行技术指导和故障排查处理。

运行中，调度指令全部及时执行到位，并按要求进行报汛，严格"两票三制"，加强工程运行巡视检查，及时发现问题，会同泵站技术公司、智能水务公司等维护单位分析处理，做好运行数据上报及分析积累。运行期间，主辅机组各运行参数基本正常，状况良好。

四、工程效益

2018年，洪泽站共调水运行6天，累计运行332台时，调水4762.3万 m^3。发电运行74天，累计运行12004台时，发电量

760.37 万 kW·h。

自 2013 年建成通水以来，洪泽站累计共调水运行 154 天，累计运行 6528.44 台时，调水 87690.11 万 m³。发电运行 620 天，累计运行 52253.3 台时，发电量 2938.234 万 kW·h。

五、环境保护与水土保持

南水北调洪泽蒋坝站不涉及保护区与禁止开发区；工程初步设计于 2010 年由国务院南水北调办批复（国调办投计〔2010〕238 号）；环境影响评价审批由国家环境保护总局（环审〔2006〕561 号）批复；环保验收由国家环境保护总局（环研〔2015〕199 号）验收通过；2015 年 2 月取得土地证。

洪泽站确权划界工作已于 2015 年 2 月完成，永久征地 1901.44 亩（126.76hm²）。因引河堤防站线长，管理范围大，历史遗留问题较多，管理难度很大。自工程交接后，管理所积极深入周边乡镇农村，摸清管理范围现状，现场初步测量，约有 215.5 亩（14.37hm²）土地被侵权占用。管理所主动走进蒋坝、三河两乡镇及周边头河村、彭城村、桥南村、洪泽区苗圃，多次与有关乡镇领导及村委会领导沟通协调，争取地方政府支持。同时，多次深入侵占现场，加强对有关农户渔民法律法规宣讲，耐心劝解说服。经多轮沟通协调和宣讲说服，目前，头河村侵占的挡洪闸处土地已归还，桥南村、彭城村和洪泽区苗圃已答应配合整改，其余临散占用的个体大部分答应配合整改归还，极少数还要继续做工作。同时，管理所多次联系工勘院，完成管理范围界桩重新界定和补充埋设工作。10 月 18—19 日，完成现场查勘后定位，11 月 24—25 日，完成缺失的 22 个界桩埋设。管理所正在推进管理范围界限全线放样，界沟开挖，并积极争取公司支持，结合西门西移增设围挡，切实加强日常管理，明确管理主权。

洪泽站站区范围内的绿化及水土保持由水源公司下属子公司绿化公司负责管理，管理所做好管理范围内日常清扫保洁等工作，目前绿化情况整体较好。

六、验收工作

设计单元工程通水验收由江苏省南水北调办（苏调办〔2013〕31 号）组织验收通过。泵站机组试运行验收由江苏水源公司（苏水源工〔2013〕67 号）组织验收通过。环保验收由国家环境保护总局（环研〔2015〕199 号）验收通过。

设计单元未验收。根据江苏水源公司部署，计划 2019 年完成设计单元验收。

七、其他

2018 年，洪泽站管理所作为江苏水源公司"9S"标准化第二批试点单位之一，集中力量，分步推进，完成标准化建设工作，提升工程软硬件配置，进一步规范管理行为。

（1）完成标识牌更新。配合公司完成标识牌公开招标工作，洪泽站警示、导向、提示、禁止等各类标识标牌已制作安装到位，泵站现场焕然一新。

（2）完成软件成果建设。修订管理所综合、工管、安全等多项规章制度，明确管理要求、工作流程，完善管理表单，编制完成《洪泽站操作作业指导书》和《巡视作业指导书》，强化制度执行力度，规范职工日常行为。

（3）提升工程形象。结合实际，对泵站、两闸等设备设施进行维护出新，对东门干挂出新，对防汛值班室、员工办公室进行标准化提升，并重点对电机层所有设备控制柜体上标准不一、规格不一小标牌全部重新标准化制作，增设电气量、液位等正常值范围标牌，提高巡视检查效果。

（淮安分公司）

淮 阴 三 站 工 程

一、工程概况

淮阴三站工程是南水北调东线工程第三级泵站的组成部分，与现有淮阴一站并列布置，和淮阴一站、二站及洪泽站共同组成南水北调东线第三梯级，具有向北调水、提高灌溉保证率、改善水环境、提高航运保证率等功能。设计调水流量100m³/s，安装四台直径3.2m的灯泡贯流泵机组，单机流量33.4 m³/s，配套功率2200kW，总装机容量8800kW。

淮阴三站工程为Ⅰ等工程，大（1）型泵站，泵站站身、防渗范围内翼墙等主要建筑物为1级建筑物，非防渗范围内翼墙、清污机桥等次要建筑物为3级建筑物。淮阴三站工程按7度抗震设防烈度设计。

淮阴三站工程2018年度未参与调水运行，工程安全平稳无事故。

二、工程管理

（一）管理机构基本情况

淮阴三站工程管理项目部按非运行期配置，共有职工12人，其中项目经理1人，常务副经理1人，技术负责人1人，技术干部2人，运行一班、运行二班、技术工人8人，主要负责淮阴三站泵站日常管理工作。

（二）管理范围

按照管理合同的要求，淮阴三站项目部管理淮阴三站的范围为淮阴三站上游至挡洪闸，下游至清污机桥。包括淮阴三站上、下游部分河道，淮阴三站内泵站主体工程（含所有主辅设备、水工建筑物等），清污机桥和其他场地等。

（三）设施维修养护和维护

淮阴三站实行动态、全过程维护管理模式，按照合同、行业规范，每年及时安排汛前、汛后检查，开机运行检查，季度考核，年终考核等项目，认真组织检查；做好主辅机、电气设备的检查维护工作。对主机及清污机、风机、液压启闭机、变频器、励磁系统等辅机设备每周进行一次常规巡视检查，发现缺陷及时处理。每月对辅机进行一次检查性试运行，做好巡视检查及检查性试运行的记录；对所有设备建档挂卡，并明示责任人。江苏水源公司维修检测中心按时对电气设备进行试验，对损坏的仪表、继电器等及时更换。对于存在的问题及时编报岁修方案、抢修方案、应急方案等，在上报水源公司批准后及时组织实施。淮阴三站运行管理费用由委托人江苏水源公司负责，江苏省总渠管理处财审科对淮阴三站工程运行管理费用进行单独建账、独立核算，指导淮阴三站项目部做好现场出纳。

（四）安全生产

淮阴三站项目部建立以项目经理为组长的安全生产责任网络，设立兼职安全员，并成立了义务消防队；修订完善了运行管理规章制度、防汛预案、反事故预案等一系列规章制度和规程规范，将安全工具送维修养护中心试验、检查灭火器材，做好绝缘手套、绝缘靴等绝缘工具和接地线的保管工作。加强对管理范围内的工程设施进行安全管理，每月进行安全专项检查或对全站各系统进行例行检查，每月25日上报安全月报及认真填写水利部安全信息登录填报工作。项目部认真开展2018年安全生产月活动，按照要求开展节假日安全检查、机组运行安全生产检查、安全度汛等工作。项目部按照要求认真做好淮阴三站安全台账收集整档工作，积极开展对职工的安全教育，增强干部职工安全生产意识，防患于未然。

三、运行调度

淮阴三站工程2018年度未参与江苏水

源公司调水任务。项目部高度重视调水运行工作，加强设备设施维护，保证随时拉得出、打得响。

（一）开机调水组织措施

淮阴三站项目部对开机调水运行工作高度重视，为确保开机运行顺利进行，汛后，项目部召开了开机准备工作专题会议，以开机调水工作为中心，成立了以项目经理刘红军为组长，副经理杨俊、技术负责人杨二洋为副组长的开机调水运行领导小组。

针对淮阴三站工程现状，淮阴三站项目部编制了运行方案，成立了检修班与四组运行班，实行运行班8小时倒班，结合检修人员跟班值班，以便对突发情况进行及时检修。同时确保每天有一名项目经理、副经理或技术负责人带领1名专业技术人员作为总值班，保证有足够技术力量对突发事件进行处理。

（二）技术准备情况

淮阴三站项目部按照公司要求提前做好开机调水运行前准备工作。对所有设备、水工建筑物、河道等进行运行前安全检查；并对辅机设备进行试运行，对主机定子、转子进行绝缘电阻测量；对高低压开关柜进行分合闸试验与联动试验；并按照淮阴三站反事故预案组织运行人员进行演练。淮阴三站工程设备处于完好状态，技术人员与运行检修人员足员配备到位，相关操作票、工作票与参数记录表格准备到位，相关运行人员进行技术培训。设备可以随时按调度指令开机并安全运行。

（三）安全运行措施与反事故应急预案

淮阴三站项目部认真开展开机运行准备工作，落实安全责任。参加运行人员均为总渠管理处淮阴抽水站经验丰富的泵站工，熟悉有关运行操作规程，进行过《反事故应急预案》培训，并对反事故预案进行过演练。同时项目部加强值班制度建设，严格执行项目经理及技术负责人轮流带班的安全值班制度。配备经验丰富值班长与班员进行运行值班，对值班制度进行细化，详细要求了定点与不定点巡查次数与巡查路线，确保对所有设备都能巡查到，并要求对重点设备与关键环节增加巡视次数，做到能及时发现安全隐患并能正确处理。

针对高低温季节，特别是淮阴三站由于工程建设期间存在的部分缺陷的情况制定相关的应急处理措施。要求运行人员与值班人员能够根据项目部制定的2018年度防汛预案及反事故预案进行相应处理，并按照预案加强演练工作。

（四）自动化运行情况

淮阴三站自动化系统于2009年12月投入运行，在历次开机运行中，自动化出现了以下问题。数据显示不准确，部分数据无法显示，主机组油位不显示，直流屏数据不显示，视频画面模糊，数据存储，故障报警语音缺失，风机不能远程控制，主界面烦琐等主要问题。近两年来，淮阴三站项目部已针对自动化系统维修（包含视频监控系统）上报并实施岁修项目，部分内容拟待自动化升级改造处理。

四、工程效益

截至2018年12月31日，淮阴三站工程累计安全运行260天，累计抽水15682台时，累计抽水19.58亿 m³，发挥了巨大的工程效益。

机组运行平稳，状况良好，发挥了巨大的经济效益。

五、环境保护与水土保持

淮阴三站一直注重管理范围内环境保护和水土保持。在泵站本身的工程管理中，充分加强站区的绿化、风景建设。淮阴三站的绿化由江苏水源公司的绿化公司具体负责，定期对管理范围内的花草树木进行修剪、施肥。淮阴三站项目部定期对上下游护坡进行清理、维护，避免护坡水土流失，目前整体情况良好。

（淮安分公司）

淮安四站工程

一、工程概况

南水北调淮安四站工程地处淮河流域下游平原区，属淮河水系，位于江苏省淮安市淮安区三堡乡境内里运河与灌溉总渠交汇处，和已建成的江苏江水北调淮安一站、二站、三站共同组成南水北调东线一期工程的第二个梯级，梯级的规模流量300m³/s，加上备机在内的总装机规模为340m³/s。工程于2005年12月开工兴建，2008年9月9日通过泵站试运行验收，2012年7月29日，通过完工验收。

淮安四站泵站工程选用4台叶轮直径为2.9m的全调节立式轴流泵机组，设计扬程4.18m，单机流量33.4m³/s，配套电机功率2500kW，设计规模为100m³/s，总装机容量为10000kW。泵站采用肘形流道进水、平直管出水，快速闸门断流，相应防洪标准为100年一遇，300年一遇校核。

二、工程管理

（一）管理机构基本情况

南水北调淮安四站工程采用委托管理模式，江苏水源公司与江苏省总渠管理处签署淮安四站工程委托管理合同。2008年起，由江苏省总渠管理处成立南水北调淮安四站工程管理项目部（以下简称"淮安四站项目部"），负责淮安四站工程的管理工作。

淮安四站项目部按非运行期配置，共有职工15人，其中项目经理1人，站长1人，技术干部2人，运行一班、运行二班技术工人11人。

（二）管理范围

淮安四站工程管理范围主要包括淮安四站、新河东闸、补水闸工程及相应水工程用地范围及相关配套设施，管理内容主要有工程建（构）筑物、设备及附属设施的管理，工程用地范围土地、水域及环境等水政管理，工程运行管理及工程档案管理等。

（三）设备维修养护

淮安四站注重日常巡视检查，根据工程需要和设备情况，对损坏的工程设施及时进行维修。

1. 维修项目

（1）2号主机组大修。淮安四站2号主机组大修项目由江苏水源公司维修检测中心组织实施。维修检测中心检修组于2018年11月7日进场进行各项准备工作，11月17日开始拆解主机组，2019年1月10日完成组装，1月30日通过了由江苏水源公司工程管理部、泵站技术公司及淮安四站工程管理项目部相关人员参加的2号主机组大修试运行验收。

（2）水工设施维修项目。水工设施维修项目于2018年8月28日获得江苏水源公司苏水源工〔2018〕47号文批复，批复经费5.41万元，淮安四站编制了项目实施计划，并于8月17日报送淮安公司批准实施，新建清污机桥西侧巡视楼梯、主通道部分破损路牙维修更换、电缆沟盖板维修、电缆沟内清理支架油漆、垃圾清运等。

（3）电缆层封闭改造项目。电缆层封闭改造项目于2018年8月21日获得水源公司苏水源工〔2018〕83号文批复，批复经费3万元，淮安四站编制了项目实施计划，并于8月30日报送淮安公司批准实施。项目实施内容主要为电缆层砌墙进行封闭，安装两扇防盗门，2台空调外机移至封闭后的外间，3台转移至下游翼墙处，对外机铜管道进行接长，铺贴下游楼梯火烧板。

（4）消防系统维修。消防系统维修项

目于 2018 年 3 月 26 日获得江苏水源公司苏水源工〔2018〕31 号文批复，批复经费 3.5 万元，淮安四站编制了项目实施计划，并于 4 月 17 日报送淮安公司批准实施。项目实施内容主要为更换消防报警主机一套、火焰探测器、感烟探测器、手报按钮、电缆线路等进行更换。

2. 养护项目

淮安四站按季度编制养护项目报送分公司，批复后认真按相关要求组织项目实施，2018 年按季度共报送养护项目四期 44 个项目，主要实施项目有：高压进线柜进线开关底盘维修；油压装置密封圈更换；彩钢瓦物资仓库搭设安装；电缆层及仓库灯具更换；上游浮筒、钢丝绳保养；启闭机及厂房管道油漆；厂房保洁；绿化年度维护；厂房零星维修以及备品备件采购等。项目的实施保证了厂房设备的安全可靠，同时改善提升了工程的形象面貌。

（四）设备维护

淮安四站项目部认真开展常规检查和试运行工作，按时完成并做好记录。每周完成一次辅机系统常规检查，每月完成一次专项检查、测量主电机定、转子绝缘电阻。每月完成一次设备检查性试运行，检查辅机系统在远控和手动操作下运行状况，同时还进行模拟开机，严格按正常开机流程进行模拟开机演练将辅机投入远控状态，由上位机执行开机程序，检查主机组断路器、闸门和励磁系统的联动状态，确保机组随时可以投入运行。

主辅机系统定期进行全面检查维护，主要包括：加强了辅机设备的日常巡视检查，做好设备小修工作，检查油水管道、闸阀的密封情况，杜绝"跑、冒、滴、漏"现象；做好主水泵、主电机的维护保养，检查了碳刷磨损情况及压力，电缆接头进行清理并涂抹了黄油；清理所有管道灰尘，对局部锈蚀进行处理；开关柜、箱，启闭机、油箱、盖板等表面清理后油漆；油压装置、冷

却水系统、风机等进行检查维护，清理了电机、管道、控制柜内灰尘。

加强对电气设备的保养工作，清理高压开关柜、低压开关柜、LCU 柜、保护柜、励磁柜内灰尘，检查接线桩头有无松动、过热迹象，对保护柜和 LCU 柜内的二次线路进行整理，检查有无松动的线头，检查了柜面仪表、指示灯是否正常；更换失效的变压器桩头、母线等连接处的试温片；对全部主机、开关柜高压电缆桩头进行紧固，对主机碳刷进行磨损检查；对 LCU 柜的 UPS 进行维护，打开机箱清理了内部灰尘。

对自动化设备进行全面检查，打开工控机机箱并清理内部灰尘，清洗滤网，对软件系统进行检查维护。检查视频系统，对损坏的球机进行维修，对部分视频探头进行调整。

（五）工程设施管理

淮安四站项目部认真开展工程设施巡视检查及维护，在非运行期每月完成一次工程例行检查，每月完成两次水政巡查。

2018 年度，淮安四站工程观测工作由江苏水源公司水文水质监测中心组织实施，淮安四站项目部负责扬压力和伸缩缝的观测工作。

淮安四站站身有水准标点 40 个，清污机桥有标点 24 个，2018 年共完成 4 次垂直位移观测工作。垂直位移采用徕卡 DNA03 数字水准仪一等单线路往返观测。泵站大部分测点间隔位移沉降量都在 2mm 左右变化，泵站建成后总体已经稳定。

淮安四站工程引河过水断面观测每年两次，汛前和汛后各一次。上游引河布置 6 个测量断面［里程桩号（0+016）～（0+125）］，下游引河布置 8 个测量断面［里程桩号（0+016）～（0+220）］，观测采用过河索法，中海达测深仪测深。从观测成果分析，上、下游河床有淤积现象，上游引河最大累计淤积量 2238m³，下游引河最大累计淤积量 4786m³，可进行清淤处理。

2018年10月29日，委托灌溉总渠管理处潜水组对淮安四站进出水池等建筑物水下部分进行专项检查。

建筑物伸缩缝观测。共设有两组伸缩缝观测金属标点，采用游标卡尺测量，每月观测一次，目前从观测成果分析，情况稳定。

测压管观测。采用麦克液位压力式传感器测量测压管水位，由上位机自动记录，数据失真，目前采用人工观测中，其中测压管031淤塞较严重，其他测压管均有不同程度淤塞，已上报计划待公司统一部署处理。

（六）安全生产

淮安四站项目部建立以项目经理为组长的安全生产责任网络，配备了兼职安全员。始终坚持"安全第一，预防为主，综合治理"的指导思想，始终坚持将安全生产工作放在第一位，始终坚持严格实行"两票三制"，确保安全运行无事故。2018年年初，淮安四站项目部与每位职工签订了《安全生产责任状》，进一步落实安全责任和强化职工安全意识。对《工程技术管理办法》《防汛预案》《反事故预案》等进行修订完善，以保证安全生产制度切实可行。在日常工作中，狠抓安全生产制度、预案落实，不断提高安全生产意识，确保安全管理，对管理范围内的生产、办公设施进行安全管理、巡查，并做好检查记录，确保各项工作安全有序，按时上报安全月报，汛期及时报送工程安全巡查记录。

淮安四站项目部积极开展安全生产月活动，开展安全宣教，举办消防知识讲座，开展安全"七进"活动，组织安全生产大检查，参与安全生产知识竞赛等，切实提高职工安全意识，保障工程和人员安全。

三、运行调度

2018年，淮安四站工程未调度运行。淮安四站工程的运用严格按照南水北调东线江苏水源公司淮安分公司指示，进行合理科学的调度运行，应急管理和现场处置则由江苏省南水北调淮安四站泵站工程管理项目部负责。淮安四站建立信息报送制度，高度关注掌握水位、流量、水质变化带来的对周边防汛安全、工程安全、供水安全及航运安全等方面的影响。

四、环境保护与水土保持

淮安四站站区范围内的绿化及水土保持由江苏水源公司下属子公司绿化公司负责管理，站区西侧为绿化公司种植苗圃。淮安四站项目部做好管理范围内日常清扫保洁等工作，目前绿化情况整体较好。

（淮安分公司）

淮安四站输水河道工程

一、工程概况

南水北调东线淮安四站输水河道（淮安段）工程位于淮河下游白马湖地区，全长29.8km，由运西河、穿白马湖段、新河三段组成。其中，运西河东连京杭运河，西至白马湖，河长7.47km；穿白马湖段长2.3km；新河南连白马湖，北至淮安四站进水前池，长20.03km。沿线配套及影响（泵站、闸、涵）工程23座，桥梁12座。

2018年度，南水北调淮安区淮安四站河道管理所认真开展淮安四站河道工程管理维护及运行工作，顺利完成调水运行和度汛任务，安全运行无事故，河道工程工况良好。

二、工程管理

（一）工程管理机构

淮安区运西水利管理所为扎实做好河道管理工作，专门成立了项目管理机构——南水北调淮安区淮安四站河道管理所（以下简称"淮安四站河道管理所"），专职负责淮安四站输水河道的管理和维护工作。淮安四站河道管理所主要职能包括：负责本段河道工程日常运行维护，安全及应急事件处理，负责河道巡查、水质观测、安全保护、安全度汛等日常管理工作，负责执行来自上级的调水指令等工作。管理机构配备了项目经理和技术负责人，明确了相关人员职责。

管理所为加强河道工程管护力量，还聘请了沿线8名离职的有一定工作能力和声望的村级干部和一定工作责任心的居民作为河道护堤员，参加河道管理。从管理情况看，效果很好，违章种植、搭建行为明显减少。

（二）日常管理维护工作

健全规章制度，明确岗位责任。每段堤防都有专职护堤人员，每天巡查，针对每段堆堤安排专人负责，定期巡查，发现问题及时整改汇报，并设立管理台账；管理所每周组织不低于2次集中巡查，2018年共组织巡查200余次，出动车辆200余次，巡查人次合计3600余人次。组织人力及时清除堆堤杂草，清除杂草280余亩。积极开展宣传工作，利用中国水周和世界水日契机，进行广场宣传，通过展板、悬挂横幅及印发宣传小册等形式进行宣传活动，向沿线群众散发宣传通告，张贴宣传告示300余张；在不同媒体上发表宣传报道13篇。共组织水政执法人员和南水北调治安办民警联合执法9次，出动车辆18辆次，人员90人次，拆除河道沿线渔罾13处；拆除遗留违章搭建的猪圈4间、棚屋4处、禽舍6处；拆除危桥6座；查处违规在河道管理范围内抛弃化工垃圾1起。通过水政执法行动有效打击了涉河违法行为，保证河道运行通畅及堆堤完整。

（三）工程维修养护

2018年上半年，组织机械和人员对运西河北堤林南泵站至二排泵站段堆堤背水坡进行整治，并栽植桂花、红叶石楠等绿化树木5900多棵；在新河西堤草张桥至农机桥段栽植栾树、红叶石楠各675棵，此项为管理所2018年度岁修项目；组织人员对10km左右淤积较为严重的截水沟进行清理。

2018年下半年，通过与地方政府协调沟通，从农户手中收回农机桥至环湖大道桥，组织机械对堆堤进行整理，为阻止机械雨天上堆堤破坏堤面，在堆堤上设置6处限高设施；10月，组织机械对损坏较重的运西河北堤太平桥以西500m左右堆堤堤面进行修整，并用混凝土搅拌预料进行摊铺压实，保证了巡查车辆通行；11月，收回运西河北堤小李庄段，组织机械进行整理。通过上述工作，有效改变了堆堤面貌，提升了河道形象。

（四）安全生产

"安全第一，预防为主。"管理所积极开展安全生产预防管理工作，2018年，召开安全生产会议12次，安全教育培训12次，安全检查12次，节前安全检查6次，对所管河道堤防、涵闸进行认真细致检查，4月组织人员对新河闸启闭设备进行维修保养，更换了陈旧的防盗门，新增了防盗窗，确保工程工况良好，安全运行。按要求填报安全月报。

积极开展安全月活动，通过制作、悬挂宣传横幅，张贴宣传通告等方式进行宣传活动。组织职工进行安全生产知识培训、学习，并组织职工进行安全知识考试，以考促学，让每位职工明确各自岗位的安全职责。同时开展安全排查活动，对排查出有安全隐患的新河闸交通桥防撞墩进行拆建，冬季为了防止堆堤上林木火灾，组织10多个工人，花费100多个工日对有火灾隐患段堆堤上的杂草进行清除，消除火灾隐患。

认真开展汛前检查，成立汛前检查和防汛组织，编制防汛预案，并组织职工进行

预案学习、演练。同时根据公司要求，购置了铁锹、编织袋、土工布、雨衣、雨鞋以及应急照明灯等防汛物资，储存在管理所防汛物资仓库中，随时备用。进入汛期后，每天组织人员进行河道巡查，组织人员实行24小时防汛值班，及时上报水情，确保工程安全度汛。

三、运行调度

2018年度，南水北调淮安四站输水河道没有投入向北调水运行，在秋季投入地方排涝运行。为保证淮安四站输水河道排涝运行期间的安全运行，成立以所长姜兆清为组长的防汛工作领导小组，负责淮四河道的工程运行管理，按河道巡查管理等规程进行河道巡查，做好工程巡查记录，及时打捞影响河道输水的水草及漂浮物，确保河道输水畅通。

四、工程效益

南水北调淮安四站输水河道在2018年度虽未投入调水运行，但为地方水稻栽插期间保水抗旱、秋季大雨排涝作出了应有的贡献，发挥了一定的工程效益。

五、环境保护与水土保持

2018年，组织机械和人员对运西河北堤林南泵站至二排泵站段堆堤背水坡进行整治，并栽植桂花、红叶石楠等绿化树木5900多棵；在新河西堤草张桥至农机桥栽植栾树及红叶石楠1350棵；在新河西堤管理所至新河大桥段播撒草种绿化面积2000多平方米；组织人员对截水沟进行清理，修复雨淋沟；组织人员对堆堤杂草进行清除。通过一系列工作，做好河道环境保护与水土保持。

六、其他

通过与地方政府积极协调沟通，从农户手中收回了新河农机桥至环湖大道桥堆堤、运西河北堤小李庄段堆堤。

（淮安分公司）

洪泽湖—骆马湖段

泗洪站工程

一、工程概况

泗洪站工程位于江苏省泗洪县朱湖镇东南的徐洪河上，距洪泽湖口约16km，是南水北调东线一期工程的第四梯级泵站之一，主要功能是与睢宁、邳州泵站一起，通过徐洪河向骆马湖输水。

泗洪站工程主要建设内容包括大型提水泵站、徐洪河节制闸、南水北调泗洪船闸、利民河排涝闸、泵站排涝调节闸等。泵站设计流量120m³/s，安装后置贯流泵机组5台（套），单机设计流量30m³/s，总装机容量1000kW，其中一台（套）为备用机组。设计调水时进水侧水位11.27m，最低水位10.77m，最高水位13.50m；出水侧设计水位14.50m，最低水位12.75m，最高水位15.50m；设计净扬程3.23m，最大净扬程4.73m，平均净扬程1.6m。

徐洪河节制闸按5年一遇排涝标准设计，设计流量为1120m³/s；20年一遇防洪标准校核，校核流量为1851m³/s。闸室采用开敞式平底板结构，共10孔，每孔净宽10m，闸室总长为116.58m。

排涝调节闸共5孔，每孔净宽9m，设计流量为120m³/s。上游设清污机桥，总宽

4.6m。桥面高程为17.50m，格栅清污机倾角为75°；下游配置的启吊门机工作桥，总宽4.5m，配40t门式起重机。

利民河排涝闸按5年一遇排涝标准设计，排涝流量为72m³/s；闸室、涵洞等主要建筑物为3级建筑物，闸顶交通桥荷载等级为公路Ⅱ级。

根据原国务院南水北调办批复（国调办设计〔2009〕35号），南水北调泗洪站枢纽工程静态投资5.6亿元，是南水北调东线单体投资最大的枢纽工程。

二、工程管理

为进一步抓好工程管理工作，泗洪站管理所紧紧围绕工作中心，精心组织，积极探索工程管理新方法，认真抓好工程安全运行、汛前汛后检查、机电设备维护保养、安全生产等工作，着力提升工程管理水平。

（一）年度调水任务

完成2017—2018年度调水运行工作。在泵站工程运行期间，认真执行宿迁公司调度指令，严格遵守各项规章制度和安全操作规程，做好各项运行记录，及时、准确排除设备故障。在工程停运间隙，抢抓有利时间开展机组维护工作。运行结束后，及时整理运行值班、巡视检查、设备检修、工作票、操作票等工程管理资料，并按照档案管理要求装订、入档。

（二）船闸安全运行工作

完善了相关运行制度，还定期对机电设备进行养护，对监控系统的UPS电源进行更换、启闭机液压油进行检测等。在优质服务方面，通过高频对讲系统、微信公众号平台，及时发布天气、水情、排档等信息，方便船员及时了解相关信息。

（三）汛前汛后检查工作

做好汛前、汛后检查工作，成立检查工作领导小组。以早准备、早部署、早检查、早落实为指导方针，召开检查工作动员会，成立检查工作领导小组，制定检查工作计划。认真开展检查工作。根据工程实际，统筹安排，做到"两个结合"，即检查工作与开机调水准备相结合、与历次"飞检"及检查考核发现的问题处理相结合，形成了检查工作齐抓共管，全面推进的良好工作态势，落实整改了30余项存在问题。做好水下检查工作。为确保工程安全度汛，组织开展泵站机组及建筑物水下检查工作，各项数据表明泵站机组及建筑物完好，满足安全运行条件。加强汛期值班工作。严格落实汛期巡视、24小时值班制度，加大汛期检查和制度执行力度，及时消除安全隐患，确保工程安全度汛。

（四）维修养护工作

在年度维修养护工作方面，2018年岁修项目7项，专项4项，急办项目2项，共计13项，完成日常养护39项，维修养护项目均已按施工计划顺利完成，完成率100%。在日常维护保养方面，对照相关管理制度、规范及技术要求，针对工程特点，对照南水北调泵站运行管理考核办法，制定设备日常巡视检查制度，将所有设备划分到人、责任到人，将各设备间分配到运行班组，保障运行期间设备维护工作，同时为保证机电设备处于良好状态，设备责任人每周对设备进行维护保养、巡视检查，每月开展联调联试、经常性检查，严格要求设备责任人按照规范要求开展设备维护保养工作，确保工作落实到位，保养工作开展有序。

（五）安全生产工作

加强安全生产检查。及时开展安全生产检查活动，深入排查安全隐患，对检查发现的问题，明确整改时间，落实整改措施。做好安全台账管理工作。及时更新、完善安全台账内容，从安全生产组织状况、监督检查活动、安全检查及隐患整改、安全培训与教育等方面记录安全生产工作的过程及结果。加强演练活动。为确保工程安全生产形势持续稳定，按照工作计划安排，有序开展应急演练活动，先后开展反事故预案、消防、泵站模拟开机等应急演练活动，不仅提高了员工操作技能和应急反应能力，也为运行工作中应急事件的处理，提供强而有力保障。开展安全生产月活动。开展观看安全教育宣传片、大家来"找茬"、安全歇后语竞猜等活动，营造了安全生产氛围，提高了员工安全生产意识。

（六）工程管理补短板工作

电缆整改，认真贯彻执行江苏水源公司、宿迁公司有关文件精神，按照江苏水源公司工程管部批复的泗洪站线缆整改方案的要求有序开展整理工作。过程中，白天抢工期，晚上研习图纸、讨论施工工艺，克服了施工环境差、施工工期短、技术难度大、工作经验少等困难，抓好现场的安全、质量、进度等方面工作。通过近半年的施工，泗洪站的电缆整理工作顺利完成，电缆整理实效明显。目前，泗洪站电缆整理技术广受兄弟单位青睐，已有山东干线公司、东总直属分公司等多家单位前来商谈电缆整理事宜。屋面渗漏水处理。认真查找渗漏点，科学分析问题原因，制定合理处理方案，及时对泵站、节制闸、管理用房等屋面渗漏水进行维修，目前已经完工。自动化维护。为保障机组安全运行，加强与自动化维护保养单位沟通联系，通过定期检查维护的方式，细致梳理并整改 12 项存在问题。四是消防系统完善。为提高消防系统的安全性、可靠性，增加了红外对射烟感、消防报警系统，及时更换灭火器，确保系统可靠、设备安全。

（七）标准化建设工作

2018 年是江苏水源公司标准化建设开局之年，作为公司建设试点工程，克服人员少、时间紧、任务重的困难，在保障工程安全运行、设施设备高效运转的同时，坚持力度不减、节奏不变、加压用力、连续换挡提速的工作方式，采取"三个一系列"的工作措施，全面深入推进标准化在泗洪站建设工作。精心组织。为推动标准化试点建设有组织、有计划地进行，在深入领会江苏水源公司标准化建设方案和宿迁公司标准化实施方案的基础上，根据自身实际情况，制定"一系列"的配套文件，确保扎实落实试点工作。加强学习。用心钻研、努力学习，购置了相关书籍，组织开展"一系列"知识培训，包括赴粤海水务调研报告及现场图片、前往上海青草沙泵站原水厂学习标准化管理等，汲取先进经验，借鉴优良成果，不断提高知识水平和业务能力。积极推进。为使试点工作各项任务落到实处，泗洪站管理所建立工作周报、定期检查、初期成果审查等"一系列"工作机制，全力开展标准化试点工作。泗洪站高质量完成标准化试点工作，提出 266 条试点意见，基本形成了管理组织、管理制度、管理表单、管理流程、管理条件、管理标识、管理行为、管理要求的标准化体系。

三、运行调度

泗洪站工程的控制运用由江苏水源公司宿迁公司直接调度。

2017—2018 年度泗洪站顺利完成年度调水任务，泵站累计运行 7703 台时，调水 6.81 亿 m³，同时完成江苏省内抗旱调水任务，累计运行 2502 台时，调水 2.43 亿 m³。

泗洪站认真执行公司调度指令，严格遵守各项规章制度和安全操作规程，做好各项运行记录，及时、准确排除设备故障，保证调水运行工作安全高效进行。

泗洪船闸安全运行，认真做好调度运行工作，特别是在泵站工程调水运行期间，由于上下游水位差较大，为了安全调度，采取分段开启船闸闸门，减少大水流对船舶的冲击。

徐洪河节制闸严格执行调度指令，做

好节制闸运行管理工作，并将指令执行情况及时反馈。2018年，徐洪河节制闸累计开关闸7次，利民河排涝闸开关闸2次。

泗洪站自动化系统由南京东禾自动化有限公司定期进行维护，确保自动化系统的稳定运行。

四、工程效益

安全高效完成运行任务，泵站工程圆满完成年度调水运行任务，累计运行7703台时，调水6.81亿 m^3，完成省内抗旱调水任务，累计运行2502台时，调水2.43亿 m^3。年度累计船舶通行215.47万t，收费140.99万元。

五、环境保护与水土保持

2018年度，泗洪站的绿化养护工作委托江苏水源绿化公司负责，按照年度养护工作计划，及时开展浇水、治虫、修剪、除草等工作，并对未成活的树苗进行增补，使其水土保持功能不断增强，发挥长期、稳定、有效的保持水土、改善生态环境的功能。同时为进一步加强泗洪站工程区域内的水土保持、环境保护工作的管理，泗洪站加强宣传，利用户外宣传栏、标语、宣传彩页，开展水土保持、环境保护法律法规宣传，提高员工及周边乡镇村民水土保持、环境保护意识，营造良好的舆论宣传氛围，为较好地开展水土保持和环境保护工作奠定更为有利的基础。

六、验收工作

2018年6月27日，泗洪站通过了苏水源公司组织的工程标准化建设试点阶段性验收。

2018年8月23日，泗洪站工程建设处在泗洪站管理所组织开展南水北调东线一期泗洪站工程档案检查评定会。

（宿迁分公司）

泗阳站工程

一、工程概况

南水北调泗阳站工程位于泗阳县城东南约3km处的中运河输水线上，是南水北调东线第四梯级、江苏省淮水北调第一梯级抽水泵站。泗阳泵站设计调水流量198 m^3/s，设计扬程6.3m，安装6台（套）3100ZLQ33 -6.3型立式全调节轴流泵（含备机1台），配10kV TL3000 -48型立式同步电动机。水泵叶轮直径3100mm，单机设计流量33 m^3/s，单机功率3000kW，总装机容量18000kW，叶轮中心高程6.75m。设计水位为：站下游10.5m，站上游16.5m。

泵站为堤身式块基型结构，肘形进水流道，虹吸式出水流道，电动式真空破坏阀断流。站下游布置拦污栅桥和拦污栅，配HQ -A型回转式清污机12台（套）。

泗阳站室内变电所主变容量为31500kVA三圈油浸式变压器，同时承担着向泗阳二站35kV户内变电所提供主供电源的任务。

泗阳站工程于2009年12月30日正式开工，2012年5月6日完成机组试运行，5月8日正式投入抽水运行，5月12日通过机组试运行验收。

二、工程管理

泗阳站严格按照《泗阳站2018年委托运行管理合同》（NSBD -SQFGS -YX -002 -2018）要求，认真履行职责，切实加强领导、明确管理目标。同时，组建南水北调泗阳站工程管理项目部（以下简称"泗阳站项目部"），泗阳站项目部人员组成与管理合同约定一致。

（一）设备管理情况

（1）泗阳站项目部按照委托管理合

同及《南水北调泵站工程管理规程》（NSBD 16—2012）对设备进行规范标识，确保设备名称、编号、旋转方向正确，并按照江苏省《泵站运行规程》对设备进行规范涂色，按照设备类别、等级建档挂卡；在站内显目位置悬挂泵站平、立、剖面图，高低压电气主接线图，油、气、水系统图，主要技术指标表，主要设备规格、检修情况表等图表。

（2）定期对主机泵、高低压电器设备、辅机系统、直流系统进行养护，加强油系统易损件维修更换，保持设备无灰尘、无渗油、无锈蚀、无破损现象；同时对防雷、接地装置定期进行检查、除锈、油漆并按照规定做接地电阻检测。

（3）项目部严格按照《电气设备预防性试验标准》委托骆运水利工程管理处检修维护中心，常规开展电气设备预防性试验、仪表校验工作，并按照周期开展特种设备检测和校验。

（4）认真组织检查存在问题的整改。项目部对照江苏水源公司专家组提出的问题，组织技术力量认真加以整改，处理结果有填写记录、有验收人签字。对暂时不能解决的问题，完善相关预案。

（二）建筑物管理情况

（1）项目部定期组织人员对管理范围内建筑物各部位、设施和管理范围内的河道、堤防等按照周期进行检查，并有完整的检查记录。在建筑物遭受暴雨、台风、地震和洪水时及时加强对建筑物进行检查和观测，记录观测损失情况，发现缺陷及时组织进行修复。

（2）按照年度制定的"工程观测计划"和宿迁分公司的安排，垂直位移、水平位移、引河河床变形等观测，由分公司组织负责实施观测，测压管水位、混凝土建筑物伸缩缝等观测工作，以及水文资料整编，由泗阳站项目部负责实施。

（三）运行调度

（1）泗阳站项目部严格执行调度指令、规范调度流程，及时反馈指令执行情况，并做好水情、工情、运行管理出现问题及处理相关情况上报工作。

（2）泗阳站项目部在接到运行调度指令后，能认真执行"两票三制"和对照开停机操作流程按章操作，确保机组按时投入运行；在确保工程安全运行前提下，按照调度指令及时调整叶片角度，及时进行水草打捞和清运工作，加强上下游河道的巡查和排查工作，发现隐患及时排除，尽可能使工程高效运行。

（四）安全管理情况

（1）层层签订安全生产责任状，健全、完善安全生产网络，加强安全生产教育、宣传工作。

（2）各种设备安全操作规程齐全，主要设备的操作规程上墙公示。在管理范围内的主要部位悬挂安全警示和警告标志标识牌，消防器材配备齐全、完好，防雷、接地设施可靠、完好。

（3）定期对员工进行安全生产教育和培训，特种工作人员专门培训、持证上岗，并建立安全生产台账。

（4）汛前及时修订完善防汛预案，组建防汛组织机构、完善相关制度，成立机动抢险队伍、人员全部经业务培训，制定和落实防汛抢险预案；配备必要的抢险工具、器材，并将防汛预案上报宿迁分公司。

（5）加强夏季防雷、防溺水、冬季防火、防冰凌、节假日防盗、防范治安事件发生，安全生产形势良好可控，保证单位和谐稳定。

（6）认真组织好安全生产月活动。按照活动主题，根据公司文件要求，制订好活动计划，大力发动宣传，组织员工参加水利部的网络安全答题，开展反事故演练、隐患排查、安全教育，及时进行总结。

三、工程效益

泗阳站自 2018 年 2 月 4 日 10 时 34 分执行江水北调抽水任务，至 2018 年 8 月 14 日 8 时全部停机，抽水运行 130 天，机组运行 8187.73 台时，抽水 8.78 亿 m³。

泗阳站自 2012 年 4 月 8 日运行截至 2018 年年底，合计运行 947 天，机组运行 63953 台时、抽水 68.59 亿 m³。其中，执行南水北调抽水运行任务合计运行 165 天，机组运行 12363 台时，抽水 13.26 亿 m³。

泗阳站工程自建成以来，有效缓解了山东地区及宿迁地区旱情、生态补水、工农业生产及航运。充分发挥了工程调水效益。

四、环境保护与水土保持

积极推进泗阳站总体环境规划，保证工程环境干净整洁，完善水资源水环境建设，重点加大对管理区的环境整治力度，增加植被面积，保持水质健康。持续提升省级水利风景区建设，认真做好相关规划工作牢固树立水与自然环境是一个生命共同体的系统思想，把治水与治理环境有机结合起来，从涵养水源、改善生态入手，统筹上下游、左右岸、地表地下、工程区域内外、工程措施非工程措施等方面，协调解决水资源、水环境、水生态等问题，建设稳定、健康、魅力的水利生态环境，提升工程管理的文化、生态内涵。2018 年度，泗阳站的绿化养护工作由江苏水源绿化公司直接负责进行，泗阳站项目部及时督促现场绿化人员进行浇水、治虫、修剪、除草等工作，并对未成活的树苗进行增补。

五、验收工作

2018 年 12 月 5 日，泗阳站通过了设计单元工程完工验收。

（宿迁分公司）

刘老涧二站工程

一、工程概况

刘老涧二站位于江苏省宿迁市东南约 18km 的大运河输水线上，与刘老涧一站及睢宁一站、二站等工程共同组成南水北调东线一期工程的第五梯级，通过联合调度运行，共同实现刘老涧枢纽的防洪排涝、调水、航运等综合效益。刘老涧二站工程主要包括：泵站、节制闸、站内交通桥、输变电设施、清污设施及管理设施等。工程规模为大（1）型，工程等别为Ⅰ等，抗震设防烈度为 8 度。

刘老涧二站工程采用闸站结合的布置型式，设计调水流量 80 m³/s，设计扬程 3.7m，安装 4 台（套）3000ZLQ29.4 - 3.7 立式全调节轴流泵（其中 1 台备机），配套电机功率 2000kW，总装机流量 117.5m³/s，总装机容量 8000kW。站身采用堤身式块基型结构，肘形进水流道，整体虹吸式出水流道，真空破坏阀断流。节制闸为钢筋混凝土胸墙式结构，工程规模同刘老涧老闸，共 3 孔，单孔净宽 10.0m，设计排涝流量 500m³/s。

二、工程管理

刘老涧二站项目部严格按照委托管理文件、管理合同的要求和受托管理的承诺，遵循"安全第一、求真务实，争创一流"的管理理念和江苏省南水北调现代化管理要求，积极开展各项管理工作。

（一）设备管理

（1）日常养护。按要求开展设备的检查、养护工作。项目部定期对主机泵、主变、励磁设备、供水系统、气系统、清污机系统等主辅机设备进行检查、维护、保养，及时更换常规易损件，确保设备处于完好

状态。

（2）维护保养。项目部对直流蓄电池组进行更换；对损坏的水平输送机挡板进行维修；对倾覆的栏河浮筒进行维修；更换消防报警系统损坏的电子屏；更换冷水机组损坏的止回阀；更换清污机控制柜内损坏的熔丝，并定期对其进行试运转；定期对设备进行试运行等，确保设备随时可以投入运行。

（二）建筑物管理

刘老涧二站项目部能够定期开展对建筑物的检查维护保养，保证建筑物完好整洁。

（1）及时做好水下检查。按照《江苏省泵站技术管理办法》对水下检查的有关规定，项目部已委托骆运防汛抢险队对泵站水下建筑物进行全面的水下检查。

（2）项目部定期对测压管及伸缩缝进行观测并记录数据，根据最新签订的委托管理合同，河床断面及垂直位移观测工作由宿迁分公司统一组织实施。

（3）项目部2017年申报了中国水利工程优质（大禹）奖。2018年，对厂房进行粉刷出新，对厂房顶部进行防水处理，并于2018年8月19日顺利通过中国水利工程优质（大禹）奖现场考核工作，于12月成功获得"中国水利工程优质（大禹）奖"称号。

（4）项目部按照工程管理的要求定期组织对工程设施、设备的检查工作。按时上报防汛、安全检查报告；及时编报工程月报、安全月报；按时报送安全生产基础信息；积极配合宿迁分公司人员上报需要的各类报表。

（三）安全管理

刘老涧二站项目部各项工作有序开展，工程管理水平得到了进一步提高，做到了安全运行无事故。

刘老涧二站项目部充分利用汛前检查、专项检查、安全月等契机，开展安全隐患集中排查整改活动；特别加强安全管理的日常化基础工作。做到小问题不交班，大问题不过夜。消除安全隐患于萌芽状态。汲取安全事故的教训，做到举一反三、应对从容、措施稳妥、技术对路。

2018年6月，开展安全生产月活动，项目部紧紧围绕"生命至上，安全发展"的活动主题，扎实开展安全生产月各项工作。成立了"安全生产月"活动领导小组，将"安全生产月"活动主题和相关宣传标语，制成宣传横幅、画报，悬挂于醒目位置广泛宣传。

三、工程效益

按宿迁分公司的调度，2018年项目部于6月进行抗旱补水运行任务。2018年度，刘老涧二站抽水累计运行329台时，抽水约0.35亿 m^3，发电累计运行24天，发电约53.47万 kW·h。

四、环境保护与水土保持

刘老涧二站项目部充分利用管理范围内的土地资源和工程优势，因地制宜大力开展种植树木花草，美化环境。

（1）做好管理范围内环境卫生。项目部加强对管理范围内环境卫生工作的管理，从基础做起，从点滴抓起，逐步完善长效管理机制。安排专人负责管理范围内环境卫生工作，保持主要道路的整洁，车辆停放有序。

（2）做好管理范围内绿化。2018年度，刘老涧二站的绿化工作由江苏水源绿化公司直接负责进行，项目部及时督促现场绿化人员进行浇水、治虫、修剪、除草等工作，并对未成活的树苗进行增补。

五、验收工作

2018年7月4日，南水北调东线江苏水源公司宿迁分公司委托南京审计公司对刘老涧二站 2017 年岁修工程进行审计，经审计合格。

2018 年 11 月 7 日，宿迁分公司对刘老涧二站 2018 年度维修项目进行验收，经验收合格。

（宿迁分公司）

睢 宁 二 站 工 程

一、工程概况

睢宁二站工程是南水北调东线工程的第五级泵站，位于江苏省徐州市睢宁县沙集镇境内的徐洪河输水线上。睢宁站的设计流量 110m³/s，鉴于睢宁一站（沙集站）现状规模为设计流量 50m³/s，新建睢宁二站设计流量 60m³/s，考虑睢宁一站、二站共用备用流量 20m³/s，因此睢宁二站装机流量采用 80m³/s。睢宁二站工程主要由上下游引河、清污机桥、进水池、主泵房、控制室、检修间、出水池、进场交通桥、临时施工桥和管理区等部分组成。工程等别为 I 等，工程规模为大（1）型。工程批复总投资 2.41 亿元。

泵站安装 2600HDQ20-9 立式混流泵 4 台（套），单机流量 20.0m³/s，配 TL3000-40/3250 同步电机，总装机容量 12000kW。叶轮中心高程 9.80m。采用堤身式块基型结构，进水采用肘型流道，出水采用虹吸管出水，真空破坏阀断流，采用液压调节机构调节流量，叶片调节范围为 -6°～+2°。

泵站下游距站中心 165m 处布置 6 孔清污机桥，单孔净宽 4.20m，上游设有拦污栅。站上设计水位 21.60m，站下设计水位 13.30m，设计净扬程 8.3m。

二、工程管理

（一）项目部概况

睢宁二站项目部自成立以来一直严格

按照委托合同要求开展工作，足员配备相应的泵站管理、技术、运行、保洁、保安人员。项目部班子成员稳定，内部协调配合，团结务实。项目部规章制度健全、管理办法完备，部门岗位职责明确，分工合理，日常管理有序。项目部严格遵守考勤制度与项目经理在岗带班的值班制度。项目部有健全的财务制度，设立了专用账户，配备了兼职财务管理人员。加强对项目部人员的专业培训工作。在开展管理工作的同时，项目部积极开展党的群众路线教育活动，注重党风廉政教育，未发生违法违纪活动。经详细对照考核办法，项目部组织健全，各项工作开展有条不紊、安全有序。

（二）制度建设

为了圆满完成调水运行任务，睢宁二站项目部高度重视，精心组织，成立了以项目经理为组长，项目副经理、技术负责人为副组长，各部门负责人分工协作的工作领导小组，下设运行班组（运行组、检修组）、机电抢修抢险组、水工抢险组、技术资料组、后勤保障组等。同时，根据公司要求，明确电力调度、运行调度和信息报送人员。根据运行计划安排，项目部组建了五个运行班组和一个检修班组，按照五班三八制运转轮值，所有人员均挂牌上岗。运行期间实行总值班 24 小时带班制度，总值班由项目经理、副经理和技术负责人担任。

项目部按照公司要求，完善了安全生产组织网络。项目部及时向干部职工传达了江苏水源公司的会议精神和要求，以高度的政治责任，严格落实相关技术措施、组织措施，严格落实工作责任制，特别加强了门卫及水政管理，做好夏季防溺水管理，禁止人员游泳、捕鱼、钓鱼，禁止外来人员进入管理区域。

为提高项目部处理突发事件的能力，在发生突发事件时有序、迅速组织开展应急处置和应急救援工作，避免人员伤亡和最大

限度地减少财产损失，结合调水运行工作实际，制订《睢宁二站年度调水应急预案》总预案。针对假如发生主机组技术供水突然中断、水草大量集中拥堵、线路突然停电、事故紧急停机、设备故障、自动化管理系统故障、溺水事故、水污染事故、冰期输水、防汛等情况，制定《睢宁二站水污染突发事件应急预案》《睢宁二站电力突发事件应急预案》《睢宁二站冰期输水运行方案应急预案》和《睢宁二站度汛方案及防汛预案》等，并组织学习和进行相关演练。

项目部严格遵守各项规章制度和安全操作规程，运行值班人员运行期间能做好各项运行记录，运行过程中能及时准确排除设备故障，能够通过调整设备运行参数在满足调度指令的情况下优化运行工况，使工程高效运行。运行中能够按照调度指令，及时调整叶片角度，及时启动清污机打捞水草、杂物，保障机组高效运行。在运行中加强对微机自动化和视频监视系统的检查维护，确保了工程运行安全可靠。

（三）安全管理

睢宁二站项目部始终坚持"安全第一、预防为主、综合治理"的方针，健全安全生产监督管理的制度与责任体系，全力推进安全生产长效管理，不断完善安全管理制度和责任落实。在全国第十三个安全生产月活动期间，根据江苏水源公司2018年"安全生产月"活动实施方案和睢宁二站实际情况，制定睢宁二站安全生产活动实施方案，组织职工开展"查一个问题，提一条建议"等活动。针对安全，制定安全生产专项奖惩措施，及时发现并消除安全隐患的给予奖励，上班期间不佩戴安全帽的，登高作业不佩戴安全带的，除禁止参加工作外，发现一次罚款50元，绝不姑息。睢宁二站坚持开展每月一次检查，组织一次安全生产会议。睢宁二站项目部安全形势平稳，2018年未发生一起安全责任事故。

项目部与地方派出所签订了合同，实行站区24小时保卫，并与睢宁水警大队、睢宁县海事处、沙集船闸管理所建立电话热线联系，积极预防、应对并及时控制突发事件。项目部领导实行24小时待班，所有职工保持24小时通信畅通，无特殊情况，不得请假、外出，确保应急突发事件的及时处理。站区内、厂房内做到了主要部位进行安全警示和警告标语悬挂放置。消防器具、自动报警装置完好，做到了定期检查检验。项目部制定切实可行的防汛预案，防汛组织健全，配备了足量抢险设备设施。加强了食堂安全管理，未发生过职工食物中毒事件。

（四）维修养护

2018年，江苏水源公司共下达睢宁二站项目部专项工程和防汛急办工程共14项，总经费超过350万元。截至12月15日，工程全部完成。

三、工程效益

2018年，睢宁二站狠抓工程规范化管理，加强工程维修养护，严格执行调度指令，发扬艰苦奋斗、开拓创新的水利精神，圆满完成南水北调调水任务。根据江苏水源公司调度指令要求，从2017年11月30日开始，睢宁二站开始2017—2018年度调水工作，调水分两个阶段，第一阶段从2017年11月30日至2018年2月9日，第二阶段从2018年3月2日至5月3日，历时135天。2018年5月22日9时至6月16日9时，睢宁二站进行省内抗旱补水。从5月30日开始，由于用水需要，备用机组也投入翻水运行。2018年12月25日14时，睢宁二站接调令开始进行2018—2019年度调水工作。自2018年1月1日至12月31日，睢宁二站工程累计运行7776台时，抽水约5.04亿 m³，有力地保证了南水北调水质、水量要求，充分发挥了工程调水、抗旱、保生态等社会效益。

四、环境保护与水土保持

在抓好技术管理的同时，睢宁二站还加强了站区环境卫生工作，严格执行卫生保洁制度，聘用了专业保洁单位对主厂房等环境进行保洁。每台设备责任到人，要求主机每天外观检查一次，发现不清洁的立即处理，其他设备每周至少全面保洁三次，主厂房地面每天保洁一次，控制楼、楼道、卫生间每天保洁一次，确保机组设备、内外环境的整洁卫生。保洁员每天8小时不间断打扫。站区环境整洁美观，无杂草、无垃圾乱堆乱放等现象。项目部还加强了水行政执法管理，站区内未出现捕鱼、乱垦乱种现象，已经实现封闭管理。

五、验收工作

2018年8月28日，南水北调东线一期工程睢宁二站设计单元工程完工验收技术性初步验收专家组到睢宁二站进行实地检查。

2018年9月26日，南水北调睢宁二站设计单元工程通过完工验收。

（宿迁分公司）

皂河二站工程

一、工程概况

皂河二站工程是南水北调东线第一期工程的第六梯级泵站之一，位于江苏省宿迁市皂河镇北6km处，上游为骆马湖、下游为邳洪河，在皂河一站北侧，与皂河一站并列布置，作为皂河一站的备机泵站，设计抽水流量75m³/s。设计扬程4.7m，安装2700ZLQ25-4.7立式轴流泵配TL2000-40同步电机3台（套）。水泵叶轮直径2.7m，叶轮中心高程15.0m。单台流量25m³/s，配套电机功率2000kW，总装机容量6000kW。工程建成后，主要任务是与皂河一站联合运行，向骆马湖输水175m³/s，与运西线共同实现向骆马湖调水275m³/s的目标，并结合邳洪河和黄墩湖地区排涝，为骆马湖以上中运河补水，改善航运条件。

工程包括专用变电所（主供110kV，备用35kV）、皂河二站、站下清污机桥、公路桥（桥面净宽7.0m，荷载标准为公路Ⅱ级），以及配套建筑物邳洪河北闸（设计排涝流量345m³/s）。

2018年，皂河二站未接到调水任务，项目部在丰水季节充分利用水源，开展小水电生产，全年发电运行1067台时，上网约58万kW·h；邳洪河北闸累计开关闸40次，开闸运行共计276天，充分发挥了工程效益；安全生产无事故。

二、工程管理

（一）设备管理

皂河二站项目部修订并完善了技术管理实施细则，针对工程特点，根据日常维护保养情况，将各个设备责任到人，同时加大培训力度和考核力度，针对工程管养目标开展考核，确保责任落实，切实保障工程安全运行。

（1）精细化管理。项目部完善了管理范围内的警示牌和各类标识牌，在上、下游水尺处增加高程标识，并编制了《皂河二站规章规程》等资料汇编，放置于中控室的读书角处，供职工学习。项目部开展培训工作，增加对设备维护检修内容的培训，使职工掌握设备检修方法和运行期间各项重要参数。

（2）日常工作。皂河二站项目部对主机泵、高低压开关柜、PLC柜、直流屏、励磁屏、供排水系统、照明系统等设备进行维护保养；开展防雷检测、消防设备检测、安全用具检测、特种设备检测、蓄电池组校核实验、电气预防性试验、机组水下检查、建筑物水下检查等；每月进行一次柴油发电机

组试运行，每月测试一次主机定转子绝缘，非运行月份开展一次辅机带电调试工作。并处理了运行或值班过程中发现的问题：更换了一台损坏渗漏排水泵；更换了上游 3 号闸门开度荷重测控仪；在电气预防性实验中，发现有 5 台过电压保护器耐压值不够，项目部及时进行更换等。

2018 年，江苏水源公司共计批复项目部"皂河二站下游增设拦河浮筒""电缆沟改造""主厂房屋面分缝漏雨处理""厂房落水管更换""2 号机组大修""控制楼及消防室排水系统改造""工程渗漏水处理"等 7 项专项工程，已全部完工。在项目批复后，项目部严格执行采购制度，采用招投标方式确定施工单位。在项目实施过程中，项目部加强安全、质量及施工进度管理，安全员定期到工程现场进行检查，及时发现并制止违章或危险行为，确保人和物的安全。这些措施保障了岁修项目按时保质保量完成。

（二）建筑物管理

（1）枢纽工程观测。皂河二站项目部负责皂河二站工程日常的伸缩缝、裂缝及扬压力观测，其余观测项目已由分公司负责开展。项目部观测人员每月定时开展观测，并对观测资料及时进行整理、分析、归档。定期组织人员对建筑物进行维护保养，及时开展经常性检查，在极端天气状况下还会增加特别检查。

（2）巡视检查。皂河二站项目部加强日常巡查工作，每月按时开展经常性检查，巡查土建工程、机电设备、室内外警示牌等处。夜间值班人员也认真负责，仔细巡查站区内是否有外来人员、危险情况等。项目部加强水政执法力度，定期巡查站区内是否有钓鱼人员，并对他们进行现场教育。

（3）防汛度汛。皂河二站项目部认真组织开展汛前汛后检查工作，健全和完善防汛体系，加强主要领导带班制度和 24 小时值班制度的落实，积极开展防汛抢险演练和防汛相关的反事故演练。组织人员参加骆运管理处、宿迁分公司、宿迁市水务局等多家单位联合举办 2018 年防汛抢险联合演练，通过此次演练，项目部职工应对汛期各种险情的应急处置能力明显提高。

（三）安全管理

皂河二站项目部在安全管理工作中，不断强化"主体责任"意识，组织成立了安全生产领导小组，完善安全生产组织网络，严格落实安全生产主体责任、落实"一岗双责"。坚守安全生产红线，坚持"安全第一、预防为主、综合治理"的方针，牢固树立"以人为本，安全发展"的理念，在日常管理工作中，规范操作，严格执行"一单两票"制度，杜绝一切违反安全操作规程的违章操作。做到安全生产思想到位，安全措施到位，责任落实到位，确保了各项安全生产目标的完成，实现连续 7 年安全生产零事故。

2018 年，项目部组织开展防汛预案、反事故预案的学习及演练、消防演练，并开展"触电情况下心脏复苏急救处理"等安全培训活动，不断提高广大职工应急处理能力；在安全生产月中，项目部认真制定活动计划，积极组织职工参加 2018 年全国水利安全生产知识网络竞赛，确保全员参与，全员学习安全知识；积极营造安全生产的文化氛围，项目部在单位主要场所悬挂张贴各类安全警示标语、标牌，定期派人巡检是否损坏老化，并及时更新；开展警示教育，组织观看了《警钟》安全主题宣教片，通过事故实情，提醒广大职工汲取教训、引以为戒，强化了安全生产思想；每月按时开展工程安全检查，节假日增加安全生产大检查次数，项目部还结合安全标准化标准，对管理范围内各部位进行检查，确保设备处于安全可靠的状态；对站内消防设施开展定期检查，更换了部分过期和压力不足的灭火器，确保消防系统安全可靠。通过各项措施的实施，有效保障了工程安全管理工作正常有序开展，为工程安全运行保驾护航。

三、运行调度

2018 年度运行工作中，皂河二站项目部严格执行调度指令，做好发电运行的开停机工作，确保工程安全稳定运行；同时合理配备人员，加强"主要领导带班制"和"24 小时值班制度"的执行；运行值班人员能做到定时巡视，认真记录机组各项运行数据，并及时上报处理巡视中发现的问题；开机期间，各项报表上报及时、准确。

皂河二站泵站分别于 2018 年 8 月 24 日至 9 月 6 日、2018 年 9 月 21—30 日开机发电运行，累计发电运行 1067 台时，上网约 58 万 kW·h。

邳洪河北闸运行管理中，能及时准确执行调度指令，遵守操作规程进行闸门启闭，保障工程安全度汛工作。2018 年累计开关闸 40 次，开闸运行 276 天。

四、工程效益

2018 年，皂河二站项目部全体人员以习近平新时代中国特色社会主义思想为指导，尽职履责，各项工作有序开展，工程管理水平得到了进一步提高，做到了全年安全运行无事故。2018 年全年发电运行 1067 台时，上网约 58 万 kW·h；邳洪河北闸累计开关闸 40 次，开闸运行共计 276 天，充分发挥了工程效益；全年安全生产无事故。

五、环境保护与水土保持

皂河二站项目部对站区的绿化工作非常重视，为了保证绿化成果，督促江苏水源绿化公司管理人员，按照绿化管养要求，充分利用皂河枢纽水利风景区的基础，因地制宜种植各种树木，美化工程环境。项目部还组织志愿者们定期清理管理范围内的各种垃圾，同时确保主干道路整洁，车辆停放有序。

六、验收工作

2018 年 7 月 4 日，宿迁分公司委托中兴华会计师事务所对皂河二站 2017 年岁修工程进行审计，经审计合格。

2018 年 11 月 6 日，宿迁分公司对皂河二站 2018 年度维修项目进行验收，经验收合格。

（宿迁分公司）

邳州站工程

一、工程概况

邳州站工程是南水北调东线第一期工程第六梯级泵站，位于江苏省邳州市八路镇刘集村徐洪河与房亭河交汇处东南角，其作用是通过徐洪河抽引睢宁站来水，沿房亭河送入骆马湖或沿中运河北送，同时通过刘集地涵调度，利用邳州站抽排房北地区涝水。

邳州站工程批复概算总投资 31644 万元，主要建设内容有：泵站一座，设计流量 100m³/s；刘集南闸一座，设计流量 400m³/s；公路桥一座；清污机桥一座；管理区附属建筑物。该站采用竖井贯流泵，装机 4 台（套），其中一台备机，单机流量 33.4m³/s。水泵配套 4 台 1950kW 同步电机，总装机容量为 7800kW，主变容量 10000kVA，采用 110kV 专线供电，站变 630kVA，采用 10kV 专线供电。

二、工程管理

（一）运行管理单位的配置及组织机构

为做好邳州站工程运行管理和维护工作，江苏水源公司于 2013 年 4 月成立了江苏省南水北调邳州站管理所，负责邳州站运行管理和维护工作，江都水利工程管理处成立了邳州站运行管理项目部（以下简称

"邳州站项目部"），负责邳州站的委托管理工作。2018 年，受江苏水源公司及徐州分公司的委托，江苏省江都水利工程管理处（以下简称"江都管理处"）继续承担邳州站的委托管理工作。管理范围主要包括：泵站、清污机桥、刘集南闸及相应水利工程用地范围及相关配套设施；管理内容主要包括：工程建筑物、设备及附属设施的管理，工程用地范围土地、水域及环境等工程运行管理及工程档案管理等。

在邳州站项目部组织设置和人员配备上，力求精练高效，管理人员多由技术骨干和经验丰富的老职工组成，为熟悉了解邳州站情况，尽快地进入角色提供了保障。项目部能够把江都管理处多年来成熟的工程管理经验直接运用到邳州站的管理工作当中。江都管理处相关部门的关心支持和无私援助，也进一步提升了项目部的综合实力。

在工程非运行期，管理人员按 12 人配置；在工程运行期，管理人员按 20 人配置，管理专业涵盖水工、机电、水文、泵站运行、闸门运行等各工种，能够满足工程运行管理需要。

（二）工程管理总体情况

自 2013 年 4 月以来，邳州站项目部从综合管理、设备管理、建筑物管理、运行管理、安全管理、环境管理等多方面入手，依托《南水北调泵站工程管理规范》，高标准、严要求，科学化、规范化、制度化、长效化管理邳州站。有力保障了邳州站保质保量完成各项运行任务。

（三）泵站工程管理总体情况

邳州站工程管理始终以"防大汛、抗大旱"为指导思想，从制度编制、设备管理和维护、运行管理及安全生产等多方面开展工作。邳州站项目部结合工程设备的日常巡查、试验、调试，严把每项工作的准备关、进程关、收尾关，不放过每个环节。安

排经验丰富的技术人员在现场细致摸排检查，使工程设备始终处于完好状态，保证了泵站整体安全运行的可靠性。

1. 建章立制，规范管理

邳州站项目部严格按照《南水北调泵站工程管理规程》（NSBD 16—2012）要求，在结合现场实际情况的基础上，建立一套较为全面的规章制度，进场后有针对性对包括自动化系统、变速调节系统、清污设备等系统在内的设备运行管理，编制了《邳州站技术管理细则》《邳州站工程观测细则》《邳州站运行规程》《邳州站规章制度》《邳州站安全工作规程》等相关规章制度及防洪预案、反事故预案等。规章制度完善后，将主要规章制度及图表上墙公示，并组织职工认真学习演练，进行一对一的模拟操作训练。

2. 设备管理和维护

邳州站项目部按照相关规定，对工程设施各部位，按照"谁检查、谁负责"的原则，组织技术骨干进行例行检查，做好日常机电设备维护保养和试运转工作，确保工程完好率。根据《江苏水源公司关于南水北调徐州境内工程 2018 年度第一批岁修计划的批复》及《江苏水源公司关于南水北调徐州境内工程 2018 年度第二批岁修计划的批复》，2018 年邳州站项目部主要进行以下几项维修项目：

（1）测振设备的维修。主要维修内容包括：拆除原有故障卡件、传感器和一体化工作站；购买新的测振卡件、传感器、一体化工作站，对部分故障卡件如能维修，维修后作为备件；安装新卡件、传感器、一体化工作站并调试；对测报柜散热系统进行改造。

（2）电机竖井楼梯改造。主要维修内容包括：人员、材料、设备进场，准备好施工工具和机械设备；做好施工安全技术交底；安装承重立柱及楼梯踏步；安装扶手、

立柱拉丝；贴警示带；安装后验收。

（3）10kV 议水线导线更换。主要维修内容包括：线路停电后做安全措施；10kV议水线架空 50mm² 裸导线拆除；拆除垃圾的清运，相关金具拆除并运送至发包人指定地点存放；4.3km 架空线路 JKLYJ－10－240mm² 绝缘导线布设，含两端接线、杆塔70 基（其中混凝土电杆 61 基，钢管杆 9基）；导线更换后清理现场，拆除安全措施，进行绝缘检测；送电运行。

2018 年，邳州站项目部主要进行以下几项急办项目：

（1）低压电缆应急抢修。主要维修内容包括：通过冲闪法确定电缆接地位置；开挖找出电缆接地点；更换故障段电缆，新电缆敷设；电缆头施工，试验检查后电缆回埋；电缆井及盖板施工；送电试运行。

（2）直流系统逆变模块及蓄电池维修更换。主要维修内容包括：联系厂家扬州华平电力设备有限公司技术人员；拆除原有故障逆变模块和一节蓄电池；购买新的逆变模块和一节蓄电池，对故障逆变模块返厂维修；新逆变模块到货后，验收、安装调试。

（3）邳州站消防系统问题整改。主要维修内容包括：将距障碍物距离小于 0.5m及宽度小于 3m 的内走道未居中安装的感烟探测移位，使其满足规范要求；应急照明灯电源插座取消，与消防电源直接连接；蓄光型疏散指示标志更换为灯光型疏散指示标志；补充室内消火栓箱内缺少的相关配件（消防水带、消防枪头）在消防泵房增加应急照明灯；在消防泵房增加消防电话；高度小于 2.2m 的声光报警器移位，使其满足规范要求；更换负一层吸气式感烟火灾探测器及两组线型光束感烟探测器；更换主变室、电缆层吸气式火灾探测器网并对其空气采样管路进行保养。

（4）上游河道两侧护坡、公路桥及东门加装防护设施。主要维修内容包括：人员、材料、设备进场，制作吊篮等施工机械；做好施工安全技术交底；东门外放线、护栏安装、上游东侧护坡放线、护栏安装；上游西侧放线、护栏安装；公路桥护栏外侧支撑三脚架安装，架设镀锌铁丝网；施工验收。

（5）邳州站清污机皮带机更换。主要维修内容包括：人员、材料、设备进场，联系吊车等施工机械；做好施工安全技术交底；水平段、倾斜度段旧皮带拆除；安装水平段、倾斜段新皮带并硫化做接头；水平段、倾斜段皮带机试运转；施工验收。

（6）4 号机组应急维修处理。主要维修内容包括：拆除 4 号主电机及联轴器；检查与数据测量；调整处理；电机、联轴器安装后试运行。

（四）河道工程管理总体情况

邳州站的河道工程包括水工建筑物（刘集南闸）以及部分河道（徐洪河刘集南闸进口段，泵站上、下游引河），为确保河道工程安全，邳州站项目部针对泵站外围工程制定日常巡视检查项目，并每天进行巡视检查，发现问题及时解决，确保工程完好。

日常巡视项目主要包括：泵站上、下游河道，泵站上、下游护坡，上、下游堤防，上、下游水文亭，上、下游翼墙，刘集南闸等。

护坡和堤防主要巡视有无裂缝、冲沟、洞穴，有无杂物、垃圾堆放等。

对混凝土结构主要检查表面是否整洁，有无脱壳、剥落、露筋、裂缝等现象；伸缩缝填料若有流失现象应采取保护措施及时修补；管理房屋内及周围环境应整洁；墙体无裂缝，墙面整洁、无脱落；房顶无渗、漏现象；房门、窗玻璃完整，关闭灵活。

（五）安全监测管理

邳州站的工程观测项目包括：垂直位

移观测，上、下游河床断面观测，建筑物水平位移观测，测压管水位观测。相关测量工作自建设以来保持了数据延续性，专职观测人员按照《南水北调泵站工程管理规程》（NSBD 16—2012）相关规定，编制了观测细则。测次、测项齐全，数据采集规范完整真实，观测数据按规定进行科学分析，做到成果真实客观。从 2019 年开始邳州站工程观测及汇编工作由水文水质监测中心完成。

（六）安全管理

（1）建立安全生产组织，负责安全生产的宣传、教育、培训等，健全安全生产各项规章制度，分析安全生产状况，研究安全生产工作的开展，组织安全生产检查工作等相关事宜。

（2）组织编写泵站各项设备的操作规程及反事故应急预案，并组织全体运行、管理人员学习和经常性地演练，确保所有运行、管理人员能够熟练操作设备并具备突发性事故的应急处理能力。

（3）每月至少组织 1 次安全生产活动，学习有关安全文件，检查安全隐患，落实整改措施。每月至少组织 1 次消防检查。经常性地组织全站职工开展消防演练，使职工能够熟练使用消防器具，所有消防器具由专人管理，定点放置，定期保养、检测。

（4）安全保卫人员负责对所管范围进行巡视检查，禁止闲散人员、车辆进出单位，对来访人员、车辆必须检查证件，并做好记录。

（5）对上岗的职工开展三级教育；所有特种作业岗位（电工作业、起重作业、焊割作业、机动车辆驾驶、登高作业等）都必须持证上岗；通过日常会议、简报、专栏、录像等多种形式对职工进行安全生产知识的经常性教育。

（6）对各种特种设备（压力容器、行车等）、劳动保护工具（绝缘手套、绝缘棒、绝缘靴、安全带等）建档备案，经常

检查、定期校验。

三、运行调度

自工程投运以来，邳州站先后参与了 2013 年 5 月江苏段试通水、10—11 月全线试运行；2015 年 4 月向省外供水；2016 年 10 月向骆马湖补水；2016 年 12 月 2016—2017 年度第一阶段向山东省供水；2017 年 3 月 2016—2017 年度第二阶段向山东省供水；2017 年 11 月 2017—2018 年度第一阶段向山东省供水；2018 年 3 月 2017—2018 年度第二阶段向山东省供水；2018 年 12 月 2018—2019 年度第一阶段向山东省供水。在历次的调水运行中，邳州站均认真执行调度指令，严格遵守各项规章制度，及时、准确排除设备故障，确保了工程安全、高效运行。

四、工程效益

自 2013 年 2 月试运行以来，邳州站共执行过 7 次运行任务，历次调水累计运行台时 27634 台时，累计抽水 31.75 亿 m³，充分发挥了工程效益和社会效益。

五、环境保护与水土保持

项目部划分了包干区，对整个管理区环境进行责任管理，保证环境整洁。与绿化管护单位进行有效的沟通，保证草皮和苗木能得到及时的管护。整个管理区环境整洁优美，无严重水土流失现象。

（徐州分公司）

洪泽湖抬高蓄水位影响处理工程安徽省境内工程

一、工程概况

南水北调东线一期洪泽湖抬高蓄水位影响处理安徽省境内工程，涉及蚌埠市五河

县、滁州市的凤阳县和明光市、宿州市的泗县共3市4县。建设内容主要包括：新建、拆除重建及技改52座排涝（灌）站，总装机容量29963kW，疏浚开挖张家沟等16条河道大沟，批复总投资3.75亿元。安徽省南水北调东线一期洪泽湖抬高蓄水位影响处理工程建设管理办公室（以下简称"安徽省南水北调项目办"）为项目法人，安徽省水利水电基本建设管理局、蚌埠市治淮重点工程建设管理局、滁州市治淮重点工程建设管理局、宿州市南水北调工程建设管理处等四家建设管理单位具体实施五河泵站及各市境内的泵站及河沟疏浚工程。

二、工程进展

该工程批复的建设任务已于2016年年底全部完成。至2018年12月，相继完成合同工程验收、各专项验收、完工财务决算、省级征地拆迁验收和项目法人验收自查等各项工作。

2018年3月，安徽省南水北调项目办组织各项目管理单位对照设计中有关消防要求进行全面梳理和完善，及时到项目所在地消防部门申请消防验收备案。各地消防部门已根据本地工程实际情况，分别以《南水北调东线一期洪泽湖抬高蓄水位影响处理明光市境内泵站工程验收消防备案的回复函》《南水北调东线一期洪泽湖抬高蓄水位影响处理工程（安徽省境内）滁州市凤阳县花园湖站工程验收消防备案的回复函》和《南水北调东线一期洪泽湖抬高蓄水位影响处理明光市境内泵站工程验收消防备案的回复函》，明确了该工程不需消防专项验收备案。

2018年5月25日，安徽省水利厅在合肥市组织召开了南水北调东线一期洪泽湖抬高蓄水位影响处理工程（安徽省境内）完工验收会议，原国务院南水北调办建设管理司负责人到会指导。验收委员会察看了工程现场，听取了建设管理、设计、施工、监理、质量监督和运行管理等单位的工作报告，查阅了工程档案资料，并经过充分讨论，形成了《南水北调东线一期洪泽湖抬高蓄水位影响处理工程（安徽省境内）完工验收鉴定书》。验收委员会认为：安徽省南水北调工程已完成初步设计批复的建设内容；工程设计变更已按规定履行了相关审批程序，历次验收遗留问题已处理完毕，剩余少量尾工已落实责任单位；水保、环保、档案和征迁等专项均已通过相关主管部门的验收；工程完工财务决算已经完成，投资控制使用合理，并已通过原国务院南水北调办核准；工程档案齐全；工程质量合格；工程初期运行正常。验收委员会同意通过完工验收。

2018年6月24日，安徽省水利厅正式印发完工验收鉴定书。

截至2018年12月，安徽省南水北调工程已全部移交给运行管理单位。具体如下：

五河泵站由五河县水利局代管。根据安徽省水利厅《关于省怀洪新河河道管理局（省淮水北调工程管理中心）职责及所属机构的批复》（皖水人〔2017〕89号），明确由安徽省怀洪新河河道管理局负责五河泵站的运行管理。

滁州市境内工程新建的花园湖泵站交由凤阳县淮河河道管理局（花园湖站管理所为其下属单位），其余工程均交原管理单位代为管理。

蚌埠市境内工程由五河县机电排灌管理站代管。

宿州市境内工程由泗县水利局代管。

（汤义声　章　佳）

骆马湖—南四湖段

刘山站工程

一、工程概况

刘山站是南水北调东线第一期工程的第七梯级泵站，位于江苏省邳州市宿羊山镇境内。刘山站工程为Ⅰ等大（2）型工程，主体工程为1级建筑物。泵站设计洪水标准为百年一遇、校核洪水标准为三百年一遇。刘山站设计流量 $125m^3/s$ 。主体工程包括泵站［机组5台（套），含备机1台］、节制闸（5孔，设计流量 $828m^3/s$ ）、相关变配电设施和管理设施等工程。工程于2005年3月开工建设，2008年10月基本建成，与解台站、蔺家坝站联合运行，其主要任务是扩大江苏境内骆马湖至南四湖的输水规模，共同实现出骆马湖 $125m^3/s$ 、向南四湖供水 $75m^3/s$ 的调水目标。

泵站工程采用堤身式块基型结构，站身共分设两块底板（3台一联、2台一联），设计流量 $125m^3/s$ ，采用肘形进水流道，平直管出水流道，快速门加小拍门断流。泵站上设工作门、事故门各5台（套），均采用QPPYⅡ－2×160kN液压启闭机启闭；站下游布置拦污栅桥和拦污栅，配HQ－A型回转式清污机10台（套），SPW型皮带输送机输送污物。泵站安装2900ZLQ32－6立式轴流泵5台，叶轮直径 $2.9m$ ，单机流量 $31.5m^3/s$ 。配套TL2800－40/3250型同步电机5台（套），总装机容量14000kW。

节制闸工程采用带胸墙的开敞式结构，单孔净宽 $10m$ ，共5孔，总净宽 $50m$ ，设计流量 $828m^3/s$ ，校核流量 $1370m^3/s$ ，设平面钢闸门，配绳鼓式250kN启闭机控制。

刘山站项目部严格按照合同及相关行业规范，全力以赴，认真开展工程管理工作，圆满完成2018年合同约定工程管理任务和岁修工程任务，完成向徐州地区运行补水的任务，翻水2058台时，调水2.2亿 m^3 ；汛期开闸调整100余次，泄洪排涝2.48亿 m^3 ，工程设备均安全运行，充分发挥了工程效益和社会效益。

二、工程管理

刘山站工程采用委托管理模式，2018年，徐州分公司向徐州市润捷水利工程管理服务公司所发出刘山站工程合同谈判邀请函。收到邀请函以后，徐州市润捷水利工程管理服务公司编制并递交了刘山站工程委托管理谈判响应文件，抽调骨干力量加入到刘山站项目部，加强刘山站的工程管理工作。刘山站项目部除接受江苏水源公司、徐州分公司的检查、指导、考核和调度外，徐州市水务局也将刘山站纳入正常的管理范围，正常开展汛前、汛后检查，加强业务指导，开展职工教育培训，组织年度目标管理考核。

刘山站工程管理范围主要包括刘山泵站、刘山节制闸及相应工程用地范围及相关配套设施，管理内容主要有工程建（构）筑物、设备及附属设施的管理，工程用地范围土地、水域及环境等水政管理，工程运行管理及工程档案管理等。

刘山站项目部自成立以来严格按照委托管理合同要求开展工作，足额配备相应的泵站管理、技术、运行、保洁、保安人员。非运行期共有职工23人，其中项目经理1人、副经理1人、技术负责人1人、技术员3人、运行班长4人、运行员6人、其他人员7人。运行期共有职工33人，其中项目经理1人、技术负责人1人、副经理1人、技术员 4 人、运行班长 7 人、运行员 12 人、其他人员 7 人。刘山站项目部班子成员稳定，内部协调配合，团结务实高效。项目部规章制度健全、管理办法完善，部门岗位职责明确，分工合理，日常管理有序。项目部严格遵守考勤制度和项目经理在岗带班的值班制度。项目部有健全的财务制度，设立了专用账户，配备了兼职财务人员。

2018 年，刘山站项目部根据管理实际需要，修订了节假日、冬季运行、防汛防台应急预案，反恐怖应急预案。修订了防汛预案和反事故预案。积极开展项目部人员的专业技能培训。在开展管理工作的同时，项目部积极开展党风廉政建设，深入学习习近平新时代中国特色社会主义思想和十九大会议精神，未发生违法违纪事件。

日常管理中，刘山站项目部及时消除设备质量缺陷及安全隐患，不断提高管理水平。项目部在 2018 年进行刘山站厂房窗户加固、上游挡浪墙及上下游翼墙维修、泵房和管理楼建筑物渗漏水处理及落水管更换、1 号机组大修、10 号清污机脱链维修、UPS 不间断电源改造、高开柜放电记录仪、综合指示仪表更换、上下游拦河索维修，委托泵站技术服务公司做了 2018 年度电气预防性试验；拆除、清洗了节制闸启闭机轴瓦，调整了抱闸间隙，保养了钢丝绳；更新了 1 ～ 5 号主机组，更新了节制闸启闭机、高低压开关柜、叶调系统和液压系统；维修了主变室风机、2 号 LCU 柜显示屏、技术供水泵、1 号排水泵、5 号机组上下油缸示流器等；维修了消防泵，更换了部分消防管道闸阀；高低压开关柜底部用防火板封堵；更换了伸缩缝保护板；完成综合楼和联轴层、检修层、水泵层墙面裂缝处理和墙面出新；改造了 GIS 室风机、SF_6 监控报警系统；更换了 SF_6 气体传感器；更换了综合楼大厅地砖；更换了上游节制闸孔水泥栏杆；维修了综合楼自动门；保养了闸门、行车；补充了液压油；更换了部分示流信号器；更换了站区的路灯；配合完成 1 号事故门和 1 号工作门液压缸维修；协调完成自动化系统维护、垂直位移观测、河床断面观测。所有机电设备定期除尘、端子紧固、补贴示温纸等保养。使刘山站设备始终处于良好工作状态。

刘山站项目部对水工建筑物定期开展检查养护，保持建筑物完好整洁；按照观测任务书及时对建筑物伸缩缝进行观测，对测压管进行观测；对测压管高程进行考证，对测压管进行注水试验，对建筑物进行垂直位移观测和河床断面观测，并对观测资料进行整理和分析，做好资料的整编工作。2018 年项目部完成综合楼和联轴层、检修层、水泵层墙面裂缝处理和墙面出新；更换了综合楼大厅地砖；更换了供水泵底面起鼓地砖；更换了节制闸孔水泥栏杆；维修了部分脱落的踢脚线；开展水工、土工建筑物检查，观测设施保养；每月及节假日前后对建筑物例行检查；厂房及各开关室每天清洁保养；清扫了上下游护坡；清理了前池、上/下游护底、排水沟内垃圾。对目前泵站工程和节制闸工程水工建筑物完好。

刘山站项目部高度重视安全生产管理，每天进行安全巡视，每周进行安全检查；汛前、汛后开展定期检查，节假日和重要活动前开展安全大检查等工作；安全生产规章制度健全，安全生产网络健全，分工明确，责任制层层落实；经常开展安全生产活动，定期对职工进行安全教育。目前，刘山站安全生产形势良好。

三、运行调度

2018 年，刘山站项目部向徐州地区补水运行，为保证工作顺利开展，项目部及时抽调运行经验丰富的技术干部和职工，负责刘山站的开机运行工作，还聘请了有关技术专家对刘山站进行指导，为工程运行提供了可靠的技术保障。

刘山站项目部在运行期间能够遵守各项规章制度和安全操作规程，运行期间能做好各项运行记录，运行过程中能及时准确排除设备故障，能够通过调整设备运行参数优化运行工况（在满足调度指令的要求下），使工程高效运行。运行中能够按照调度指令，及时调整叶片角度，开启清污机打捞水草、杂物，保证了机组高效运行。在运行中加强对自动化和视频监控系统的检查维护，确保了工程运行安全可靠。

工程度汛期间，刘山站项目部严格执行 24 小时值班制度、领导带班制度，认真做好防汛值班，保持通信正常、保证防汛调度指令畅通。项目部接公司和邳州市防办调度指令后，半小时以内要按照防汛值班制度和闸门运行操作规程及时启闭闸门，并每小时观测上、下游水位。按市防办要求控制好闸上游水位，遇超标准洪涝灾害情况，项目部按照市防办要求调度工程运行，并执行全员值班制度，确保工程安全度汛。

四、工程效益

2018 年，刘山站项目部根据调度指令，于 5 月 12 日开机向徐州地区补水运行，于 8 月 14 日停机，圆满完成各项调水任务，开机运行 2058 台时，翻水 2.22 亿 m³。2018 年，徐州地区台风较多，下雨频繁，刘山站项目部高度重视，强化机电设备维护保养，执行 24 小时全员值班制度，圆满完成防汛排涝任务。刘山节制闸共开闸调整 100 余次，下泄洪水 2.48 亿 m³。发挥了排泄徐州市北部、市区及南四湖湖西片涝水和利用骆马湖蓄水补充灌溉、航运用水的工程效益。泵站自 2008 年试运行以来，累计运行 11647 台时，翻水 14.33 亿 m³。节制闸自 2007 年水下验收后，至今累计下泄洪水 22.4 亿 m³。

五、环境保护与水土保持

刘山站项目部在 2018 年向徐州地区运行补水期间加强了水质监测；对上、下游护坡进行清理、修补；上、下游的杂草杂树进行砍伐、清理；对站区内部分绿化树木进行调整，补植花草树木约 500 棵；加强管理区闲置用地的管理。

六、其他

在抓好技术管理的同时，刘山站项目部加强站区环境卫生工作，严格执行卫生保洁制度，聘用了专人对综合楼和厂房进行保洁，每周一上午全体职工进行站区大扫除。每台设备责任到人，要求主机组每天外观检查，发现不清洁的立即处理，其他设备每周至少全面保洁两次，主厂房地面、楼道、中控室、卫生间等每天保洁，确保机组设备、内外环境的整洁卫生。

（徐州分公司）

解 台 站 工 程

一、工程概况

解台站是南水北调东线第一期工程第八梯级泵站，位于江苏省徐州市贾汪区境内的不牢河输水线上。解台站工程为Ⅰ等大（1）型工程，主体工程为 1 级建筑物。工程于 2004 年 10 月开工建设，2008 年 8 月通过试运行验收，2012 年 12 月通过设计单元工程完工验收。

解台站与刘山站、蔺家坝站联合运行，共同实现出骆马湖 125m³/s、入下级湖 75m³/s 的调水目标，同时发挥枢纽原有的排泄徐州地区和微山湖西片 756km² 涝水的排涝效益。

解台站工程分主体工程和导流工程两个部分。主体工程包括泵站、节制闸、老节制闸拆除新建站上引河公路桥、原有河道扩挖疏浚等工程；导流工程是在原有灌溉河基础上改建的，包括新建导流控制闸、老灌溉闸拆除新建跨灌溉河公路桥、灌溉河扩挖疏浚改道等工程。

解台泵站设计调水流量 125m³/s，设计扬程 5.84m，安装 5 台（套）2900ZLQ32－6 型立式轴流泵，配 TL2800－44/3250 型同步电动机 5 台（套）（1 台备机），水泵叶轮直径 2900mm，单机设计流量 31.5m³/s，单机功率 2800kW，总装机容量 14000kW。解台节制闸设计排涝流量 500m³/s，为钢筋混凝土胸墙式结构，共 3 孔，孔径 10m，设钢质平板门，采用液压启闭机启闭。

二、工程管理

（一）工程管理机构

解台站自 2017 年 10 月开始由江苏水源公司收回直管，南水北调东线江苏水源有限责任公司解台站管理所作为现场管理机构，负责工程的日常运行管理工作。2018 年，组织机构人员建设方面主要开展管理副班长竞聘工作。为了让思想品德好、业务素质高、协调能力强的员工有更好的发挥平台，让优秀员工脱颖而出，管理所结合员工实际情况，经分公司批准，在 9 月开展管理副班长竞聘工作。竞聘工作坚持注重实际、侧重平时、有利工作的原则，采用公开、公平、公正的竞聘方式，择优选拔了 5 名管理副班长，完善了队伍结构。

2018 年年初，按照管理规范要求，针对工程及个人特点，对工程所有设备进行细致划分，明确责任人开展设备管理养护，确保人人都有事情做、台台设备有人管。

（二）工程维护检修

积极配合电缆整改开展工作，同时开展主机组机旁箱和电缆夹层改造，各项工作已全部完成并通过分公司试运行验收。针对屋面渗漏水问题，会同专业公司认真查找渗漏点，科学分析问题原因，制定合理处理方案，及时进行渗漏维修，效果显著。解台站与消防维保单位对消防系统进行全面排查，对存在问题及时进行整改，增加了主厂房疏散指示灯，对消火栓按钮进行布线、编码、调试，同时还更换主厂房联轴层声光报警器等，进一步提高了消防系统的安全性、可靠性。积极与自动化维保单位联系，按时完成维保任务确保自动化系统完善可靠。综合楼及围墙改造项目，解台站与施工单位多次召开现场办公会，严格把控工程质量，对存在问题及时进行沟通解决，目前围墙改造主体已完工，宿舍装修正在进行。随着贾汪区大吴镇自来水管网的建成，解台站第一时间协调当地相关部门，现供水主管路已接通待综合楼装修结束后用上自来水。

（三）设备维护

解台站建站已超 10 年，部分设备老旧现象严重。管理所以养护项目为抓手，合理利用养护资金，周密安排养护计划，先后对 UPS 不间断电源进行改造，对 GIS 组合开关、技术管路、启闭机油缸进行油漆防腐出新，对备品备件仓库、防汛仓库等进行改造，维修更换了部分设备仪表、放电记录测试仪，购置增添了清污机防护罩、安全用具柜，检修了清污机等。经过养护改造，解台站面貌有了一定改善，设备性能得到了提高。

平时注重对各种设备经常性检查、清理、养护，及时更换常规易损件，使之处于完好状态。汛前、汛后对设备进行重点检查、维护、保养，编写汛前、汛后检查报告，并及时将检查报告报送公司备案。

（四）安全生产

2018 年年初，管理所与全体员工签订了《安全生产责任状》，把安全生产责任进行层层分解、逐一落实、量化管理，在全所范围内营造"安全生产，人人有责"的氛围，做到"人人讲安全，事事讲安全"。加强安全生产检查。"工作再忙，安全不忘"，管理所严格按照安全生产活动计划开展安全检查，尤其是重点加强重大节假日前的安全检查，通过检查发现隐患并及时加以整改，同时严

格执行领导带班制度，随时做好应对各种突发事件的准备。认真开展安全月活动。管理所制定安全生产月活动方案，开展安全大检查、观看安全警示片、安全演练、提一条安全建议、安全进社区等活动。通过活动的开展，在全所上下营造了浓厚的安全氛围。

（五）建筑物管理

解台站管理所做好工程观测工作。严格按照《南水北调泵站管理规程》《南水北调东中线一期工程安全监测技术管理办法（试行）》及观测任务书要求，配合水文水质监测中心做好垂直位移、引河河床断面测量工作，自主开展建筑物伸缩缝和测压管水位观测工作，同时做好观测资料的收集整理。从观测成果分析，建筑物状况良好。做好建筑物、堤防巡查工作。除了定期和经常性检查以外，管理所坚持每周对工程建筑物、堤防等巡查一次，发现问题及时处理；同时要求保卫和值班人员每天对管理区域进行经常性巡查，及时劝阻无关人员进入站区，劝离违章捕鱼作业人员。

三、运行调度

（1）严抓设备管理。解台站管理所按时开展设备养护，让设备始终处于良好的状态，保证能随时投入运行。

（2）严格执行调度指令泵站运行严格执行分公司调度指令。在接到开机指令后，及时开展线路巡查，落实用电负荷，指令执行后及时反馈信息；节制闸运行严格执行徐州市防办调度指令，在接到开闸指令后迅速执行并及时反馈。

（3）是严格执行运行纪律。运行人员严格按照《南水北调泵站管理规程》要求开展巡视，特殊情况加大巡视频次，发现问题及时查明原因并进行处理，同时做好记录和汇报。

（4）金结机电及自动化运行情况。通过日常维修养护解台站面貌有了一定改善，

设备性能得到了提高。自动化系统经过多年的运行，总体情况比较稳定，经过逐年维护，多数问题已基本解决。

四、工程效益

解台站自2008年以来，工程先后多次投入运行，充分发挥了调水、排涝、灌溉、改善水环境、提高航运保证率等设计功能，经历了多种工况的运行考验。截至2018年12月，机组累计安全运行超过9000台时，累计调水10.5亿 m³，经济和社会效益显著。2018年，解台站未参与江苏省外调水运行，6月根据江苏水源公司调度指令，参与江苏省内抗旱调水运行，年度累计运行174台时，调水1786万 m³。

解台节制闸自2008年以来，累计启闭483次，泄洪水15.8亿 m³，社会效益得到充分发挥。2018年，解台站管理所严格执行调度指令，累计开关闸48次，泄洪1.774亿 m³。

五、环境保护与水土保持

解台站现有管理区范围18.9hm²，除水面外，绿化面积14.5hm²，已栽种各类树木6000余棵，绿篱色块地被植物2100余平方米，各类草皮面积达54000m²。

2018年徐州分公司与江苏水源绿化公司签订水土保持与绿化管理养护合同，合同金额272577.43元。为了保证绿化成果，管理所领导督促绿化管理人员，按照绿化管养要求，进行站区内绿化改造等工作。经过努力，解台站的环境美化有了显著的提高。

（徐州分公司）

蔺家坝站工程

一、工程概况

南水北调东线第一期工程蔺家坝泵站

工程为南水北调东线工程的第九级泵站，位于江苏省徐州市铜山县境内，泵站工程等级为Ⅰ等，主体工程为1级建筑物，地震设计烈度为7度；设计防洪标准为百年一遇，校核防洪标准为三百年一遇。泵站设计水位站上33.30m（废黄河高程，下同）、站下30.90m，设计扬程2.4m，平均扬程2.08m，最高扬程3.1m。其主要任务是抽调前一级解台泵站来水向南四湖下级湖送水，满足南水北调工程调水要求，同时可以结合郑集河以北、下级湖沿湖西大堤以外的洼地排涝。

泵站主泵房为块基型结构，流道与主泵房底板浇成一块整体，并作为整个泵站的基础，基础沿垂直水流方向浇成两块，1号、2号机组为一块，3号、4号机组为一块，两个机组段之间设沉陷缝一道。水泵进出水流道均为平直管型，流道中心高程26.50m。流道进口为矩形断面，逐渐收缩过渡成圆形断面，与水泵喇叭口相衔接；流道出口与导叶体相衔接，逐渐扩散由圆形断面过渡成矩形断面。主泵房墩顶高程35.00m，以下为辅机层、叶调机构装置层和泵室，辅机层高程29.65m，叶调机构装置层高程28.62m，泵室底板顶面高程22.15m。副厂房和安装间分别布置于主泵房南北两侧。

蔺家坝站设计流量75m³/s，安装2850ZGQ25-2.4灯泡式贯流泵4台（套）〔其中1台（套）备用〕，单机流量25m³/s，转速为120r/min，设计扬程2.4m，平均扬程2.08m，最高扬程3.1m；配套TKS-1250/630同步电动机，电机容量1250kW，转速为750r/min，总装机容量为5000kW；电机与水泵间采用行星齿轮箱传动方式，转动比为1:6.25。

二、工程管理

（一）运行管理单位的配置及组织机构

自2008年11月初成立江苏省南水北调蔺家坝泵站工程管理项目部（以下简称"蔺家坝站项目部"）以来，严格按照委托管理文件、管理合同的要求和受托管理的承诺，遵循"以人为本、安全第一"的管理方针和水利管理工作"五化"要求；依据《泵站技术管理规程》（SL 255—2000）、《南水北调泵站工程管理规程》（NSBD 16—2012）等规程、规范，结合蔺家坝泵站的实际情况积极开展各项管理工作。目前蔺家坝站在工程非运行期，管理人员按12人配置；工程运行期，管理人员按20人配置，管理专业涵盖水工、机电、水文、泵站运行、闸门运行等各工种，能够满足工程运行管理需要。

（二）工程管理总体情况

自2009年以来，蔺家坝站项目部从综合管理、设备管理、建筑物管理、运行管理、安全管理、环境管理等多方面入手，依托《南水北调泵站工程管理规范》，高标准、严要求，科学化、规范化、制度化、长效化管理蔺家坝站。项目部注重对工程的巡视检查，注重工程缺陷的记录积累，能处理的及时处理，保证工程的完好，不能处理的及时建立缺陷记录档案，每年按时编报工程维修养护项目。在公司批复后及时组织实施，实施工程中安排专人对项目的进度、工艺、材料以及质量、安全等进行监督检查，确保工程维护检修做到实处，工程质量合格。

项目部以及后方技术支持单位能够及时的组织技术人员对工程设备出现的问题故障进行排除，分析原因，查找故障根源，制定维修方案，该换的必须换，该修的必修，始终坚持保证设备的完好，确保在接到开机调度指令时能够按时开机，保证调水任务的完成。

项目部高度重视安全生产管理，每天进行安全巡视，每周进行安全检查；汛前、汛后开展定期检查，节假日和重要活动前开展安全大检查等工作；安全生产规章制度健

全，安全生产网络健全，分工明确，责任制层层落实；经常开展安全生产活动，定期对职工进行安全教育。刘山站安全生产形势良好。

（三）设备维护

蔺家坝站项目部按照工程管理的要求定期组织对工程设施、设备进行检查。注重对各种设备经常性检查、清理、养护，对主机泵、励磁设备、启闭机、闸门、供水系统、气系统等主辅机设备和计算机监控系统进行检查、维护，及时更换常规易损件，确保设备处于完好状态。

在日常管理工作中，要求当班人员每天对设备、设施、建筑物等进行巡查，并将巡查情况及时记入班组运行日志内，并每月按时上报工程月报。项目部对检查发现的工程设施、设备存在问题，能够及时处理的，立即组织进行处理；不能够及时处理的，及时向上级部门反应情况，并积极与施工单位和设备厂家联系进行处理。

汛前、汛后对设备进行重点检查、维护、保养，编写汛前、汛后检查报告，并及时将检查报告报送分公司备案。同时每年进行两次设备评定级工作。

蔺家坝站项目部每月都对辅机设备进行一次试运行，主机设备不带电的联调联动操作；每季度对主机组设备进行一次带电试运行，每台主机运行时间不少于 8 小时。

（1）岁修项目。2018 年蔺家坝站项目部主要进行以下几项岁修项目：

1）直流系统改造。主要维修内容包括：更换整流装置、新增电源监控装置、更换绝缘监测装置、更换蓄电池巡检装置、新增硅降压回路、新增交流不间断（UPS）电源、更换阀控式密封铅酸蓄电池、交直流馈电柜配线安装施工。

2）空压机更换。主要维修内容包括：更换空气压缩机，型式为 LG－1.7/8，主要参数和技术要求为排气压力 0.8MPa、排气量 1.2m³/min、电机功率 7.5kW、排气接口 G1、重量 260kg、外形尺寸 1060mm×800mm×1230mm。

3）建筑物渗漏水处理。主要维修内容包括：工程渗漏水处理（包含屋面刚性及柔性防水层处理）、厂房之间伸缩缝处理、综合楼窗台及墙面粉刷层处理、卫生间渗漏处理。渗漏水预处理面积约 834m²。

4）泵房顶彩钢板更换工程。主要维修内容包括：原泵房屋顶彩钢瓦拆除和彩钢瓦屋面安装，面层采用 1.0mm 厚铝镁锰板，北边沿伸出 2m，东西两侧各伸出 0.6m。保温层采用 75mm 厚容重 14kg/m³ 玻璃丝绵。彩钢板更换预处理面积约 856.08m²。

（2）防汛急办项目。2018 年蔺家坝站项目部主要进行以下几项防汛急办项目：

1）低压开关电操设备等购置更换。主要维修内容包括：更换 10kV 室内 400V 控制柜电动操作机构共计 17 台；2 号渗漏排水接触器 2 台，2 台备用；更换 1 号、2 号主变室内温湿度传感器 4 台；由现场消防设备维保公司负责 15 台消防烟感探测器移位施工。

2）自动化控制系统改造新增项目。主要维修内容包括：改造局域网，节制闸控制反馈，增加采集网关。

3）消防系统维修、灭火器材更换。主要维修内容包括：更换消防水箱、消防水箱管路、闸阀、室外消防栓、消火栓柜、灭火器和消防水带。

（3）河道工程管理。蔺家坝站项目部针对泵站外围工程制定日常巡视检查项目，并每天进行巡视检查，发现问题及时解决，确保工程完好。日常巡视项目主要包括：泵站上、下游河道，上、下游护坡，上、下游堤防，上、下游水文亭，上、下游翼墙等。护坡和堤防主要巡视有无裂缝、冲沟、洞穴，有无杂物、垃圾堆放等。

对混凝土结构主要检查表面是否整洁，

有无脱壳、剥落、露筋、裂缝等现象；伸缩缝填料有无流失现象，如有流失现象应采取保护措施及时修补；管理房屋内及周围环境是否整洁，墙体有无裂缝，墙面是否整洁，有无脱落现象，房顶有无渗漏现象，房门、窗玻璃是否完整，关闭是否灵活。

（四）工程设施管理

蔺家坝站项目部对所管辖的工程设施每月进行巡查一次，并编制日常巡查报表，主要巡查内容有上下游河道、护坡、进出水池、翼墙、金属护栏、工作桥、泵站主厂房、办公楼及生活区等，对建筑物沉降、伸缩缝渗漏、厂房及房屋的墙壁开裂、主厂房墙壁渗水、空箱流道渗水、玻璃门窗破损等问题及时进行处理。

汛期每天值班人员都对工程设施进行巡查，恶劣天气特别是暴雨期间更是加大巡查力度，并按照公司的要求上报汛期工程设施巡查报表。

冬季进行防寒防冻防冰凌措施，进出水池扎制芦把固定在翼墙边水面处，有效地阻碍因河面结冰膨胀对混凝土翼墙的挤压。

认真开展工程观测，编制了观测细则和观测任务书。每月、每季度按照观测任务书的要求开展工程观测工作。观测过程做到测次、测项齐全，数据采集规范、完整、真实，观测数据按规定进行科学分析，做到成果真实客观。

（五）安全生产管理

蔺家坝站项目部高度重视安全生产工作，始终坚持"安全第一，预防为主"的指导方针，将安全生产作为工程管理工作的头等大事来抓。

（1）建立安全组织网络，层层落实安全责任制。项目部成立了以项目经理为组长的安全生产领导小组。项目部设立安全管理部门，配备了专职安全员，明确安全生产"无死亡、无重伤、无火灾、无重大事故"的管理目标。

项目部根据工作实际，制定蔺家坝泵站安全管理制度、安全用具管理制度、危险品管理制度等一系列安全管理制度，将安全生产任务层层分解，明确每位职工肩负的安全责任，形成了"横向到边、纵向到底"的全方位安全管理网络，人人参与安全管理，人人负责安全生产。目标责任的严格落实，有力促进了安全生产工作的顺利开展，为全年工程管理的有效开展奠定了坚实基础。

（2）加强安全生产教育和培训。项目部加强对职工的安全生产管理的教育，提高职工的业务素质，强化职工的安全意识和防范事故能力。积极组织人员认真学习各种规程，对管理人员和作业人员进行安全生产培训。

（3）加强值班保卫，促进管理安全。项目部对外聘请了3名保安，规定蔺家坝泵站管理区大门实行24小时值班保卫。厂房内每天安排值班人员，定时进行巡视，促进管理安全。

（4）项目部在各消防关键部位配备了消防器材并定期检查，对防雷、接地设施进行定期检测，确保完好。

（5）进一步落实安全生产规章制度，加强工程的规范化管理，项目部狠抓"两票三制"执行，规范了工作票、操作票的使用，坚决禁止和杜绝随意口头命令的发生。

（6）配合6月安全生产月活动，项目部制定详细的活动方案，主要包括：加强宣传、加强领导采取悬挂宣传横幅、张贴宣传图片等措施对安全生产活动进行广泛宣传，结合现场的实际情况制定详细的实施步骤，促使广大职工牢固树立安全生产意识；举行消防演练，让每位参训职工都能够认真学习掌握消防灭火器的使用方法，以及泵站电气设备灭火注意事项，为以后泵站消防工作的开展打下良好的基础；举行泵站开停机操作演练、反事故演练，通过培训提高职工对自动化设备及主机组等设备的熟悉程度，加强职工的操作规范性和熟练度。为以后蔺家坝泵站机组安全运行夯实基础、提供可靠保障。

三、运行调度

江苏水源公司徐州分公司是蔺家坝泵站的直接主管部门，蔺家坝泵站工程的防洪与排涝接受南水北调江苏水源公司徐州分公司下达的调度指令，不接收其他任何单位或个人的指令。

值班人员接到上级调度运行指令后，第一时间内送达值班经理，由值班经理根据调度要求，下达具体操作指令。防洪闸在接到上级调度指令后30分钟内执行完毕，泵站在接到上级调度指令后1小时内执行完毕。待工程、设备运行稳定后，立即将本次指令的执行情况书面反馈到分公司。

2018年全年未接到调水指令，每月按照要求进行机组试运行。

2018年，总体机组保养良好，自动化系统运行正常，各类数据报表显示正常，能够正确的反映机组及辅机设备的运行参数，为安全运行提供了可靠地保证。保护装置定值设置正确，各跳闸参数和回路正常，能够有效地保证机组运行安全。

四、工程效益

截至2018年年底，累计开机2900.07台时，抽水2.63亿 m³。

五、环境保护与水土保持

蔺家坝站项目部充分利用管理范围内的土地资源和工程优势，因地制宜大力开展种植树木花草，美化环境。

做好管理范围内环境卫生。项目部加强对管理范围内环境卫生工作的管理，从基础做起，从点滴抓起，逐步完善长效管理机制。安排专人负责管理范围内环境卫生工作，保持主要道路的整洁，车辆停放有序。

做好管理范围内绿化。现场的绿化由江苏水源公司绿化工程有限公司进行维护，项目部对站区的绿化、美化工作非常重视，为了保证绿化成果，督促绿化管理人员，按照绿化管养要求，进行浇水、施肥、除草、治虫和修剪等工作，花费了大量的人力和财力，为站区的绿化、美化提供了强有力的保证。

六、验收工作

蔺家坝站工程由江苏水源有限责任公司委托中水淮河工程有限责任公司建设，工程总投资1.81亿元，2006年1月开工建设，2008年12月通过试运行验收。

（徐州分公司）

台儿庄站工程

一、工程概况

台儿庄泵站是南水北调东线一期工程的第七级泵站，也是进入山东省境内的第一级泵站，位于山东省枣庄市台儿庄区境内。台儿庄泵站工程为Ⅰ等工程，一期设计调水流量125m³/s，设计水位站上25.09m（1985国家高程基准，下同），站下20.56m，设计扬程4.53m，平均扬程3.73m，主泵房内安装ZL31－5型立式轴流泵5台（其中1台备用，单泵设计流量31.25m³/s），叶轮直径2950mm，配额定功率为2400kW的同步电机5台，总装机容量12000kW。其主要任务是抽引骆马湖来水通过韩庄运河向北输送，以满足南水北调东线工程向北调水的任务，实现梯级调水目标。此外，兼有台儿庄城区排涝和改善韩庄运河航运条件的作用。

台儿庄泵站工程由项目法人南水北调

东线山东干线有限责任公司（以下简称"山东干线公司"）委托淮河水利委员会治淮工程建设管理局（以下简称"淮委建管局"）负责工程招标、建设、验收全过程，山东干线公司负责迁占协调、资金拨付等工作。工程于 2005 年 12 月 12 日开工建设，2009 年 11 月 24 日通过机组试运行验收，2010 年 7 月 27 日由淮委建管局移交项目法人进入待运行管理阶段，2013 年 11 月 15 日南水北调东线一期工程正式通水运行，台儿庄泵站工程进入运行管理阶段。

二、工程管理

（一）管理机构基本情况

台儿庄泵站管理机构为南水北调东线山东干线枣庄管理局台儿庄泵站管理处（以下简称"台儿庄泵站管理处"），受南水北调东线山东干线枣庄管理局（以下简称"枣庄局"）领导，内设综合科、工程科和运行科。截至 2018 年 12 月 31 日，台儿庄泵站管理处共有 22 人，其中主任 1 人，副主任 1 人；科室负责人 3 人，分别负责综合管理、工程管理及运行管理工作。

台儿庄泵站管理处管理范围包括站区和管理区两部分。站区东起进水渠进口，西至出水渠出口，南至建筑物南侧外边线以南 10m，北至韩庄运河北堤顶；东西方向总长约 1800m，南北方向总宽 160m。管理区设在泵站东、韩庄运河北堤外侧的弃渣场处，距站区约 2.5km，与站区之间通过韩庄运河北堤连接。管理范围包括办公楼、仓库、油库、机修车间、职工宿舍、围墙等管理设施以及弃土区水土保持项目等。

（二）工程维护检修

台儿庄泵站管理处对 2018 年的维修养护项目进行详细分解，合理安排时间节点，保质、保量地完成维修养护任务。2018 年度主要完成大泛口闸室外墙粉刷、深井泵更换及改造、管理区电动伸缩门维修更换、管理区铁护栏围墙维修及修复、主厂房落水管维修更换、冷水机组保温房、站区大理石栏杆维修、站区零星贴面、副厂房雨棚玻璃上方拉杆除锈刷漆、副厂房百叶窗除锈刷漆、副厂房东侧广场大理石地面砖维修更换、工程观测线路布置 322 处、大泛口制安大理石观测基点标识牌、主厂房电机层、站变室增设纱窗、站区漏筋处理、站区制安大理石观测基点标识牌等土建类日常维修养护项目，及行车钢丝绳保养、大泛口节制闸配电柜日常维修保养、变电站空气外绝缘高压组合电器日常维修保养、高低压室高开柜日常维修保养、高低压室消弧柜日常维修保养、高低压室低压开关柜日常维修保养、LCU 室励磁系统日常维修保养、技术供水系统日常维修保养、排水系统日常维修保养、气系统日常维修保养、油压装置日常维修保养、液压站日常维修保养、发电机组保养、主厂房行车进行保养维护等金结机电设施类日常维修养护项目。完成管理区自来水加压系统、消防设施维保、水系统改造等专项维修养护计划项目。通过日常和专项维修养护，提高了工程设施设备的完好率，确保了安全运行。

（三）工程设施管理

根据 2018 年度重点工作任务的要求，台儿庄泵站管理处组织进行汛前、汛后检查，同时每月对所有设施、设备进行集中检查，及时发现工程设施及设备存在的问题，并限期整改。

台儿庄泵站管理处每季度对泵站工程进行垂直位移、水平位移、伸缩缝、渗流等项目的观测。2018 年 3 月 25—29 日完成第一季度工程安全监测工作，2018 年 6 月 11—15 日完成第二季度工程安全监测工作，2018 年 9 月 17—21 日完成第三季度工程安全监测工作，2018 年 12 月 10—14 日完成第四季度工程安全监测工作。从历次的监测结果来看，各项数据稳定，无异常变化，工

程处于安全稳定状态。

（四）防汛度汛

为了做好2018年度防汛抢险救灾应急救援处理以及通水工作，最大限度地减少水灾、水毁以及通水期间的突发汛情对本站造成的生命及财产损失，确保台儿庄泵站工程安全度汛及试通水期间安全，根据相关规定并结合近几年台儿庄泵站管理处汛期运行经验，修订完善《2018年台儿庄泵站度汛方案及防汛预案》。在《2018年台儿庄泵站度汛方案及防汛预案》中，明确了防汛重点，建立防汛度汛组织机构，制定各项工作防汛措施，准备了充足的防汛物资。

2018年5月29日，台儿庄泵站管理处组织开展一次模拟主副厂房断电、主厂房屋面受损及房屋漏雨场景的应急演练。

（五）安全生产

2018年，台儿庄泵站管理处认真落实安全生产责任，规范安全生产管理。结合安全生产工作实际，根据相关安全管理体系文件，台儿庄泵站管理处安全生产管理实行网格化管理，将工作管理内容进行网格划分，每个部分均有人负责，做到每个建筑物有人管，每台设备有人维护。根据安全生产工作计划，2018年3月1日，台儿庄泵站管理处负责人与各科室负责人、各科室负责人与职员、运行管理人员及外包派遣人员逐级签订了安全生产责任书，确保安全生产责任落实到位。

台儿庄泵站管理处定期召开安全例会，为安全工作保驾护航。会议实行签到制度，任何人员不得无故缺席会议。在会议中，管理处负责人多次强调安全生产工作的重要性，对各项工作任务进行部署，提出明确要求。

为牢固构筑安全思想防线，台儿庄泵站管理处在2018年持续开展安全教育培训工作，加强安全宣传教育培训力度，严格执行三级安全教育培训制度，确保新增、外来

人员在入站前了解泵站安全生产特点，掌握必需的安全知识。2018年，台儿庄泵站管理处组织消防安全知识、安全管理制度、防汛度汛、运行操作规程、机组大修、及电力安全等方面的安全知识培训，并建立安全培训台账，将每次培训记入员工安全教育培训档案。

三、运行调度

根据南水北调东线总公司的调水计划及山东省南水北调调度中心、山东省南水北调枣庄调度分中心下达的指令，台儿庄泵站管理处于2017年11月15日9：00开启第一台机组，至2018年5月29日，完成2017—2018年度调水量10.88亿 m^3，累计运行10360.5台时。调水运行期间，泵站主机组、辅机系统、电气及金结设备、计算机监控系统均运行正常。

调水前，组织全体人员召开调水前工作会议，一方面集中学习《台儿庄泵站运行管理细则（试行）》现场应急处置方案及运行期规章制度等，另一方面强调调水工作的重要意义，各班组必须严格遵守各项规章制度，保证设备运行安全。调水运行中，台儿庄泵站管理处严格执行调度指令，各班组能够按照要求做好交接班、运行值班及巡查等各项工作。同时，为了保证机电设备的运行安全及日常工作的需要，专门成立了应急检修组，及时处理解决运行中发现的问题，确保设备安全、调水安全。

四、环境保护与水土保持

2018年度，台儿庄泵站管理处严格贯彻落实水质巡查制度，切实加强水质保护工作，严格检查是否存在对水质造成污染的污水排放、垃圾堆放等现象，保障了水质安全。

台儿庄泵站管理处与专业养护单位签订了水土保持专项合同，委托专业人员对站区、管理区栽植的苗木进行浇水、施肥、修

剪及病虫害防治等养护管理，同时做好对养护单位各项工作的监督，保证水土保持工作次数足、质量优，确保了苗木的成活率和良好率，进一步提高了站区、管理区的绿化水平。

五、机组大修、叶调机构改造及技术供水改造工作

2018 年 5 月 30 日，山东干线公司下发《关于南水北调东线一期工程山东段沿线电气设施预防性试验及台儿庄等泵站机组大修技术服务项目的批复》（鲁调水企工函字〔2018〕23 号）；8 月 9 日，山东干线公司与江苏省水利建设工程有限公司签订了《南水北调东线一期工程山东段台儿庄泵站 1 号机组大修技术服务合同》。台儿庄泵站管理处于 2018 年 8 月 20 日开工，11 月 4 日完成机组的安装及预试运行工作，实际工期 77 天，11 月 30 日顺利通过了机组大修后试运行验收。

台儿庄泵站管理处积极引用新技术、新设备，根据 3 号、5 号机组叶调机构改造的实施经验，为节约改造成本、缩短改造工期，1 号机组叶调机构改造仍继续结合大修工作开展。2018 年 8 月 27 日，山东干线公司与湖北拓宇水电科技股份有限公司签订了《台儿庄泵站 1 号机组叶调机构改造合同》；11 月 4 日，完成 1 号机组新型叶调机构的安装及预试运行工作，经运行检验，新型叶调机构运行稳定、可靠、故障率低、能耗低、检修方便，能够满足安全运行要求。

2018 年 7 月 3 日，台儿庄泵站管理处完成技术供水系统改造项目验收工作，经运行检验，设备冷却效果良好，运行安全，也避免了外循环用水，可有效节约用水、用电，达到了节能减排的目的。

六、岗位创新工作

2018 年，台儿庄泵站管理处共上报枣庄局创新项目 12 个，其中通过枣庄局评审项目 10 个，包含一级 2 个、二级 1 个、三级 7 个，如安全隐患随手拍、内径千分尺技术改进、顶转子供油管改造、出水闸门开度仪改造等项目。通过岗位创新工作的开展，提高了职工的工作积极性，促进了泵站管理水平的不断提升。

七、验收工作

2018 年 9 月 27 日，台儿庄泵站管理处通过设计单元验收。

（苏　阳　吕晓理　张新雨）

万年闸泵站工程

一、工程概况

万年闸泵站枢纽位于韩庄运河中段，是南水北调东线工程的第八级抽水梯级泵站，山东境内的第二级泵站。该泵站枢纽位于山东省枣庄市峄城区境内，东距台儿庄泵站枢纽 14km，西距韩庄泵站枢纽 16km，设计输水流量 125m³/s，设计扬程 5.49m。站上及站下分别开挖引水渠和出水渠接韩庄运河主槽，输水条件良好。其主要任务是从韩庄运河万年闸节制闸闸后提水至闸前，通过韩庄运河向北输送，以实现南水北调东线工程向北调水的目的，结合排涝并改善运河的航运条件。

万年闸泵站工程设计输水流量 125m³/s，设计水位站上 29.74m，站下 24.25m，设计扬程 5.49m。主厂房内安装 3150ZLQ－5.5 立式全调节轴流泵，叶轮直径 3150mm，转速 125r/min，扬程（含装置）5.5m，单机流量 31.50m³/s。配套电动机为 TL2800－48/3400 立式同步电机，额定电压 10kV，额定功率为 2800kW。泵站共设 5 台（套）水泵机组，四用一备，总装机容量 14000kW。

万年闸泵站为大（1）型泵站，工程等别为 I 等。主要建筑物包括主泵房、进出水

池、引水闸、出口防洪闸等为1级；次要建筑物为3级。

二、工程管理

（一）工程管理机构

万年闸工程管理处为南水北调东线山东干线有限责任公司三级管理机构，主管单位为二级机构南水北调东线山东干线枣庄管理局。万年闸泵站管理处主要管理5台（套）主机组设备、2200m进出水渠道、4座涵闸、4座桥梁、1500m² 办公用房、5.33hm² 厂区绿化、弃土区20hm² 土地水土保持、约9000m护栏、14km架空电力线路（110kV 4km，10kV 10km）、一座场内变电站的维护及三支沟水资源控制工程。

管理处设综合科、工程技术科及调度运行科。目前，管理处共配备各类人员20人，其中管理人员6人，分别负责综合管理、工程管理，安全管理及运行管理工作；运行值班人员14人，分别负责电气设备、主机与辅机、金属结构、通信与自动化系统等设备的运行及其日常维修保养工作。

（二）工程维护检修

万年闸泵站管理处实行"自行实施和委托实施相结合"的模式。一般维修项目由管理处人员自行维修，较重要及专业性较强的维修项目委托有资质的单位实施。安保工作委托地方公安机构和保安公司负责。进出水渠、管理区、弃土区等水保工作委托有资质的养护公司负责。110kV、10kV线路与电力维保单位签订了代维协议。自动化调度系统维保检修工作由专业通信及自动化公司负责。

为确保维护检修质量，针对合同委托项目，万年闸泵站管理处严格合同管理，按照《山东省南水北调工程维修养护管理暂行办法》《山东省南水北调工程维修养护管理工作暂行规定》要求，每月下达维修养护通知书，加强现场监督、检查和验收考

核，实施单位每个项目实施前上报实施方案、计划，严格按照国家法规、规范和公司制定的规章制度组织施工，明确责任，各负其责，严格过程质量控制。同时管理处派专人跟踪检查控制工程质量，对日常巡查、检查过程中发现的质量问题，当场要求返工或整改，对一时难以整改到位的问题，下达整改通知单，限期完成整改。

（三）设备维护及工程设施管理

万年闸泵站管理处严格按照《泵站检修与维护细则》规定，坚持每日一巡查、每周一清扫、每月一检查、每季一保养制度，工程和设备管理责任到人，实行网格化管理。各工程和设备均有管理责任人并挂牌公示，与管理工作相关的规程、制度和技术参数做到了上墙张贴，日常巡视检查、检修和维护保养等工作扎实有效，维护保养档案资料齐全，处于受控和完好状态，确保了工程及设备的完好率，为充分发挥工程经济效益、社会效益和生态效益打下了坚实基础。

（四）安全生产

万年闸泵站管理处根据干线公司和枣庄局制定的2018年度安全生产工作方案，结合本泵站实际情况，制订了安全生产工作方案，细化工作内容，从培训、例会、消防和安全监测等方面抓起，一步一个脚印，圆满完成2018年安全生产目标。万年闸泵站管理处在与枣庄局签订了安全生产责任书的同时，在站内又层层签订安全生产责任书，建立"横向到边，纵向到底"的安全生产责任网络，使每位职工都能明确自己的安全生产责任和目标，根据安全生产预算批复，保质保量完成安全生产投入，确保专款专用。按照公司安全生产计划，完成安全培训7次，进行防溺水演练、防汛演练和消防演练。组织开展"安全生产月"等系列活动，组织完成大修期间的安全生产管理，组织召开例会12次，万年闸泵站管理处通过各类

安全隐患排查，共发现各类安全隐患44项，整改完成44项，整改完成率100%。2018年度没有发生任何安全事故。

三、运行调度

（一）2017—2018年度运行情况

按照调度方案的要求，运行期间实行统一调度、分级负责制度。万年闸泵站服从枣庄调度分中心及山东省调度中心的统一调度、统一指挥。

万年闸泵站于2017年11月15日8：00开启第一台机组，开始2017—2018年度调水工作，至2018年5月29日11：15关停最后一台机组，累计运行10368.47台时，累计调水量115873.11万 m³。通水运行期间，主机组、辅机、清污机、电气设备与电力设备、闸门均运行正常，计算机监控系统正常，主要技术参数满足设计和规范要求，调水任务完成停运后经检查各设备无异常现象。

（二）金结机电及自动化系统运行情况

金结机电及自动化正常运行是泵站正常运行的基本保障。2018年万年闸泵站管理处对各类形式检查及历次稽察发现的问题，组织专业技术人员深入分析问题的原因，查找问题的症结所在，制定整改方案，从而及时消除工程运行各种安全隐患，进一步推动工程管理向规范化、精细化发展。

四、工程效益

2017—2018调水年度，万年闸泵站累计运行10368.47台时，累计过水115873.11万 m³，已经按照山东省调度中心的指令实现梯级调水，并顺利地完成2017—2018年度调水任务，发挥了良好的经济效益、社会效益和生态效益。

五、机组大修工作

根据2018年5月30日南水北调东线

山东干线有限责任公司批复《关于南水北调东线一期工程山东段沿线电气设施预防性试验及台儿庄等泵站机组大修技术服务项目的批复》（鲁调水企工函字〔2018〕23号），万年闸泵站于2018年8月21日开始大修1号、3号机组，11月26日完工，11月30日顺利通过了机组大修试运行验收。

通过大修，一方面锻炼了职工队伍，提高了维修技能，解决了机组运行过程中振动、摆度较大，设备密封件老化，存在渗漏现象，叶调机构油箱跳动等问题；另一方面对一些问题进行优化和改进，如将电机转子阻尼连接片连接螺栓更换为带止退功能螺母并加锁片进行固定、电机轴瓦更换测温元件等。

六、环境保护与水土保持

站区、弃土区及引出水渠道等处水土保持项目有效开展，保证苗木栽植、浇灌、修剪、施肥、治虫等养护管理工作顺利进行，站容站貌得到有效提升；制定水质巡查制度，加强环境保护工作，通过水质巡查，杜绝工程管理范围内的污水排放、垃圾堆放现象。

（肖　楠　孙　路　陆发兵）

韩庄运河段水资源控制工程

一、工程概况

韩庄运河段水资源控制工程由峄城大沙河大泛口节制闸、三支沟橡胶坝、魏家沟橡胶坝等建筑物组成。

大泛口节制闸位于峄城大沙河（0+500）处，拦蓄水量为86.4万 m³；设计流量为500m³/s，相应闸下水位28.61m，闸上水位28.76m。正常挡水情况为：闸前挡水位28.20m，闸下水位25.70m。大泛口节制闸孔口尺寸为 10.0m（净宽）×6.9m（闸门高），共设 4 孔；水闸型式为开敞式，闸门采用直升式平面钢闸门，双向止水设计（结合水资源控制工程与截污导流工程），采用双吊点卷扬启闭型式。大泛口节制闸主要由闸室段、上下游连接段、管理房等组成。

三支沟橡胶坝位于万年闸上游运河左岸支流三支沟上，魏家沟橡胶坝位于运河左岸支流魏家沟上。为防止调水期间水流向支流倒漾，造成水资源流失，故修建三支沟、魏家沟橡胶坝作为水资源控制工程。

三支沟橡胶坝坝袋长 28m，设计挡水位 29.45m，最高挡水位 29.60m；5 年一遇除涝流量 57m³/s，相应支流水位 32.68m；20 年一遇排洪流量 470m³/s，相应支流水位 30.34m。

魏家沟橡胶坝坝袋长 20m，设计挡水位 29.45m，最高挡水位 29.60m；5 年一遇除涝流量 29.8 m³/s，相应支流水位 32.95m（支流 5 年一遇水位受韩庄运河洪水位顶托）；20 年一遇排洪流量 204m³/s，相应支流水位 30.94m。

2017 年 1 月 10 日，国务院南水北调办下发了《关于南水北调东线一期工程韩庄运河段水资源控制工程魏家沟橡胶坝工程迁建设计变更报告的批复》意见，同意利用已有的魏家沟胜利渠节制闸与魏家沟橡胶坝置换，置换后挡水位置上移 2.178km，水资源控制功能未变。

魏家沟胜利渠节制闸坝袋长 20m，设计挡水位 29.45m，最高挡水位 29.60m；5 年一遇除涝流量 29.8m³/s，相应支流水位 32.95m（支流 5 年一遇水位受韩庄运河洪水位顶托）；20 年一遇排洪流量 204m³/s，相应支流水位 30.94m。

二、工程管理

大泛口节制闸管理机构为南水北调东线山东干线枣庄管理局台儿庄泵站管理处（以下简称"台儿庄管理处"），受南水北调东线山东干线枣庄管理局（以下简称"枣庄局"）领导。大泛口节制闸工程设施维护、设备维护、工程设施管理、安全生产等工作由台儿庄管理处统一管理。

魏家沟、三支沟水资源控制工程管理机构为万年闸泵站管理处，受枣庄局领导。魏家沟、三支沟水资源控制工程设施维护、设备维护、工程设施管理、安全生产等工作由万年闸泵站管理处统一管理。

魏家沟胜利渠节制闸待移交。

三、运行调度

2018 年，大泛口节制闸、三支沟橡胶坝的运行操作严格执行山东省南水北调枣庄调度分中心下达的指令，遵守安全操作规程，运行期间增加闸站值班人员保证 24 小时值班，加强机电设备的巡查、监视，保证人员操作规范、设备运行安全。非运行期，加强巡查、看护管护及设备维护保养，坚持每天清理环境卫生、每周对机电设备进行日常保养，每月进行检查维护，2018 年 5 月对大泛口节制闸的电动葫芦等金结设备进行专项维修，切实保证了机电设备的完好，时刻处于"临战"状态。

四、工程效益

2018 年度，大泛口节制闸通过闭闸拦污，拦截了峄城大沙河上游污水，确保了调水期间韩庄运河水质。同时，大泛口节制闸通过启闭调度运行，为峄城大沙河防汛度汛、调蓄截污发挥了关键作用。

三支沟、魏家沟水资源控制工程为防止调水期间水流向支流倒漾，造成水资源流失，发挥了重要作用。同时，三支沟、魏家沟水资源控制工程通过启闭调度运行，对于当地防汛度汛、调蓄截污发挥出关键作用。

（苏传政）

韩庄泵站工程

一、工程概况

韩庄泵站工程是南水北调东线一期工程中第九级抽水梯级泵站，山东省境内的第三级泵站，位于山东省枣庄市峄城区古邵镇八里沟村西，管理范围包括站区和管理区两部分。

韩庄泵站建设规模为大（1）型泵站，工程主要建筑物有主泵房、副厂房、引水闸、进出水池、进出水渠、交通桥等。工程设计流量125 m^3/s ，设计扬程4.15m，泵站主要任务是：抽引韩庄运河万年闸泵站站上来水至韩庄老运河入南四湖下级湖，实现梯级泵站调水目标，兼顾运河段防洪、排涝和度汛专用交通需要，辅以改善水上航运条件。泵站安装5台灯泡式贯流泵（四用一备），单机设计流量31.25 m^3/s ，配套电机功率1800kW，总装机容量9000kW。

2007年4月16日，国务院南水北调办以《关于同意南水北调东线一期工程韩庄泵站工程开工的批复》批准韩庄泵站工程开工。2008年9月1日，韩庄泵站主体工程正式开工；2010年10月，土建工程完工；2011年11月，5套水泵机组安装调试完毕；2011年12月17—19日，完成泵站机组试运行验收；2017年2月23日，韩庄泵站通过设计单元完工验收。

二、工程管理

（一）管理机构基本情况

韩庄泵站管理处为南水北调东线山东干线枣庄管理局韩庄泵站管理处，受南水北调东线山东干线枣庄管理局（以下简称"枣庄局"）领导，内设工程科、运行科和综合科，开展运行管理各项工作。截至2018年12月31日，韩庄泵站管理处共有运行管理人员5人，分别负责综合管理、工程管理及运行管理；运行值班人员15人，分别负责电气设备、主机与辅机、金属结构、通信与自动化系统等设备的运行及日常维修保养工作和工程建构筑物的维护检修工作。

（二）工程维护检修

韩庄泵站管理处通过采用"管养分离"模式，由泵站运行管理人员统一负责泵站日常管理和机电设备运行维护检修工作，大型及专业维修项目委托有资质的单位实施。进出水渠、管理区、弃土区等水保工作委托有资质的养护公司负责。110kV、10kV线路与电力维保单位签订了代维协议。

为确保维护检修质量，针对合同委托项目，韩庄泵站管理处严格按照《山东省南水北调工程维修养护管理暂行办法》《山东省南水北调工程维修养护管理工作暂行规定》，结合工程实际每月下达维修养护通知书，加强现场质量检查、工艺检查、安全检查、考核验收，要求项目实施单位实施前上报项目实施方案，严格按照国家法规、规范、行业要求和山东干线公司制定的相关规章制度，科学组织施工，确保工程质量满足要求。韩庄泵站管理处指定专人负责跟踪控制检查工程质量，对管理处日常巡查、检查过程中发现的问题，当场要求整改并对整改结果予以确认，对不能现场整改的下达整改通知单，限期整改完成并对整改结果予以确认。

（三）机电设备维护

韩庄泵站管理处严格按照《泵站检修与维护细则》规定，明确工程机电设备责任人，工程和设备管理责任制进一步强化。2018年对每台设备按照工程运行标准化要求更新公示牌，与管理工作相关的规程、制度和技术参数做到了上墙张贴并及时更新。日常巡视检查、检修和维护保养工等工作扎实有效，维护保养档案资料齐全，工程机电

设备处于受控和完好状态，确保了工程机电设备的完好率。2018年对机电设备进行设备评级均为一等，为充分发挥工程经济效益、社会效益和生态效益打下了坚实基础。

（四）工程设施管理

2018年，为加强对工程所辖水域的巡查，及时制止钓鱼、丢弃杂物等危害水质的行为，加强落实养护单位的工程看护巡查工作，结合防汛值班值守、调水期间的巡视巡查、日常检查及相关检查活动，实时掌握工程动态，及时对发现的问题进行整改，制定维修维护计划，有条不紊地开展工作。

（五）工程安全管理

编制工程安全监测方案，每周对工程渗压进行测量，每季度对工程垂直位移、水平位移进行测量，每季度编制测量分析报告，工程监测数据变化平稳，始终处于安全状态；加强对工程所辖水域的巡查，及时制止钓鱼、丢弃杂物等危害水质的行为，定期开展《山东省南水北调条例》的宣传工作，确保工程范围内工程设施、人员、水质安全。

（六）安全生产

为扎实做好安全生产工作，韩庄泵站管理处成立了以泵站管理处负责人为首的安全生产领导小组，明确了领导小组的职责。安全生产工作实行网格化管理，泵站负责人与各科室负责人、值班长、运行值班人员分别签订安全生产责任书，确保安全生产责任落实到位；在日常工作中，严格执行各项安全规章制度，定期召开安全生产例会，总结安全生产开展情况，部署安全工作计划；定期开展安全生产教育培训活动，组织人员对安全生产知识进行学习；定期开展安全检查和隐患排查工作，对排查处理的问题即查即改。

三、运行调度

根据枣庄调度分中心调度指令，韩庄泵站于2017年11月15日8：00开启第一台机组，2018年5月29日11：16关停最后一台机组，累计运行10327.93台时，累计过水量108499.9万m³，圆满完成2017—2018年度调水任务。

调水运行期间，泵站机电设备运行状态良好，所有机组均为一次启动成功，启动过程平稳，运行期间设备稳定、正常，各仪表指示基本正确，主机组各部件运行稳定，辅机运转状况良好；泵站自动化控制系统基本可靠；主要设备技术性能指标及主要技术参数符合要求；输配电线路运行可靠，相关参数稳定、符合要求。

四、运行管理标准化工作

韩庄泵站管理处成立运行管理标准化建设工作小组，根据公司的标准化建设要求，编制了管理组织、管理制度、管理规程、管理条件、管理行为、管理档案六大规章制度。组织开展运行管理标准化建设工作，具体工作如下：

（1）2018年8月，编写完成《南水北调东线韩庄泵站运行管理标准》。

（2）2018年9—12月，完成韩庄泵站副厂房、警务室标准化项目建设项目，使韩庄泵站形象得到整体提升。

五、工程效益

韩庄泵站于2017年11月15日9：00开启第一台机组，2018年5月29日11：16关停最后一台机组。累计运行10327.93台时，累计过水量108499.9万m³，年度调水工作中保持100%安全运行。有力地完成引江水进入下级湖的调水节点任务。

六、环境保护与水土保持

2018年，韩庄泵站管理处加大对泵站站区、管理区、弃土区水土保持及绿化投入，委托专业队伍负责苗木栽植、浇灌、修剪、施肥、治虫等养护管理工作，水土保持条件持续改善，整体景观形象得到提升；制定水质巡查制度，加强环境保护工作，通过水质巡查，杜绝工程管理范围内的污水排放、垃圾堆放现象。

（宋　强　徐小龙）

南四湖—东平湖段

概　述

南四湖—东平湖段输水与航运结合工程是沟通黄、淮、海和连接胶东输水干线、鲁北输水工程的咽喉，处于山东境内 T 形输水大动脉的心脏地带。所辖工程主要包括：梁济运河段工程、柳长河段工程、南四湖湖内疏浚工程和二级坝泵站工程、长沟泵站工程、邓楼泵站工程、八里湾泵站工程及灌区灌溉影响处理工程等 8 个设计单元工程。

南四湖至东平湖段输水与航运结合工程是实现南四湖和东平湖之间合理调度的骨干工程，工程设计输水流量 100m³/s，输水线路全长约 198km（含南四湖输水干线长度）。该工程位于山东省南部，沿线分布在山东省济宁市（微山县、鱼台县、金乡县、任城区、太白湖新区、嘉祥县、汶上县、梁山县）、泰安市（东平县）2 个地市的 9 个县（区），涉及淮河、黄河两大流域水系。工程的基本任务是将调入南四湖下级湖的江水经辖区 4 个泵站，逐级提水北输至东平湖，经东平湖调蓄后，北向德州、聊城等鲁北地区供水，并进而可以向冀东、天津供水；东向经济平干渠向济南供水，并进而经胶东输水线向淄博、潍坊、烟台、威海、青岛等城市供水。有效解决以上地区水资源的紧缺问题，并满足运河经济带经济发展对水资源的需求。短期内即可实现南四湖和东平湖之间水资源的联合调度，初步改善山东水资源空间分布不均的状况，并对下步沂沭泗洪水利用，实现洪水资源化具有重大的现实意义。

南四湖至东平湖段一期工程设计输水流量 100m³/s，年调水 13 亿~14 亿 m³。工程建成后上述 8 个设计单元统一划归南水北调东线山东干线济宁管理局（以下简称"济宁局"）管辖范围。济宁局下设 5 个管理处，济宁市微山县境内二级坝泵站管理处、济宁市任城区境内长沟泵站管理处、济宁市梁山县境内邓楼泵站管理处和济宁渠道管理处、泰安市东平县境内八里湾泵站管理处。自 2013 年 11 月正式通水以来，济宁局工程运行安全平稳，通水期间无较大事故发生，按时完成上级下达的年度调水任务。

2018 年 7 月 24 日，济宁局二级管理设施正式启用，完成济宁局二级局搬迁事宜。

（李明慧）

二级坝泵站枢纽工程

一、工程概况

二级坝泵站是南水北调东线一期工程的第十级抽水梯级泵站，位于南四湖中部，山东省济宁市微山县欢城镇境内。一期设计输水流量 125m³/s，设计站上水位（黄海高程，下同）34.10m，设计站下水位 30.89m，设计净扬程 3.21m，平均扬程 1.99m，装机 5 台（套）后置式灯泡贯流泵（4 用 1 备），单机流量 31.25m³/s，单机功率 1650kW，总装机功率 8250kW，多年平均设计装机利用时间 4364 小时。工程主要

任务是将水从南四湖下级湖提至上级湖，实现南水北调东线工程梯级调水目标。

二、工程管理

（一）管理机构基本情况

二级坝泵站工程的运行管理工作归属南水北调东线山东干线济宁管理局二级坝泵站管理处负责，内设运行科、工程科和综合科开展工程运行管理各项工作。截至2018年12月31日，二级坝泵站共有管理人员5名，分别负责运行管理、工程管理、安全管理及综合管理工作；运行值班人员14名，分别负责电气设备、主机与辅机、金属结构与自动化系统等。

（二）工程维修养护

2018年，二级坝泵站日常维修养护项目共计33项，自身实施项目有18个，委托实施项目有15个。截至2018年12月31日，18个自身实施项目已全部完成，并完成验收工作。15个委托项目在实施单位的配合下也已经全部完成。由于2018年预算批复较晚，且调水工作占用大量精力，导致管理处和养护单位面临时间紧、项目集中、工程量大等困难，为保证2018年度维修养护计划的顺利完成，管理处和养护单位出主意、想办法，使得维修养护工作有条不紊、顺利进行。

二级坝泵站管理处以日常维修养护为依托，以环境提升为抓手，在主厂房设备层增设警示链、廊道层水泵平台涂刷地坪漆、对金属结构防腐处理，在副厂房更换吊顶、改造卫生间门、对值班房内墙、外墙重新涂刷，在食堂铺设混凝土路面，使整个站区面貌焕然一新。

（三）设备维护

为确保设备设施完好，确保机组处于良好的备用状态，二级坝泵站管理处根据机组运行情况，每季度开机维护一次。同时，按规程要求定期对设备进行日常巡检，并填写检查记录表，发现问题及时汇报，并要求相关维修单位及时修复，确保工程随时可以投入运行。

（四）工程安全管理

为全力保障工程运行，二级坝认真做好各项安全管理工作。继续推进安全标准化建设，建立"八大体系、四大清单"，严格落实安全生产责任制，根据2018年度目标，召开例会12次、组织培训10次，重点学习《安全生产法》《中华人民共和国消防法》等法律法规，进行防汛演练、电梯逃生演练、冬季消防演练，并在5月组织全体运行人员进行职业病检测，保障员工的身体健康。重点做好巡检、排查工作。严格落实24小时值班制度，结合水政监察辅助执法工作，每天进行两次设备及渠道巡视工作；每月开展"大快严"隐患排查，并进行消防、汛期及节假日专项检查，2018年度共自查隐患30处，整改28处，有2处不符合要求的消防设施已列入专项整改计划。组织进行安全生产投入，开展安全警示标志更新、劳保用品采购、特种设备检测等项目。配合做好安全协调工作，配合安全监测代维单位紧密观测出水渠道沉降情况，每月对监测成果进行分析整理并按时上报，保证工程安全平稳运行。及时与供电线路代维单位沟通协调，定期监督检查线路维修养护工作，确保调水期间供电安全可靠。加强与自动化代维单位的联系，及时解决设备问题，保证设备运行安全。

三、运行调度

2017年10月19日至2018年6月16日，二级坝泵站管理处根据调度指令进行水量调度工作。供水运行期间，值班人员严格执行调度指令，严格按照各项规章制度和规程操作，现场巡视认真负责及时发现问题，并加班加点顺利解决了1号变频器88M11合闸信号未至报警停机、主机组转速传感器监测数值飘移、流量计换能器信号输出不稳定等问题，保证了机组的安全运行和泵站效益的发挥，圆满完成2017—2018年度调水任务。

2018年下半年，管理处结合机组流道检查、高压变频器预防性维护和2号主变压器大修工作安排，在12月进行机组启动运行维护工作，将1~5号机组全部运行维护一次，确保设备处于良好的备用状态。

四、工程效益

按照调度运行指令，二级坝泵站于2017年10月19日开机，2018年6月16日停机，5台机组参与2017—2018年度调水运行，本次供水机组累计运行8972.58台时，累计调水10.29亿 m^3。2018—2019年度调水工作于2018年12月25日正式开启，至2018年12月31日，调水约3824万 m^3。截至2018年12月31日，二级坝泵站各机组已安全无故障运行25941台时，总调水量29.26亿 m^3。

二级坝泵站枢纽工程已经按照山东省调度中心的指令实现梯级调水，并顺利地完成年度调水任务，发挥了其应有的效益。

五、环境保护与水土保持

二级坝泵站枢纽工程严格按照环境评价批复的要求完成工程建设，各项环境保护措施执行得当，环境监测数据符合国家及行业标准要求。二级坝泵站枢纽工程按照批复的初步设计和水土保持方案完成各项水土保持措施，并委托养护公司对建成后的树木、草皮进行养护，避免了水土流失，美化了工程环境。

六、验收工作

二级坝泵站枢纽工程于2007年3月30日正式开工建设，2012年6月20日通过泵站机组试运行验收，2012年12月工程建设完成。2013年3月16日通过设计单元工程通水验收技术性初步验收；2013年5月10日通过设计单元项目档案专项验收；2013年5月20日通过设计单元通水验收；2014年完成环境保护专项验收；2015年3月完成水土保持专项验收。

（张俏俏）

长沟泵站枢纽工程

一、工程概况

长沟泵站是南水北调东线工程的第十一级抽水梯级泵站，位于济宁市长沟镇新陈庄村北。泵站选用肘型进水流道，直管出水流道液压全调节立式轴流泵，一期设计输水流量100 m^3/s，多年平均调水量14.3亿 m^3。设计选用4台液压全调节式3150ZLQ-4立式轴流泵，配套电机型号TL2240-48，装机4台，其中备用1台，泵站总装机容量8960kW。工程总投资30091万元。

二、工程管理

长沟泵站枢纽工程的运行管理工作归属济宁局长沟泵站管理处负责。管理处主要职责是按照上级调度指令完成调水任务，定期开展设备维修和日常养护工作，不断提高运行管理水平，探索高效的泵站运行机制和资产保值增值途径，逐步使工程达到规范化、标准化。管理处内设调度运行科、工程技术科和综合科开展工程运行管理各项工作。截至2018年12月31日，长沟泵站共有管理人员7名，分别负责运行管理、工程管理、安全管理及综合管理工作；运行值班人员16名，分别负责电气设备、主机与辅机、金属结构与自动化系统等具体工作。

（一）党建及宣传工作

管理处专门设立了党员活动室，并在2018年年初订阅了党建刊物及学习刊物。

结合深入学习十九大精神的要求，管理处在楼道、楼梯转角平台、主副厂房等重要位置均制作了十九大精神宣传标牌，进行全方位、多角度、立体式宣传报道，营造了良好的学习氛围，深入贯彻落实了十九大精神。

管理处党小组每周至少召开一次学习例会，把强化理论武装作为提高党员干部思想政治素质的首要任务，坚持领导带头，通过形式多样的学习方式，认真落实"三会一课"制度，围绕"两学一做"、党风廉政教育、党的十九大精神、习近平新时代中国特色社会主义思想等主题进行传达学习、讨论，推动全体党员干部思考问题，提升学习质量，增强党员的党性意识。同时，管理处扎实开展党风廉政教育，进一步明确"三重一大"决策事项，建立廉政风险防控机制，完善廉政风险防控台账，加强廉政文化宣传教育，提高全体党员干部的党性修养。

（二）员工培训工作

2018年年初制订年度培训计划，并按照培训计划、时间节点开展落实。培训内容涉及规程规范、档案管理、维修养护、操作技能、厂家技术指导、安全生产等方面。8月6—10日选派6名相关技术人员前往中水三立数据技术股份有限公司开展为期5天的专题学习培训，主要在自控系统应用、故障诊断排查、系统维护、设备养护等方面进行学习，取得了良好的培训效果，达到了"带着问题去、寻到经验回"的目的，切实提高了运行操作水平。2018年8月，在全省水工闸门运行工技能大赛上，管理处有6名职工参加了比赛，其中1人获得了一等奖，3人获得三等奖。特别是在2018年全国闸门运行工大赛中，管理处杜森同志代表山东省水利行业参加比赛，取得了全国第八名的好成绩。

（三）工程维护工作

管理处认真落实年度维修养护计划，坚持科学筹划、精细实施的原则，有计划、分步骤、有针对性地落实实施，根据轻重缓急按时间节点完成相关维修养护任务，每月按要求上报维修养护信息月报。管理处严抓维修养护质量，保证了资金使用安全。

完成日常维修养护及专项工程的实施工作，主要完成长沟泵站金结机电设备防腐，出口液压闸门晃动撞击轨道处理，节制闸外墙伸缩缝处理，主副厂房外墙伸缩缝处理，路缘石维修，站区给排水系统维修更换，站区外侧浆砌石排水沟维修，主变室外隔墙粉刷，主副厂房、办公楼外墙面瓷砖维修，太阳能路灯安装，管理区树木种植、补栽及除草、施肥、打药，副厂房中控室、楼梯间照明灯具及厂区庭院灯具的维修及安装、看护养护以及部分机电设备的维修维护等工作。

同时，通过申请公司、济宁局立项，完成环境面貌提升工程，包括办公楼公共区域装修、会议室与接待室装修及室内设施的采购、园区道路PVC护栏安装等。

（四）安全监测工作

长沟泵站高度重视安全监测工作，按照规定频次进行现场测量、观测，及时分析整理相关内业资料并上报相关月报。

为了使长沟泵站的安全监测工作更加规范，长沟泵站2018年度解决了安全监测软件工程值单位不统一和计算数据问题，完成3个基准点和9个工作基点的建设工作，泵站上、下游侧新增8个断面桩，配合原设计单位完成长沟泵站69处变形监测点的更新改造及16处变形监测点的增设。

（五）水政监察辅助执法

6月12日长沟泵站管理处联合济宁市梁济运河管理处、泵站警务人员及润鲁公司人员开展边界清理工作，对引水闸、出水闸及节制闸管理范围越界栽植的苗木及农作物进行清理，并在引水闸、出水闸管理边界安装了防护网，有效防止了附近村民越界违规行为的发生，确保了泵站管理范围的工程安全、人身安全和水质安全。

（六）安全生产标准化建设工作

长沟泵站管理处始终把标准化建设基础工作和日常工作紧密结合在一起，将标准化建设工作纳入单位年度工作目标管理责任书和年度考核工作之中，并形成了一种制度。为切实做好长沟泵站标准化的建设工作，督促、监督标准化建设的落实情况，长沟泵站管理处成立了标准化建设组织机构，由泵站负责人担任领导小组组长，负责长沟泵站标准化建设工作的开展及安全标准化的自评工作。2018 年，根据上级《关于深入开展南水北调工程运行安全管理标准化建设工作的通知》要求，长沟泵站管理处吸取试点单位先进经验做法，开展运行安全标准化建设，并根据《山东干线公司 2018 年工程运行安全管理标准化建设工作方案》要求，健全了运行安全管理的组织、责任、制度体系。6 月，完善了长沟泵站运行安全管理八大体系及四项清单；11 月，对安全运行标准化管理体系进行修订完善，并开展考评工作，形成了自评及总结报告。2018 年 12 月依据《水利工程管理单位安全生产标准化评审标准释义》和《干线公司安全生产标准化自评工作通知》内容对长沟泵站安全标准化建设进行评审，看到了问题，找出了不足，及时进行整改落实，推动了安全标准化建设。

（七）安全生产工作

根据年度培训计划组织培训活动，开展 12 次安全生产教育培训，并对培训效果进行评估；结合 6 月开展的"安全生产月"活动，以"生命至上、安全发展"主题要求，长沟泵站管理处从提高职工安全意识、掌握安全生产技能、丰富安全知识的角度出发，扎实做好了安全宣传教育工作。

为确保沿线群众生命安全，利用当地中小学生暑假来临前的有利时机，结合工程沿线实际情况，管理处组织人员于 6 月 25 日赴济宁市任城区长沟中心小学发放了 4000 份《山东省南水北调条例》宣传本和"致家长一封信"，并现场签订了发放协议书；开展"南水北调防溺水安全知识大讲堂"专题活动，为小学师生讲解了南水北调安全知识，活动得到了学校领导、老师及广大学生的普遍欢迎，取得了良好效果。

每月开展一次安全生产大、快、严隐患治理活动，2018 年度共查处一般安全隐患类问题 45 处，已全部整改完成；开展安全防汛度汛、消防安全、电气设备等安全专项检查。开展"安全生产月"活动、"两会"、上海合作峰会期间工程安全运行与维稳工作等 3 项重大活动，并在抓好日常和定期安全检查的基础上，重点抓好通水运行、汛期、节假日等重要时段和重大活动期间的安全检查工作。

2018 年 7 月 12 日，水利部监督司司长王松春检查长沟泵站安全生产工作，对泵站的安全生产管理、防汛工作给予了充分肯定，同时要求管理处戒骄戒躁、不断提升安全生产管理水平。

2018 年 5 月，开展防汛及水质污染现场处置演练。11 月，开展冬季消防及触电应急处置演练，对演练效果进行评估及总结，进一步提高应急响应人员的业务素质和能力，确保发生险情时有效应对，最大限度地减少事故造成的人员伤亡及财产损失。

2018 年 5 月 8 日，水利部副部长蒋旭光检查长沟泵站防汛工作，省局马承新局长、干线公司瞿潇董事长等领导陪同检查，对泵站的工程管理、工程面貌和防汛工作给予了肯定。5 月 15 日，长沟泵站管理处与济宁局联合在梁济运河节制闸开展防汛应急演练。本次演练紧紧围绕检验防汛预案和提高防汛队伍应急处理能力两个目的，结合长沟泵站工程实际，贴近防汛实战要求。通过

演练，加强了员工对防汛应急演练重要性和防汛应急处置的认识，强化泵站职工的防汛抢险意识、检验了长沟泵站防汛队伍应对汛期突发险情的应急处置能力，锻炼了队伍、检验了方案、提高了能力。

（八）质量管理工作

管理处重视质量管理工作，不管是工作质量还是维修养护质量，均安排专人督导，不断加强质量管理，明确质量标准，强化现场质量监控，认真组织开展质量检查，及时消除质量隐患，从各个环节引起全体职工的重视，加强员工的质量管理意识培养，提高员工质量管理素质，促进了质量管理水平的稳步提高。

为了认真贯彻公司推行 ISO9000 质量管理体系建设的要求，管理处安排专人负责该工作。2018 年 1 月 24 日，在邓楼泵站参加质量管理体系讨论会，在长沟泵站标准规范制度作业文件清单的基础上，结合其他泵站情况，进一步统一了济宁局的标准规范制度作业文件清单。

三、运行调度

（一）水质保障工作

长沟泵站作为南水北调水质监测重点部位，建设了水质监测点和水质检测室，管理处派专人负责水质监测工作，认真开展巡查巡视，督促督导代维单位加强对水质的监测工作。

通过与济宁局多次讨论研究，创新利用 4G 网络云平台信息化技术。2018 年 5 月 29 日，济宁局与长沟泵站管理处共同承办了"南水北调梁济运河段水污染突发事件联合应急处置演练"活动，联合济宁市政府、安监、环保、交通、高速、海事等多部门联调联动配合，演练取得了圆满成功，受到了省局、济宁市政府以及社会各界的高度评价。

（二）运行管理标准化工作

长沟泵站管理处 2018 年被列为东线总公司运行管理标准化试点单位，组织人员全面落实，安排专人负责运行管理标准化建设工作，并前往台儿庄泵站学习交流相关实施经验。在完善好管理处运行管理制度标准化的前提下，针对工程面貌提升、工程外部形象标准化、标识标牌规范化等方面。

2018 年 11 月，完成东线总公司运行管理标准化试点单位基础设施标准化建设工作，主要包含警务室标准化建设、副厂房门厅标准化建设、清污机桥基座镶贴火烧板大理石、部分标识标牌安装四个项目，并在 12 月 7 日组织完成合同项目的验收事宜。管理处按照东线总公司永久标识系统设计方案的要求。重新梳理了所有标识标牌项目，形成了需求清单、联系设计单位、沟通上级领导、请教相关人员，稳步推进运行管理标准化的实施工作。

（三）水下检查工作

2018 年 9 月 6—14 日，管理处组织相关人员对 1～4 号机组进行水下检查，更换流道换能器 8 套。经检查流道结构完整、无脱落，叶片、导叶体等部件完好无气蚀、连接紧固，各通道流速及流量显示均正常。

四、工程效益

管理处重视调水工作，始终把机组安全平稳运行作为调水工作最基本的要求。运行期间严格执行省局调度中心和济宁调度分中心的调度指令，严格执行两票制度，认真做好泵站现场的开、停机，认真落实调水值班、巡视检查、监控记录并按要求上报各项技术参数；同时认真落实机电设备的维修消缺，使机组始终处于完好状态。长沟泵站管理处按照调度方案的要求，合理安排机组投入运行，确保机组累计运行时间均衡；根据供水计划、上下游水位、流量等条件，合理安排泵组机组的开机台数，尽量减少泵站开停机次数。

按照山东省调度中心调度运行指令，

2017—2018调水年度长沟泵站于2017年9月28日开机，2018年7月8日停机。泵站的4台机组均参与2017—2018年度调水运行，本次供水机组累计运行616.72台时，累计调水7810.69万 m³。机组运行一直安全平稳，没有出现任何调水安全事故和影响水质安全的事件。

长沟泵站枢纽工程已经按照山东省调度中心的指令实现梯级调水，并顺利地完成本次年度调水任务，发挥应有的效益。

五、环境保护与水土保持

长沟泵站管理处对工作、生活区环境加强管理，建立卫生责任制度，责任落实到人，每天进行日常清扫，每周进行三次全面保洁。管理处加强对水质保障的巡视检查工作，明确专人负责，确保水质保持在Ⅲ类水质标准以上。泵站实行封闭式管理，保证了整个站区的环境卫生。

2018年度长沟泵站种植金桂、白玉兰、美人梅、黄金槐等树种，移栽柳树、白蜡等树种，进一步丰富园区内树种及绿化效果。长沟泵站的水土保持工程采取了园林式绿化，主要包括弃土区水土保持、泵站管理区绿化、景观及部分室外工程，工程建成后委托具有资质的单位对建成后的树木、草皮进行养护，避免了水土流失，美化了工程环境。长沟泵站管理处已获得济宁市"市级花园式单位"荣誉称号。

六、验收工作

长沟泵站枢纽工程于2009年12月5日正式破土动工。2013年3月31日工程已经全部完工。截至2018年，已经完成单位工程验收、合同验收、技术性初步验收、消防工程验收、安全评估验收、国家档案验收、水土保持设施竣工验收、设计单元工程完工验收。

（齐士国）

邓楼泵站枢纽工程

一、工程概况

邓楼泵站工程位于山东省梁山县韩岗镇，是南水北调东线一期第十二级抽水梯级泵站，山东境内干线的第六级抽水泵站，一期设计调水流量 100m³/s。安装 4 台 3150ZLQ33.5-3.57 型立式机械全调节轴流泵，配套 4 台 TL2240-48 型同步电动机，4 台机组工作方式为 3 用 1 备，泵站总装机容量 8960kW。设计年运行时间 3770 小时，设计年调水量 13.63 亿 m³。水泵装置采用 TJ04-ZL-06 水泵模型，肘形流道进水，虹吸式流道出水，真空破坏阀断流。主要建筑物包括主副厂房、引水闸、出水涵闸、梁济运河节制闸、引水渠、出水渠、变电所、办公楼等。邓楼泵站概算总投资 2.57 亿元。

二、工程管理

（一）机构设置及责任制

邓楼泵站枢纽工程的运行管理工作归属南水北调济宁局邓楼泵站管理处（以下简称"邓楼泵站管理处"）负责。邓楼泵站管理处为干线公司三级管理机构，管理处主要职责是按照上级调度指令完成调水任务，定期开展设备维修和日常养护工作，不断提高运行管理水平，探索高效的泵站运行机制和资产保值增值途径，逐步使工程达到规范化、标准化。

管理处现有主任、副主任、总工程师各 1 人，下设综合科、工程技术科、调度运行科共 3 个科室。现有职工 20 人，其中管理人员 4 人，运行人员 15 人，司机 1 人。工程管理实行岗位责任制，各岗位职责明确，责任落实到人，严格考勤制度，建立工程运行维修养护管理台账。

（二）党建及宣传工作

邓楼泵站党小组为南水北调济宁局党

支部第二党小组，成员有 5 人。党的十九大对全面从严治党作出重大部署，明确了新时代党的建设总要求和重点任务，是指导支部具体工作的根本遵循和行动指南。为扎实推进管理处的党风廉政建设，根据济宁局支部"建过硬支部、做合格党员"实施方案要求，全体党员干部 2018 年至今参加 20 次党员学习会议，其中组织党小组召开 12 次学习会议，认真学习贯彻省巡视组精神要求，把从严治党落到实处；组织观看《人生不能重来》等警示教育视频，参观学习孔繁森先进事迹，组织党员干部学习党性教育课堂，通过多种学习方式加强党建工作。

管理处充分利用党员活动室学习用具及相关书籍、报刊，适时开展活动，使每一名党员筑牢信仰之基，在管理处各疑难险重岗位上勇挑重担，勇于担当，发挥了先锋模范作用。把管理处党建与业务工作有机结合好，持之以恒抓好党建仍是一项长期坚持的重要工作。

（三）创新工作

2018 年 11 月，韩宗凯同志在中国技能大赛第六届全国水利行业（水工闸门运行工）职业技能大赛中荣获第十名。

管理处通过开展一系列岗位创新活动，先后解决制约泵站工程、机电设备、自动化设备安全稳定运行的一系列关键问题，保证了泵站安全生产目标和方针的落实，为泵站管理规范化、标准化、精细化、高效化打下了坚实的基础。

（四）工程维护管理工作

管理处成立了维修养护管理领导工作组，严格按照《山东省南水北调工程维修养护管理暂行办法》《山东省南水北调工程维修养护管理工作暂行规定》组织实施，强化责任意识，以合同管理为抓手，注重"事前、事中、事后"控制。对合同委托项目，管理处每月下达维修养护任务通知书；维修项目实施过程中安排专人对质量、进度、工程量签证、安全等情况监督检查，尤

其是加强对重点部位、关键部位隐蔽工序检查，对检查过程中发现的问题，要求立即返工或整改；维修项目完成后，管理处及时组织初验，并编制整理维修相关资料，配合公司适时完成维修项目合同验收工作。

针对自行实施项目，管理处定期召开维修方案专题讨论会，关键项目编制维修方案，制定技术措施，加强对维修养护所需物资及配件采购过程控制，精心组织安装、确保质量。2018 年集中力量开展的日常维护项目共计 70 余项。

（五）4 号机组大修任务

2018 年 8 月 16 日，湖北四兴机电有限公司技术人员进驻邓楼泵站施工现场，进行大修前施工准备，协助管理单位采购工器具、消耗材料等，铺设土工布、模板、塑料布等防护措；9 月 1 日，机组解体全部完成；9 月 2 日，开始复装；9 月 20 日，主体任务完工；9 月 21 日，进行预试运行；9 月 22 日，大修安装工作圆满结束。

2018 年 11 月 12—13 日，东线山东干线公司主持召开了邓楼泵站 4 号机组大修试运行验收会，通过了 4 号机组大修试运行验收。通过对泵站 4 号机组大修，一方面提高了泵站主机组设备完好率，增强了设备可靠性，从而确保泵站的运行安全；另一方面提高了参与人员的技术水平，为泵站运行管理奠定了良好的基础。

（六）安全监测工作

2018 年 12 月 9 日，东深电子安全监测维护单位进场施工，查看工程现场，移交振弦读数仪（VW-102A）与电子测量水位计等专用测量仪器。

运行过程中，通过对邓楼泵站各建筑物进行定期巡查和工程安全监测，验证工程运行安全、平稳，工程外观未发生任何异常，泵站安全监测反应正常，其中沉陷位移、水平位移、泵房底板应变、渗压值和扬压力值，本测次变化值均很小且趋稳定，均符合设计

及规范要求，工程处于稳定可靠状态。

（七）自动化维护管理

邓楼泵站自动化维护中标单位是山东省邮电工程有限公司和中水三立数据技术股份有限公司，分别承担自动化调度系统（通信网络系统、视频监控系统）维护标（南北线）和自动化调度系统（自动化、信息化系统）维护标（7个泵站）。管理处严格要求代维单位履行合同协议，并配备2名系统管理员配合工作。进场后成立维护小组，制定维护实施方案，对照合同内容及要求开展资源核查、日常及月度巡检等工作，机房各设备运行环境良好，为调水安全运行及升级改造提供技术保障。

（八）安全生产工作

管理处始终坚持"安全第一、预防为主、综合治理"的方针，围绕安全生产、调水运行、工程维修养护、防汛度汛及安全管理标准化建设等，严格执行各项安全管理规章制度，未发生一起安全责任事故，安全生产始终保持良好的态势。

（1）结合工作实际，从安全生产目标确定、责任制落实、制度完善、教育培训、应急预案的制定与演练、隐患排查与治理等方面，制订安全生产工作计划，各工作任务落实到人。

（2）根据年度安全生产工作目标，分解安全生产责任，层层签订安全生产责任书，建立安全生产责任网络。

（3）依照计划定期组织安全培训及各类演练。2018年上半年共组织2次安全培训，其他培训结合上级要求开展，建立职工安全教育培训记录档案。同时，结合培训适时组织开展反事故演练、消防演练、触电救援演练、防汛演练等，通过实际操作训练，大大提高了职工应急处置各类突发问题的技能。

（4）定期开展消防维护检查。为进一步方便学习和使用消防器材，各类消防器材布放位置示意图上墙公示，及时升级更新安

全出口、安全疏散、应急指示灯。每个月的消防检查均对已到期或者欠压的灭火器返厂维修，检测合格后重新充装使用。

（5）安全隐患排查治理常态化、制度化。每月组织专业人员进行安全隐患排查，建立隐患排查治理管理台账，限期消除隐患。

（6）加强安全巡查及宣传。由管理处定期组织养护公司、安保人员对渠道钓鱼、游泳、乱耕乱种和破坏界桩、护栏等违法行为开展集中治理，结合定期开展的在周围村庄、学校张贴和发放动画书等形式大力宣传《山东省南水北调条例》宣传活动。

（7）定期召开安全生产例会。按月组织召开安全生产例会，传达贯彻上级有关安全生产会议、文件、通知精神；部署下一步安全生产工作，切实把安全生产工作做实、做细。

三、运行调度

（一）调度运行管理工作

（1）严格执行调水指令，圆满完成调水任务。调水运行期设置4个运行班组，每班组配值班长1人、值班员2~3人，严格按照调水值班制度进行调水值班及巡查维护工作。运行期、汛期及非运行期，严格按照调度运行管理的各项制度，及时准确执行上级调度指令，按规定做好巡查工作、运行记录，确保设备完好，工况稳定。

（2）运行工况。

1）主机组及辅机。1~4号主机组均运行正常，振动、摆度值均在标准要求范围内，轴承温度正常，主电机运行时的温度、电流、电压、功率等各项数据正常。

2）机电设备、变电站及电力设施。主变、站变等设备运行状况正常，控制、保护、数据采集通信系统运行正常。110kV和10kV电力线路运行维护良好。

3）三座闸及清污设备。三座闸站设备完好，闸门启闭灵活可靠。两台HD500抓

斗清污机同时工作，全天候作业基本满足捞草需求。同时配备了1台长臂挖掘机捞草、1台HB150反铲配合装草、2辆三轮车运草，将水草及时运至垃圾场堆放区。

4）计算机监控系统、消防系统、厂区安防、金属结构、土建工程等运行正常。

（二）应急管理工作

邓楼泵站建立健全了应急救援体系，针对本单位可能发生的事故特点编制了系列应急预案包括综合预案、专项应急预案和现场处置方案，具体包括《邓楼泵站2018年度汛方案和防汛预案》《年度调水应急预案》《邓楼泵站冰期输水方案应急预案》《邓楼泵站电力突发事件应急预案》《邓楼泵站水污染突发事件应急预案》《邓楼泵站突发事故应急预案》《邓楼泵站档案管理安全应急预案》等，均已向济宁局备案。管理处相应组建了兼职应急救援队伍，每年开展应急救援训练。目前，应急设施、装备、物资符合应急预案规定。

四、工程效益

自2013年5月试运行以来，邓楼泵站共执行5个年度调水运行任务，截至2018年7月8日（2017—2018年度调水结束），已累计安全无故障运行23576.7台时，累计调水26.27亿 m^3。其中，完成2017—2018年度调水9.28亿 m^3，发挥了南水北调工程作为国家基础战略性工程的重大作用。根据年度调水计划，2018年12月6日开机运行，进入2018—2019年度调水期。

邓楼泵站历年调水量及运行台时见表1。

表1 邓楼泵站历年调水量及运行台时

项目名称	2013—2014年度	2014—2015年度	2015—2016年度	2016—2017年度	2017—2018年度	合计
调水量/万 m^3	7828.76	23217.66	38937.97	86947.46	92770.899	262705
运行台时/h	702.8	1993.52	3597.07	7357.93	8020.76	23576.7

五、环境保护与水土保持

邓楼泵站管理处对工作、生活区环境加强管理，建立卫生责任制度，责任落实到人，卫生保洁常态化。管理处在工程巡查和调水过程中，加强对水质保障管理工作，梁济运河节制闸上游设水质监测站，保证了工程运行安全、水质安全。

2018年，工程维修养护工作顺利推进，并取得成效，管理处被评选为"济宁市园林单位"。

（刘海关）

八里湾泵站枢纽工程

一、工程概况

八里湾泵站枢纽工程位于山东省东平县境内的东平湖新湖滞洪区，是南水北调东线一期工程的第十三级抽水泵站，也是黄河以南输水干线最后一级泵站。装机流量133.6 m^3/s，设计调水流量100 m^3/s，安装了立式轴流泵4台，配额定功率为2800kW的同步电机4台（三用一备），总装机容量11200kW。设计水位站上40.90m（1985国家高程基准，下同），站下36.12m，设计净扬程4.78m，平均净扬程4.15m。

二、工程管理

（一）组织机构及职责

八里湾泵站枢纽工程的运行管理工作由济宁局八里湾泵站管理处负责。八里湾泵站管理处的主要职责是按照上级调度指令完成调水任务，定期开展设备维修和日常养护工作，不断提高运行管理水平，探索高效的泵站运行机制和资产保值增值途径，逐步使工程达到规范化、标准化。管理处内设综合科开展工程运行管理各项工作。截至 2018 年 12 月 31 日，八里湾泵站共有管理人员 5 名，运行值班人员 16 名，司机 1 名。

（二）党建及宣传工作

管理处专门设立了党员活动室，并在年初订阅了党建刊物及学习刊物。结合深入学习十九大精神的要求，管理处在楼道、主副厂房等重要位置均制作了十九大精神宣传标识牌，并在副厂房电子显示屏上滚动播放党的宣传思想，以全方位、多角度、立体式的宣传进行报道，营造了良好的学习氛围。党小组成员至少每周召开一次党小组例会，学习党的十九大精神、习近平新时代中国特色社会主义思想。

（三）培训工作

管理处高度重视员工的业务培训工作，年初制订年度培训计划，并按照培训计划、时间节点开展落实。培训内容涉及综合管理、档案管理、运行管理、工程监测、维修养护、操作技能、安全生产等方面。7 月 9—21 日，运行人员分批参加公司举办的闸门运行工高级、中级培训；12 月 10—18 日，管理处选派 4 名运行人员参加扬州大学专业技能培训，有效解决工程运行管理中存在的机电一体化、自动化、信息化等专业理论知识不足的问题。通过一系列的培训，提高了综合管理能力、专业知识水平及运行管理能力。

（四）工程维护工作

管理处认真落实年度维修养护计划，科学规划、精细实施，根据轻重缓急按时间节点完成相关维修养护任务，有计划、分步骤、有针对性地落实实施，每月按要求上报维修养护信息月报。同时，管理处狠抓工程质量，严格按资金支付流程办理，确保资金的使用安全。

主要完成的日常维修养护及专项工程的实施工作有 4 号机组大修，进水流道超声波流量计检测维修，进出水流道检查，主厂房窗台板下铝塑板安装，主副厂房幕墙清理维护，副厂房内墙粉刷及一楼吊顶，厂区路面改造及铺设沥青，办公及厂房区域灯具更换，主副厂房负一层铺瓷砖，厂房门安装改造，给排水管道维修，厂区围栏维护，厂区砖沉陷处理及土地填土整形，副厂房化粪池清掏，水处理设备维修，公路桥、清污机桥维护，引水渠水草引导绳索维护，泵站观光梯保养，泵站区域保洁，泵站树木种植、补栽及除草、施肥、打药等项目。

（五）机组大修工作

5 月 30 日，公司批复《2018 年度泵站机组（主变）大修工作方案》；8 月 9 日，公司与江苏鸿基水源科技股份有限公司签订《八里湾泵站 4 号机组大修技术服务合同》；8 月 11 日，技术服务单位进场；9 月 29 日，主体任务完工；10 月 11 日，预试运行；11 月 12 日，试运行验收。大修期间，管理处组织人员积极配合，跟班学习，提升技术水平。同时，还自主研发了液压盘车机，打破机组常规人力盘车方式，大大地节省了人力，缩短了大修时间，这一项目已经推广至江苏及山东其他一些泵站。

（六）岗位创新工作

管理处在工作中注重创新，鼓励员工大胆创新、勇于突破，开展一系列的创新项目，取得了一定的成绩。截至 2018 年，管理处上报济宁局创新项目共 26 个，其中 1 项"油冷机组"被评为"山东省农林系统 2018 年度职工技术创新成果二等奖"；1 项是"箱变与站变互为备用"，每月节省办公用电费用 2 万 ~3 万元；2 项在兄弟泵站得到了推广；12 项改善了机组运行情况。

（七）工程安全监测工作

管理处全力支持安全监测工作，无论是日常安全监测项目，还是每个季度的工程测量任务，都能够按照要求完成。日常安全监测主要是指水位、渗透压数据的采集、整理，相关工作人员会定时从上位机整理资料，并不定时对现场采集点位进行人工检查。季度的工程测量是安全监测工作的重中之重，也是困难工作。八里湾泵站管理处成立了专门的测量小组，小组长期协调合作不断提升工作效率、提高测量精度，克服了冬冷夏热以及站区常年大风的困难，按照公司要求频次很好地完成现场测量工作，并及时整理出报告入档留存。2018 年泵站配合公司合作的设计测量队伍完成对泵站观测点的复核，并增加了工程裂缝观测点，将站区南侧裂缝加入了观测内容。

（八）水政监察辅助执法工作

管理处严格按照规章制度执行，积极开展水政监察辅助执法工作，成立了水政监察辅助执法巡视工作组。值班期间值班人员及润鲁看护定期进行巡视巡查，一旦发现问题及时汇报带班领导后进行理处，并做好记录，若暂时难以处理，由水政稽察辅助执法工作组处理解决，联合巡视巡查问题情况每周汇总记录一次。3 月 14 日，济宁渠道管理处联合八里湾泵站管理处、南水北调梁山县治安办公室及泰安市交通运输局港航处等执法部门，共 20 余人，动用海事巡逻船一艘，巡逻车辆 4 辆，在柳长河段输水渠道内开展联合执法行动，对非法捕鱼者及擅自取水者进行严厉打击和有效震慑。通过此次联合行动，为确保调水环境和水质安全奠定了基础。

（九）安全生产工作

管理处始终把安全生产工作摆在重要位置，实时更新安全组织机构和安全生产管理网络，完善安全生产专职管理人员和班组建设，形成有效的组织体系和管理网络，使得安全生产责任得以层层分解和落实；实时补充和修订了安全生产责任制、有关制度和应急预案，使管理制度和预案更加具有可操作性和实用性。加强安全生产教育培训，先后制定并顺利实施了《八里湾泵站安全生产教育培训计划》《八里湾泵站隐患自查自纠工作方案》《八里湾泵站安全生产大检查方案》《2018 年"安全生产月"活动实施方案》《2018 年八里湾泵站管理处"安全生产法"宣传周活动方案》等，组织开展安全生产岗位资格，安全技术和安全管理培训，突出抓好一线员工和安全责任人培训教育，着力提高安全意识，不断增强员工自身的安全防范能力，提高安全生产管理水平。对新进员工做好安全教育，特别是岗位培训，安全教育培训，并对其进行严格考核合格后方能上岗作业。管理处认真组织安全生产大检查和隐患排查整改，先后共开展各类安全检查 20 余次，查出事故隐患点 30 余处，全部处理完毕。整改率达到 100%。管理处坚持每月开展一次安全生产大、快、严隐患治理活动，针对薄弱环节和可能出现的问题，进行全面而认真地检查，对查出的安全隐患和问题，建立专门的问题台账和销号，并明确整改责任人，限期整改落实；开展安全防汛度汛、消防安全、电气设备等安全专项检查；开展"安全生产月"活动、"两会"、上海合作峰会期间工程安全运行与维稳工作等 3 项重大活动，并在抓好日常和定期安全检查的基础上，重点抓好通水运行、汛期、节假日等重要时段和重大活动期间的安全检查工作。

（十）质量管理工作

按照 ISO9000 质量管理体系建设的要求，管理处认真贯彻落实并安排专人负责。2018 年 1 月 24 日，在邓楼泵站参加质量管理体系讨论会，在八里湾泵站标准规范制度作业文件清单的基础上，结合其他泵站情况，进一步统一了济宁局的标准规范制度作业文件清单。

三、运行调度

（一）做好调度运行管理工作

（1）严格执行调水指令，圆满完成调

水任务。调水运行期设置 4 个运行班组，每班组配值班长 1 人、值班员 2~3 人，严格按照调水值班制度进行调水值班及巡查维护工作。运行期、汛期及非运行期，严格按照调度运行管理的各项制度，及时准确执行上级调度指令，按规定做好巡查工作、运行记录，确保设备完好，工况稳定，圆满完成调水任务，运行安全。

（2）运行工况。调水期间主机泵运行平稳，工况良好，振动摆度值均在标准要求范围内，主水泵没有发生明显气蚀现象，轴承温度正常，主电机运行时的温度、电流、电压、功率等各项数据正常。

八里湾泵站 2018 年度运行中站下水位最低 35.95m，最高 36.85m；站上水位最低 39.70m，最高 40.32m；平均流量 31.88m³/s；单机最大功率 1717.00kW。

机电设备运行正常，泵站工作闸门、防洪检修闸门、事故闸门及液压启闭系统启闭偶尔出现卡阻现象。

高、低压系统设备工作正常，开关动作灵活准确，指示灯、表计显示基本正常。技术供水工作正常，1 号、2 号机组技术供水改造为油冷系统，在运行期间机组温度保持在可控范围内，确保了机组正常运行。控制保护系统动作准确，工作正常。

（二）开展水质保障工作

八里湾泵站作为南水北调水质监测重点部位，建设了水质监测点和水质检测站，管理处派专人负责水质监测工作，认真开展巡查巡视，督促督导代维单位加强对水质的监测工作。

通过与济宁局多次讨论研究，创新利用 4G 网络云平台信息化技术。2018 年 5 月 29 日，参加了济宁局组织的《南水北调梁济运河段水污染突发事件联合应急处置演练》活动，联合济宁市政府、安监、环保、交通、高速、海事等多部门联调联动配合，演练取得了圆满成功，受到了山东省局、济宁市政府以及社会各界的高度评价。

四、工程效益

自 2013 年 5 月试运行以来，八里湾泵站共执行 5 个年度调水运行任务，截至 2018 年 7 月 8 日（2017—2018 年度调水结束），已累计安全无故障运行 22338.8 台时，累计调水 25.58 亿 m³。其中，完成 2017—2018 年度调水 9.23 亿 m³，发挥了南水北调工程作为国家基础战略性工程的重大作用。根据年度调水计划，2018 年 12 月 6 日开机运行，进入 2018—2019 年度调水期。

八里湾泵站于 2017 年 9 月 29 日 16：20 开启，2018 年 7 月 8 日 22：10 最后一台机组停机，2017—2018 年度机组运行 8040.35 台时，抽水 9.23 亿 m³。截至 2018 年度运行结束，共运行 22338.85 台时，抽水 25.58 亿 m³。机组运行一直安全平稳，没有出现任何调水安全事故和影响水质安全的事件。

五、环境保护与水土保持

八里湾泵站管理处建立环境保护管理体系机制，并加强环境保护工作，委托具有专业资质的单位对工程现场日常环境进行清洁、打扫，确保机组设备、内外环境的整洁卫生，杜绝管理区内的排污、粉尘、垃圾乱堆放现象。2018 年，泵站对厂区的树木、草皮进行补植和重新规划，改善了站区环境。

（王曼曼 翟一鸣）

梁济运河段输水航道工程

一、工程概况

梁济运河输水线路从南四湖湖口至邓楼泵站站下，长 58.252km，采用平底设计，设计流量 100m³/s。其中，湖口—长沟泵站段长 25.719km，设计最小水深 3.3m，设计河底高程 28.70m，底宽 66m，边坡 1：3～1：4；长沟泵站—邓楼泵站段长 32.53km，设计最小水深 3.4m，设计河底高程 30.80m，底宽 45m，边坡 1：2.5～1：4。

为防止船行波对河岸的冲刷，该输水河段用混凝土对渠道边坡加以保护，确保施工过程不中断航运，森达美港（南跃进沟）以上部分约 18.75km 采用水下膜袋混凝土形式；其余部分为机械化衬砌护坡。为防止东平湖司垓退水闸泄洪时水流对梁济运河工程冲刷破坏，对司垓闸下 0.8km 险工段采用浆砌石护底。

沿线共新建、重建主要交叉建筑物 25 座（处），包括新建支流口连接段 7 处、拆除重建生产桥 13 座、新建管理道路交通桥 1 座、加固公路桥 2 座。

二、工程管理

南水北调东线一期工程梁济运河段输水航道工程的运行管理工作由济宁渠道管理处负责。

2018 年，主要对渠道工程进行日常维修养护，做到了管理范围内的环境卫生清洁。主要完成管护范围内的苗木日常养护工作；完成安全防护网、安装渠道瓷砖警示标语和各种警示标识牌建设工作；及时对渠道的衬砌边坡、信息机房等工程进行维修；完成水情水质巡查巡视工作，调水安全保卫工作。为通水运行创造良好的运行管理环境。

建立健全安全生产责任制度，成立安全生产领导小组，落实安全生产网格化体系，逐级签订安全责任书，实行 24 小时值班制度，确保工程运行安全。

2018 年 1 月 1 日，成立"南水北调梁山县治安办公室"，办公室设在济宁渠道管理处，配备干警 2 名、辅警 6 名。主要承担南水北调干线工程梁山境内梁济运河、邓楼泵站工程管理范围及周边环境的治安维护工

作；创建"平安调水工程"，保障调水环境安全。

2018 年 3 月，G105 京澳线汶上任城界至唐口段改建工程梁济运河大桥跨南水北调梁济运河输水工程项目签订建设监管协议。

2018 年 10 月，山东唐口煤业有限公司南风井 35kV 输电线路穿越南水北调梁济运河输水工程完成验收。

三、运行调度

梁济运河输水航道工程为利用原有河道通过疏浚拓宽后运行调水。设计水位低于沿岸地表，为地下输水河道，加上两岸地下水位较低，梁济运河工程调水运行安全隐患相对较少。为确保通水运行期间工程安全，渠道管理处成立了专门的巡查宣传队，确定了巡查方案。由济宁渠道管理处主任总负责，设队长 2 名、队员 6 名，调水期间增加 6 名队员以保护南水北调工程。加强宣传贯彻《南水北调工程供用水管理条例》《山东省南水北调条例》，在梁济运河输水沿线以走进村庄、社区等形式多方位、多角度地开展宣传巡查活动，有效保障工程安全、水质安全和沿线群众的生命财产安全，顺利实现调水目标，保证南四湖上级湖水顺利调入柳长河河道内。

四、工程效益

梁济运河段输水航道工程在运行期间，各项运行指标均满足设计要求，已经按照调度指令顺利完成调水、度汛、灌溉等各项任务。2017—2018 调水年度，梁济运河段顺利完成输水量 9.28 亿 m³，发挥了其应有的效益。

五、环境保护与水土保持

济宁渠道管理处建立环境保护管理体系，加强环境保护工作，对工程现场日常环境进行清洁、打扫，确保闸站设备、管理区

环境的整洁卫生，杜绝管理区内的排污、粉尘、废气、固体废弃物等乱堆乱放现象。组织专人加强河道巡视检查，严禁外来人员进入河道护栏范围内放牧、捕鱼、游泳、排放污水等破坏水环境行为。

梁济运河输水航道工程按照批复的初步设计和水土保持方案完成各项水土保持措施。由专业工程养护公司对管理区、弃土区、输水沿线管护区域栽种的苗木及植被进行浇水、施肥、修剪及病虫害防治等养护工作。采用工程措施、植物措施和临时措施相结合，保证了水土保持效果。

（庞松凡）

柳长河段输水航道工程

一、工程概况

柳长河输水线路从邓楼泵站站上至八里湾泵站站下，输水航道长 20.984km，其中新开挖河段 6.587km，利用柳长河老河道疏浚拓挖 14.397km。设计最小水深 3.2m，采用平底设计，设计河底高程 33.2m，边坡 1:3，采用现浇混凝土板衬砌方案，设计河底宽 45m，护坡不护底，渠底换填水泥土。

共有新建、重建交叉建筑物 27 座，包括公路桥 4 座、生产桥 7 座、涵闸 11 处、倒虹 2 座、渡槽 1 座、节制闸 1 座、连接段 1 处。

二、工程管理

南水北调东线一期工程柳长河段输水航道工程的运行管理工作由济宁渠道管理处负责。

2018 年，主要对渠道工程进行日常维修养护，做到了柳长河堤顶道路的环境卫生清洁。完成管护范围内的苗木日常养护工作；完成王庄节制闸闸门、启闭机除锈刷漆工作；完成王庄节制闸的金属结构和电气设备的维修保养工作；完成盘柜整理工作；完成安全防护网、安装渠道瓷砖警示标语和各种警示标识牌建设工作；及时对渠道的衬砌边坡、信息机房等工程进行维修；完成水情水质巡查巡视工作和调水安全保卫工作，为通水运行创造良好的运行管理环境。

建立健全安全生产责任制度，成立安全生产领导小组，落实安全生产网格化体系，逐级签订安全责任书，实行 24 小时值班制度，确保工程运行安全。

2018 年 10 月，董家口至梁山（鲁豫界）公路宁阳至梁山（鲁豫界）段京杭运河特大桥跨越南水北调柳长河输水工程项目签订建设监管协议。

三、运行调度

柳长河输水航道工程为利用原有河道通过疏浚拓宽后运行调水。设计水位低于沿岸地表，为地下输水河道，加上两岸地下水位较低，柳长河工程调水运行安全隐患相对较少。为确保通水运行期间工程安全，渠道管理处成立了巡查宣传队，确定了巡查方案。由济宁渠道管理处主任总负责，设队长 2 名，队员 5 名，调水期间增加队员 5 名，结合保护南水北调工程，加强宣传贯彻《南水北调工程供用水管理条例》《山东省南水北调条例》，在柳长河输水沿线以走进村庄、社区等形式多方位、多角度地开展宣传巡查活动。有效保障了工程安全、水质安全、沿线群众的生命财产安全，顺利实现调水目标，保证了梁济运河的水顺利调入东平湖内。

四、工程效益

柳长河段输水航道工程在运行期间，各项运行指标均满足设计要求，已经按照山东省调度中心和济宁调度分中心的指令顺利完成南水北送、引黄补湖、区域灌溉等输水任务。2017—2018 调水年度，柳长河段顺利完成输水量 9.2 亿 m³，发挥了其应有的效益。

五、环境保护与水土保持

济宁渠道管理处建立环境保护管理体系，加强环境保护工作，对工程现场日常环境进行清洁、打扫，确保闸站设备、管理区环境的整洁卫生，杜绝管理区内的排污、粉尘、废气、固体废弃物等乱堆乱放现象。组织专人加强河道巡视检查，严禁外来人员进入河道护栏范围内放牧、捕鱼、游泳、排放污水等破坏水环境行为。

柳长河输水航道工程按照批复的初步设计和水土保持方案完成各项水土保持措施。由专业工程养护公司对管理区、弃土区、输水沿线管护区域栽种的苗木及植被进行浇水、施肥、修建及病虫害防治等养护工作。采用工程措施、植物措施和临时措施相结合，保证了水土保持效果。

（庞松凡）

胶　东　段

概　述

胶东段工程是南水北调东线一期工程的重要组成部分，是沟通连接南水北调山东段南北输水干线与胶东输水干线中、东段工程的关键性工程。该工程上起东平湖渠首引水闸，下至小清河分洪道子槽引黄济青上节制闸，输水线路全长约240km，途径泰安、济南、滨州、淄博、潍坊、东营五市。由济平干渠、济南市区段、明渠段、陈庄输水线路、东湖水库和双王城水库工程6个设计单元组成。工程实施后，设计输水流量50m³/s，加大流量60m³/s，计划年调水量8.83亿~10.26亿m³。

该工程为胶东地区的重点城市调引长江水奠定了基础，实现了南水北调工程总体规划的供水目标，有效缓解了该地区水资源紧缺问题。

（贾永圣）

济平干渠工程

一、工程概况

济平干渠工程是南水北调东线一期工程的重要组成部分，也是向胶东输水的首段工程。其输水线路自东平湖渠首引水闸引水后，途径泰安市东平县、济南市平阴县、长清区和槐荫区至济南市西郊的小清河睦里庄跌水，输水线路全长90.055km。工程等别为Ⅰ级，主要建筑物为1级。主要建设内容包括：输水渠道工程、输水渠提防工程、输水渠两岸排水工程、河道复垦工程、输水渠上建筑物工程、水土保持工程等。全线设计输水流量50m³/s，加大流量60m³/s。

济平干渠工程是国家确定的南水北调首批开工项目之一，工程总投资150241万元。2002年12月27日，举行了工程开工典礼仪式；2005年12月底，主体工程建成并一次试通水成功；2010年10月，通过国家竣工验收，是南水北调第一个建成并发挥效益、第一个通过国家验收的单项工程。

二、工程管理

山东干线公司于2014年2月正式成立南水北调东线山东干线济南管理局（以下简称"济南局"），行使济平干渠工程管理职能。济平干渠工程分别设立平阴渠道管理处和长清渠道管理处，作为三级管理机构正式运行。

山东润鲁水利工程养护有限公司济南

分公司为济平干渠工程维修养护单位。济平干渠工程共设 8 个管理站、2 个维修队伍，对辖区内输水渠道及水土保持进行日常巡查养护，对辖区内的渠道及其他建（构）筑物按照日常维修养护计划进行维修养护等。

三级管理机构即管理处与管理局签订安全生产责任书，管理处与辖区内的管理站、维修公司签订安全生产责任书，落实安全生产责任；管理处每年制定安全生产网格，完善安全生产体系。

2018 年度，济平干渠段渠道工程紧抓工程质量，从渠道的内外坡、堤身、堤肩、堤坡、道路到渠系建筑以及衬砌石混凝土桥梁管理设施，均严格按照合同管理、规范施工。针对维修养护工作零散且难预测的特点，专人跟进，试行全过程跟踪，包括询价、定额测算、工程量现场认定等。对合同内未涉及项目全程跟踪按照实际发生据实结算，有理有据，做到了合同双方的共同认可，期间，工程运行安全平稳，未发生一起纠纷事件及安全事故，渠道工程整体运行管理良好。主要从以下几方面保障了通水的顺利运行：

（1）前期准备工作。通水前各管理处组织对现场各渠段、各闸室进行全面的工程隐患排查及整改。排查内容包括：机电设备、工程运行情况、调度管理系统、视频监控系统等，对显示故障的闸室启闭机进行显示器更新。

（2）运行制度建设。通水前运行科人员现场采集流量计信息、校核电子水尺等，保障通水数据的正确性。管理处组织各闸站负责人进行《济南局 2017—2018 年度通水工程实施方案》《济南局 2017—2018 年度通水应急预案》等的学习，并向各闸站管护员发放《机电设备安全操作手册》等规程，由站长组织学习。

（3）巡查工作。管理处加强巡查并监督各管理站巡查，组织各管理站长、管护员全线巡查，要求巡查人员佩戴红袖章，携带救生圈（衣）、救生绳、电动车捆绑巡查小红旗，特别加强早中晚三个时间段的巡查。对巡查中发现的问题，当场整改，现场完成不了的，限期整改。

（4）安全宣传方面。各管理站制作的横幅，悬挂于重要节点或者交通桥；干线公司和管理处印发的安全公告和南水北调条例也沿渠道周边村庄张贴；巡逻车不定期在渠道进行播放南水北调条例的配音；密切与渠道沿线各中小学校联系，将安全手册发放到位，做好安全宣传。

日常巡查工作的加强和宣传工作的广泛普及为 2018 年度通水工作营造了良好的运行环境。

三、运行调度

济平干渠设平阴渠道管理处和长清渠道管理处，作为三级管理机构对济平干渠工程进行运行管理。济平干渠工程的调度运行权限属于济南管理局，平阴渠道管理处和长清渠道管理处具体实施，按照南水北调东线山东干线济南管理局的调度指令对济平干渠工程进行相应的调度运行管理。

四、工程效益

（1）2017 年 10 月 1 日至 2018 年 8 月 9 日，南水北调东线累计供水 313 天，累计供水量为 7.53 亿 m^3。

（2）2018 年 4 月 14 日至 6 月 25 日，引黄调水量为 3116 万 m^3。

（3）2018 年 9 月 24—30 日，向华山湖供水 783 万 m^3。

（4）2018 年 10 月 1 日，转入南水北调东线 2018—2019 年度调水工作，至 12 月 31 日完成调水量 1.48 亿 m^3；2018 年全年共计调水 320 天，水量约为 6.61 亿 m^3。2013—2018 年，通过济平干渠工程保泉补源及生态补水等输水工作，已累计向济南市

调水超 1.65 亿 m³。

在圆满完成全年调水计划的同时，配合完成保泉、补源及向济南市生态补水的工作。在历次工程调水运行期间，严格按照调度指令运行，并认真做好运行值班记录，及时总结上报运行水情观测情况，未发生安全生产责任事故，充分发挥了工程效益。

2018 年 11 月 1 日，根据水利部 2018—2019 年度水量调度计划和山东胶东调水联合计划，开启胶东干线济平干渠渠首闸，标志着南水北调东线山东段 2018—2019 年度调水工作率先启动。为保障青岛、烟台、潍坊、威海及济南等城市供水，先期从东平湖取水，后期从省界抽江水 8.44 亿 m³，年度计划向山东省各受水市净供水 5.22 亿 m³。

五、安全生产

济平干渠工程沿线结合自身实际制定生产安全零事故的目标，与各管理站员工及劳务外包人员分别签订了安全目标责任书，分解指标并对安全生产实现全过程的监督检查，不定期对安全生产目标进行考核。成立了由管理处主任为组长、各科室职员为成员的安全生产领导小组，明确责任，每月在各管理处召开一次安全生产会议，学习落实有关文件、要求，并对安全生产责任制落实情况进行监督检查。各闸站人员严格执行安全操作规程，做好相关记录，并留存资料存档。

六、环境保护与水土保持

济平干渠平阴、长清渠道管理处加强渠道巡查力度，落实各项措施，杜绝发生影响水质安全的事件发生，加强政策机制研究，不断推进南水北调事业发展，确保济平干渠工程发挥生态效益和社会效益。

济平干渠工程沿线 90km，共植树 56 万余株（树种包括柳树、白蜡、国槐、五角枫、杨树、法桐等），绿化草皮超过 300 万 m³。形成了近 90km 长、100m 宽的景观绿化带，打造了一条绿色长廊和生态长廊，为改善地方生态环境发挥了一定的积极作用。

2018 年，济平干渠工程沿线完成树木补植、病虫害防治、林木修剪、打药除害、树木扩穴保墒、水土保持草管理等生态、林木管理工作，水土保持效果良好。

2018 年，平阴及长清渠道管理处辖区内各管理站对各自的管理区进行整体规划，并对渠道沿线林木进行轮伐，营造了较好的工作生活环境，院内绿化效果良好。

（李　品　朱春生）

济东渠道段工程

一、工程概况

济东渠道段工程是济南局济东渠道管理处所辖工程，西起睦里庄节制闸，东至济东明渠段济南与滨州交界处，全长 66.877km，主要包括济南市区段输水工程和济东明渠段济南段输水工程。

济南市区段输水工程是胶东输水干线西段工程的关键性工程，位于山东省省会城市济南，西起济平干渠末端睦里庄跌水，东至济南市东郊小清河洪家园桥下，横穿济南市区，全长 27.914km，含睦里庄节制闸、京福高速节制闸和出小清河涵闸等控制性建筑物。其中利用小清河段自睦里庄节制闸闸下起，至小清河枢纽（京福高速节制闸和出小清河涵闸）止，长 4.324km，输水暗涵段自出小清河涵闸起，沿小清河左岸布置至小清河洪家园桥下，长 23.59km，全线自流输水。济南市区段输水工程等别为 I 等，利用小清河段河道及堤防级别为 2 级，其余主要建筑物级别为 1 级。工程设计输水流量为 50m³/s，加大流量为 60m³/s。

济东明渠段济南段工程上接济南市区

段输水工程洪家园桥暗涵出口，下至济东明渠段济南与滨州交界处，输水线路长38.963km，工程设计输水流量为50m³/s，加大流量为60m³/s。

二、工程管理

（一）工程管理机构

济东渠道管理处作为三级管理机构，行使济东渠道段工程运行管理职能，下设综合科、运行管理科2个科室。济东渠道管理处严格按照上级的调度指令对济东渠道段工程进行相应的调度运行，并具体负责济东渠道段工程维修养护和安全生产管理等工作。

（二）工程建设管理

跨（穿）越南水北调济东渠道段工程的项目包括：石家庄至济南铁路客运专线齐济（黄河后）特大桥上跨南水北调渠道工程，石家庄至济南铁路客运专线济南西联络线特大桥跨越南水北调济南市区段输水暗涵工程，新建邯济铁路至胶济铁路联络线跨越胶东输水干线西段济南至引黄济青段输水渠道工程，临邑至济南原油管道复线工程输油管道穿越南水北调济南至引黄济青明渠段工程，济南港华遥墙至旅游路次高压管线工程穿越南水北调济南至引黄济青明渠段工程等。济东渠道管理处严格按照工程管理规定和基本建设程序，对上述工程项目进行监管，确保工程安全运行。

济东渠道管理处进行现场配合建设管理部门的项目还有"济东渠道段自动化调度运行管理系统建设工程""济东渠道段安全防护体系视频安防监控系统工程"等。

（三）工程维护检修、设备维护

2018年，济东渠道管理处根据工程实际编制了《2018年工程维修养护计划》。山东干线公司与山东润鲁水利工程养护有限公司签订了《南水北调山东干线工程济南段、胶东段日常维修养护协议》，其中，济东渠道段工程日常养护费用为182.27万元，工程巡查看护费用为81.81万元，调水辅助费用为57.84万元。

（四）工程设施管理

济东渠道段工程沿线布置睦里庄节制闸、京福高速节制闸、出小清河涵闸、赵王河倒虹涵闸、赵王河泄洪闸、遥墙节制闸、南寺节制闸、傅家节制闸、大沙溜倒虹涵闸、大沙溜泄洪闸，共10座水闸，7处闸站管理区；遥墙管理所、南寺管理所、傅家管理所、大沙溜管理所，共4处管理所。工程设施的日常维护和看护委托山东润鲁水利工程养护有限公司实施。

三、运行调度

（一）2017—2018年度供水运行工作

济东渠道段工程于2017年10月1日8时开始供水运行，至2018年8月10日8时完成年度供水任务。截至2018年7月1日8时，大沙溜倒虹涵闸累计过水量69638.18万m³，向东湖水库供水50万m³，向小清河生态补水509.7万m³，累计过水时间为296天。

（二）2018年向小清河补水任务

济东渠道段工程于2018年9月25日8时起通过京福高速节制闸向小清河补水，至2018年9月30日8时止完成向小清河补水任务。这次补水任务通过京福高速节制闸向小清河补水780.93万m³，累计过水时间为6天。

（三）2018—2019年度供水运行工作

济东渠道段工程供水运行时间为2018年11月1日至2019年5月31日，计划供水243天，实际供水时间以山东省调度中心调度指令为准。2018年11月1日8时至12月31日8时，经大沙溜倒虹涵闸累计向胶东地区供水12809.34万m³，累计过水时间61天。

调水期间严格执行调度指令、运行值班制度、工程巡视巡查制度及渠道、暗涵现场管理制度等，按时交接班。按照巡视路线对闸站设备进行巡视检查，划分责任区域，明确责任人员，确保调水、蓄水运行安全，汛期调水未发生安全生产责任事故。

四、工程效益

2018年，向胶东地区、东湖水库等地区的调水工作实现南水北调工程总体规划的供水目标，从而有效缓解工程沿线地区水资源紧缺问题，在调水、地方防洪、抗旱、排涝、生态环境改善，以及小清河补源方面发挥了重要作用，经济社会效益显著。

济东渠道段工程采取了较完善水土保持生态修复措施，采取适当的水土保持措施有效控制水土流失量，工程防护和管理不断加强，沿线地区土壤侵蚀有效控制。人工林草植被良好，生态环境明显改善，为当地群众开展水土保护综合治理起到了示范作用，在一定程度上带动了当地经济、交通、文化进一步发展，提高了环境的承载力，促进了社会发展。

五、环境保护与水土保持

济东明渠段济南段工程全长38.963km，共植树87103株，绿化草皮面积超108万 m²，打造了一条绿色长廊和生态长廊，完成苗木补植3000余棵，成活率90%以上。完成林木修剪、打药除害、树木扩穴保墒、水土保持管理等生态、林木管理工作，水土保持效果良好，没有发生大的雨淋沟、塌方及失火现象。同时，济东渠道管理处对所辖济东明渠段沿线5个闸站管理范围及4处闸站管理所进行了整体规划，营造了较好的工作生活环境，院内绿化效果逐步向美化方向发展，取得了良好的效果。

（于 丽 赵天宇 李 冬）

明渠段工程

一、工程概况

明渠段工程上起济南市区段输水暗涵出口，下至小清河分洪道引黄济青上节制闸，中间与陈庄输水线路工程衔接，输水线路全长111.26km；分为两段。第一段自济南市区段输水暗涵出口至高青县前石村公路桥上游（陈庄输水段工程起点），长76.685km，沿小清河左岸新辟明渠，全断面现浇混凝土衬砌，渠底宽9.1～13.5m；渠道内坡1：2.25，外坡1：2。第二段自入小清河分洪道涵闸末端（陈庄输水段工程终点）至引黄济青上节制闸，利用小清河分洪道子槽输水，长34.575km，其中新开挖土渠29.175km，渠底宽14m，边坡1：3，利用小清河分洪道子槽输水长5.40km，渠底宽38m，内外边坡均为1：2。工程设计流量为50m³/s，加大流量为60m³/s。共建设各类交叉建筑物407座，其中节制闸、分水闸、泄水闸等24座，倒虹吸177座，桥梁163座，其他建筑物43座。

二、工程管理

（一）工程管理机构

南水北调东线山东干线胶东管理局（以下简称"胶东管理局"）作为二级机构负责明渠段工程［明渠段桩号（38+868）～（76+590），明渠段桩号（87+895）～（122+470）］现场管理工作，下设三级管理机构淄博渠道管理处、滨州渠道管理处，负责工程的日常管理、维修养护、调度运行等事宜。淄博渠道管理处管辖明渠段桩号（38+868）～（76+590）段长37.722km的渠道，滨州渠道管理处管辖明渠段桩号（87+895）～（122+470）段长34.575km的渠道。

（二）工程维修养护

2018 年度，完成日常维修养护金额 400.46 万元，其中维修养护项目完成投资 282.40 万元（合同内投资 222.56 万元，新增项目投资 59.84 万元）；巡查看护项目完成投资 118.06 万元。

完成胶东管理局管理范围内的日常巡查看护与建筑物、渠道、设备、闸门、树木绿化以及安全防护设施、重要设备等日常维护保养，同时加强工程巡视检查；完成箕张电力线路改造、桥梁钢扶手刷漆、限高限宽设施刷反光漆、花砖铺设、种植草皮、闸墩砼修补、电缆井维护、东营分水闸及管理所内墙粉刷、闸室地面砖铺设等工作。

（三）安全生产

落实安全生产责任制，调整安全生产领导小组，完善安全生产责任制网格，逐级签订安全生产责任书。定期组织召开安全生产会议，认真学习贯彻安全生产会议及文件精神，检查每月安全生产任务完成情况，解决安全生产中存在的问题，安排部署次月的安全生产工作任务。集中开展"大、快、严"安全隐患排查工作，每月组织对渠道工程进行全面检查，特别对工程的重点部位和关键环节进行隐患排查，编制并上报《"大、快、严"检查整改报告》，对发现的问题限期整改。组织开展消防安全专项检查。2018 年 1—3 月，每月开展一次夏季消防安全检查工作，主要对泵站、渠道、办公区、生活区、仓库等场所进行消防安全检查。对于发现的问题认真记录，制定整改措施、明确了整改时限。积极组织开展"安全生产月"活动，2018 年 5 月 31 日，在"六一"儿童节来临之际，为加强南水北调工程沿线小学安全宣传教育，提高在校小学生安全防范意识，有效地预防渠道游泳、溺水等现象的发生，胶东管理局积极配合山东南水北调团委，在渠道工程管理沿线的博兴县清河学校开展南水北调安全知识宣传教育

大讲堂活动。自 6 月 11 日起，组织全体职工积极参与全国水利安全生产知识网络竞赛，以提高广大员工的安全知识水平，活动期间共答题人数 49 人。2018 年 6 月 26 日，山东省南水北调"安全生产月"现场咨询服务活动和"一把手"谈安全主题讲座活动在南水北调胶东干线输水现场进行。2019 年 6 月 28 日，山东省水利厅举办的厅直属单位"生命至上，安全发展"主题演讲比赛活动在胶东管理局举行，胶东管理局王榕荣获第一名。做好防汛度汛工作，2018 年，明渠段工程防汛形势特殊，经历了 3 次高强度的台风过程，整个汛期，工程设施运行平稳，除出现了部分雨淋沟损坏外，工程没有出现工程险情；工程没有对沿线地方防汛造成任何影响和压力。在迎战"温比亚"台风过程中，利用渠道拦蓄，减轻了下游引黄济青子槽的水位压力，确保南水北调工程安全度汛。组织做好工程安全监测工作，收集整理安全监测设施设备运行及维护保养情况，建立安全监测设施设备台账。认真做好工程安全监测工作，开展安全监测 12 次，及时上报安全监测月报 12 份。2018 年度明渠段工程安全生产工作平稳有序，无事故。

三、运行调度

2018 年度，顺利完成 2017—2018 年度调水工作任务，实行调水工作常态化，不间断调水，全年累计输水 69984.1474 万 m³，2017—2018 年度历时调水 316 天。另外，根据山东省委、省政府关于做好保障胶东地区应急调水的通知精神，按时保障胶东地区供水安全及 2018 年上合峰会的顺利举行。2018 年 5 月 20 日至 6 月 11 日，利用胡楼分水闸引黄口门应急调引黄河水，累计调引黄河水水量 1059.77 万 m³；道旭分水口于 5 月 18 日 8：30 开启，调引黄河水，于 6 月 11 日结束，累计调引黄河水 1913.1298 万 m³。输水期间信息传递畅通，指令传达

和执行及时、准确，渠道、建筑物、机电设备及闸门等运行正常，状况良好。

四、工程效益

2018年度，实行调水工作常态化，不间断调水，全年累计输水69984.1474万m³。2018年4月23日至5月3日，向邹平辛集洼配套水库供水805.99万m³；2018年5月10—22日，博兴分水闸供水687.59万m³；2018年6月22日9：40至6月27日，博兴分水闸累计供水1001.891万m³。涵养了工程沿线的地下水源，解决了部分地区水资源紧缺问题。

为保证2018年青岛上海合作峰会顺利举行，完成应急调引黄河水任务，胡楼分水闸引黄口调引黄河水水量1059.77万m³，道旭分水闸引黄口调引黄河水水量1913.1298万m³。

五、环境保护与水土保持

胶东管理局所辖明渠段工程沿线约72km，共植树18万余株，绿化草皮215hm²，形成宽近70m、长72km的景观绿化带，逐步打造一条绿色长廊和生态长廊，为改善地方生态环境发挥了一定的积极作用。

2018年度，淄博渠道管理处和滨州渠道管理处完成树木修剪、打药除害、草皮修剪、对不合格的树木进行补植替换等管理工作。各管理处对管理区进行整体规划，营造了较好的工作生活环境，院内绿化效果逐步向美化方向发展，取得了良好的效果。

六、验收工作

2018年6月29日，完成明渠段设计单元完工验收项目法人验收自查工作，并对验收提出的问题进行整改。2018年10月23日，顺利通过明渠段设计单元工程完工验收工作。

（孟春娜）

陈庄输水线路工程

一、工程概况

陈庄输水线路工程是胶东管理局淄博渠道管理处所辖工程，主要位于山东省淄博市高青县境内，是明渠段工程为避让陈庄遗址而单独划分出的一个设计单元工程，上接明渠段工程上段（小清河左岸新辟明渠输水段）末端，下接明渠段下段（利用小清河分洪道子槽输水段）起点。工程实施后，为胶东地区重点城市调引长江水奠定基础，实现南水北调工程总体规划的供水目标。

陈庄输水线路输水渠道为全断面防渗衬砌弧形坡脚梯形渠道。采用梯形明渠断面，全断面现浇混凝土防渗衬砌，渠底宽9.1~14.4m，渠道内坡1：2.25、外坡1：2；设计流量50m³/s，加大流量60m³/s。建设各类交叉建筑物47座，包括水闸3座（其中节制闸2座、分水闸1座），跨渠公路桥6座，跨渠生产桥9座，跨渠人行桥4座，穿渠倒虹21座（其中排水倒虹12座，田间灌排影响倒虹9座），田间灌排影响渡槽4座。

二、工程管理

（一）工程管理机构

胶东管理局淄博渠道管理处作为三级机构，负责陈庄输水线路工程的日常管理、维修养护、调度运行等事宜。

（二）工程维修养护

截至2018年12月底，陈庄输水线路工程实际完成投资159.15万元，其中维修养护项目完成投资99.22万元（合同内投资78.2万元，新增项目投资21.02万元），巡查看护项目完成投资41.48万元。

按照年度维修养护计划的批复，及时完成日常维修养护实施方案、技术条款的编写制定及协议的签订工作；严格按照合同管理办法和程序，做好日常维修养护任务单下发和维修养护月报上报及日常考核，抓好项目实施过程中的质量控制、计量支付和检查验收等工作。

（三）安全生产

2018 年，胶东管理局加强日常巡查检查力度，关注工程重点部位和薄弱环节，积极消除各类安全隐患，确保工程的安全运行。

（1）安全教育常态化。按照安全教育培训计划组织全体人员有序学习安全法律法规及安全生产标准化相关制度、应急预案、处置方案、操作规程等，通过学习这些制度、规范、规程，提高了全员安全意识和应急处置能力。按照《干线公司关于组织开展 2018"世界水日""中国水周"宣传活动的通知》要求，胶东管理局组织各管理处结合工程实际和驻地人流量情况，围绕宣传主题，积极组织开展"世界水日""中国水周"系列宣传活动，并结合此次宣传活动向渠道沿线群众宣传《山东南水北调条例》，发放安全宣传手册，宣传安全知识。

（2）积极开展安全生产月活动。根据上级要求，结合胶东局所辖工程实际情况，制定 2018"安全生产月"活动方案，组织开展"安全生产月"活动，按要求报送"安全生产月"活动档案和总结，结合"安全生产月"活动要求，加强对渠道沿线村民及学生的安全宣传工作。2018 年 5 月 31 日，在"六一"儿童节来临之际，为加强南水北调工程沿线小学安全宣传教育，有效地预防渠道游泳、溺水等现象的发生，胶东管理局积极配合山东南水北调团委，在渠道工程管理沿线开展南水北调安全知识宣传教育大讲堂活动。从 6 月 11 日起，胶东管理局组织全体职工积极参与全国水利安全生产知识网络竞赛，以提高广大员工的安全知识水平，活动期间共答题 49 人次。2018 年 6

月，按照山东干线公司要求，胶东管理局组织开展"世界水日"系列宣传活动，并根据工程实际情况开展"安全生产月"活动，围绕"生命至上，安全生产"主题开展现场咨询宣讲活动，胶东管理局人员全员参与，活动期间，由马承新局长带队视察宣讲活动。胶东管理局积极组织各管理处开展安全发展主题宣讲"一把手谈安全生产活动"。各管理处主要负责人就党中央国务院关于安全生产的重要决策部署、《中共中央国务院关于推进安全生产领域改革发展的意见》《省委、省政府关于深入推进安全生产领域改革发展的实施意见》，结合所辖工程运行安全实际情况、谈认识体会，谈下步安全管理工作安排。

（3）加强安全隐患排查、安全大检查，落实隐患整改。结合"大、快、严"专项行动，定期组织消防安全专项检查行动，及时消除消防安全隐患。同时按照上级要求开展危化品专项整治行动，开展危化品排查行动，所辖工程没有危化品。还组织对辖区范围内建筑物、电气设备、电力线路等防雷设施、接地系统等进行专项安全检查。各项措施的实施均收到良好效果，2018 年度未发生任何安全生产责任事故。

（四）防汛度汛

2018 年，陈庄输水线路工程防汛形势特殊，经历了 3 次高强度的台风过程，防汛形势符合山东省局领导提出的"能自保，不添乱、能帮忙"的防汛工作思路。

整个汛期，工程设施运行平稳，除出现了部分雨淋沟损坏外，工程没有出现工程险情；工程没有对沿线地方防汛造成任何影响和压力。在迎战"温比亚"台风过程中，利用渠道拦蓄，减轻了下游引黄济青子槽的水位压力。

在整个防汛度汛过程中，胶东管理局认真贯彻、落实上级和公司有关防汛工作的要求，结合工程现场防汛风险特点，积极应对、处理三次较大台风给工程带来的影响，扎实做好汛期各项防汛工作任务。

（五）安全监测

按照《南水北调东、中线一期工程运行安全监测技术要求（试行）》（NSBD 21—2015）及相关规程规范要求，胶东局定期开展工程安全监测工作，配合上级部门对相关数据及时分析评估，为工程安全、平稳运行提供了技术支撑。

胶东管理局安全监测项目主要包括闸站沉降、位移观测、测压管观测项目。根据运行期安全监测项目观测频率，沉降位移观测频次为1次/季度；测压管监测调水期2次/月。因2018年度山东干线公司组织对渠道沿线进行基网建设，部分节制闸位移观测、沉降观测不满足观测条件，无法进行，其余闸站正常进行观测并进行数据分析、整编。

根据2018年工程监测资料初步分析，渠道、水闸整体运行安全稳定，水位变化、水平垂直位移等在合理范围之内，未出现塌陷等危及工程运行安全的隐患。

三、运行调度

2018年度，胶东段顺利完成2017—2018年度调水工作任务，本年度历时调水316天，向胶东地区供水69984.1474万 m^3 ，平均流量25.56 m^3/s 。2018年5月20日至6月11日，利用胡楼分水闸引黄口门应急调引黄河水，累计调引黄河水水量1059.77万 m^3 ；道旭分水口于5月18日上午8：30开启，调引黄河水，于6月11日结束，累计调引黄河水水量1913.1298万 m^3 。

调水期间严格执行24小时值班制度，保证在调水期信息传递畅通，指令传达和执行及时、准确，确保向胶东地区持续供水安全。调水期间胶东段渠道、水库工程及建筑物工程运行平稳，未发生边坡沉降、滑坡、冲刷塌陷等影响调水的问题，渠道输水稳

定，水库泵站运行正常，机电设备、闸门启闭运行正常，工程运行状况良好。完成调水工程安全、输水安全、人员安全的调水目标。

四、工程效益

2018年，陈庄输水线路向胶东地区的调水工作实现了南水北调工程总体规划的供水目标，有效缓解了工程胶东地区沿线水资源紧缺的问题，在调水、地方防洪、抗旱、排涝、生态环境改善方面发挥了重要作用，经济社会效益显著。

陈庄输水线路工程采取了较完善水土保持生态修复措施，采取适当的水土保持措施有效控制水土流失量，工程防护和管理不断加强，沿线地区土壤侵蚀有效控制。人工林草植被良好，生态环境明显改善，为当地群众开展水土保护综合治理起到了示范作用，在一定程度上带动了当地经济、交通、文化进一步发展，提高了环境的承载力，促进了社会发展。

五、环境保护与水土保持

2018年度，淄博渠道管理处完成树木修剪、打药除害、草皮修剪、对不合格的树木进行补植替换等管理工作。淄博渠道管理处对台莱路下游左岸临近民房处边界内建筑垃圾进行清理，并进行绿化整治，各管理处对管理区进行整体规划，营造了较好的工作生活环境，院内绿化效果逐步向美化方向发展，取得了良好的效果。

（宋丽蕊　张吉福）

东湖水库工程

一、工程概况

东湖水库位于济南市历城区东北部与章丘区交界处，距济南市区约30km。工程

永久占地 538.34hm²，水库围坝轴线全长 8.125km，最大坝高 13.7m，最高蓄水位 30.00m，相应总库容为 5377 万 m³。建成后每年向章丘供水 1700 万 m³，向济南市区供水 4050 万 m³，向滨州、淄博两市供水 2347 万 m³。泵站总装机容量 2700kW，主厂房内安装 1400HLB-9.5 型立式混流泵 2 台，扬程范围为 12.70~8.78m，流量范围为 5.2~6.8m³/s，配套电机型号为 TL900-16/900kW；900HLB-9.5 型立式混流泵 2 台，扬程范围为 13.10~9.25m，流量范围为 2.35~3.07m³/s，配套电机型号为 YL560-10/450kW。工程主要建设内容包括：水库围坝、干线分水闸、小清河倒虹吸工程、入库泵站、穿围坝涵洞、出（入）库水闸、放水洞、排渗泵站及截渗沟等。

工程总投资 99890 万元，工程施工总工期 2.5 年，实际开工日期为 2010 年 6 月 6 日，完工日期为 2013 年 4 月 28 日。

二、工程管理

（一）管理机构基本情况

2014 年 2 月，成立东湖水库管理处，作为三级管理机构，具体负责东湖水库及其泵站蓄水附属工程的运行、生产、维护及水土资源开发经营等现场管理工作。东湖水库工程调度运行权限属于济南局，下设综合科、工程运行管理科、泵站管理科、经营管理科 4 个科。东湖水库管理处严格按照南水北调山东段调度中心及济南局调度分中心指令对东湖水库工程进行相应的调度运行。

（二）工程维修养护

组织编制并及时上报《2018 年东湖水库工程日常维修养护计划》。完成水库坝顶道路及下游环坝道路维修，围坝下游坝坡纵横向排水沟维修，坝顶盖板、防浪墙压顶板及花岗岩挂板维护更换，环库道路与坝顶道路的混凝土台阶维修，压力箱景观亭改造，

截渗沟清淤，大坝草皮进行补充种植、修剪，清理坝上环境卫生，树木浇灌、开穴、养护、补植、刷白等日常维修养护工作。完成供电线路及自动化系统维保工作。组织工程养护单位对因大暴雨、暴雨造成的坝脚截渗沟局部坍塌、雨淋沟等水毁工程进行修复工作。加强现场管理，对每项维护项目进行全过程监督检查，重点检查维修养护进度、质量和安全措施落实情况，保证现场已完成项目能够及时验收、签证。

（三）工程安全监测

按照南水北调工程安全监测技术要求，结合实际情况制订安全监测计划，规范做好渗流监测和表面变形监测工作。按月编制安全监测报告归档并上报济南局。2018 年，对水库大坝及建筑物进行垂直位移观测 4 次，水平位移观测 4 次，每日统计水库库内水位、蒸发量、降雨量、自动化观测数据等；加强对水库截渗沟、入库泵站、济南放水洞、章丘放水洞等重点部位进行巡视检查；对 2018 年各断面渗流监测资料初步分析结果表明，库内外观测设施水位未出现明显异常，调水期间未出现管涌及浸没现象，水库运行安全。

（四）设备维护保养

管理处高度重视设备维修养护工作。对各闸室启闭机、电动葫芦、配电柜、控制柜、金属结构、清污机进行专项巡视检查，并定期进行维护保养。

（五）工程设施管理

定期对工程设施进行巡视巡查，建立自查自纠巡查台账，及时处理巡查问题，并将材料闭合。对东湖水库重要建筑物、景观、设施、苗木绿化进行管理看护，定期对东湖水库安全监测设施、设备进行自检自查，确保监测设备的正常运行。设立了安全警示牌和地下电缆光缆及管道设标识桩，针对巡查中发现的防护网缺失或损坏等问题，安排工程养护单位及时进行修补。

（六）工程验收

2018年9月27日，东湖水库工程通过山东干线公司组织的设计单元工程完工验收项目法人验收自查。

2018年10月11日，测压管安装工程通过合同完工验收并完成工程移交。

三、运行调度

（一）调水充库与供水情况

2017—2018年度，根据山东省调度中心指令，2018年3月15—16日、5月7—10日、5月23日、6月13—21日、6月26日至7月4日，累计调水冲库过水时间为484.2小时，累计入库量930.91万 m^3 。2017年10月1日8时至2018年10月1日8时，共安全供水365天。其中，向章丘配套累计供水941.03万 m^3 ，向济南配套累计供水53.89万 m^3 ，向渠道累计供水110.68万 m^3 。

2018—2019年度，截至2018年12月31日16时，调水充库累计过水时间为142.2小时，累计入库量为300.15万 m^3 ；向章丘配套累计供水159.41万 m^3 。

（二）泵站维修养护

2018年3月15—16日，东湖水库泵站机组大修试运行结束，4台机组顺利通过机组大修试运行验收，对后续提高改进工作明确了具体的工作方案。

泵站完成桥式起重机的定期检验并在司机室增设了电源控制开关，对避雷设施完成接地检测工作，对电缆沟进行专项清理，对安全工器具定期进行安全试验，对水库电动葫芦加装了上下左右限位，对前池电动葫芦加装空气隔离开关；电气设备完成2018年电气预防性试验。

（三）学习培训

根据工作实际设置供配电、水泵机组、自动化、闸门金结和材料5个专业小组，有侧重培养培训，收到良好效果，职工专业素质有了扎实提高。2018年，山东省水利行业职业技能竞赛（水工闸门运行工）中，管理处两位同志分获第4名和第8名。2018年，5位闸门运行工（高级）、4位闸门运行工（中级）、1位闸门运行工（初级）通过技能鉴定，培养了2位高压电工，续期1位高压电工。

在"山东省农林水系统第四届职工合理化建议暨技术创新"活动中，管理处4名同志获得"山东省农林水系统合理化建议活动先进个人"称号。

四、环境保护与水土保持

东湖水库工程于2010年6月正式开工，2013年4月主体工程完工。建立环境保护管理体系，明确环境保护目标和指标，在工程施工期间，对噪声、振动、废水、废气和固体废弃物进行全面控制，尽量减少这些污染排放所造成的影响。东湖水库管理处可利用土地面积25.6 hm^2 ，种植树木34000余株，绿化草皮面积51.7万 m^2 。为合理利用水土资源，防止水土流失，改善水库生态环境，2018年新补植、更新苗木1500株，完成苗木浇水、林木修剪、打药除害、树木扩穴保墒等养护工作，效果良好。水库环境经过近几年的规划和改善，已形成花开红树乱莺啼、草长平湖白鹭飞的优美景色。

五、安全生产管理

管理处调整安全生产工作领导小组，完善《安全生产责任制》《安全生产应急预案》《隐患排查制度》《2018年度度汛方案及防汛预案》等制度方案。全员签订2018年安全责任书，每月召开安全生产例会，开展安全隐患大检查及落实整改。先后组织2018年消防、逃生演练和防汛应急演练活动，通过实战提高危机意识和应急处理能力。

结合2018年各项稽察检查出的问题，明确责任人、方案、时间节点。已将所有稽察问题整改完毕，建议问题也制定提升方案上报。管理处定期组织对办公楼、泵站、食堂、大坝、放水洞等要害部位进行自查，列隐患清单，第一时间发现问题整改问题。

以"八大体系四大清单"建设为框架，依照《水利工程管理单位安全生产标准化评审标准》和安全生产岗位职责，工作分工到人。通过制作安全生产展板、学习相关安全文件、建设安全生产文化长廊等方式对安全生产理念进行宣贯，实现2018年全年安全生产无事故。

（程　栋　李建辉　陈　鹏）

双王城水库工程

一、工程概况

双王城水库位于山东省寿光市北部的寇家坞村北，距市区约31km。利用原双王城水库扩建而成，双王城水库为中型平原水库，设计最高蓄水位12.50m，相应最大库容6150万m³，设计死水位3.90m，死库容830万m³，调节库容5320万m³。2018年，入库水量为7486万m³，出库水量为6357万m³，蒸发渗漏损失水量1128万m³。出库水量中包括向胶东地区年出库水量4357万m³，向寿光市城区年供水量1000万m³，水库周边地区高效农业年灌溉用水量1000万m³，设计灌溉面积1333.33hm²。设计最大入库流量8.61m³/s，设计出库流量28m³/s。

主要工程建设内容包括：围坝、输水渠、供水洞、水闸、桥梁、涵洞、入库泵站、截渗沟及排渗泵站等。

根据《水利水电工程等级划分及洪水标准》（SL 252—2000），南水北调工程为Ⅰ等工程。双王城水库工程主要建筑物围坝、入库泵站、穿坝涵洞、输水渠为2级，其他建筑物为3级。公路桥和生产桥荷载标准为公路Ⅱ级。

双王城水库工程于2010年8月6日正式开工，建设工期为2.5年，于2018年10月22日通过完工验收。

二、工程管理

（一）工程管理机构

南水北调东线山东干线胶东管理局作为二级机构负责双王城水库工程的现场管理工作，下设三级管理机构双王城水库管理处，负责工程的日常管理、维修养护、调度运行等事宜。双王城水库管理处下设综合科、工程运行管理科、泵站管理科、经营管理科，具体承担双王城水库的日常管理工作。

（二）工程维修养护

2018年，双王城水库工程维修、养护工作主要包括：对水库9.636km围坝的巡视及安全检查；库内、坝坡垃圾及水草的清除；雨淋沟土方回填压实，排水沟清淤和维修，草皮修剪，坝顶路面维修等；2.2km引水渠道的看护及巡查工作，渠道内外坡垃圾清除、防护网修复、桥梁维护、内坡衬砌板维护、外坡土方修整等；金结设备维修养护，包括钢丝绳维护保养、启闭机闸门维护、配电设备维护、清污机维护保养、泵站电缆沟清理等；水土保持中树木、草皮养护、树木补植等。

为确保南水北调双王城水库供电线路运行质量，提高供电可靠性，山东干线公司就有关南水北调双王城水库35kV王水线、盐水线、10kV引水渠、寿光供水洞、泄水洞等委托山东丰润电力工程有限公司进行管理维护，并签订了《南水北调一期工程山东胶东段2018年度、2019年度电力线路维保项目合同》，合同有效期为2018年4月21日至2020年4月20日。

（三）安全生产

2018年，双王城水库管理处始终坚持"安全第一、预防为主、综合治理"的方

针，深入落实科学发展观，牢固树立安全发展理念，夯实基础，细化责任，强化现场监督监管，深化隐患排查治理。进一步完善职业健康安全管理体系，以法制化、标准化、规范化、系统化的方式推进安全生产，不断提高管理处的安全工作水平。

（1）"大、快、严"集中行动落实情况。按照山东省水利厅下发的《全省水利系统安全隐患大排查快整治严执法集中行动方案》的要求，双王城水库管理处严格落实方案要求，每月集中开展"大、快、严"安全隐患排查工作，对查出的问题记录台账，明确责任人及整改时限，汇编材料报于胶东局。2018年度共自查问题72项，已全部整改完成。双王城水库管理处在安全隐患排查力度方面有所加强，及时消除了安全隐患。

（2）"安全生产月"活动落实情况。召开以"生命至上、安全发展"为主题的安全生产会议。会议集中学习《中共中央国务院关于推进安全生产领域改革发展的意见》《省委、省政府关于深入推进安全生产领域改革发展的实施意见》等规范，集中观看学习了《致命的有限空间》等安全警示教育片，形成人人关系安全，安全关系人人的良好氛围，有效地保障了双王城工程安全生产工作的顺利进行。

管理处积极开展安全生产知识的宣传教育工作，按照"安全生产月"活动方案要求，在水库围坝各建筑物、渠道桥梁、闸站、管理处院内等处悬挂安全生产条幅共计10条。

管理处安全生产工作组进入水库工程附近的寿光市寇家坞小学开展以"安全生产"为主题宣讲活动，发放《安全生产宣传手册》1200余本。并对部分学生进行防溺水知识培训，取得了良好的效果。

增强监督他人安全生产的意识，管理处职工联合水库派出所人员到附近村庄、集市发放安全生产知识手册，共计1600余本，

得到了附近村民的赞扬，活动起到了安全教育的目的。

管理处积极组织员工注册水利生产知识竞赛答题，每人每天按时答题5套，并认真学习了错题中的知识点，提高了全体人员的安全生产知识水平，为今后的安全生产工作打下了良好的基础。

（3）组织开展专项安全检查。管理处严格按照月度隐患排查计划，定期开展月度隐患排查工作，及时发现并消除了影响水库工程运行的各种安全隐患，并由安全生产领导小组定期对整改问题进行复查，确保不再出现类似的问题。另外，管理处分别在汛前、汛中、汛后组织进行水库工程安全检查，对发现的雨淋沟、塌陷、建筑物漏水等涉及防汛安全的问题记录台账并限期整改，保证了度汛安全。

（4）开展应急逃生及消防演练。根据山东干线公司下发的《关于开展消防安全"能力强化年"活动的通知》要求，为贯彻落实山东省政府办公厅《关于开展全省消防安全大排查大整治工作的通知》（鲁政办发明电〔2018〕22号）和省政府安委会《关于开展全省消防安全"能力强化年"活动的通知》（鲁安发〔2018〕6号）精神，为全面做好双王城水库消防安全工作，管理处于2018年5月31日上午举办了"南水北调山东干线双王城水库管理处2018年消防应急疏散演习及消防器材使用演练"。这次消防演练联合了寿光市公安消防大队，共出动2辆消防车共12名消防官兵。演练内容主要包括消防火灾应急疏散、消防器材使用、被困人员紧急抢救、消防知识讲解培训等内容。让所有参演人员切身感受了火场逃生的每一个细节。同时，也让每一位职工更加深入地认识到了火灾的危害性，提高了管理处职工的消防意识，提升了应急处置能力，为保证双王城水库管理处的人身、财产安全打下了坚实基础。

（5）防汛度汛工作开展情况。为切实做好双王城水库工程汛期突发事件防范与处置能力，保证防汛工作有序开展，确保工程安全度汛，按照"安全第一，预防为主，防治结合，综合治理"的管理方针，双王城水库管理处于2018年5月24日上午开展"2018年防汛知识培训暨防汛抢险演练"活动。

管理处制定《双王城水库管理处2018年防汛知识培训暨防汛抢险演练方案》，本方案依据山东干线公司批复的《胶东局2018年度汛方案及防汛预案》内容，结合双王城水库的工程实际，模拟水库发生可能性较大的工程险情，制定相应的抢险处理措施，对抢险队伍进行科学分工，保证了演练的实效性和合理性。

（四）工程监测

2018年全年蒸发渗漏量共为917.81万 m³。根据双王城初步设计报告，双王城水库年损失（蒸发、渗漏）水量为1128万 m³，现状蒸发渗漏量远远小于设计值，双王城水库防渗效果达到设计要求。

截至2018年12月31日，围坝沉降观测点的最大累计沉降量为49.95mm，发生在桩号（7+060）断面，最大累计水平位移量为52.8mm，发生在桩号（7+060）；建筑物观测点的最大累计沉降量为7.41mm，发生在入库泵站前池，最大累计水平位移量为12.06mm，发生在入库泵站前池。

三、运行调度

2018年6月26日10时，随着双王城

水库1号机组按调度指令停止运行，双王城水库圆满完成水库充库调水任务，水库水位首次达到设计水位12.50m。

双王城水库入库泵站自2017年3月16日开机运行，至2018年6月26日停机，累计运行8282.05台时，累计充库水量7538.25万 m³，水库蓄水至水位12.50m，达水库设计水位。

四、工程效益

双王城水库工程的主要任务是调蓄干线引江水量，解决干线输水与各引水口在时空分配矛盾，向受水区青岛、潍坊、寿光等胶东地区供水。2018年度，双王城水库向寿光供水累计达1451.942万 m³。

五、验收工作

双王城水库管理处于2018年3月27日组织并通过了南水北调东线一期胶东干线济南至引黄济青段工程双王城水库设计单元工程完工验收项目法人验收自查工作。

2018年10月22日，受原国务院南水北调办委托，山东省南水北调工程建设管理局对南水北调东线一期胶东干线济南至引黄济青段工程双王城水库工程进行设计单元工程完工验收。验收组察看工程现场，观看了工程建设声像资料，听取了工程建设管理、技术性初步验收、质量监督及工程运行管理工作报告，查阅了有关工程资料，并进行充分讨论，一致通过并形成了验收鉴定书。

（田昆鹏）

鲁 北 段

概　述

鲁北段工程是南水北调东线山东干线的关键性输水线路之一。起于黄河南岸的东

平湖，止于德州市武城县大屯水库，包括穿黄工程7.9km、聊城段渠道工程110.0km、德州段渠道工程65.218km、大屯水库工程及临清市、夏津县、武城县灌区影响处理工程。主要任务是通过穿黄工程打通东线穿黄

隧洞，连接东平湖和聊城段、德州段输水干线，实现调引长江水通过沿线渠道上的分水口门和大屯水库供水洞，向聊城市东阿县、阳谷县、莘县、江北水城旅游度假区、冠县、高唐县、茌平县、临清市及德州市德城区、陵城区、夏津县、乐陵市、平原县、庆云县、宁津县、武城县供水，满足调水沿线城区生活、工业、生态环境用水需求，同时具备向河北省东部、天津市应急供水的条件。

（张　健　鲁英梅　马　涛）

穿 黄 河 工 程

一、工程概况

穿黄河工程是南水北调东线的关键控制性项目。项目建设的主要目标是打通东线穿黄河隧洞，并连接东平湖和鲁北输水干线，实现调引长江水至鲁北地区。工程建设规模按照一、二期结合实施，过黄河设计流量为 100m³/s。工程主要由闸前疏浚段、出湖闸、南干渠、埋管进口检修闸、滩地埋管、穿黄隧洞、隧洞出口闸、穿引黄渠埋涵以及埋涵出口闸等建筑物组成，主体工程全长 7.87km。工程总投资 6.13 亿元。

二、工程管理

（一）工程管理机构

南水北调东线山东干线泰安管理局（以下简称"泰安局"）为穿黄河工程现场管理机构，下设综合科、工程技术科、调度运行科、闸门（隧洞）管理科、财务经营科，具体负责穿黄河工程的运行管理。

（二）制度保障

泰安局重视制度建设，在执行干线公司制定的一系列管理制度的基础上，结合工程实际及时制定各类规章制度及实施细则。已制订组织管理类制度 19 项、安全生产类制度 7 项、调度运行类制度 9 项、工程管理维护类制度 3 项等管理制度。同时结合安全生产标准化建设，制订了泰安局综合预案 1 项、档案突发事件应急预案 1 项、专项应急预案 7 项、现场处置方案 13 项，制订了闸门及启闭机操作规程等各类操作规程 19 项，建成了较为完善的运行管理体系。

（三）安全生产和防汛度汛

1. 安全生产工作

（1）建立健全运行管理机构。为加强穿黄河工程运行安全管理，根据公司要求及现场人员变化情况，及时调整工程运行安全管理机构，重新明确安全生产领导小组、防洪度汛领导小组、应急处置领导小组等机构及其工作职责和小组成员。

（2）定期召开安全生产会议。为了更好地对安全生产工作进行安排部署、跟踪问效，泰安局每月召开安全生产会议。会议内容主要包括：传达和贯彻上级有关安全生产会议、文件、通知精神；对自查自纠及上级检查发现的问题研究解决方案；安排部署近期安全生产工作等。

（3）积极组织开展安全教育培训活动。为了更好地提高职工的安全意识，2018 年度，共组织泰安局人员及养护单位有关人员开展 10 次培训，主要包括：应急预案培训、防汛度汛培训、防溺水演练培训、夏季安全生产培训、消防安全知识培训以及标准化建设培训等。

（4）持续开展安全生产隐患排查工作。2018 年，泰安局持续开展安全生产"大、快、严"行动。按照"全覆盖、零容忍、严执法、重实效"的工作要求，泰安局每月进行一次安全隐患大排查活动，对工程现场以及办公区进行全面检查，建立隐患整改台账，明确责任人，限期整改，及时消除安全隐患。开展安全生产专项整治活动。开展消防安全专项检查以及工程安全保障自查活动，完成电气预防性试验。

（5）扎实组织开展"安全生产月"活

动。泰安局认真贯彻落实公司要求，制定"安全生产月"活动方案，扎实组织开展安全生产月各项活动。积极参加安全生产知识竞赛和水利网络知识竞赛。开展安全宣传咨询日活动。通过现场设立咨询台、悬挂宣传横幅、向工程过往群众发放《山东南水北调条例》和《安全教育宣传本》等形式开展现场咨询服务活动，解答群众咨询。开展安全生产宣讲活动。五是定期开展水利安全生产警示专题教育活动。

（6）安全生产标准化体系工作。根据公司下发的相关标准化建设的通知，泰安局进一步建立健全组织体系，落实运行安全管理体系要求，规范开展运行安全管理标准化建设各项工作。

（7）治安与反恐工作。编写《泰安局反恐防范工作方案》并签订了防范工作责任书。将防控防范工作纳入泰安局年度工作内容中，积极完成上级、同级反恐部门和主管部门部署的其他反恐防范工作。与派出所开展联合整治行动，对违反《南水北调条例》的行为和现象及时制止，有效保障了工程安全运行。

（8）安防设施与措施。在日常维修养护工作中，及时修复破损的防护网，在人员来往密集处增设警示标志，在渠道与桥梁等结构物交叉部位的安全薄弱部位粉刷了警示标语，确保周边群众生命财产安全。

（9）应急管理。泰安局建立应急处置领导小组，严格执行应急预案及现场处置方案。在出湖闸闸室入门设置门禁系统，泰安局组织开展防汛演练、防溺水演练、消防演练等应急演练。

2. 工程防汛度汛

（1）制定度汛方案及防汛预案。为切实做好2018年防汛度汛工作，建立有效的防汛应急处理机制，预防灾害发生，确保汛期穿黄河工程平稳运行，按照工作部署，编制了《2018年泰安局度汛方案及防汛预案》。

（2）制定防汛演练脚本，组织开展防汛演练。为了检验预案执行的可操作性，进一步提高应对汛期灾害的能力，保证工程安全度汛，泰安局制定防汛演练脚本，对防汛演练工作进行分工细化，顺利完成了演练任务。通过演练检验了各小组之间的协调配合能力，提高了应急抢险处置能力。

（3）成立汛期抢险队，配备防汛物资。泰安局成立了汛期抢险队伍，由泰安局职工和管护单位管护员组成，抢险队队员保证汛期24小时电话畅通，确保一旦发生险情能及时进入救援。根据防汛度汛需要，配备了编织袋、土工布、救生圈、雨衣、铁锹等防汛物资，为抢险工作提供了物资保障。

（4）进行汛前、汛中、汛后检查。在汛期能及时发现问题，消除隐患，泰安局分别进行汛前、汛中、汛后安全隐患排查工作。汛前主要检查工程设施设备是否能够正常运行，渠道排水沟及桥梁处是否排水通畅等；汛中主要检查降雨过后工程现场是否存在安全隐患；汛后主要是对汛期发现的问题进行检查整改，确保工程运行安全。

（5）认真落实值班、巡查工作。2018年，泰安局严格执行汛期值班制度，值班人员24小时值班值守，电话保持畅通，交接班记录填写完整。汛期加强了巡查力度，对钓鱼、捕鱼、游泳等行为及时进行劝止，认真完成了巡查工作并做好巡查记录，汛期未发生任何事故。

（四）维修养护工作

完成了穿黄河工程维修养护计划的报批及签订工作，签订了《南水北调东线山东干线泰安管理局2018年度日常维修养护协议》。按照批复的维修养护计划及维修养护标准，加强对维修养护公司穿黄工程管理站的考核管理，做好工程维修养护工作验收及支付准备工作，按照要求每月完成维修养护情况月报，落实穿黄河工程维修养护工作。根据专项稽察和飞检提出的问题，制定整改措施，认真完成了问题整改落实工作。组织开展《南水北调工程维修养护标准》和《南水北调工程维修养护验收办法》的培训。通过落实日常维修养护及自查和上级检查发现问题的整改工作，确保工程设备始终处于良好运行状态。

（五）安全监测

泰安局高度重视安全监测管理工作，形成由局领导总抓、科室及专人负责的管理体系，按照《南水北调东、中线一期工程运行安全监测技术要求（试行）》（NSBD 21—2015）及山东干线公司安全监测有关规范的要求，制定《南水北调东线一期穿黄河工程安全监测实施细则》并严格落实。严格执行安全监测月报制度，每月对安全监测工作进行总结，做好安全监测仪器台账及运行状态统计分析，并按要求及时整理归档。

穿黄隧洞是南水北调东线工程的关键性、控制性工程，加强安全监测是支持工程安全管理的重要手段。穿黄隧洞共埋设渗压计、测缝计、钢筋计、应变计、无应力计、压力计、锚杆应力计、多点位移计等8类监测仪器88支，从2011年9月开始一直持续进行观测。经过工程日常巡查及水情工情观测，隧洞运行状态正常，未发现异常。

（六）工程宣传

通过悬挂南水北调宣传条幅、设立警示标牌、张贴安全警示标语、发放《山东省南水北调条例》等方式，认真组织开展工程宣传和《山东省南水北调条例》宣贯工作，营造良好的社会舆论环境。

三、运行调度

（1）穿黄河工程于2018年3月26日开始向鲁北地区调水，至6月1日完成调水8574.1万 m^3；2018年11月2日开始向东阿县调水，至11月17日完成调水197.95万 m^3，2018年累计向聊城、德州供水达8772.05万 m^3。

（2）严格执行调水工作制度，确保调

水平稳运行。积极做好调水协调工作，全力保障调水工作。加强与当地地方政府、流域机构、电力部门和其他相关部门的协调工作，认真做好备调中心值班人员的后勤保障等工作。

（3）强化水质保障工作。泰安局安排专人负责水质监测相关工作，认真做好水质巡查和对水质检测站的看护工作，防止发生水污染事件，保障调水水质。

四、工程效益

2018年，累计向聊城、德州供水达8772.05万 m^3。工程沿线形成了渠水清澈、绿树成荫的生态景观长廊，工程管理专用道路方便了群众交通，发挥了很好的社会效益。为南水北调运行管理营造了良好的社会舆论氛围。

五、环境保护与水土保持

做好工程沿线渠道的巡查管护工作，进一步加强环境风险防控，严格落实环境风险防范应急预案，提高工程环境风险防范与应急水平；加强对水质监测站维护单位的管理和考核，落实各项水质保障措施，杜绝发生影响渠道水质安全的事件发生，进一步提升南水北调水质保障工作能力，逐步形成长效工作机制，确保供水安全。

穿黄河工程水土保持绿化苗木共种植杨树、柳树、国槐、白蜡等9000余株，植草护坡36000多 m^2。2018年，在穿黄北区院内新栽植海棠树150株、柿子树257株、山楂树30株、梨树30株、攀缘月季670株，南干渠沿线栽植玫瑰2000株。泰安局始终坚持"绿水青山就是金山银山"的发展理念，对栽植的树木加强管理和养护，进一步改善和美化了当地环境，对工程沿线的环境保护和水土保持发挥了重要作用。

六、验收工作

截至2018年12月31日，穿黄河工程

专项验收、技术性初步验收工作已全部完成。根据水利部设计单元完工验收计划及山东干线公司有关要求，泰安局成立穿黄河工程设计单元完工验收工作小组，制订完工验收工作计划及任务分解表，明确具体责任人和完成时限，有序开展穿黄河工程设计单元工程完工验收准备工作，确保设计单元工程完工验收顺利通过。

（张　山　赵　超　马　涛）

德州段渠道工程

一、工程概况

德州段渠道工程自聊城、德州市界节制闸下游师堤西生产桥至大屯水库附近的草屯桥［桩号（110+006）~（175+224）］，渠道全长 65.218km，沿河设 8 处管理所；共有各类建筑物 126 座，其中节制闸 8 座、穿干渠倒虹吸 3 座、涵闸 76 座、橡胶坝 1 座、桥梁 38 座（生产桥 33 座、人行桥 3 座、公路桥 2 座）。设计输水规模为 21.3 ~ 13.7m³/s；工程防洪、排涝标准分别为"61 年雨型"防洪（对应防洪标准为 20 年一遇）、"64 年雨型"排涝（对应除涝标准为 5 年一遇），六分干及涵闸排涝标准为 5 年一遇。

二、工程管理

（一）工程管理机构

夏津渠道管理处作为三级管理机构，具体负责德州段渠道工程及管理范围内工程的运行管理工作。夏津渠道管理处内设综合科、运行管理科 2 个科，现有正式职工 11 人（包括主任、副主任、运行管理科科长、渠道值班长各 1 人）。

（二）工程管理基本情况

（1）做实做细维修养护管理工作。根据公司预算管理及维修养护管理办法、德州局维修养护细则，编制并完善 2018 年度预算、维修养护计划、实施方案。

（2）完成设备管理等级评定及"身份证"信息录入。2018 年 1 月 1 日至 2 月 10 日，夏津渠道管理处按照《水利水电工程闸门及启闭机、升船机设备管理等级评定标准》（SL 240—1999）等规定，对闸门及启闭机进行设备等级评定。将设备设施的技术参数等信息录入各自的"身份证"，形成二维码。

（3）做好工程防护及边界管理工作。在重要建筑物醒目位置安设告知牌、增设安全警示标语牌 57 块，在渠道沿线防护网增设安全警示牌 130 块；及时制止越界种植、违规建设等行为的发生，确保管理边界清晰。

（4）加强日常巡视和专项检查，做好稽察、自查整改工作。将渠道划分为三段、管理人员分为三组，通过分段分组"交叉互查"方式，不定期开展日常巡视检查或专项检查工作，建立问题清单台账，明确责任单位和整改时限，制定整改措施及时整改；调水期将渠道巡护及扬水站巡哨工作委托给地方保安公司，保护范围内取土和管理范围内越界种植、违规建设及调水期抽水等行为被有效制止。

（5）配合做好水政监察辅助执法工作。根据《山东省南水北调水政监察工作规则》规定，夏津渠道管理处明确专人配合做好水政监察辅助执法工作。

（三）安全生产管理基本情况

（1）细化目标，强化制度落实。按照2018 年度安全生产工作总体部署及目标要求，细化安全生产目标，签订安全生产责任书，形成层层抓落实的安全生产管理格局；开展 37 项安全生产管理制度、13 项现场应急处置方案及综合应急预案的讨论学习，稳步推进安全标准化建设工作。按时召开安全生产工作会议，传达学习上级部门会议精神和文件通知；利用信息平台，及时发布高空、临空、临水和有限空间作业及临时用电等安全生产知识；不定期开展全线安全隐患

排查工作、检查安全生产任务落实情况。

（2）严格落实安全生产及防汛度汛主体责任。夏津渠道管理处重新核定了沿线防汛及安全生产人员，其中田汉功为现场总负责，帅永奎配合；谢峰、邱占升、张璐分三段负责渠道工程现场，其他人员配合。

（3）加强安全生产培训和宣传力度。开展新《安全生产法》的学习；赴渠道沿线中小学分别发放《南水北调安全宣传手册》300 册、《山东省南水北调条例》宣传本 17000 册，对闸站值班人员持续开展金结机电设备设施操作流程、注意事项、维修养护要求和事故应急处理等现场操作指导。按照年度培训计划，开展经常性安全生产教育培训 14 期；积极开展 2018 年"安全生产月"活动、"一把手"谈安全生产活动、安全大排查活动，开展安全生产宣誓活动，组织职工学习职业健康管理制度、组织全体职工参加全国水利安全生产知识网络竞赛、水利部水法知识大赛和山东省省级机关人民防空知识竞赛，全员成绩优异。

（4）做好现场安全管理工作。建立闸门、启闭机等主要设备台账和安全技术档案，明确各自安全鉴定、检测时间。完善现场安全设施，重要建筑物醒目位置增设安全警示牌、维护涵闸临空栏杆、闸门吊物孔加设不锈钢格栅盖板等。

（5）做实做细工程防汛工作。编制度汛方案及防汛预案，开展防汛应急桌面演练，做好现场应急处置程序的培训指导。2018 年 5 月 24 日组织开展防汛应急桌面演练。做好防汛人员和物资储备准备。明确防汛物资管理人员，对防汛物料定期核查和维护保养；组建防汛抢险队伍，便于汛期抢险时即调即用。和地方防汛部门建立联动协作机制。做好汛期值班及安全巡查检查工作，实行 24 小时领导带班制度。

（6）强化消防安全管理工作。夏津渠道管理处制定《消防安全管理细则》，建立防火重点部位、场所和消防设施台账，定期检查消防设施。开展消防安全"能力强化年"活动，编报《2018 年度冬季消防应急演练工作方案》，2018 年 6 月 28 日在管理处园区内开展干粉及液态二氧化碳灭火器、室内外消火栓使用培训及现场演练；2018 年 12 月 20 日，邀请德州社安防火服务中心赵金章教官到夏津渠道管理处为在岗职工进行消防安全知识专题讲座。2018 年 12 月 28 日在七一河左岸德上高速桥下，开展多功能风力灭火机、干粉灭火器使用培训及冬季消防应急演练工作。

（四）加强年度预算管理工作

（1）根据预算管理、招标和非招标项目采购管理办法规定，做好年度预算、采购计划、采购方案的报告编报工作。

（2）做好预算项目跟踪及管理工作。按照南水北调东线山东干线有限责任公司《关于加快 2017 年度预算项目实施的通知》和《关于下达南水北调东线山东干线有限责任公司 2018 年度预算的通知》要求，认真梳理 2017 年度运行管理预算项目、2017 年专项维修养护项目和 2018 年度预算项目，积极推进预算项目实施进度。

三、运行调度

（1）做好调水前准备工作。编报调水实施方案和调水应急预案、开展全员培训；采购油料、备品备件等应急抢险物资；成立调水运行工作小组；对渠道沿线可能影响调水的各类因素进行全面排查、整改；对闸站值班人员进行培训和现场操作指导；积极协调地方相关部门，建立联动机制。

（2）扎实做好调水期各项工作。严格按照调度指令启闭闸门，24 小时领导带班，开展巡查及水质隐患点排查，确保水质、工程运行及人员安全。

七一河和六五河为地方行洪排涝主要河道，非调水期沿线闸门启闭受地方调度。结合地方启闭闸门，做好启闭设备的运行保养。

四、工程效益

德州段渠道工程 2017—2018 年度调水工作自 2018 年 4 月 30 日 7：00 开启市界节制闸开始，至 2018 年 6 月 6 日 22：00 大屯水库泵站机组停机为止，历时 38 天，向大屯水库输水 3331.09 万 m³。

夏津段渠道工程汛期不调水，但承担原有的行洪排涝任务，发挥了良好的经济效益、社会效益和生态效益。

五、环境保护与水土保持

（1）完成了对重要跨渠交通桥梁危化品收集设施建设和监督管理工作。夏津渠道管理处在有危化品车辆通行的祁庄、北铺店和李邦彦节制闸附桥及后屯生产桥共 4 座桥梁的桥面排水孔设置了雨污分流的桥梁危化品泄漏收集设施，对未安设危化品泄漏收集设施的桥梁，调水期采用膨胀泡沫胶对桥面排水孔进行临时封堵，确保渠内水质的安全。

（2）根据《水质安全监测管理办法》（鲁调水企发〔2016〕12 号），编制了《水质安全监测管理实施细则》和《水质污染事故现场处置方案》，调水期间，及时发现并报告处理了九营南沟涵闸上游来水事件；2018 年 5 月 4 日，配合水质监测部门完成杜堤村水塘下游及临清大唐电厂南侧、工业园污水处理厂排放口、十八里干沟与红旗渠倒虹进口处的水样采集等工作。

（3）根据批复的经营开发预算项目，做好苗木补植栽植工作，组织做好渠道沿线树木扩穴、浇水和草皮修剪与清理外运工作。

六、验收工作

2018 年 7 月 27 日，通过了七一·六五河段设计单元工程完工验收项目法人自验。

2018 年 10 月 25 日，通过了七一·六五河段设计单元工程完工验收。

七、财务决算情况

2018 年 2 月 26 日至 3 月 12 日，根据经财函〔2018〕3 号文要求，江苏天宏华信会计师事务所有限公司和江苏天宏华信工程投资管理咨询有限公司联合体对七一·六五河段工程进行完工财务决算审计。

2018 年 6 月 22 日，水利部以《关于核准南水北调东线一期鲁北段工程七一·六五河段工程完工财务决算的通知》（水办〔2018〕135 号）予以核准七一·六五河段工程完工财务决算。

（田汉功　邱占升）

大 屯 水 库 工 程

一、工程概况

大屯水库工程位于山东省德州市武城县恩县洼东侧，距德州市德城区 25km，距武城县城区 13km。水库围坝大致呈四边形，南临郑郝公路，东与六五河毗邻，北接德武公路，西侧为利民河东支。大屯水库工程总占地面积 648.86hm²，围坝坝轴线总长 8914m，设计最高蓄水位 29.8m，最大库容 5209 万 m³，设计死水位 21.0m，死库容 745 万 m³，水库调节库容 4464 万 m³。初设批复建设工期 30 个月。主要工程包括：围坝、入库泵站、六五河节制闸、引水闸、德州供水洞和武城供水洞、10kV 及 35kV 专用电力线路工程等。入库泵站设计入库流量为 12.65m³/s，向德城区供水设计流量为 4m³/s，向武城县城区供水设计流量为 0.6m³/s。工程建成运行后，可分别向德州市德城区、武城县城区年供水 10919 万 m³ 和 1583 万 m³。

大屯水库工程于 2010 年 11 月 25 日开工建设；2012 年 12 月底，主体工程完工；2014 年 4 月 30 日完成全部尾工建设。批复工程投资 130829 万元，截至 2018 年年底，

累计完成工程投资 126254.76 万元。

二、工程管理

（一）运行管理机构

大屯水库管理处下设综合科、工程运行管理科、泵站管理科、经营管理科 4 个科室，编制 22 人，2018 年实际在岗 19 人，具体负责大屯水库工程运行管理工作。

（二）现场管理工作

2018 年，大屯水库管理处结合实际情况，在贯彻执行山东省局、山东干线公司及德州局等上级有关部门制度的基础上，及时调整完善大屯水库管理处相关规定和细则，结合职工的专业特长，明确了岗位职责和人员职责分工；调整了安全生产、消防、防汛、应急管理等工作领导小组成员，明确了领导小组责任。并及时组织宣贯学习，通过建章立制、汇编宣贯，使得工作人员能够及时准确掌握内部管理制度，明确工作内容、范围、要求、程序和方法，保证了各项工作有依有据开展。大屯水库工程荣获 2017—2018 年度中国水利工程优质（大禹）奖。

（三）维修养护工作

编制并及时上报《工程日常维修养护计划》。完成水库围坝雨淋沟土方回填压实，坝顶路面维修，围坝路灯改造，库内、坝坡垃圾清除，排水沟清淤和维修，入库泵站、六五河节制闸、供水洞等建筑物的金结、机电设备日常检查维护，土地整理，树木补植栽植，苗木浇灌、开穴、养护、补植、刷白等日常维修养护工作。完成南水北调东线一期工程山东段大屯水库泵站 2 号、3 号机组检修工作；完成供电线路及自动化系统维保工作；完成大屯水库增设工程安全警示防护设施、泵站、调度楼和值班楼管理设施改造，泵站出水池防碳化涂料、围坝公里桩和百米桩，道路划线，大屯水库派出所办案区改造，2017 年冬季树木补植与土地整理等专项项目实施。加强现场管理，管理处管理人员对每项维护项目进行全过程监督检查，重点检查维修养护进度、质量和安全措施落实情况，保证现场已完项目能够及时验收、签证。

（四）安全监测工作

定期对水库测压管井、水尺、基准点、标点等进行维护，对测压管管口高程进行校核，对水位观测井进行灵敏度实验。安排人员每天对水库围坝、坝后截渗沟、入库泵站穿坝涵洞、德州供水洞、武城供水洞等重点部位进行巡视检查。及时监测、采集数据，对管理区范围内观测点的垂直位移测量 4 次；9 个断面的水平位移测量 4 次，每日统计气温、水库库内、外水位等数据及环境量观测。加强观测资料和分析整理，定期核对处理渗压力、土压力、泵站测压管、星形磁铁内部变形、水位观测井等监测数据，按月编制安全监测报告归档并上报德州局。

（五）安全生产工作

持续开展安全生产标准化、工程运行安全管理标准化体系建设及运行工作。定期召开安全生产工作会议，总结部署安全生产工作。加强安全生产网格化管理，制订完善安全生产网格体系和网格责任制台账。层层签订安全生产责任书。制订安全教育培训计划并按计划开展培训，组织开展安全生产管理知识培训和消防知识培训，开展防汛和消防演练；张贴警示标语，设置南水北调工程管理通告等宣传牌，进行警示教育。积极开展安全生产检查、隐患排查活动、"大、快、严"集中行动、安全生产月活动、安全生产百日攻坚治理行动以及安全生产法宣传周活动。加强库区巡查和安保工作，保障工程、水质和人员安全。编制度汛方案和防汛预案，落实防汛物资储备，召开了防汛工作会议。在重要节假日和敏感季节组织安全生产检查。

大屯水库 2018 年完成多项专项检查工作，检查整改情况整体较好。在重要节假日开展节前安全检查，在敏感季节开展安全生产专项检查，具体包括夏季、冬季消防安全检查。根据山东干线公司要求完成危化品、电气设备、接地装置和消防设施等专项检查与整改，按时完成大排查、快整治、严执法集中行动，并及时上报整改报告。按要求完成汛前、讯后、调水前、后大检查与整改。

（六）边界执法管理

积极配合大屯水库派出所做好水库安全保卫工作。定期开展界桩巡视巡查，对损坏的界桩进行修复。加强边界水政管理，配合开展水政检查工作。

三、运行调度

（一）调水情况

按照山东省调度中心和德州分中心的调度指令，大屯水库管理处顺利完成 2017—2018 年度调水工作任务。2018 年 5 月 5 日 8：46 至 6 月 6 日 22：00，历时 32 天，本次调水入库水量 3331.09 万 m^3，水库蓄水量达到 5209 万 m^3，第二次达到设计水位。

（二）供水情况

自 2018 年 1 月 1 日起至 2018 年 12 月 31 日，累计供水 1892.75 万 m^3，其中向德州市供水 1209.03 万 m^3，向武城县供水 683.72 万 m^3。

（三）水质监测与保护

加强水质保护力度，积极配合山东大学、德州水文局及武城县环保部门定期采集水样，进行水质监测，水库水质全年稳定达标。

四、工程效益

大屯水库作为鲁北段工程的重要组成部分，其主要任务是调蓄向德州市德城区和武城县城区供水水量，保障实现供水目标，对保证德州市城市可持续发展，改善地下水环境，提高人民生活质量具有重要意义。2018年向德州市和武城县供水 1892.75 万 m^3。

五、环境保护与水土保持

进一步加强环境风险防范措施，严格落实环境风险防范应急预案，开展环境风险防范与应急演练，加强联动，提高工程环境风险防范与应急水平，积极配合有关部门和地方完善水质监测与管理信息系统，建立预警、联防和应急协调机制，确保供水安全。

水土保持方面，大屯水库工程范围内共种植柳树、黄金榆等乔木 551 株。定期对草皮进行修剪、补植，适时洒水养护；对树木进行开穴、浇水、剪枝、打药、刷白。水土保持工程有效发挥了很好的生态效益。

六、验收工作

（1）完成了南水北调东线一期工程山东段大屯水库泵站 2 号、3 号机组检修试运行暨合同项目完成验收工作。

（2）完成了大屯水库增设工程安全警示防护设施、泵站、调度楼和值班楼管理设施改造合同项目完成验收工作。

（3）完成了大屯水库泵站出水池防碳化涂料、围坝公里桩和百米桩合同项目完成验收工作。

（4）完成了南水北调东线山东干线德州管理局大屯水库派出所办案区改造合同项目完成验收工作。

（5）完成了大屯水库园区道路划线合同项目完成验收工作。

（6）完成了 2017 年冬季树木补植与土地整理合同项目完成初步验收工作。

（崔彦平　崔　凯）

聊 城 段 工 程

一、工程概况

聊城段工程是南水北调东线一期工程的重要组成部分。途经聊城市的东阿县、阳谷县、江北水城旅游度假区、东昌府区、经济技术开发区、茌平县、临清市 7 个县（市、区）。由小运河工程、七一·六五河段六分干工程组成。主要工程内容为输水渠道及沿线各类交叉建筑物。工程范围上起穿黄隧洞出口，下至师堤西生产桥，接七一·六五河段工程。聊城段工程渠道全长110.0km，其中小运河段长98.3km，设计流量50m³/s，利用现状老河道58.2km，新开挖河道40.1km；临清六分干段长11.7km，设计流量25.5~21.3m³/s。新建交通管理道路111.1km。输电线路全长40.9km。工程沿线包括各类建筑物（含管理用房）479（处）座，其中水闸232座（节制闸13座、分水闸8座、涵闸188座、穿堤涵闸23座）、桥梁153座、倒虹吸44座、渡槽12座、穿路涵10座、暗涵4座、涵管2座、管理用房21处、水质监测站1处。

二、工程管理

南水北调东线山东干线聊城管理局（以下简称"南水北调聊城局"），负责聊城段工程的运行管理工作。南水北调聊城局内设综合科、工程技术科、调度运行科、财务经营科（暂未设置）、东昌府渠道管理处和临清渠道管理处。聊城段工程按管辖范围划分为上游段工程和下游段工程，上游段工程由东昌府渠道管理处管辖，下游段工程由临清渠道管理处管辖。

东昌府渠道管理处所辖工程，上起穿黄隧洞出口，下至马颊河倒虹吸中段，起止桩号为（0+000）~（66+243）。跨越东阿县、阳谷县、东昌府区、江北水城旅游度假区、经济技术开发区、茌平县6个县（市、区），渠道全长66.2km。输电线路长34.3km。包括各类建筑物351座，其中桥梁107座、倒虹吸39座、节制闸7座、分水闸6座、涵闸128座、穿堤涵闸23座、渡槽12座、穿路涵10座、涵管2处、暗涵2座、管理用房15处。

临清渠道管理处所辖工程，上起马颊河倒虹吸中段，下至师堤西生产桥。跨越东昌府区、临清市2个县（市、区）。渠道全长43.8km。输电线路长6.6km。包括各类建筑物128座。其中桥梁46座，倒虹吸5座，节制闸6座，分水闸2座，涵闸60座，暗涵2座，管理房6处，水质监测站1处。

管理处每月依据考核标准进行自查，针对自查发现的问题，及时组织人员进行整改，并形成相关整改资料存档。南水北调聊城局分别于2018年3月30日、6月28日、9月27日、12月18日对两管理处现场管理工作及历次检查发现问题整改情况进行考核。针对考核检查发现的问题，两管理处及时进行整改落实，并将相关整改资料上报归档。

山东干线公司组成考核小组，于2018年7月9日、2019年1月7日对东昌府及临清渠道管理处，分别开展2018上半年、下半年千分制考核。考核组依据相关标准，重点对综合管理、工程管理、运行管理、安全管理等4个类别分项目进行考核。针对考核检查发现的问题，两渠道管理处及时进行整改落实，相关整改资料已上报并归档。在上半年的千分制考核中，东昌府渠道管理处获得了渠道工程管理流动红旗。在下半年的千分制考核中，东昌府渠道管理处获得了渠道工程管理第二名的成绩，临清渠道管理处获得了渠道工程管理第四名的成绩。

三、运行调度

（1）调水计划。按照《水利部关于印发南水北调东线一期工程2017—2018年度水量调度计划的通知》（水资源〔2017〕177号），鲁北段工程运行时间为2017年10月、2018年4—5月。东平湖入鲁北干渠水量为0.85亿m³。

（2）输水运行。2017年11月4日9：00开启穿黄出湖闸，15：00开启东阿分水闸，开始向聊城市东阿县分水，12月4日14：00关闭闸门停止分水。2018年3月26日12：00开启穿黄出湖闸，3月28日9：00开启周公河节制闸，向周公河下游泄水，3月30日9：30关闭周公河节制闸，完成该段的泄水。

3月29日9：00开启引江节制闸，3月29日16：00开启马颊河倒虹泄洪闸，向马颊河泄水；3月30日9：30关闭马颊河泄洪闸，同时开启马颊河倒虹的节制闸向下游输水。4月1日7：00开启市界节制闸，向德州段渠道弃水，4月2日12：00关闭市界节制闸，完成此次泄水任务。4月30日7：00开启市界节制闸，长江水顺利进入德州局辖区。6月1日13：00东平湖出湖闸关闭，停止从东平湖引水，累计出湖水量9096万 m³。6月4日16：30关闭市界节制闸，市界节制闸累计过水4070.36万 m³。

（3）分水运行。2017年11月4日15：00开始向聊城市分水，12月4日14：00停止分水；2018年3月26日11：00再次启动向聊城市分水，6月9日11：30停止分水。分水历时107天，累计向聊城市分水3825.89万 m³。

（4）经验总结。按照山东省调中心《2017—2018年度鲁北干线水量调度实施方案》要求，鲁北干线实行分段供水，前期向聊城段各供水单元供水，后期向大屯水库供水，减少了渠道水量损失。根据闸门上下游水位与闸门控制流量情况，采用水力学公式科学计算需要调整的闸门开度，科学调度闸门，根据上游来水情况，通过调节闸门开度，来控制流速和河槽水位。尽量减少闸门调整的次数，并保持渠道水位平稳变化。科学调度，加强现场管理权限，闸门开度调整5cm内，管理处可以自行微调。及时与地方用水部门沟通，互通信息，做好供水服务。五是结合实际，科学分配人员力量。

四、验收工作

2018年9月26日，小运河段设计单元工程通过完工验收项目法人验收自查。2018年10月24日，山东省南水北调工程建设管理局组织在临清市对南水北调东线一期鲁北段工程小运河段工程设计单元工程开展完工验收。

2018年度，南水北调聊城局受山东干线公司委托，主持通过7项工程合同项目完成验收。分别为聊城段太阳能路灯工程；东昌府渠道管理处新建发电机房和园区路面硬化工程；东昌府渠道管理处网络综合布线工程；2017年度下半年聊城段日常维修养护项目；2017年度下半年聊城段日常巡查看护项目；聊城段渠道工程泥结碎石路面硬化项目（施工1标）；东昌府渠道管理处分水闸机电设备安装工程。

（张　健　陈吉云）

聊城段灌区影响处理工程

一、工程概述

南水北调东线一期鲁北段输水工程，利用流经夏津县、武城县及临清市境内的七一·六五河输水，使七一·六五河失去原有的灌溉排涝功能，打破了原来的灌排体系。灌区影响处理工程兴建的目的，就是消除南水北调东线一期工程利用地方原有河道输水对灌区带来的不利影响。

聊城段灌区影响处理工程，即临清市灌区影响处理工程，是鲁北段输水工程的一个重要组成部分。其主要任务是通过调整水源、扩挖（新挖）渠道、改建（新建）建筑物等措施，满足因南水北调东线一期鲁北段输水工程利用临清市境内的七一·六五河段输水而受其影响的58.8万亩（39200hm²）灌区的灌溉供水需求。工程主要建设内容包括：开挖8条长度30.5km的河道，建设公路桥9座、生产桥29座，新建水闸11座，新建泵站1座。

二、工程管理

临清市灌区影响处理工程运行管理机构是临清市灌区排灌工程管理处。临清市灌

区排灌工程管理处隶属于临清市水务局，负责临清市引黄及其他工程的运行管理和工程管护，该机构组织健全，管理体系完整。临清灌区影响处理工程只对灌区进行渠系调整，并不扩大灌区规模，没有加重灌区管理任务，为此临清灌区影响处理工程仍由临清市灌区排灌工程管理处管理。

三、工程效益

临清灌区影响处理工程已按照设计内容建设完成。输水渠道已于 2012 年 2 月开始承担春灌放水任务，水闸工程已发挥作用，桥梁工程运行正常，改善了当地交通条件。

（张　健　陈吉云）

专 项 工 程

山 东 段

一、调度运行管理系统工程

（一）工程概况

2011 年 9 月，南水北调东线一期山东境内调度运行管理系统工程初步设计获得原国务院南水北调办正式批复，主要建设内容包括通信系统、计算机网络系统、闸（泵）站监控系统、信息采集系统、应用系统等；运用先进的信息采集技术、自动监控技术、通信和计算机网络技术、数据管理技术、信息应用与管理技术，建设一个以采集输水沿线调水信息为基础（包括水位、流量、水量等水文信息、水质信息、工程安全信息及工程运行信息等），以通信、计算机网络系统为平台，以闸（泵）站监控系统和调度运行管理应用系统为核心的南水北调东线山东段调度运行管理系统，保证南水北调东线山东干线工程安全、可靠、长期、稳定的经济运行，实现安全调水、精细配水、准确量水。

（二）通水运行管理

2018 年通水运行期间，信息运行管理中心结合工程建设实际，统筹安排，严肃运行期间的巡视检查制度和值班纪律，安排专人 24 小时值班，每天定时巡检，保证系统运行正常；调度运行管理系统整体运行良好，调度管理行为规范，保证了整个系统能

够平稳安全运行无事故。

（三）建设管理

1. 管理机构

为切实做好调度运行系统建设管理工作，2009 年 4 月 22 日，成立了"山东省南水北调管理信息系统建设项目领导小组"，全面负责协调、指导山东省南水北调调度运行管理和机关电子政务等系统工程的信息化建设管理工作，同时成立了"山东省南水北调管理信息系统建设项目办公室"（以下简称"信息办"）作为领导小组的办事机构，负责领导小组的日常工作。山东省南水北调工程建设管理局于 2012 年 5 月 17 日下发了《关于明确调度运行管理系统项目建设组织机构及岗位职责的通知》（鲁调水办字〔2012〕22 号），"成立项目建设领导小组和项目建设领导小组办公室，项目建设由领导小组统一领导协调，具体实施以项目建设领导小组办公室、各现场建管机构（运行管理机构）分工合作为主，各处室、干线公司各部门密切配合，各市南水北调办事机构协助协调施工环境。"各现场建管机构（运行管理机构）成立调度运行管理系统建设项目组，具体负责各自工程范围内及相关区域调度运行管理系统的现场组织实施与协调工作。2014 年，因主体工程由建设管理转向运行管理，管理人员调整较大，为更好地做好调度运行管理系统建设管理工作，山东省南水北调工程建设管理局于 9 月 5 日下发了《关于

调整调度运行管理系统项目建设组织机构成员的通知》（鲁调水局办字〔2014〕35号），对调度运行管理系统组织机构成员进行调整。

2. 工程建设情况

截至2018年年底，调度运行管理系统已完成投资63871万元，完成了具备条件的大部分建设任务。建成了安全可靠的计算机网络系统、稳定运行了全线语音调度系统、实现了OA综合办公系统、外网门户等办公应用软件和信息监测与管理系统、视频监控系统、三维调度仿真系统、闸（泵）站控制系统、水量调度系统等调度相关业务软件的上线使用；建成并正式启用了省调度中心，实现了泵站、水库、渠道运行信息的集中展示、远程监视、控制等各种业务的功能承载及应急会商支持。

3. 运行维护管理情况

2018年，自动化调度系统的运行维护管理工作迈出了关键一步，引进了专业运维单位，组织自动化调度系统运行维护培训，修订完善了巡查表格，切实提高了各现场管理人员的自动化维护水平。系统运行稳定性逐渐提升，运行维护工作日趋规范，基本建成了"统一组织、分级管理"，"自主维护和专业代维相结合"的运行维护管理体系。

（四）工程效益

南水北调东线一期工程山东段调度运行管理系统实现了现地流量、水位等水情信息的远程采集、上传、存储和处理，实现了水量调度系统、信息监测与管理系统、工程管理系统、视频监控系统、闸（泵）站监控系统等应用系统在山东省调中心、已建分中心、备调中心及各管理处的集中展示，实现了输水渠道闸站远程精准控制，实现了远程联动调度指令下达反馈、调度运行数据实时监测等功能，实现了语音调度功能和网络通信，实现了调度中心、分中心（备调中心）对各闸泵站的远程监控与视频监视。

二、管理设施专项

（一）一级机构管理设施

山东干线公司（含济南管理局、济南应急抢险中心）与水发集团公司联合建设，于2018年12月完成入驻前期准备工作。

（二）二级机构管理设施

（1）自建。枣庄管理局于2018年9月通过枣庄市规划局竣工验收和枣庄市住建局节能验收，并颁发《建设工程规划核实合格证书》和《枣庄市建筑节能审查意见书》；2018年10月，通过枣庄市档案馆竣工验收，并颁发《山东省建设工程档案合格证》；2018年12月，取得中华人民共和国不动产权证书。泰安调度分中心于2018年7月完成主体工程施工和消防水池施工；2018年12月，完成装饰装修及安装工程，基本具备入住条件。

（2）购买。济宁管理局及调度分中心于2018年1月入驻；德州管理局于2018年12月完成完工结算。

（黄　茹　许雅静）

治 污 与 水 质

江　苏　段

概　述

水质问题关系到南水北调东线工程成败，水质管理是江苏省南水北调的重要工作内容。2018年，江苏省继续把南水北调东线江苏段水环境保护作为全省环境保护工作的重中之重，加强沿线断面水质监控、区域

水环境执法监管，指导督促沿线地方政府深入推进环境综合整治，确保南水北调沿线水质稳定达标，实现"清水北送"目标。

（江苏省水利厅）

环 境 保 护

江苏省南水北调输水沿线处于工业化、城镇化快速发展期，同时又处于淮河、沂沭泗流域下游，承受着自身发展和上游过境客水污染的双重压力，水环境保护压力巨大。江苏省政府一直以来高度重视南水北调输水沿线环境保护，将水质保护工作放在突出位置，着眼建立长效机制，确保输水水质稳定达标。

（1）落实保护责任，细化治理任务。江苏省政府建立水污染防治联席会议制度，将南水北调断面水质达标纳入地方政府治污目标责任书，明确沿线地方政府主要领导为第一责任人，把治污工作纳入综合考核指标体系，严格责任追究。以水质目标倒逼治污，实施"断面长制"，市、县两级政府负责同志担任"断面长"，对断面水质和工程项目实行包干负责。将南水北调治污工作纳入长江流域、淮河流域水污染防治"十三五"规划，统筹推进沿线治污工程建设。为贯彻落实《水污染物防治行动计划》和《重点流域水污染防治规划（2016—2020年)》，江苏省在南水北调沿线划定了 35 个控制单元，拟订减排目标，编制实施控制单元水质达标方案，提炼筛选治污项目 171个，总投资 191 亿元。

（2）强化水源保障，严格空间管理。江苏省生态环境厅、省南水北调办每月根据水质监测结果对调水干线 15 个国控断面开展评价，据此编制沿线水质月度通报，敦促地方政府切实履行职责，确保水质稳定达标。结合监测数据和实地核查情况，系统梳理沿线水环境问题和风险隐患，印发《关于加强南水北调东线江苏段 2017—2018 年

度调水期间水质保障工作的函》，敦请有关地市进行核查、整改；印发《关于加强汛期水污染防治工作的通知》，督促各地加强汛期环境风险隐患排查。编制实施《南水北调东线水源地国家级生态保护区功能规划》《江淮生态大走廊规划》《生态河湖行动计划》等，以南水北调输水干线为核心，全面覆盖调水源头三江营、潼河、三阳河、高邮湖、宝应湖、洪泽湖、骆马湖等江、河、湖，把环境治理、生态建设、生态修复、水环境质量改善、生态安全列为首要目标。将南水北调水源区域、引江河长江入河口及沿线重要清水通道、湿地、林地等划为生态红线管控区，实施分级分类管理，一级管控区严禁一切形式的开发和建设活动，二级管控区严禁有损主导生态功能的开发建设活动。采取水源涵养、生态清淤等综合措施，切实保护水生态系统完整性；实施退圩还湖，拆除圈圩、围网养殖，保护湖泊水生态环境。

（3）坚持多措并举，推进综合整治。抓住中央环保督察反馈意见整改的契机，着力解决影响区域水生态环境安全的突出问题。在工业污染防治方面，坚持将南水北调沿线地区作为产业结构调整的重点区域，提高环保准入门槛，专项整治重污染行业，淘汰一批产业层次低、资源消耗高、环境污染重、安全风险大的劣质企业。在生活污染防治方面，不断加大资金投入力度，持续推进环境基础设施建设。在农业污染防治方面，全面完成畜禽养殖禁养区划定，对禁养区内 4378个畜禽养殖场全部关闭，完成率 100%。

（4）加强监管执法，规范环境秩序。根据江苏省生态环境厅《南水北调东线江苏段水质安全保障专项计划》，持续组织对沿线水污染防治项目运行情况、工业企业和污水处理厂排放口及市政排污口、规模化畜禽养殖场、沿线船闸垃圾收集处置等情况开展专项检查，发现问题立即督促地方整改，有力推进了沿线重点区域、行业污染治理。

（5）推进政策创新，完善协同机制。实施水环境区域补偿。按照"谁达标、谁受益，谁超标、谁补偿"的原则和"合理、公平、可行"的总体要求，制定实施《江苏省水环境区域补偿实施办法》，实施上下游区域双向补偿，补偿断面涵盖南水北调重点断面，有力调动了各地治水保水积极性，推进了沿线水环境质量的改善。建立区域联防联控机制。建立淮海经济区核心区 8 个城市环境保护联席会议制度，形成了流域性环境整治定期会商和形势研判机制、区域环境信息共享与发布机制、区域环境监管与相互监督机制、跨界突发环境事件联合应急处置机制等，强化水污染区域联防联控。部分地方还结合实际，不断创新管理方式，如徐州市实行重点断面保护区制度、达标风险抵押金制度，进一步压实责任，取得良好成效。

（江苏省水利厅）

治污工程进展

（1）截污（尾水）导流工程建设情况。南水北调治污规划确定的第一阶段 102 个治污项目中包含 4 项截污导流工程项目，分别为徐州、江都、淮安、宿迁市截污导流工程，已全部完成并投入使用。江苏省政府为确保干线水质稳定达标批复的第二阶段 203 个治污项目中包括 4 项尾水导流工程项目，分别为丰县沛县、新沂市、睢宁县和宿迁市尾水导流工程。截至 2018 年年底，丰县沛县、新沂市、睢宁县尾水导流工程已全部建设完成并投入运行，正在开展各项验收；宿迁市尾水导流工程已完成 72km 压力管道铺设和 21 处顶管施工等，累计完成投资 37600 万元。

（2）截污（尾水）导流工程运行管理情况。为充分发挥截污（尾水）导流工程投资效益，确保工程正常运行，江苏省高度重视尾水导流工程运行管理工作。截至 2018 年，已建成的截污（尾水）导流工程均落实了运行管理单位。其中，徐州截污导流工程由徐州市截污导流工程运行养护处负责运行管理工作，江都截污导流工程由江都区截污导流工程运行管理处负责运行管理工作，宿迁截污导流工程由宿迁市区河道管理中心负责运行管理工作，淮安市境内截污导流工程由各区县水利局或水利局直属机构负责工程运行管理。丰沛尾水导流工程中县区交界的闸站由徐州市截污导流工程运行养护处运行管理，其余工程由属地管理；睢宁尾水导流工程由睢宁县尾水导流工程管理服务中心负责运行管理；新沂市尾水导流工程由新沂市尾水导流工程管理所负责运行管理。

为提高工程管理单位的运行水平和应对突发事件的处置能力，2018 年 11 月，江苏南水北调办在宿迁举办了尾水导流工程管理培训班，进一步锻炼了队伍，提升了运行管理水平。

（3）城镇污水处理设施建设情况。2018 年，江苏省住房城乡建设厅继续加快推进污水处理设施建设，在全面完成国家《南水北调东线工程治污规划》确定的城镇污水处理设施建设任务后，又按照《江苏省"十三五"城镇污水处理规划》要求，继续加快推进南水北调东线城镇污水处理设施建设，制订并下发年度实施计划，着力推进包括南水北调沿线的苏中、苏北地区建制镇污水处理设施全覆盖。同时，江苏省住房城乡建设厅强化对南水北调沿线污水处理设施的运行监管，充分发挥污水处理设施对污染物的减排效益。江苏省财政连续三年对苏中苏北建制镇污水处理设施全运行予以资金补助，2018 年共计下达以奖代补资金 4.7 亿元。

（江苏省水利厅）

水 质 情 况

对照南水北调东线江苏段 15 个国控断面的目标要求，例行性监测数据显示，2018

年，15 个国控断面年均水质全部达标。同时，根据生态环境部有关调水水质监测工作要求，2018 年调水期间，江苏省环境监测中心对调水沿线 15 个国控断面实施加密监测，共计 15 天，其中 2 次监测 15 个断面，

5 次监测 7 个断面，8 次监测 5 个断面，共出具 1095 个监测数据。结果显示，调水期间南水北调东线工程江苏段各断面历次监测水质均达到国家考核标准。

（江苏省水利厅）

山　东　段

截蓄导用工程

南水北调中水截蓄导用工程是南水北调东线第一期工程的重要组成部分，是贯彻"三先三后"原则的重要措施。山东省共 21 个中水截蓄导用项目，分布在主体工程干线沿线济宁、枣庄等 7 个地级市、30 个县（市、区）。工程建设的主要目的是将达标排放的中水进行截、蓄、导、用，使其在调水期间不进入或少进入调水干线，以确保调水水质。2012 年工程全部通过竣工验收并投入运行。

一、临沂市邳苍分洪道中水截蓄导用工程

（一）工程概况

临沂市南水北调中水截蓄导用工程主要包括邳苍分洪道中水截蓄导用工程和引祊入涑工程两部分，是南水北调东线一期工程的附属工程，于 2008 年 10 月开工，2012 年 10 月竣工，工程总投资 3.94 亿元，其中邳苍分洪道中水截蓄导用工程投资 1.2 亿元，引祊入涑工程投资 2.74 亿元。该工程位于临沂市兰山区、罗庄区、郯城县、兰陵县（原苍山县）等四区（县）境内，共有 14 座主要水工建筑物，主要工程类型为橡胶坝、拦河闸、节制闸、泵站等，年设计拦蓄中水 3535 万 m^3，为沿线 51.34 万亩农田提供灌溉用水，同时向武河湿地、城内河道等提供生态补水。管理处于 2008 年 11 月成

立，为正县级水管单位，内设综合科、工程科、调度科、罗庄管理所、苍山管理所、郯城管理所、引祊入涑管理办等 7 个正科级科所办。2013 年 3 月临沂市南水北调中水截蓄导用工程管理移交至工程管理处，工程正式进入日常运行管理阶段。

（二）工程调度运行及管理情况

针对所辖工程数量多、范围广、管理难的现状，为保障工程正常运行，结合自身实际，落实责任，严格加强调度运行管理，制定完善运行管理制度，探索完善科学高效的调度运行机制，充分发挥工程中水截蓄导用的作用。

1. 加强组织领导，落实职责责任

临沂市南水北调管理处高度重视所辖工程管理运行工作，成立了以单位主要负责人为组长和副主任为副组长、各科所办负责人为成员的工程调度运行工作领导小组。完善调度运行责任体系，明确职责分工，层层分解落实责任，做到职责明确、责任到人，为工程调度运行管理提供了强有力的组织保障。

2. 强化制度建设，加强全面管理

（1）制定工程控制运用调度方案。根据《关于南水北调东线第一期工程临沂市邳苍分洪道截污导流工程初步设计的批复》（山东省发展改革委鲁发改重点〔2008〕418 号文件）中的《南水北调东线第一期工程临沂市邳苍分洪道截污导流工程初步设计报告》，编制工程控制运用调度方案。

（2）实行签订工程运行管理调度责任书制度。为做好南水北调管理处工程运行调度管理工作，强化责任，加强工程运行调度工作，签订工程运行调度管理责任书，确保工程调度运行安全高效。

（3）制定完善各类管理制度。认真贯彻落实《南水北调工程供水管理条例》和《山东省南水北调条例》，并根据临沂南水北调工程特点，细化工程管理、运行、养护、巡查等办法。以正式文件出台了《临沂市南水北调工程管理实施细则（试行）》（临南水北调发字〔2016〕11号），加强和规范临沂市管理处水利工程管理；根据需要出台了《临沂市南水北调绿化工程养护标准（试行）》和《临沂市南水北调绿化工程养护管理考核办法（试行）》（临南水北调发字〔2016〕12号）；制定工程运行调度管理工作制度、调度运行制度、工程巡查制度和运行记录制度及防汛领导分工包片责任制、日常值班制度以及防汛值班制度，制定各类工程、设备等操作规程共计123种。通过制定完善一整套规范、高效、可操作性强的制度体系，提高了工程全面管理水平，为充分发挥工程效益提供了制度保障。

（4）加强工程调度运行管理。在工程运行调度管理中，严格执行工程调度运行方案，做到运行调度完善书面程序、按程序签批调度指令、执行中严格落实、执行后有记录、记录后有存档，确保工程运行安全；严格落实调度运行制度、值班巡查制度和运行记录制度，做到执行有力到位。

（5）规范工程养护经费招投标工作。为进一步落实"管养分离"制度，经临沂市财政部门批准，临沂市南水北调管理处严格按照临沂市政府采购程序和有关规定，委托招标代理机构，发布招标公告，择优选定了养护企业；依法签订工程养护合同，明确养护企业工作职责和完成时限，使工程养护

作业实现了标准化、专业化。

（6）进一步强化安全生产责任制。根据实际情况，不断加强安全生产领导组织领导，层层签订安全生产责任书，层层落实安全生产责任制，细化分解任务、明确人员职责；加强对南水北调工程设施运行状况的监测、检查、巡查、整改落实工作，做到早发现、早排除隐患，对险情采取及时的抢修措施，为工程安全运行提供保障。

（7）制定完善工作考核办法。加强工作督促落实，健全工作日常巡查监督机制，定期不定期地召开班子办公会对工作完成情况进行调度和考核问责，实行工作进展"月报"制度，总结好的经验和做法，不断改进工作方法，加快推进各项工作按时限节点完成；完善细化工作考核指标，根据年度重点工作目标，细化任务分工和责任，量化考核指标，为年中、年终考核提供制度保障；召开半年、年终工程现场观摩会，搭建共同交流学习的平台，创新工程管理方法，总结好的经验和做法，切实把这一群众反响好、推进工作成效显著的举措落实好、发展好、坚持好。

3. 加强工程维护，打牢工程基础

自2012年工程投入运行以来，截至2018年年底充分利用各级资金820多万元，狠抓工程建设，加强工程维护，进行工程设施、设备等提升和完善工作。完善提升工程管理设施、机电设备；完善安全保障体系建设，在管理区域制作安设警示牌、宣传标语、制度标牌，配备巡逻车、灭火器、防火沙等必要的安全器材，定期进行安全生产检查及防汛检查；加强绿化工作，为提升完善管理区绿化美化工作，给管理单位营造良好的生态环境，对工程管理区的绿化区域进行了补植、修整，做好绿化日常养护工作，管理区呈现绿色生态的面貌。

4. 搞好协调配合，形成联动机制

为促进工程运行管理实现良性循环，

加强内部管理，对外进行沟通协调，建立联动工作机制。积极与当地政府搞好协调，争取赢得政府支持，合理依托当地政府，做好工程运行工作，为工程运行管理营造良好的工作环境，特别是加强罗庄区政府及武河湿地管理单位的沟通协调，根据湿地内植物生长周期和需水规律，充分发挥湿地植物的净化水质作用，最大化利用降解工程截蓄的中水，保障临沂市南水北调出境断面水质安全；积极与市环保部门保持沟通协调，密切关注出境断面水质情况，严格按照上级批准的调度运行方案运行，充分发挥中水截蓄导用工程效用，保障出境断面水质安全；与有关县区建立防汛联动机制，为加强汛情相关情况沟通掌握，确保合理科学安全调度管理工程，与罗庄区、兰陵县等防汛指挥机构建立联动机制，做好防汛工作。

（三）工程效益

临沂市邳苍分洪道截污导流工程通过6年的实际运行，年平均调配总水量11000多万 m^3，其中年平均导流中水7000多万 m^3，年平均提供生态用水2800多万 m^3，年平均农业灌溉用水1300多万 m^3，实现了中水截蓄导用任务；该工程发挥了工程中水截蓄导用作用，为保障南水北调东线工程干线工程水质安全发挥了重要作用，取得了显著的生态、经济和社会效益。

二、宁阳县洸河截污导用工程

（一）工程概况

宁阳县洸河中水截蓄导用工程位于南四湖主要入湖河流洸府河上游，涉及宁阳县境内洸河、宁阳沟两条河流。工程新建橡胶坝4座，提水泵站2座，铺设输水管道16km，扩挖河道15km，改建交通桥1座、生产桥6座。工程于2011年10月竣工，总投资5956万元。

（二）运行管理情况

（1）管理制度建设情况。及时建章立制，2009年工程完工，建成橡胶坝管理、泵站操作等各类安全运行制度，针对电气操作为特殊岗位，培训人员1名，取得相关证书；及时完善制度，2015年《山东省南水北调条例》出台后，结合实际，新增《工程检查表》《橡胶坝起坝、塌坝作业程序图》等日常运行管理要求，并严格执行，按至少2次/月不定期方式开展工程检查，发现问题立即整改；及时制定新制度，2018年投资1.4万元，在古城、桃园，为橡胶坝、泵站安装视频监控，提升管理现代化水平，制定《视频系统使用制度》，要求2名看护人员随时观看系统，并安排两名同志借助手机App，随时远程查看工程运行实况。

（2）维护、运行及效益情况。本着"防重于修，修重于抢；小坏小修，不待大修；随坏随修，不等岁修"的原则，做好工程维修养护。近年来，除完成2014年济微公路桥处老化电缆更换、2017年泗店泵站办公楼风毁工程修缮、2018年古城橡胶坝充排水机泵维修等较大项目外，还经常性开展机电设备上油刷漆等日常防腐保养工作。通过强化隐患排查治理、做好维修养护工作，确保工程始终处于良好待运行状态，能充分发挥应有功能。工作中，积极响应环保部门水质联防联控工作有关要求，及时开展好橡胶坝应急拦蓄、提水泵站应急调水等一系列工作，既确保了下泄水质、水量的持续达标，又服务了工程周边灌溉用水方面的需求。

三、枣庄市薛城小沙河控制单元中水截蓄导用工程

（一）工程概况

枣庄市薛城小沙河控制单元中水截蓄导用工程位于滕州市新薛河、薛城区小沙河和薛城大沙河流域。工程主要包括：①薛城小沙河：新建朱桥橡胶坝1座，扩挖薛城小沙河回水段和小沙河故道回水段，开挖堤外截渗沟长2km；②薛城大沙河：新建挪庄橡胶坝1座，建华众纸厂中水导流管；③新薛

河：小渭河新建渊子涯橡胶坝1座，小渭河河道回水段局部扩挖。工程于2008年11月开工建设，2012年10月完成竣工验收。

（二）运行管理情况

依据相关规范制定了《枣庄市南水北调截污导流工程运行管理办法》，结合工程实际制订了相应的实施方案，同时制订了值班制度、安全生产制度、巡查制度和各类操作规范等，并印制上墙制度牌匾24块，设置安全围挡（栏）200多m，设立安全警示标志21处；日常管理中，严格落实岗位责任制，各坝管理所负责人为安全生产、运行管理的第一责任人，对所属工程日常运行管理负总责；值守人员实行24小时值班，负责按调度指令操作值守相关设备、观测工程管理范围、记录上报相关情况；巡查维护人员负责日常巡查，对值守人员值班情况进行监督，搜集机电设备运行和流域的水情、雨情和灾情情况，对发现的问题提出整改建议，并负责日常维修养护。

（三）工程效益

薛城小沙河控制单元截污导流工程建成以来，保障了南水北调水质干线水质稳定达标，改善了5333.3hm²农田的灌溉条件；同时，薛城区依托本工程实施了27km的滨河生态绿道建设，改善了水生态环境，形成了河畅水清、岸绿景美的生态景观带，产生了显著的社会、经济和生态环境效益。

四、枣庄市峄城大沙河中水截蓄导用工程

（一）工程概况

枣庄市峄城大沙河中水截蓄导用工程位于峄城大沙河上。主要建设内容包括：新建大泛口、裴桥2座拦河闸；在峄城大沙河分洪道处新建良庄橡胶坝1座；对已建红旗闸和贾庄闸进行维修改造；铺设3km管道将台儿庄区中水排放通道入峄城大沙河。工程等别为Ⅲ等，主要建筑物级别为3级，次要建筑物级别为4级，临时建筑物级别为5级。工程概算总投资4465.88万元。工程于2009年3月开工建设，2012年10月完成竣工验收。

（二）运行管理情况

工程建设完成后，新建的大泛口节制闸由于兼有水资源控制功能，按照上级要求，已交由南水北调东线山东干线公司管理；维修改造后的红旗闸、贾庄节制闸由原管理单位管理（拦蓄期服从南水北调调度）；裴桥节制闸和良庄橡胶坝等工程由瑞安公司管理。

瑞安公司依据相关规范制定了《枣庄市南水北调截污导流工程运行管理办法》，结合工程实际制订了相应的实施方案，同时制订了值班制度、安全生产制度、巡查制度和各类操作规范等，并印制上墙制度牌匾18块，设置安全围挡（栏）150多m，设立安全警示标志13处；日常管理中，严格落实岗位责任制，各坝管理所负责人为安全生产、运行管理的第一责任人，对所属工程日常运行管理负总责；值守人员实行24小时值班，负责按调度指令操作值守相关设备、观测工程管理范围、记录上报相关情况；巡查维护人员负责日常巡查，对值守人员值班情况进行监督，搜集机电设备运行和流域的水情、雨情和灾情情况，对发现的问题提出整改建议，并负责日常维修养护。由于责任落实到位、保障措施得力，工程自投入运行以来，无安全事故发生。

（三）工程效益

枣庄市峄城大沙河中水截蓄导用工程自建成以来，保障了南水北调水质干线水质稳定达标，改善了10333.3hm²农田的灌溉条件；同时，建立在对工程进行科学调度的基础上，峄城区依托对贾庄闸、红旗闸的维修后，提高拦蓄能力形成的水面，修建了城区大沙河沿河公园为峄城添景、为枣庄增绿，产生了显著的社会、经济和生态环境效益。

五、滕州市北沙河中水截蓄导用工程

（一）工程概况

滕州市北沙河中水截蓄导用工程主要内容包括：在北沙河干流新建邢庄、刘楼、赵坡、西王晁 4 座橡胶坝，河道扩挖治理 8.3km；在 4 座橡胶坝上游各新建灌溉泵站 1 座及中水回用配套渠系。工程于 2008 年 11 月开工建设，2011 年 11 月 7 日完成竣工验收。

（二）运行管理情况

滕州市北沙河中水截蓄导用工程由滕州市负责，交付滕州市河道管理处进行运行管理。滕州市河道管理处 2004 年 9 月经滕州市委、市政府批准成立，是隶属于滕州市水利和渔业局的纯公益性事业单位。管理处下设界河、北沙河、城河、郭河、十字河管理所和北郊排水站共 5 所 1 站。

六、滕州市城漷河中水截蓄导用工程

（一）工程概况

滕州市城漷河中水截蓄导用工程位于城漷河流域滕州市境内。工程主要内容包括：新建 6 座橡胶坝，其中城河干流新建东滕城、杨岗橡胶坝 2 座，漷河干流新建吕坡、于仓、曹庄橡胶坝 3 座，城漷河交汇口下游新建北满庄橡胶坝 1 座；维修城河干流洪村、荆河、城南橡胶坝 3 座，漷河干流南池橡胶坝 1 座；在东滕城、杨岗、北满庄、吕坡、于仓、曹庄 6 座橡胶坝上游新建灌溉提水泵站各 1 座；在曹庄橡胶坝上游漷河左岸和杨岗橡胶坝上游城河左岸设人工湿地引水口门各 1 处；河道扩容开挖工程 10.7km。工程于 2008 年 11 月开工建设，2011 年 11 月 7 日完成竣工验收。

（二）运行管理情况

滕州市河道管理处为顺利完成截蓄导用工程任务，分别在 10 座新建橡胶坝安排专人值守，汛期实行 24 小时值班制度。严格执行《河道巡查制度》，密切监视工程运行状况，要求每日需认真填写《河道工程运行管理记录表》，切实做到有源可究、有档可循。

为合理利用拦蓄河水、充分发挥工程效益，滕州市河道管理处采取多种措施。建立了"优先使用河水、限制使用地下水"的水资源良性配置机制；优化了调蓄方式，加强了全河网联动调蓄能力，完善了各河道自上而下逐级调蓄衔接制度；做好统筹协调工作，在下游主灌区用水高峰期间，加大上游橡胶坝河水下泄量，在统筹下游主灌区用水的同时协调好上游用水需求。一系列举措有力保障了沿河各灌区粮食安全。

七、枣庄市小季河中水截蓄导用工程

（一）工程概况

枣庄市小季河中水截蓄导用工程位于小季河流域台儿庄区境内。工程主要内容包括：小季河、北环城河、台兰干渠河道疏浚、清淤、扩宽，新建小季河季庄西拦河闸，维修赵村拦河闸，在东环城河、小季河、台兰引渠新建 4 座中水回用灌溉泵站，拆除重建 6 座生产桥。工程于 2009 年 3 月开工建设，2011 年 11 月 6 日完成竣工验收。2016 年，利用结余资金 103 万元实施枣庄市小季河中水截蓄导用工程完善项目台涛河治理工程，工程于 2016 年 6 月完工。

（二）运行管理情况

枣庄市小季河中水截蓄导用工程由台儿庄区南水北调工程建设管理局统一管理、调度，实现区域产生的中水不进入调水干线、达到零排放标准，确保调水水质。调水期间由区南水北调工程建设管理局调度，非调水期间（汛期、用水期）服从区防汛抗旱指挥部统一调度，通过季庄西拦河闸、赵村站防洪闸协调调度，拦蓄中水和上游产水、来水，壅高、控制水位；在调水期间及非调水期间为农业灌溉以及城区生态景观提供水源。

台儿庄区南水北调截污导流工程建设管理处具体负责小季河截污导流工程的建设及运行管理工作，为加强工程运行管理，制

定了《台儿庄区南水北调截污导流工程建设管理处运行管理岗位职责》《小季河截污导流工程管护员岗位职责》《小季河截污导流工程工程管理维护考核办法》《小季河截污导流工程财务管理制度》《小季河截污导流工程调度运行管理办法》《小季河截污导流工程巡查制度》《小季河截污导流工程防汛制度》等一系列规章制度并严格执行。通过完善管理机制、加强制度建设，管理工作逐步制度化和规范化；现工程运行情况良好。

（三）工程效益

工程拦蓄年可为灌溉、生态提供水源603 万 m³，其中导用中水量 283 万 m³。利用中水回用泵站提水可满足水稻灌溉 1.2 万亩、冬小麦种植面积 1.5 万亩灌溉用水需求。实现了工程中水回用、防洪、排涝、生态、交通等社会预期效益。

八、菏泽市东鱼河中水截蓄导用工程

（一）工程概况

工程位于菏泽市开发区、定陶、成武和曹县境内的东鱼河、东鱼河北支及团结河。工程包括新建雷泽湖水库、入库泵站、中水输水管道，扩挖东鱼河北支，在东鱼河北支新建张衙门、侯楼、王双楼拦河闸，利用袁旗营、刘士宽、杨店、马庄、邵堂、裴河、楚楼、肖楼拦河闸，在团结河新建后王楼、鹿楼拦河闸，利用东鱼河干流徐寨、张庄、新城拦河闸，拦蓄总库容 3216.6 万 m³。灌溉回用工程包括在雷泽湖水库新建李楼、贵子韩提水站，在东鱼河北支新建雷楼、侯楼、邵家庄、周店提水站，在团结河新建宋李庄、前朱庄、欧楼、鹿楼提水站，并开挖疏通站后输水渠道，维修涵洞 1 座。实际控制总灌溉面积 132.4 万亩，改善农田灌溉面积 62.4 万亩。工程于 2008 年 9 月开工建设，2011 年 10 月完成竣工验收。

（二）运行管理情况

工程由菏泽市南水北调工程建设管理局进行运行管理。

1. 加强工程管理，确保正常运行

（1）建立健全运行管理制度。按照创建省级规范化运行管理单位要求，先后制定了《菏泽市东鱼河截污导流工程防汛预案》《菏泽市东鱼河截污导流工程调水预案及涉水突发事件应急拦蓄预案》《菏泽市东鱼河截污导流工程运行管理办法》等制度、办法，并严格执行到位。

（2）抓好队伍建设，促进各项工作协调开展。加强学习，全力打造学习型机关，刻苦钻研业务，打造出一支一流的干部职工队伍，为工程运行管理提供可靠的人才保证和智力支撑。

（3）加强管理，强化考核，落实责任。抓好管理队伍建设，配齐配强管理人员，加强对工程运行状况的日常养护、监测和巡查力度，将重点部位、关键环节的管理责任具体到人。

（4）做好设施登记管理。制定了基础台账管理制度，设立了工程设施登记台账，按照"统一领导、归口管理"的原则开展工作，并明确一名领导主管资产管理工作。

（5）开展好年度内安全检查。每年度，组织人员到水库、水闸、泵站等建筑物共进行了安全检查 4 次，坚持"谁检查，谁签字，谁负责"，实行台账式管理，并落实责任人，及时消除各种隐患。

2. 加强管控，充分发挥工程效益

加强管控，优化调度，确保拦蓄中水得到回用，切实发挥工程的综合效益。工作中，采取全河网调蓄，自上而下、逐级调算、优化调度的方式；在下游灌溉高峰期，加大上游节制闸的下泄能力，尽量满足下游灌溉用水；农业灌溉用水优先使用地表水、中水，不足时补充客水，严格控制使用地下水；在调水期间，入输水干线河渠末级闸门实行全封闭挡水的运行调度原则。

九、金乡县中水截蓄导用工程

（一）工程概况

工程位于金乡县境内的大沙河、金济河、金鱼河。工程主要包括新建金济河郭楼橡胶坝、大沙河王杰节制闸、金马河金鱼河交汇口连庄涵闸、大沙河孔楼生产桥、大沙河马集涵闸、金济河右岸周桥排灌站、大沙河左岸石岗排灌站、维修加固大沙河右岸高庄排灌站、大沙河五级沟涵闸共计9处建筑物。工程于2008年6月开工建设，2011年11月11日完成竣工验收。

（二）运行管理情况

在调水期间，入输水干线河渠末级闸门关闭，全封闭挡水。农业灌溉用水优先使用地表径流、中水，不足时补客水，控制使用地下水，采取全河网调蓄，自上而下，逐级调算，优化调度的方式；在下游灌溉高峰期间，上游节制闸加大泄量，尽量满足下游灌溉用水。

金济河郭楼橡胶坝及莱河橡胶坝、大沙河王杰节制闸等建筑物由局委托给专门管理人员常年看护，工程守护人员7名，并签订工程守护管理协议，明确管理责任服从统一调度。奖罚明确，不定期检查落实。

大沙河五级沟、马集涵闸、大沙河高庄排灌站、孔楼生产桥等工程确权至所在乡镇的，办理移交手续，由乡镇负责运行管理，运行管理期间所造成的费用由乡镇全部承担。正常年修与工程维修坚持自力更生为主、补助为辅相结合的原则。确需大修的费用由县财政列支。

（三）工程效益

工程竣工验收以来运行良好，效益显著。金乡县城区的工业和生活污水，经过管道网络直接输入金乡县污水处理厂，处理后的中水再经过输水管道和提水泵站排入中水水库。

发展农业灌溉，为农业生产提供了充足的水源，同时也为城市建设中的环境卫生用水和景观绿化用水提供了充足的水质；满足城区景观用水，利用南水北调截污导流工程引水入城，实现金乡县城区水系贯通，改善城区环境；工程运行期间，工程拦蓄的中水可有效回补地下水，对缓解地区水资源紧缺状况起到积极作用。

干线输水期间，中水不进入输水干线，中水水库沿河河道上涉及的排灌站、泵站及涵闸、管涵、沟渠等充分发挥提升作用，提水至农田灌溉，增加了灌溉面积。总揽蓄量由1159.1万 m^3 增加到1479.6万 m^3，总回用量由2375.9万 m^3 增加到2520.4万 m^3，有效改善农田灌溉面积5933.3 hm^2。在干线输水期间，截污导流工程拦截城区工业企业和金乡县污水处理厂达标排放的中水814万 m^3，通过中水灌溉回用，减少COD入河量549.6t，减少氨氮入河量94.8t。同时充分发挥工程截、蓄等方面的景观和生态功能。

十、曲阜市中水截蓄导用工程

（一）工程概况

工程位于曲阜市境内泗河支流沂河下游，分别在曲阜市沂河郭家庄、杨庄新建橡胶坝各1座，在橡胶坝上游分别新建提水泵站各1座，总库容达到253.1万 m^3，灌溉农田5133.3 hm^2，满足《控制单元治污方案》的要求。工程静态总投资2714.21万元。工程于2008年6月开工建设，2009年5月完成竣工验收。

（二）运行管理情况

工程建设完成投入运行以来，曲阜市政府、水利局和运行管理单位高度重视，落实山东省南水北调局和济宁市南水北调局有关精神，确保工程正常运行，有力保障南水北调水质。

为保证工程正常运行，现有专业电工1名，水工机电工程师1名，助理工程师7名，设备运行完好率达到100%。运行管理制度健全，制定了工作制度、考勤制度、操作制度、安全制度。配有24小时看护人员值守，尤其是汛期前检查安全警示标示牌，如有缺失及时补充。严格按照设备操作规程操作，配有专业电工定期对运行设备和专用线路的检查和维护，确保设备安全运行。

（三）工程效益

曲阜市中水截蓄导用工程上游有两处污水处理厂，处理后的中水引入沂河公园、蓼河公园、人工湿地作为公园景观用水。满足公园用水后的下泄水进入截蓄导用工程郭庄橡胶坝拦截，启动提水泵站进行灌溉，在不灌溉时下泄水进入截蓄导用工程杨庄橡胶坝拦截，打开橡胶坝上游涵闸自流入平原水库，上游来水全部截蓄导用。截蓄工程没有下泄水排入输水干线。

十一、嘉祥县中水截蓄导用工程

（一）工程概况

嘉祥县中水截蓄导用工程位于嘉祥县中部前进河、洪山河。工程涉及嘉祥县马村镇、万张镇、卧龙山镇、马集镇、嘉祥街道办事处五镇（街）。工程等别为Ⅳ等，工程规模为小（1）型，河道工程和主要建筑物级别为4级，次要建筑物级别为5级。工程主要包括疏通治理前进河、洪山河21.1km，洪山河局部扩挖0.645km，新建前进河拦河闸，改建曾点涵闸、洪山涵闸。工程于2008年9月开工建设，2012年10月完成竣工验收。

（二）运行管理情况

嘉祥县中水截蓄导用工程至建设完成后，下设前进拦河闸、曾店涵闸、洪山涵闸三个拦河闸涵。配备了专职的管理人员，前进拦河闸5人、曾店涵闸3人、洪山涵闸3人，闸站管理人员24小时轮流值班。嘉祥县南水北调局制定了截污导流工程调度运行方案，建立健全了《调度运行规程》《运行管理岗位职责》《工程管护员岗位职责》《工程巡查制度》《工程防汛制度》《工程管理维护考核办法》《设备操作规程》等一系列规章制度。

（三）工程效益

嘉祥县中水截蓄导用工程建成运行以来，充分发挥了截、蓄、导、用的功能，有效拦蓄了污水处理厂达标排放的中水，保证了洙水河、赵王河COD、氨氮的排放达标，同时拦蓄中水为沿岸农田及景观绿化提供了灌溉水源，并改善了自然环境。

十二、济宁市中水截蓄导用工程

（一）工程概况

济宁市中水截蓄导用工程位于济宁市任城区接庄镇、石桥镇，山东济宁南阳湖农场，北湖新区许庄办事处。在南水北调调水期间（每年10月至翌年5月），最大限度地利用老运河湿地、洸府河湿地接纳中水，其余中水用于林农田灌溉和进入蓄水区调蓄。工程建成后，每年调水期间可通过2万余亩农田灌溉回用和蓄水区拦蓄中水1144万m^3，是保障南水北调东线输水干线水质的一项重要工程措施。工程于2008年12月开工建设，2012年11月竣工验收。

（二）运行管理情况

根据济宁市人民政府会议纪要（济政纪〔2012〕27号）精神，济宁市中水截蓄导用工程运行管理工作由济宁市南水北调工程建设管理局负责通过公开招标优选符合资质的单位，对工程进行日常运行管理；工程运行管理经费，由市财政局列入年度财政预算，按时足额拨付到位。

（三）工程效益

济宁市中水截蓄导用工程成为连接济宁和高新区污水处理厂与老运河、洸府河两个人工湿地工程的枢纽，发挥了"截、蓄、导、用"功能。

济宁市南水北调工程建设管理局与邹城开发区污泥电厂、济宁三号井发电厂、东郊热电厂达成800万t/a中水使用协议，计划在蓄水区建设人工湿地，进一步净化水质，建成集中水调蓄、湿地净化、工农业供水功能于一体的综合利用中水工程。

十三、微山县中水截蓄导用工程

（一）工程概况

微山县南水北调中水截蓄导用工程是南水北调东线第一期工程治污的重要组成部分，为实现老运河微山段的水质控制目标和总量控制目标，通过新建拦蓄工程，在干线输水期间拦截微山县污水处理厂排放中水入老运河后，利用老运河渡口橡胶坝至新薛河段及其支流小新河、五公尺河等河槽拦蓄中水及小新河非汛期天然径流，并用于蓄水河道两岸 1866.7hm² 农田灌溉，达到截污目标。调水期老薛王河天然径流由三河口闸拦截后，通过倒虹入下游老薛王河，最终排入南四湖。老运河总拦截能力 167.5 万 m³，批复概算总投资 6505 万元。工程于 2009 年 2 月开工建设，2012 年 11 月完成竣工验收。

（二）运行管理情况

微山县南水北调工程建设管理局按上级管理单位要求分时段定期完成导流控制性建筑物的管控，组织有关工程管理人员做好运行管理中的检测、巡查、检修工作，按规章制度上岗定位，规范操作，科学管理。

每年 6 月 1 日进入汛期，水利局抗旱服务队根据水情掌握情况及时进行调度，汛期水位上涨时开启三孔桥节制闸、三河口枢纽闸，对常口橡胶坝作坍坝放水处理。汛后于 9 月底关闭，将常口橡胶坝充水到设计高程，开始截蓄导用正常运行。

（三）工程效益

在做好中水截蓄导用工程管理工作的同时，与水利局、环保局密切配合，做好沿湖排污口的排放工作，加强在南水北调输水范围内新建工程的监督工作，确保南水北调工程保护范围内水质安全。回用中水在防汛、抗旱、灌溉农业、园林和生态环境改善方面发挥了较大作用，经济社会效益较好。

十四、梁山县中水截蓄导用工程

（一）工程概况

南水北调东线工程在梁山县自梁济运河经邓楼泵站提水入湖里柳长河，县境内全长 36.5km，涉及梁济运河输水工程、柳长河输水工程、邓楼提水泵站和灌区灌溉影响处理工程 4 个单元工程。其中梁济运河输水工程长 17.24km、柳长河输水工程长 19.26km。

梁山县中水截蓄导用工程是南水北调东线工程水污染综合防治体系的重要组成部分。借南水北调东线工程梁济运河邓楼节制闸截水，扩挖闸上梁济运河 28.5km 河道作为调蓄水库建设了南水北调中水截蓄导用工程。该工程的主要任务是在干线输水期间拦截梁山县污水处理厂下泄中水 730 万 t，通过中水回用后，按日承接 3 万 t 中水设计，设计中水水库库容 330 万 m³。该工程是实现梁济运河梁山县城段的水质控制目标和总量控制目标的重要工程。工程总体布局和主要建设内容：借用南水北调东线一期工程在梁济运河〔桩号（58+328）〕修建的邓楼节制闸拦截中水，扩挖该节制闸以上 28.5km 河道，作为中水水库，实现截、蓄中水 330 万 m³。为实现中水灌溉目的，新建龟山河提水站 1 座，设计提水流量为 3.0m³/s，通过龟山河、南三、四干沟等灌排工程体系灌溉农田面积 4.5 万亩。另外，因蓄水影响还新建了任庄、郑那里、东张博 3 座交通桥。同时新建流畅河泵站、周提口泵站、张博泵站。工程于 2009 年 3 月 5 日开工，2012 年 1 月 12 日完成竣工验收。

（二）运行管理情况

梁山县南水北调截污导流工程建设管理处作为该工程建设项目法人，承担梁山县中水截蓄导用工程建设管理和运行管理工作。

（1）扩大中水回用途径，多渠道促进中水回用。充分发挥工程截蓄等方面的灌溉、景观、生态功能，最大限度发挥其综合效益。结合流畅河湿地工程，利用中水向湿地补水，并向湿地两岸农田提供灌溉用水；

通过泵站把中水提入梁山风景区山北水库（水库面积 800 亩，蓄水量 100m³）作为景观生态用水；扩挖梁济运河新成区段，建设景观湿地工程，该工程规划设计下游从后孙庄大桥向上到张桥之间，全长约 3.5km，扩大中水水库蓄水能力 100 万 m³。

（2）积极协调，配合有关部门。密切关注污水处理厂和工业点源排入截蓄导用工程的水质状况，建立上下游水质、水量信息共享机制。

（3）加强水质保护措施。该工程为开放式河道，沿线较长，梁山县南水北调工程建设管理局抽调专门人员定期或不定期巡查，防止偷排废、污水、垃圾进入河道。并与沿河居民及时沟通，加强群众保护河道水质的意识；对风力作用下进入水体的漂浮物，定期进行打捞、清理。同时对水闸、泵站进行设备保养、维护、更换易损老化部件，确保工程运行状态良好。

（4）在工程运行期间，逐月详细记录工程拦蓄水位、水量、水泵开机时间、灌溉水量、闸门开启关闭时间、开启高度等运行数据，并于每月指定的时间及时上报市调水局。

（5）汛期服从防洪调度，调水期服从干线调水的运行调度。

（三）工程效益

梁山县中水截蓄导用工程自建成以来，在拦蓄中水、排涝、抗旱、生态环境改善等方面发挥了重要作用，实现南水北调输水期年截蓄导用中水目标。

十五、鱼台县中水截蓄导用工程

（一）工程概况

工程建设内容包括中水输水管道、唐马拦河闸及回用水工程。新建输水管道，从鱼台县污水处理厂至唐马拦河闸，全长 6.5km，设计流量 0.35m³/s。在唐马拦河闸上游，维修加固涵洞两处、排灌站 6 座。唐马拦河闸是鱼台县中水截蓄导用工程的核心，该闸位于东鱼河干流（11+100）处，共 16 孔，每孔净宽 10m，设计蓄水位 34.62m，过闸流量 1090m³/s，拦蓄库容 1095 万 m³。2016 年 1 月，续建工程开工建设，工程建设内容包括：新建管理所及管理区监控系统工程，唐马拦河闸机电设备、金属机构设施维护保养及附属设施的修缮防护工程，输水管道安全防护工程，回用排灌站工程修缮与维护，唐马拦河闸管理与保护范围内的水土保持和环境绿化工程等。

（二）工程运行管理情况

工程于 2010 年 10 月 1 日投入运行，鱼台县污水处理厂达标排放的中水通过中水管道全部蓄存于唐马拦河闸上游，通过东鱼河沿河排灌站灌溉回用，改善灌溉面积 5066.7hm²。在工程运行期间，避免中水进入输水干线，达到《南水北调东线工程山东段控制单元治污方案》输水期零排放要求，经济、社会和生态环境保护效益良好。

每年 6 月 1 日至 9 月 30 日可以开闸放水，其他时间关闭闸门拦蓄中水。通过灌溉回用在南水北调工程输水期间，每年消减 COD、氨氮分别为 505.3t 和 110.0t。

（三）工程效益

鱼台县污水处理厂和企业达标排放的中水通过中水管道全部蓄存于唐马拦河闸上游，利用河道的自净能力对中水进行再处理；通过现有排灌设施溉灌农田 5066.7hm²。

十六、武城县中水截蓄导用工程

（一）工程概况

工程位于德州市武城县、平原县境内。武城县中水截蓄导用工程主要建设内容包括：六六河河道清淤疏浚 5.2km，重建利民河东支郑郝节制闸，新建六六河东大屯闸，新建北支沟、棘围沟、青龙河、改碱沟、甜水铺支流节制闸，新建小董王庄沟、姜庄沟涵闸，新建后程倒虹吸 1 座，维修六六河与利民河东支、洪庙沟、头屯南干沟、改碱沟、棘围沟、北支沟交汇处以及头屯南干沟、洪庙沟、赵庄沟末端共9处涵闸。形成河道拦蓄库容186.94万 m^3，改善农田灌溉面积1500hm²。工程于2009年3月开工建设，2012年1月17日完成竣工验收。

（二）运行管理情况

2018年1—9月，武城县中水截蓄导用工程共拦蓄水量198.8万 m^3，其中回用中水量156.08万 m^3，用于农业灌溉70.1万 m^3，景观6.14万 m^3，生态51.84万 m^3，其他28万 m^3。

（三）工程效益

武城县中水截蓄导用工程既能保证六五河水质长期稳定达到Ⅲ类地表水水质标准，又能解决武城县水资源短缺与水环境严重污染的尖锐矛盾，做到节水、治污、生态保护与调水相统一，形成"治、截、用"一体化的工程体系。

十七、夏津县中水截蓄导用工程

（一）工程概况

夏津县中水截蓄导用工程主要建设内容包括：重建青年河范楼闸、李楼闸、北马庄闸、维修城北改碱沟齐庄闸；重建青年河及城北改碱沟上许小庄、孔庄、郑庄、齐庄桥等生产桥16座；重建青年河郑庄、孔庄2座提水泵站；治理三支沟6.2km河道清淤疏浚土方4.44万 m^3，重建12座涵管；续建横河齐庄闸、治理郑庄扬水站、孔庄扬水站后疏水干渠10.9km河道清淤疏浚土方18.99万 m^3。工程总蓄水能力为171.8万 m^3。该工程等别为Ⅳ等，主要建筑物级别为Ⅳ等，临时建筑物级别为Ⅴ等。工程于2009年3月开工建设，2011年12月29日完成竣工验收。

夏津县中水截蓄导用工程完善项目于2016年5月开工建设，于2016年12月完工，是通过对胜利渠及支渠进行渠道清淤并修建闫庙南泵站，减少中水对青年河的蓄水压力，同时解决附近两个乡镇的农田灌溉问题。该工程是在闫庙村南侧胜利渠上新建泵站1座，并对胜利渠及其支渠清淤，清淤长度为12.207km。

（二）运行管理情况

1. 制度建设

注重制度建设，加强监督考核，全面推行岗位责任制。结合管理实际，制定完善了《扬水站岗位责任制》《扬水站操作规程》《扬水站安全工作制度》《扬水站交接班制度》等一系列规章制度，使管理工作走上制度化和规范化的轨道。

2. 运行及维护情况

夏津县中水截蓄导用工程扬水站和现场运行人员进行值班和运行巡查。当闸门开高、水位流量变化，或渠道不稳定流影响输水安全时，每小时调度一次水情；其他时间每4小时调度一次；密切监视水势变化，有力地保障了输水安全。

对机电、启闭设备每年进行一次全面检修、保养。加大工程、建筑物隐患的排查力度，及时组织维修，在渠道和重要建筑物附近加密设立安全警示牌、标语。

（三）工程效益

（1）提高中水利用率。夏津县污水处理厂处理后的中水，经三支沟达城北改碱沟、青年河，并由这两条河道上的范楼闸、李楼闸、北马庄闸、齐庄闸层层拦蓄，形成竹节水库。几年来，利用青年河、城北改碱沟和两条河道支渠拦蓄中水及客水1000余万 m^3，灌溉农田1.3余万 hm²，发挥了较好的灌溉效益。

（2）扬水站效益显著。工程共建郑庄扬水站、孔庄扬水站两座泵站，扬水站建成后，扩大改善灌溉面积3333.33hm²，改善了夏津县西部田庄乡、新盛店镇的用水条件。

（3）改善交通条件。工程重建桥梁16座，改善了当地交通条件，减少了不安全因素。

十八、临清市汇通河中水截蓄导用工程

（一）工程概况

南水北调东线第一期工程临清市汇通

河中水截蓄导用工程位于临清市城区。其主要任务是将污水处理厂处理后的中水改排，不再排入临清六分干，以保证南水北调输水干线水质，中水排放规模6万t/d。另外，临清市区原排入六分干的城市非汛期雨涝水不再排入六分干，进行改排。临清市汇通河中水截蓄导用工程规模为小（1）型，主要建筑物为4级，次要建筑物为5级。穿卫运河大堤涵闸按所在堤防工程的级别确定，为2级。工程主要建设内容包括：新建红旗渠入卫穿堤涵闸1座；北大洼水库至大众路口铺设管线长度417m（单排φ2000mm管）；顶管管线长度85.15m（双排φ1500mm管）；大众路口至石河铺设管线长度2159.25m（双排φ2000mm管）；红旗渠4.03km河道清淤疏浚及红旗渠纸厂东公路涵洞、红旗渠纸厂1号公路涵洞、红旗渠纸厂2号公路涵洞、红旗渠纸厂3号公路涵洞4座公路涵号洞改建。工程于2008年12月开工建设，2011年12月30日完成竣工验收。

南水北调东线第一期工程临清市汇通河中水截蓄导用工程完善项目经山东省南水北调工程建设管理局以鲁调水局保字〔2016〕1号文批准建设，主要建设内容包括：

（1）渠道清淤工程：①十八里干沟清淤长度5.22km，清淤土方7.26万m³；②西支渠清淤长度1.5km，清淤土方4.12万m³；③中支1渠清淤长度1.3km，清淤土方2.76万m³；④中支2渠清淤长度1.6km，清淤土方3.56万m³；⑤东支渠清淤长度1.73km，清淤土方5.67万m³。

（2）建筑物工程：①十八里干沟入口闸工程；②西支渠北朱庄闸工程；③中支1渠小屯西闸工程；④中支2渠小屯闸工程；⑤东支渠柴庄闸工程。

该项目于2016年6月5日正式开工建设，于2017年12月13日通过完工验收。

（二）运行管理情况

为加强对汇通河中水截蓄导用工程的管理，克服重建轻管的倾向，切实发挥好已建工程效益，促进工程管理工作的规范化、制度化，临清市南水北调工程建设管理局根据有关法律、法规，结合工程实际情况，制订了管理规程、管理标准等，并公布执行。工程运行情况良好，闸门启闭灵活，渠道、管道、水库水流平稳，无溢流和跑漏水发生。

（三）工程效益

2018年，拦蓄中水2190万m³，回用中水2190万m³，其中灌溉用水1290万m³，景观用水120万m³，生态用水730万m³，其他用水50万m³。

十九、聊城市金堤河中水截蓄导用工程

（一）工程概况

工程位于聊城市阳谷县、东阿县、东昌府区境内。工程主要包括：新开小运河至郎营沟渠道，疏通治理3.7km；扩挖郎营沟，疏通治理22.3km；扩挖郎营沟至四新河渠道，扩挖2.3km；新建马湾节制闸、马湾排水涵闸工程；改建油坊穿涵工程；新建、重建桥梁、涵闸、渡槽等小型建筑物。工程于2008年12月开工建设，2012年11月竣工验收。

为加强工程管理和中水回用力度，利用工程招标结余资金和基本预备费，实施金堤河中水截蓄导用工程后续治理项目，于2015年完工。

（二）调度运行情况

聊城市金堤河中水截蓄导用工程全长65km，跨聊城市5县（区），运行管理工作按照属地管理的原则，由市（县）南水北调办事机构分级管理，即由市南水北调局负责总体协调调度管理，导流渠道沿线县（区）南水北调办事机构［包括阳谷县、东阿县、江北水城旅游度假区、经济技术开发区和高新技术产业开发区5县（区）］进行

日常管理，具体负责对导流渠道输水水质、水位、流量等项目的检测，并对堤防和建筑物的管护和维修等；在南水北调调水期服从山东省南水北调项目法人调度，汛期由聊城市防汛抗旱指挥部统一调度。

（三）工程效益

按照运行调度原则，利用聊城市金堤河中水截蓄导用工程及其续建项目，将金堤河、小运河上游来水拦截、导流排入徒骇河，保障了南水北调工程输水干线水质。通过对河道的新挖、扩挖及提防的加固和生产桥的建设，扩大了河道的过水能力，提高了当地的防洪标准，也给沿岸群众的交通运输带来了方便。

（山东省水利厅）

CHINA SOUTH-TO-NORTH WATER DIVERSION PROJECT CONSTRUCTION YEARBOOK

玖 中线工程

THE MIDDLE ROUTE PROJECT
OF THE SNWDP

综　述

干　线　工　程

工　程　投　资

（一）投资批复

1. 项目批复情况

截至 2018 年年底，中线干线工程 9 个单项 76 个设计单元工程，初步设计报告已全部批复。其中，批复土建设计单元工程 67 个，自动化调度系统、工程管理等专题或专项设计单元工程 9 个。

批复的设计单元工程按时间划分：2003 年批复 2 个、2004 年批复 9 个、2005 年批复 1 个、2006 年批复 4 个、2007 年批复 2 个、2008 年批复 16 个、2009 年批复 22 个、2010 年批复 19 个、2011 年批复 1 个，分别占批复总量的 2.63%、11.84%、1.32%、5.26%、2.63%、21.05%、28.95%、25%、1.32%。

2. 投资批复情况

截至 2018 年年底，中线干线 9 个单项工程批复总投资 1551.45 亿元。按投资类型和时间划分详情如下：

（1）按投资类型划分。批复总投资 1551.45 亿元。其中，静态投资 1256.85 亿元，动态投资 294.60 亿元〔贷款利息 86.54 亿元、价差 132.16 亿元、重大设计变更 51.70 亿元、征迁新增投资 12.65 亿元、待运行期管理维护费 6.09 亿元、防护应急工程 4.93 亿元、京石段漕河渡槽和邢石段槐河（一）渠道倒虹吸防护动用特殊预备费 0.53 亿元〕。

（2）按时间划分。2003 年批复投资 8.26 亿元，2004 年批复 166.15 亿元，2005 年批复 36.06 亿元，2006 年批复 25.59 亿元，2007 年批复 9.81 亿元，2008 年批复 195.71 亿元，2009 年批复 379.24 亿元，2010 年批复 455.33 亿元，2011 年批复 45.92 亿元，2012 年批复 52.67 亿元，2013 年批复 74.92 亿元，2014 年批复 30.05 亿元，2015 年批复 15.99 亿元，2016 年批复 5.46 亿元，2017 年批复 9.47 亿元，2018 年批复 40.82 亿元。分别占批复概算总投资的比例为 0.53%、10.71%、2.32%、1.65%、0.63%、12.61%、24.44%、29.35%、2.96%、3.39%、4.83%、1.94%、1.03%、0.35%、0.61%、2.63%。

（3）按项目划分。京石段应急供水工程批复投资 231.13 亿元，漳河北—古运河南段工程批复投资 257.11 亿元，穿漳河工程批复投资 4.58 亿元，黄河北—漳河南工程批复投资 260.13 亿元，穿黄工程批复投资 37.37 亿元，沙河南—黄河南工程批复投资 315.81 亿元，陶岔渠首—沙河南工程批复投资 317.15 亿元，天津干线工程批复投资 107.41 亿元，中线干线专项工程批复投资 20.25 亿元，利用特殊预备费工程批复投资 0.53 亿元。分别占批复总投资的比例为 14.90%、16.57%、0.29%、16.77%、2.41%、20.36%、20.44%、6.92%、1.31%、0.03%。

（二）投资计划下达

截至 2018 年年底，国家累计下达中线干线工程投资计划 1547.60 亿元。其中，2018 年下达计划 37.13 亿元，主要包括价差 36.97 亿元，征迁投资 0.16 亿元，资金来源为南水北调工程基金和国家重大水利工

程建设基金。

（1）按资金来源划分。累计下达投资1547.60亿元。其中，中央预算内投资114.27亿元，中央预算内专项资金（国债）80.85亿元，南水北调工程基金180.20亿元，银行贷款329.71亿元，重大水利工程建设基金842.57亿元。占累计下达投资计划的比例分别为7.38%、5.23%、11.64%、21.30%、54.44%。

（2）按时间划分。累计下达投资1547.60亿元。其中，2003年下达2.30亿元，2004年下达35.69亿元，2005年下达48.51亿元，2006年下达71.52亿元，2007年下达72.10亿元，2008年下达100.75亿元，2009年下达114.02亿元，2010年下达181.34亿元，2011年下达227.21亿元，2012年下达344.12亿元，2013年下达234.80亿元，2014年下达45.81亿元（含水利部下达的前期工作经费3.15亿元），2015年下达16.62亿元，2016年下达0.53亿元，2017年下达15.14亿元，2018年下达37.13亿元，占累计下达投资计划的比例分别为0.15%、2.31%、3.13%、4.62%、4.66%、6.51%、7.37%、11.72%、14.68%、22.24%、15.17%、2.96%、1.07%、0.03%、0.98%、2.40%。

（3）按项目划分。累计下达投资1547.60亿元。其中，京石段应急供水工程下达投资231.13亿元，占批复投资的100%；漳河北—古运河南段工程下达投资计划257.11亿元，占批复投资的100%；穿漳工程下达投资计划4.58亿元，占批复投资的100%；黄河北—漳河南段工程下达投资计划259.10亿元，占批复投资的99.61%；穿黄工程下达投资计划37.37亿元，占批复投资的100%；沙河南—黄河南段工程下达投资计划312.98亿元，占批复投资的99.10%；陶岔渠首—沙河南工程下达投资计划317.15亿元，占批复投资的

100%；天津干线工程下达投资计划107.41亿元，占批复投资的100%；中线干线专项工程下达投资计划20.25亿元，占批复投资的100%（施工测量控制网下达0.24亿元）；利用特殊预备费项目下达投资计划0.53亿元，占批复投资的100%。

（三）投资完成

截至2018年年底，中线干线工程累计完成投资1537.47亿元，占批复总投资的99.10%，占累计下达投资计划的99.35%。其中，2018完成投资38.97亿元，占2018年下达投资计划37.13亿元的104.96%。

（1）按时间划分。累计完成投资1537.47亿元。其中，2004年完成1.91亿元，2005年完成3.60亿元，2006年完成73.69亿元，2007年完成62.23亿元，2008年完成33.00亿元，2009年完成111.10亿元，2010年完成208.10亿元，2011年完成231.03亿元，2012年完成387.14亿元，2013年完成312.22亿元，2014年完成48.41亿元，2015年完成10.29亿元，2016年完成1.88亿元，2017年完成13.89亿元，2018年完成38.97亿元。各年度完成投资占累计完成投资的比例分别为0.12%、0.23%、4.79%、4.05%、2.15%、7.23%、13.54%、15.03%、25.18%、20.31%、3.15%、0.67%、0.12%、0.90%、2.54%；各年度完成投资占年度下达投资计划的比例分别为5.35%、7.43%、103.04%、86.31%、32.75%、97.43%、114.76%、101.68%、112.50%、132.97%、105.69%、61.94%、354.72%、91.74%、104.96%。

（2）按项目划分。累计完成投资1537.47亿元。其中，京石段应急供水工程完成228.30亿元，占下达计划的98.78%；漳河北—古运河南段工程完成投资252.12亿元，占下达计划的98.06%；穿漳工程完成4.25亿元，占下达计划的92.85%；黄河北—漳河南段工程完成266.26亿元，占下达计

划的 102.76%；中线穿黄工程完成 36.62 亿元，占下达计划的 97.99%；沙河南—黄河南段工程完成 309.55 亿元，占下达计划的 98.90%；陶岔渠首—沙河南工程完成 312.10 亿元，占下达计划的 98.41%；天津干线工程完成 103.55 亿元，占下达计划的 96.41%；中线干线专项工程完成 24.36 亿元，占下达计划的 120.30%；利用特殊预备费工程完成 0.35 亿元，占下达计划的 66.04%。

（宋广泽　陈海云）

工　程　验　收

依据水利部南水北调工程验收工作部署，根据验收工作新形势，2018 年中线建管局调整了验收工作领导小组，制定了中线工程 2018—2022 年设计单元工程完工验收总体计划，编制了《验收工作手册》，细化了各设计单元工程完工验收工作内容的节点目标，明确了各分局、参建单位的职责分工。同时，通过加强验收工作的组织管理，采取定期召开验收工作会议，及时跟进验收进展情况和各专项验收、完工财务决算及尾工建设进度，梳理存在问题，研究解决方案等措施，确保了 2018 年设计单元工程完工验收顺利开展，验收任务圆满完成。

截至 2018 年年底，各项验收任务均按计划完成。完成了 10 个设计单元工程的水土保持工程验收、11 个设计单元工程的环境保护工程验收、11 个设计单元工程的消防设施验收、17 个设计单元工程的工程建设档案验收、14 个设计单元工程的完工财务决算；完成了河南省境内和京石段（河北省境内）工程的征地补偿与移民安置验收，以及惠南庄泵站工程、天津市境内 2 段工程、北京市穿五棵松地铁工程、北京段铁路交叉工程等 4 个设计单元工程的完工验收。

（张吉康）

工程审计与通信

2018 年，中线建管局配合国家审计署延伸审计 1 次，配合原国务院南水北调办、水利部系统内部专项审计 16 次，组织开展内部审计 5 次，完成招标项目现场监督 8 次，参与非招标项目评审 5 次，并组建了中线建管局审计和造价中介机构备选库。

（1）配合国家审计署、原国务院南水北调办、水利部系统内部各类专项审计工作方面。组织有关部门和单位配合国家审计署开展了原国务院南水北调办 2017 年度预算执行情况审计的延伸审计 1 次；配合原国务院南水北调办、水利部开展了 2017 年度资金审计、完工项目财务决算审计、审计质量复核等 16 次。截至 2018 年 12 月 31 日，上述审计发现的问题均已按期保质整改到位，外部审计监督成果得到充分利用。

（2）组织开展内部审计工作方面。组织开展了中线建管局分局原负责人离任经济责任审计、分局采购及合同结算专项审计、自动化调度系统变更项目专项审计、维修养护重点专项项目审计等内部审计，审计范围涵盖各分局各管理处，审计内容涉及了经济财务活动的各关键环节。全年共查出各类问题及风险隐患 300 多个，提出整改意见和管理建议 200 余条。同时指导各单位以问题整改为契机，认真开展经济财务活动管理情况的自查自纠工作。截至 2018 年 12 月 31 日，内部审计提出的问题和建议均已整改到位，有效发挥了内部审计的监督职能。

（3）组建中线建管局审计和造价中介机构备选库。2018 年 7 月会同中线建管局有关部门和单位，通过公开招标方式确定 20 家审计中介机构和 20 家造价咨询中介机构,分别组建了中线建管局内部审计和造价咨询中介机构备选库。组织制定了《南水北调中线干线工程建设管理局内部审计和造价咨询社会中介机构备选库使用管理办法（试行）》,指导各部门和各单位规范有序使用和维护管理备选库。目前,该备选库运行良好,为中线工程管理提供了优质的内部审计和造价咨询服务。

（4）履行中线建管局内事务监督职责方面。对中线建管局本级组织开展的采购项目实施过程监督,全年共完成招标项目现场监督8次、非招标项目评审监督5次。参与了变更索赔事项处理、合同项目签订等会签工作,参与采购管理办法、合同管理办法、预算管理办法、物资管理办法等重要规章制度的制定或修订工作。

（白星乔）

运 行 管 理

2018年组织完成土建工程和绿化工程维修养护项目的预算编制和审核工作,组织完成土建工程和绿化工程维修养护工作任务,如湍河渡槽漕墩防护工程、淅川段8+216～8+377右岸变形渠段永久加固设施项目、叶县澧河渡槽出口右岸高填方裂缝处理项目、磁河防洪影响处理项目、天津箱涵检修项目、易县段深挖方锚喷段防护项目等,保证了工程运行安全。为确保南水北调中线干线安全运行,提高土建工程和绿化工程维修养护质量,充分发挥预算资金的经济效益,修订完善如下标准:《南水北调中线干线渠道工程维修养护标准》（Q/NSBDZX 106.02—2018）、《南水北调中线干线输水建筑物维修养护标准》（Q/NSBDZX 106.03—2018）、《南水北调中线干线左排建筑物维修养护标准》（Q/NSBDZX 106.04—2018）、《南水北调中线干线泵站土建工程维修养护标准》（Q/NSBDZX 106.05—2018）、《南水

北调中线干线土建工程维修养护通用技术标准》（Q/NSBDZX 106.06—2018）、《南水北调中线干线绿化工程养护通用技术标准》（Q/NSBDZX 107.01—2018）、《南水北调中线干线绿化工程养护标准》（Q/NSBDZX 107.02—2018）。为进一步规范土建工程维修养护工作,编制了《土建工程维修养护项目管理办法（试行）》（Q/NSBDZX 206.02—2018）、《土建工程维修项目质量评定标准（试行）》（Q/NSBDZX 206.06—2018）。

（肖文素）

规 范 化 管 理

（1）修订完善运行管理规范化规章制度。根据南水北调中线建管局《企业标准体系编制指南》《规章制度编写规范》《规章制度管理标准》要求,组织对运行管理制度标准的种类、适用范围、体例等进行规范,统一修编格式。2018年,完成184项制度标准（含新增）的修订印发工作,基本实现了制度标准在"设施设备""管理事项""工作岗位"上的全覆盖,运行管理各项工作有据可依。

（2）梳理建立运行管理主要业务名录和业务流程。在2017年规范化建设工作的基础上,对运行管理直接相关专业,梳理并建立工程运行管理主要业务名录,开展关键业务流程图绘制工作。2018年,完成12个专业489项业务的梳理和30个关键业务流程图的绘制,基本理清中线工程运行管理的主要业务内容和工作依据,同时将关键业务以流程图的形式予以展现,进一步明晰工作流程和岗位职责。

（3）梳理建立适用全线的任务责任清单。紧紧围绕"供水安全"这一核心任务,在原国务院南水北调办"三位一体"的规范化监管任务清单试点基础上,按照水利部工作要求,组织相关业务部门、分局及试点

管理处开展运行管理规范化任务清单编制工作。按照"物（设施设备类别）、事（工作事项）、人（岗位序列）"全覆盖的原则，坚持"一物一标准""一事一标准""一岗一标准"，目前已完成14个专业20个岗位的1190项"任务清单"的梳理工作。进一步明确了运行管理工作的具体内容、各项内容的具体要求，明晰了岗位职责和各项工作的责任主体，解决了"干什么、怎么干、谁来干、干不好怎么办"的问题。

（4）全面推广使用"南水北调中线干线工程巡查维护实时监管系统"。在总结"南水北调中线干线工程巡查维护实时监管系统"试点工作的基础上，组织各级运行管理维护单位在全线全面推广使用该系统。系统实施以来，对中线工程1432km渠道及建筑物、各类控制闸站307座，涉及信息机械电气、水质安全、安全监测、土建绿化等4大类共22个专业的巡视、巡查及维护工作进行信息化管理，对各个专业发现问题、上报问题、处理问题整个流程进行监控，并对流程中各类设备设施状态、人员状态等进行实时监管。以该系统为抓手，大力开展"所有人查所有问题"活动，建立全员查找问题机制，进一步提高规范化管理水平，有力保障现场工程安全平稳运行。

（张　锐　戴星亮　王　峰）

信息机械电气管理

（一）稳扎稳打，全面做好信息机械电气运行维护工作

信息机械电气中心面对信息机械电气运维工作点多、线长、面广、保障要求高的课题，一方面扎扎实实做好日常维护工作，确保信息机械电气各系统运行平稳；另一方面以专项工作入手，不断完善信息机械电气各系统性能和功能，满足生产、办公需求。

（1）稳步推进建设期收口工作。完成自动化系统建设期合同变更16项，完成自动化系统建设期合同内剩余未安装设备转备品备件4项，完成自动化合同支付26次，梳理完成自动化调度系统合同台账、变更台账、保证金台账，完成投资收口阶段性分析工作。完成自动化系统所有施工合同的保修期满验收工作。完成京石段自动化系统档案专项验收及京石段外自动化系统档案法人验收工作，完成安防系统各合同收尾工作。

（2）做好住关键时期工作，确保信息机械电气运行平稳。在电力系统春检、汛期、大流量输水、冬季输水几个关键时期，信息机械电气中心总结通水以来的运行经验，结合中线工程特点，早准备、早部署、早行动、早落实，并对全线进行巡查，使各项工作落实到实处，确保信息机械电气运行平稳。

（3）提高标准化、规范化工作水平。信息机械电气中心要按照"物（设施设备类别）、事（工作事项）、人（岗位序列）"全覆盖的原则，完善标准体系，做到"一物一标准""一事一标准""一岗一标准"，逐步实现"干什么、谁来干、怎么干、干不好怎么办"的规范化目标。2018年，信息机械电气中心印发实施各项标准54项，规范运行维护行为，并设立标准化闸站试点，巩固标准化、规范化成果。

（二）循次而进，开创信息机械电气工作新局面

2018年，信息机械电气中心实施了诸多专项项目，成果已显现。

（1）信息自动化方面。进一步完善工程巡查维护实时监管系统，涵盖了8大专业23个子专业，用户达4420人；组织实施中线时空信息服务平台（一张图）的开发工作，结合GIS和BIM技术，实现中线工程

静态数据和动态数据的综合利用；完成中线天气 App 的开发和推广应用，经过 8 次版本迭代，截至 2018 年 12 月已开通用户 1803 个，全面覆盖中线建管局自有人员；开展数据治理工作，目前已初具成效；完成全线通信传输系统扩容工作，有效提升全线传输带宽；完成视频扩容项目建设工作完成视频监控管理平台软件、国标网关软件、闸控视频联动软件开发部署工作，完成 62 台解码工作站安装调试工作；视频监控平台应接入 3222 路视频图像，实际上线 3204 路视频图像，上线率 99%；实施视频监控管理平台硬件及存储设备集成项目，11 月完成设备安装及调试工作，实现了现地站视频监控信息存储时长达到 90 天存储的要求；实施信息安全加固基础设施建设及系统集成项目，目前已完成施工计划方案编制及设备的到货工作，并于 11 月底完成相关设备的离线配置工作；完成网络安全加固一期项目，实现网络安全系统与网络架构的有机结合；完成全线 WiFi 建设项目，并制定印发《南水北调中线干线工程建设管理局无线网络使用与管理规定（试行）》，规范 WiFi 系统的使用行为；实施容灾系统升级改造项目，完善了内网和专网核心数据库灾备建设；完成分水口门水费收缴与闸门调度联动技术研究项目，为水费收缴—闸门联动提供了技术支持；组织实施强排泵站运行工况监测及抽排井水位监测项目，11 月底完成现场设备安装及调试工作，完成软件系统开发并正式上线运行。

（2）金属结构机械电气方面。组织实施闸站监控系统功能完善项目，目前已完成 20 座节制闸的闸控系统功能完善改造工作；组织实施液压启闭机功能完善项目，融合液压和电气控制技术，提高闸门控制精准性能；实施检修闸门自动抓梁改造试点项目，9 月底，完成现场试验，效果好，投资少；实施电动葫芦检修平台制作试点项目，该项目沿用了自动抓梁的试点方式，取得了同样的良好效果。在渠首分局现场完成了制造和安装，使用效果和价格完全满足全面推广的要求。组织实施标准闸站建设试点项目，该项目总结信息机械电气运行维护新标准执行情况，结合实际对标准进行修订完善。6 月，编制了闸站实体环境标准，并对标准进行全局宣贯，制订了实施方案，确定试点单位。8 月底，编制了闸站实体环境达标验收办法。12 月上旬，对各试点单位进行闸站达标考核、授牌。

（3）电力消防方面。组织编制并印发了《其他工程穿越跨越邻接南水北调中线干线 35kV 供电线路设计技术要求》与《其他工程穿越跨越邻接南水北调中线干线 35kV 供电线路安全影响评价导则》，规范并细化了其他工程穿越跨越邻接南水北调中线干线 35kV 供电线路的设计及安全影响评价技术要求；完成供电系统过电压及其抑制措施研究，为电力系统运行和维护提供了有力指导；牵头消防系统整改，编制并印发了《南水北调中线一期工程消防系统完善设计报告》及典型设计图册，指导各分局闸站消防系统的完善和整改，以预防和减少火灾危害及其影响。

完成南水北调中线信息科技有限公司的注册，为实现信息机械电气自行维护奠定基础。

（黄伟锋　徐志超　刘明智）

档案创新管理

2018 年，根据档案工作规范化要求，档案馆进一步规范档案管理的相关制度和标准。新修订工程档案管理标准、工程档案技术标准、档案岗位工作标准，从档案收集、整理、立卷、归档、保管、安全等环节进行规范，以确保档案收集齐全、整理规范、保管有序。

档案馆认真梳理各设计单元工程档案整编情况，科学合理地制订了全年验收计划，在确保15个设计单元工程验收目标的基础上，选择4个设计单元工程作为备选项目参与验收；将验收任务分解至各单位，将计划落实到实处；及时跟踪了解各单位档案整编进度，督促各建管单位加大人力投入，增强档案验收工作力度；每月及时与验收主持单位落实次月验收计划，做到有关验收申请至少提前1~2个月报送到验收主持单位，每月保证验收主持单位有3~4个待验收项目，有力推动验收工作进度。

在项目法人验收阶段，通过加强档案整编情况检查、邀请档案验收组专家参与等方式提高项目法人验收质量。同时，强化项目法人阶段的检查力度，对竣工图、重大设计变更等重点档案逐一检查，将问题解决至萌芽阶段。在工程档案检查评定阶段和政府验收阶段，加强与验收专家的沟通，对当场能整改的问题立即整改；对不能当场解决的问题，趁热打铁，及时组织各参建单位进行整改；对整改后的情况，逐一进行检查核实，确保验收质量。

河南段由于有关设计费用问题，有关单位未提交相关竣工图纸，造成个别设计单元工程检查评定完成后两年多未通过验收，档案馆在中线建管局领导的正确领导下积极协调，多次召开协调会，促进有关问题解决，并完成相关设计单元工程档案政府验收工作。对影响工程档案验收的邯石段桥梁工程、安全监测、科研等工程档案，档案馆通过加强业务指导、帮助进行档案整编、召开协调会等多项措施确保档案验收的顺利进行。

2018年，完成新郑南段、禹州长葛段、焦作2段、石门河倒虹吸、潞王坟试验段等5个设计单元工程档案22000余卷移交接收入馆工作。

（刘祥臻　陈　斌）

防汛应急管理

2018年，中线建管局思想上高度重视，严格落实防汛责任制，提早安排部署，及时传达落实各级防汛指示精神。汛前组织开展了全线防汛专项检查、中线建管局领导和副总分片防汛督查，参与了水利部防汛工作检查。修订中线工程防汛风险项目分级标准，组织全面系统排查防汛风险项目，编制2018年工程度汛方案和防汛应急预案。组织落实2018年应急抢险队伍组建及抢险物资、设备的配备工作，实施主汛期现场驻汛，及时发布预警响应通知，结合实际提前安排抢险人员、设备入驻重要风险点，提前就近布设抢险物资。制订2018年防汛演练计划，组织开展防汛应急演练培训，不断提高各级人员应急抢险处置能力，保证在发生险情时能够快速进行处置。

2018年汛期，台风"安比""摩羯""温比亚"接连持续影响中线工程沿线区域，中线建管局高度重视，提早谋划，召开防汛会商会和动员大会，启动1次防汛Ⅱ级应急响应和2次防汛Ⅲ级应急响应，制定专项应对措施，快速行动，局领导带队赶赴现场检查督导，现场积极主动备防迎战台风威胁，打下了防汛工作全面胜利的坚实基础。强化突发事件信息报告制度，及时做好信息汇总和上传下达工作，积极参与各类突发事件应急处置及事后调查处理工作。汛期应急值班和防汛值班合二为一，建立防汛值班抽查制度，密切关注天气预报及水文汛情信息，做好汛期汛情、工情、险情信息汇总传递，及时发布预警、启动应急响应会商。加强汛期巡查排险，及时发现险情，及早处置险情。面对大流量生态补水与汛期叠加以及"安比""温比亚"两次台风和多次局部强降雨影响的严峻供水形势，科学组织、提前谋划，有效保障了汛期的输水调度安全。加

强与地方防汛应急联动机制建设。充分依靠地方政府做好防汛工作，组织各分局继续加强与沿线省市防汛部门联动协调机制建设，包括汛前联合检查、联合召开防汛会议、共享水文气象信息、抢险物资保障、汛情险情信息通报、抢险救援机制等。

（槐先锋　任秉枢）

工 程 抢 险

2018 年，汛期暴雨造成较大水毁有 4 处，分别为天津分局容雄管理处沙河东 3 号保水堰下游取土坑穿越段箱涵护坡冲刷严重、北京分局易县管理处瀑河倒虹吸进口挖方渠段衬砌面板顶托破坏、河南分局叶县管理处三户王生产桥左岸上游二级马道以上边坡变形、渠首分局南阳管理处丁洼东南桥右岸渠段边坡局部冲刷严重。险情发生后，中线建管局各级有关领导迅速抵达现场，根据现场情况果断决策，应急抢险队伍、防汛物资和抢险设备快速到位、及时处置，应急抢险取得胜利后安排开展后续处置工作。

（槐先锋　任秉枢）

运 行 调 度

2018 年，全线输水调度以"保障安全，平稳供水"为前提，以"四个提升"（调度能力提升、调度手段提升、安全保障提升、基础环境提升）为抓手，精心组织、科学调度、强化管理、多措并举、内外联动。全体调度人员昼夜坚守、盯紧过程、把控节点，输水调度工作安全平稳。

（1）全年输水调度安全、平稳，实现运行时长和生态效益的历史性突破。各级输水调度人员不分昼夜，时刻坚守在调度生产一线，立足岗位、尽职尽责。2018 年全年累计下达调度指令 47716 次，新增分水 17 处（分水口 5 处，退水闸 12 处），日常精

准调度，冰期汛期特殊调度科学有效。尤其是 2018—2019 年冬季向天津加大流量供水等卓有成效，应急调度化险为夷，确保全年输水调度安全、平稳。2018 年 4—6 月在渠道和地方河道双重汛期来临压力下，中线工程高强度运行天数累计达到 79 天，完成生态补水 8.65 亿 m³，占下达计划 5.07 亿 m³ 的 171%，沿线 30 余条河道恢复生机，取得良好社会反响，生态效益凸显。

（2）安全平稳接管应急防汛值班，实现全线各类值班任务整合历史性突破。全线各级输水调度机构积极响应局值班职能调整政策，全面接管应急（防汛）值班，并通过加强培训和管理，落实岗位职责，实现全线各类值班任务有效整合。

（3）安全调度常抓不懈，组织开展输水调度"汛期百日安全"专项行动。2018 年 6 月 30 日至 10 月 7 日，在全线各级调度机构全体值班人员中开展输水调度"汛期百日安全"专项行动。通过此次专项行动的开展，规范了调度值班操作，加强了风险管控警示，增强了输水调度人员的业务素质，强化了应急处置能力，建立了长效机制，达到了行动的预期，有效保障了中秋、国庆及十九大期间的输水调度安全。

（4）扎实有效开展中控室生产环境标准化建设工作并取得良好成效。中控室生产环境标准化建设达标工作为原国务院南水北调办 2018 年督办事项，总调中心稳扎稳打，有效开展中控室标准化建设各项工作。按照"以生产为重点、以问题为导向"的指导思想和"精准、规范、高效、安全"的原则，对中控室开展标准化建设，进行环境改造和功能升级，是保障输水安全的有效抓手，是规范化建设的内在要求。2018 年 8 月底，焦作管理处中控室标准化试点工作圆满完成。2018 年 12 月，经过评选，向焦作管理处中控室授予南水北调中线干线工程"达标中控室"称号，标志着在探索中控室标

准化建设上取得成功经验，并在全线进行推广。

（5）统筹谋划，扎实开展输水调度各项工作。编制、修订印发输水调度业务管理标准、技术标准及工作标准共计13项，进一步完善了输水调度制度体系；构建良好的技术交流与岗位争先氛围，顺利完成第一届输水调度技术交流与创新微论坛；成功举办中线建管局2018年度输水调度知识竞赛；日常调度管理系统正式上线使用，实现调度生产无纸化，大大提高了工作质量和效率；通水运行日报、短信、相关报表、水体计算等均已实现自动计算、一键生成。

（周　梦）

工 程 效 益

（一）河南省

截至2018年10月31日，全省累计有36个分水口门及19个退水闸开闸分水，向引丹灌区、69个水厂供水，5个调蓄水库充库及10个地市生态补水。供水目标涵盖南阳、漯河、周口、平顶山、许昌、郑州、焦作、新乡、鹤壁、濮阳、安阳11个省辖市及邓州、滑县2个省直管县（市），受益人口1767万人，供水累计61.99亿 m^3，占中线工程供水总量的36.5%。2018年4—6月，通过总干渠湍河、白河、清河、贾河等18座退水闸向南阳、漯河、平顶山等城市生态补水4.67亿 m^3。

（二）河北省

供水范围覆盖邯郸、邢台、石家庄、保定、廊坊、衡水、沧州7个设区市、92个县（市、区），受益总人口达1548万人。受水区各市（县、城镇）已稳定使用引江水，沿线中心城市引江水已成为居民生活用水的主力水源。2018年4—6月，通过滏阳河等退水闸和分水口门向河北生态补水3.51亿 m^3；8月，向河北补水0.53亿 m^3，沿线

城市河湖、湿地以及白洋淀水面面积明显扩大，大幅度改善了区域水生态环境，部分区域地下水位有所回升。

2018年9月开始，按照水利部工作部署，开展华北地下水超采综合治理河湖地下水回补试点工作，于13日开始向滹沱河、滏阳河、南拒马河试点河段生态补水。2019年4月底，已累计补水7亿 m^3，滹沱河试点河段形成水面面积2552万 m^2，滏阳河试点河段形成水面面积992万 m^2，南拒马河试点河段形成水面面积234万 m^2。

（三）天津市

通水4年来，供水区域覆盖中心城区、环城四区、滨海新区、宝坻、静海城区及武清部分地区等14个行政区，基本上实现全市范围全覆盖，910万市民从中受益，水资源保障能力实现了战略性突破。成功构架出了一横一纵、引滦引江双水源保障的新的供水格局，形成了引江、引滦相互连接、联合调度、互为补充、优化配置、统筹运用的天津城市供水体系。同时，城镇供水水质及水生态环境得到明显改善；全市整体地下水位埋深呈稳定上升趋势，局部地区水位下降趋势趋缓。

（四）北京市

近4年来，40亿 m^3 进京江水极大增加了北京市水资源总量，提高了城市供水安全保障，改善了城市居民用水条件，在显著改变首都水源保障格局和供水格局的同时，也为北京市赢得了宝贵的水资源涵养期。调入北京的南水中，有近7成的水用于自来水厂供水，直接受益人口超过1200万人，供水范围基本覆盖中心城区及大兴、门头沟、昌平、通州等部分区域。2018年9月底，北京市地下水埋深比上年同期回升2.12m。

（陈　宁）

移 民 征 迁

组织修改完成河南省压矿补偿报告。明

确压矿补偿计算原则、方法，组织河南水利设计公司对河南省压矿有形资产进行调查评估，对压矿补偿报告进行修改完善，配合设计管理中心进行了审查，报水利部批复。

参加河南省和河北省的征迁验收，完成县级自验、市级初验、省级征迁安置组验收、省级资金组验收、省级档案组验收和行政验收。河南全省的干线征迁通过专项验收。京石河北段通过专项验收。

协调解决征迁遗留问题。研究邓州市梁庄取土场局部沉降问题，协调有关单位明确处理意见，形成会议纪要，由地方包干实施，妥善解决此问题。协调地方开展穿黄新增50亩用地的地上附着物拆除，并移交使用。协调完成禹州桥梁标营地、新乡大司马营地的临时用地返还。协调禹州刘楼北渣场超高问题，组织各方形成处理意见，完成变更方案审批，由河南省建管局委托地方包干实施。

（王树磊）

水 质 保 护

（1）全面开展水保、环保验收工作。召开验收会，全面启动陶岔—沙河段、沙河—黄河段、黄河—漳河段、漳河—古运河段的水保、环保验收工作。组织编制10个设计单元的水保验收报告和11个设计单元的环保验收报告，形成了验收鉴定书。

（2）完成弃渣场稳定性评估，启动渣场加固工程。组织编制《南水北调中线干线工程弃渣场稳定性评估技术规定》，组织评估单位编制稳定性评估报告。针对35个局部边坡不稳定渣场，组织工程原设计单位编制渣场加固方案，启动渣场加固施工。

（3）开展水质常规监测。2018年，获得监测数据9000多组，总干渠Ⅰ类水质断面占82.2%，Ⅰ类水质断面比例逐年提升，总干渠水质稳定达到或优于地表水Ⅱ类标准，满足供水要求。开展藻类监测，将藻类监测纳入日常监测范畴，2018年获得藻类及相关监测数据4000多组，浮游藻类均值为301万个/L，优势种为硅藻，低于去年同期水平，浮游藻类总体可控，水体清澈。开展地下水监测，2018年获得监测数据2300多组，了解总干渠内排段地下水水质状况及变化趋势，掌握对总干渠水质影响，保障供水安全。开展自动监测，2018年获得监测数据30多万组，及时掌握总干渠水质变化趋势，为供水水质提供实时预警服务。

（4）做好大流量输水期、汛期等关键期水质安全保障工作。9月30日，以应对投毒事件为主题，联合地方政府在涞涿管理处西水北交通桥开展应急演练，进一步完善应急处置机制。

（5）开展藻类专业技能培训、地下水监测及采样技能培训等专业培训，不断提高专业技能水平。开展实验室计量认证体系文件交叉内审，提高监测技术水平。做好水质监测自动站运行管理工作，实时监控水质。以问题为导向，编制完成《水质监测管理标准》（Q/NSBDZX 205.01—2018）等5个管理标准、《水环境日常监控技术标准》（Q/NSBDZX 105.01—2018）等5个技术标准、水质保护岗位工作标准（Q/NSBDZX 332.30.03.02—2018）1个岗位标准；修订完善《水污染事件应急预案》（Q/NSBDZX 409.20—2018）、《水体藻类防控预案》（Q/NSBDZX 409.21—2018）。开展水质自动监测站试点达标建设工作，编制完成《水质自动监测站生产环境标准化建设技术标准》（Q/NSBDZX 105.07—2018），指导全线水质保护工作。

（6）立足管理、结合实际，开展水生态防控科研工作。全面开展国家"十三五"水体污染控制与治理科技重大专项"南水北调中线输水水质预警与业务化管理平台"课题；开展移动式底泥清理装备研制工作；

持续推进"以鱼净水"等水生态调控试验；研发智能拦藻设备；开展水质保障专项研究等工作，解决总干渠面临的实际问题。

（7）创新方面。承担国家"十三五"水体污染控制与治理科技重大专项"南水北调中线输水水质预警与业务化管理平台"课题，国拨资金3000余万元，开创中线建管局牵头组织开展国家重大水专项科学研究的先例。应急演练贴近实际，突出了管理方式创新、技术创新、处置方式创新。在可视化水质应急指挥平台上，利用水质突发事件应急处置决策支持系统，在线模拟污染团扩散演进过程，实时掌握现场情况，具备应急指挥等功能，突破以往演练中必须亲临现场的惯例。通过先进的检测仪器快速确定危险物质及种类；利用无人取样机一键定位，缩短取样时间；无人监测船搭载传感设备和全光谱扫描设备，实时掌握污染团的实际位置；自动监测车驻守北拒马退水闸，实时掌握进京水质和退水现场水质。采用分部位处置方式（即渠道内初步处置、退水闸前精准处置、退水渠末端深度处置），解决以往渠道内原位处置水量大时间长的问题。

（王树磊）

科 学 技 术

2018年，中线干线工程科技工作继续以问题为导向，紧贴工程实际需要，突出关键技术，开展了勘测设计管理、重大技术问题研究与技术储备、科研管理等工作，为工程安全平稳运行提供了技术支撑。并在过程管理中，探索建立南水北调中线干线工程运行管理的技术创新管理体制和机制，研究新时代技术创新管理模式和管理办法。

在科技管理制度和体系建设方面，细化勘测设计管理，研究提出开展自行设计工作的具体范围、程序和工作流程原则；通过现场调研和中线建管局各分局反馈情况来看，自行开展设计工作稳步推进，体现反应快、现场效率高的优点，提升自有人员的设计管理水平，取得较好的效果。加强科研管理，印发了《关于明确国家重点研发计划项目管理工作的通知》，建立总工负责、课题负责人统筹管理、所有人员全程参与的科研管理模式，明确参研人员职责，确保科研工作有序开展。

在科技项目立项方面，"南水北调工程运行安全检测技术研究与示范"成功申报国家重点研发计划项目，中线建管局牵头承担子课题"南水北调工程运行安全监测与检测体系融合研究及检测装备和预警系统示范"。此外，对征集到的51个科技项目建议，进行多次研究、讨论、调整，最终确定穿越工程安全监测控制标准及预警技术研究、运行期膨胀土渠坡变形机理及系列处理措施研究等15个科技项目作为中线建管局2019年立项的科技项目。

在重点科技项目研究方面，完成国家重点研发计划"南水北调工程运行安全监测与检测关键技术体系研究与示范"课题的立项申报、编制了课题实施方案及2018年度的课题研究任务，并提交2018年度技术进展报告。完成国家"十三五"科技支撑项目"水体污染控制与治理科技重大专项"子课题"南水北调中线输水水质预警与业务化管理平台"年度研究任务。作为国家重点研发计划"南水北调工程应急抢险和快速修复关键技术与装备研究"的主要参与单位，制订项目管理工作要求，并按相关要求开展有关研究工作。完成中线建管局自行开展的科技项目的年度组织管理工作。完成典型渠道水下地形测量、渠道衬砌水下修复试验，开展利用最新科技手段加强工程运行管理研究、冰期输水原型观测等科研项目的年度实施计划。

在科技总结和评奖方面，首次组织开展

科技创新优秀项目评选。经申报、推荐和审核等工作环节，24 个自有人员主导的科技

创新项目获奖。

（苏　霞）

水　源　工　程

概　述

中线水源工程丹江口大坝加高工程2018 年度枢纽运行安全，蓄水供水满足了调水需求，未发生任何质量与安全责任事故。2018 年 5 月，完成了大坝横缝漏水缺陷检查处理；12 月，完成了大坝安全监测整合及自动化系统建设。2017—2018 供水年度完成供水 74.6 亿 m^3，超计划（57.84 亿 m^3）29.03%，全年水质稳定在地表水 Ⅱ 类水质标准及以上。

（黄朝君）

工　程　投　资

（1）批复概算投资情况。截至 2018 年年底，原国务院南水北调办已批复中线水源工程概算总投资 548.3947 亿元。其中，丹江口大坝加高工程 31.2588 亿元，库区移民安置工程 516.0003 亿元（含文物保护），供水调度管理专项工程 1.1356 亿元。截至 2018 年年底，原国务院南水北调办已累计下达投资计划 538.5562 亿元，其中，丹江口大坝加高工程 30.9530 亿元，库区移民安置工程 506.5109 亿元，供水调度管理专项工程 10923 万元。

（2）投资完成情况。截至 2018 年年底，水源工程累计完成投资 543.8814 亿元，其中：大坝加高工程 30.7280 亿元，库区征地移民安置工程 512.6268 亿元，调度运行管理专项工程 5266 万元。

（赵　伽）

建　设　管　理

2018 年 1 月，开展大坝横缝漏水缺陷检查；2018 年 4 月 20 日，在武汉组织召开丹江口大坝横缝漏水缺陷检查成果及处理方案咨询会议，确定缺陷补充检查方案与处理方案；2018 年 5 月，大坝横缝漏水缺陷处理完成；2018 年 7 月 11 日，水利部组织召开丹江口水库蓄水试验报告审查会，提出丹江口水利枢纽具备正常运行条件的审查意见。

丹江口大坝安全监测系统整合及自动化系统建设被列为水利部 2018 年工程建设督办项目。2018 年 6 月，完成系统整合；12 月，建成安全监测自动化系统。

（胡雨新）

工　程　验　收

2018 年，完成丹江口大坝加高混凝土坝顶绿化施工、丹江口大坝加高工程武警守卫部队营房建筑安装施工、丹江口大坝加高左右岸土石坝下游巡检通道施工、丹江口水库诱发地震监测系统建设、丹江口大坝加高工程 25 坝段拦污栅库隔墩优化调整处理、丹江口大坝加高坝顶建筑物贴面及铺装施工、右岸营地综合楼西侧屋面及屋顶侧墙漏水处理施工、坝区安全防护围栏底部硬化处理 8 个单项合同工程验收。完成南水北调丹江口大坝缺陷检查与处理阶段验收和丹江口水库蓄水试验研究合同完工验收。

专项验收取得了较大进展，消防设施验

收已按照消防部门和合同的要求完成了工程消防设施第三方检测工作，并取得了消防检测合格报告，完成了消防验收相关资料的搜集、整理和准备，待武警消防部队改制完成后进行备案。2018年10月、12月，河南、湖北两省库区征地移民已完成总体验收中的技术验收，环保、水保（征地移民部分）及文物保护由两省负责完成实施和验收。

丹江口大坝加高工程设计单元主要建安合同数量31个，目前除大坝加高工程左、右岸主标合同和大坝加高工程变形监测3个合同未验收外，其他28个建安合同已完成验收。大坝左、右岸两个主标合同仍在进行工程量复核、甲供材料核销和变更索赔审核。

水源工程运行管理专项设计单元已签订7个施工合同，已完成6个合同验收，还有1个合同（运行管理码头）待验收。

（于　杰　黄朝君）

运　行　管　理

2018年主要针对2017年8月、9月，南水北调通信大队、监管中心对丹江口大坝加高工程运行管理实施的专项飞检和稽察提出的问题进行了全面整改、上报。混凝土坝、土石坝严格按照相应规程规范要求，进行日常运行维护保养。金属结构、机械电气设备方面，2018年完成了2台门机部分电缆更换、除锈防腐处理，完成了垂直升船机破损滑触线的更换，完成了混凝土坝门库隔墩护角角钢的除锈防腐处理，完成了18坝段变电所直流系统全部蓄电池更换并进行了充放电试验。

主汛期按照监测技术要求对丹江口大坝开展了加密监测，年度安全监测资料分析显示：混凝土坝段内部温度变化率较小，坝体应力、变形、孔隙压力、渗流、渗压等监测成果数值稳定；土石坝体沉降量结果合理，坝基及坝体沉降状况正常；大坝整体安全稳定。

水情测报、水质水量监测、丹江口水库诱发地震监测和大坝强震监测系统运行正常，监测数据分析结果显示无异常。

（黄朝君　胡雨新）

征地移民与环境保护工作

完成与河南、湖北两省库区征地移民任务和投资包干协议的签订，为库区移民安置工程总体验收奠定基础；配合南水北调设计管理中心完成了库区征地移民的总体技术验收，验收合格；完成库区征地移民新增投资（河南部分）审核及批复；与河南、湖北两省移民主管机构签订库区地质灾害紧急治理项目专项包干协议并支付资金，由两省具体负责完成治理；推动丹江口水库库区淹没用地手续的办理，郧西县、武当山特区、丹江口市已向公司提供了供地划拨决定书，其他县（区）正在陆续提交中；完成委托南水北调水源工程坝、库区环境保护和水土保持专项验收方案编制，开展专项验收的前期准备工作。

（张乐群）

丹江口水库来水情况

2017—2018供水年度，丹江口水库累计入库水量312.27亿 m³，较多年均值少12.2%，属一般枯水年。汛期5—10月累计来水214.73亿 m³，较多年均值少23.9%。来水呈现整体偏枯、丰枯急转的特点。2017年11月至2018年6月，来水特丰，较多年均值偏多44%。7月中下旬开始，来水由丰转枯；7—10月较多年均值偏少10%～85%。2017年11月1日水库水位166.97m，蓄水量241.683亿 m³，死水位以上蓄水量

130.853 亿 m³。2018 年 11 月 1 日为 159.48m，对应蓄水量 175.72 亿 m³，死水 位以上蓄水量 64.89 亿 m³。

（黄朝君）

汉江中下游治理工程

概　　述

丹江口水库多年平均入库径流量为 388 亿 m³，中线工程首期调水 95 亿 m³，丹江口水库每年将减少近 1/4 的下泄流量。为缓解中线调水对汉江中下游的影响，国家决定兴建汉江中下游四项治理工程：兴隆枢纽筑坝，形成汉江回水 76.4km，缓解调水对汉江中下游的影响；引江济汉年引 31 亿 m³ 长江水为汉江下游补水；改造汉江部分闸站，保障农田灌溉；整治汉江局部航道，通畅汉江区间航运。

2018 年，汉江中下游治理工程按照创新、协调、绿色、开放、共享发展理念要求，开拓创新、统筹谋划，按照"稳中求好，创新发展"的要求，抓工程尾工建设、重运行管理、强水质保护、促效益发挥、谋长远发展，促进工程保护立法，提高工程运行管理水平，确保工程安全平稳运行和效益的发挥。

汉江兴隆水利枢纽位于汉江干流天门与潜江分界河段，工程主要由泄水闸、船闸、电站、鱼道、两岸滩地过流段及其上部的连接交通桥等建筑物组成。上距丹江口水利枢纽 378.3km，下距河口 273.7km，正常蓄水位 36.2m，相应库容 2.73 亿 m³，设计、校核洪水位 41.75m，总库容 4.85 亿 m³，灌溉面积 327.6 万亩，电站装机容量 40 万 kW。兴隆枢纽作为汉江干流规划的最下一个梯级，其主要任务是枯水期壅高库区水位，改善库区沿岸灌溉和河道航运条件。

引江济汉工程主要是为了满足汉江兴隆以下生态环境用水、河道外灌溉、供水及航运需水要求，还可补充东荆河水量。引江济汉工程进水口位于荆州市龙洲垸，出水口为潜江市高石碑，渠道全长 67.23km，设计流量 350m³/s，最大引水流量 500m³/s。工程可基本解决调水 95 亿 m³ 对汉江下游"水华"的影响，解决东荆河的灌溉水源问题，从一定程度上恢复汉江下游河道水位和航运保证率。

部分闸站改造工程由谷城至汉川汉江两岸 31 个涵闸、泵站改造项目组成。工程对因南水北调中线一期工程调水影响的闸站进行改造，恢复和改善汉江中下游地区的供水条件，满足下游工农业生产的需水要求。

局部航道整治工程主要建设任务是对局部河段采用整治、护岸、疏浚等工程措施，恢复和改善汉江航运条件。整治范围为汉江丹江口以下至汉川断面的干流河段，工程建设规模为 Ⅳ（2）级航道，维持原通航 500t 级航道标准。

（湖北省水利厅）

工　程　投　资

投资控制及合同管理上，汉江中下游治理工程严格遵守国家法律法规及政策规定，认真执行国务院南水北调办有关合同管理办法，严格工程变更程序和价款支付审核，强化合同履约和资金使用监管，建立合同结算台账，开展第三方审计咨询，有效地控制了工程投资。

国家批复汉江中下游治理工程静态总投资 107.02 亿元，批复价差投资 6.85 亿元，批复总投资 113.87 亿元。其中，兴隆水利枢纽 34.28 亿元，引江济汉工程 69.16 亿元，部分闸站改造工程 5.46 亿元，局部航道整治 4.61 亿元，文物保护 0.36 亿元。

截至 2018 年年底，汉江中下游治理工程累计下达投资计划 114.34 亿元。其中，兴隆水利枢纽 34.28 亿元，引江济汉工程 69.45 亿元，部分闸站改造工程 5.64 亿元，局部航道整治 4.61 亿元，文物保护 0.36 亿元。

截至 2018 年年底，汉江中下游治理工程累计完成投资 109.08 亿元，占批复总投资 95.39%，占累计下达投资计划的 95.39%。其中，兴隆水利枢纽 32.26 亿元，引江济汉工程 66.84 亿元，部分闸站改造工程 5 亿元，局部航道整治 4.61 亿元，文物保护 0.36 亿元。

（湖北省水利厅）

工 程 管 理

2018 年，湖北省南水北调管理局认真落实《湖北省南水北调工程保护办法》，不断提高工程法治化管理水平，积极探索"规范化、科学化、精细化、信息化"管理模式，工程运行管理标准化建设初具成果。强化安全生产监管，未发生等级以上安全生产责任事故。扎实开展防汛工作，严格落实各项备汛防汛措施，确保工程安全度汛。

（1）工程运行管理水平持续提升。深入贯彻《湖北省南水北调工程保护办法》，大力推进汉江中下游治理工程"规范化、科学化、精细化、信息化"运行管理，督促专项通信、"飞检"问题整改落实。持续强化安全生产和防汛监管，未发生等级以上安全生产责任事故，工程安全度汛，较好配合省防办在兴隆水利枢纽开展的 2018 年全省防汛抗旱军地联合演练。2018 年 12 月，编制出台《兴隆水利枢纽、引江济汉工程运行管理标准》和《湖北省南水北调工程管理考核办法》，并于 2019 年 1 月 1 日实施。

（2）工程建设验收结算和决算稳步推进。汉江中下游治理工程后续工程和完善工程建设稳步推进，全年完成投资 6000 万元，占年度计划的 150%。引江济汉膨胀土高边坡渠段加固处理工程已完成阶段性任务，兴隆枢纽蓄水影响整治工程勘察设计已完成，并开工建设。自动化调度运行管理系统完善工程建设正有条不紊推进，闸站改造工程管理设施完善项目已立项。汉江中下游治理工程验收决算工作逐步推进，全年完成单位工程验收 2 个、合同验收 17 个、阶段验收 1 个。引入第三方开展咨询服务，编制完成 20 个合同完工结算书。局部航道整治和闸站改造工程完工财务决算报告获得国家主管部门批复。

（3）丹江口库区生态环境保护不断深化。《丹江口库区及上游水污染防治和水土保持"十三五"规划》安排湖北省估算投资 59.22 亿元，较"十二五"规划增长 63.8%。配合湖北省政府与原国务院南水北调办签订《湖北省南水北调中线水源保护"十三五"目标责任书》。督促十堰市持续开展五河综合治理工作。目前，五河水质整体持续向好。丹江口水库入选首批"中国好水"，库区水质指标（不计总氮）稳定达到或优于地表水 Ⅱ 类指标。深入推动京鄂对口协作，助力库区生态环境保护。配合湖北省发展改革委员会编制完成 2018 年度南水北调对口协作项目计划，共下达项目 83 个、资金 2.5 亿元。6 月，深化北京市、湖北省战略合作座谈会召开，京鄂双方签署了《北京市人民政府 湖北省人民政府深化京鄂战略合作协议》。

（4）汉江中下游水生态环境保护措施不断强化。积极应对常态化调水对汉江中下游的影响，启动汉江中下游"十三五"期间水文、水质、鱼类、水华等相关课题研究和基础数据收集工作。充分挖掘工程潜能，着力保障水生态环境安全。2018年2月，为消除汉江中下游可能出现的水华，根据长江防总、湖北省防办指令，引江济汉启动进口泵站实施应急调水，24天累计补水4.58亿m³，有效保障了沿江人民的用水安全。配合湖北省防办完成汉江中下游梯级首次联合生态调度，兴隆枢纽在非泄洪条件下维持敞泄3天，为生态调度积累了经验。8月，组织引江济汉开展了最大引水流量500m³/s的引水试验，为实施大规模引水奠定了基础。

（5）碾盘山枢纽工程建设取得新突破。2月，碾盘山枢纽工程可行性研究报告获批；4月，促请湖北省政府组织召开工程建设专题会议，对碾盘山建设工作进行研究部署，明确工程节点目标；10月，工程初步设计报告已通过水规总院审查，并报水利部审批。多方筹措建设资金，加快执行进度，有力保障工程的顺利进行。2018年度工程完成投资7.4亿元，超额完成年度目标任务。其中，征地完成269.3hm²，房屋拆迁签订补偿协议136户，完成率97.1%。导流明渠及围堰、施工用电等工程正在有序建设，累计完成土方开挖114.5万m³，回填3.2万m³。同时，全面落实"廉政阳光工程"创建各项任务，着力打造精品工程、优质工程、生态工程、廉政阳光工程。

（湖北省水利厅）

工 程 效 益

2018年，兴隆水利枢纽、引江济汉工程及部分闸站改造和局部航道整治工程安全正常运行，发挥了巨大的生态和社会效益，为南水北调供水安全作出了贡献。

兴隆水利枢纽工程的全面建成和投入运行，对促进汉江中下游乃至湖北省经济社会可持续发展都具有十分重要的意义。截至2018年12月底，电站全年完成发电量2.3788亿kW·h，完成年度计划发电量1.85

亿kW·h的128.58%，超额完成全年发电任务；船闸年累计过船数13022艘，过船数和2017年的10491艘相比增加了24%；枢纽库区内灌溉水源保证率在100%以上，水位保证率达到90%。

引江济汉工程已累计引水125.8亿m³，其中向汉江补水104亿m³，向长湖、东荆河补水18亿m³。累计通航船舶29905艘次，船舶总吨795.20万t，货物1228.81万t。

部分闸站改造工程和局部航道整治工程建成后，已分别交由原产权单位和港航部门进行管理，工程发挥了巨大的效益，为助推地方经济社会发展发挥了重要作用。汉江中下游部分闸站改造工程为湖北省农业灌溉和农民生产生活发挥了重要作用。东荆河倒虹吸工程将谢湾灌区2万hm²农田灌溉调整为自流灌溉，使潜江市自流灌溉达90%以上。徐鸳泵站承担着仙桃、潜江两市共12万hm²农田灌溉任务，多次在抗旱排涝时刻发挥重要作用。汉江中下游局部航道整治工程包括丹江口至兴隆河段384km按Ⅳ航道标准建设，兴隆至汉川长190km河段结合兴隆至汉川1000t级航道整治工程按Ⅲ航道标准建设。汉江丹江口至兴隆河段稳定在500t级标准，兴隆至汉川河段稳定在1000t级标准。通过局部航道整治和引江济汉工程连接长江航运，形成环绕江汉平原、内连武汉城市圈的千吨级黄金航道圈，通航条件改善，水运物流迅猛发展，月均过船600余艘，有力助推湖北省社会经济发展。

（湖北省水利厅）

工 程 验 收

2018年共完成单位工程验收2个、合同验收17个、阶段验收1个，组织完成了航道整治工程环保专项验收及闸站改造水保、环保专项验收。组织完成航道整治工程设计单元工程完工验收。组织完成局部航道整治工程和闸站改造工程完工财务决算的编制，配合上级组织的审计，并分别获原国务院南水北调办和水利部的批复。稳步推进兴隆枢纽和引江济汉工程合同结算，做好完工决算编制准备工作。

（湖北省水利厅）

工 程 运 行

京石段应急供水工程

概　　述

一、工程概况

中线干线京石段应急供水工程是为缓解首都缺水问题先期开工建设的项目。工程建设严格实行"项目法人制、招标投标制、建设监理制"制度，采取直管、委托、代建三种模式进行建设管理。京石段应急供水工程于 2003 年 12 月 30 日开工，2008 年 4 月主体工程基本建成，2008 年 9 月 18 日开始向北京供水先后 4 次向北京应急供水，累计从黄壁庄、王快等 4 座水库调水近 20 亿 m^3，入京水量 16.1 亿 m^3。2014 年 12 月，工程全线正式通水。

京石段应急供水工程沿线设置石家庄管理处、新乐管理处、定州管理处、唐县管理处、顺平管理处、保定管理处、西黑山管理处、易县管理处、涞涿管理处、惠南庄管理处。京石段应急供水工程为自流供水工程，主要包含输水明渠、渡槽、倒虹吸、隧洞等以及 35kV 供电系统、机械电气设备及金属结构、自动化调度系统、安全监测设施等。其中明渠长度 201.05km（全挖方渠段长86km，半挖半填渠段长 102km，全填方渠段长 13 km），建筑物长度 26.34km（建筑物共计 448 座，其中控制性建筑物 37 座，河渠交叉建筑物 24 座、隧洞 7 座，左岸排水建筑物 105 座，渠渠交叉建筑物 31 座，公路交叉建筑物 243 座，铁路交叉建筑物 1 座）。渠段始端古运河枢纽设计流量为 170m^3/s，加大流量 200m^3/s；渠道末端北拒马河中支设计流量为 60m^3/s，加大流量为 70m^3/s。渠道采用全断面现浇混凝土衬砌。对于中等~强渗漏、全填方及特殊渠段，在混凝土衬砌板下铺设二布一膜复合土工膜加强防渗。

京石段 35kV 供电系统主要由供电线路和变配电设备组成。其中供电线路全长约 267.7km，电源引接线一主一备，一是从易州 220kV 变电站接引两回线路至中易水中心站，二是从唐县拔茄 110kV 变电站接引一回线路至唐河中心站。供电线路以架空线路为主，大型建筑物（如隧洞、渡槽）或部分穿跨部位采用电缆线路。京石段工程沿线共布置 13 座节制闸、7 座控制闸、13 座分水闸、11 座退水闸、37 座检修闸。通水运行管理期间，通过闸站联合调度，实现渠道输水水位和流量控制、突发事件应急处置退水及建筑物检修隔离等功能。此外，工程沿线还布置了 29 座排水泵站，定时抽排渠道高地下水位段集水，保护渠道衬砌板不受扬压力破坏。京石段工程沿线共布置安全监测 1 万多个观测基点，其中 3000 个工程表面外观测点，4200 多个工程埋设内观测点。

二、工程安全

2018 年，南水北调中线建管局河北分

局严格落实安全生产管理责任制，实现全年安全生产工作目标。一是落实安全生产责任。执行工程巡查标准和问题报告程序，先后组织 112 人次参加了防汛抢险、安全生产技术和隐患排查等业务培训，开展 2 次工程巡查 App 系统使用培训，持续提升全员安全管理水平。严格做好安全保卫工作，完成唐县处的保安公司接管工程巡查试点工作，各管理处联合保安分队、警务室、维护单位，强化安保巡视和日常监控，多方联动、形成合力，保障工程运行安全。严格穿（跨）越邻接工程项目监管，及时发现、制止非法穿（跨）越违规施工 66 起。2018 年，共签订穿（跨）越工程建设监督协议、运行管理协议 25 项。二是确保工程"两期"安全。全面落实汛期、冰期"两期"的责任、预案、队伍、物料及应急措施，完善应急响应、预警响应流程图，明确职责，经受住多次强降雨、台风、低温等特殊天气的考验，确保了"两期"安全。在安全度汛上，分局领导小组成员开展防汛响应紧急拉练 1 次，防汛抢险实战演练 2 次。组建分局应急抢险队伍 2 支、各管理处抢险队伍 13 支。补充四面体、吸水膨胀袋等抢险物资 4 万多块（个），在沿线增设了卫星电话、水上作业平台、应急电源车、多功能应急抢险车、应急餐车等抢险通信和机械设备 76 部（台），提高了防汛抢险的应战能力。与地方各级防汛部门建立了预警联动机制，形成了共防互济的合力。在冰期输水上，紧扣"拦、扰、融、排"四字方针，落实冰期设备运行的巡视、维护、检修，加强冰清观测、冰冻风险部位巡查。保定处在漕河渡槽上游石渠段增设静水扰动设施，实现不结冰的目标，保证了向天津大流量供水安全。三是持续加大外部协调力度。加强协同共建，与省南水北调办、省公安厅、环保厅、教育厅、交通厅等部门建立了稳定的协作机制。联合省教育厅开展了"2018 年预防中小学生溺水专项行动"，实现暑期中小学生零事故。联合省交通厅开展跨渠桥梁车辆超载治理，促进桥梁验收工作进度。联合省公安厅、各级公安部门，做好警务室管理和违法违规事件处置。联合省环保厅加快推进水源保护区划定和标识设置，累计设置了 91 块桥头公告牌和 5 处电子屏，为工程安全运行增添了屏障。

三、水质安全

2018 年，水质稳定达到或优于地表水 Ⅱ 类标准，总干渠藻密度均值进一步降低，未发生水污染事故。日常监测常态开展，全年共检测地表水水样 52 批次、水样 1424 个，监测地下水水样 2 批次、水样 104 个，水质自动监测站数据采集率、有效数据率均达到 95% 以上。实验室水平稳步提高，顺利通过国家认监委组织的"饮用水中铁、氟化物的能力验证项目"评审，配置 ICP-MS、离子色谱、地下水监测设备和 TOC、ATP 等相关监测设备。努力提升检测人员技术能力，加强地表水环境质量标准指标检测培训，实验室初步具备地表水 109 项检测能力。污染源防治稳中有进，积极协调地方相关部门推进污染源处置，完成石家庄处杜北小区水质风险项目治理等 66 处污染源处置工作。完成 170 块桥头公告牌和 5 处电子屏的安装，广泛宣传《河北省南水北调工程供水安全管理公告》。科研成果转化应用，积极开展退水闸前静水区淤积扰动装置研制并推广安装，自主研发水质喷洒曝气装置，组织开展净水区淤积物拦捞分离设施研究。应急能力不断提升，全年共开展水质应急拉练 1 次、应急演练 28 次、应急培训 15 次，有效检验了预案、锻炼了队伍。在沿线配备 6 台生物毒性快速检测仪、7 台重金属快速检测仪，有力提升了现场应急监测水平。

四、运行调度

运行调度系统、机械电气、金属结构设

备和自动化信息系统之间衔接日益顺畅，年度内未发生设备系统运行安全事故。河北分局水质监测中心负责京石段工程监测断面的水质监测工作，全线水质长期稳定达到或优于地表水Ⅱ类水质标准，满足供水要求。2018年，大流量输水首次接近工程设计流量，分局严格落实各级输水调度管理职责，准确规范执行调度指令，及时发现和处置异常问题，圆满完成输水任务。顺利度过汛期、冰期、生态补水等特殊调度阶段，实现大流量输水工况下的安全供水。积极推进全线中控室管理规范化建设、环境标准化建设，全面应用调度会商系统，全年收到远程指令12703条，执行成功率98.8%。新增取证合格值班长27人、值班员56人，配备闸站值守人员76名。

五、工程效益

2017—2018供水年度，向河北省供水14.53亿 m³，同比增长122.5%。年内先后实施3次生态补水，累计向河北省生态补水7.52亿 m³，为华北地区地下水问题综合治理提供了水源，为沿线生产生活和经济发展提供有力保障。居民用水水质明显改善，地下水水位下降趋势得到遏制，部分城市地下水水位开始回升，城市河湖生态显著优化，发挥了显著的社会效益、经济效益和生态效益。

六、验收工作

2018年，接收17个单位的档案1522卷、文件材料2238件，完成河北段其他工程监理单位、施工单位共22家6102卷档案编号整改工作。

（王志强　郭亚津）

北京段永久供电工程

一、工程概况

北京段永久供电工程为京石段应急供水

工程的一项设计单元工程，供电范围涵盖南水北调中线干线工程北京段全部工程。南起北拒马河暗渠，北至中线干线工程终点团城湖，跨河北省保定市、涿州市，穿北京市房山区、丰台区、海淀区。其主要建设任务包括惠南庄泵站110kV送电线路工程（以下简称"惠南庄线路工程"）、韩房220kV线路升高改造工程（以下简称"韩房升改工程"）、韩涿220kV线路迁移改造工程、北京段10kV线路引接工程等四部分。

二、工程管理

惠南庄线路工程于2013年11月开工，2014年9月29日建成并正式送电投运。由于在送电前，韩房升改工程尚未完工，为满足泵站永久供电建设进度要求，采取在惠南庄线路工程组立四基低铁塔架设线路的临时措施穿越韩房线路，待韩房升改工程完成后，再拆除临时塔，恢复原设计。

韩房升改工程由中线建管局委托北京市电力公司组织施工，工程征迁前期工作由中线建管局水质保护中心（原移民局）负责。韩房升高改造工程于2014年8月开工，中间受电力公司施工组织、停电计划控制等因素影响，工程当年未能完工；2015年，因停电计划未批准，施工未实质进行；2016年，因征迁工作受阻，施工未实质进行，2016年12月，北京市电力公司向中线建管局发文提出受北京市煤改电项目影响，要求韩房升改工程于2017年6月完工。

2017年，中线建管局加大了前期征迁工作力度，协调北京市南水北调拆迁办、北京市房山区南水北调办、韩村河镇开展了密切沟通协调，于4月1日进场施工，5月30日完成韩房220kV线路迁改工程，6月30日完成惠南庄110kV线路恢复工程。

北京段10kV长辛店分水口供电线路，前期受征迁条件限制未实施，2018年12月完成征迁协调，计划2019年6月完成供电线路工程施工。

三、运行调度

10kV永久供电线路建成后产权已移交北京市电力公司,其运行、维护及调度依据属地原则,分别归北京市电力公司下属海淀、丰台、房山供电公司负责。

惠南庄110kV永久供电线路产权归南水北调中线建管局所有,其运行、维护由中线建管局委托专业维护队伍中原豫安建设工程有限公司承担,线路调度权于2016年8月由房山区电力调度中心转移到北京市电力公司调度中心负责。2018年12月,按照国家电网北京市房山供电局要求,重新调整为由房山区电力调度中心负责。

(耿兴宁)

漳河北—古运河南段工程

概　　述

南水北调中线工程总干渠河北省漳河北—古运河南段工程,起自河北省与河南省交界处的漳河北,沿京广铁路西侧的太行山麓自西南向北,经河北省邯郸、邢台两市,穿石家庄市高邑、赞皇、元氏三县,至古运河南岸,线路全长238.546km,共分为12个设计单元。其中,直管项目包括磁县段、南沙河倒虹吸、邢台市段、高邑县—元氏县段共计4个设计单元,委托河北省建设管理的项目包括邯郸市—邯郸县段、永年县段、洺河渡槽段、沙河市段、邢台县和内丘县段、临城县段、鹿泉市段、石家庄市区段共计8个设计单元。该渠段设计流量为235~220m³/s,加大流量265~240m³/s。工程总投资211.4059亿元,总工期30~36个月。

漳河北—古运河南段工程共布设各类建筑物457座。其中,大型河渠交叉建筑物29座、跨路渠渡槽1座、输水暗渠3座、左岸排水建筑物91座、渠渠交叉建筑物19座、控制性建筑物53座、公路交叉建筑物253座、铁路交叉建筑物8座。

2014年12月12日,全线正式通水,进入运行期。根据中线建管局《南水北调中线干线工程建设管理局组织机构设置及人员编制方案》(南水北调中线建管局编〔2015〕2号),在原河北直管项目建设管理部基础上成立河北分局。河北分局内设10个职能处室,分别为综合管理处、计划经营处、人力资源处、财务资产处、党建工作处、分调中心、工程管理处(防汛与应急办)、信息机械电气处、水质监测中心(水质实验室)和监督一队(驻石家庄)。下设磁县、邯郸、永年、沙河、邢台、临城、高邑元氏、石家庄、新乐、定州、唐县、顺平、保定等13个现地管理处,分别负责漳河北—古运河南段和京石段辖区内运行管理工作,负责或参与辖区内尾工建设、征迁退地、工程验收工作。

2018年是河北分局通水安全稳中求进、运行管理提质增效的一年。面对"两会"与机构改革时期连续加固安全措施,防汛防台风预警多,大流量输水、"两个所有"、生态补水、运行维护等重大挑战,河北分局以学习贯彻习近平新时代中国特色社会主义思想为指引,认真落实中线建管局决策部署,讲团结、转作风、立规矩、抓落实,坚持问题导向,主动担当作为,抓牢安全生产,抓实全员查改,抓好预算管理,抓紧标准化建设。工程安全经受了考验,问题查改积累了经验,队伍作风得到了检验,实现了工程平稳运行、水质稳定达标、党建业务融合的目标，总体工作呈现出开创新局、面貌可喜的良好势头。

（1）强化合同监管，有序实施采购。提前谋划采购项目，严格落实各项规章制度，全年组织完成采购工作157项，中标金额43913万元，组织签订合同及协议154份，保障了运行维护项目实施。加快建设期合同变更处理进度，处理设计单元变更索赔复议共计59项。严格履行变更程序和合同价款支付程序，完成了运行期合同变更立项审批37项、变更报价审批140项。开展遗留问题合同清理及变更处理专项行动，清理未完成完工结算的合同80项，清理未返还质保金的合同189项。组织开展合同管理专项巡查，对合同、结算、审批变更等进行了检查，确保各项工作合法合规。

（2）强化预算管理，确保投资安全。及时下达各管理处工程运行维护费用预算和制造费用预算，督导预算项目按照时间节点保质保量完成。河北分局总费用预算及三公经费支出均控制在批复预算范围内。依托预算信息监控系统，实时更新合同完成和结算支付数据，对"三率"滞后的处室，积极分析原因，督促加快预算执行。建立设备设施基础数据信息库，组织编制《河北分局NC系统核算操作流程》，移动报销系统和手持终端App审批系统顺利上线运行，提高了财务管理和会计核算效率。积极配合审计通信，做好问题整改落实。1—3月底，审计署广州特派办重点对磁县段工程、河北工程管理专题、强化措施费使用等内容进行了审计，还对委托桥梁建设情况进行了审计。

（3）强化综合保障，提升管理水平。完善OA系统功能，组织开展2次OA系统操作培训和2次公文写作，规范公文管理程序。规范办公用房管理，调整、改造部分办公用房，目前河北分局各级办公用房使用合规。提升公共设施功能，完成河北分局机关园区改造项目、园区安防系统更换项目和办公楼吊顶更换项目3个专项项目，实施办公楼双路供水改造，完成双路供电改造工作。严格落实档案管理规章制度，完善档案管理设备设施。

（4）抓日常、提形象，做好工程维护。科学制订日常维修养护计划，加强过程监控，土建和绿化工程满足维修养护标准，工程设施正常发挥功能，工程形象总体良好。完成全线防汛物资仓库建设、邯石段跨渠桥梁维修加固、磁县管理处职工公寓等项目实施。开展邯郸处陆港桥上游右岸段、沙河处沙砾石基础段等衬砌板及逆止阀情况检查，积极推进全线聚硫密封胶脱落开裂、渠道衬砌及墩柱混凝土冻融剥蚀专项问题整改工作。针对安全监测发现的保定处漕河渡槽槽身应力变化、磁县处膨胀土段一级马道抬升、高元处金水河排水倒虹吸附近渠道右堤沉降等问题，及时进行专项技术讨论研判、处置、后续研究工作。

（5）抓改造、提保障，做好设备维护。供电系统方面，全年累计下达电力调度操作任务1100余项，批复检修停电申请70余项，完成相邻中心开关站互供电4次，保证供电系统稳定运行。完成唐县处放水河节制闸电动葫芦轨道梁下沉等12个机械电气金属结构设备的改造项目，完成全线更换蓄电池项目等13个自动化设备的改造项目，完成全线视频摄像机太阳能供电设备等3个安防设备的改造项目，完成顺平处蒲阳河闸控系统改造项目。及时处理闸站金属结构机械电气缺陷，更换备品备件457项，闸站监控系统二、三类应急故障全部整改完成，组织机械电气、金属结构专业运维单位开展应急演练8次，组织信息网络系统各专业开展应急抢修演练6次。加快消防设备问题整改，消防系统全年共处理问题495项，实施现地闸站和分局办公楼消防改造项目，逐步完成缺陷整改。

（6）抓试点、强规范，推进标准化建设。

积极推进工程运行安全管理标准化建设，组织完成工作手册、八大体系和四项清单。开展闸站、中控室、水质自动监测站、外排泵站标准化建设，试点先行、带动全局。定州处唐河节制闸率先在河北段建成标准化闸站的"达标闸站"。开展邢台处七里河示范性闸站建设，对相关制度、规程、表单及实体问题系统梳理。在定州处唐河节制闸试点实施高压柜增设接地刀闸机械锁、启闭机增加急停按钮和进线电源断路器，增加弧光探测报警控制器等29项微创新、小技改项目，自主研制测压管水位在线自动监测系统、闸门状态实时监控系统，全面提高安全保障系数。

（7）抓组织、提进度，推进工程验收。制订了河北分局验收工作计划，专门组建工程验收办公室，统筹推进各项工作，规范编制完成各类验收工作报告大纲。完成邯郸西小屯倒虹吸、林村北沟倒虹吸防洪防护工程、北盘石倒虹吸防洪防护应急工程的合同项目验收，直管四标、绿化十标等5个项目的保修期满验收。积极协调开展委托段安全监测项目验收工作，完成8个单位工程验收及合同完成验收。协调完成石家庄段国省干道跨渠桥梁竣工验收，京石段桥梁参建单位编写跨渠桥梁竣工验收报告。编制完成直管项目9个标段的工期分析报告、整编各类验收模板10套，完成邯石段12个建管报告的编写工作。组织完成膨胀土渠段处理等9个专项项目的合同验收、陆港桥渠段右岸边坡滑塌等2个应急项目的合同验收、沙河等7个管理处的安保合同验收。编制完成南沙河倒虹吸、磁县段工程、高邑元氏段工程完工财务决算，实现第一批完工财务决算计划的目标。

（郭亚津）

磁 县 段 工 程

一、工程概况

磁县段工程起自河北省与河南省交界处的漳河北岸，止于邯山区河北村村西，全长40.056km，其中渠道长38.986km，建筑物长1.07km。本段设计流量为235m³/s，加大流量为265m³/s。

沿线共布置各类建筑物78座。其中，大型交叉建筑物4座，左排倒虹吸18座，渠渠交叉建筑物4座，铁路交叉建筑物2座，公路交叉桥梁42座，节制闸1座，退水闸2座，排冰闸2座，分水口门工程3座。

截至2018年年底，累计向下游输水114.62亿m³，分（退）水34168.05万m³，工程运行平稳、水质稳定达标。

二、工程管理

磁县管理处作为磁县段工程的现地管理处，内设综合科、运行调度科、工程科、合同财务科4个科室，全面负责辖区内运行管理工作，保证工程安全、运行安全、水质安全和人身安全。

（1）问题查改方面。坚持以问题为导向，全面落实"两个所有"，建立渠道"段长"、闸站"站长"负责制，转变工作思路，高效推动运行安全问题查改工作，发现问题及时上传工巡App，确保问题早发现早处理。2018年，磁县管理处共发现运行安全问题8016条，目前所有问题已完成整改或已纳入2019年维修养护计划。

（2）工程维护管理方面。2018年，完成防汛路修筑、沥青路面修复、泥结碎石路面修复、左岸引道硬化、干砌石、浆砌石修复、防浪墙与内坡衬砌板连接缝处理、右岸路面清理、安全监测房内外整修等项目，完成投资884万元。严格按照中线建管局维修养护标准进行施工，日常养护项目均已完成，工程设施正常发挥功能，工程形象良好。

（3）安全监测方面。截至2018年年底，共计完成日常内观数据观测共计52次，汛期加密观测 12 次，重点部位和关键部位加密观测 52 次，数据及时整理入库，观测频次满足要求；完成日常外观监测数据采集分析 12 次，数据整理入库。完成磁县段水平位移、垂直位移基准点第二次复测工作；完成所有测点的标识、标牌整理安装工作。

（4）安全与应急管理方面。完善管理处安全生产组织机构，明确处长为安全管理第一责任人，分管安全生产工作；修订完善安全管理制度，明确运行调度、工程维护、信息自动化、机械电气金属结构等专业安全生产负责人及岗位职责；结合现场工程开展情况，编制安全生产季度计划、月度计划，将年度计划分解到每月安全生产管理工作中；对防汛风险项目及重点部位制定了度汛方案和应急预案，并向地方备案；组织开展防汛、水质、消防等应急演练。汛期未发生险情，全年未发生任何安全生产事故。

（5）水质保护管理方面。开展日常监测、巡查、桥梁风险排查、垃圾打捞等工作；每月对民有南干渠分水闸、滏阳河退水闸、牤牛河退水闸、李家岗排冰闸 4 座闸前静水区域进行水体扰动，截至 2018 年年底，共进行扰动 42 次；每季度对污染源进行排查，分类建立台账，并及时向地方部门致函，清理污染源 9 处，目前邯郸管理处辖区内潜在污染源 48 处；按计划开展演练 2 次。全年水质稳定达标，未出现水质污染事件。

（6）职工公寓专项项目方面。为改善职工的值班生活环境，率先开展职工公寓建设试点工作，该项目 7 月初完成招标，8 月 10 日正式开工。该项目采用 CL 复合剪力墙结构形式的中低层建筑主体，是南水北调首次采用此类结构形式，具有保温节能、自重轻、抗震性能好、保温层与建筑主体同寿命等优点。自开工以来管理处积极协调参建各方，克服种种困难，严格控制现场安全、质量及进度，11 月 25 日主体工程全部封顶。

三、运行调度

磁县管理处输水调度工作依据"统一调度、集中控制、分级管理"的总体要求，按照"调度安全、人员精干、管理高效、操作规范"的原则，做到数据准确、可靠；闸控系统接警、核查、分析、消警等操作规范；完成调度值班、防汛值班，及时做好相关通知、预警等的上传下达，确保日常调度、汛期工程的安全运行。

全年共执行调度指令 323 条，远程成功 315 条，远程成功率为 97.5%。未成功指令均由闸站值守人员现地手动到位，全年未发生调度生产安全事故。

截至 2018 年年底，金属结构、机械电气及自动化等各专业现场设备巡视 1459 站次，金属结构和液压专业运维单位现场动态巡视 79 站次。设备巡视期间，监督运维人员作业行为，督促维护队伍严格执行合同规定，做好设备日常维护和故障维修处理工作，确保闸站设施设备维护、巡视到位，运行安全。

四、工程效益

自 2014 年 12 月 12 日，南水北调中线干线工程正式通水以来，磁县段工程已安全运行 1480 天。管辖范围内有 3 个分水闸，分别为民有南干渠临时分水闸、于家店分水闸和白村分水闸。截至 2018 年年底，于家店分水口和白村分水口累计向邯郸地区分水 9921.25 万 m^3；民有南干渠临时分水闸、滏阳河退水闸累计向邯郸地区生态补水 24246.80 万 m^3，有效地缓解了邯郸地区水资源不足的问题，为邯郸市生态城市建设发挥了显著的生态效益和社会效益。

五、验收工作

2018 年 5 月 30 日，完成磁县穿漳倒虹吸出口段绿化项目合同验收。

2018 年 7 月 30 日，完成磁县管理处 2017 年土建及绿化工程日常维护项目第一标段、第二标段、第三标段合同验收。

2018 年 7 月 30 日，完成磁县管理处 2016 年土建维护项目第一标段、第二标段、第三标段质保期验收。

2018 年 8 月 28 日，完成磁县段桩号（3+632）通信线缆下穿总干渠渠道渗漏除险项目保修期满验收。

2018 年 9 月 5 日，配合完成南水北调中线干线工程总干渠邯邢段一级马道以上膨胀土渠坡治理项目分部验收。

2018 年 9 月 10 日，完成 2015 年全面整治绿化项目保修期满验收。

2018 年 9 月 12 日，配合完成南水北调中线河北分局膨胀土渠段增设安全监测设施项目质保期验收。

2018 年 10 月 11 日，配合完成南水北调中线干线工程总干渠邯邢段一级马道以上膨胀土渠坡治理项目合同验收。

2018 年 10 月 20 日，配合完成南水北调中线总干渠 2016 年邯郸市段水毁工程处理项目合同验收。

2018 年 11 月，完成磁县段设计单元工程完工结算与完工财务决算工作。

2018 年 12 月 14 日，完成磁县物资仓库项目单位工程验收。

（谢兵波　连丽沙）

邯郸市—邯郸县段工程

一、工程概况

南水北调中线干线总干渠邯郸管理处段起自邯郸市邯山区郑家岗村西南［桩号（40+056）］，止于丛台区与永年区交界的南两岗村西［桩号（61+168）］，总干渠全长 21.112km；主要建筑物 44 座，其中大型河（路）渠交叉工程 3 座，铁路交叉工程 1 座，控制工程 6 座，左岸排水工程 9 座，跨渠桥梁 25 座 。

总干渠设计流量分为两段，沁河上游设计流量 235m³/s，加大流量 265m³/s，沁河下游设计流量 230m³/s，加大流量 250m³/s；辖区内设有下庄、郭河及三陵 3 座分水口门，设计分水流量分别为 5.0m³/s、8.0m³/s、0.5m³/s。

邯郸管理处共有正式在岗职工 27 人，设处长 1 人、副处长 1 人、主任工程师 1 人，下设工程、调度、综合、合同财务 4 个科室。

2018 年，按照"稳中求进，提质增效"总体思路，坚持以问题为导向，紧推"段长、站长"制建设，形成矩阵式问题查改机制，狠抓问题整改，进一步推进"规范化、标准化"建设；以安全生产为最终落脚点，确保工程、运行、人员安全，圆满完成各项工作任务。

二、工程管理

2018 年，邯郸管理处对《邯郸管理处突发水污染应急预案》进行了修订，并在邯郸市环保局备案，按时制订度汛方案、应急预案和现场处置方案，严格落实值班制度，组织开展了 1 次防汛演练、3 次水污染应急演练，锻炼了队伍，提高了应急抢险能力。同时，全年共组织召开 13 次安全例会。不定期组织开展各类应急培训和演练，组织消防培训 2 次，冲锋舟驾驶培训 1 周，水上救生 1 次，救生圈抛投 5 次；不定期组织开展邯郸管理处工程基本知识、保安员工作手册、应急救护、灭火器等学习培训。通过培训学习以及应急演练，邯郸管理处保安员丰富了各类工程知识，提高了应对突发事件的能力。

邯郸管理处巡查人员管理到位，巡查人员均能按照工程巡查收规定的巡查线路和频次开展工程巡查工作，并如实填写工程巡查记录表。工程巡查管理人员每周对各段巡查人员进行现场检查指导，共计现场检查48次，各段长每周进行一次段内巡查，每半月全面巡查一次，组织工程巡查培训学习8次。

三、运行调度

运行调度平稳有序，自动化、金属结构机械电气设备运转正常，全年共接收调度指令850门次，均及时接收、执行和反馈指令执行情况，每条指令均落实到位。全年处理调度类预警50条，设备类预警127条，值班人员时刻保持警惕，根据闸站监控系统预警响应流程，及时、准确、熟练地完成警情查看、警情分析填写、问题上报、跟踪与消除等工作流程。

四、工程效益

2018年，邯郸管理处共两处分水口参与向地方分水，全年分水共计0.55亿m³。邯郸市多个东部县（区）用上了南水北调中线优质水源，在保障城镇居民用水安全、促进经济绿色发展、修复改善生态环境、防灾减灾等方面，发挥了不可替代的作用，工程效益愈加凸显。

五、环境保护与水土保持

加强水质保护工作，管理处与当地政府建立了完善的联络机制，共同协调处理污染源等问题。邯郸管理处分别于2018年6月、7月、11月向邯郸市政府、各区南水北调办及邯郸市环保局去函，督促解决污染源相关问题，并对污染源处置情况进行跟踪。2018年度处置完成的污染源共计21处。

六、验收工作

组织邯郸管理处防汛仓库单位工程验收工作，防汛仓库投入使用，各项防汛物资摆放井然。

七、其他

2018年，邯郸管理处以问题为导向，全面落实"两个所有"制。邯郸管理处率先提出"段长、站长责任制"，结合"两个所有"工作机制，管理处进一步细化、优化了"段长、站长责任制"。经过近一年的实践，效果显著。2018年，自查问题工程巡查系统问题共计录入4870个，已整改4433个，未整改437个，整改率91.0%。

2018年，邯郸管理处荣获"2018年邯郸市文明单位"称号，荣获"2018年度中线建管局先进通联组"；赵爱凤同志荣获"2018年中线建管局优秀党员示范岗"称号；裴晓辉同志荣获"2017—2018年度中线建管局优秀党务工作者"；李瑞沙荣获"2018年度中线建管局优秀通讯员"等荣誉。

2018年，邯郸管理处组织志愿者活动12次，主题活动20余次。组织开展暑期、寒假前安全水质宣传工作、世界水日宣传活动、"请进来、走出去"活动等，全年走访沿线中小学30余所，在重点广场展开活动10余次，发放传单30000余页、作业本10000余册。

（何腾飞）

永 年 县 段 工 程

一、工程概况

永年县段工程位于邯郸市永年县，京广铁路的西侧。起自邯郸县与永年县交界的北两岗村西［桩号（61+168）］，止于邯郸市与邢台市交界的邓上村村北［桩号（79+360）］。全长18.192km，其中洺河渡槽长0.829km，渠道长18.083km。渠道工程按不同地形条件，分全挖、全填和半挖半填三种情况。其中全挖方渠段长6.37km，占

37%，一般挖深 7.6～19.2m，最大挖深 33.46m；全填方渠段长 0.855km，填方高为 7.6m 以上，最高达 13.9m；半挖半填渠段长 10.037km。渠道设计底宽为 16～25m，内边坡系数分别为 1：1、1：1.5、1：1.75、1：2、1：2.75，渠底纵坡在 1/17000～1/28000 之间，工程设计输水流量 230m³/s，加大输水流量 250m³/s。

沿线有大型河渠交叉建筑物渡槽 1 座，退水闸、排冰闸各 1 座，左岸排水建筑物 10 座，分水建筑物 1 座，跨渠桥梁 19 座。

二、工程管理

永年管理处人员到岗 21 人，设置 4 个职能科（组）室。全年以问题为导向，全面推进"两个所有"制度落实，全年维护运行管理相关问题 4000 余项。

邯郸管理处成立应急组织机构，明确应急组织和人员的管理职责，组织应急队伍进行防汛演练和水质演练各 1 次。2018 年 6 月，在吴庄桥右岸上游开展防洪度汛演练，主要模拟渗水、管涌和漏洞三种险情，积极迎战台风"安比""摩羯"和"温比亚"，完成洺河渡槽降压站防洪墙，消除了该Ⅲ级风险项目。

2018 年，安全监测渡槽内观监测 52 次，左排建筑物及渠道监测断面 52 次，内部沉降观测 24 次，内部测斜观测 24 次，外观检测 12 次，未发现安全监测数据异常现象。

三、运行调度

永年段工程有闸站建筑物 6 座，各类启闭设备 9 套，弧形闸门 3 扇，平面闸门 5 套，35kV 降压站 3 座，高低压电气设备 4 套，柴油发电机 3 套。视频监控摄像头 93 套，闸控系统水位计 8 套，流量计 2 套，通信站点 1 处，安全监测站 21 个，左岸排水建筑物水位监测设备 9 套，雨量监测设备 1

套，包含通信传输设备、程控交换设备、计算机网络设备、实体环境控制设备等。

永年管理处中控室调度值班人员 10 人，按照"五班两倒"方式排班，每班调度值班人员 2 名，其中调度值班长 1 名，调度值班员 1 名。全年上报数据零失误，确保了输水调度工作安全平稳。

永年段工程辖区设备设施整体运行情况良好，无影响通水和调度的事件发生，未发生光缆挖断、误操作等情况。冰期紧扣"拦、扰、融、排"四字方针，落实冰期设备系统运行巡视、维护、检修三个关键环节工作，保障了冰期输水调度平稳运行。

四、工程效益

2018 年，辖区内吴庄分水口正常分水，年度累计向邯郸市永年区、鸡泽县、曲周县和邱县 4 个区县分水 2887.66 万 m³，较上年提高 44.31%。分水口供水运行调度平稳，设备正常，水质达标，为当地的生产生活提供了基本保障。

五、环境保护与水土保持

永年管理处制止管理范围内的非法施工 10 余次，消除影响水质安全的污染源 8 处，确保了工程安全和水质安全。完成渠道两侧绿化带乔木种植 1.8 万棵。辖区生态环境保护带初具规模。

六、验收工作

2018 年 12 月，完成物资仓库竣工验收和邓上沟防洪防护应急工程质保期满验收。

（杜金山　赵军亮　胡闯延）

洺河渡槽工程

一、工程概况

洺河渡槽工程位于邯郸市永年区城西邓

底村与台口村之间的洺河上，起始桩号（76+607），终止桩号（77+537），全长930m。共布置大型渠道渡槽1座，洺河渡槽总长829m，进出口连接渠道长101m。工程等级为一等，主要建筑物级别为1级，设计防洪标准100年一遇，校核防洪标准300年一遇，地震设计烈度为Ⅶ度。工程设计输水流量230m³/s，加大输水流量250m³/s。

洺河渡槽由渡槽、节制闸、退水闸、检修闸、排冰闸组成综合枢纽。渡槽槽身为纵向16跨简支梁结构，单跨长40m。槽身为三槽一联矩形预应力钢筋混凝土结构。

二、工程管理

安排工程巡查人员每天对渡槽进行排查，对发现的缺陷及时处理和修复，确保工程安全。

成立应急组织机构，明确应急组织和人员的管理职责。完成洺河渡槽降压站防洪墙，消除洪水进入降压站园区的Ⅲ级风险项目，确保永年段工程安全度汛。

洺河渡槽2018年度安全监测内观监测52次，外观检测12次，未发现安全监测数据异常现象。

三、运行调度

洺河渡槽有闸站建筑物5座，各类启闭设备8套，弧形闸门3扇，平面闸门4套，35kV降压站1座，高低压电气设备1套，柴油发电机2套，视频监控摄像头25套，闸控系统水位计6套，流量计1套，雨量监测设备1套，包含通信传输设备、程控交换设备、计算机网络设备、实体环境控制设备等。

输水调度工作按照"统一调度、集中控制、分级管理"的原则，推进各项输水调度管理工作。中控室为永年段工程现场调度、监控、应急值班的综合管理中心，采用中控室值班、闸站值守的方式进行日常管理。中控室值班人员负责调度指令执行反馈、调度数据监控、应急处理等日常输水调度值班工作。洺河渡槽采用值守方式值班，共设4名闸站值守人员，两班两倒，每班两人，负责洺河节制闸设备巡视、故障处理、应急处置、现地操作金属结构机械电气设备和监督、配合维护单位工作等。2018年，洺河节制闸未出现误操作等情况，洺河节制闸累计接收远程累计远程操作闸门887门次，成功858门次，成功率97.8%，较上一年提升1.32%。

四、工程效益

供水运行调度平稳，设备正常，水质达标。自2014年12月12日南水北调中线干线正式通水以来，截至2018年年底，洺河渡槽工程已安全运行1481天，向下游累计输水1104237.88万m³，其中2018年度累计输水433672.38万m³。洺河渡槽工程为中线供水发挥了重要的作用。

（杜金山　赵军亮　胡闯延）

沙河市段工程

一、工程概况

沙河市段线路以邯郸市与邢台市交界的邓上村西为起点，沿候庄、北掌北行，绕过沙河飞机场西侧岗地，经过河北省邢台市所属沙河市，至南沙河南岸为止。

沙河市段设计单元工程总干渠全长14.261km，其中渠道长14.031km，建筑物长0.230km。桩号（79+360）~（93+621），土建施工分为SG5、SG6两个标段。SG5标总干渠全长7.384km，桩号（79+360）~（86+744）（该桩号位置包含沙午铁路工程230m）；SG6标总干渠全长6.877km，桩号（86+744）~（93+621）。该设计单元工程主要建筑物共10座，包括大型排洪渡槽1座、

左岸排水建筑物 7 座（其中排水渡槽 5 座、排水倒虹吸 2 座）、渠渠交叉渡槽 1 座、分水闸 1 座、桥梁 16 座。

沙河市段总干渠为 Ⅰ 等工程，主要建筑物级别为 1 级，设计防洪标准 100 年一遇，校核防洪标准 300 年一遇，抗震设计烈度为 Ⅶ 度。

二、工程管理

沙河管理处设置综合科、工程科、调度科和财务合同科 4 个科室，共 23 人。

管理处成立了安全生产组织机构，设置了兼职安全员，并明确职责分工；全年无安全事故发生，工程运行平稳。完成安全生产检查 44 次；发现问题 34 个，全部整改完成。组织召开安全会议 44 次；组织安全培训 167 人次。明确安全监测分管负责人和责任人，完成内观数据采集 24 次，测斜 24 次，外观 12 次。

管理处成立了工程巡查管理机构，确定了 5 个巡查责任区，并确定了巡查项目、内容、重点部位和频次等。雨中、雨后巡查 15 次。2018 年，共形成工程巡查日志 12 册，考核结果 12 份，共组织考试 39 人次，培训 104 人次，巡查发现并上传巡查系统质量问题 2212 项，较重问题报告单 3 项。配合地方环保部门排查污染源 2 次，并解决清理污染源 5 处。分别开展危化品入渠和污染源处置应急演练 2 次。

沙河管理处土建绿化维护分为两个标段，共完成预算 900 万元，沥青路面修复 3950m²，泥结石路面修复 10260m²，混凝土路面 510m³ 更换密封胶 5970m，渡槽、排水沟清淤 7100m³，排水沟修复 100m³、路缘石修复 30m³、安全防护网 4700m，弃渣场浆砌石挡墙 1300m³。草体维护 1967895m²，乔木维护 43193 株，灌木维护 24805 株，草坪地被植物维护 70000m²，新种植乔木 19500 余株。完成防汛物资仓库建设项目和

水质标识牌项目建设，工程质量、进度和投资控制到位。

组织开展深挖方渠段边坡滑塌防汛应急演练，先后参与"安比""摩羯""温比亚"等 3 次中线建管局及河北分局防汛应急响应，通过这几次应急响应，提高了应急处置能力，积累了经验。

安保工作平稳、有序开展，对安保单位进行日常管理，包括日常上渠检查、重点时间段检查、夜间突击检查、视频系统检查、消防和用电检查等。为保证工程运行外部安全，2018 年，沙河管理处开展了"安全教育进村庄"活动，与当地最具影响力的前升村民间演艺队合作创作了以"工程保护，预防溺水，安全教育"为主题的文艺晚会，在沿线各村庄开展安全教育演出。同时，沙河市教育局联合开展"开学第一课""国旗下讲话"校园安全演讲比赛等活动，为工程安全提供了有力保障。

三、运行调度

2018 年，沙河管理处调度运行平稳，全年输水 43.6 亿 m³，执行调度指令 306 条，完成闸门操作 825 次，均按要求准时完成。沙河管理处所辖的赞善分水口全年累计分水 6485.51 万 m³，有力支撑了受水地区城市建设，为地方居民饮水提供了保障。

2018 年，沙河管理处对闸站值守人员提出"严肃纪律、规范行为、提升能力"的年度主题活动。通过活动规范了值守人员设备巡查的行为，加强了值守人员责任心，提升了故障处理能力。全年累计完成设备巡查 850 次，进场单位管理 27 次，发现问题并协同处理 115 项。组织值守人员培训 5 次。

沙河管理处 2018 年以合同条款、各专业工作标准为依据，以队伍的日常考核为手段，将日常维护效果、缺陷和故障维修整改

作为重要指标,对运维单位日常工作进了"前、中、后"全方位的督促。全年做到月问题整改率80%以上,未发生光缆挖断、误操作等事故。

2018年,设备管理以《信息机械电气设备运行维护标准(试)》为依据,以问题为导向,以"举一反三"为核心,开展全年信息机械电气维护管理工作,确保设备运行状态良好、正常发挥功能。全年形成"举一反三"台账58份,通过"举一反三"发现并整改问题42项。

金属结构机械电气、液压运维队伍日常巡视维护100次,发现并处理问题94项,组织完成动态巡视18次;组织自有人员设备巡检工作54次,发现问题92项。累计发现并处理问题186项,整改率100%。通过各种有效的巡检,保障了设备完好率,全年未发生1类、2类故障,为安全通水提供了保障。

信息自动化维护全年完成对自动化通信、网络、闸控三家维护单位共计12次的监督检查及考核。设备巡检24次、网管室自动化系统巡视260次,并结合"两个所有"展开问题查改,共计发现问题71条,保证设备设施正常运行。

35kV供配电全年组织维护单位日常巡视61次,线路巡视12次,发电机维护24次,故障处理229项,更换备品备件35个(台),供配电设备春检1次。

2018年,安全生产工作重视程度得到进一步加强,消防管理工作也进一步标准化,消防基础设施建设更加完善。全年巡视54次,整改问题共35项,累计培训2次,组织演练2次。

四、工程效益

2018年,沙河管理处共计完成输水43.6亿m³,辖区赞善分水口分水6485.51万m³。

五、验收工作

2018年,完成了土建及绿化工程日常维护项目的验收,以及总干渠2016年邢台市段水毁工程处理项目的验收。

(王　澜　郭晓东　孟繁浪)

南沙河倒虹吸工程

一、工程概况

南沙河倒虹吸工程位于邢台市与沙河市之间,高店村东北2km处,起止桩号(93+621)~(98+016),总长4395km。南沙河倒虹吸工程是南水北调中线一期工程大型河渠交叉建筑物之一,担负着总干渠穿越南沙河的输水任务。南沙河倒虹吸工程工程设计输水流量230m³/s,加大输水流量250m³/s。

南沙河倒虹吸工程布置为进口渠道、南段倒虹吸、中间明渠、北段倒虹吸、出口渠道五大部分。其中南、北段倒虹吸分别由进口渐变段、进口检修闸、管身、出口检修闸(北段出口为节制闸)、出口渐变段组成。

二、工程管理

2018年,按规定频率进行内观数据采集,内观仪器采集每周1次,测斜每月2次,外观观测每月1次,完成内观数据采集24次,测斜24次,外观12次,对数据分析和比对,形成报告24期。

沙河管理处土建绿化维护分为两个标段。2018年共完成泥结石路面修复3200m²,沥青路面修复2300m²,安全防护网800m。警示柱刷漆1000余根,更换密封胶625m,排水沟修复400m,路缘石修复800m,内墙刷漆3000m²,外墙刷漆2000m²,工程质量、进度和投资控制均符合要求。

2018年汛期,先后参与"安比""摩羯""温比亚"等3次中线建管局及河北分局防汛应急响应。在南沙河倒虹吸南段进出口和北段进出口四个裹头坡脚处分别设置了混凝土四面体和铅丝石笼，保证了度汛安全。通过这3次应急响应，提高了应急处置能力，积累了经验。

三、运行调度

2018年，沙河管理处对南沙河节制闸值守人员提出"严肃纪律、规范行为、提升能力"的年度主题活动。全年累计完成设备巡查850次，进场单位管理27次，发现问题并协同处理115项、组织值守人员培训5次，做到调度数据及时准确、接警迅速、消警及时。全年输水43.6亿 m^3，执行调度指令306条，调整闸门825门次，有效地保障了通水调度的安全。

四、环境保护与水土保持

2018年，南沙河段除草70万 m^2，灌溉4.2万 m^2，乔木维护23193株，灌木维护14805株。完成水质保护工作，形成工程巡查（水质巡查）记录12册、水质日志12册，水质保护专项培训2次。垃圾打捞记录12册，水体pH值、电导率检测24次，按照要求完成环境保护和水土保持任务。

（王 澜 郭晓东 孟繁浪）

邢 台 市 段 工 程

一、工程概况

邢台管理处所辖邢台段工程总干渠全长47.584km，工程起自邢台市桥西区东前留村，止于内丘县和临城县交界的西邵明村。沿线共有大型渠道倒虹吸建筑物5座，其中河渠交叉渠道倒虹吸4座、穿铁路渠道倒虹吸1座；节制闸3座，分别为七里河倒虹吸节制闸，设计流量230m^3/s，加大流量250m^3/s；白马河和李阳河倒虹吸节制闸，设计流量220m^3/s，加大流量240m^3/s；控制闸1座；退水闸3座，分别为七里河退水闸，设计退水流量115m^3/s，白马河退水闸和李阳河退水闸，设计退水流量110m^3/s。排冰闸4座、分水口3座；水质自动监测站1座，35kV中心开关站1座，降压变电站11座，安全监测房31座，左排倒虹吸10座，左排渡槽6座，跨渠（铁路）桥梁56座。2018年，工程输水工作安全平稳，工程设备状态良好。

二、工程管理

2018年，在"稳中求进、提质增效""所有人查所有问题"的总体思路下，邢台管理处通过扎实见效地落实"两个所有"、强宣传重监管的安全管理、树形象严管理的工程巡查、重创新树标准的示范性闸站建设等工作，完成了"人员新形象、工程新面貌、管理新台阶"的工作任务，实现了"问题查改保安全、措施管理见成效、人员管理上水平"的工作目标。

（1）"两个所有"工作扎实见效。自2018年9月开始，邢台管理处按照"所有人查所有问题"的总体思路，坚持以问题为导向，以影响运行安全的问题为突破口，以问题有效整改为落脚点，打造所有人全面检查与专业人员集中检查相辅相成的查问题新局面；形成了问题整改分工明确、过程监督、限期追责的问题整改保证体系。截至2018年年底，整改率99.5%，大幅提升渠道工程安全和供水安全。

（2）安全管理。管理处及时调整了安全生产领导工作小组，明确了安全生产负责人和兼职安全员，编制了安全生产工作计划，修订了安全生产管理实施细则，每月组织召开安全生产工作会，对当月工作进行总结，对下月工作进行部署。与进入辖段的每个工程维护单位和穿越单位等签订了安全生产责任书，按照南水北调中线管理局安全标准化管理要求，定期组织安全检查，加强三级安全培训教育，不断提高安全意识。安保人员坚持每周步巡制度，警务工作人员深入渠道开展沿线警车巡逻，发生问题，及时处理。积极开展"南水北调公民大讲堂"讲座，积极与当地市教育局、公安局等政府单位开展联学联做活动，讲南水北调安全知识，宣传南水北调社会效益，自通水以来，受教育中小学生达5万人，营建了和谐的通水环境。

（3）工程巡查试点工作树规范、提形象、上水平。邢台管理处作为保安公司接管工程巡查工作的试点单位，积极筹措招聘、培训、管理各项工作，努力发现管理过程中存在的问题，找出解决方法，使巡渠工作管理日臻完善，推动试点工作有序发展。坚持周查月考，依据现场检查情况及考核结果，编制月度考核资料，严格奖罚措施与人文关怀并重，做到定期检查、奖惩有制、有错必纠、积极乐观的规范化巡查工作。

2018年，安全监测内观数据采集48次，共计采集振弦式仪器数据39556个；测斜管与沉降管常规观测24次，共计采集测斜、沉降管数据2114个；测压管常规观测24次，共计采集测压管数据72个。所有数据均已整编完成，编写安全监测内观工作月报12期。对外观监测单位作业队伍抽查48次，内业检查12次。对1049个外观水准测点保护盒进行维护，对157个外观水准基点加装了保护盖或基础保护，对65个观测墩进行涂刷标识与养护，对206支测压管进行防水透气处理，对34支测管进行防锈漆涂刷维护，对35个路面外观水准测点铸铁保护盖进行维护，对233支测管进行反光警示标识。2018年，开展安全监测培训17次，参培人员81人次，全部为专业内部培训，主要以开展安全监测技能培训、安全教育为主，提升了安全监测人员的技能水平。

（4）示范性闸站建设。根据《河北分局问题查改及示范性闸站建设工作大纲》的要求，对通水以来七里河节制闸出现的各类问题进行分析研判，参考借鉴行业规范及类似工程的亮点做法，汇总编制了《邢台管理处问题查改及示范性闸站建设工作方案》。七里河倒虹吸闸站软硬件水平有了较大的提升，为其他闸站、园区的建设提供了参考，推动标准化、规范化的进一步提升。

（5）水质保护。启动白马河倒虹吸出口的水质多功能应急平台拦捞作业，每天5次对渠道中的藻类进行拦捞处理，保证了渠道水质安全；利用环境治理的良好氛围，推动解决沿线的污染源问题；每季度定期核查污染源变化情况。南大郭水质自动监测站设备运行正常，监测数据准确可靠。截至2018年12月31日20时，南大郭水质自动站形成工作周报51期，上传数据1447组，数据采集率为100%。在日常的水质巡查、漂浮物清理等方面进行规范管理，确保邢台管理处水质保护工作正常进行。截至2018年年底，邢台段未发生水质污染事件，渠道水质稳定达标。

三、运行调度

按照中线建管局《调度管理工作标准》规定，依据"统一调度、集中控制、分级管理"的调度要求，邢台中控室设调度值班人员10名，严格执行"五班两倒"的值班方式，人员固定，业务能力扎实。分别在七里河节制闸、白马河节制闸、李阳河节制闸安排专人进行现场值守，提高了输水调度的应急处置能力。

2018年，邢台管理处调度运行人员严格遵守调度值班纪律和交接班要求，长期坚持开展独具邢台管理处特色的"岗前互问答""集中答题""互考互评""导师授课"等活动，以考促改，着力打造学习型、创新型、复合型调度运行人才。2018年，共举办"导师"授课活动6次，每班

交接班时进行"岗前互问答"并填写《岗前互问答记录》5本，组织闸站之间"互考互评"活动4次。通过一系列的活动，使运行调度人员综合素质显著提高。2018年，管理处中控室共规范填写各类调度台账14本（含4本电子版台账），及时处理报警信息1234条，无一条漏报、错报，完成调度指令427条，调度2468门次，无一次人为失误。

邢台管理处辖区内各运维单位按规定频次对设备进行巡视维护。截至2018年年底，共完成13610次巡视任务，确保了设备运行状态良好、正常发挥功能。另外，在大流量输水和汛期等重要节点，邢台管理处要求自有人员和闸站值守人员对设备进行加密巡视，自6月1日工程巡查监管系统正式上线以来，圆满完成6428次巡视任务，无一次漏巡现象发生。

2018年4月，根据《河北分局问题查改及示范性闸站建设工作大纲》的要求，邢台管理处在七里河节制闸开展了示范性闸站建设工作。此次闸站改造项目共涉及一票否决项目改造、建筑设施改造、系统标示改造、闸站日常环境改造、生产工器具改造等5个项目共计63个子项。经过邢台管理处4个多月的创建，七里河闸站场区及值班环境得到了很大的改观，各项标识标牌都实现统一布置，闸站值守人员素质也得到了相应的提高，实现了"环境面貌、组织管理、人员能力"三提升。12月13日，一次性通过了中线建管局达标验收工作。

在维护单位管理方面，邢台管理处设立了维护单位月例会制度。自2017年开始，每月组织维护单位对当月设备维护情况进行总结、分析，并对下月的工作进行部署，持续提升规范维护的水平。通过开展月例会制度，日常工作中坚持以问题为导向，逐步形成常态化管理机制，切实增强了运行维护水平和管理能力。

四、工程效益

2018年，邢台管理处所辖段共向地方分水9111万 m³，累计分水量达15027万 m³。2018年4月以来，按照上级指示，邢台管理处向地方河道进行生态补水，历时70余天，共补水2421.5万 m³，使市区河道重新焕发生机，为邢台市成功举办国际自行车赛增添亮点，取得了良好的社会效益。

2018年，七里河退水闸分水量增加（较往年增加了4049万 m³），对邢台市地下水进行了有效补给。2018年10月，邢台市断流了近20年的"百泉""狗头泉"复涌，复涌区达13万 m²，改善恢复当地湿地面积100万 m²。河北省电视台、邢台市电视台多次对此进行报道，南水北调的巨大效益在邢台市广大人民群众中得到极大认可。

五、环境保护与水土保持

完成渠道沿线边坡、绿化带、排水沟、截流沟、隔离网除草4遍，累计除草面积1278万 m²，乔木养护15951株，灌木养护49046株，绿篱养护19390m²，草坪地被养护6936m²，新种植乔木38000株。邢台主城区段绿化提升工程完成乔木种植2072株，灌木种植45030m²，土地平整45040m²，地被土方换填11632m³。邢台市区段右岸拦水工程完成土方开挖4866.5m³，共计6080.4m³，隔离网拆除4893m，垫层混凝土浇筑3515m³，挡水墙混凝土浇筑1293m³，钢筋制安120.09t。绿化及水保工程的有效实施保障了输水、运行安全，并进一步提升了总干渠工程的整体形象。

六、验收工作

专项项目验收：南水北调中线干线工程总干渠2016年邢台市段水毁工程处理项目邢台市段水毁恢复已完成单位工程、合同项目验收。

南水北调中线干线工程总干渠邯邢段2016年渠道水毁项目（运行维护道路改移部分）处理工程邢台市段已完成单位工程、合同项目验收。

邢台管理处应急设备物资仓库已完成单位工程验收，验收质量等级为合格。

（杨军平　李奕杰　路　超）

邢台县和内丘县段工程

一、工程概况

邢台县和内丘县段设计单元工程是南水北调中线一期工程总干渠（漳河北—古运河南）邯邢段的组成部分，工程位于河北省邢台市邢台县及内丘县境内，起自邢台市与邢台县交界的会宁村西南，止于内丘县与临城县交界的西邵明村西。该段渠道设计流量220m³/s，加大流量240m³/s，起点设计水位84.48m，终点设计水位82.18m。设置刘家庄分水口处，设计流量1.0m³/s。

邢台县和内丘县段工程总干渠全长31.666km，包括大型河渠交叉建筑物4座，左岸排水建筑物12座（其中排水渡槽3座，排水倒虹吸9座），节制闸2座，控制闸1座，退水闸2座，排冰闸3座，分水口1座。

二、工程管理

邢台县和内丘县段工程的现场管理机构，与邢台市段工程为同一个，即邢台管理处。工程管理与邢台市段工程一致。

（杨军平　李奕杰　路　超）

临 城 县 段 工 程

一、工程概况

临城县段工程所辖总干渠起自内丘县与临城县交界的西邵明村西，止于邢台市与石家庄市交界的梁村村北，途径1县4乡（镇）25村，总长度27.171km。其中渠道长26.379km，渠道建筑物长0.792km（包括泜河渠道渡槽458m、午河渠道渡槽334m）。起点设计水位82.18m，终点设计水位80.65m，渠道总干渠设计流量220m³/s，加大流量240m³/s。临城县段共布置各类建筑物60座。其中控制性工程7座（包括节制闸1座，退水闸2座，排冰闸2座，分水口门2座）；河渠交叉建筑物3座，左排建筑物17座；渠渠交叉建筑物3座；跨渠桥梁30座（公路桥15座，生产桥15座）。

二、工程管理

临城管理处是临城县段工程运行管理单位，全面负责辖区内运行管理工作。临城管理处内设综合科、财务合同科、工程科、调度科四个科室，岗位职责明确。

（1）安全生产及安全保卫。2018年，临城管理处组织修订了安全生产组织机构，明确了安全生产工作小组成员及其职责，定时召开安全会议，开展安全生产培训计划教育。加强日常维护项目管理，与维护队伍、后穿越工程单位等进行安全交底并签订安全责任书。深入沿线村庄、学校积极开展安全宣传工作。联合安保单位，组织各类安全生产检查，通过加强渠道安保巡视、定点值守工作、利用视频安防系统监控等措施，发现制止违法跨越线路、破坏围网、钓鱼、私自进入围网人员等事件多起，并成功施救1名轻生人员。临城县段2018年全年未发生安全生产事故。

（2）防汛应急管理。临城管理处成立了安全度汛工作小组和工程突发事件现场应急处置小组，明确了防汛度汛和工程突发事件现场应急处置小组组织机构及其职责。汛前，临城管理处组织开展了防汛重点部位和风险点排查工作，确定了防汛重点部位，有针对性地编制了度汛方案和应急预案，并及时报送；完成防汛物资仓库建设并投入使用，盘点防汛物资，完善防汛物资台账；在西赵村沟排水倒虹吸进口组织开展防汛抢险演练，提高各级人员应急处置能力，增强员工防汛风险意识。汛中，建立健全防汛值班制度，严格遵守防汛值班纪律；加强防汛重点部位、风险点巡查力度；严密监测"安比""摩羯""温比亚"等台风动向，及时启动应急响应，提前落实各项防御措施，加强雨中、雨后工程巡视力度；汛后，认真分析总结防汛工作经验，确保临城县段工程运行平稳。

（3）土建绿化工程维护。临城管理处建立健全维修养护管理体系，成立土建、绿化日常维护工作领导小组日常维护项目采购领导小组，编制工程维护队伍考核办法和管理办法等，按照有关管理办法，在修养护预算下达后，及时制订计划实施方案和工作计划。主要完成排水沟、左岸截流沟疏通硬化及积水处理，泥结碎石路、沥青路面施工，降压站等管理用房室内粉刷及防水处理，防汛路专项施工等项目，并对汛期边坡水毁项目制订方案进行维护或重建，保证工程平稳运行；完成围网、钢大门及警示柱等维护项目，确保工程安全。针对以往原国务院南水北调办、中线建管局和河北分局检查发现的缺陷问题和管理处全员自查问题，进行梳理分类，及时按相关标准整改。绿化合作项目于2018年4月28日开工，完成防护林带新造林栽植任务，达到生态防护的目的；完成集中除草4次，并做好渠道两侧草体日常维护工作；加强闸站园区绿化养护工作，有效提升管理处辖区工程绿化形象。

（4）水质安全。临城管理处配备专职水质专员负责临城县段水质保护工作。在水质保护工作中，通过日常巡视、水质监控、漂浮物打捞、渠道静水流域抽排、污染源管理和水质应急工作等方面进行规范；加强水质应急演练工作，增强各级人员应急处置能力；加大水质保护宣传，提高工程沿线村庄、学校、企事业单位的水质保护意识和水污染防控意识。2018年，临城县段未出现水污染事件，水质稳定达标。

（5）安全监测。临城管理处安全监测仪器共计2187支，其中内观仪器1021支，外观仪器1166个。编写安全监测内观工作月报12期。对外观单位外业作业检查48次，内业作业检查6次。对测压管、测斜管、垂直位移测点共制作112处工作平台，对1251个测点新装了标识牌。对泜河渡槽、午河渡槽和左岸一级马道上92个垂直位移测点已损坏的保护盒进行改造，对40个水平位移测点和工作基点采购保护盖进行防护，对辖区内存在8支测压管由于建设期造成的掩埋进行了改造。对5台（套）安全监测二次仪器仪表进行了4次定期清洁、检查、通风防霉、通电驱潮，对需充电的仪器进行充电等日常保养。对4台（套）安全监测二次仪器仪表进行1次检定。共开展培训12次（58人/次），全部为专业内部培训，主要以开展安全监测技能培训、安全教育为主。

三、运行调度

（1）金属结构机械电气设备运行。临城段工程共有钢闸门33扇（弧形闸门3扇、平板闸门15扇、叠梁门15扇）；启闭设备23台（液压启闭机3台、固定卷扬启闭机7台、螺杆式启闭机8台、电动葫芦5台）；设置35/0.4kV降压变电站4座，35kV专网线路共设置电力杆塔132座，其中直线铁塔122座、终端铁塔5座、耐张铁塔3座、直线铁杆1座、终端铁杆1座。2018年，金属结构机械电气设备整体运行情况良好。在金属结构机械电气维护工作中，按照中线建管局相关规范要求进行设备巡查和记录，利用巡查系统发现故障，及时记录并跟踪处理及时消缺，填写维护记录表，同时加强对运行维护单位工作的检查、监督、考核，保证运行维护工作有序开展。

（2）自动化系统运行。临城县段涉及自动化调度系统的设备设施房间沿线设置有管理处电力电池室、通信机房、网管中心及现地站的自动化室、监控室。2018年，自动化调度系统包括临城段现地闸站，有1座节制闸、2座退水闸、2座排冰闸、2座分水口、1座检修闸，共布置人手孔80个，摄像头58个。自动化调度系统包括3部分：系统运行实体环境、通信系统、计算机网络系统等基础设施；服务器等应用支持平台；以及闸站监控、视频监控、自动化安全监测、水质监测、视频会议、工程防洪、安防等14个应用系统。自动化设备主要有综合配线柜、视频监控机柜、PCM传输机柜网络综合机柜、安全监测机柜、PLC控制柜UPS电源控制柜、通信电源机柜、安防机柜等。在自动化系统维护工作中，进驻自动化运行维护人员21人，其中，闸控系统维护5人，网络系统维护3人，安全监测自动化系统维护4人，通信及视频系统维护9人。各系统的集中监视、定期巡检、维护和故障处理工作已正常开展。2018年，自动化调度系统设备整体运行情况良好。

（3）调度指令执行。临城段辖区共1座节制闸、2座分水闸、1座检修闸和2座退水闸。管理处要求调度值班人员严格遵守上级单位制定的各项输水调度相关制度，能够熟练掌握调度工作基本知识及操作技能，充分利用自动化调度系统开展输水调度业务。严格遵守各项管理规定，认真落实相关文件要求。按时收集上报水情信息、运行日报及有关材料，各项记录、台账及时归档。2018年，中控室共执行指令353条，远程836门次，现地69门次。

四、工程效益

2018年，临城县段工程全年运行365天。自正式通水以来，至2018年12月31日，累计运行1480天，向下游输水达107.6亿 m^3。辖区内黑沙、北盘石分水口2018年正常分水，年度累计向临城、隆尧、柏乡等地区供水2186.69万 m^3；泜河、午河退水闸向河道进行生态补水共计1.45亿 m^3，发挥了良好的社会效益和生态效益。

（杨禄禧）

高邑县—元氏县段工程

一、工程概况

南水北调中线一期工程漳河北—古运河南段工程高邑县—元氏县段设计单元位于石家庄市高邑县、赞皇县、元氏县境内，起点位于邢台市和石家庄市交界，终点位于石家庄市元氏县与鹿泉市交界。起点总干渠桩号（172+000），终点总干渠桩号（212+180）。高邑县—元氏县段全长40.743km，其中渠道长38.284km、建筑物长2.459km。

本渠段渠道采用明渠自流输水方案，渠道横断面分为全挖、全填和半挖半填等三种断面型式，过水部分采用梯形断面。本段渠道长38.284km，全挖方断面渠道15.434km、全填方断面渠道2.41km、半挖半填断面渠道20.44km。渠道最大挖深33m，最大填高15.4m。沿线岩性以黄土状壤土、砂壤土、泥砾、中细砂等为主，局部有岩石出露，其中土质渠道37.734km，石质渠道0.55km。

主要建设内容包括：大型河渠交叉建筑物6座，左岸排水建筑物13座，渠渠交叉建筑物7座，控制性建筑物7座（分水口门4座，节制闸、退水闸和排冰工程各1座），外排泵站1座，降压变电站8座，中心开关站 1 座，水土保持、环境保护、35kV 输电线路等，公路交叉建筑物 40 座。

总干渠设计流量为 220m³/s，加大流量为 240m³/s。起点设计水位为 80.649m，终点设计水位为 78.174m，总水头差为 2.475m。

二、工程管理

高邑—元氏管理处作为高邑县—元氏县段的现场管理处，全面负责辖区内的管理工作，保证工程安全、通水安全、水质安全和人身安全。负责辖区内维修养护及其他专项项目的管理和验收工作。管理处内设综合科、工程科、运行科、合同财务科、安全组四个科室一个组。

（1）安全管理。管理处根据人员调整情况及时调整安全生产工作小组成员，明确安全生产负责人和兼职安全员，并探索成立安全生产领导小组办公室，集管理处安全生产、防汛与应急、问题查改、标准化领导小组办公室职责为一体。负责安全生产、安全保卫、防汛及应急、水质保护、问题查改、质量管理、标准化建设等工作。资源分配更加合理，职能分工进一步优化，形成较完善的运行安全管理体系。针对用电不规范的问题，管理处在场区新增固定接线箱，并制定了《高压停送电管理规定》；针对火灾对围网及振动光缆造成损失的问题，管理处清理隔离网内外易燃物品，形成隔离带；针对人员安全、交通、临水作业、高空作业、用电、开挖动土、线下施工、高处作业、其他设施保护、渠道内秩序、水质保护及文明施工存在的不足，管理处总结归纳了《安全生产文明施工管理规定》；针对工程度汛风险，制定《汛期施工有关要求》。针对冰期输水风险，制定《冰期输水应急处置方案》。针对人员溺亡风险，管理处对影响安全的问题，严格落实"小问题立即修复，较大问题不过夜，严重问题采取临时措施，3 天内修复"的原则。

全年组织对围网、钢大门、桥梁防抛网等防护设施排查 10 余次。更换隔离网、防抛网 700 余片，隔离网底部缝隙封堵 15000m，隔离网加高 1750m。加强日常维护项目和专项项目管理，与运维单位和穿跨越单位进行安全交底并签订安全生产协议书、责任书和承诺书，保证施工人员保险到位。定期组织安全生产检查、开展安全宣传培训、召开安全生产例会。全年零伤亡。积极开展安全生产月活动，编制《高邑元氏管理处安全生产月活动方案》，与元氏、赞皇、高邑三县教育局联合开展安全教育进校园活动 6 次；到人口密集场所进行南水北调安全宣传活动 8 次；到渠道沿线的 58 个村（乡、镇）等公共场所共张贴南水北调安全通告 1000 余张。

（2）土建绿化工程维护。全年完成投资 975 万元、预算完成率 100%。对桥下积水、防洪堤缺失、泥结石路面修复（技术改进）开展集中处理，确保度汛安全。主要完成更换围网 852m、高度不足加高 1056m、底部缝隙封堵 10km、沥青路面修补 7000m² 等；完成"两个所有"问题查改的消缺工作，消缺 2780 条，消缺率达到 95%。绿化维护作为河北分局试点，单独成立绿化标，由专业队伍进行绿化维护。主要完成防护林种植 2.55 万株、草坪铺设 8 万 m²、苗圃育苗 1.68 万 m²、合作绿化区域种植树木 10 万株。

（3）土建专项项目。管理处完成物资设备仓库项目建设、截留沟硬化、严重损毁桥梁处理、外排泵站整治。

（4）工程应急管理。根据中线建管局相关突发事件应急预案，编制管理处《2018 年防洪度汛应急预案》《水污染事件应急预案》《2018 年度度汛方案》，修改完善《突发事件现场处置方案》等；汛期建立防汛值班制度，进行全年 24 小时应急值班，收集和上报汛情、险情信息，处置各类突发事件，减少或避免突发事件造成的损害；制定应急管理培训和突发事件应急演练工作计划，并按计划开展相应应急演练及培训工作。

（5）备防台风"安比"。2018年7月21日上午，管理处组织全体职工、驻汛队伍、土建维护单位、安保单位共同参加了中线建管局防汛视频布置会，会后立即按照中线建管局和分局各项要求，结合管理处实际情况，逐项进行分析研究，编制《高邑元氏管理处迎战"台风安比"工作方案》，并安排专人检查、督促工作开展情况。21—25日，管理处职工全部在岗；半数以上人员夜间值班，各项工作责任人均赴现场督促工作落实。在管理处和各队伍的共同努力下，各项备防措施均在23日18点前完成。本次备防共出动219名各类人员，动用吊车1台、长臂反铲2台、铲车1台、勾机12台、四轮自卸汽车40辆、临时照明设施6套和全方位工作灯1台，在48小时内完成了应急抢险道路1969m²；布置四面体70个、铅丝石笼282个、块石584m³；倒运块石837m³、铅丝石笼200个、编织袋10000个；拆除左排倒虹吸进出口隔离网7座，加装刀片刺网；清理后黄家营倒虹吸进口、万年倒虹吸进口河道内淤堵垃圾30m³；为北焦桥等桥梁引道护坡覆盖彩条布9324m²。

（6）安全监测管理。按照要求，每月进行一次外观监测，每周进行一次内观监测，编制月报。

三、运行调度

2018年，高邑元氏管理处坚持"稳中求好，创新发展"的总要求，严格规范管理，全年未出现任何调度失误，确保了输水调度平稳运行；以"三熟三能"为目标，强化业务培训和实战演练，全面提升调度人员综合素质，打造一支素质高、反应快、实战能力强的调度运行队伍；强化视频监控系统和安防系统的视频监控作用，发现并处理各类监控发现的问题，将中控室打造成名副其实的监控中心。全年接收上级调度指令362条，完成闸门操作984次，完成远程指令操作972次，成功率99%。

四、工程效益

经过4年多的输水调度运行，工程运行稳定，主干渠输水调度累计流量1043257万m³，2018年度输水流量412530万m³。管理处管辖4座分水闸：沛河分水闸、北马分水闸、赵同分水闸和万年分水闸。分别向高邑县、赞皇县、元氏县、赵县、栾城县和窦妪工业区供水，惠及约170万人民。截至2018年12月31日，累计分水量为：沛河分水闸分水527.71万m³，北马分水闸分水1344.77万m³，赵同分水闸分水2791.69万m³，万年分水闸分水3480.21万m³，槐河一退水闸分水1974.44万m³。2018年度分水量为：沛河分水闸分水353.77万m³，北马分水闸分水1026.8万m³，赵同分水闸分水1863.4万m³，万年分水闸分水1412.27万m³，槐河一退水闸分水774.92万m³。

五、环境保护与水土保持

管理处与高邑、赞皇、元氏三个县的环保部门联合，共同协作，集中整治大型垃圾堆积场地5处；2个污染企业停水停电停工；1个建筑搬迁。完成王家庄、赵同两个临时渣场的水保项目施工。完成东王俄村污水处理项目，将乱排的污水引入沛河。

六、验收工作

完成物资设备仓库项目建设、截留沟硬化、严重损毁桥梁处理项目合同完成验收工作。

（臧大鹏　曹　勇　田玉凤）

鹿泉区段工程

一、工程概况

鹿泉区段工程起点桩号（212+180）、终点桩号（224+966），全长12.786km，渠段起点设计水位78.174m，终点设计水位77.218m。设计流量220m³/s，加大流量240m³/s。鹿泉区段工程渠道长11.459km、建筑物长1.327km，沿线共布置各类建筑物29座，其中河渠交叉建筑物3座、左岸排水建筑物4座、渠渠交叉建筑物4座、分水口门2座、节制闸1座（洨河渠道倒虹吸出口闸作为节制闸使用）、退水闸1座、排冰闸1座、跨渠桥梁14座。

二、工程管理

石家庄管理处全面负责鹿泉区段工程运行管理工作，以工程巡查、安全保卫、安全监测为依托，及时发现问题、报告问题。土建及绿化日常维护专业及时整改问题，完善工程功能并维护工程形象；水质保护专业通过对水体进行日常取样、监测、定时打捞，及时将相关信息上报有关部门，全面加强对所辖区段水质安全管理。强化安全生产为管理第一理念，通过安全检查、安全教育等手段不断强化安全管理水平和安全管理意识，加强对外委维护队伍及人员主要包括工程巡查人员、土建与绿化维护队伍、安全监测人员、安全保卫队伍的有效管理，强化安全教育和培训，切实保障工程运行安全。

（1）安全生产及应急管理工作。石家庄管理处对所有入场服务单位进行管理处安全生产备案，负责人与每位员工签订《安全生产责任书》，以明确员工个人安全责任。组织安全生产大检查、经常性安全检查并召开安全生产专题会。石家庄管理处与保

安公司及警务室协调联动，针对辖区内重点部位及关键节点有针对性的布防及加大巡查检查频次和力度，有效管控各类区域安全，为安全输水提供坚实保障。2018年，警务室、安保小队参与配合石家庄管理处各类宣传教育活动及宣传片的拍摄，展示对外形象，提升安全保卫震慑力。石家庄管理处围绕防汛度汛为应急管理着力点，结合工作及工程现场实际完善度汛方案和防汛预案并报送三区一县；及时与辖区内河长和相关单位建立信息联络机制，保证汛期应急安全。对2018年中线建管局发布的5次防汛预警通知，石家庄管理处及时有效应对，确保安全度汛。

（2）土建绿化维护工作。完成土建绿化日常维护工作，树木日常维护项目有序进行，生长态势良好。台头沟倒虹吸防汛路4621m²。

（3）安全监测。2018年，石家庄管理处共采集振弦式仪器数据9600个，测压管水位数据370个，所有数据均已整编完成，编写安全监测工作月报12期。对外观服务单位外业作业检查24次，内业作业检查12次，对21个沉降观测点加装保护盒，对9个工作基点加设保护井与保护盒，对12个观测墩进行粉刷，50个测管进行维护，安装300个安全监测设施标识牌、9个安全监测站设施设备信息二维码标识牌以方便开展巡查工作，对安全监测二次仪器仪表进行定期清洁维护，并进行1次检定。共开展内部培训60次，180人次参加，主要以技能培训和安全生产培训为主。

（4）水质管理。水质日常保护巡查工作结合工程巡查人员实施，对渠道水面漂浮物进行定点清理和非定点清理。2018年，水质污染源排查按要求每季度进行一次全面排查工作，积极与地方政府协调解决，跟踪污染源处理情况。洨河退水闸每两月进行一次专项清淤工作。

三、运行调度

石家庄管理处中控室以实施调度、全程监控、应急调度为三大核心职能，并通过闸站监控系统、视频监控系统、安防系统、会商系统等全程对辖区 27 座闸站、28 座强排泵站、24 座变电站的信息机械电气设备和自动化设备进行监控，确保设备运行平稳。中控室正确、准确执行并及时反馈调度指令，管理处参与调度的 3 座节制闸，5 座分水口及 2 座退水闸全年共执行远程输水调度指令 2342 条，成功率 98.5%；2018 年，共受理调度及设备预警 815 条，处理、反馈准确率达到 100%。

2018 年，石家庄管理处金属结构机械电气、自动化设备管理工作坚持以规范化建设为目标的管理模式，运维单位按照金属结构机械电气、供配电、液压、闸控、自动化、网络、安防等专业进行设备维护。石家庄管理处巡检人员通过定期静态监控和动态巡视，保证设备正常运行。

（1）金属结构机械电气设备运行。按照专业工作标准及合同要求，进行日常巡视工作，并完成相应巡视记录的填写。机械电气金属结构、液压及闸控专业运维单位每月一次共同进行对辖区节制闸、控制闸、退水闸、分水口等重点闸站的静态、动态设备联合巡检，极大提高了设备巡检质量和消缺效率。

（2）永久供电系统运行。供电系统设备巡视频次为变电站每周一次，线路巡视每月一次，分别由新乐驻点和上庄驻点维护人员完成。2018 年，共完成设备巡视 52 次，线路巡视 12 次，柴油发电机启动试运行 24 频次。2018 年 5 月 16 日至 6 月 5 日完成管理处辖区 35kV 输电线路及 24 座变电站供电系统设备春检维护工作。期间，对永安分水口和南新城分水口断路器站光纤纵联差动保护装置（南新城一台，永安村分水口两

台）进行更换，清除鸟窝 40 处，对需停电处理的设备缺陷和线路问题进行了处理。2018 年，石家庄管理处供电系统运行情况稳定，无影响通水调度的事件发生，运行可靠性高。

（3）信息自动化系统运行。2018 年，石家庄管理处辖区内自动化调度系统运行平稳，有力保障输水调度工作有序正常开展。通信系统及管道光缆维护专业完成辖区 10 个变电站日常巡检维护 22 次、162 个通信光缆人手井巡检 11 次、汛期通信光缆人手井管理处人员与维护单位联合全面检查整改 2 次。闸站监控系统维护专业完成辖区 14 个闸站日常巡检维护 22 次。计算机网络维护专业完成辖区 11 个闸站内网专网交换机巡检维护 11 次。安防系统在石家庄管理处辖区内共布置 122 个安防摄像头、7 台安防主机，确保安防视频光缆、振动光缆信号的正常传输，保证输水调度安全、平稳运行。

2018 年，各专业主要完成设备技改及升级项目 14 项，其中金属结构机械电气类 5 项，供配电类 4 项，自动化类 5 项。其中，金属结构机械电气类辖区 7 座闸站 8 套热管融冰设备参数及设施整改、4 座闸站 5 台液压启闭机磁栅尺安装调试、汶河节制闸液压启闭机及闸控系统功能完善、6 台电动葫芦和 2 台单梁起重机的线缆更换及整改、28 座强排泵站运行工况监测项目管理；供配电类完成所有低压铠装电力电缆接地改造、20 台柴油发电机排烟管出墙防护管及蓄电池支架统一改造、35kV 后台监控尾纤改造调试；自动化类完成 20 台现地站自动化室空调接地改造、视频监控系统及相应通信网络系统扩容、汶河节制闸闸控系统功能完善项目设备安装调试、内网专网交换机电气源线及接地线整改、11 台安防摄像机太阳能电池板改造。

四、工程效益

2018 年，完成与用水单位分水量的签

证确认工作，辖区 2 座分水闸、1 座退水闸累计分水 6616.96 万 m³。洨河退水闸于 2017 年 11 月 6 日开始投入运行并进行分水，2018 年累计分水量 3211.65 万 m³；上庄分水口于 2017 年 5 月 26 日开始投入运行并进行分水，2018 年累计分水量 1877.12 万 m³；新增上庄分水口于 2016 年 5 月 11 日开始投入运行并进行分水，2018 年累计分水量 1528.19 万 m³。

五、工程验收

2018 年 12 月，完成安电厂至鹿泉区供热长输管网工程鹿泉经济开发区、上庄镇、铜冶镇配套热网工程跨越南水北调中线干线邢石段其他工程完工验收。

（张 绕 胡红军 曹铭泽）

石家庄市区段工程

一、工程概况

石家庄市区段工程起点桩号（224+966），终点桩号（237+040），工程位于石家庄桥西区和新华区，起点位于石家庄市和鹿泉区交界处台头村，终点位于新华区大安舍村，工程全长 12.266km，渠道总长 10.439km，总干渠设计流量为 220m³/s，加大流量为 240m³/s。包括大型交叉建筑物 3 座，左岸排水建筑物 1 座，控制工程（分水口门）1 座，公路交叉桥梁共 15 座，铁路交叉工程 2 座。

二、工程管理

石家庄市区段工程现场管理处与鹿泉区段工程一致，为石家庄管理处。

三、工程效益

2018 年，完成与用水单位分水量的签证确认工作。辖区 2 座分水闸累计分水

70567.82 万 m³，其中生态补水 17183.93 万 m³。田庄分水口于 2017 年 11 月 11 日始投入运行并进行分水，2018 年累计分水量 69287.86 万 m³，其中生态补水 17183.93 万 m³；南新城分水口于 2016 年 8 月 30 日开始投入运行并进行分水，2018 年累计分水量 1279.96 万 m³。

（张 绕 胡红军 曹铭泽）

穿漳河工程

一、工程概况

南水北调中线干线穿漳河工程位于总干渠河南省安阳市安丰乡施家河村东漳河倒虹吸进口上游 93m，桩号（K730+596），止于河北省邯郸市讲武城镇漳河倒虹吸出口下游 223m，桩号（K731+677.73），途径安阳市、邯郸市两市，安阳县、磁县两县，安丰乡、讲武城镇两乡。东距京广线漳河铁路桥及 107 国道约 2.5km，南距安阳市 17km，北距邯郸市 36km，其上游 11.4km 处建有岳城水库。

本段主干渠渠道为梯形断面，设计底宽 17～24.5m。设计流量 235m³/s，加大流量 265m³/s，设计水位 92.19m，加大水位 92.56m。共布置渠道倒虹吸 1 座，节制闸 1 座、检修闸 1 座、退水排冰闸 1 座、降压站 2 座、水质检测房 1 座、安全监测室 1 个。

二、工程管理

防汛及应急管理多措并举，保障工程安全度汛。早谋划、早安排，汛前全面排查辖区内防汛风险，制定切实可行的应急预案，并按时完成工程度汛方案和应急预案的审批备案工作。加强雨中、雨后巡视检查，及时发现隐患，采取有效措施，确保工程安全度汛。

三、运行调度

加强制度建设，提升管理水平。严格执行上级下发的运行维护标准和制度文件，进一步规范信息机械电气设备的管理行为，提升设备维护管理水平。加强设备运行维护管理和运维人员管理，确保维护效果，对维护队伍实施严格管理，强化人员管理。落实"两个所有"，完善问题处理机制，同时积极使用巡查 App，保证问题处理进度的快速性、协同性和效率。

四、工程效益

自 2014 年 12 月 12 日南水北调中线干线工程正式通水以来，穿漳段工程安全运行 1595 天。2018 年，全年累计输水水量 459359.45 万 m³，共接收、执行输水调度指令 260 次，水质持续达到 Ⅱ 类或优于 Ⅱ 类标准，工程通水运行安全平稳。

（张　磊　亢海滨　周　芳）

黄河北—漳河南段工程

概　　述

概　　述

总干渠黄河北—漳河南段工程起点为穿黄工程出口 S 点，终点为安阳县施家河村东河南、河北两省交界的穿漳河工程交叉建筑物进口。线路全长 237.074km，设计流量为 265～235m³/s，加大流量为 320～265m³/s。

南水北调中线一期工程为 Ⅰ 等工程，总干渠渠道、各类交叉建筑物和控制工程等主要建筑物为 Ⅰ 级建筑物，附属建筑物、河道护岸工程等次要建筑物为 Ⅲ 级建筑物，临时工程为 Ⅳ～Ⅴ 级建筑物。

该渠段工程由全挖、全填、半挖半填土质渠道，岩质及土岩结合渠道和河渠交叉工程，左岸排水工程，渠渠交叉工程，公路和铁路交叉工程，控制工程等建筑物组成。

该工程段渠道总长 220.471km，建筑物总长 16.603km；各类交叉建筑物 339 座，其中河渠交叉建筑物 37 座、左岸排水建筑物 73 座、渠渠交叉建筑物 23 座、控制建筑物 34 座、公路交叉建筑物 154 座、铁路交叉建筑物 18 座。

黄河北—漳河南段包括温博段、沁河倒虹吸、焦作 1 段、焦作 2 段、辉县段、石门河倒虹吸、潞王坟膨胀岩试验段、新乡和卫辉段、汤阴段、鹤壁段、安阳段等 11 个设计单元。其中，温博段、沁河倒虹吸、焦作 1 段为直管项目，汤阴段、鹤壁段为代建项目，其他为委托建管项目。

2014 年 9 月 29 日，黄河北—漳河南段工程 11 个设计单元均通过通水验收，2014 年 12 月 12 日正式通水，进入运行期。

根据中线建管局《南水北调中线干线工程建设管理局组织机构设置及人员编制方案》（中线局编〔2015〕2 号），2015 年 6 月 30 日，在河南直管建管局基础上分别成立河南分局和渠首分局。河南分局负责叶县至冀豫界（全长 546.13km）工程运行管理工作，保证工程安全、运行安全、水质安全和人身安全。

河南分局内设 10 个处（中心），分别为综合管理处、计划经营处、人力资源处、财务资产处、分调中心、工程管理处（防汛与应急办）、信息机械电气处、水质监测中心（水质实验室）、监督二队和党建工作处，按职能分别负责综合、生产经营、人力资源、财务、调度、工程、机械电气金属结构、自动化信息、水质等方面管理工作。

河南分局下设 19 个现场管理处，其中

黄河北—漳河南段设8个管理处，分别为温博管理处、焦作管理处、辉县管理处、卫辉管理处、鹤壁管理处、汤阴管理处、安阳管理处、穿漳管理处。负责辖区内运行管理工作，保证工程安全、运行安全、水质安全和人身安全，负责或参与辖区内相关工作。

（王志刚　朱清帅　张茜茜）

温博段工程

一、工程概况

温博管理处管辖起点位于焦作市温县北张羌村西总干渠穿黄工程出口S点，终点为焦作新区鹿村大沙河倒虹吸出口下游700m处，包含温博段和沁河倒虹吸工程两个设计单元。管理范围总长28.5km，其中明渠长26.024km，建筑物长2.476km。设计流量265m³/s，加大流量320m³/s。起点设计水位为108.0m，终点设计水位为105.916m，设计水头为2.084m，渠道纵比降均为1/29000。共有建筑物47座，其中河渠交叉建筑物7座（含节制闸1座），左岸排水建筑物4座，渠渠交叉建筑物2座，跨渠桥梁29座，分水口2处，排水泵站3座。

二、工程管理

温博管理处作为温博段工程的现地管理处，全面负责辖区内运行管理工作，保证工程安全、运行安全、水质安全和人身安全。负责或参与辖区内直管和代建项目尾工建设、征迁退地、工程验收工作。温博管理处内设综合科、运行调度科、工程科和合同财务科四个科室。

（1）安全管理。定期组织安全生产检查，召开周例会、月例会部署安全生产工作。经常性开展安全隐患排查，并明确整改措施、责任和时限，确保整改到位。力推安全管理关口前移、源头治理、科学预防，从源头上杜绝安全事故发生。2018年，开展各类安全生产检查69次，及时发现各类安全隐患243项，整改完成243处，安全隐患整改率100%。

2018年，各运行维护单位进场19家，签订安全生产协议19份、开展安全技术交底26次。特殊时段，要求各运行维护单位加强安全教育培训，签订安全承诺书164份；期间对服务单位进行定期安全检查和不定期抽查，发现安全违规行为14次，已现场完成整改。

（2）土建绿化及工程维护管理。主要完成项目包括渠道杂草清除、渠坡草体养护、截流沟、排水沟清淤、护网、钢大门维修、沥青路面修复等日常维修项目，共5类82项。温博管理处2018年已通过评审标准化渠道12.2km。

（3）应急抢险管理。建立汛期24小时防汛值班制度，进行全年应急值班，及时收集和上报汛情、险情信息，储备和管理应急抢险物资，修筑应急抢险道路，处置各类突发性事件，减少或避免突发事件造成的损害。管理联合焦作市水利局、焦作市调水办、焦作市城乡一体化示范区在大沙河渠道倒虹吸进口组织开展防汛联合演练活动，地方防汛部门演练了大沙河堤防加固，管理处演练了围网以内的险情处置科目。

三、运行调度

2018年，温博管理处坚持"稳中求进、提质增效"的工作思路，推进规范化建设进程，辖区设备运行状况良好，输水调度工作安全平稳运行。

管理处中控室调度值班人员10人，采取"五班两倒"方式实施24小时值班，济河节制闸配备4名值守人员，每班2人，每班24小时，分时段以1人为主，另1人为辅。2018年，所辖节制闸、分水口平稳运行。2018 年度中控室共计接收调度指令 1088 条，成功 1081 条，成功率 99.36%。温博管理处全员积极开展"两个所有"活动，2018 年共查改设备问题 1075 条，已整改 1075 条，整改完成率 100%。

四、工程效益

自正式通水以来，温博段工程安全平稳运行 1480 天，截至 2018 年年底，累计输水 1282547.50 万 m^3。2018 年，马庄分水口累计向温县供水 640.16 万 m^3，4 万人受益；北石涧分水口累计向武陟、博爱供水 2523.70 万 m^3，为地方居民饮水和农业生态灌溉提供了有力保障。

（王显利　段璐璐　曹庆磊）

沁河渠道倒虹吸工程

一、工程概况

沁河渠道倒虹吸工程位于河南温县徐堡镇北、博温公路沁河大桥下游约 300m 处，是南水北调总干渠与沁河的交叉建筑物，工程由进、出口渠道段和穿沁河渠道倒虹吸管身段组成。该段设计流量 265m^3/s，加大流量 320m^3/s，加大水位 108.256 ~ 107.587m。

渠倒虹轴线与沁河基本呈正交，建筑物长 1197m。其中进口渐变段长 60m，其中闸室段长 15m，倒虹吸管身段水平投影长 1015m，出口闸室段长 22m，出口渐变段长 85m。

二、工程管理

沁河倒虹吸工程的现地管理处与温博段工程一致，也为温博管理处，具体负责该段工程运行管理工作。按照"管养分离"的管理原则，闸站操作、运行调度、工程巡视等任务以"自有人员为主"，维修养护工作委托有相应资质的企业负责实施，工程安保

由中线安保公司单位承担，管理处对各有关单位进行现场监督管理。

三、工程效益

温博管理处辖区内通水运行情况平稳，沁河控制闸累计过闸流量 1282547.50 万 m^3，累计向温县地区分水 640.16 万 m^3，向博爱县和武陟县地区分水 2523.70 万 m^3，极大改善了焦作地区生态环境和水质。目前，基本实现了为焦作市温县、博爱县、武陟县等地区供水，已成为焦作市人民用水的"生命线"，直接受益人口约 30 万人，有效缓解了焦作市水资源短缺局面，使水资源保障能力实现了战略性的突破，为焦作市城乡供水和发展发挥了巨大的社会效益。

（庞荣荣　曹庆磊）

焦 作 1 段 工 程

一、工程概况

焦作 1 段起点位于河南省博爱县聂村东北大沙河渠道倒虹吸出口，终点为焦作市蔺西李河渠道倒虹吸出口，渠段总长 13.513km，其中明渠长 11.598km，建筑物长 1.915km。沿渠共布置各类交叉建筑物 18 座，其中河渠交叉建筑物 5 座，控制建筑物 3 座（节制闸、退水闸、分水口门各 1 座）；跨渠公路桥 9 座，铁路桥 1 座。渠段起点设计水位 104.686m，总设计水头差 1.23m，该渠段设计流量为 265m^3/s，加大流量为 320m^3/s。渠道工程分为全挖方、半挖半填、全填方 3 种形式。总干渠与沿途河流、灌渠、铁路、公路的交叉工程全部采用立交布置。

二、工程管理

作为三级现场机构，焦作管理处负责焦作段运行管理工作，承担着通水运行期间的工程安全、运行安全、水质安全和人身安全

的职责，在郑焦片区尾工办的领导下负责焦作1段尾工建设、征迁退地和工程验收的现场工作。

目前，焦作管理处在岗员工共29名，其中处长1名，副处长1名，主任工程师1名。设置综合科、合同财务科、调度科、工程科等4个科室，其中综合科3人，合同财务科4人，调度科10人，工程科9人。管理处印发《焦作管理处规范人员岗位职责分工的实施细则》（中线局豫焦作〔2016〕129号），对人员、科室职责进行了明确的分工。

（一）规范化创新拓展，总结运行"五标准"

（1）开展标准化中控室试点建设工作。中控室标准化、规范化增强了输水调度安全的整体保障能力，制定《中控室标准化建设方案》，从设施提升、标准化建设、值班模式三个方面开展标准化建设。中控室改造项目工作有利于提高现地管理效率，提高工程和设备的安全保障程度，增加科技含量和技术含量，减少人力投入，提高工作效率和工作质量，实现资源节约。有利于更好地贯彻现地管理的"问题导向"，及时发现和处置问题，有利于险情的早期发现和先期处置。

（2）开展标准化水质自动监测站试点建设工作。水质自动站标准化提升工作将提高自动站使用效率，保障设备运行环境，提升工程运行形象。目前，南水北调中线焦作管理处水质自动监测站标准化建设试点已按照要求完成，整体效果良好，符合实际，完成了预期的试点任务与要求。

（3）开展标准化闸站试点建设工作。闸站标准化建设工作是中线建管局和河南分局一直在推进的项目，经过反复比较、查漏补缺，焦作管理处闸站标准化建设试点项目顺利完成，生产环境焕然一新，运行调度管理工作完善提高，标准化、规范化、精细化

建设稳步推进。

（4）开展标准化渠道创建和总结工作。2018年，完成了标头至白马门河倒虹吸进口右岸渠段，2km标准化渠道建设，焦作1段标准化渠道比例达41.6%。同时积极开展标准化渠道建设总结工作，焦作管理处编制了《土建维护现场作业指导书》，依托工程土建绿化日常维护的开展，采取亮点固化补短板的方式，实现制度化、日常化、专业化和景观化的建设目标。通过对安全防护网、截流沟、防护林带、一级马道以上内坡及外坡、一级马道、衬砌面板、闸站园区、跨渠桥梁、排水输水建筑物、渠道环境保洁等进行标准化整治，通过图文说明的方式明确了工程维护项目施工标准，确定了工序、材料、工艺等内容，提高了干渠工程的外观整体形象和安全性，确保汛期正常运行，干渠干净顺畅，给沿渠居民创造了优美的生态环境。

（5）开展标准化物业管理总结工作。为提升管理出园区物业管理水平，管理处出台了《管理处规范化后勤物业工作实施方案》，在车队、会服、保洁、食堂、门岗、水电维修等岗位上做文章，提出各岗位的规范工作标准，以规范化的工作准则促进物业人员素质提高，提高管理处形象。以规范化的食堂、车队管理程序使工作更加严谨，环境更加整洁，全年未发生安全事故。

（二）落实安全管理标准化，出台安全操作规程

开展工程运行安全管理标准化建设工作。以2017年运行安全管理标准化试点建设成果为基础，梳理安全管理"四大体系，八大清单"，构建安全管理的"四梁八柱"。同时，焦作管理处制定了《焦作管理处安全生产操作规程》。该规程填补了输水运行现场安全生产规范化管理的空缺，明确了各专业工作过程中各类许可要求，规范了各专业安全生产的动作行为，为消除安全生产过

程隐患、落实上级安全生产相关要求提供了较为全面的指南。

（三）强抓防汛项目，确保防汛安全

焦作管理处积极谋划焦作段度汛工作，做到组织机构完备，人员责任清晰，防汛制度落地，"两案"实用可行，度汛项目可控，抢险队伍熟练。成立安全度汛工作小组，设置"三队八岗"的应急处置体系，落实主体责任；开展对自有员工、协作人员全覆盖的度汛培训，严格按照制度要求开展汛期值班、巡查、事件会商、物资管理等工作；进一步细化《焦作管理处2018年度汛方案》《焦作管理处2018年度汛应急预案》，完善"三断"保障措施，在防汛布置图中体现设备位置、队伍驻点、抢险道路、上下游水库及水文站、附近村庄等重要信息，组织焦作市各县区防办专家对"两案"进行审查，报焦作市各级防汛部门备案。

完成李河防汛物资仓库建设。李河物资仓库建筑面积427m²，设计防火等级丁类。7月31日完成了仓库的分部工程验收，9月18日完成了仓库的单位工程验收，验收后开始物资摆放工作，已完成所有防汛物资入库工作。

为应对可能发生的险情，焦作管理处于2018年6月14日开展倒虹吸裹头边坡滑塌应急演练，模拟李河倒虹吸出口左岸截流沟积水导致裹头坡脚位置因浸泡出现局部失稳现象。通过演练检验了"两案"的可操作性，管理处突发事件信息报送、组织协调、前期处置、物资管理能力，以及应急抢险救援保障单位反应速度、组织调动、现场抢险组织实施等方面的能力。

（四）落实分段护渠，提高保障和应急能力

焦作管理处通过"分段护渠责任制"落实河南分局的段站管理要求；以"两个所有"为抓手严查细查，巡管系统 App 实时监控，以问题为导向，从组织上保障渠道的安全运行；按照所有段、站全覆盖，所有员工全覆盖的原则开展分段护渠工作。全年共发现问题2601项，已完成整改2479项，正在整改122项，其中6项水下问题暂时无法整改，整改率95.3%，确保了渠道的安全运行。

（五）克服外部干扰，安全保卫得力

随着城区段两侧绿化带施工的开展，焦作1段渠道安全保卫压力逐渐加大，破坏安防光缆、破坏渠道围网的情况屡禁不止，违法取水、违规进入的情况也时有发生。作管理处积极应对、主动担当，及时做好现场线缆位置交底，防止施工造成破坏，同时，在靠近围网施工过程中，安保单位及时对现场施工人员进行安全提示，防止对围网造成损坏。

焦作段安全保卫队伍开展围网内、外巡视，不留安全死角，坚持警务室24小时值班制度，警务室现场巡视与安防视频巡视相结合，发现问题通知安保单位现场复核，每周对焦作段工程辖区进行2遍巡查，对发现问题及时处置。全年安保人员修复围网等设施95次，发现并上报围网破损严重及下净空超10cm部位23处，制止工程保护区其他违规行为22起，制止钓鱼53次，更换锁5把，制止外来人员11次、开展对外安全宣传，包括桥梁悬挂条幅80条，粘贴安全宣传画100张，发放安全单、安全教育扇子1000份。圆满解决"9·9"自杀溺亡事件，焦作管理处辖区内全年未发生一起意外溺亡事件。

（六）确保水质安全，污染源稳步消减

焦作管理处在加强水质巡查、藻类监测的同时加强对府城南水质自动监测站与水质应急物资仓库的管理，解决白马门河污水进入截流沟的问题，协调配合焦作市区黑臭水体治理工作。加强渠道两侧污染源消减工作。管理处采用多种形式解决污染源，一方

面协调焦作市环保局、焦作市调水办、焦作市城区办等有关部门解决污染源问题；另一方面积极采取工程措施解决污染源问题，疏通府城排污管道 1400m，增加检修井 11 处。2018 年共处理污染源 7 处，剩余 10 处正在积极协调处理中。

三、运行调度

2018 年，焦作 1 段输水调度运行平稳，圆满完成年度生态补水任务，安全渡过渠道大流量输水期及渠道加固值守期。

全年共收到 229 条调度指令，操作闸门 782 门次，闸门开度纠正 2 次，闸门开度纠偏 36 次，临时配合操作 17 次，动态巡视 271 次，共处理调度报警 114 条，设备报警 868 条。闫河节制闸累计输水量 1252496 万 m³。通过闫河退水闸向焦作市城区补水 4460 万 m³。

完成 4 月 13 日至 7 月 11 日期间大流量输水调度任务。对值班、值守人员每天认真开展检查指导；加强水情工情研判，发现异常及时上报；规范调度操作，严格按照制度管理；加密信息报送，认真填报各类运行状况报表；从"人、查、动、报"四个方面加强调度管理，保障输水安全。同时在 2018 年 4 月 4 日至 6 月 1 日期间，开展渠道安全管理加固工作。6 座危化品运输桥梁按照白班 1 个人、夜班 2 个人的配置全天 24 小时值守，安保、警务室增加巡查频次，保障渠道平稳运行。

四、工程效益

为实现丹江口水库洪水资源优化，更好地发挥中线工程供水效益，建设"绿水青山"的生态环境，焦作管理处积极开展生态补水期间的观测与协调工作。2018 年 4 月 24 日 11：05 至 6 月 25 日 14：05，闫河退水闸向焦作市进行生态补水。本次生态补水历时 63 天，原计划向焦作市补水量为

3500 万 m³，实际总补水量达到 4460 多万 m³，为计划补水量的 127.4%，超额完成了本次生态补水任务。在生态补水期间，中控室当班值班人员按流程做好上传下达工作，确保指令执行顺畅。做好水情监控，密切关注水位变幅，每天上午 8：00 将日退水量上报分调中心，并与配套工程做好水量计量工作。

通过生态补水有效改善了城市环境，以及群英河、黑河、新河、大沙河的生态环境，实现了龙源湖水体的全部置换，对张郅渠、大狮涝河等河渠以及郅峰岭地下水漏斗区进行有效的水量补济。

五、验收工作

焦作 1 段工程档案收集、整理、归档等工作已按照中线建管局相关规定和要求完成。焦作 1 段工程档案大类编号为 ZG5.3，属类分为 7 个，其中，建管单位形成的建设管理档案编号为 ZG5.3－G，财务、审计档案编号为 ZG5.3－C，通水验收、水保环保监测等档案编号为 ZG5.3－Y，监理单位档案编号为 ZG5.3－J1～J6；施工单位档案编号为 ZG5.3－S1～S9；安全监测单位档案编号为 ZG5.3－A；机械电气、金属结构档案编号为 ZG5.3－D1～D4。

焦作 1 段工程档案共整理案卷 7139 卷，其中 G 类档案 1181 卷，J 类档案 1460 卷，S 类档案 4126 卷，A 类档案 217 卷，C 类档案 5 卷，D 类档案 69 卷，Y 类档案 81 卷；含竣工图 262 卷（8181 张），照片 16 册（784 张）；光盘中包含数码照片、重要隐蔽工程施工录像、重要报告的电子文件材料、档案案卷和卷内目录著录表等，由建管单位统一刻录光盘。

焦作 1 段工程档案于 1 月 12 日通过项目法人验收，9 月 5 日顺利通过专项验收，目前正在对"两全两简"内容进行完善，使其具备移交条件。焦作 1 段设计单元工程共有 G 类档案 1181 卷（本设计单元工程电

子文件光盘统一归入G类）；Y类档案81卷，主要内容有通水期间形成的通水验收等相关文件，水保监测、环保监测文件等；C类档案5卷，主要内容有工程财务与资产管理、年度审计等相关文件。

推动桥梁移交，完成焦作市城区桥梁病害排查工作。完成档案验收技术性初验遗留问题整改，建设期档案验收具备条件。

（李　岩　刘　洋）

焦作2段工程

一、工程概况

焦作2段工程位于焦作市境内，是南水北调中线一期工程总干渠第Ⅳ渠段（黄河北—羑河北）的组成部分，全长25.560km，其中明渠长23.794km，占水头建筑物长1.766km。焦作2段工程渠道设计流量265～260m^3/s，加大流量320～310m^3/s。有各类建筑物46座，其中河渠交叉3座，左岸排水3座，分水闸2座，节制闸1座，退水闸1座，交通桥18座，生产桥8座，铁路桥10座。

二、工程管理

作为三级现场机构，焦作管理处负责焦作段运行管理工作，承担着通水运行期间的工程安全、运行安全、水质安全和人身安全的职责，在郑焦片区尾工办的领导下负责焦作1段尾工建设、征迁退地和工程验收的现场工作。

（一）强抓防汛项目，确保防汛安全

按照“建重于防，防重于抢”的原则，先后实施了孟村西生产桥下游防洪堤加高、加固，孟村西生产桥过水涵洞改造，纸坊河倒虹吸防汛连接道路等防汛风险项目。

完成聩城寨防汛物资仓库建设。聩城寨物资仓库建筑面积435m^2，设计防火等级丙类。2018年7月16日，完成仓库的分部工程验收，完成所有防汛物资入库工作。

（二）完成刺丝安装，加强渠道物防

按照河南分局通知要求，2018年6月15日前完成全部滚笼刺丝施工。本次采购的刺丝滚笼圈径30cm，采用单根刀片刺绳绕圈后，相邻两圈每隔120°用刺丝连接卡固定，焦作段计划安装滚笼刺丝8万m。6月13日下午，焦作段完成全部滚笼刺丝施工，最终完成工程量7.67万m。两次送样抽检结果显示质量全部合格。

对左排建筑物进出口进行专项排查，完成辖区内3座左排建筑物管理范围围网封闭工作，安全保卫边界稳固、清晰。

（三）确保水质安全，污染源稳步消减

焦作管理处加强水质巡查、藻类监测，解决了苏蔺水厂穿越管道的水质风险问题，协调配合焦作市区黑臭水体治理工作。加强渠道两侧污染源消减工作，焦作2段原有污染源20处，截至2018年共处理污染源16处，剩余4处正在积极协调处理中。

（四）保障用电安全，马翁线、翁午线改造进展顺利

配合河南分局开展翁涧河中心开关站进线电缆改造项目。本次改造马翁Ⅰ缆、马翁Ⅱ缆线路全长2×5.75km，改造光缆线路长度6.96km。改造段电缆采用ZC－YJLV22－26/35－3×240型铝芯电缆，通信光缆采用12芯ADSS光缆与电缆同路径穿管直埋敷设，电缆采用电缆分支箱连接，改造后满足对翁涧河中心开关站安全、可靠供电要求及马村变电站—翁涧河开关站恢复通信联络。改造工程自2018年3月16日进场开工，焦作管理处按照上级要求对现场进行监管，通过检查电缆、电缆终端头、电缆分支箱等主要材料质量，对电缆沟开挖、电缆敷设及回填等施工工序加强现场检查，特别是高填方渠段保证检查频次，严把工程质量关，确保

工程安全。目前改造工程主体已基本完成，马翁Ⅰ缆、Ⅱ缆经试验合格后已恢复供电，后续验收结算工作陆续进行。

（五）重视数据监测，保障工程安全

以真实的测量采集为眼睛，以完善的数据分析为手段，焦作管理处重视安全监测工作，通过安全监测数据分析结论指导日常维护工作，保障渠道设备设施安全运行。2018年，焦作管理处对渗流观测、沉降观测、位移观测、伸缩缝开合度观测、应力应变观测、土压力观测、边坡变形观测等项目进行监测，对异常数据进行分析、复核。

（六）合作造林完成目标

焦作管理处积极探索，焦作2段2018年合作造林项目计划栽植乔木40413株，栽植灌木23200株。2018年上半年即完成一半植树量，全年植草10万 m²。2018年4月20日，焦作2段完成了春季植树任务，累计栽植乔灌木44769株，下半年完成植树18000株，累计完成合作造林项目98.7%，累计植草已达4万 m²。完成标准化渠道创建段的防护林种植工作；对往年的所有绿化项目节点工程开展形象提升、景观补植；通过3月底的聻城寨退水渠树木种植工作明确了永久征地边界，为围网合拢提供了条件；完成所有桥梁上下游100m范围内草体种植；完成一次全段除草任务，明确除草边界。在过程中加强管理，碎草未对坡面保洁、截流沟排水造成影响。

（七）聻城寨园区形象提升

针对聻城寨倒虹吸出口园区原有绿化布置简单，防汛仓库建设完成后园区路面破损不堪的情况，经过多次讨论修改，充分发挥管理处员工专业特长，完全由自有人员进行设计，编制了聻城寨园区形象提升方案。2018年9月底，土建部分开始施工；2018年11月中旬，绿化部分开始施工；2018年11月底，聻城寨倒虹吸出口园区改造任务全部完成，并在当月通过了标准化渠道验收，聻城寨出口园区形象得到了显著提升。

三、运行调度

2018年共收到261条调度指令，全部实现了顺利执行和反馈。通过聻城寨节制闸断面累计向北方输水1438696万 m³，向焦作市修武地区分水3401万 m³。

完成2018年6月30日至10月7日南水北调中线建管局在全线开展的保供水"百日安全"专项行动。中控室严格落实文件要求，每天8：00，在"百日安全"专项行动期间展示牌前进行交接班，每班进行"每日学习"，坚持抄写输水调度制度规范，每月召开例会对调度问题进行梳理。输水调度"汛期百日安全"期间中控室未发现违规违纪行为，调度工作一切正常。

四、验收工作

2018年11月中旬，接收焦作2段设计单元工程档案307卷，其中包含竣工图267卷，共4880张，Y类验收文件40卷。目前已经全部整理核对完成，具备查阅条件。

五、尾工建设

聻城寨退水闸永久用地争议问题在工程建设期就未得到解决，围网一直没有封闭，致使工程用地长期不能收回。为解决这一问题，焦作管理处多次和地方调水办、当地乡镇政府进行协调，在2018年上半年解决永久用地争议问题。焦作管理处组织施工单位对聻城寨退水闸尾渠段永久用地全部进行了围网封闭，将土地全部收回。

小官庄村村民围网内种菜问题自工程建设期以来一直没有得到解决，存在较大安全隐患。经过管理处、警务室、调水办多次协调，2018年11月19日，对围网内菜地全部进行清理，收回永久征地，确保围网不开口，人员不进入围网，消除安全隐患。

（李 岩 刘 洋）

辉 县 段 工 程

一、工程概况

南水北调中线干线辉县段位于河南省辉县市境内，起点位于河南省辉县市纸坊河渠倒虹吸工程出口，终点位于新乡市孟坟河渠倒虹吸出口，渠段总长 48.951km，其中明渠长 43.631km，建筑物长 5.320km。

主要建筑物有节制闸、控制闸、分水闸、退水闸、左岸排水建筑物及跨渠桥梁等，其中参与运行调度的节制闸 3 座，控制闸 9 座。

二、运行管理

辉县管理处负责辉县段工程的日常运行管理工作，保证工程安全、运行安全、水质安全和人员安全。2018 年，管理处坚持"稳中求进，提质增效"的工作思路，按照规范化建设要求，以标准化试点处为平台，积极开展安全生产、标准化渠道建设、应急抢险等工作。通过开展"百日安全"活动，统一调度场所布置，规范自动化调度系统的使用，实现办公记录无纸化、业务流程化，经历大流量输水的考验，锻炼应急调度能力，明确应急处置流程，达成与地方配套的水量确认机制、供水异常处理机制，形成学习培训长效机制、日常检查监督机制、与其他专业沟通协商机制、自查整改机制。各类设备设施运转正常，工程全年安全平稳运行，水质稳定达标。

（1）安全生产。辉县管理处成立了以处长为组长、副处长为分管副组长、全体员工及外协单位负责人为成员的安全生产工作小组，明确了有关人员职责。并制定、印发了《辉县管理处安全生产实施细则》《辉县管理处安全文明施工管理办法》《辉县管理处工程维修养护施工安全奖惩管理制度》

《辉县管理处运行安全问题查改工作实施细则（试行）》，完善了安全生产责任制、安全生产会议制度、安全生产检查实施细则、安全生产考核实施细则、隐患排查与治理制度、安全教育培训制度、应急管理等制度。2018 年 6—9 月，辉县管理处开展了"防淹溺"进校园专项安全教育活动，对中小学生发放安全宣传单，进行"争做护水小天使"宣誓等活动。2018 年度，辉县管理处组织安全生产检查 46 次，及时发现、整改各类安全隐患 60 余项，确保了管理处各项工作安全开展，组织安全教育培训 10 次。

（2）土建绿化与工程维护管理。辉县管理处土建绿化与工程维护管理工作坚持以问题为导向，以"举一反三"自查发现的问题等为基础，以消除问题、确保工程安全运行为目的，开展土建绿化与工程维护工作。2018 年，土建绿化边坡植草 4.9 万余 m^2，合作造林乔木、灌木栽植 15 万余株，完成 2.3km 渠道标准化。工程维护管理分为总价项目和单价项目，总价项目主要为除草、截流沟及排水沟清淤、坡面雨淋沟整治等，单价项目以问题整改和功能完善为主。采用任务单形式通知工程维护单位，主要完成警示柱刷漆、路缘石缺陷处理、沥青路面修复、闸站园区缺陷处理、警示牌更新及修复、增设闸站屋顶标识、闸站和渠道保洁等项目。

（3）应急抢险。辉县管理处成立突发事件现场处置小组，编制了《南水北调中线干线辉县管理处 2018 年度汛方案》《辉县管理处防洪度汛应急预案》和《水污染事件应急预案》，在地方相关部门备案；汛期建立防汛值班制度，进行汛期 24 小时应急值班，收集、传达和上报水情、汛情、工情、险情信息，对各类突发事件进行处置或先期处置；不定期对应急保障队伍驻汛情况进行抽查；摸排块石、钢筋、复合土工膜、水泵、编织袋、钢管、投光灯等；按照河南分局物资管理办法，对管理处物资进行盘

点、维护；按计划开展了防洪度汛和水污染应急演练。

三、运行调度

（1）金属结构、机械电气设备运行。辉县管理处辖区工程有闸站建筑物 17 座，液压启闭机设备 45 台套，液压启闭机现地操作柜 90 台，电动葫芦设备 34 台，闸门 98 扇，固定卷扬式启闭机 8 台套。金属结构机械电气设备采取外委运维单位维护，其中金属结构设备由水利部黄河机械厂运维，液压启闭机由邵阳维克液压股份有限公司运维。2018 年度，辉县管理处共开展金属结构机械电气各类设备设施巡视工作 17283 台次，其中静态巡视 16269 台次、动态巡视 1014 台次。金属结构机械电气设备设施运行稳定、工况良好，无影响通水和调度的事件发生。

（2）永久供电系统运行。辉县管理处辖区工程有 35kV 降压站 15 座，箱式变电站 1 座，高低压电气设备 134 套，柴油发电机 13 套。永久供配电设备设施采取外委运维单位维护，由郑州众信电力有限公司运维。2018 年度，辉县管理处共开展永久供配电各类设备设施巡视共计 288 站次，停电总次数 22 次，其中正常计划内停电 18 次，非正常计划内停电 4 次。永久供配电设备设施运行稳定、设备工况良好，无影响通水和调度的事件发生。

（3）信息自动化、安防运行。辉县管理处辖区工程有视频监控摄像头 189 套，安防摄像头 110 套，闸控系统水位计 31 个，流量计 5 个，通信站点 16 处，包含通信传输设备、程控交换设备、计算机网络设备、实体环境控制等。信息自动化、安防设备设施采取外委运维单位维护，其中通信传输、机房实体环境、视频系统由武汉贝斯特通信股份有限公司运维，网络传输由联通系统集成有限公司运维，闸控系统由中水三立有限

公司运维，安防系统由中信国安有限公司过渡期运维。截至目前，辉县管理处辖区内自动化调度系统运行平稳，有力保障了输水调度工作。

四、工程效益

自 2014 年 12 月 12 日南水北调中线干线工程正式通水以来，辉县管理处辖区工程累计向下游输水 116.8 亿 m³。辖区内郭屯分水口自 2015 年 5 月供水以来已累计向新乡市获嘉县供水 2771.454 万 m³，受益人口 17 万人。

（王　坤　高　胜　郭志才）

石门河倒虹吸工程

一、工程概况

石门河倒虹吸工程位于河南省辉县市赵固乡大砂窝村西北约 1.5km，是总干渠穿越石门河的河渠交叉建筑物。倒虹吸长 1329m，管身横向为 3 孔钢筋混凝土结构，设计流量 260m³/s，加大流量 310m³/s。

石门河交叉断面上游 11.2km 处为石门河水库（中型），总库容 2973 万 m³，最大下泄流量 4450m³/s，石门河交叉断面集水面积 207km²，主要为山丘区，百年一遇天然洪峰流量 3260m³/s，三百年一遇天然洪峰流量 4110m³/s。石门河洪水受暴雨和地形等因素影响，流程短、汇流快，易形成峰高量大的洪水，洪水发生后可能对石门河倒虹吸造成破坏。2018 年石门河倒虹吸被评定为 I 级防汛风险项目。

二、工程管理

辉县管理处负责石门河倒虹吸工程的日常运行管理工作，保证工程安全、运行安全、水质安全和人员安全。2018 年，管理处坚持"稳中求进，提质增效"的工作总

思路，持续开展石门河倒虹吸的工程维护工作，重点开展石门河倒虹吸应急抢险演练工作。在对工程主体和工程红线范围内重点部位不断加固的过程中，与河南省政府联合开展了石门河倒虹吸防汛应急演练，通过开展大型的防汛演练工作，加强了与地方政府的协调联动能力，提高了防汛应急方面各专业之间的配合能力，拉练了防汛应急队伍，达到了事前筹备、未雨绸缪。2018年，石门河倒虹吸工程各类设备设施运转正常，工程全年安全平稳运行，水质稳定达标。

（1）工程维护。2018年主要完成了石门河倒虹吸进口裹头下部30m范围的原石笼加固加高处理，并在裹头外围石笼上部摆放四面体防冲刷，修筑专用物料平台摆放防汛物料，对箱涵顶及周边部位进行平整，对石门河倒虹吸进口左岸自然河道进行平整加固，以方便行洪。

（2）应急抢险。2018年6月25日，河南省人民政府、水利部在辉县市南水北调中线石河倒虹吸工程现场，举办了南水北调防汛抢险及山洪灾害防御应急演练。主要演练内容包括石门河倒虹吸进口裹头抢险，南水北调总干渠左岸渠堤外坡脚加固，石门河下游群众避险转移工作，河道内阻碍行洪的生产堤拆除工作，总干渠裹头及渠堤加高防护工作。此次演练，体现石门河所属各级地方政府突发事件时应急预案、南水北调工程防洪度汛应急预案的可行性、操作性、合理性；检查抢险队伍与当地政府在应对突发事件的快速反应能力和抢险技术的熟练程度。

三、运行调度

（1）金属结构、机械电气设备运行。石门河渠道倒虹吸段设计单元包括进口检修闸、出口控制闸、出口检修闸3个部分。其中进口检修闸共3孔，设2套检修闸门；出口控制闸共3孔，每孔设置1扇工作闸门；出口检修闸共3孔，设2套检修闸门。金属结构机械电气设备采取外委运维单位维护，其中金属结构设备由水利部黄河机械厂运维，液压启闭机由邵阳维克液压股份有限公司运维。2018年，金属结构机械电气设备运行情况良好，无影响通水和调度的事件发生，运行可靠性高。

（2）永久供电系统运行。石门河渠道倒虹吸设计单元含35kV降压站1座，高低压电气设备10套，柴油发电机1套。永久供配电设备设施采取外委运维单位维护，由郑州众信电力有限公司运维。2018年，永久供电系统运行情况良好，无影响通水和调度的事件发生，运行可靠性高。

（3）信息自动化运行。包括视频监控摄像头13套，闸控系统水位计2个，通信站点1处，包含通信传输设备、程控交换设备、计算机网络设备、实体环境控制设备等。信息自动化设备设施采取外委运维单位维护，其中通信传输、机房实体环境、视频系统由武汉贝斯特通信股份有限公司运维，网络传输由联通系统集成有限公司运维，闸控系统由中水三立有限公司运维。2018年，自动化系统运行情况良好，无影响通水和调度的事件发生，运行可靠性高。

（王　坤　高　胜　郭志才）

新乡和卫辉段及膨胀岩（潞王坟）试验段工程

一、工程概况

卫辉管理处所辖工程范围为黄河北—美河北段第七设计单元新乡和卫辉段及膨胀岩（潞王坟）试验段，是南水北调总干渠第Ⅳ渠段（黄河北—漳河南段）的组成部分。地域上属于河南省新乡市的新乡市凤泉区和卫辉市。起点位于河南省新乡市凤泉区孟坟河渠倒虹吸工程出口［桩号（Ⅳ115+900）］，终点位于鹤壁市淇县沧河渠倒虹吸出口导流堤末端［桩号（Ⅳ144+600）］。所辖段总长28.78km，其中明渠长26.992km，建筑物长1.788km，渠段起点设计水位98.935m，终点设计水位97.061m，总设计水头差1.874m，本段设计流量250～260m³/s，加大流量300～310m³/s。段内共有各类建筑物51座，其中河渠交叉建筑物4座，左岸排水建筑物9座，渠渠交叉建筑物2座，公路桥21座，生产桥11座，节制闸1座，退水闸1座，分水口门2座。

（一）渠系输水建筑物

（1）山庄河渠道倒虹吸。山庄河倒虹吸进口渐变段起点桩号为（Ⅳ126+302），出口渐变段终点桩号为总干渠（Ⅳ126+593），建筑物总长291m，其中管身水平投影长140m，设计流量250m³/s。由进口渐变段、进口检修闸、管身段、出口控制闸和出口渐变段组成，倒虹吸管身横向为3孔箱形钢筋混凝土结构，单孔过水断面7m×7.3m（宽×高）。

（2）十里河渠道倒虹吸。十里河渠道倒虹吸进口渐变段起点桩号为（Ⅳ129+830.9），出口渐变段终点桩号为总干渠（Ⅳ130+121.9），建筑物总长291m，其中管身水平投影长140m，设计流量250m³/s。由进口渐变段、进口检修闸、管身段、出口控制闸和出口渐变段组成，倒虹吸管身横向为3孔箱形钢筋混凝土结构，单孔过水断面7m×7.3m（宽×高）。

（3）香泉河渠道倒虹吸。香泉河渠道倒虹吸进口渐变段起点桩号为（Ⅳ139+684.3），出口渐变段终点桩号为总干渠（Ⅳ140+025.3），建筑物总长341m，其中管身水平投影长190m，设计流量250m³/s。由进口渐变段、进口检修闸、管身段、出口节制闸和出口渐变段组成，倒虹吸管身横向为3孔箱形钢筋混凝土结构，单孔过水断面7m×7.25m（宽×高）。

（4）沧河渠道倒虹吸。沧河渠道倒虹

吸进口渐变段起点桩号为（Ⅳ143+585.6），出口渐变段终点桩号为总干渠（Ⅳ144+444.6），建筑物总长859m，其中管身水平投影长700m，设计流量250m³/s。由进口渐变段、进口检修闸、管身段、出口控制闸和出口渐变段组成，倒虹吸管身横向为3孔箱形钢筋混凝土结构，单孔过水断面6.8m×6.8m（宽×高）。

（二）左岸排水建筑物及渠渠交叉建筑物

左岸排水建筑物共计9座，其中左排渡槽1座，左排倒虹吸8座。2个渠渠交叉建筑物，自上游向下游依次为王门河沟排水倒虹吸（Ⅳ116+765.7）、愚公南干渠灌渠倒虹吸（Ⅳ117+036.7）、老道井沟排水倒虹吸（Ⅳ118+567.1）、潞王坟排水渡槽（Ⅳ120+186.9）、金灯寺排水倒虹吸（Ⅳ122+726.4）、山彪沟排水倒虹吸（Ⅳ123+582.9）、西寺门排水倒虹吸（Ⅳ131+924.1）、漫流沟排水倒虹吸（Ⅳ133+239.9）、塔干六支灌渠倒虹吸（Ⅳ136+578.8）、杨村沟排水倒虹吸（Ⅳ136+849.5）、潞州屯排水倒虹吸（Ⅳ142+266）。

（三）水闸及分水建筑物

退水闸位于香泉河倒虹吸进口连接段的右岸，桩号为（Ⅳ139+604.3），退水闸主要担负事故、检修时退水，同时结合退冰要求。退水闸采用开敞式结构，闸底板高程90.783m，与总干渠渠底高程相同。退水闸设计流量为125m³/s。主要由进口段、闸室段、陡坡段、消力池段等几部分组成。

老道井分水口位于总干渠桩号为（Ⅳ117+831.9），设计分水流量为12m³/s，分水口门闸底高程92.90m，分为进口段、闸室控制段和涵管段。涵洞为两孔，孔口尺寸为2.7m×2.7m。

温寺门分水口位于总干渠桩号为（Ⅳ132+629.6），设计分水流量为2m³/s，分水口门闸底高程93.00m，分为进口段、闸室控制段和涵管段。涵洞尺寸为 1.4m×1.4m。

（四）桥梁

沿线跨渠桥梁共计 32 座，包括生产桥11 座，交通桥 21 座，自上游向下游依次为前郭柳南公路桥、王门北公路桥、王门村生产桥、老道井西北公路桥、游览路公路桥、两泉路公路桥、省水泥厂北公路桥、金灯寺北公路桥、山彪西北公路桥、山庄西南公路桥、西山风景园生产桥、山庄西公路桥、盆窑南公路桥、南司马西公路桥、南司马生产桥、大司马西生产桥、大司马北公路桥、农专路公路桥、西寺门东生产桥、西寺门东北公路桥、小康庄生产桥、前杨村南公路桥、后杨村东生产桥、饮马庄公路桥、安都东公路桥、安都东北生产桥、西大双公路桥、新庄西南生产桥、新庄西北公路桥、君子村生产桥、君子村东北公路桥、马林庄西生产桥。

（五）渠道工程概况

管理处所辖渠段过水断面为梯形断面，内坡一级坡为 1∶2.0 ～ 1∶3.5，挖方渠道一级坡以上边坡略陡于一级坡，填方及半挖半填渠道外坡为 1∶1.5 ～ 1∶2.0。起点渠底高程为 91.94m，终点渠底高程为90.06m，渠道纵坡为 1/20000、1/28000，设计底宽为 9.5 ～ 20m。

本辖区渠段膨胀土处理总长度为17.458km，其中强膨胀为 280m，中膨胀且挖深大于 15m 的为 232m，中膨胀且挖深小于 15m 的为 1400m，弱膨胀为 15.546km。

所辖范围内重点渠段高填方段（Ⅳ141+300 ～ 142+550 渠段）、深挖方及膨胀岩换填段（Ⅳ120+100 ～ 122+400 渠段）、穿渠建筑物渠段（8 个左排倒虹吸和 2 座渠渠交叉倒虹吸上下游 50m 范围的渠段）。

二、工程管理

卫辉管理处目前有正式职工 25 人，其中处领导 3 名，下设综合科、调度科、工程科。

（1）工程维护。梳理维修养护项目内容和工作量，开展土建、绿化、信息机械电气维修养护工作。完成渠道、输水建筑物、左岸排水建筑物及土建附属设施的土建项目维修养护；完成输水建筑物、左岸排水建筑物的清淤、水面垃圾打捞、渠道环境保洁等其他日常维修养护项目；继续深入开展绿化试点工作，绿化维修养护工作进展顺利。紧抓信息机械电气维护，加强日常维护队伍管理；设备巡视维护到位，问题消缺及时；开展问题集中问题整改月活动。

（2）安全管理。开展安全标准化建设，加强工程巡查、安全监测、调度值班、闸站值守管理，做到问题发现处理及时。以中小学生为重点，开展暑期防淹溺专项活动；加强警务室、保安公司管理，积极发挥巡视震慑作用。以安全管理为重点，分专业开展安全周检查、月度专项检查活动，做到安全问题及时发现、立即整改。开展建设施工安全专项治理行动，建立健全安全管理制度及预案体系，落实安全生产责任，组织做好安全培训、交底、现场管理、隐患排查治理，确保安全生产。

（3）防汛应急抢险。总结 2017 年防汛抢险工作经验，汛前完成防汛专项应急预案、山庄河应急处理工程建设，全面排查防汛风险，调整防汛风险项目，修改完善防汛两案；调整、补充应急抢险物资，所有风险部位全部备齐防汛抢险物资；开展两泉路深挖方边坡处理防汛应急演练。加强汛期值班值守工作，做好应急队伍管理，确保 2018年汛期平稳度过。

（4）水质保护。进行风险源巡视检查工作，对辖区内水源保护区污染源排查、分析、跟踪，并及时协调处理。精心组织开展监测、捕捞观测，妥善完成日常监测工作。在日常水质保障工作基础上细化工作内容、紧盯关键环节、实抓工作重点，保障卫辉段水质稳定安全。结合工程巡查、闸站值守人

员职责强化、细化水体巡查职责和工作内容，从线到面进行全方位管理，做到出现问题早发现、早汇报、早解决。

（5）积极行动，消除防汛风险项目隐患。山庄河渠道倒虹吸、十里河倒虹吸出口均为防汛风险项目。为彻底消除隐患，解除风险项目，管理处积极行动，实施了山庄河渠道倒虹吸防洪应急处理工程，对十里河裹头进行应急加固，在主汛期到来之前完成防汛风险项目的隐患治理，确保2018年的度汛安全。

（6）开展防汛风险项目专项巡查活动。管理处实行防汛风险项目党员责任制。卫辉管理处渠道全长28.78km，结合辖区的工程和建筑特点，梳理出7个防汛风险项目，其中Ⅰ级2个、Ⅱ级2个、Ⅲ级3个。对每个防汛风险项目指定2～3名党员作为风险项目责任人，对防汛风险项目进行现场巡查，着力发现汛期防汛风险点存在的问题，并跟踪督促解决。

三、运行调度

加强中控室、闸站值班管理，通过规范化交接班，使调度人员的"懂规矩、守规范"成为自觉行为；按时开展水量计量签证工作；开展输水调度"汛期百日安全"活动，实行每日四问、每班进行调度知识学习、每月至少集中学习一次、列队交接班等；狠抓调度值班人员素质、业务能力和工作行为规范，努力提高调度管理水平。做到"调度人员再塑新形象，调度管理再上新台阶"。

卫辉管理处渠道形象面貌差，底子薄，在河南分局的评选考核中名次较为靠后。通过管理处全体员工和运维人员的共同努力，在2018年的运行管理考核中，获得河南分局"2018年度优秀管理处"荣誉称号，获得两次河南分局季度"优秀管理处"荣誉称号。管理处各项工作得到上级

的肯定。

四、工程效益

自2014年12月12日正式通水以来截至2018年年底，卫辉管理处累计向下游输水1209845.85万 m^3，其中，2018年输水485935.89万 m^3。辖区内两座分水口累计向新乡市供水36255.48万 m^3，2018年供水12724.5万 m^3。其中，老道井分水口自供水以来累计向新乡市市区安全供水27885.57万 m^3（2018年安全供水10025.15万 m^3）；温寺门分水口自供水以来累计向新乡市卫辉市安全供水8369.91万 m^3（2018年安全供水2699.35万 m^3）。2018年累计生态补水1246.55万 m^3，工程效益、生态效益、社会效益越发明显。

自2014年12月12日通水以来，南水北调中线工程累计输水214.38亿 m^3，沿线河南、河北、北京、天津四省（直辖市）5300多万人受益。截至2019年4月底，南水北调中线工程已累计向河南省供水10.06亿 m^3，同时2018年4—6月首次向北方进行大规模生态补水，累计向北方补水8.65亿 m^3，其中向河南省补水4.67亿 m^3，有效改善了补水区水生态环境。

（宁守猛　芮培志　曹慧博）

鹤壁段工程

一、工程概况

鹤壁段设计单元工程是南水北调中线一期工程总干渠Ⅳ渠段（黄河北—羑河北）的组成部分，属于第9个设计单元，地域上属于河南省鹤壁市和河南省安阳市境内。渠段起点为鹤壁市淇县沧河渠道倒虹吸出口导流堤末端，终点为汤阴县行政区划边界处，全长30.833km，从南向北依次穿越鹤壁市淇县、淇滨区、开发区、安

阳市汤阴县。沿线共有建筑物 63 座,其中河渠交叉建筑物 4 座,左岸排水建筑物 14 座,渠渠交叉建筑物 4 座,控制建筑物 5 座(节制闸 1 座,退水闸 1 座,分水口 3 座),跨渠公路桥 21 座,生产桥 14 座,铁路桥 1 座。主要承担向总干渠下游输水及向鹤壁市、淇县、浚县、濮阳市、滑县供水的重要任务。

二、工程管理

鹤壁管理处作为鹤壁段工程的现地管理处,全面负责辖区内运行管理工作,保证工程安全、运行安全、水质安全和人身安全。管理处现有正式人员 25 人,其中处长 1 名,副处长和主任工程师各 1 名,处内设综合科、工程科、调度科三个科室。

(1)安全管理。管理处制定了安全管理目标,完善了安全生产管理体系。修订完善了《南水北调中线干线鹤壁管理处安全生产管理实施细则》,根据上级要求,编制了《鹤壁管理处工程运行安全管理标准化建设工作方案》,并对八大体系和四大清单进行了补充完善。与运维队伍、后穿越单位签订安全生产协议书。组织开展了以"生命至上、安全发展"为主题的"安全生产月"活动。定期进行安全生产检查、安全宣传培训。2018 年度,鹤壁处共组织月度的安全生产检查 12 次,日常安全生产检查 48 次,累计发现问题 104 个。开展各种形式的安全教育、培训 11 次,培训人员约 150 人次,多次在河南分局网站和地方媒体进行安全宣传。

(2)土建绿化工程维护。土建日常维护单位自进场以来,维护项目日常管理采用分段负责和月底集中考核相结合的方式加强维护队伍的管理。根据季节制订详细的进度计划,采用事前审批、事中控制、事后验收的管理办法,编制了质量、进度、安全、结算、文明施工等方面的考核管理办法,确保

各项工作有序保质开展。土建绿化维护任务基本按计划实施完成,同时全年标准化渠段建设累计评审通过长度 16.02km,占辖区长度 26.0%(单边长度)。

(3)工程应急管理。成立鹤壁管理处突发事件现场处置工作小组;修订完善《2018 年防汛度汛应急预案》《水污染事件应急预案》《2018 年鹤壁段工程度汛方案》《突发事件现场处置方案》等;汛期建立防汛值班制度,进行 24 小时汛期值班,收集和上报汛情、险情信息,处置各类突发事件,减少或避免突发事件造成的损害;制订应急管理培训和突发事件应急演练工作计划,开展相应应急演练及培训工作。2018 年,进行防汛演练 1 次、水质应急演练 1 次、工程安全应急演练 1 次;开展汛期日常巡查 20 余次,专项巡查 3 次;预警及响应增加值班人员 20 余人次,增加现场值守人员 48 人次;设备驻守 3 次;参加各类培训 10 余次,迎接各级防汛检查 11 余次,参加地方防汛会商 2 次;还对应急抢险道路进行完善,修筑应急抢险道路 2 条。

(4)设备维护。完成全年设备维护工作计划,故障消除及时到位,设备运转正常。运维单位设备维护工作按照年度计划、月计划按部就班实施;管理处组织自有员工每周固定时间开展设备巡查,全员参与,掌握辖区内设备运转情况以及存在的问题。2018 年,开展金属结构液压专业动态巡视 103 次、静态巡视 179 次。设备设施维护日趋完善。2018 年,完成了鹤壁段 35kV 线路供电线路 213 处设备线夹更换,提高了供电安全可靠性;淇河节制闸顺利通过中线建管局"标准化闸站"试点验收;集电器优化等信息机械电气完善项目圆满完成,包括增设闸站及降压站照明定时系统改造、闸站园区充电桩建设等项目;管理处双电源改造工作顺利完成;完成自动化专业改造项目,如实现启闭机控制柜急停按钮信号接入闸控系

统预警管理模块，鹤壁段工程 WiFi 建设项目投入使用，完成视频监控系统及相应通信网络系统扩容项目等。

三、运行调度

2018 年，自通水以来第一次实现大流量输水，输水流量长时间接近设计流量。2018 年 4 月 13 日至 7 月 10 日，河南段向沿线开展生态补水，5 月 11 日，鹤壁淇河节制闸流量达到峰值 205m³/s；2018 年 9 月至 12 月初，选择滹沱河、滏阳河、南拒马河三条河流的重要河段开展地下水回补试点工作，期间鹤壁淇河节制闸最大流量为 236.91m³/s，最大开度为（3700/3700/3700）mm。鹤壁管理处输水调度值班人员严格遵守值班纪律，认真履行岗位职责；严密调度监控，加强中控室值班工作，增加退水闸值守人员；加强调度预警响应和对外协调，严格执行节制闸闸门操作流程；加强巡查和维护，保障了工程及各类设备设施运行正常。

（1）金属结构机械电气设备运行。鹤壁管理处辖区内设置 1 座节制闸，3 座控制闸，3 座分水闸，1 座退水闸。金属结构机械电气设备主要有 16 台套液压启闭机，3 台固卷启闭机，12 扇弧形工作门及电气控制柜等。2018 年，鹤壁段金属结构机械电气设备由黄河机械厂、邵阳维克两家单位负责维护，全年设备运行良好。

（2）自动化系统运行。自动化系统包括通信及实体环境、网络、闸控、安防，分别由武汉贝斯特、中国联通、中水三立、西安未来等 5 家单位负责日常维护。鹤壁淇河节制闸全年接收远程指令 283 条 747 门次，成功 743 门次，失败 4 门次，远程成功率达 99.5%，比 2017 年提高 3.5 个百分点。自动化设备全年运行良好。

四、工程效益

鹤壁段工程自 2014 年 12 月 12 日正式

通水以来，持续不断向北方和沿线供水，2018 年全年不间断，鹤壁管理处严格落实中线建管局制定的输水调度方案，按照输水调度相关规定，认真组织做好日常输水调度工作，圆满完成全年供水任务。2018—2019 调度年，鹤壁段三座分水口累计向鹤壁市淇滨区、淇县、浚县、滑县、濮阳市华龙区、清丰及南乐等受水地区供水 14801.66 万 m³，供水量比上一供水年度增加 12.6%，供水范围逐年扩大；2018 年 4 月 17 日至 6 月 26 日，向鹤壁淇河生态补水 3336.73 万 m³，是以往 3 年补水量的 2.2 倍。鹤壁段沿线鹤壁市淇滨区、淇县、浚县、滑县、濮阳市华龙区、南乐 6 县区居民生活用水水质大大改善。南水北调中线工程为沿线的生产生活、生态环境改善、旅游开发提供了保障，发挥了良好的社会效益和生态效益。

五、环境保护与水土保持

完成鹤壁段鲍屯下曹取土场水土保持项目施工工作。协调设计部门完成鹤壁段 JQ3-6 刘庄弃渣场及进场路水土保持项目以及快速通道桥西侧引道护坡项目设计变更工作。配合完成对鹤壁段侯小屯、大盖族北和花营漫流弃渣场等的稳定性评估工作。

六、验收工作

2018 年 5 月 29—31 日，鹤壁段设计单元工程档案检查评定工作顺利通过；8 月 28—31 日，鹤壁段设计单元工程档案专项验收工作顺利通过。其他专项验收目前尚未启动。

七、尾工建设

鹤壁段 35 座跨渠桥梁交工验收和管养移交已完成；与地方管养单位完成了桥梁缺陷联合排查工作，缺陷处理方案正在编制；积极与桥梁主管部门沟通桥梁竣工验收事宜，计划 2019 年 9 月完成鹤壁辖区跨渠桥梁的竣工验收及产权移交工作。

八、"两个所有"开展情况

加强自有员工的业务培训，做到"一专多能、一岗多人"；每周保证至少 3 天全员到现场开展巡查工作，全年发现各类问题 2229 个，已全部整改完成。

（祁建华　许正周　程伊文）

汤 阴 段 工 程

一、工程概况

汤阴段工程是南水北调中线一期工程总干渠Ⅳ渠段（黄河北—羑河北）的组成部分，地域上属于河南省安阳市汤阴县。汤阴县工程南起自鹤壁与汤阴交界处，与总干渠鹤壁段终点相连接，北接安阳段的起点，位于羑河渠道倒虹吸出口 10m 处。汤阴段全长 21.316km，明渠段长 19.996km，建筑物长 1.320km。共有各类建筑物 39 座，其中河渠交叉 3 座，左岸排水 9 座，渠渠交叉 4 座，铁路交叉 1 座，公路交叉 19 座，控制建筑物 3 座（节制闸、退水闸和各分水口门各 1 座）。设计水深均为 7.0m，设计流量 245m³/s，加大流量 280m³/s。

二、工程管理

汤阴管理处作为汤阴段工程的现地管理处，全面负责辖区内运行管理工作，保证工程安全、运行安全、水质安全和人身安全。负责或参与辖区内直管和代建项目尾工建设、征迁退地、工程验收工作。

（一）工程维护检修

2018 年，土建绿化维护工作开展顺利，严格执行中线建管局和河南分局制定的各项工作规定，年初及时编制上报维修养护计划，编制维修养护实施方案，全面开展全渠段内维修养护工作，对工程巡查及上级部门检查发现的各类问题积极进行整改。先后完成了春、秋季绿化合作造林任务，渠道两侧安全围网顶部完整刺丝滚轮项目，深挖放段增设排水管安装项目，土建日常维护项目，以及两个所有问题集中查改活动。2018 年，土建维护工作每月及时验收、签证。

（二）设备维护

（1）金属结构机械电气设备维护。2018 年以来，新的运行维护标准顺利实施，汤阴管理处按照新的规范要求开展机械电气金属结构设备的运行维护工作。同时，管理处深入加强运维队伍管理，强化现场工作人员的责任意识，通过深入发现问题，核查维护队伍发现问题是否准确、维护工作是否到位，通过现场跟踪、视频查岗大大提升了运维队伍的维护效果。并且通过多次检查运维队伍驻点情况，强化运维队伍内业管理。2018 年，根据年初计划对汤阴段检修闸电动葫芦、轨道、抓梁。淤泥河进口平面门、汤河退水闸工作门进行全面防腐，并完成河南分局 2018 年第二批强推项目，确保设备稳定运行。

（2）永久供电设备维护。汤阴管理处为确保辖区内供电安全，严格按照规范要求加强对 35kV 供电系统开展运行维护管理工作。2018 年先后完成了无功补偿设备补偿功率调整工作、永通河倒虹吸降压站进出口电缆改造项目和强排泵站增加供电线路项目等。

（3）自动化系统设备维护。2018 年，信息自动化专业在完成日常工作基础之上，加强对自动化设备的问题数量排查同时，配合上级单位做好视频扩容项目的督办，保障数据通信的良好运行。配合河南分局完成了水位计、流量计渠底高程测量工作。并且完成各闸站 UPS 蓄电池放电试验的测试工作，对有问题的蓄电池及时做出跳线处理，保障设备安全运行。

（三）应急管理

2018 年 3 月底，对本年度度汛方案和应急预案进行了修订和完善，并及时向安阳市防办等部门进行了报备。在防汛的主汛期，管理处严肃值班纪律，做好防汛保障，积极组织和参加演练，不断提高应急管理水平。管理处在琵琶寺北干渠分干渡槽进口处开展"灌溉渡槽漫溢抢护"的防洪度汛应急演练，组织日常维护队伍、安保队伍参加演练，参演人员 40 余人，设备 3 辆。

1. 预警驻守常态化、风险部位不放松。

2018 年汛期，根据中线建管局、河南分局雨情预警和台风应急响应要求，对风险项目、重点部位组织人员及设备驻守 3 次，做到雨未到、人员设备先到，有备无患，为完善安全度汛增加了强有力的措施。

2. 工程设施管理与保护

汤阴管理处高度重视工程设施管理与保护工作，加强对安保队伍和警务室的监督和管理，组织人员加大对重要建筑物、重点设备设施、人员密集区的跨渠桥梁和安全防护网的巡视检查力度，确保巡视频次和巡视质量，做好节假日期间重点时段的安保工作。

3. 安全生产

2018 年，汤阴管理处紧紧围绕"中线建管局和河南分局运行安全目标"的总体战略，坚持"安全第一、预防为主、综合治理"的方针，制定了管理处的近期和远期运行安全目标。全体员工齐心协力，统一思想，牢固树立"管生产必须管安全"的工作理念，以贯彻落实安全生产为主线，重基层、打基础、强监管，狠抓薄弱环节和专项整治，全面加强安全生产管理和监督。一年来，汤阴管理处未发生安全生产事故。

（1）完善制度，强化责任。汤阴管理处全面开展安全生产责任制落实，突出重点、抓住中心、坚持预防、落实责任、强化监督，坚持经常性检查与定期检查相结合，发现问题限期整改，构建风险分级管控和隐患排查治理双重预防机制，逐项抓好落实，切实防范了安全生产事故的发生。

（2）安全教育培训。为加强和规范汤阴管理处安全培训工作，提高员工安全素质，防范安全生产事故，减轻职业危害，定期识别安全教育培训需求，制订各类人员培训计划，按计划进行安全教育培训，并对安全培训效果进行评估和改进，做好培训记录，并建立档案。通过加强对员工的安全教育培训，提高了全员安全综合素质和安全自律意识，使员工牢记"安全在于时刻警惕，事故源于瞬间麻痹"的理念，以"管生产必须管安全"的思路，积极投身安全生产工作，努力营造一个"我与管理处双平安"的良好氛围。

（3）安全宣传。为提高全员安全生产意识，进一步强化安全发展观念，提升员工安全素质，保障南水北调总干渠汤阴段沿线人民群众生命财产安全和工程运行安全，根据中线建管局和河南分局的相关要求，汤阴管理处高度重视安全宣传工作，由处长亲自部署、主任工程师直接负责、兼职安全员具体策划、全体员工积极参与了"安全宣传"相关活动。在"安全生产月活动"中，以渠道沿线中小学为重点，以"预防溺水，关爱生命"为主题，汤阴管理处、安保单位、警务室"三位一体"组织开展防溺水专题宣传教育活动，覆盖了沿线 15 座学校，发放传单约计 5000 份，签订 2018 年暑假安全温馨告知书 3000 份。以《安全生产法》和《南水北调工程供用水管理条例》为核心，组织安保队伍、警务室宣传进村庄，对周边群众开展普法宣讲活动提高其法制意识，增强南水北调工程的法制观念。

（4）作业安全。汤阴管理处加强生产现场管理和生产过程控制，对生产过程及物料、设备设施、作业环境等存在的隐患进行分析和控制；对临水临边作业、高处作业等危险性较高的作业活动实施作业许可管理，严格履行审批手续。施工单位进行危险作业时，管理处安排专人进行现场安全管理，确保安全规程的遵守和安全措施的落实。加强生产作业行为的安全管理，严格执行《出入工程管理范围管理标准》，对作业行为隐患，采取有效控制措施。

三、运行调度

2018 年，南水北调中线工程处于大流量、高水位和高流速运行模式状态，在总调中心和河南分调中心的坚强领导及大力支持下，汤阴管理处 2018 年输水调度工作平稳有序，调度人员业务水平逐渐提高，渠道运行安全平稳。2018 年共接收、执行调度指令 443 门次，均在规定时间内完成并反馈。

（1）金属结构机械电气设备运行。汤阴段工程有闸站建筑物 6 座，液压启闭机设备 11 套，液压启闭机现地操作柜 11 台，电动葫芦设备 3 台，闸门 25 扇，固定卷扬式启闭机 2 套，抽排泵站 2 座，水泵 4 台，水泵现地控制柜 2 套。根据中线建管局最新实施的运行维护标准开展维护工作。2018 年，金属结构机械电气设备运行情况良好，无影响通水和调度的事件发生，运行可靠性高。

（2）永久供电系统运行。汤阴段工程有 35kV 中心站 1 座，降压站 4 座，箱式变电站 1 座，柴油发电机 6 套，应急电源车 1 辆。汤阴段永久供电系统运维项目由众信电力工程有限公司负责承担。2018 年，永久供电系统运行情况稳定。

汤河中心开关站作为鹤壁、安阳段工程 35kV 运维单位的驻点，24 小时有人值守，35kV 运维单位员工工作、生活都在其中。管理处从规章制度、组织架构、岗位职责、办公生活环境、安全管理、员工档案、学习培训等方面，对 35kV 运维单位加强管理，确保安全运行。

（3）信息自动化系统运行。汤阴段工程有水位计 11 个、流量计 2 个、通信站点 5 处、摄像头 114 套，包含通信传输设备、程控交换设备、计算机网络设备、实体环境控制设备等。2018 年，汤阴段自动化系统运行情况稳定。

四、工程效益

自 2014 年 12 月 12 日正式通水以来，汤阴段累计向下游输水 120.95 亿 m^3，其中 2018 年度累计输水量为 47.7 亿 m^3。董庄分水口 2018 年向汤阴地区分水 2137.63 万 m^3，累计分水 4216.15 万 m^3。2018 年，汤河退水闸向汤阴县汤河生态补水 1249.57 万 m^3，分水 365.07 万 m^3，累计输水 3350.96 万 m^3。南水北调中线工程成为汤阴县的主要的生活用水、生态水源，对当地的经济建设、环境建设发挥着越来越重要的作用。

五、环境保护与水土保持

汤阴段工程王老屯、长沙北、大光村和索下扣四座弃渣场经过近三年汛期雨水冲刷，均存在不同程度的水毁问题，直接影响汤阴段渣场水土保持工作。经管理处多次现场排查水毁工程量，并邀请设计单位现场踏勘，上报了《关于对汤阴段王老屯等四座弃渣场水毁问题》进行修复的请示，于 2018 年 2 月 5 日收到了《关于做好汤阴段王老屯等四座弃渣场水毁问题修复工作的通知》（中线局豫工〔2018〕13 号）。根据通知要求，管理处再次与县南水北调办沟通协调，并于 2018 年 5 月 7 日组织汤阴县南水北调办公室主要负责同志在汤阴管理处召开 4 座弃渣场水毁问题修复专题会，经与地方协调并上报分局后，于 2018 年 8 月 2 日与汤阴县调水办签订委托建设管理协议。该项目已于 2018 年年底开工维护，计划 2019 年 8 月完工。

六、验收工作

2018 年，汤阴管理处经过全体职工和

各参建单位的协作配合，于2018年8月8—10日，通过汤阴段建设期档案检查评定。2018年11月28—30日，计划开展汤阴段设计单元工程档案专项验收。

七、尾工建设

汤阴段辖区共计19座桥梁，其中汤阴西公路桥接管单位为汤阴县住建局、董庄西公路桥接管单位为汤阴县公路局，其余17座桥梁接管单位为汤阴县交通局。目前汤阴段除汤阴西公路桥未完成缺陷确认，其余18座桥梁已完成缺陷确认，管理处正积极与接管部门接洽，沟通桥梁缺陷处理方案及竣工验收事宜。

（段 义 杨国军 何 琦）

安阳段工程

一、工程概况

南水北调中线干线总干渠安阳段自羑河渠道倒虹吸出口始至穿漳工程止［安阳段累计起止桩号为（690＋334）～（730＋596）］。途经驸马营、南田村、丁家村、二十里铺，经魏家营向西北过许张村，跨洪河、王潘流、张北河暗渠、郭里东，通过南流寺向东北方向折向北流寺到达安阳河，通过安阳河倒虹吸，过南士旺、北士旺、赵庄、杜小屯和洪河屯后向北至施家河后继续北上，至穿漳工程到达本段终点。

渠线总长40.262km，其中建筑物长0.965km，渠道长39.297km。采用明渠输水，与沿途河流、灌渠、公路的交叉工程采用平交、立交布置。渠段始末端设计流量分别为245m³/s和235m³/s，起止点设计水位分别为94.045m和92.192m，渠道渠底纵比降采用单一的1/28000。

渠道横断面全部为梯形断面。按不同地形条件，分全挖、全填、半挖半填三种构筑方式，其长度分别为12.484km、1.496km和25.317km，分别占渠段总长的31.77%、3.81%和64.42%。渠道最大挖深27m，最大填高12.9m。挖深大于20m的深挖方段长1.3km，填高大于6m的高填方段长3.131km。设计水深均为7m的边坡系数为1∶2～1∶3，底宽12～18.5m。渠道采用全断面现浇混凝土衬砌形式。在混凝土衬砌板下铺设二布一膜复合土工膜加强防渗。渠道在有冻胀渠段采用保温板或置换沙砾料两种防冻胀措施。

沿线布置各类建筑物77座，其中，节制闸1座、退水闸1座、分水口2座、河渠交叉倒虹吸2座、暗渠1座、左岸排水建筑物16座、渠渠交叉建筑物9座、桥梁45座（交通桥26座、生产桥18座、铁路桥1座）。

二、工程管理

（1）积极实施汛前项目，保障工程安全度汛。管理处在汛前对工程进行全面排查，共完成左排倒虹吸清淤3500m、排水沟疏通35000m、截流沟清淤39300m、防汛道路维护5600m，及时消除各类隐患，保障工程安全度汛。在管理处与地方防汛等部门的共同努力下，地方政府对岗嘴沟倒虹吸进口的建筑垃圾堆边坡进行了防护及绿化，刘家屯沟、皇甫屯沟等防洪影响处理工程顺利实施，保证安阳段工程安全度汛，管理处将继续加强与地方防汛部门的合作，扩大防汛合作深度及广度。

（2）开展标准化渠道建设，渠道形象焕然一新。辖区内已有10段渠道（单侧累计20.74km）通过了标准化渠道验收，2018年验收通过长度及累计通过长度均名列前茅，辖区内渠道形象进一步提升。

（3）督办项目保质保量按时完成。隔离网增设刺丝滚笼82343m，深挖方膨胀土渠段增设排水管2331.6m，均按时完成，并完成验收、计量工作。

（4）工程巡查扎实推行段（站）长制，保证制度落地执行。管理处结合辖区内工程实际，制定《安阳、穿漳管理处段（站）长制实施方案》，责任到人，促进行为规范，切实加强现场人员的监督管理，确保问题查改工作落实到位，进一步提高管理水平，保障工程安全运行。加强对自有人员进行跨专业培训。组织自有人员学习各专业的理论知识，开展多层次培训学习，扎牢理论知识基础，实现一专多能，进一步提高自有人员全面发现、处置问题的能力。建立自有人员查改问题长效机制。结合实际情况，持续完善优化管理处问题查改制度，制定相关奖惩措施，将问题查改责任落实到人，加强问题处置过程监管，切实做到问题发现后及时整改到位。以问题为导向，通过认真查、反复查、相互查，持续开展问题查改活动，逐步形成长效机制。

（5）运行安全管理标准化体系初步建成。运行安全管理标准化建设工作开展以来，管理处建立专项工作领导小组，明确相关人员的工作职责，搜集整理完备各级管理规章制度及操作规程121项，修订完善管理处层级的各项管理文件13项，建立健全八大体系、四大清单，并及时试行、总结，工程运行安全管理体系初步建成。

三、运行调度

严格执行上级下发的信息机械电气专业标准，进一步规范信息机械电气设备的管理行为，提升设备维护管理水平。加强设备运行维护管理，确保设备运行稳定。加强运维人员管理，按照上级文件要求对金属结构机械电气各维护队伍实施严格管理，与运维队伍签订安全生产协议，并进行安全生产交底。每月对运维单位进行考核，召开工作会议，确保信息机械电气设备安全稳定。管理处专员对现地闸站每月进行一次全员巡检，站长每周对自己所辖闸站进行一次巡检。输水调度日常工作有序开展，调度值班规范严谨，严格落实规章制度，确保运行安全。制定《安阳、穿漳管理处中控室管理考办法（试行）》，对照标准化要求，加强人员管理，履职能力显著提高。积极开展河南分局"输水调度窗口形象月"活动，提升对外形象。编写《精准视频巡视指南》精细化辖区的远程监控巡视，有效提升了中控室监控水平，确保设备运行稳定。

严格执行段（站）长制度，落实"两个所有"。真正做到所有人会查所有问题，切实做到问题早发现早处理，及时整改影响设备运行存在的问题，做到及时发现问题并上传App。全年累计发现信息机械电气问题1465个，整改1465个，整改率100%。加强人员培训，积极组织内部培训并参加上级组织的培训，提高人员素质和履职能力，提升人员业务水平、理论知识水平与操作技能。2018年累计组织培训17次。

四、工程效益

准确执行调度指令，确保分水和补水正常开展。2018年，准确执行并及时反馈指令472条，辖区内小营分水口已累计向安阳市分水5898万 m^3；安阳河退水闸对当地安阳河进行生态补水，2018年生态补水3433.152万 m^3，累计生态补水4908.576万 m^3。

五、验收工作

完成辖区内首批跨渠桥梁验收移交工作，辖区内首批4座跨渠桥梁顺利完成验收移交，为辖区内剩余桥梁的验收移交工作奠定基础。

（司凯凯　戚树宾　周　芳）

穿 黄 工 程

一、工程概况

穿黄工程是南水北调中线总干渠穿越黄

河的关键性、控制性工程，于郑州市荥阳市孤柏山弯由南向北穿越黄河，横跨郑州市、荥阳市及焦作市温县，是南水北调总干渠穿越黄河的大型输水工程，其任务是将中线调水从黄河南岸输送到黄河北岸。工程位于河南省郑州市黄河京广铁路桥上游约 30km 处，于孤柏山弯横穿黄河，南岸起点为荥阳市王村化肥厂南的 A 点，与中线荥阳段相接，终点为北岸温县南北张羌马庄东的 S 点，与温博段工程连接，总长 19.305km，设计流量 265m³/s，加大流量 320m³/s。

穿黄工程由南岸明渠、进口建筑物、穿黄隧洞、出口建筑物、北岸河滩明渠、北岸明渠、新蟒河渠道倒虹吸等组成，另有退水洞工程、孤柏嘴控导工程和北岸防护堤工程。其中渠道长 13.950km，建筑物长 5.355km，沿途穿越黄河、新蟒河、老蟒河等 3 条河流，与 14 条等级公路交叉。

穿黄管理处全面负责辖区内运行管理工作，保证工程安全、运行安全、水质安全和人员安全。负责或参与辖区内运行管理及专项工程维护建设、征迁、建设期尾工验收配合、档案管理等工作。穿黄管理处内设综合科、合同财务科、工程科及调度科四个科室。

二、工程管理

（1）工程巡查。按 7 个责任区每天开展工程巡查，全年未发生影响工程安全运行类问题。2018 年 10 月，工程巡查人员由南水北调中线工程保安服务有限公司统一提供。

（2）安全管理。辖区管理处设有安全生产工作小组、安全生产负责人和兼职安全员。编制了年季月安全生产工作计划，修订制度、制定标准、明确规程，开展安全生产工作总结。加强日常维护项目管理，与运维单位等进行安全交底并签订安全生产协议书。定期开展安全生产会议、组织安全生产检查、开展安全宣传培训。全年零伤亡。

（3）安全保卫。安保工作由南水北调中线工程保安服务有限公司和警务室联合实施。安保公司人员负责日常巡逻、值守，对巡查发现的安全问题及时处理，2018 年度南北岸累计发现并修复围网破坏 42 处；警务室定期开展巡逻，对沿线巡逻发现的治安等问题进行处理。

（4）土建绿化维修积极专项。2018 年，渠道工程、输水建筑物土建维修养护项目等 5 类 64 项，分别由南、北岸维护标实施。绿化养护项目主要为防护林养护、闸站园区绿化工程养护、渠坡草体补植等。另邙山盘山公路、北岸 35kV 临时改永久等项目的开展，为安全运行提供了有力保障。按照统一建设要求，2018 年，完成相关合同工作。

（5）安全监测管理。穿黄工程安全监测工作配备人员及仪器均满足观测强度要求。2018 年管理处高质量完成了数据采集、录入和对比工作，穿黄管理处 2018 年安全监测内观采集 133949 点次，外观采集 7084 点次。在穿黄工程输水达到设计流量和加大流量期间，穿黄隧洞部分关键数据人工加密观测至 1 次/天，为穿黄隧洞不同运行工况收集了关键数据。

（6）防汛度汛和应急管理。2018 年 7 月，成功应对台风"安比"，安全度汛。2018 年 5 月，管理处和焦作市人防办联合进行了"筑盾郑州"人民防空综合演习，取得良好效果。

三、运行调度

穿黄管理处运行调度工作地点为中控室和穿黄隧洞出口节制闸站。节制闸在隧洞出口，穿黄中控室按照五班两倒方式排班，早班 8：00—17：00，晚班 17：00 至次日 8：00。每班调度值班人员 2 名，其中值班长 1 名，调度值班员 1 名。调度值班人员共计 10 名。考虑到穿黄隧洞出口的特殊性，目前实行 24 小时现地值守。每班 2 人，每班 24 小时，分时段以 1 人为主，另 1 人为辅，发生事件时 2 人共同处理。主要工作内容为进行闸站巡视检查、竖井渗漏水泵启停、竖井渗漏量观测、应急闸门操作、应急供电等。通水至 2018 年年底，穿黄节制闸共收到调度指令 2214 次，其中 2018 年累计操作闸门 930 门次。通水至今，节制闸单孔闸门开度最大为 3420m，过闸流量最大为 245.11m³/s。

2018 年，穿黄管理处完成穿黄隧洞出口节制闸 1 号、2 号竖井四台检修泵，8 台渗漏泵的检修维护，完成对 1 号、2 号竖井渗漏管的改造任务。

四、工程效益

通水至 2018 年年底，穿黄工程累计输水量为 129.5 亿 m³，2018 年全年共输水 51.8 亿 m³。

五、环境保护与水土保持

2018 年 6 月，对西邙山渣场局部破损部位进行了修复。

六、验收工作

2017 年 8 月，穿黄工程管理专题设计单元工程档案专项通过国务院南水北调办

验收。

七、尾工建设

与地方桥梁接收管理部门联合进行桥梁移交病态调查。

八、其他

2017 年年底，穿黄工程列为全国中小学研学实践教育基地。2018 年，全年根据南水北调工程及穿黄工程特点组织开展相关研学工作。研究确定了研学路线，成立了研学教育组织机构。从工程安全、穿黄历程、工程建设、运行管理以及水情教育等方面开展开发教育课程。制作南水北调穿黄工程的技术教学片、小中青三个版本的动画课件、南水北调工程明信片、江河相会图册以及南水北调水情绘本等宣传册。编制少儿图书《李小睿和水仙子·南水奇游记》。加强硬件设施建设。组织开展研学教育活动。截至 2018 年年底，穿黄管理处开展研学教育活动 24 批次，惠及大中小学生 1200 余人，活动收到良好的社会效益，广东佛山电视台及河南新闻广播黄金时间播出穿黄研学活动情况。

（舒仁轩　李少波）

沙河南—黄河南段工程

概　述

沙河南—黄河南段工程起点位于河南省鲁山县薛寨村北，终点在荥阳市西北王村与总干渠第Ⅲ渠段（即穿黄工程）的起点 A 点相接。线路全长 234.934km，本渠段设计流量为 320~265m³/s，加大流量 380~320m³/s。

南水北调中线一期工程为Ⅰ等工程，总干渠渠道、各类交叉建筑物和控制工程等主要建筑物为Ⅰ级建筑物，附属建筑物、河道

护岸工程等次要建筑物为Ⅲ级建筑物，临时工程为Ⅳ~Ⅴ级建筑物。

该渠段工程由全挖、全填、半挖半填土质渠道、岩质及土岩结合渠道和河渠交叉工程、左岸排水工程、渠渠交叉工程、公路和铁路交叉工程、控制工程等建筑物组成。

该渠段渠道长 215.949km，建筑物长 19.385km。沿线共布置各类建筑物 351 座，其中河渠交叉建筑物 32 座、左岸排水建筑物 96 座、渠渠交叉建筑物 14 座、分水口门 13 座、节制闸 9 座、退水闸 10 座、公路桥 160 座、铁路交叉 10 座。

沙河南—黄河南段包括沙河渡槽段、鲁山北段、宝丰—郏县段、北汝河渠道倒虹吸工程、禹州和长葛段、新郑南段、双泊河渡槽、潮河段、郑州 2 段、郑州 1 段、荥阳段 11 个设计单元。其中沙河渡槽段、鲁山北段、北汝河渠道倒虹吸工程为直管项目，双泊河渡槽为代建项目，其他为委托建管项目。

2014 年 9 月 29 日，沙河南—黄河南段工程 11 个设计单元均通过通水验收；2014 年 12 月 12 日正式通水，进入运行期。

根据中线建管局《南水北调中线干线工程建设管理局组织机构设置及人员编制方案》（中线局编〔2015〕2 号），2015 年 6 月 30 日，在河南直管建管局基础上分别成立河南分局和渠首分局。河南分局负责叶县至冀豫界（全长 546.13km）工程运行管理工作，保证工程安全、运行安全、水质安全和人身安全。

河南分局内设 10 个处（中心），分别为综合管理处、计划经营处、人力资源处、财务资产处、分调中心、工程管理处（防汛与应急办）、信息机械电气处、水质监测中心（水质实验室）、监督二队和党建工作处。按职能分别负责综合、生产经营、人力资源、财务、调度、工程、机械电气金属结构、自动化信息、水质等方面管理工作。

河南分局下设 19 个现地管理处，其中沙河南—黄河南段设 9 个管理处，分别为鲁山管理处、宝丰管理处、郏县管理处、禹州管理处、长葛管理处、新郑管理处、航空港区管理处、郑州管理处、荥阳管理处，负责辖区内运行管理工作，保证工程安全、运行安全、水质安全和人身安全，负责或参与辖区内相关工作。

目前，河南分局各级运行管理单位规章制度健全，人员配备合理，职责清晰明确，信息反馈及时，调度令行禁止，水质全面监控，工巡重点突出，安保措施得力，设备运转正常，合同管理规范，财务管理合规，后勤服务高效，园区设施基本完善，实现了工程安全运行，确保了水质稳定达标，工程运行管理工作取得了明显成效。

（王志刚　朱清帅　张茜茜）

沙河渡槽工程

一、工程概况

沙河渡槽工程是南水北调一期工程总干渠沙河南—黄河南的组成部分，位于河南省鲁山县城东约 5km 处，总干渠全长 11.938km，其中明渠长 2.888km，建筑物长 9.05km。总设计水头差 1.881m，其中渠道占用水头 0.111m，建筑物占用水头 1.77m。设计流量 320m³/s，加大流量 380m³/s。该工程跨沙河、将相河、大郎河三条河流，各类交叉建筑物共 13 座，其中渡槽 1 座（统称沙河渡槽），包括沙河梁氏渡槽、沙河—大郎河箱基渡槽、大郎河梁氏渡槽、大郎河—鲁山坡箱基渡槽和鲁山坡落地槽；左岸排水建筑物 5 座，节制闸 1 座，退水闸 1 座，桥梁工程 5 座。

二、工程管理

（1）安全管理。坚持"安全第一、预防为主、综合治理"的方针，深入贯彻上级单位有关安全生产工作部署和指示精神，持续推进运行安全管理"八大体系、四大清单"标准化建设。组织安全生产培训交底 32 次，签订协议书 16 份；开展各类安全生产检查 55 次，查改安全问题 217 项；联合警务室、安保处理各类违规问题 13 起。

采用多种形式深入鲁山辖区 6 个乡镇 20 多个乡村进行安全宣传。两会加固及大流量输水期间，增加安保人员强化安保巡查。为确保渠道封闭彻底，新装滚笼刺丝 11.7 万 m，安装刺绳 2 万余 m。通水至今零溺，且未发生一起安全责任事故。

（2）水质保护。及时开展水质保护巡查、漂浮物打捞、水体监测、藻类捕捞、污染源防治、水生态调控等工作。在3座有危化品通过的风险桥梁附近闸站设置应急物资箱，包含应急防化服、铁锹及编织袋等物资，并对桥面排水设施封堵，设置了应急储沙池和急污池；对两个退水闸前进行扰动清淤2次，全年共打捞上千余公斤漂浮物，进行水质培训3次，配合水质取样8次，向分局送水样43次，协调取缔污染源1处；配合分局开展"以鱼净水"水生态调控实验。与鲁山县环境污染攻坚办签订目标责任书，与鲁山县公安局、环保局建立了水质应急联络机制，修编水污染应急预案并向地方部门备案。通水至今未发生水污染事件。

（3）土建绿化工程维护。为全面加强工程维护质量，结合鲁山段实际，修订《南水北调中线干线鲁山管理处工程维护分段管理责任制实施方案》，编制土建及绿化维护养护考核和管理等管理办法20余份，并加强考核，狠抓落实。

遵循"经常养护、科学维修、养重于修、修重于抢"的原则，积极开展各项土建维护工作。沙河渡槽工程除土建日常维护养护、绿化及合作造林2跨年度项目正在实施外，沙河梁式渡槽35和36跨应急防护、汛前安全度汛项目已完成合同验收；沙河渡槽连接通道项目为专项项目，已完成桩基施工。

（4）工程应急管理。深入贯彻"防重于抢"的防洪理念，狠抓汛前、汛中各项工作落实，汛前摸排防汛风险项目，明确风险等级，确定防汛重点项目；2018年初即编制了防汛应急预案、度汛方案并通过市防办专家评审和备案，与地方建立了联动机制；召开专题会及培训会10次，有针对性地对防汛应急工作进行了培训及部署；汛期大雨以上降雨共7次，开展雨中、雨后专项巡查14次；加强应急队伍管理，主汛期配

备抢险人员12名，设备9台，24小时值守待命，不定期抽查4次，紧急集结2次，共启动预警7次；汛前及汛期上级检查6次，参加上级各类防汛会议10次；防汛应急物资全部到位，设施设备状态良好；严格落实24小时值班制度，全员参与防汛值班。辖区防汛风险点实现平安度汛。

（5）穿跨越邻接工程。建立健全穿跨越邻接工程管理体系，穿（跨）越工程台账清晰明了，对穿（跨）越工程进行专项检查。为确保发现问题及时沟通，管理处与已建、在建的穿跨越邻接工程建立联络机制，有效地解决了穿跨越邻接工程存在的各类问题。

三、运行调度

澎河、沙河节制闸接收远程调度指令479条，成功执行475条，远程成功率为99.2%；现地执行指令12条，成功率为100%。严格贯彻执行输水调度管理制度，全年24小时进行调度值班，未发生违规行为和失误。特别是在防洪度汛、白龟湖生态补水"机构改革"加固及大流量输水期间，强化管理，科学应对，克服大流量、高水位、高流速、恶劣天气等不利因素，实现了精准调度、安全供水的目标。

积极开展输水调度"汛期百日安全"活动、调度形象提升活动；参加输水调度月例会及输水调度论坛，组织学习、培训220余次；撰写学习笔记200余次，规范交接班和调度值班行为，提升了岗位形象，进一步提升了输水调度规范化和信息化管理水平。

四、工程效益

南水北调中线干线工程正式通水以来，工程安全平稳运行，累计调水量为162.2亿 m³，其中，2018年全年累计输水64.4亿 m³。通过沙河退水闸向白龟湖生态补水237.6万 m³，

生态效益、经济效益、社会效益显著。

2018年，承接"水到渠成共发展"网络主题宣传活动等各类考察、调研、参观200余次，扩大了南水北调的影响力。

五、环境保护与水土保持

在土建维护过程中，加强施工现场文明施工管理，通过合作造林模式，打造清水走廊。

六、验收工作

完成沙河渡槽工程设计单元档案专项验收，"两全两简"全部整理完成，具备移交条件。完成所有跨渠桥梁问题确认及复核并上报河南分局，待河南分局处理方案及预算批复后，尽快组织实施并向地方政府移交。

七、其他

根据《教育部办公厅关于商请推荐"全国中小学生研学实践教育基地"的函》（教基厅函〔2017〕24号）、《教育部办公厅关于开展2017年度中央专项彩票公益金支持中小学生研学实践教育项目推荐工作的通知》（教基厅函〔2017〕25号）精神，在国家有关基地主管部门和各省级教育行政部门推荐的基础上，经专家评议、营地实地核查及综合评定，命名沙河渡槽工程等377个单位为2018年度"全国中小学生研学实践教育基地"。

（李　志　张承祖）

鲁 山 北 段 工 程

一、工程概况

鲁山北段工程渠道全长7.744km，渠线穿越10条较小的排水沟河。总干渠与沿线灌渠、公路的交叉工程全部采用立交布置型式，沿线建筑物工程共有左岸排水倒虹吸、渠渠交叉、控制工程和路渠交叉工程4种类型。共有各类建筑物24座，其中初设批复左岸排水建筑物10座，渠渠交叉建筑物3座，跨渠公路桥5座，生产桥5座，另有设计变更增加分水口门1座。

渠道设计流量320m³/s，加大流量380m³/s。渠道设计水深为7m，加大水深为7.643~7.657m，设计底宽22.5~25.0m。起点设计水位为130.49m，终点设计水位为130.19m。总设计水头差0.30m。张村分水口门设计流量1m³/s，设计水头0.02m。

二、工程管理

鲁山北段工程的现地管理处与沙河渡槽工程一致，同为鲁山管理处。

三、工程效益

南水北调中线干线工程正式通水以来，工程运行安全平稳，累计调水量162.2亿m³，其中2018年全年累计输水64.4亿m³。

四、环境保护与水土保持

在土建维护过程中，加强施工现场文明施工管理，通过合作造林模式，打造清水走廊，积极推动鲁山北段漫流、张村2个稳定渣场水保项目实施前准备工作。

五、验收工作

已完成鲁山北段工程设计单元档案专项验收，"两全两简"已全部整理完成，具备移交条件。完成所有跨渠桥梁问题确认及复核并上报分局，待分局处理方案及预算批复后，尽快组织实施并向地方政府移交。

（郑晓阳）

宝丰—郏县段工程

一、工程概况

宝丰—郏县段工程由南水北调中线干线

宝丰管理处和郏县管理处共同承担运行管理工作。其中，宝丰管理处所辖工程位于宝丰郏县境内，全长 21.953km，沿线布置各类建筑物共计 63 座，其中主要建筑物有 1 座节制闸、3 座控制闸、2 座分水口、1 座检修闸、8 座渗漏泵站、1 座中心开关站、降压站 11 座。郏县管理处所辖工程自北汝河倒虹吸出口渐变段开始至兰河涵洞式渡槽出口渐变段止，渠线总长 20.297km。沿线布置各类建筑物 39 座，其中河渠交叉输水建筑物 3 座、左排建筑物 10 座、桥梁 24 座、分水口 1 个、退水闸 1 座。

二、工程管理

（1）安全生产。编制 2018 年度安全生产工作计划，开展安全生产检查、安全宣传教育、安全生产会议和安全生产工作总结等管理工作，确保实现安全生产目标。严格日常管理与季度考核，不断提高安保服务质量。严格警务室管理，拓展警务室的工作职能，创新工作方法。完善与地方政府、公安机关联络机制，严肃处理违规、违法行为。开展"防淹溺""安全生产月""南水北调大讲堂"等多种安全宣传活动。

（2）工程巡查。完成工程巡查接管，组织新入职工程巡查人员岗前培训，详细讲解工程巡查内容及要求、常见问题分类分级、工程巡查 App 的使用及相关要求，提高工程巡查人员发现和辨识问题的能力。通过微信工作群、安防视频监控系统、巡查实时监管系统等多重手段进行监控，监督指导工程巡查行为，进行月度考核并采取奖惩措施，有效提高了工程巡查人员的工作效率和质量。

（3）水质保护。完成污染源专项巡查 11 次，修订水污染事件应急预案并备案，完成重点危化品运输桥梁桥面排水改造和桥下集污池建设及储备应急沙土工作。联合地方相关部门全面排查 3 次，发现并处置围网外污染源 1 处，拆除保护区内养殖场 3 处。

（4）应急管理。积极与地方部门联防联动，组织防汛安全隐患大排查，对渠道工程沿线上下游 20km 的水域结构情况进行摸排，建立渠道防汛区域网络、水质风险网络、安全隐患网络。"防汛两案"经市（县）防办评审通过，已报分局及地方备案。组织防汛应急演练、水污染应急演练、专网通信中断应急演练、群体性事件应急演练 8 次，开展各项应急培训 18 次，熟练掌握应急处置流程及措施，提高了全员应急能力。

三、运行调度

（1）调度管理。2018 年，金属结构机械电气设备设施运行安全，水质稳定达标，未发生影响输水调度的安全事故。通过"输水调度'汛期百日安全'"和"窗口形象提升月"活动，中控室值班长、值班员和现地闸站值守人员都能够熟练操作柴油发电机、液压启闭机、固卷启闭机等机械电气设备，能够熟练掌握《输水调度业务手册》《输水调度应急工作手册》等，并具备一定的应急调度能力。2018 年，总计执行完成远程调度指令 1971 门次，执行成功 1956 门次，远程操作成功率 99.2%。

（2）金属结构机械电气运行。按照中线建管局下发的《信息机械电气专业标准》，各专员按照技术标准和管理标准，加强对设备设施的定期巡检和对运维队伍的管理。巡查中，严格执行"两票制"，对发现的设备设施渗漏油、设备卫生不达标、标识不清等问题，及时上传至中线巡查维护实时监管系统 App 并积极组织整改。按时组织运维队伍进行闸站动态巡视、设备设施消缺和维护。

（3）自动化系统。2018 年共开展了视频监控系统及相应通信网络系统等扩容、电力电池室改造、自动化室温控改造、流量计运行数据监控及采集单元工程改造、水位计

及流量计渠道地板高程测量、自动化调度系统蓄电池采购、自动化系统计算机网络系统内网改造、液压启闭机及闸控系统功能完善项目等共计 8 项专项改造项目。

四、工程效益

2018 年，宝丰—郏县段工程高庄分水口全年累计分水 1848.69 万 m^3，马庄分水口全年累计分水 0.45 万 m^3，赵庄分水口全年累计分水 1096.21 万 m^3；北汝河退水闸累计生态补水 1809 万 m^3。实现足额安全供水，工程效益发挥明显。

（卢晓东　麻会欣）

北汝河渠道倒虹吸工程

一、工程概况

北汝河渠道倒虹吸工程位于河南省宝丰县东北大边庄与郏县渣园乡朱庄村之间北汝河上，段总长 1482m，起讫桩号 SH（3）39+869.3 ~ SH（3）41+351.3。自起点至终点依次为进口渠道段、进口渐变段、进口检修闸室段、倒虹吸管身段、出口节制闸室段、出口渐变段、出口渠道段。在进口部位布置有退水闸段。

退水闸段位于进口连接渠段右岸渠堤上，退水闸中心线与总干渠轴线交角为 50°。主要担负事故、检修时退水。退水闸工程主要由进口段、闸室段、陡坡段、消力池段、海漫段及尾水渠段等几部分组成。

二、工程管理

南水北调中线干线宝丰管理处全面负责北汝河倒虹吸工程相关运行管理工作，保证工程安全、运行安全、水质安全和人身安全。

2018 年，北汝河渠道倒虹吸工程合作

造林项目共栽植乔灌木 8585 株，主要树种有大叶女贞、白蜡、红叶李、龙柏等。

完成北汝河渠道倒虹吸设计单元工程档案专项验收及后续问题整改工作。

三、运行调度

2018 年，北汝河渠道倒虹吸节制闸累计接收远程指令操作闸门 1666 门次，成功 1651 门次，远程成功率 99.1%。

四、工程效益

通水以来，北汝河渠道倒虹吸工程累计向下游输水 154.17 亿 m^3，其中 2018 年累计输水 60.53 亿 m^3。2018 年 8 月，北汝河渠道倒虹吸工程通过北汝河退水闸向北汝河进行生态补水，累计向北汝河生态补水 1809 万 m^3，增强了平顶山市境内自然水体的稀释自净能力，改善了水系环境质量。

（麻会欣　姜乾　尚进晋）

禹州和长葛段工程

一、工程概况

南水北调中线禹州和长葛段工程是南水北调中线总干渠第 Ⅱ 渠段（沙河南—黄河南段）的组成部分，辖区总长 42.24km，工程起点［桩号（K300+648.7）］位于兰河涵洞渡槽出口 100m 处，终点［桩号（K342+888.4）］位于禹州和长葛交界处石良河河道。本段总干渠设计流量为 315 ~ 305 m^3/s，设计水深 7m。

二、工程管理

禹州和长葛段工程位于禹州市和长葛市境内，由禹州管理处和长葛管理处负责工程的日常运行管理工作。2018 年，管理处以"两个所有"为抓手，按中线建管局、河南分局统一要求开展相关工作。通过管理处各专业的全员培训和跟班巡查，管理处全体员工专业素养得到提高，初步具备"一专多能"的素质能力。同时，管理处以发现的问题为导向，找准工作方向，在整改中消化问题、整理工作思路，举一反三，提升运行管理能力，为南水北调顺利输水提供坚实的保障。

三、调度管理

2018 年，禹州管理处、长葛管理处按照总调中心及分调中心相关要求，严格执行"5+5"24 小时值班的调度值班方式，严格遵照调度流程，认真开展输水调度工作，圆满完成大流量输水工作，调度工作进展顺利。

2018 年，工程辖区内颍河节制闸和小洪河节制闸累计接收远程指令操作闸门 1654 门次，成功 1589 门次，远程成功率96.07%。

四、设备管理

禹州管理处共有闸站建筑物 9 座，长葛管理处共有建筑物 8 座。建筑物设备主要分为金属结构机械电气设备、永久供电系统设备、信息自动化设备等。其中金属结构机械电气设备有启闭机设备 42 套，闸门 47 扇（套）；永久供电系统设备含高（低）压电气设备 72 套，柴油发电机 11 套；信息自动化设备主要包含视频监控摄像头 125 套，安防摄像头 133 套，闸控系统水位计 23 个，流量计 10 个。信息自动化系统在硬件基础上构建了视频监控系统、闸站监控系统、消防联网系统、程控电话系统、视频会议系统、防洪系统、安全监测系统、动环监控等 8 大应用系统。前端设备信号采集后经过由通信机房传输设备和渠道两岸的光缆组成的通信传输系统将信号传输至远方服务器，从而实现信息远程监控、自动控制。

五、工程效益

自 2014 年 12 月 12 日南水北调中线干线工程正式通水以来，禹州和长葛段工程工程已安全运行 1480 天，水质稳定达标。截至 2018 年年底，辖区内宴窑、任坡、孟坡及洼李分水口已累计向当地供水 4.79 亿 m^3，其中 2018 年度向当地供水 2.14 亿 m^3。2018 年，颍河退水闸向许昌市及禹州市通过生态补水、退水方式退水 5800 万 m^3，惠及当地 234 万余人，经济效益和社会效益显著。

（谭　胥　项海龙）

潮 河 段 工 程

一、工程概况

南水北调中线工程总干渠潮河段工程起点位于河南省新郑市梨园村，与双洎河渡槽设计单元工程末端相连接，终点位于郑州航空港区和郑州市交界处，与郑州 2 段设计单元工程起点相接。工程全长 45.847km，其中明渠长 45.244km，建筑物长 0.603km。沿渠共布置各类建筑物 81 座，其中河渠交叉建筑物 5 座，左岸排水建筑物 17 座，控制建筑物 4 座（节制闸 2 座，分水口门 2 座）、跨渠公路桥 37 座、生产桥 16 座、铁路交叉建筑物 2 座。渠道设计流量 305m^3/s，加大流量 365m^3/s，设计水深 7.0m，加大水深 7.668～7.624m。

二、工程管理

潮河段工程位于新郑市和郑州航空港区辖区内，由新郑管理处和港区管理处共同进行工程的日常运行管理及维护。2018 年，围绕"稳中求进，提质增效"的工作目标，坚持以问题为导向、以"两个所有"问题查改和规范化建设为抓手、以试点创新驱动

为引领，积极推进规范化标准化建设，全力以赴做好防洪度汛工作，有序开展安全生产、工程管护等各项工作。

三、运行调度

潮河段工程有节制闸（含进出口）2座、分水闸 2 座、强排泵站 11 座，各类启闭设备 22 台，闸门 18 扇。各闸站金属结构机械电气设备均由 35kV 专网供电，有降压站 15 座，其中节制闸和强排泵站为一类负荷，配备了柴油发电机组。有视频监控摄像头 54 套，闸控系统水位计流量计 18 套，通信站点 6 处，包含通信光缆、传输设备、程控交换设备、计算机网络设备、实体环境控制设备等。

（1）调度方面。辖区内有梅河节制闸、丈八沟节制闸，参与日常调度。按照有人值守的模式，每个闸站配置值守人员 4 名，每班设值守长 1 人、值守员 1 人，24 小时驻守闸站，负责设备巡视、故障处理、应急处置、指令操作及闸站维护等工作。2018 年，梅河节制闸共执行调度指令 263 条，闸门操作 954 门次；丈八沟节制闸共执行调度指令 273 条，闸门操作 876 门次。完成指令的复核和操作，全年运行稳定，调度正常。

（2）信息机械电气方面。2018 年，中线建管局共下发两批次共计 8 项专项整改项目，涉及信息机械电气项目的主要有闸门及埋件锈蚀，管理处对该项问题进行了排查，未发现需全面防腐处理，同时对金属结构个别锈蚀部位及时组织维护队伍进行处理。围绕河南分局 4 月下发的继电器优化等 7 项信息机械电气专业项目实施方案和 10 月指出的 8 项信息机械电气专业缺陷问题处理的要求，推进运行管理问题整改和规范化建设工作。实施一批闸站功能完善项目，如强排泵站的改造、闸站时控开关的安装、闸站卫生间整治等，中控室规范化建设也于 2018 年年底正式启动。坚持以问题为导向，全年围绕"两个所有"开展工作，初步建立问题查改长效机制，落实自有人员的主体责任，同时通过加强信息机械电气设备巡、强化培训、开展应急演练、严格运维管理等手段，确保现场信息机械电气设备设施的安全可靠运行。2018 年，金属结构机械电气设备运行良好，永久供电系统运行稳定，自动化调度系统运行平稳，无影响通水和调度的事件发生，运行可靠性高。

四、工程效益

自 2014 年 12 月 12 日南水北调中线干线工程正式通水运行以来，潮河段工程已安全运行 1481 天。2018 年度，累计完成输水 58.72 亿 m³。所辖李垌分水口承担着向新郑市供水任务，2018 年度分水 3973.01 万 m³；小河刘分水口承担着郑州市航空港区供水任务，2018 年度分水 6757.0 万 m³。发挥了良好的社会效益和经济效益。

（卢桂海　张权召　张海中）

新郑南段工程

一、工程概况

南水北调中线工程总干渠新郑南段工程起点位于长葛市与新郑市交界处，终点位于双洎河渡槽进口前 150m。渠段线路全长 16.183km，其中明渠长 15.190km、建筑物长 0.993km。共布设建筑物 28 座，其中河渠交叉建筑物 2 座、左岸排水建筑物 7 座、渠渠交叉建筑物 1 座、控制性建筑物（退水闸）1 座、公路桥 7 座、生产桥 9 座、铁路交叉建筑物 1 座。新郑南段设计流量为 305m³/s，加大流量为 365m³/s，设计水位为 124.53～123.52m。

二、工程管理

新郑管理处作为新郑南段工程的现地管

理处，全面负责辖区内运行管理工作，保证工程安全、运行安全、水质安全和人员安全。负责或参与辖区内委托项目的尾工建设、工程验收工作。

（1）安全管理。管理处成立安全生产领导小组，明确安全生产责任人和兼职安全员，编制年季月安全生产工作计划，修订安全生产管理实施细则，开展运行安全管理标准化建设及安全生产工作总结。加强日常维护项目安全管理，与运维队伍进行安全交底并签订安全生产协议书，制定运维队伍进场须知，定期组织安全生产检查及专项检查、开展安全宣传培训、召开安全会议。

（2）土建绿化维护。采用公开招标、询价、直接采购等多种采购方式开展日常维修养护。为确保土建和绿化工程养护质量，将土建和绿化工程日常维修养护项目分成两个项目标来组织实施。积极开展标准渠道建设及绿化合作造林工作，共建生态文明，全力打造美丽渠道。主要警示柱刷漆、路缘石缺陷处理、排水系统清淤及修复、左排排洪通道疏浚、雨淋沟修复、闸站及场区缺陷处理、闸站及渠道环境保洁等。对雪松、丁香、海棠、红玉兰、油松、红叶石楠球、樱花、红玉兰等乔灌木及渠道草体进行日常维护。

（3）工程应急管理。2018年，管理处根据中线建管局、河南分局文件要求成立突发事件现场处置小组；根据中线建管局相关突发事件应急预案，编制了新郑管理处《2018年防洪度汛应急预案》《2018年度汛方案》《水污染事件应急预案》《工程突发事件现场应急处置方案》等；汛期建立防汛值班制度，进行全年24小时应急值班，收集和上报汛情、险情信息，处置各类突发事件，减少或避免突发事件造成的损害；制订应急管理培训和突发事件应急应急演练工作计划，并按计划开展相应应急培训及演练

工作。

三、运行调度

新郑南段工程沿线分布各类闸控建筑物4座，其中控制闸（包含进出口）2座、事故检修闸（含进出口）1座、退水闸1座，各类启闭设备19台，闸门24扇。各闸站金属结构机械电气设备均由35kV专网供电，有降压站3座，其中控制闸、退水闸为一类负荷，配备了柴油发电机组。有视频监控摄像头32套，闸控系统水位流量计9个，通信站点3处，包含通信传输设备、程控交换设备、计算机网络设备、实体环境控制设备等。

2018年，推进运行管理问题整改和规范化建设工作，实施一批闸站功能完善项目，如闸站时控开关的安装、安防摄像头太阳能板加装、电力电池更换、闸站卫生间整治等。坚持以问题为导向，全年围绕"两个所有"开展工作，初步建立了问题查改长效机制，落实自有人员的主体责任。同时通过加强信息机械电气设备巡查、强化培训、开展应急演练、严格运维管理等手段，确保现场信息机械电气设备设施的安全可靠运行。

四、工程效益

自2014年12月12日南水北调中线干线工程正式通水运行以来，新郑南段工程已安全运行1481天。2018年度，累计完成输水59.95亿 m³，通过沂水河退水闸进行生态补水2次，补水863.40万 m³。

（卢桂海　张权召　张海中）

双洎河渡槽工程

一、工程概况

双洎河渡槽工程起点为双洎河渡槽前150m，终点为新密铁路倒虹吸出口296.4m，即潮河段工程的起点。渠段线路

全长 1849.4m，其中明渠段长 772.4m，建筑物长 1077m。共布设建筑物 6 座，其中河渠交叉建筑物 1 座、左岸排水建筑物 1 座、铁路交叉建筑物 1 座、公路交叉建筑物 1 座、节制闸和退水闸各 1 座。该渠段起点设计水位 123.524m，终点设计水位 123.154m。工程设计输水流量为 305m³/s，加大输水流量为 365m³/s，总设计水头差 0.370m。双泊河渡槽工程的建设管理模式为代建制，由山西省万家寨引黄工程总公司代建。

二、工程管理

双泊河渡槽工程的现地管理处与新郑南段工程一致，也为新郑管理处。管理处全面负责辖区内运行管理工作，保证工程安全、运行安全、水质安全和人员安全。负责或参与辖区内代建项目的尾工建设、工程验收工作。

三、运行调度

双泊河渡槽工程沿线分布各类闸控建筑 3 座，其中节制闸（含进出口）1 座、控制闸（包含进出口）1 座、退水闸 1 座，各类启闭设备 14 台（套）、弧形闸门 8 扇（套）、平板闸门 6 扇（套）、叠梁门 6 扇（套）。各闸站金属结构机械电气设备均由 35kV 专网供电，其中节制闸、控制闸、退水闸和强排泵站为一类负荷，配备了柴油发电机组。此外，在双泊河中心站还配备了移动式柴油发电机组。有视频监控摄像头 21 套，闸控系统水位计 7 个，流量计 1 个，通信站点 1 处，包含通信传输设备、程控交换设备、计算机网络设备、实体环境控制设备等。

（1）调度方面。辖区内有双泊河节制闸一座，参与日常调度，按照有人值守的模式，配置值守人员 4 名，每班设值守长 1 人，值守员 1 人，24 小时驻守闸站，负责设备巡视、故障处理、应急处置、指令操作及闸站维护等工作，同时，在大流量输水以

来，安排专人对双泊河退水闸进行 24 小时值守。2018 年，共执行调度指令 257 条，闸门操作 945 门次，及时完成指令的复核和操作，全年运行稳定、调度正常。

（2）信息机械电气方面。2018 年，中线建管局共下发了 2 批次共计 8 项专项整改项目，涉及信息机械电气项目的主要有闸门及埋件锈蚀，管理处对该项问题进行了排查，未发现需全面防腐处理，同时对金属结构个别锈蚀部位及时组织维护队伍进行处理。围绕河南分局 4 月下发的继电器优化等 7 项信息机械电气专业项目实施方案和 10 月指出的 8 项信息机械电气专业缺陷问题处理的要求，推进运行管理问题整改和规范化建设工作。实施了一批闸站功能完善项目，如闸站时控开关的安装、安防摄像头太阳能板加装、电力电池更换、闸站卫生间整治等。坚持以问题为导向，全年围绕"两个所有"开展工作，初步建立了问题查改长效机制，落实自有人员的主体责任，同时通过加强信息机械电气设备巡查、强化培训、开展应急演练、严格运维管理等手段，确保现场信息机械电气设备设施的安全可靠运行。

四、工程效益

自 2014 年 12 月 12 日南水北调中线干线工程正式通水运行以来，双泊河渡槽工程已安全运行 1481 天。2018 年，累计完成输水 59.91 亿 m³，通过双泊河退水闸进行生态补水 4 次，补水 4291.96 万 m³。

（卢桂海　张权召　张海中）

郑 州 2 段 工 程

一、工程概况

南水北调中线工程总干渠郑州 2 段工程起点位于郑州市中牟县与管城区交界处潮河倒虹吸进口，终点位于郑州市西南金水河与

贾鲁河之间郑湾村附近，全长 21.961km，其中渠道长 20.515km，建筑物长 1.446km。明渠全挖方段长 18.500km，半挖半填段长 2.015km；最大挖深约 33m，最大填高 1.2m 左右。渠线穿越大小河流 11 条，与 19 条等级公路交叉。共布置有各类建筑物 43 座，其中河渠交叉建筑物 4 座，左岸排水建筑物 6 座，控制建筑物 5 座（节制闸 2 座、退水闸 1 座、分水口门 2 座），公路桥 22 座，生产桥 6 座。郑州 2 段渠道设计流量 295～285m³/s，加大流量 355～345m³/s；设计水深 7.0m，加大水深 7.644～7.699m。

二、工程管理

郑州 2 段工程位于郑州市城区，由郑州管理处负责工程的日常运行管理及维护。完成杏园西北沟排水渡槽出口治理等工程，解决了度汛风险问题，完成 2.5km 既有防护网更换，在渠道防护围栏及大门上方增加环形刀片刺丝，为渠道增加了安全屏障。

郑州管理处中控室实行 24 小时值班制，按照"五班两倒"方式，共配备调度人员 10 人，每班 2 人，其中值班长 1 人、值班员 1 人。调度人员及时准确执行和反馈调度指令，定时采集和上报水情等信息。辖区内潮河节制闸和金水河节制闸参与正常输水调度，2018 年度共接收调度指令 515 条，其中远程指令 491 条，1864 门次，成功 483 条，远程成功率 98.4%。

三、运行管理

（1）金属结构机械电气设备运行。郑州 2 段有闸站建筑物 7 座，各类启闭机设备 19 套，闸门 38 扇。中线建管局招标的南水北调中线干线金属结构机械电气设备维护项目维护队伍于 2016 年 10 月 1 日进场；液压启闭机设备维护队伍于 2017 年 3 月 10 日进场。2018 年，金属结构机械电气设备和液压启闭机设备运行情况状况良好，未发生影响

通水和调度的事件，运行可靠。

（2）永久供电系统运行。郑州 2 段有 35kV 降压站 10 座，高低压电气设备 75 套，柴油发电机 8 套。中线建管局招标的永久供电系统运行维护项目维护队伍于 2016 年 10 月 1 日进场。2018 年，永久供电系统运行情况稳定。

（3）信息自动化系统运行。郑州 2 段有视频监控摄像头 81 套，闸控系统水位计 17 个，流量计 2 个，通信站点 7 处，包含通信传输设备、程控交换设备、计算机网络设备、实体环境控制设备等。按照中线建管局的有关要求，中线建管局招标的自动化调度系统运维队伍（信息一队、信息二队、信息三队和信息四队）于 2017 年 5 月 10 日进场。2018 年，郑州管理辖区内自动化调度系统运行平稳，有力保障了输水调度工作。

四、工程效益

自 2014 年 12 月 12 日南水北调中线干线工程正式通水运行以来，郑州 2 段工程已安全运行 1480 天。截至 2018 年年底，累计向下游输水 135.19 亿 m³，所辖刘湾分水口于 2014 年 12 月 13 日开始正常分水，密垌分水口于 2018 年 5 月 20 日开始正常分水，截至 2018 年年底累计分水 3.71 亿 m³，其中 2018 年累计分水 1.33 亿 m³，惠及郑州及周边 100 余万人。辖区内十八里河退水闸于 2018 年 4 月 18 日至 6 月 27 日对沿线周边进行了生态补水，补水总量 625.7 万 m³，极大地改善了当地水质条件，社会和生态效益显著。

（尚　晓　孙　营　赵鑫海）

郑 州 1 段 工 程

一、工程概况

南水北调中线工程总干渠郑州 1 段工程位于河南省郑州市中原区贾鲁河南岸郑湾附

近，终点接荥阳段起点，位于郑州市董岗村西北，该渠段全长 9772.97m，其中渠道长 9431.97m，须水河渠倒虹吸长 371m，设计水深 7m。共有各类建筑物 23 座，其中，河渠交叉 3 座，左岸排水 3 座，交通桥 14 座（其中委托地方自建桥梁 4 座），控制建筑物 3 座（分水口门 3 座、节制闸 3 座、退水闸 3 座）。

二、工程管理

郑州 1 段工程位于郑州市城区，由郑州管理处负责工程的日常运行管理及维护。完成红松路下游左岸临近围网弃渣整治工程，解决了度汛风险问题，在渠道防护围栏及大门上方增加环形刀片刺丝，为渠道增加了安全屏障。

辖区内须水河节制闸参与正常输水调度。2018 年度，共接收调度指令 280 条，其中远程指令 261 条，997 门次，成功 260 条，远程成功率 99.6%。

三、运行管理

（1）金属结构机械电气设备运行。郑州 1 段有闸站建筑物 3 座，各类启闭机设备 7 套，闸门 14 扇。中线建管局招标的南水北调中线干线金属结构机械电气设备维护项目维护队伍于 2016 年 10 月 1 日进场；液压启闭机设备维护队伍于 2017 年 3 月 10 日进场。2018 年，金属结构机械电气设备和液压启闭机设备运行情况状况良好，未发生影响通水和调度的事件，运行可靠。

（2）永久供电系统运行。郑州 1 段有 35kV 降压站 2 座，高低压电气设备 23 套，柴油发电机 2 套。中线建管局招标的永久供电系统运行维护项目维护队伍于 2016 年 10 月 1 日进场。2018 年，永久供电系统运行情况稳定。须水河中心开关站作为郑州段 35kV 运维单位的驻点，24 小时有人值守，35kV 运维单位员工工作、生活都在其中。

管理处联合 35kV 运维单位制定须水河中心开关站规范化方案，从规章制度、组织架构、岗位职责、办公生活环境、安全管理、员工档案、学习培训等方面进行规范，确保安全运行。

（3）信息自动化系统运行。郑州 1 段有视频监控摄像头 27 套，闸控系统水位计 10 个，流量计 1 个，通信站点 2 处，包含通信传输设备、程控交换设备、计算机网络设备、实体环境控制设备等。

中线建管局招标的自动化调度系统正式运维队伍（信息一队、信息二队、信息三队和信息四队）于 2017 年 5 月 10 日进场。2018 年，郑州管理辖区内自动化调度系统运行平稳，保障了输水调度工作。

四、工程效益

自 2014 年 12 月 12 日南水北调中线干线工程正式通水运行以来，郑州 1 段工程已安全运行 1480 天。截至 2018 年年底，累计向下游输水 134.04 亿 m³，所辖中原西路分水口于 2014 年 12 月 15 日开始正常分水，累计分水 7.43 亿 m³，其中 2018 年累计分水 2.11 亿 m³。惠及郑州及周边 200 余万人。辖区内贾峪河退水闸于 2018 年 6 月 5—27 日对沿线周边进行了生态补水，补水总量为 380.14 万 m³。

（尚　晓　孙　营　赵鑫海）

荥 阳 段 工 程

一、工程概况

荥阳段总干渠线路总长 23.973km，其中明渠长 23.257km，建筑物长 0.716km。明渠段分为全挖方段和半挖半填段，均为土质渠段，渠道最大挖深 23m，其中膨胀土段长 2.4km；渠道设计流量 265m³/s，加大流量 320m³/s。

总干渠交叉建筑物工程有河渠交叉建筑物 2 座（枯河渠道倒虹吸和索河涵洞式渡槽），左岸排水渡槽 5 座，渠渠交叉倒虹吸 1 座，分水口门 2 座，节制闸 1 座，退水闸 1 座，渗漏排水泵站 26 座，降压站 9 座（含集水井降压站 5 座），跨渠铁路桥梁 1 座，跨渠公路桥梁 29 座（含后穿越桥梁 3 座）。

二、工程管理

以全面落实"两个所有"为抓手，进一步明确问题查改责任，建立健全问题查改责任制，荥阳管理处严格按照河南分局部署，以问题查改为导向，编制全员参与运行管理问题排查的实施方案。各专业负责人整理荥阳段通水以来主要发生的机械电气设备和土建项目等各类问题，制作 PPT 培训材料，组织全体职工分专业开展集中学习、鼓励自我学习、工程一线实地学习，为落实"两个所有"打下坚实基础。将管理处所有员工化整为零，打乱科室人员结构，重新编排组成 6 个小组，每个小组任命组长 1 名，在此基础上，将荥阳管理处辖区范围内渠道划分为 3 个区（每个区分 2 段，共计 6 段），3 位处领导分区负责，6 位组长分段负责，对辖区内问题开展全面排查。"两个所有"活动开展以来，飞检大队共发现问题 14 项，均已全部整改完成，整改率 100%；中线建管局监督队发现问题 43 项，已整改 39 项，正在整改 4 项，整改率 91%。荥阳管理处自查共发现信息机械电气、土建类问题 1663 项，整改完成 1325 项，整改未销号或正在整改 338 项，整改率 80%。

（1）落实土建绿化现场问题整改和合同执行过程监管工作。2018 年土建日常维修养护项目目前完成投资 380 万元，完成合同额的 92%。合作造林 3 标维修养护项目植树造林 85000 余株，完成全年植树造林任务的 85%。

（2）推广应用工作终端 App 和办公系统。推广工程巡查 App，积极组织处内员工、运维单位职工、工程巡查人员等学习、使用 App 巡查系统；要求工巡人员结合现场工程巡查工作，熟练掌握工程巡查维护实时监管系统；要求运维单位提前制定巡查计划并上传至 App。推广应用移动协同 App，做到文件信息及时传达、及时处理，提高工作效率。推广应用预算执行监管信息系统，强化预算管理。推广应用移动报销系统，规范财务报销的资料填写和流程。使用中线天气、防洪信息管理系统为防汛工作提供有力保障

（3）多措并举有效保障荥阳段 2018 年度汛安全。通过明确 2018 年安全度汛工作小组、明确岗位职责、汛前全面排查梳理防汛风险项目、科学编制"两案"及专项方案、与地方建立切实可靠的应急联动机制等措施有效提高应对能力。2018 年，荥阳管理处防汛值班期间共计参与值班 278 班次，参与值班 856 人次，防汛值班能够及时发布雨情信息，起到现场防汛中枢的作用。组织全体职工参加上级单位防汛知识培训 8 次，管理处组织防汛专项培训 2 次，参加员工 120 人次。承办郑州市联合防汛应急演练 1 次。

（4）警企联合加固安全防线。联合警务室、保安公司等于 6 月开展"安全生产月"活动，安全宣传走进郑州铁道学院、高村司马小学等。全面落实安全生产监管职责和企业安全生产主体责任，以安全生产为中心，加大力度排查，加强现场监管和隐患治理，强化宣传培训教育，做到安全事故超前防范。强化了警企联防体系建设，圆满完成 2018 年安全生产目标。

（5）完善工程巡查制度体系并制定工巡人员激励措施。完成南水北调中线保安公司工程巡查人员招聘工作，11 月正式进行现场工程巡查工作。通过制定和实施《关

于荥阳管理处借用人员奖励办法的通知》（中线建管局豫荥阳〔2018〕62号），有效提高了工程巡查人员的工作积极性，减少安全隐患。例如工程巡查人员在日常巡查时发现小型隔离网缺口及缺失损坏等隔离网隐患、边坡零星雨淋沟，现场及时进行处理，每次奖励10元/人。3—11月累计修复小型隔离网缺口160余处，边坡零星雨淋沟218余处，有效减少了问题总量。

（6）加强安全监测标准化建设及管理，切实起到"工程安全耳目"的作用。完善安全检测体系建设，严格按照"固定测次、固定测时、固定设备、固定人员"的要求进行内观仪器观测。定期组织召开安全监测月例会，保证安全监测自动化系统安全稳定运行。

三、运行调度

狠抓调度工作流程规范，强化业务培训，落实责任考核，组织业务学习24次、业务考核11次，不断增强人员素质，提升输水调度管理水平。先后组织开展输水调度"汛期百日安全"专项行动、"输水调度窗口形象提升月"活动等，进一步规范调度值班行为，提高调度人员的业务技能，振奋值班人员精神状态，中控室的人员形象、环境面貌及管理水平有了显著的提升。

（1）定期开展各类问题的学习和集中整改活动。定期组织运维单位定期对设备进行巡检，若发现缺陷，立即组织运维单位进行处理，明确整改责任人限期整改；通过对整改过程进行视频监控或定期现场跟踪检查等方法对运维单位进行考核。定期组织运维单位学习各期飞检周报和监督队检查报告，及时开展自查自纠工作，达到举一反三的效果，做到问题精准整改、学习及时有效，防范类似问题的再次出现。

（2）结合App巡查系统进行问题精准

整改。按照App巡查系统上传的问题，制定巡查计划，明确巡查时间；要求运维特种设备操作人员的持证上岗，并按要求做好自身安全防范工作；日常巡视时不定频次对运维单位进行抽查；要求运维单位建立问题台账，责令限期整改，处理完成后，联合运维单位现场进行缺陷处理验收。

（3）物资管理。2018年4月，管理处组织人员进行机械电气物资和工器具的整体搬迁工作。搬迁前，管理处盘点全部物资和工器具；搬迁过程中，物资管理人员全程跟踪，保证设备的完好性；搬迁后，按照物资的类别、品名、编号、规格和型号等条件重新登记物资台账，做到"账、物、卡"一致。防汛物资入库摆放为全线试点，制作了摆放指导意见。

（4）完成集水井技术升级改造。相关单位进场后首先对相关人员进行安全交底，通过参建各方现场配合、计量管理、协调等，该项工作已完成施工；下一步做好联合测试和验收工作。为其他管理处提供了样本参考。保质保量完成集电器优化等7个信息机械电气项目实施。

四、工程效益

荥阳管理处足量完成2018年在荥阳和上街地区的分水、补给生态用水任务，促进了荥阳当地的生态和民生发展。荥阳地区打造的大型利民公益工程"滨河公园"，建设在南水北调中线荥阳段索河东路公路桥旁边，将南水北调定位为生态之渠，也为打造南水北调当地品牌打下良性基础。

五、环境保护与水土保持

（1）成功消除污染源。积极协调荥阳市调水办及地方有关政府部门成功取缔建设路桥下游右岸散养鸡场、河王干渠出口右岸鸡鹅散养养殖场等2处养殖污染源，为水质安全提供保障。

（2）加强监管后穿越工程保障渠道安全。2018 年 4 月，河南分局批复了牛口峪引黄工程跨越南水北调中线干线荥阳工程的施工图和施工方案。荥阳管理处配合河南分局签订了该项目的建设监督管理协议，正式接手该项目的现场监督管理工作。目前，该项目已完成总干渠右岸部分的钻孔灌注桩施工。

六、验收工作

2018 年 12 月 21 日，南水北调中线干线工程荥阳管理处 2017 年土建日常维修养护项目合同验收完成。

七、其他

荥阳段"组合式钢围堰"取得阶段性成果胜利。11 月 15 日，组合式钢围堰顺利通过阶段性验收，可在渠道边坡 1∶2 的正常通水情况下，创造垂直入水深度 3.5m、沿水流方向 4～16m 的干地作业条件。目前申报的实用新型专利和发明专利已正式受理。

荥阳、郑州管理处联合开展的"装配式立柱基础"创新项目可初步实现工业化。装配式立柱基础是"鲁班锁"自锁原理在混凝土构件中成功得以应用的典型事例，并已率先在郑州管理处应用，初步实现设计标准化、生产工厂化和施工机械化、快速化。目前申报的两项实用新型专利已正式受理。

河南分局水质中心联合荥阳管理处开展的"拦漂导流装置"效果良好。河南分局水质中心联合管理处在前蒋寨分水口研制新型拦漂导流装置，通过采用可充排水的浮箱来代替卷扬机实现框架的提升，以消除卷扬机提升需配备的钢丝绳和滑轮组对建筑物外墙的影响，同时消除了潜在的漏油水质污染风险。浮箱做成半圆流线型，减小水阻力。

"以鱼净水"技术在南水北调中线干线的应用研究项目现场试验圆满结束。"以鱼净水"试验主要通过在总干渠外部模拟渠道同期输水状况，设置不同的试验组，分别放养滤食性鱼类（匙吻鲟、鲢、鳙），通过对水质理化指标、浮游生物指标、鱼类生理生态学指标等多方面指标的检测分析，确定滤食性鱼类对水质的影响效果。初步形成南水北调中线干线工程"以鱼净水"技术体系，为下一步建立中线工程生态防控体系、维护总干渠水生态系统健康提供技术保障。

2018 年以来，荥阳管理处党支部在分局党委的领导、关心和支持下，以基层红旗党支部创建为契机，认真开展"两学一做"活动，学习贯彻习近平总书记系列重要讲话；认真开展十九大精神专题学习活动，严格按照河南分局党委要求的频次开展学习教育活动；规范开展人力资源管理工作，规范领导决策行为，坚持领导班子议事制度。着力做好支部的思想、组织、作风、反腐倡廉和制度建设，充分发挥党支部核心堡垒和党员模范带头作用，完成管理处各项工作和学习任务，为提升规范化建设工作提供思想和组织保证。

（樊梦洒 楚鹏程 张河旺）

陶岔渠首—沙河南段工程

概　述

陶岔渠首—沙河南段为南水北调中线一期工程的起始段，该段起点位于陶岔渠首枢纽闸下，桩号（0+300）；终点位于平顶山市鲁山县杨蛮庄桩号（215+811）处。沿线经过河南省南阳市的淅川、邓州、镇平、方城四县（市）及卧龙区、宛城区、高新区、城乡一体化示范区四个城郊区和平顶山市的叶县。陶岔渠首—沙河南段线路长215.511km，其中渠道长205.474km，输水建筑物22座，累计长约10.037km。

陶岔渠首—沙河南段共划分为9个设计单元，分别为淅川段、镇平段、南阳段、方城段、叶县段以及湍河渡槽、白河倒虹吸、澧河渡槽、膨胀土（南阳）试验段。其中，淅川段、湍河渡槽为直管项目，镇平段和叶县段为代建项目，南阳段、方城段、白河倒虹吸、膨胀土（南阳）试验段为委托项目。

陶岔渠首—沙河南段总干渠渠道累计长205.474km，其中全挖方渠段累计长70.877km，全填方渠段累计长20.556km，半挖半填渠段累计长114.041km。该段渠道挖深大于15m的渠段累计长22.846km，最大挖深约48m；填高大于6m的渠段累计长42.162km，最大填高约17.2m。

陶岔渠首—沙河南段共布置穿跨渠建筑物372座，其中河渠交叉建筑物9座、左岸排水建筑物90座、渠渠交叉建筑物27座、控制建筑物29座、路渠交叉建筑物217座（公路桥134座、生产桥81座、铁路桥2座）。各类建筑物总数为394座。

2014年5月23日，陶岔渠首—沙河南段工程淅川段、湍河渡槽、镇平段、澧河渡槽、叶县段和鲁山段6个设计单元均通过了通水验收，2014年12月12日正式通水，进入运行期。设计单元内各合同项目也完成验收。

根据中线建管局《南水北调中线干线工程建设管理局组织机构设置及人员编制方案》（中线局编〔2015〕2号），2015年6月30日，在河南直管建管局基础上分别成立河南分局和渠首分局。渠首分局负责陶岔渠首—方城（全长185.545km）工程运行管理工作，保证工程安全、运行安全、水质安全和人身安全。

渠首分局内设8个处（中心），分别为综合管理处、计划经营处、财务资产处、党

建工作处（纪检监察处）、分调中心、工程管理处（防汛与应急办）、信息机械电气处、水质监测中心（水质实验室），按职能分别负责综合、生产经营、财务、调度、工程、机械电气金属结构、自动化信息、水质等方面管理工作。

陶岔渠首—沙河南段设6个管理处，其中渠首分局下设5个现地管理处，分别为陶岔管理处、邓州管理处、镇平管理处、南阳管理处、方城管理处；河南分局设1个管理处，为叶县管理处，负责辖区内运行管理工作，保证工程安全、运行安全、水质安全和人身安全，负责或参与辖区内直管和代建项目尾工建设、征迁退地、工程验收工作。

目前，渠首分局各级运行管理单位规章制度健全，人员配备合理，职责清晰明确，信息反馈及时，调度令行禁止，水质全面监控，工巡重点突出，安保措施得力，设备运转正常，合同管理规范，财务管理合规，后勤服务高效，园区设施基本完善，实现了工程安全运行，确保了水质稳定达标，工程运行管理工作取得明显成效。

2018年，在中线建管局、渠首分局及沿线各级调水部门的努力下，陶岔渠首—沙河南段工程运行总体平稳、安全，供水效益逐步显现。2018年渠首分局辖区内共开启7座分水口和4座退水闸进行分水，年度渠首分局范围内分水口累计分水92690.15万 m^3。其中，肖楼58001.53万 m^3，望城岗2908.53万 m^3，谭寨1049.70万 m^3，田洼1569.44万 m^3，大寨1890.36万 m^3，半坡店2883.93万 m^3，十里庙318.27万 m^3，白河退水闸7713.78万 m^3，清河退水闸14414.00万 m^3，贾河退水闸1332.21万 m^3，湍河退水闸608.40万 m^3。

自通水以来截至2018年年底，渠首分局范围内分水口累计分水达到245400.97万 m^3。其中，肖楼192262.53万 m^3，望城岗7669.15万 m^3，谭寨3299.02万 m^3，田洼

1574.88 万 m³, 大寨 4194.79 万 m³, 半坡店 7740.01 万 m³, 十里庙 320.97 万 m³, 白河退水闸 11527.57 万 m³, 清河退水闸 14871.44 万 m³, 贾河退水闸 1332.21 万 m³, 湍河退水闸 608.40 万 m³。

（王朝朋　雷彬彬）

淅 川 县 段 工 程

一、工程概况

淅川县段为陶岔渠首—沙河南段单项工程中的第 1 单元，线路位于河南省南阳市淅川县和邓州市境内。渠段起点位于淅川县陶岔闸下游消力池末端公路桥下游，桩号（0+300），终点位于邓州市和镇平县交界处，桩号（52＋100）。淅川县段线路长50.77km，其中，占水头的建筑物累计长1.2km，渠道累计长 49.57km。2018 年度实现了安全平稳运行，累计输水 48.48 亿 m³。

二、工程管理

淅川县段工程由南水北调中线渠首分局邓州管理处负责管理，管理处内设综合科、调度科、合同财务科和工程科。

（1）工程设施管理、维护情况。2018 年，邓州管理处土建工程日常维修养护队伍共 3 家，于 2017 年 4 月 16 日开工进场后维护至 2019 年 4 月。主要维护内容为闸站及管理用房、输水渡槽及左排建筑物、运行维护道路、衬砌面板、渠道边坡及防护体、排水沟、截流沟、路缘石、防浪墙、安全防护网、钢大门等合同项目的日常维护，以及水面和场区垃圾清理等。渠道、建筑物等土建工程维修养护整体形象良好，满足渠道、输水建筑物、排水建筑物等土建工程相关维修养护标准；渠道、防护林带、闸站办公区等管理场所绿化养护总体形象良好，满足绿化工程维修养护标准。另外，完成了（8+740）～（8+860）段左岸和（8+216）～（8+377）段右岸增设排水设施项目、（40+100）～（40+780）段右岸堤顶裂缝处理项目、范北河倒虹吸出口加固工程、大东营及袁庄西南桥引道修复工程、湍河渡槽槽墩防护工程等。

（2）安全生产方面。2018 年，邓州管理处按上级安全生产工作要求，积极开展安全生产标准化建设，编制安全生产年计划 1份、季计划 4 份、月计划 12 份；明确了安全生产主管负责人和兼职管理人员；开展安全生产检查 57 次，检查发现问题 307 项，检查问题均督促整改，并按要求填写安全检查记录表和建立安全生产问题台账；与 9 家运维单位签订安全生产管理协议书；组织安全生产教育培训 32 次，参与人次达 430 人次，其中内部培训 3 次，参与人次 87 人次，外部培训 29 次，参与人次 343 人次；积极参加中线建管局、渠首分局组织的安全生产教育；筹备召开安全生产会议 57 次，其中安全生产专题会 11 次，安全周例会 46 次，参与人数达 347 人次；实现了安全生产事故为零、无较重人员伤残和财产损失的生产目标。

2018 年，邓州管理处组织安保单位在沿线村庄、学校进行防溺水安全宣传 4 次，发放安全告知书和致学生家长的一封信。在小学课堂讲解南水北调的重要性和进入渠道的危险性，提高小学生的防溺水安全意识。组织安保单位和警务室在沿线村庄、学校进行 4 次《南水北调工程供用水管理条例》宣传，提高沿线群众的安全意识和法制意识。

（3）工程巡查情况。邓州管理处现有工程巡查人员 30 名、巡查管理人员 1 名，辖区划分为 10 个责任区。2018 年 10 月 1日，保安公司工程巡查人员培训结业正式上岗，30 名人员均通过邓州管理处工巡考试，统一着工程巡查工作服，佩带工具包，包内

配备有望远镜、榔头、卷尺、签字笔、红色记号笔等简易的工器具。辖区内设置 34km 巡查小道，69 处巡查台阶；巡查 App 每日准确推送巡查任务，巡查路线确保全面覆盖各个巡查责任区，辖区渠道每天巡查 1 遍。

为持续提高巡查人员业务水平，2018 年，邓州管理处共组织相关培训考试 10 次，并将考试成绩作为考核依据。为规范保安公司接管后工程巡查人员的管理，强化监督检查，提升工作实效，拟定于 2019 年 1 月 1 日实施《南水北调中线干线工程巡查人员考核办法》，据此对人员进行管理考核。2018 年，工程巡查累计发现较重问题 4 项、严重问题 2 项，均已按程序及时报送。邓州管理处深入开展"所有人查所有问题活动"，累计发现问题 6000 多项。对于有明确时限的各类问题（主要指国调办飞检检查、中线建管局监督一队检查），管理处第一时间整改，并报送整改报告，2018 年，凡具备整改条件的所有问题均已全部整改。对于自查发现的问题，影响通水的或者其他安全类问题，第一时间解决，其他问题以计划单的形式下发维护施工单位予以处理。

（4）安全监测。2018 年，邓州管理处安全监测各项工作正常开展，其中按要求完成内观数据采集 48 期，数据初步分析编制月报 12 期；现场外观测量检查 48 次，外观单位考核 12 次，自动化维护队伍考核 4 次。5 月，完成重点断面桩号（40＋150）和（40＋440）右岸渠堤 2 孔测斜管、6 支渗压计、6 个水平位移测点施工埋设；9 月，完成辖区工程安全监测内观仪器鉴定；12 月，完成膨胀土深挖方渠段 4 孔测斜管自动化改造。2018 年，邓州管理处认真开展仪器数据采集与分析工作，并对重点部位加强观测，未发现工程存在明显异常问题。

（5）水质保护。按要求进行水质日常巡查、日常监控、渠道漂浮物垃圾打捞及浮桥维护、两会加固等日常工作。按规定开展

污染源的专项巡查和跟踪处理，通过与地方调水办、环保等政府部门沟通协调使得污染源得到较有效的控制。修订了《南水北调中线干线邓州管理处水污染事件应急预案》，并在邓州环保局、淅川环保局取得备案号。邀请地方调水办、环保局、消防大队等政府部门一起开展水质应急演练，并取得较好成效。对水质应急物资仓进行相关的清理盘点和盘存。对运维队伍、工程巡查人员进行水质相关的专项培训工作。

（6）防汛与应急。按照《关于做好2018 年南水北调中线干线工程安全度汛工作的通知》（中线局工〔2018〕14 号），邓州管理处于 4 月完成《2018 年防洪度汛应急预案和度汛方案》编制，邓州市和淅川县防汛办均已批复。管理处就防汛预案宣贯组织专门培训。

3 月 25 日，成立 2018 年邓州管理处安全度汛工作小组（洪涝灾害现场应急处置小组）（中线局渠首邓州〔2018〕50 号），明确人员组成，细化人员职责分工，并就分工情况进行宣贯，要求所有组成人员牢记职责，切实做到"防洪抢险、人人有责"。2018 年 4 月 28 日，结合人员变化，调整邓州管理处工程突发事件应急处置小组成员（中线局渠首邓州〔2018〕79 号）。另外，成立邓州管理处应急抢险预备队，队员由25 名管理处员工、4 名警务人员及保安公司邓州分队 24 名保安人员组成。作为邓州管理处应急抢险的先遣队，实行平战结合方式，平时各自例行自己工作岗位职责，险情发生时作为第一救援力量投入救援。

按照中线建管局 2018 年防汛风险项目划分标准，邓州管理处辖区内重点防汛风险项目共有 21 处。Ⅰ级风险项目 2 处，为（4＋200）～（12＋500）全挖方渠道左右岸；Ⅱ级风险项目 1 处，为湍河渡槽；Ⅲ级风险项目 18处，为王家西南排水渡槽和甘庄西沟排水涵洞、（15＋125）～（50＋087）之间的 12 处全填

方渠道左右岸、（27+000）~（28+200）左右岸，（42+000）~（46+700）之间的4段深挖方左右岸。

在渠首分局的指导下，完成桩号（8+216）~（8+377）段右岸渠道疑似变形体的处置和湍河应急处置等2次应急处置，确保通水运行安全。

管理处采取措施，确保及时发现问题：白天由巡查人员和管理处人员对工程进行巡查，小雨、中雨雨中巡查，大到暴雨雨后2小时之内立即组织对全线进行巡查。24：00前由安保巡逻队伍巡查2遍，24：00后由应急保障队伍（或土建绿化维护队伍）巡查2遍。

三、运行调度

（1）金属结构、机械电气设备运行情况。2018年，邓州管理处信息机械电气设备运行平稳、安全可靠。运行管理过程中，坚持以问题为导向，以标准化建设为抓手，深挖设备设施运行安全隐患。通过功能完善及项目建设，各类设备运行工况及性能进一步提升，为安全平稳足额供水提供坚实保障。

邓州管理处金属结构及机械电气设备2018年先后实施节制闸液压系统维护保养、室外液压缸高压油管更换、电气高压预防性试验、柴油发电机油液更换和保养、高填方人手井外坡增设排水管、各降压站低压进线柜加装航空接头、抓梁鸟窝封孔、高压线路驱鸟设施、发电机功能完善、办公楼WiFi、视频网络扩容等工作，完成上级督办的节制闸液压系统功能完善项目、UPS和闸控改造项目等工作。

在"两个所有"问题排查中，梳理了上千条信息机械电气类相关问题，处理了多年来存在的"分水口闸前水位偏差过大系统性问题""建设遗留供电线杆带电未拆除安全问题"和典型"刁河退水工作门节间

变形漏水处理无效""湍河弧形工作门流激共振"等问题。通过大量系统性和疑难问题的集中整改，奠定了设备设施良好运行的基础，丰富了监控的手段，确保了形象面貌的提升和工程更好的运行。

（2）自动化系统运行情况。淅川县段主要自动化调度系统包括：闸站监控子系统和视频监控子系统各6套，布置在中控室和淅川段5座现地站（肖楼、刁河、望城岗北、彭家、严陵河）内；语音调度系统、门禁系统、视频会议系统、安防系统、消防联网系统、工程防洪系统各1套，布置在中控室；安全监测自动化系统1套，布置在工程科安全监测办公室；综合网管系统、电源集中监控系统、光缆监测系统各1套，布置在管理处网管室。

2018年，淅川县段自动化调度系统总体运行情况良好，系统稳定可靠，节制闸工作门操作远程成功率有9个月为100%，全年为99.34%。

（3）调度指令执行情况。邓州管理处中控室配备调度值班人员10人，其中值班长5人，值班员5人，节制闸人员配置采用"1+4"模式，即1名闸站长、4名闸站值守人员，人员配置合理，工作协同高效。

2018年度调度运行情况良好，各类调度指令执行准确无误，运行调度值班人员和闸站值守人员每月按班次编排认真值班，做好调度数据采集上报、指令执行反馈、设备巡视检查和操作、故障处理和应急处置等工作。全年水情复核和上报2万余次、操作指令1000余次无差错。

四、工程效益

2018年，计划输水51.17亿m³，实际输水74.62亿m³，截至2018年12月31日8时，正式通水以来入渠水量累计193.52亿m³，累计安全运行1480天。

肖楼分水口全年分水5.7232亿m³，累

计分水 19.2149 亿 m³；望城岗分水口全年分水 2852.96 万 m³，累计分水 7660.74 万 m³；湍河退水闸全年退水 608.4 万 m³；通水以来三处累计分水 20.04 亿 m³。

五、环境保护与水土保持

2018 年，开展水质日常巡查、日常监控、渠道漂浮物垃圾打捞及浮桥维护等日常工作。开展污染源的专项巡查和跟踪处理，通过与地方调水办、环保等政府部门沟通协调，使得污染源得到较有效的控制。修订《南水北调中线干线邓州管理处水污染事件应急预案》并在邓州环保局取得了备案号。邀请地方调水办、环保局、消防大队等政府部门一起开展水质应急演练，并取得较好成效。两会期间对重点桥梁安排专人 24 小时值守，对危化品桥梁增加集淤池，在钢大门前增加挡水坎，对沿线藻类旺盛的区域进行藻类清理，对水质应急物资仓进行相关的清理盘点和盘存。全年岸坡保洁面积约为 375.8 万 m²，绿化带保洁面积约为 115.4 万 m²，路面保洁面积约为 103.6km，渠道水面清理打捞长度约为 51.8km。

六、尾工建设

2018 年，无尾工建设项目，正在协调跨渠桥梁移交事宜。

（沈龙梅　李　丹）

湍河渡槽工程

一、工程概况

湍河渡槽工程位于河南省邓州市冀寨村北，距离邓州市 26km。起点桩号（K36+289），终点桩号（K37+319），总长 1030m，主要由进口渠道连接段 113.3m、进口渐变段 41m、进口闸室段 26m、进口连接段 20m、槽身段 720m、出口连接段 20m、出口闸室段 15m、出口渐变段 55m、出口渠道连接段 19.7m 组成。工程主要建筑物级别为 I 级，设计流量 350m³/s，加大流量 420m³/s，槽身为相互独立的三槽预应力现浇混凝土 U 型结构，共 18 跨，单跨 40m，单跨槽身重量达 1600t，采用造桥机现浇施工。湍河渡槽是目前国内同类工程中跨度最大、单跨过水断面最大、单跨重量最大的输水工程，也是目前世界上最大的 U 型渡槽工程。2018 年度实现安全平稳运行，累计输水 48.48 亿 m³。

二、工程管理

湍河渡槽工程由南水北调中线渠首分局邓州管理处负责管理，管理处内设综合科、调度科、合同财务科和工程科。湍河渡槽工程维修养护整体形象良好，输水建筑物土建工程相关维修养护标准；闸站办公区等管理场所绿化养护总体形象良好，满足绿化工程维修养护标准。完成湍河渡槽槽墩防护；全年实现安全生产事故为零、无较重人员伤残和财产损失的生产目标。

三、运行调度

湍河段主要自动化调度系统包括闸站监控子系统和视频监控子系统各 1 套，布置在退水闸监控室内。主要自动化系统相关设施设备包括：通信机房及监控室各 1 个；超声波流量计 1 套（安装在节制闸前）；压力式水位计 3 套（退水闸前 1 套，节制闸前左右岸各 1 套）；超声波水位计 3 套（闸后 3 孔渡槽各安装 1 套）；闸控 PLC 设备柜、安全监测设备柜、传输机柜、综合配线柜、视频监控及门禁设备机柜和安防设备机柜各 1 套，布置在通信机房；闸控 UPS 设备 3 套，分别布置在 2 号启闭机室、通信机房和退水闸室；机房空调系统 1 套；雨量计站 1 套。

2018 年，湍河段自动化调度系统及相

关设备设施运行情况良好，系统稳定。调度值班人员均能熟练使用闸站监控、视频监控等自动化系统，实时监控辖区内参与调度闸站及断面的水位、流量、流速、闸门开度等调度数据。2018 年，湍河节制闸工作门共接收远程指令 194 条，全部操作成功，成功率为 100%。

四、环境保护与水土保持

2018 年，湍河渡槽工程环境保护工作主要有渠道岸坡及路面保洁、渠道水面漂浮物及垃圾清理打捞等，全年岸坡保洁面积约为 2.4 万 m^2，绿化带保洁面积约为 2.8 万 m^2，路面保洁长度约为 3km，渠道水面清理打捞长度约为 1km。水土保持工作主要有渠坡雨淋沟修复、渠坡植草维护、绿化带防护林养护等，累计修复雨淋沟长度约为 200m，渠坡杂草清除、植草修剪面积约为 2.4 万 m^2，绿化带防护林养护长度约为 2km。

（王西苑　张　敏）

镇 平 县 段 工 程

一、工程概况

镇平县段工程位于河南省南阳市镇平县境内，起点在邓州市与镇平县交界处严陵河左岸马庄乡北许村设计桩号（52+100）；终点在潦河右岸的镇平县与南阳市卧龙区交界处，设计桩号（87+925），全长 35.825km，占河南段的 4.9%。渠道总体呈东西向，穿越南阳盆地北部边缘区，起点设计水位 144.375m，终点设计水位 142.540m，总水头 1.835m，其中建筑物分配水头 0.43m，渠道分配水头 1.405m。全渠段设计流量 340m^3/s，加大流量 410m^3/s。

镇平县段共布置各类建筑物 64 座，其中河渠交叉建筑物 5 座、左岸排水建筑物 18 座、渠渠交叉建筑物 1 座、分水口门 1

座、跨渠桥梁筑 38 座、管理用房 1 座。

二、工程管理

根据中线建管局《南水北调中线干线工程建设管理局机构设置、各部门（单位）主要职责及人员编制方案》的要求，镇平管理处设置了 4 个科室，分别为综合科、合同财务科、工程科和调度科。编制 30 人，目前到位 35 人，借调中线建管局 5 人、渠首分局 4 人、陶岔 1 人，实际在岗 25 人。

三、运行调度

（1）输水调度情况。2018 年，共收到调度指令 359 条，操作闸门 1108 门次，其中远程指令 210 条，操作闸门 765 门次；现地指令 149 条，操作闸门 343 门次。均按照指令内容要求完成指令复核、反馈及闸门操作，全年调度指令执行无差错。发现问题均及时上报分调、总调中心，联系相关专业负责人进行处理，完善应急检修调度申请单手续，并在日志中记录；圆满完成输水调度各项工作任务。

2018 年，集中开展输水调度应急演练 2 次，逐步提升调度值守人员应急处置能力。

2018 年，根据《中控室生产环境标准化建设技术标准（修订）》文件要求，从建筑设施、标识系统、日常环境等方面共完成标准化建设 3 大项、13 小项等相关内容，使得中控室环境面貌得到很大提升，进一步提高运行管理水平。

（2）金属结构、机械电气设备运行情况。2018 年，完成年后高压线路集中巡查整改，电力春检、秋检工作；对降压站全部用电负荷进行统计；完成两会及大流量输水期间的电力保障工作，闸站标准化建设与验收工作；按要求开展"两个所有"活动；按要求对电力设备重点部位进行检验检测；完成液压启闭机备品备件采购、验收工作；组织完成消防应急演练、移动电源车应急供电演练、淇河节制闸液压启闭机油意外泄漏应急处置演练3项应急演练工作，增强紧急情况下处理问题的能力。全年共发现问题796项，其中原国务院南水北调办飞检检查问题4项，中线建管局检查问题13项，管理处自检问题779项，于2018年年底前完成全部整改工作。

（3）信息自动化运行情况。镇平县段自动化调度系统包括闸站监控子系统和视频监控子系统各4套，布置在中控室和镇平县段3座现地站（西赵河工作闸、谭寨分水口、淇河节制闸）内；语音调度系统、门禁系统、安防系统、消防联网系统各1套，均布置在中控室；综合网管系统、动环监控系统、光缆监控系统、电话录音系统、程控监测系统、内网监测系统、外网监测系统、专网监测系统各1套，均布置在管理处网管中心；视频会议系统1套，布置在镇平管理处2楼会议室。

2018年，积极配合完成《南水北调中线干线工程建设管理局WiFi建设项目》《南水北调中线干线工程视频监控系统及相应通信网络系统等扩容项目京石段外通信传输系统扩容标》及《南水北调中线干线工程视频系统及相应通信网络系统等扩容项目视频前端采集设备及配套设备集成标》等的现场施工管理工作。

2018年，完成淇河节制闸闸站标准化建设工作，通过中线建管局验收并授牌。

四、工程效益

谭寨分水口安全平稳运行无间断，截至2018年12月31日，向镇平县累计输水3296.20万 m^3，2018年全年累计向镇平县城供水1049.70万 m^3，全部用于城镇居民用水，受益人口16万以上。

五、环境保护与水土保持

2018年，南水北调镇平管理处与镇平县南水北调办公室进行沟通协调，通过与沿线村镇对接，协调解决彭营弃土场污染源、毛庄桥至何寨桥间污染源问题；编制对水污染事件应急预案并

在地方环保部门备案，组织水质应急演练1次，积极储备水污染应急物资，完成西赵河倒虹吸闸站出口下游水质综合工作平台项目建设；强化日常水质监测取样，编制修订镇平管理处闸站定点打捞工作管理办法，对闸站漂浮物垃圾打捞工作进行逐日检查；对辖区内可能存在水质污染风险的污染源和风险源进行排查，建立污染源、风险源台账，及时跟踪，动态更新，为工程运行创造一个和谐、稳定的环境。

（刘　鹏　吴　庚　张艳丽）

南阳市段工程

一、工程概况

南阳市段工程位于南阳市境内，涉及卧龙、高新、城乡一体化示范区等3行政区7个乡镇（街道办）23行政村，全长36.826km，总体走向由西南向东北绕城而过。工程起点位于潦河西岸南阳市卧龙区和镇平县分界处，桩号（87+925），终点位于小清河支流东岸宛城区和方城县的分界处，桩号（124+751）。南阳市段工程88%的渠段为膨胀土渠段，深挖方和高填方渠段各占约1/3，渠道最大挖深26.8m，最大填高14.0m。工程设计输水流量330～340m^3/s，设计水位142.54～139.44m。

辖区内共有各类建筑物71座，其中，输水建筑物8座、穿跨渠建筑物61座、退水闸2座。辖区共有各类闸门48扇，启闭设备45套，降压站11座、自动化室11座。35kV永久供电线路全长38.74km。

二、工程管理

（1）工程巡查。根据中线建管局安排

及巡查移交计划，9月，配合安保公司完成工程巡查人员招聘，组织新入职员工军训和专业知识培训，并按时完成移交。

从2018年6月1日起，全面推进工程巡查监管系统App规范使用工作。工程巡查人员掌握通过巡查App完成巡查任务、问题上报等功能，工程巡查管理人员通过巡查App任务推送、轨迹定位系统及任务完成情况进行智能化管理，结合现场检查监督管理巡查人员行为，严格巡查纪律，坚决遏制违规行为的发生。

根据实际情况，对路缘石冻融剥蚀、高填方段沥青路面裂缝等情况组织多次专项排查，对发现的问题进行汇总统计并及时督促相关维护单位进行整改维护。管理处指派专人每天汇总工程巡查人员及分局、中线建管局监督队、飞检稽察发现的各类问题，并建立台账，整改销号。截至2018年年底，南阳市段发现飞检问题共26项，其中24项整改完成，1项水面以下问题暂时无法整改（衬砌板隆起），1项问题正在整改中（丁洼桥下截流沟损害问题），预计12月初整改完成；中线建管局监督队共发现问题25项（11月检查问题暂未下发），其中23项已整改完成，2项问题暂时无法整改（衬砌板隆起及外部污水入截流沟问题）；自查发现问题（工程类）共3182项，已整改完成1968项，其他问题正在整改中。

（2）安全监测。按计划开展日常数据采集，2018年，共采集内外业数据73期84047点次，形成月报10期，其中加密观测26647点次。为确保异常部位安全，召开专家咨询会对异常部位进行研判，并增设沉降测点32个，测斜管2孔，测压管1孔，改造固定测斜仪2孔；重点对原国务院南水北调办关注的〔（105+600）～（105+800）〕深挖方渠段、潦河楼梯间沉降、宁西铁路深挖方段加密观测。

完成安全监测自动化系统实用化检验，

完成监测设施和自动化系统的维护，对自动化系统进行调试和完善。同时为确保监测设施的安全可靠，监测人员集中时间、集中力量，结合巡查App对全线监测设施进行细致的排查，并将问题逐一登记，逐一督促整改。

（3）防汛与应急管理。成立安全度汛工作小组，严格落实防汛责任制和防汛应急值班制度，按照中线建管局防汛风险项目等级划分相关要求，编制完成《南阳段2018年度度汛方案及应急预案》，并得到南阳市防办的正式批复。

在汛前完成沿线防汛风险点、防汛风险项目及相关问题的排查，汛期根据降雨前后重点时段，现场划定10个责任区，每区2名管理处人员。责任落实到人，小雨实施雨中巡查，中雨以上实施雨后巡查，对巡查发现的问题及时反馈，并要求维护单位抓紧处理。

加强应急队伍管理，对南阳市段应急队伍驻点人员在岗情况、驻点物资储备情况、驻点设备使用、风险点值守等进行不定期检查。2018年汛期共进行突击检查5次、突击拉练1次，强降雨预警现场值守5次，提高驻汛人员的快速反应能力。与工程沿线社会资源建立联络机制，并将其纳入南阳段工程防汛布置图及应急抢险路线图。

对存放于南阳管理处1号物资设备仓库、白河倒虹吸进口2号物资设备仓库的应急物资加强管理，在南阳段沿线共布置防汛备料点34处，包括2015年备料17处，施工单位移交建设期备料9处，2018年新增8处（含3处铅丝石笼）。其中，反滤料9135m³，块石16074m³，土料86m³，碎石3396m³。

2018年，先后召开防汛工作宣贯会2次，开展防汛演练、防汛应急拉练活动2次，有效提高了全体员工的防汛应急意识。7月27日，丁洼桥险情发生后，管理处第一时间启动应急响应，各部门精诚协作、无缝对接，历时32小时，圆满完成抢险任务，受到中线建管局主要领导的充分肯定。

（4）安全生产。组织开展"安全生产月"活动，开展防溺亡宣传进校园等安全宣传活动12次；悬挂、张贴南水北调安全宣传系列标语20余条、海报20张，发放南水北调防溺水和工程保护"安全宣传扇""安全宣传手提袋""安全宣传扑克牌"等宣传品1.4万份；在南阳电视台投放40天"防溺水"安全宣传广告，邀请南阳市社安防火中心专家在管理处开展安全知识讲座，开展逃生演练。

组织开展日常和定期安全生产检查32次，检查发现问题32项，全部整改完成；先后召开月度安全专题会议10次；组织入场安全技术交底21次；与运维单位签订安全生产管理协议10份；左排建筑物新增设安全警示标牌40余块；对口扶贫湖北郧阳加装刺丝滚笼8.2万m；制止外人入渠事件10余起；协调南阳段警务室和保安公司南阳分队处理各类违法、违规事件18起。

加强安全保卫工作，组织警务室的2名民警和4名协警，开展警务值班和巡逻工作；保安公司南阳分队共配有24名保安，每天开展3次机动巡逻工作，发现和制止各类违规违法行为30余次。

三、运行调度

南水北调中线干线南阳管理处为南阳市段工程运行管理单位。中控室配备调度值班10人，其中值班长5人、值班员5名。

采取集中学习宣贯、组织摸底考试、开展桌面推演活动等方式，加强调度人员业务培训，提升值班人员业务素质。2018年以来，先后组织学习宣贯和业务培训活动11次，开展相关制度摸底考试3次，与渠首分局分调中心联合开展桌面推演活动1次，累计参加活动人数达168人次。

开展输水调度"汛期百日安全"专项行动。按照上级部门有关要求，严格调度值班纪律，加强预警响应工作，认真做好数据监控、水情测报、指令执行等各项工作，圆满完成专项行动的各项任务，有效保障了汛期调度安全。

积极配合分调中心对辖区内分水口进行摸底排查，建立水厂计划外停电、设施设备检修等沟通协商机制，为下一步开展分水口流量计率定工作打下坚实基础。积极协调地方配套管理单位，做好辖区分水量确认工作，并及时向上级单位报送相关单据。

四、工程效益

按照南水北调中线建管局总调中心有关调度指令，圆满完成白河退水闸第三次生态补水任务。按照总调中心有关指令，从4月17日开始，截至6月30日，累计向白河生态补水7713.78万m³，为打造南阳市白河生态廊道做出了积极贡献。

南水北调中线工程建成通水以来，累计向南阳城区供水5769.67万m³，实现辖区内工程安全、运行安全和供水安全。

（孙天敏　杨明哲）

南阳膨胀土试验段工程

膨胀土试验段工程起点位于南阳市卧龙区靳岗乡孙庄东，桩号（100+500）；终点位于南阳市卧龙区靳岗乡武庄西南，桩号（102+550），全长2.05km。试验段渠道设计流量为340m³/s，加大流量为410m³/s。渠道设计水深7.5m，加大水位深8.23m，设计渠底板高程134.04～133.96m，设计渠水位141.54～141.46m，渠底宽22m。最大挖深约19.2m，最大填高5.5m。试验段布置有跨区公路桥及生产桥各1座，其中丁洼东南跨渠公路桥位于总干渠桩号（101+394），长 100.98m，荷载等级为城-A 级，桥面宽 30.7m；武庄东生产桥位于总干渠桩号 102.362，长 102.08m，荷载等级为公路-Ⅱ级；桥面宽 4.7m。

根据中线建管局安排及巡查移交计划，9 月，配合安保公司完成工程巡查人员招聘，组织新入职员工军训和专业知识培训，并按时完成移交。

（孙天敏　杨明哲）

白河倒虹吸工程

一、工程概况

白河倒虹吸工程位于南阳市蒲山镇蔡寨村东北，起点桩号（TS115+190），终点桩号（TS116+527），总长度为 1337m。设计洪水标准为 100 年一遇，校核洪水标准为 300 年一遇。工程区地震烈度为Ⅵ度，建筑物抗震设防烈度同地震基本烈度。

白河倒虹吸工程设计流量为 330m³/s，加大流量为 400m³/s，退水闸设计退水流量 165m³/s。起点断面设计水位为 140.62m，终点断面设计水位为 139.92m，建筑物分配水头 0.7m。工程主要建筑物由进口至出口依次为进口渐变段、退水闸及过渡段、进口检修闸、倒虹吸管身、出口节制闸（检修闸）、出口渐变段。白河倒虹吸埋管段水平投影长 1140m，共分 77 节，为两孔一联共 4 孔的混凝土管道，单孔管净尺寸 6.7m×6.7m。其中，白河倒虹吸管身、进口渐变段、进口检修闸、出口节制闸及退水闸等主要建筑物为 1 级建筑物，退水渠、防护工程、附属建筑物等次要建筑物为 3 级建筑物。

白河倒虹吸进口事故检修闸门采用平面定轮闸门共 2 扇，出口工作闸门采用弧形闸门共 4 扇，出口检修闸门采用叠梁闸门共 2 扇，分别采用台车式启闭机、液压启闭机及电动葫芦启闭机。退水闸工作闸们采用平面定轮闸门共 1 扇、检修闸门采用叠梁闸门共 1 扇，分别采用固定卷扬式启闭机和移动式电动葫芦操作。

白河倒虹吸设置退水闸 35kV 降压变电站和节制闸 35kV 降压变电站，分别为倒虹吸进口退水闸、倒虹吸出口节制闸等供电。其进、出口降压变电站电源均取自 35kV 供电专网，线路总长 1.33km，其主要用电设备分布于南岸倒虹吸进口和北岸倒虹吸出口区域。

工程合同开工日期为 2010 年 10 月 15 日，合同完工日期为 2013 年 5 月 14 日，合同工期 31 个月；合同价款 29840 万元；合同主要工程量为：土石方开挖 143.4 万 m³，土石方回填 105.97 万 m³，混凝土 19.98 万 m³，钢筋 2.0 万 t，金属结构安装 671.7t。

根据中线建管局安排及巡查移交计划，9 月，配合安保公司完成工程巡查人员招聘，组织新入职员工军训和专业知识培训，并按时完成移交。

从 2018 年 6 月 1 日起，全面推进工程巡查监管系统 App 规范使用工作。工程巡查人员掌握通过巡查 App 完成巡查任务、问题上报等功能，工程巡查管理人员通过巡查 App 任务推送、轨迹定位系统及任务完成情况进行智能化管理，结合现场检查监督管理巡查人员行为，严格巡查纪律，坚决遏制违规行为的发生。

二、工程效益

按照南水北调中线建管局总调中心有关调度指令，圆满完成白河退水闸第 3 次生态补水任务。按照总调中心有关指令，从 4 月 17 日开始，截至 6 月 30 日，累计向白河生态补水 7713.78 万 m³，为打造南阳市白河生态廊道做出了积极贡献。

（孙天敏　杨明哲）

方 城 段 工 程

一、工程概况

方城段工程涉及方城县、宛城区等2个县（区），起点位于小清河支流东岸宛城区和方城县的分界处，桩号（124+751），终点位于三里河北岸方城县和叶县交界处，桩号（185+545），包括建筑物长度在内全长60.794km，其中输水建筑物7座，累计长2.458km，渠道长58.336km。渠段线路总体走向由西南向东北，上接南阳市段始于南阳盆地的东北部边缘地区的小清河支流，沿伏牛山脉南麓山前岗丘地带及山前倾斜平原，总体北东向顺许南公路西北侧在马岗过许南公路。顺许南公路东南侧过汉淮分水岭的方城垭口，止于方城与叶县交界三里河，下连叶县渠段，穿越伏牛山东部山前古坡洪积裙及淮河水系冲积平原后缘地带。

方城段工程76%的渠段为膨胀土渠段，累计长45.978km，其中强膨胀岩渠段长2.584km，中膨胀土岩渠段长19.774km，弱膨胀土岩渠段长23.62km。方城段全挖方渠段长19.096km，最大挖深18.6m，全填方渠段长2.736km，最大填高15m；设计输水流量330m³/s，加大流量400m³/s，设计水位139.44～135.73m。渠道沿线共布置各类建筑物107座，其中，河渠交叉建筑物8座，左岸排水建筑物22座，渠渠交叉建筑物11座，跨渠桥梁58座，分水口门3座，节制闸3座，退水闸2座。辖区共有各类闸门56扇，启闭设备52套，降压站11座，自动化室11座。35kV永久供电线路全长60.8km。

渠道采用梯形断面，纵坡为1/25000。方城段方城段工程征地涉及南阳市方城县、社旗县境内10个乡镇66个村，建设征地总面积1592.08hm²，其中永久征地750.13hm²，

临时用地841.95hm²。

二、工程管理

方城管理处是方城段工程运行管理单位，设有综合、调度、工程、合同财务4个科室，共有正式员工42名，负责南水北调方城段运行管理工作。

（1）工程设施管理维护。2018年，方城管理处土建及绿化工程日常维护批复经费927.33万元，完成投资914.20万元。涉及专项项目管理6个，完成项目验收3个（2017年专项项目、排水试点项目、桥梁引道破损修复），实施完成专项项目3个（东八里沟下渠路、排水系统施工项目、跨渠桥梁限载设施）。

（2）防汛与应急管理。按要求完成了防汛风险点的排查、防汛"两案"的编制与备案、汛期防汛值班、防汛应急演练、防汛工作总结。开展汛期应急巡查加密工作，划分五个加密巡查小组，确保雨后巡查工作落到实处，大雨或暴雨前重点防汛部位人员、设备提前驻防。完成方城管理处2018年防汛安全隐患部位工程措施项目工程，消除黄金河进出口裹头连接段、草墩河渡槽下承台裸露等防汛隐患，完成"两会"期间应急加固措施。开展郑万高铁现场监管工作，并完成现场防溺亡及水污染应急处置演练。

（3）工程巡查。2018年6月1日，手持终端App正式上线。2018年10月1日，安保公司正式接手工程巡查人员管理，工程巡查管理步入正轨。方城管理处工程巡查实时监管系统App全年共发现问题5455个，完成整改5455个，整改率100%。

（4）安全生产。2018年，管理处不断健全安全管理体系，扎实推进运行安全管理标准化建设。与各维护单位签订安全生产协议16份，修订安全管理制度1项。组织安全培训21期，534人次；督促各单位开展

安全交底 59 次，671 人次。开展安全检查 46 次，发现各类安全问题 75 项，整改率 100%。不断加强维护队伍管理，落实人员、车辆准入登记制度。召开安全管理专题会 12 次，对安全工作及时进行总结分析和部署，推动各项工作有序开展。

（5）2018 年，完成隔离网加装刺丝滚笼总长度 84.232km（目前全线隔离网全部安装刺丝滚笼），左排进、出口新增设安全警示标牌 92 块，渠道新增救生器材箱 80 个，隔离网底部安装刺绳 65km。不断加强安全保卫管理，保安人员 21 人分三组每天 3 遍在渠道沿线巡逻；方城段警务室共 9 人，每周沿渠道巡逻 2 次，安排专人 24 小时值班，并随时查看安防监控系统。

2018 年，管理处建立渠道沿线村庄、学校信息台账，制定宣传计划，联合方城县调水办、地方政府开展"南水北调公民大讲堂"宣传活动 6 次，在方城县电视台播放安全知识累计 145 天，开展渠道开放日活动 1 次，开展防溺亡应急演练 1 次，开展消防安全演练 1 次。

（6）安全监测。2018 年共计新增 10 支测压管和 1 支测斜管；完成 33 个测站的 100W 太阳能电池板、太阳能控制器、无线通信模块、PS100 蓄电池和 150Ah 蓄电池的更换工作；完成大流量输水安全监测加密工作；完成雨季输水安全监测加密工作；启用安全监测自动化系统；完成安全监测内观仪器鉴定工作；完成安全监测标识标牌整改工作；完成安全监测无线测站 SIM 卡升级为 4G 网络；完成安全监测测站接地电阻测量工作（2 次）；开展高地下水渠段围网外水井水位测量及比对工作；组织安全监测培训 12 次，共 84 人次参加。

根据中线建管局、渠首分局要求，方城管理处组织员工、维护单位、安保单位、警务室开展"两会"期间应急加固措施，对存在危化品风险的跨渠桥梁增加加固措施，安排值守人员 24 小时现场值守，在跨渠桥梁桥头配备应急物资配备应急沙池、铁锹、编织袋、物资存放箱等物资，并在省道桥处设置了集污池。

三、运行调度

（1）金属结构机械电气设备运行。方城段工程共有钢闸门 56 扇（弧形闸门 22 扇、平板闸门 34 扇）；启闭设备 52 台（液压启闭机 25 台、固定卷扬启闭机 2 台、电动葫芦 16 台、移动式台车式启闭机 9 台）。2018 年，金属结构机械电气设备整体运行情况良好。

在金属结构机械电气维护工作中，编制并下发金属结构机械电气设备运行维护管理、工作、技术标准，使用中线巡查维护实时监管系统 App 按照新标准及文件要求以及"两个所有"精神进行设备巡查和记录，建立故障记录台账，发现故障及时记录并跟踪处理及时消缺，填写维护记录表。同时加强对运行维护单位工作的检查、监督、考核，保证运行维护工作有序开展。

（2）自动化系统运行。南水北调中线方城段涉及自动化调度系统相关的设备设施房间沿线设置有管理处电力电池室、通信机房、网管中心及现地站的自动化室、监控室。2018 年，自动化调度系统（含方城段现地闸站）有 3 座节制闸、2 座退水闸、3 座分水口、3 座控制闸，1 座检修闸，共布置人手孔 199 个，闸站园区摄像机 117 个，安防摄像机 160 个。自动化调度系统包括系统运行实体环境、通信系统、计算机网络系统等基础设施；服务器等应用支持平台；以及闸站监控、视频监控、自动化安全监测、视频会议、工程防洪、安防等 13 个应用系统。自动化设备主要有综合配线柜、视频监控机柜、PCM 传输机柜、网络综合机柜、安全监测机柜、PLC 控制柜、UPS 电源控制柜、通信电源机柜、安防机柜等。

在自动化系统维护工作中，进驻自动化运行维护人员13人（其中闸控系统维护4人，网络维护2人，通信系统维护7人）。各系统的集中监视、定期巡检、维护和故障处理工作已正常开展。2018年，自动化调度系统设备整体运行情况良好。

（3）调度指令执行。方城段辖区共3座节制闸、3座分水闸、3座控制闸、1座检修闸和2座退水闸。管理处要求调度值班人员严格遵守上级单位制定的各项输水调度相关制度，能够熟练掌握调度工作基本知识及操作技能，充分利用自动化调度系统开展输水调度业务。严格遵守各项管理规定，认真落实相关文件要求。按时收集上报水情信息、运行日报及有关材料，各项记录、台账及时归档。2018年，中控室共执行远程指令2025门次，现地指令42门次。

四、工程效益

2018年，方城段工程全年运行365天，自正式通水以来，累计安全运行1481天，向下游输水达164.41亿 m³。

方城段工程共有半坡店、大营、十里庙3座分水口门，设计分水流量分别为4.0m³/s、1.0m³/s、1.5m³/s。

半坡店分水口为社旗、唐河供水，流量维持在0.90m³/s左右，截至2018年12月31日，累计分水7740.01万 m³；十里庙分水口开启供为方城供水，截至2018年12月31日，累计分水320.97万 m³。

利用清河退水闸、贾河退水闸开启为地方生态补水，其中清河退水闸至2018年12月31日，累计分水14871.44万 m³、贾河退水闸截至2018年12月31日累计分水1332.21万 m³。

五、环境保护与水土保持

2018年，继续开展南水北调公民大讲堂活动，并在方城县沿线学校开展水质保护宣传工作。定期对静水区域渠底淤积物进行抽排。每月在清河退水闸、大营分水口、十里庙分水口、贾河退水闸开展静水区域扰动。配合渠首分局、清华大学、河南师范大学、南阳理工学院等单位开展水质取样监测工作。2018年1月1日至4月30日，每天10：00和16：00对渠道藻类情况进行取样、观测、分析及数据上报。2018年，发现水质问题28项，整改完成28项，整改率100%；协调解决工程管理范围内污染源6个；完成水生态调查6次。2018年12月24日完成水污染事件桌面推演工作。并按照中线建管局与渠首分局要求完成日常巡查、水质监控、漂浮物管理、污染源管理和水质应急工作等方面工作，确保方城管理处水质保护工作始终处于正常运行状态。

（李强胜）

叶 县 段 工 程

一、工程概况

南水北调中线工程总干渠叶县段工程起自于方城县与叶县交界处［桩号（185+545）］，止于平顶山市叶县常村乡新安营村东北、叶县与鲁山县交界处［桩号（215+811）］。线路全长30.266km，其中，全挖方渠段累计长12.466km，最大挖深约33m；全填方渠段累计长4.93km，最大填高约16m；半挖半填断面累计长11.659km；高填方渠段（填高≥6m）累计长8.473km；低填方渠段（填高<6m）累计长8.116km。

沿线布置各类建筑物61座。其中，大型河渠交叉建筑物2座（府君庙河渠道倒虹吸，澧河渡槽），左岸排水建筑物17座，渠渠交叉建筑物8座，退水闸1座，分水口门1座，桥梁32座（跨渠公路桥17座，跨渠生产桥15座）；35kV线路总长30.125km（含3.472km电缆线路）。渠段起点设计水位 135.727m，终点设计水位 133.89m。起始断面设计流量 330m³/s、加大流量 400m³/s；终止断面设计流量 320m³/s、加大流量 380m³/s；辛庄分水口设计流量 9m³/s。

二、工程管理

叶县管理处作为河南分局的现地管理处，全面负责辖区内运行管理工作，保证工程安全、运行安全、水质安全和人身安全。负责或参与辖区内征迁退地、工程验收工作。

叶县管理处内设综合科、合同财务科、工程科、调度科 4 个科室。处内人员 26 人，其中副处长 2 名，主任工程师 1 名。

（1）安全管理。叶县管理处成立了安全生产工作小组，明确安全生产负责人和兼职安全员，编制年季月安全生产工作计划，修订安全生产管理实施细则，开展安全生产工作总结。加强日常维护项目管理，与运维队伍等进行安全交底并签订了安全生产协议书。定期组织安全生产检查、开展安全宣传培训、召开安全会议。安全设施设备完善，新增左岸救生箱 31 个，围网加高 800m，新增各类安全警示标牌 230 余个。全年零伤亡。

（2）土建绿化工程维护。2018 年，土建日常维修养护各个项目均按照年度计划及细化的月度计划有序开展，主要年度维修项目包括截流沟、排水沟及时进行清理，雨淋够及时修复、三户王边坡变形体处理，渠道附属设施维护、渠坡草体、防护林带及场区绿化部位维护等。2018 年，标准化渠段共计通过 4 段，累计长 5.9km。合作造林项目已完成大部分造林任务，共种植大叶女贞、红叶石楠、紫叶李、黄山栾、百日红、樱花等树种十多类，基本完成第一年度造林任务，为渠道绿化形象提升打下坚实基础。

（3）工程应急管理。按要求编制了防洪度汛应急预案和度汛方案，并已审批备案；根据按照中线建管局范本编制处置方案需要编制完成了各类突发事件应急处置方案

9 份，Ⅱ级风险项目度汛方案 3 份。2018 年 6 月 22 日，在文庄跨渠公路桥进行了防汛应急演练。汛期建立防汛值班制度，进行全年 24 小时应急值班，及时收集和上报汛情、险情信息，高效、迅捷处置各类突发事件，减少或避免突发事件造成的损害。

督办项目保质保量按时完成。隔离网装设滚笼刺丝 66.6km。

三、运行管理

（1）输水调度管理。极落实河南分局输水调度"汛期百日安全"专项行动方案，做到严控风险，每个值班人员严格规范调度值班操作，掌握风险点，时刻保持警惕，确保输水调度安全；积极开展"输水调度窗口形象提升月"活动，通过提升值班人员精神面貌，营造良好的工作环境，规范设备设施的操作使用，组织全体调度值班人员学习调度知识和自动化相关知识，有效提升了叶县管理处输水调度窗口形象。

（2）金属结构机械电气设备运行。围绕《河南分局 2018 年集电器优化等信息机械电气专业项目实施方案》和《河南分局 2018 年第二批问题整改》相关要求，推进运行管理问题整改和规范化建设工作。完成电动葫芦集电器等 7 项优化改造工作完成 2 台电动葫芦集电器的优化改造；完成 3 座闸站上的照明定时系统改造。金属结构机械电气和液压启闭机设备运行情况状况良好，未发生影响通水和调度的事件，运行性能可靠高。

（3）永久供电系统运行。叶县段降压站 35kV 供配电设备由管理处专人管理，设备维护由专业维护单位进行维护，高压室进出通道处于常闭状态，入室有语音提示报警装置，高低压配电设备周围铺设高压绝缘胶垫，设备安全闭锁完好。大流量输水期间，按照文件加密巡视，35kV 供配电设备进行加密巡视节制闸每天 4 次，非节制闸每周 2 次；加固期间现场禁止任何可能造成电缆、

光缆破坏的工作保证大流量输水期间设备设施安全运行。

（4）信息自动化系统运行。按照中线建管局的有关要求，2018年，自动化调度系统运维采取过渡期维护模式，河南分局组织有关单位开展维护工作。2018年，叶县管理辖区内自动化调度系统运行平稳，有力保障了输水调度工作。

（5）严格执行段（站）长制度，落实"两个所有"。全面落实"两个所有"，完善问题处理机制，真正做到所有人会查所有问题，切实做到问题早发现早处理；及时整改影响设备运行存在的问题，积极使用巡查App，保证问题处理进度的快速性、协同性和效率。2018年，信息机械电气各专业在App记录问题共495个，其中4个未整改，整改率99.2%。

四、工程效益

准确执行调度指令，确保输水调度工作正常开展。2018年，叶县管理处共执行调度指令256条，操作闸门416门次，其中远程成功254条，远程成功率为99.2%。截至2018年12月31日，安全平稳运行1481天，辛庄分水口累计分水19679万 m³，总干渠累计输水1571863万 m³。叶县段工程运行调度平稳，通水正常，工程效益不断显现。

五、验收工作

验收及时规范，2018年土建日常维护项目顺利通过河南分局验收。配合分局协调开展桥梁竣工验收工作，小保安已完成竣工验收前桥缺陷处理委托及验收协议签订。

（赵 发 牛 岭 许红伟）

澧河渡槽工程

一、工程概况

叶县段澧河渡槽工程位于河南省平顶山市叶县常村乡坡里与店刘之间的澧河上，起点桩号（209+270），终点桩号（210+130）。工程轴线总长860m。进口节制闸室、进口连接段、槽身段、出口连接段、出口检修闸室均为双线布置。槽身为双线双槽矩形预应力钢筋混凝土简支型梁式渡槽，共14跨，两个边跨为30m跨径，其余12跨为40m跨径。单槽净宽10.0m，双线渡槽全宽顶宽26.6m，底宽26.7m。

澧河渡槽设计总长860m，包括进口明渠段长114m，进口渐变段长45m，进口节制闸室长26m，槽身段长540m，出口连接段长20m，出口检修闸室长15m，出口渐变段长70m，出口明渠段长10m；设计流量为320m³/s，加大流量为380m³/s，退水闸设计流量为160m³/s。

二、工程管理

叶县管理处全面负责澧河渡槽运行管理工作，保证工程安全、运行安全、水质安全和人员安全，负责或参与尾工建设、工程验收工作；防汛及应急管理。多措并举，保障工程安全度汛。

早谋划、早安排，汛前全面排查辖区内防汛风险，制定切实可行的应急预案，并按时完成工程度汛方案和应急预案的审批备案工作。

加强雨中、雨后巡视检查，及时发现隐患，采取有效措施，确保工程安全度汛。汛前对澧河渡槽9~10号之间河床进行了防护，7月应急物资仓库建设完成并投入使用。

三、运行调度

澧河渡槽工程分布各类闸控建筑3座，其中节制闸（进口）1座、检修闸（出口）1座、退水闸1座。各闸站金属结构机械电气设备均由35kV专网供电，配备柴油发电机组，有视频监控摄像机20套、闸控系统水位计3个、流量计1个，通信站点1处，包含通信传输设备、程控交换设备、计算机网络设备、实体环境控制设备等。

（1）调度方面。节制闸一座，参与日常调度，配置值守人员4名，每班设值守长1人、值守员1人，24小时驻守闸站，负责设备巡视、故障处理、应急处置、指令操作及闸站维护等工作。同时在大流量输水期间，安排专人对澧河退水闸进行24小时值守。2018年，叶县管理处共执行调度指令256条，操作闸门416门次，其中远程成功254条，远程成功率为99.2%，全年运行稳定，调度正常。

（2）信息机械电气方面。加强制度建设，提升管理水平。按照中线建管局下发《南水北调中线干线工程建设管理局企业标准》，开展日常巡查维护工作，开展对运维队伍的维护跟踪管理，进一步规范信息机械电气设备的管理行为，提升设备维护管理水平。加大运维队伍考核管理：金属结构机械电气、自动化维护队伍按月进行考核，闸站消防维护单位按季度进行考核。严格执行"两票"制度，建立各类台账。坚持以问题为导向，全年围绕"两个所有"开展工作，初步建立问题查改长效机制，落实自有人员的主体责任。同时通过加强信息机械电气设备巡查、强化培训、开展应急演练、严格运维管理等手段，确保现场信息机械电气设备设施的安全可靠运行。

四、工程效益

2018年，通过澧河退水闸进行生态补水1次，补水1033.20万 m³，发挥了良好的社会效益和生态效益。

（赵　发　牛　岭　许红伟）

鲁山南1段工程

一、工程概况

鲁山南1段工程渠线全长13.451km，其中灰河倒虹吸建筑物长356m。穿越大型河流1条、小型河流6条。总干渠与沿线河流、灌渠、公路的交叉工程全部采用立交布置型式，沿线建筑物工程有河渠交叉、左岸排水、渠渠交叉和路渠交叉工程4种类型。共有各类建筑物29座，其中，河渠交叉建筑物1座、左岸排水建筑物6座、渠渠交叉建筑物10座、跨渠公路桥7座及生产桥5座。

渠道设计流量320m³/s，加大流量380m³/s。起点设计水位133.89m，终点设计水位133.168m，总设计水头差0.72m，其中渠道占用水头0.52m。

二、工程管理

鲁山南1段工程的现地管理处与沙河渡槽工程一致，同为鲁山管理处。

三、工程效益

南水北调中线干线工程正式通水以来，工程安全平稳运行，累计调水量162.2亿 m³，其中2018年全年累计输水64.4亿 m³。

四、环境保护与水土保持

在土建维护过程中，加强施工现场文明施工管理，通过合作造林模式，打造清水走廊，积极推动鲁山南1段2号渣场处理前期准备工作。

五、验收工作

已完成鲁山南1段工程设计单元档案专项验收，"两全两简"已全部整理完成，具备移交条件。已完成所有跨渠桥梁问题确认及复核并上报分局，待分局处理方案及预算批复后，尽快组织实施并向地方政府移交。

（宁志超　王金辉）

鲁山南2段工程

一、工程概况

鲁山南2段工程渠线全长9.78km，其

中渠道长 9.066km，建筑物长 0.714km（澎河涵洞式渡槽建筑物长 310m，沏河倒虹吸建筑物长 404m）。渠线穿越大型河流 2 条、小型河流 3 条。总干渠与沿线河流、灌渠、公路的交叉工程全部采用立交布置型式，沿线建筑物工程有河渠交叉、左岸排水、渠渠交叉和路渠交叉、控制工程等类型。共有各类建筑物 25 座，其中，大型河渠交叉建筑物 2 座、左岸排水建筑物 3 座、渠渠交叉建筑物 7 座、控制建筑物 3 座、公路桥 5 座、生产桥 5 座。另外还有 35kV 降压站 2 座以及鲁山管理用房 1 处。

渠道设计流量 320m³/s，加大流量 380m³/s。起点桩号（229+262），设计水位 133.168m，终点桩号（239+042），设计水位 132.370m，分配水头 0.798m。

二、工程管理

鲁山南 2 段工程的现地管理处与沙河渡槽工程一致，同为鲁山管理处。

三、工程效益

南水北调中线干线工程正式通水以来，工程安全平稳运行，累计调水量 162.2 亿 m³，其中，2018 年全年累计输水 64.4 亿 m³。

四、环境保护与水土保持

在土建维护过程中，加强施工现场文明施工管理，通过合作造林模式，打造清水走廊。

五、验收工作

完成鲁山南 2 段工程设计单元档案专项验收，"两全两简"已全部整理完成，具备移交条件。完成所有跨渠桥梁问题确认及复核并上报分局，待分局处理方案及预算批复后，尽快组织实施并向地方政府移交。

（魏东晓　张小可）

天 津 干 线 工 程

概　述

一、工程概况

天津干线工程西起河北省保定市徐水县西黑山村附近的南水北调中线一期工程总干渠西黑山节制闸，东至天津市外环河西。起点桩号（XW0+000），终点桩号（XW155+305），全长 155.305km。途径河北省保定市的徐水、容城、雄县、高碑店，廊坊市的固安、霸州、永清、安次和天津市的武清、北辰、西青，共 11 个区（县）。

天津干线工程以现浇钢筋混凝土箱涵为主。主要建筑物共 268 座，其中，控制建筑物 17 座、河渠交叉建筑物 49 座、灌渠交叉建筑物 13 座、铁路交叉建筑物 4 座、公路交叉建筑物 107 座。

二、设计输水能力

天津干线工程设计流量 50～18m³/s，加大流量 60～28m³/s。工程建成后，多年平均向天津供水 10.15 亿 m³（陶岔水量），向天津市供水 8.63 亿 m³（口门水量），向河北省供水 1.2 亿 m³（口门水量）。

三、年度水量调度

2017—2018 调水年度（2017 年 11 月至 2018 年 10 月）输水调度安全平稳，圆满完成年度供水任务。现阶段天津分局辖区河北省境内白沟、北城南、郎五庄、口头分、三号渠东、信安分水口向河北省供水，供水量较小；天津市境内子牙河北分流井、外环河出口闸向天津市供水。截至 2018 年 12 月 31 日，天津干线已向天津市累计供水 34.90 亿 m³，向河北省累计供水 2767 万 m³；其中 2017—2018 调水年度向天津市供水量达到 10.43 亿 m³，占年度供水计划 9 亿 m³ 的 116%，向河北省累计供水 1869 万 m³。

四、运行管理

在中线建管局指导下，天津分局认真贯彻各项运行管理规章制度，开展了一系列运行管理相关工作，保障了工程安全平稳运行，并超额完成了年度调水任务。天津分局运行管理工作紧紧围绕工程安全、调度安全、水质安全和人员安全展开。

（一）工程安全

工程安全涵盖了箱涵和建筑物结构安全。主要管理手段为工程巡查和安全监测。工程巡查和安全监测发现的问题，建立台账，完善整改程序，及时整改。

（二）调度安全

按照南水北调中线干线工程输水调度集中控制、分级管理、统一调度的要求开展输水调度工作。建立健全输水调度规章制度体系，并在调度过程中严格执行；建立输水调度应急管理体系，编制相应应急调度预案，确保在突发情况下能及时处置；加强日常调度值班管理工作，严格执行调度值班纪律；做好输水调度的监督与检查工作。

（三）水质安全

2018 年实验室围绕辖区 4 个监测断面每月开展 36 项参数检测，1—3 月所检测 4 个断面水质均呈现 Ⅰ 类地表水状态；4—6 月的每月月度检测中多数断面呈现 Ⅰ 类地表水状态，个别断面呈现 Ⅱ 类地表水状态；7—11 月的每月月度检测中，则多数断面呈现 Ⅱ 类地表水状态，个别断面呈现 Ⅰ 类地表水状态；影响 Ⅰ 类与 Ⅱ 类水判别的主要因子为高锰酸盐指数。全年来看辖区内水质状态优良。

2018 年 3 月底至 5 月中旬，受上游来水中丝状藻类增多影响，西黑山进口闸位置

水中垃圾打捞量陡增，管理处安排人员每天进行及时清理。4 月初，辖区水体中悬浮颗粒逐渐增多，水体浑浊度逐渐加大，外环河区域水体浊度较高，分局水质中心密切关注水体状态变化，并加强该位置水质检测工作，积极联系淤泥清理厂家，共同研发一套清淤设备，并制定中线清淤方案开展全线淤泥工作，分局在针对渠底淤泥清理方面的手段逐渐丰富、能力逐步加强。

（四）人员安全

分局高度重视水体巡视、水体异物清理、水质采样、实验室消防、药品及废液管理中的安全作业。为此，分局水质中心在相应工作规程方面对操作流程、注意事项都做了明确规定，有效指导员工规范操作，避免人身安全事故的发生。通水以来，员工在开展水质相关工作中都能按照规章制度规范操作，未发生人身安全事故。

五、效益发挥整体情况

（一）工程效益

截至 2018 年年底，向河北省累计供水 2767 万 m³，向天津市累计安全供水已达到 34.90 亿 m³。其中 2014—2015 调水年度供水 3.31 亿 m³，2015—2016 调水年度供水 9.10 亿 m³，2016—2017 调水年度供水 10.41 亿 m³，2017—2018 调水年度供水 10.43 亿 m³，2018—2019 调水年度（2018 年 11—12 月）供水 1.65 亿 m³；工程效益发挥明显。

（二）社会效益

目前，南水北调基本实现天津市全覆盖，已成为天津市民用水的"生命线"，直接受益人口约 900 万人，有效缓解天津市水资源短缺局面，使天津市水资源保障能力实现了战略性的突破，为天津市城乡供水和发展发挥了巨大的社会效益。

（三）生态效益

2016 年 4 月开始，通过子牙河北分流

井退水闸向天津市子牙河生态补水，截至2018年年底，向天津市境内子牙河累计生态补水 7.42 亿 m³。增强了天津市境内自然水体的稀释自净能力，改善了水系环境质量，为建设"美丽天津"提供了有力支撑。

（许先水　开小三　屈　亮　赵　浩）

西黑山进口闸—有压箱涵段工程

一、工程概况

西黑山进口闸—有压箱涵段为天津干线第 1 设计单元，工程西起河北省保定市徐水区西黑山村西，东至徐水区丁家庄南。主要建筑物有西黑山进口闸、陡坡进口闸和出口闸、东黑山村东检修闸、文村北调节池和屯庄南保水堰，沿线共有通气孔 12 座。工程起止桩号（XW0+000）～（XW15+200），全长 15.2km。西黑山进口闸至有压箱涵段工程连接南水北调中线干线工程，承担向天津市和河北保定及廊坊地区部分县乡供水的输水任务。西黑山进口闸至有压箱涵段工程设计输水流量 50m³/s，加大输水流量 60m³/s。

该设计单元未发生任何质量安全问题，工程总体运行平稳，经济效益、社会效益、生态效益显著。

二、工程管理

（1）工程管理机构。西黑山进口闸至有压箱涵段目前由两个管理处管辖，其中桩号（XW0+000）～（XW0+557.5）由西黑山管理处负责管理，（XW0+557.5）～（XW15+200）由徐水管理处负责管理。

（2）工程维护检修。在工程日常维护检修方面，徐水管理处按时编制 2018 年度维护计划和预算，及时进行招投标，签订合同，有序开展土建和绿化日常维护工作，严格控制施工质量、施工进度，认真做好工程计量、验收和支付；积极推进南水北调天津干线场区值守用房建设，确保其按期投入使用；牵头组织开展南水北调中线天津干线（文村北调节池至 2 号保水堰段）箱涵排空检查、检测工程，为今后全线停水检修积累了经验。

（3）设备维护。定期对西黑山进口闸及文村北调节池各项金属结构机械电气设备进行巡检及维修保养工作，启闭机室及各设备间整洁有序，设备干净明亮，时刻处于待命状态；各重要闸站 24 小时有人值守，定时对供配电系统进行巡视，备用发电机时刻处于待命状态，保证供配电系统正常运行，保证为天津市及沿线各省市按调度计划供水。

为保证检修闸门安全可靠，更换文村北调节池上、下游及陡坡段共 18 根锁定梁；完成文村北调节池闸控系统升级改造工作，取消文村北调节池的检修闸远程控制功能；完成屯庄南 1 号保水堰两台 WQB100 潜水泵打捞、试运行及维修保养工作。

（4）应急管理。为做好辖段内洪涝灾害预警、保证工程安全平稳度汛，徐水管理处成立了安全度汛工作小组，编制《2018年工程度汛方案及防汛应急预案》，并到保定市及徐水区防汛办进行备案。

徐水管理处还成立工程突发事件应急处置小组，编制《突发事件现场应急处置方案》，对所辖范围内的箱涵、主要输水建筑物、公路穿越工程、倒虹吸工程、河渠交叉工程、现地站生活区、道路排水设施、电器设施等逐一排查，检查过程中未发现问题。

在文村北调节池防汛应急仓库储备有编织袋 1900 条、块石 204m³、复合土工布 1000m²、铅丝笼 98 个、水泵 13 台等，防汛应急保障能力得到增强。

（5）工程设施管理与保护。成立工程

巡查、安全保卫组织机构，明确了责任人员。编制《徐水管理处工程巡查手册》用于指导工程安全巡查工作。对责任区段进行详细划分，对重点巡查部位进行明确，对主要巡查项目列入巡查记录表中，将巡查路线要求确保沿箱涵徒步巡查。同时中线建管局保安服务有限公司派安保人员对西黑山街执行安保巡查、违法违建行为制止、工程设施设备看护等安保任务。

（6）安全生产。为提高安全生产管理水平，保证安全生产工作落到实处，徐水管理处调整安全生产领导小组，并配备兼职安全管理人员负责日常管理工作，实现规章制度上墙明示。通过修订编制《2018年安全生产工作计划》《安全生产管理实施细则》等，进一步促进安全生产规范化管理。徐水管理处主动对接，积极加强与地方政府联动配合，确保安全生产工作无死角。

为贯彻"管生产必须管安全"和"谁主管、谁负责"的原则，落实各项安全生产规章制度，徐水管理处主要负责人与每位员工分别签订安全生产责任书，安全生产工作实行一票否决制。将安全生产责任层层落实到每个员工，实现安全生产全员、全过程、全方位、全天候管理。

2018年，共召开安全生产会议52次，其中安全生产例会49次，安全生产小组会议3次。共组织各类安全生产检查51次，其中日常安全生产检查50次，汛前专项安全生产检查1次。组织各类施工安全交底10次。组织对管理人员工、安保人员、巡查人员、维护队伍人员的安全生产培训12次。

2018年，徐水管理处辖区范围内共进行了4处穿越工程施工，各工程均已完工，并签订运管协议。施工过程中未发生对箱涵造成影响的安全事故。

三、运行调度

（1）运行调度情况。高度重视汛期、冰期、节假日及大流量输水等特殊期间安全调度输水运行工作。结合特殊时期的工作特点，开展"百日安全"专项活动、制定《汛期百日安全实施细则》、把控输水调度风险点、严抓日常调度值班管理、增加水情监测及视频监控频次，保证安全通水。

2018年，开展调度类培训14次，组织沿线参观5次，以试卷方式进行每月考核，参加各级单位组织的8次，交流学习3次，业务能力得到了提升。

（2）金属结构机械电气运行情况。加强维护队伍管理，结合工程巡查App，做好对维护单位的考核工作，严格按照合同文件要求执行。组织金属结构机械电气维护队伍学习中线建管局下发的53项机械电气与自动化专业行业标准，并落实到日常维护工作中。结合生产环境技术标准，大力推行闸站标准化工作，制作粘贴设备明白卡，明确设备使用规范，落实闸站责任人员，提升闸站生产环境面貌，保证平稳供水。结合巡查系统，全面排查辖区设备，共制作二维码74个，对缺失、损坏的二维码及时补全，确保巡查到位无遗漏。

（3）自动化系统运行情况。闸控系统采集水位和流量数据按频次报送上级。天津分局沿线各检修闸站均退出远程控制，实现现地控制，避免出现远程控制误操作的情况，提高工程调度运行安全系数。

其中，陡坡段至屯庄南1号保水堰共新增12个高清摄像头，用以监控重要部位水情、重要闸站设备状态、重要园区人员出入，随时查看重要断面水情，保证设备安全运行，强化资产安全管理。

汛前对沿线所有园区、通气孔、倒虹吸光缆井进行风险排查，对井内杂物进行清理，对井内积水情况如实进行登记，及时进行积水抽排，保证信号正常传输。

四、工程效益

2018年，箱涵安全输水365天，根据

文村北调节池流量统计，全年共过水 11.34 亿 m³。西黑山—有压箱涵段累计过水 38.6 亿 m³，为天津干线沿线各县（市）的城市建设发挥了良好的社会效益和生态效益。

五、环境保护与水土保持

2018 年，绿化维护单位对枯死树苗进行了更换，对乔木灌木绿篱等进行了有效养护。土建队伍施工注意采取洒水保护等措施，并积极配合徐水区政府，在重污染天气停止一切形式施工，保证了环境保护、水土保持效果。

六、验收工作

2018 年 12 月 26 日，水利部办公厅以《水利部关于核准南水北调中线一期天津干线工程西黑山进口闸—有压箱涵段工程完工财务决算的通知》（水南调〔2018〕337 号）文件，同意核准西黑山进口闸—有压箱涵段工程完工财务决算。

（马金全　刘国胜　商　建）

保定市境内 1、2 段工程

一、工程概况

保定市境内 1 段工程为天津干线工程第二个设计单元。工程位于河北省保定市徐水区、容城县、白沟白洋淀温泉城开发区和雄县境内，起止桩号（XW15＋200）～（XW60+842），全长 45.68km，承担向天津市和河北省容城、安新供水的输水任务。设计输水流量 50m³/s，加大输水流量 60m³/s。工程主要以 3 孔 4.4m×4.4m 现浇钢筋混凝土输水箱涵为主，共包含穿越铁路建筑物 1 座（京广铁路涵）、穿越公路交叉建筑物 35 座、河渠交叉建筑物 16 座、保水堰 3 座、分水口门 3 座，以及检修闸、通气孔等共 81 座建筑物。

保定市境内 2 段工程是天津干线工程的重要组成部分。工程途径河北省保定市高碑店市、雄县，起止桩号（XW60＋842）～（XW75+927），全长 15.085km，承担向天津市和河北省高碑店、雄县供水的输水任务。设计输水流量 50m³/s，加大输水流量 60m³/s。工程主要以 3 孔 4.4m×4.4m 有压钢筋混凝土输水箱涵为主，包含各种建筑物共 24 座，其中分水口 1 座，独立监测站房 4 个，通气孔 7 个，倒虹吸 3 座，公路涵 9 座；永久管理道路单侧 1.2km。

2018 年，保定市境内 1、2 段工程完成向天津市输水调度任务，民生效益与经济效益明显。

二、工程管理

（一）工程管理机构

南水北调中线干线工程的运行管理模式为三级机构管理。天津干线设有二级管理机构 1 个，三级管理机构 5 个。负责保定市境内 1 段工程管理的三级机构为徐水管理处和容雄管理处（2-1 标、2-2 标徐水管理处负责，2-3 标、2-4 标、2-5 标容雄管理处负责），负责保定市境内 2 段工程管理的 III 级机构为容雄管理处。

容雄管理处负责范围为桩号（XW32＋858）～（XW75+927）。办公地址为保定市高碑店市白沟镇。容雄管理处现有员工 22 名，其中处长 1 名、主任工程师 1 名、副处长 1 名、各专业处室员工 19 名。容雄管理处下设工程科、调度科、综合科、合同财务科四个专业科室。

（二）工程维护抢修

全面加强合同项目进度、质量控制环节，按照管理处批复计划工期、技术条款要求对每个项目材料报验、材料进场、实施过程与进度严格把控，做到过程有效监控，保证施工质量。严格对照每个合同项目的验收要求，开展验收计量工作，确保完工项目符合要求，计量真实准确。

天津分局还与河北省水利工程局签署了应急保障协议，当工程发生突发事件时，能够第一时间到达现场开展应急处置工作。

（1）设备维护。为加强金属结构机械电气及自动化设备工程维护管理，天津分局通过公开招标采购的方式，选择5家维护单位，签订相关维护合同。合同中明确维护方案和维护考核目标，维护单位参照各自合同内的项目和频次执行维护工作。容雄管理处按照中线建管局下发的相关管理标准、工作标准及技术标准等执行，对维护队伍的设备巡查工作通过现场跟踪、视频跟踪或抽查三种方式进行监督、考核。

根据《消防设施设备运行维护技术标准（试行）》（Q/NSBDZX 108.03—2018），细化明确了管理处消防设备设施的巡查频次和检测内容，作为日常巡视的规范和方式。按照规定对辖区内的火灾自动报警系统、气体灭火系统（七氟丙烷）、防烟、排烟系统、防火分隔物、灭火器及其他消防设备设施进行管理，并规范相关表格及记录的填写方式。

（2）应急管理。根据辖区防汛重点和人员变化及时编制了《容雄管理处2018年防洪度汛应急预案》和《容雄管理处2018年防洪度汛方案》，并报天津分局及沿线水利部门备案。积极与地方防汛部门沟通，建立定期联络机制，努力实现信息共享、资源互通、队伍互援。防汛期间充分利用冀汛通和中线天气App，及时了解掌握相关流域内雨情、汛情。

为加强容雄管理处突发事件应急管理工作，管理处发文成立突发事件应急管理工作小组，明确小组各成员工作职责，确保管理处应急工作顺利开展，管理处与地方防汛应急、环保和公安等机构建立有效联系机制。建立了应急物资和抢险设备管理台账，积极组织人员进行应急演练和专业培训，并做好

历次台风应急准备。容雄管理处开展5次突发事件应急演练，处理3起工程突发事件。

（3）设施管理与保护。保定市1段工程于2013年1月主体工程全部完工，2013年10月通过项目法人验收和国调办组织的通水验收技术性初验。2013年9月完成工程实体移交。通过工程巡查、安全监测等手段多次制止违规占压、穿越施工，消除安全隐患，保证工程运行安全。

土建通过招标、竞争性谈判等方式选择维修养护队伍。2018年，土建维护队伍为保定建业集团有限公司，消防维护单位由天津分局委托单位进行维护管理，管理单位为北京博亚德消防安全智能工程有限公司。

金属结构机械电气、自动化系统及安全监测均由中线建管局委托相应单位进行维护管理。其中，金属结构机械电气维护单位为河北省水利工程局，自动化系统运行维护单位为武汉贝斯特通信集团股份有限公司、北京林克森自动化系统工程有限公司及亿阳信通股份有限公司，安全监测维护管理单位为中国水利水电科学研究院。

（三）安全生产

按照中线建管局《关于转发〈关于深入开展南水北调工程运行安全管理标准化建设工作的通知〉的通知》（中线局质安〔2018〕55号）文件要求，管理处补充完善《天津分局容雄管理处运行安全管理标准化建设试点工作方案》，分类梳理出11个专业217条清单，按照清单健全运行安全管理评定标准和考评体系，推进运行安全管理全过程控制。

在安全生产管理人员方面，严格责任、落实到人。成立以管理处负责人为组长的安全生产领导小组，设置专职安全员；在安全设施器材管理、场内交通安全管理、消防安全管理、食品安全管理等方面，管理处分别指定专人具体负责。

在安全生产工作开展方面，安全生产紧

紧围绕工程安全、运行安全、水质安全和人员安全展开。管理处每周组织一次安全生产检查，在周例会中将通报检查结果，督促整改。在安全生产管理人员的努力下，2018年安全生产处于可控状态。

三、运行调度

2018年3月1日起，管理处增配5名专职调度值班人员，充实了管理处调度力量；组织多种形式的学习培训，提高运行调度人员的专业水平。调度管理更加规范高效，调度业务更加细化熟练，圆满完成年度输水调度任务。总调中心带领全线各级调度机构开展了保供水"汛期百日安全"专项行动。调度人员认真执行上级各项确保工程运行安全的加固措施，加强调度值班的工程巡视工作，及时向分调上报水量统计及辖区内工程状态，遇到问题第一时间作出响应并责任落实到人，确保辖区内工程的安全平稳运行，完成上级交办的各项任务指令。

根据《关于输水调度值班机构负责组织实施应急（防汛）值班工作的通知》文件要求，自10月1日起应急（防汛）值班业务划至中控室。管理处第一时间组织所有调度人员进行5次全面系统的业务培训，熟悉应急事件的处理流程，掌握应急响应程序。

2018年，保定市境内工程金属结构机械电气自动化设备运行维护工作坚持问题导向，举一反三，积极整改各级检查发现的设备设施工程缺陷，整改率达到100%。

2018年，中线建管局结合工程运行4年来的金属结构机械电气自动化设备的运维经验，严格执行中线建管局制定的企业标准，积极参与中线建管局"两个所有"问题查改工作。保定市境内工程的维护项目更加细化，运行维护频次固定，运行维护效果理想，工程管理更加高效，为工程运行提供了有力的技术保障。

四、工程效益

2018年，管理处辖区内3个分水口全年实现平稳安全供水，计划供水1384万m³，实际累计供水1390.6万m³，完成供水任务的100.5%。其中，实际向雄安新区供水761.7万m³，白沟新城供水628.9万m³。

五、环境保护与水土保持

2018年，天津分局及各管理处修订、完善了工程建设期间的环境保护、水土保持相关规章制度，进一步加强了环境保护、水土保持管理工作，对辖区内污染源、可能引起水土流失的薄弱部位进行排查和处理。辖区内建筑物进行了工程宣传标语粉刷。绿化维护单位对枯死树苗进行了更换，保证了水土保持效果。

（樊菁芳 李 斌 高玉芬）

廊坊市境内段工程

一、工程概况

南水北调中线一期工程天津干线廊坊市境内段工程起点位于河北省廊坊市固安县马庄镇李洪庄村西约900m处，终点位于河北省廊坊霸州市与天津市武清区交界处，工程起止桩号（XW75+927）~（XW131+360），全长55.4km。廊坊市境内段工程设计输水流量50m³/s，加大输水流量60m³/s。该工程总投资331760.1万元，建设总工期为36个月。

廊坊市境内段工程于2013年6月30日主体工程全部完工，2013年10月28日通过项目法人验收和国务院南水北调办组织的通水验收技术性初验，2013年12月30日完成工程实体移交。2014年12月12日，南水北调中线干线工程全线通水。2018年，箱涵安全输水365天，未发生任何质量安全问题，工程总体运行平稳，经济效益、社会效益、生态效益显著。

二、工程管理

（一）工程管理机构

南水北调中线干线工程运行管理实行3级机构管理。天津干线沿线5个现地管理处是第三级运行管理机构，具体管理本辖区内工程现场运行管理工作。该段工程直接隶属于中线建管局天津分局霸州管理处管辖，霸州管理处下设工程科、调度科、综合科、合同财务科。2018年，管理处在岗职工26人，各个专业分工明确、岗位职责清晰。

（二）工程维护

（1）土建日常维护、绿化管理。霸州管理处安排专人负责具体质量安全工作。编制日常维修养护项目具体施工要求，标准，工序，并对霸州管理处辖区所有建筑物进行排查，编制《霸州管理处2018年土建绿化工程维修实施方案》。完成6号保水堰场区、霸州管理处场区及通气孔改造工程整体，提升了管理处的形象。

（2）穿跨越工程。霸州管理处参与审核4个项目，其中华北石油航煤管道工程、京雄城际铁路工程进行施工并签订监管、运管协议。为更好地保障供水安全，实现全方位管理，京雄城际铁路工程创新引入第三方监管模式，委托第三方单位对施工单位、监理单位、第三方监测单位进行全面监督管理，实现有施工就有监管，既保证了南水北调工程的通水安全，也保障了国家重点工程的顺利实施。

（3）日常巡查。霸州管理处从工程巡查、定点值守、安全保卫、警务巡逻等方面着手，加强现场管理，配置移动终端，充分利用巡查系统App，按照中线建管局天津分局的各项管理办法进行检查、管控、整改，逐步实现信息化办公，减少纸质档案的生成。

（4）安全监测。实现安全监测由人工数据采集转为自动化数据采集，实现监测数据快速高效的采集，同时也暴露出自动化系统采集存在的问题。管理处将工作重点由数据采集转向数据甄别、无效数据的筛选，逐步实现资料分析运用自动化系统数据。

（三）设备维护

在机械电气金属结构、自动化管理方面，强化制度执行与落实，细化人员配置，在做好日常维护管理工作的同时落实好各项巡查工作。2018年度主要从标识标牌、线缆梳理、缺陷整治、环境提升入手，完成了各个闸站标准化建设；完成了5号保水堰、7号保水堰及京九铁路西检修闸厂区永久供电的改造；完成了沿线所有光缆井的标准化工作。保证了设备运行稳定，为安全供水提供了保障。

（四）应急管理

为加强突发事件应急管理工作，霸州管理处成立了突发事件应急管理工作小组，明确小组各成员工作职责，确保应急工作顺利开展。霸州管理处与地方防汛应急、环保和公安等机构建立有效联系机制。建立应急物资和抢险设备管理台账，积极组织人员进行应急演练和专业培训，并及时进行总结。

2018年，开展防汛抢险技术专项应急演练、水污染应急演练消防演练、供电系统故障突发事件应急演练、闸控通信中断应急演练、通信光缆抢修应急演练、计算机内网网络故障应急演练。

在汛期，管理处员工以雨为令，加强巡查，有效应对，及时处理了百米渠和黄泥河河道下游护坡在雨后均冲出雨淋沟。在迎战台风"安比"期间，管理处严密部署，多方协调，顺利解决了堂二里大坑边坡雨淋沟问题，确保了工程安全。

2018年，霸州管理处及时有效地完成了3处渗水点的应急处置。巡查发现、及时报送、占地协调、方案制定、现场处置有条不紊，作为实战，不仅加强了管理人员应急处置能力，同时也积累了地下箱涵渗水处理的宝贵经验，为渗漏处理奠定了基础。

（五）安全生产

在安全生产制度建设方面，管理处进一步完善、细化了安全生产生产体系和安全生产规章制定，建立了月安全生产大检查和例会制度，落实责任到人做好安全交底和保证施工过程中安全措施到位。同时加强安全宣传，开展了一系列安全教育活动，与霸州市安全委员会建立了联动机制，共同进行了安全日宣传。2018年6月，霸州管理处联合霸州教育局走进沿线小学及村庄开展了"节约用水，保护水源"和"关爱生命、预防溺水"主题宣传活动。2018年，安全运行平稳，未发生安全生产事故。

三、运行调度

2018年，霸州管理处根据标准化建设要求，进行了闸站标准化、中控室标准化建设，积极参加分调中心组织的调度知识竞赛活动；配合总调中心开展输水调度保供水"百日安全"专项行动；完成日常调度管理系统的上线运行；按照上级指示完成了应急、调度大整合，中控室承担应急值班任务。严格落实2018年度调水计划，截至11月27日，三号渠东分水口年度输水量79.72万 m^3，累计输水量为132.65万 m^3；信安分水口年度输水量122.41万 m^3，累计输水量为159.80万 m^3。

（一）金属结构机械电气运行情况

霸州管理处对主要建筑物（保水堰、分水口、检修闸）各项金属结构机械电气设备定期进行巡检及维修保养工作，启闭机室及各设备间整洁有序，设备干净明亮；各重要闸站24小时有人值守；定时对供配电系统进行巡检，备用发电机时刻处于待命状态，保证供配电系统正常运行，保证为天津市及沿线各省市按调度计划供水。

（二）自动化系统运行情况

各闸站闸控系统均已完工且投入使用，可实现远程查看流量、水位、流速、闸门开度等水文信息功能，同时配合视频监控系统、门禁等系统，可实现各现地站智能化管理及调度工作，提高了工作效率及管理水平。消防系统已建设完成，可实现火灾告警功能、视频图像监控功能、语音告警功能、门禁功能，查询各类告警信息及原因功能，远程控制及操作功能，打印各种告警信息及原因功能，多种传输功能。

四、工程效益

在天津分局的带领下，霸州管理处全体员工共同努力，保障了该段工程2018年安全、平稳运行；从2014年12月12日正式通水以来，至2018年12月31日已安全平稳运行1480天，累计过境水量34.90亿 m^3。同时辖区内5座分水口门中的霸州市三号渠东分水口和信安分水口已经开始为地方市内水厂正式供水，其中信安分水口累计供水146.08万 m^3，三号渠东分水口累计供水137.70万 m^3，工程经济效益初步显现。

为拉动地方经济发展，在招聘物业、安保、值班人员及工程巡查人员时，采取在工程所在地就近招聘的原则，此项解决沿线大约30人的就业问题，社会效益明显。

五、环境保护与水土保持

2018年，霸州管理处加强环境保护、水土保持管理工作，对辖区内污染源、可能引发水土流失的薄弱部位进行了排查和处理，将辖区57号通气孔周边大型养殖场（康达养殖场）作为风险源进行了上报，同时对该部位加强了工程巡查和专项巡查。3月，组织全体员工参与"同护一渠水，共植一片林"义务植树活动，全面提升和改造工程形象，加强了环境保护及水土保持。

六、验收工作

着手准备设计单元工程完工验收，对各类报告格式及内容进行收集；工程建设档案加快整理，按照原定计划做好移交准备。

七、其他

（一）"一岗一区" "一段一站" 全面落实

为贯彻落实南水北调中线建管局运行安全管理标准化建设要求，在天津分局党委的领导下，充分发挥战斗堡垒作用和党员的先锋模范作用，创建党员示范岗 11 个、党员责任区 4 个，同时以此为基础推行"段长""站长"负责制，全线共划分 5 个段、10 个站。实现"党员责任区""站""段"对工程的全覆盖，切实做到"党建引领业务、业务丰富党建"。

（二）开展"两个所有"，补短板强监管

按照中线建管局"两个所有"的重要指示精神，全员问题查改全面铺开，员工责任心明显增强，以问题为导向的意识不断提升，效果显著。国务院南水北调办共检查问题 10 项，已全部整改；中线建管局共检查问题 46 项，已全部整改；全年共发现问题 1083 项（其中维护队伍发现问题 367 项），已整改 1083 项，整改率 100%。

（三）延续志愿服务，提升企业形象

2017 年，霸州管理处建立南水北调志愿者服务队，秉承着"互相帮助、助人自助、无私奉献、不求回报"的服务精神，不断加强与地方的互动与服务，提升企业升形象。2018 年 4 月，在霸州博物馆开展志愿服务活动，并与博物馆建立联学联做机制；2018 年 6 月，走进高考学校，为学生和家长提供支援服务点休息，同时帮助交警舒缓交通，确保考生顺利到达考场。

（四）创建职工之家，增强企业文化

2018 年，霸州管理处把企业文化建设与党建工作相融合，全面提升职工之家形象，将党建工作室与职工之家合并建设，扩大职工学习与娱乐的空间。建设职工活动室，激发员工的业余兴趣爱好，让离家的职工感受家一样的温暖，丰富精神文化生活，不断探索和创新文化建设的管理模式。

（邵士生　王玲玲　张　彬）

天津市境内 1、2 段工程

一、工程概况

天津市境内工程分为天津市 1 段、天津市 2 段两个设计单元，由天津管理处负责运行管理工作。所辖工程经过武清（5.52km）、北辰（7.24km）、西青（11.1km）三区，全长 23.86km，起点桩号为（XW131+360），终点桩号为（XW155+206.667）。以地下混凝土箱涵为主，共有 15 座地面建筑物，主要包括王庆坨连接井、子牙河北分流井、外环河出口闸、子牙河南检修闸、子牙河防洪闸，以及 60~69 共 10 座通气孔。另外，沿线还包含 13 座公（铁）路涵洞及 8 座倒虹吸。

子牙河北分流井以上为 3 孔 4.4m×4.4m 箱涵，设计流量 45m³/s，加大流量 55m³/s；子牙河北分流井以下分成两部分，一部分直接接配套工程到西河泵站（供主城区用水），由 2 孔 3.8m×3.8m 箱涵组成，设计流量 27m³/s；另一部分至外环河出口闸（供滨海新区用水），由 2 孔 3.6m×3.6m 箱涵组成，设计流量 18m³/s，加大流量 28m³/s。

天津市境内 1、2 段工程是天津干线工程的重要组成部分，承担向天津市市区及滨海新区供水的输水任务。

二、工程管理

（一）工程管理机构

南水北调中线干线工程运行管理实行三级机构管理。天津干线沿线5个现地管理处是第三级运行管理机构，具体管理本辖区内工程现场运行管理工作。该段工程直接隶属于中线建管局天津分局天津管理处管辖，天津管理处下设工程科、调度科、综合科、合同财务科。2018年管理处在岗职工19人。

（二）工程维护检修

（1）在工程巡查方面。按照《工程巡查管理办法》要求，按规定配备巡查人员，严格执行巡查频次、巡查路线、巡查记录等要求。严格执行工巡App使用规定。每天一遍正常开展日常巡视工作，每月定期开展一次巡视、值守人员培训、组织例会、考核工作，确保工程安全。利用工巡App上传发现的问题，问题台账清晰规范，按规定程序逐级报告。2018年，工程巡查和安全保卫工作正常开展，一系列影响工程安全的问题得到了解决，如发现了子牙河倒虹吸与子牙河南大堤内侧交叉部位箱涵渗水、P62转弯段箱涵渗水、协调工程沿线相关部门拆除违章建筑30余处、协调子牙河北分流井厂区树枝修剪、正常开展天津市人大培训学校校园内箱涵巡查等。

（2）在安全监测方面。按规定配备安全监测管理人员和仪器设备，按照年初工作计划开展日常安全监测内外观观测、资料整编、报告编写。每周对渗流监测仪器进行数据采集，其他仪器每月采集2次，及时提交纸质版原始数据资料，每月对本月的内观数据进行整编，并提交初步分析报告。外观观测工作每月观测1次，数据提交分局。2018年，管理处日常安全监测工作顺利开展，未发生异常。专职安全监测人员业务熟练、上报资料准确、及时。自有人员采集内观监测数据，监督外观监测队伍采集外观监测数据，

负责数据整编和比对工作，负责数据提交。2018年，安全监测完成内观监测48次，外观监测12次，自动化系统维护132个测站次，开展69号通气孔场区渗压计测值与人工测值对比工作，每月均对外观测点全面排查一次。完成管辖范围监测数据初步分析月报编制，结合监测数据分析单位的分析成果，及时发现安全监测异常问题并上报，积极组织研究处理方案。2018年，重点对王庆坨连接井监测资料进行了分析，关注王庆坨水库连接段施工进度，对异常数据进行分析，先后提交分析报告52期，就发现的问题多次与水库建管方沟通协调，消除邻接段施工对王庆坨连接井安全的影响。管理人员熟练运用安全监测自动化系统，正式开展安全监测自动化系统监测工作，对安全监测自动化维护单位进行监督管理，保证自动化采集系统维护及时、设备完好。积极配合中线建管局科技部和天津分局工程处，进行系统问题梳理工作，坚持每天使用系统，发现问题及时提交系统维护单位整改，并跟踪整改成果。

（3）土建和绿化工程维护。管理处认真组织编制工程维修养护排查报告，及时报送分局，报告翔实。按时编制了维修养护计划，认真落实分局总体要求，重点突出。对工程沿线反复逐项排查，对安全隐患排查到位，上报及时。按下达预算和批复计划落实到位，截至2018年12月31日，采购完成率为102.14%，统计完成率为94.25%，合同结算率为87.19%。指定专人对维修养护施工进行有效的过程监控，严格过程验收，逐项复核，过程资料齐全，施工质量合格。完成王庆坨连接井、子牙河分流井、外环河出口闸场区绿化日常养护工作，累计除草20次，保证了苗木和草坪成活，场区整洁。土建和绿化工程满足维修养护标准，工程设施正常发挥功能，工程形象总体良好。管理处成立专门的验收小组，学习验收标准，严格管理施工过程，做好土建和绿化维护日常

项目验收，编制完成年度检查报告。

（三）设备维护

（1）机械电气金属结构设备。贯彻执行中线建管局金属结构机械电气设备管理标准、工作标准、技术标准。完成外环河出口闸卷扬机外观整治试点、天津管理处辖区19台启闭机外观整治、接油槽制作安装；子牙河退水闸检修闸门增设启闭机；卷扬启闭机钢丝绳清洗。11月底，在子牙河南检修闸组织开展机械电气设备应急演练。做好问题查改有关工作，问题发现率、整改率良好（外部检查发现问题数量少为标准）。对各级检查发现的问题，要求维护队伍及时进行整改，并将检查结果作为月度考核的重要依据，2018年，国务院南水北调办飞检、专项稽察检查发现8个问题，除子牙河退水泵房管道口拍门需停水后更换正在进行整改外，其余问题都已整改完成。落实中线建管局生产环境技术标准金属结构机械电气系统有关规定，符合达标要求。积极推进天津分局闸站生产环境标准化项目子牙河北分流井试点建设工作。

（2）自动化设备管理。贯彻执行中线建管局信息自动化系统管理标准、工作标准、技术标准。汛期及"安比"台风期间增加了自动化机房临时巡检，加密电缆沟进水的巡检。完成外环河出口闸、王庆坨连接井、子牙河北分流井拆除、全网络改造，路由器更换，WiFi施工，人手井防水项目，汛期电缆沟、光缆井积水抽排。组织做好有关运行管理人员规范操作设备，了解设备结构和工作原理，具备一定的故障辨识和处置能力；培训、应急演练到位。运行维护管理人员参加了维护单位组织的流量计原厂维保培训、光缆培训、自动化培训的系列培训和分局组织的相关应急演练。11月，完成闸站生产环境标准化项目子牙河北分流井试点工作并通过了中线建管局组织的验收，12月，基本完成王庆坨连接井、外环河出口

闸、子牙河南检修闸的闸站生产环境标准化的建设，具备达标要求。

（3）供电设备。贯彻执行中线建管局供电系统管理标准、工作标准、技术标准。完成了子牙河南检修闸永久电源引接、检修闸厂区配电系统完善；子牙河北分流井10kV外电源增容建设工作。国务院南水北调办飞检、专项稽察检查发现2个问题，问题都已整改完成。落实中线建管局生产环境技术标准供电系统有关规定，符合达标要求。与机械电气金属结构、自动化专业一起完成闸站生产环境标准化项目子牙河北分流井试点工作，基本完成王庆坨连接井、外环河出口闸、子牙河南检修闸的闸站生产环境标准化的建设。

（4）消防设备。贯彻执行中线建管局消防设施设备运行维护技术标准。管理处督促维护队伍及时开展消防设备年检，完成火灾自动报警系统、七氟丙烷气体灭火系统、灭火器等年度检测工作，并出具检测报告。组织做好有关运行管理人员规范操作设备，了解设备结构和工作原理，具备一定的故障辨识和处置能力；培训、应急演练到位。10月底，管理处与消防维护队伍一起开展消防应急演练与消防知识培训。做好问题查改有关工作，问题发现率、整改率良好（外部检查发现问题数量少为标准）。对各级检查发现的问题，要求维护队伍及时进行整改，国调办飞检、专项稽察检查发现14个问题，都已整改完成。

（四）应急管理

管理处编制《2018年度汛应急预案》，修订《天津管理处水污染事件应急预案》等应急方案，组织消防演练、水污染应急演练、交通事故突发事件应急演练。

遇突发事件，管理处按程序开展应急处置，组织高效，应对有效。主要有迎战台风"安比"、子牙河倒虹吸与子牙河防洪堤南岸内侧交叉部位渗水处理，均得到有效处理。

（五）工程设施管理与保护

安全保卫工作涉及王庆坨连接井、子牙河北分流井、外环河出口闸厂区24小时定点值守和工程沿线安保、警务巡逻，管理处对巡逻队伍加强管理。安保巡逻队伍每天对工程沿线巡逻一遍，警务人员每周二、周五对工程沿线全面巡逻一遍。

通过安全保卫、安保警务巡逻的开展，对违规建筑、偷盗破坏发现及时，处理及时。主要有以下几个案例：

（1）2018年3月21日，天津管理处日常巡逻过程中发现西青区阜盛道在进行大范围电缆埋设作业，这引起了管理处高度警惕。在距离箱涵200m左右距离发现，施工队用围挡伪装成种树，进行地下定向钻穿越施工准备。天津管理处立即出动警务室和安保巡逻队对施工现场进行封锁，经调查为联通110kV电缆违规穿越施工，经过现场讲解相关法规，施工单位积极配合，有效将安全隐患消除在萌芽状态。

（2）2018年3月30日，天津管理处在日常巡逻过程中发现北辰区青光镇红光农场污水管道违规穿跨越施工，当时就对施工单位进行了劝阻，要求立即停工并履行相关手续。施工单位雇佣当地村民，继续暴力施工，无法进行沟通。若放任不管有破坏箱涵风险，有可能对天津市的供水安全造成影响。天津管理处立即出动警务室进行执法。查封相关施工车辆，有效遏制了犯罪分子嚣张气焰。

（3）2018年9月1日，天津管理处在巡视中发现，武清区王家垈一带进行违建拆除，部分路段进行封锁。天津管理处高度关注，并决定加密巡查，9月3日发现，部分工程废料倾倒在箱涵保护范围内。天津管理处立即与天津市环保局进行沟通，并出动警务室和安保巡逻队进行现场执法，经沟通为104国道对箱涵保护范围内违规施工。经与天津市西青公路局沟通，签订了相关协议，保障了南水北调工程安全。

通过一系列、全方位、无死角的安全管理，天津管理处19名管理人员的精心呵护，工程通水四年来，经受住了大流量输水考验，未出现任何安全事故，实现了安全平稳运行目标。

土建和绿化工程均通过招标、竞争性谈判等方式选择维修养护队伍。2018年，土建维护队伍及绿化维护队伍为天津市水利工程有限公司，子牙河北分流井、王庆坨连接井绿化维护队伍为河北春晓园林工程有限公司。

金属结构机械电气、自动化系统、安全监测及水质自动监测均由中线建管局委托相应单位进行维护管理。其中，金属结构机械电气维护单位为河北省水利工程局，自动化系统运行维护单位为武汉贝斯特通信集团股份有限公司及亿阳信通股份有限公司，安全监测维护管理为中水北方勘测设计研究有限责任公司，水质自动监测站维护单位为江河瑞通科技集团有限公司，消防维护单位为北京博亚德消防安全智能工程有限公司。

（六）安全生产

2018年1月，管理处对2017年安全生产标准化试点进行了总结，组织对中线建管局《运行安全标准化试点工作手册》进行宣贯培训。按照八大体系、四大清单完成管理处层级的安全生产管理体系和制度办法，以问题为导向，梳理各个运行安全管理岗位不符合现行制度、标准要求的问题，及时整改。在天津分局《安全生产实施细则》的基础上修订了《天津管理处安全管理实施细则》。根据人员变化分工调整情况，调整安全生产工作小组成员，明确主要安全管理人员职责，落实安全生产责任制。

对自有职工及外聘人员及时开展安全生产教育培训，对新入职员工开展岗前安全教育培训，并及时更新安全生产教育培训记录与台账。与进入本辖区的施工单位和维保单位签订安全生产协议书，本年度共签订安全生产协议8份。每个施工项目进行前，由管理处安全负责人和相关专业人员对施工队伍进行安全交底，针对不同的施工内容，明确安全注意事项和管理处相关规定。对正在施工的项目进行安全检查，发现违反规定的行为立即阻止并现场进行安全教育。

2018年，天津管理处共组织安全生产检查47次，召开安全生产会议44次，组织安全培训共6次，学习各类安全生产文件。参加分局组织的应急演练6次。每季度组织全体调度人员进行安全生产培训，4月，管理处组织了综合机房三氟丙烷气体灭火系统及消防控制室操作培训，5月，在子牙河北分流井进行了水污染突发事件培训，10月，完成交通事故突发事件应急演练并开展安全驾驶培训，12月，完成，了消防应急演练并开展消防培训，承办天津分局安全生产培训等。

三、运行调度

2018年，管理处按要求配备了值班人员，按照《关于做好近期大流量输水工况下的各有关工作的通知》《总干渠大流量输水运行工作方案》的要求，完成大流量输水及子牙河生态补水调度值班；按照中线局调〔2018〕22号文关于开展全线输水调度"汛期百日安全"专项行动，完成汛期输水调度值班；按要求完成应急（防汛）值班交接，开展应急值班工作。有效应对台风"安比"、箱涵渗水等突发事件，组织配合做好应急调度。

（一）金属结构机械电气运行情况

天津管理处对主要建筑物（连接井、分流井、出口闸）各项金属结构机械电气设备定期进行巡检及维修保养工作，启闭机室及各设备间整洁有序，设备干净明亮；各重要闸站24小时有人值守；定时对供配电系统进行巡检，备用发电机时刻处于待命状态，保证供配电系统正常运行，积极协调检修闸接电，保证为天津市及沿线各省市按调度计划供水。

按要求在子牙河北分流井配备了4名值守人员，做好设备巡视、进场管理、配合调度和设备维护等工作，保障闸站设备设施正常运行。2018年，子牙河退水闸执行调度指令259次，全部执行成功，无失误。

（二）自动化系统运行情况

安防系统已基本建设完成，可实现火灾告警功能、视频图像监控功能，防盗告警功能，防水功能，防雷功能，环境温度与湿度监测功能，语音告警功能，门禁功能，查询各类高警信息及原因功能，远程控制及操作功能，打印各种高警信息及原因功能，多种传输功能。具有高度集成化、智能化的特点，对于闸站的消防安全与自动化进行实时监控、统一管理，为实现闸站的管理提供了有效的监控管理手段和工具。

四、工程效益

该段工程全年安全、平稳运行。2017—2018调水年度，天津干线工程输水10.62亿 m^3，其中向天津市输水10.43亿 m^3（向海河生态补水2.88亿 m^3），向河北省沿线输水0.19亿 m^3，超额完成水利部下达的调水计划，经济效益和生态效益显著。

为拉动地方经济发展，在招聘物业、安保、警务室及工程巡查人员时，均采取了在工程所在地就近招聘的原则，此项解决了沿线大约30人的就业问题，社会效益明显。

五、环境保护与水土保持

2018年是运行管理第4年，天津管理处修订、完善了工程建设期间的环境保护、水土保持相关规章制度，进一步加强环境保护、水土保持管理工作，对辖区内污染源、可能引发水土流失的薄弱部位进行了排查和处理。组织原绿化施工单位对枯死树苗进行了更换；在保证工程安全的基础上，对子牙河分流井园区进行了改造提升。

六、验收工作

2018 年 10 月 19 日，天津市 2 段工程通过了水利部组织的设计单元工程完工验收，本次验收是南水北调中线干线工程中第一个通过水利部组织的设计单元工程完工验收，标志着中线干线工程完工验收工作迈出了重要一步。

与会各方查看工程现场，详细了解工程运行管理现状，听取工程建设管理、质量监督、运行管理和技术性初步验收等工作报告，经验收委员会认真讨论，形成完工验收鉴定书，顺利通过了验收。

本次验收由水利部主持，水利部水利水电规划设计总院、南水北调工程设计管理中心、南水北调工程建设监管中心、天津市南水北调工程建设委员会办公室、中线建管局及各参建单位代表参加了会议。

七、其他

2018 年 4 月 28 日，在天津管理处举办了青年员工集体婚礼，央广网、千龙网、搜狐网、中央人民广播电台等媒体相继以"工程一线上的集体婚礼""南水北调中线建管局为员工举办集体婚礼"……做了报道。6 月 3 日、10 月 25 日，天津管理处又相继组织了"水到渠成共发展（南水北调中线网络主题调研采访活动）""2018 年南水北调中线工程开放日活动"等。国内 30 多家媒体对以上活动集中报道，网络点击量达到了百万次，在国内外引起强烈反响，赢得了较高的社会评价，增强了职工的归属感，充分践行弘扬了南水北调职业文明。

（李永鑫　赵　宇）

中 线 干 线 专 项 工 程

陶岔渠首枢纽工程

一、工程概况

陶岔渠首枢纽工程位于丹江口水库东岸的河南省淅川县九重镇陶岔村，为 Ⅱ 级反恐怖防范重点目标。陶岔渠首枢纽由引水闸和电站等组成。一期工程渠首枢纽设计引水流量 350m³/s，加大流量 420m³/s，年均调水 95 亿 m³，水闸上游为长约 4km 的引渠，与丹江口水库相连，水闸下游与总干渠相连。闸坝顶高程 176.6m，轴线长 265m，共分 15 个坝段。其中 1～5 号坝段为左岸非溢流坝，6 号坝段为安装场坝段，7～8 号坝段为厂房坝段，9～10 号坝段为引水闸室段，11～15 号坝段为右岸非溢流坝。引水闸布置在渠道中部右侧，采用 3 孔闸，孔口尺寸 3×7m×6.5m（孔数×宽×高）。电站为河床径流式，厂房型式为灯泡贯流式，安装 2 台 25MW 发电机组，水轮机直径 5.00m，机组装机高程 136.20m，最大工作水头 22.66m，年发电量 2.38 亿 kW·h。

渠首枢纽工程下游 900m 总干渠右岸平台处设有陶岔渠首水质自动监测站，建筑面积 825m²，是丹江水进入总干渠后流经的第一个水质自动监测站。陶岔水质自动站是一个可以实现自动取样、连续监测、数据传输的在线水质监测系统，共监测 89 项指标。涵盖了地表水 109 项检测指标中的 83 项指标，主要监测一些水质基本项目、金属重金属、有毒有机物、生物综合毒性等项目，共有监测设备 25 台。每天进行 4 次监测分析。该站配置在国内处于较领先位置。陶岔水质自动站是以在线自动分析仪器为核心，能够实现实时监测、实时传输。及时掌握水体水质状况及动态变化趋势，对输水水质安全提供实时监控预警，在发生水质突发事件后能够及时监测水质变化情况。

二、工程管理

2018年上半年，陶岔管理处位于南水北调中线渠首枢纽工程下游900m处的水质自动监测站办公。2018年8月11日，正式接管渠首枢纽工程运行管理工作，管理处迁至渠首枢纽工程管理园区开展运行管理工作。

（一）工程维护管理

陶岔管理处按照中线建管局土建绿化实施标准，建立、完善土建绿化信息台账及标准化清单，严格按照土建和绿化工程施工工艺标准监督、执行。大坝下游右岸（K0+260）～（K0+300）处排水沟新增、改造施工；对大坝下游左岸交通桥西侧损坏、锈蚀的防护网进行更换；对大坝下游左岸1号门进行安装施工；排查渠道防护网安全隐患。对管理园区内的绿植挖筑树坑堰；对上游两公里范围内杂草及排水沟进行清理；对大坝路灯进行除锈刷漆维护；对大坝钢盖板进行除锈、刷漆维护等。

（二）安全生产管理

陶岔管理处建立安全生产领导小组，明确安全生产有关人员职责，并制定安全生产管理实施细则；按照要求开展安全生产检查，召开安全生产会议，按照要求组织开展安全生产教育、培训和宣传；对安全设施器材定期维护；按照规定对施工现场进行安全管理；对交通、消防、食品等环节有安全管理办法。

配合公安部门完成陶岔渠首枢纽工程二级反恐怖防范重点目标相关信息录入备案工作；配合淅川县反恐工作领导小组完成陶岔渠首枢纽工程反恐基础信息采集。与淅川县公安局商讨陶岔管理处警务室建设有关事宜。完成枢纽工程上游2km范围内刺绳的安装。渠首枢纽工程安全保卫共设置渠首交通桥右岸、园区门口、新增电站控制室内共3处定点值守点，建立完善安保体系。排查

枢纽工程范围内防护网安全隐患并对其修复。开展淅川县环库公路邻接工程违规施工协调监管工作，并按原标准恢复防护网工程。

（三）工程巡查管理

陶岔管理处负责渠首枢纽工程上游150m和下游300m工程巡查任务，巡查内容包括渠首枢纽工程辖区左右岸边坡、渠首枢纽大坝及其附属设施、渠首引水闸及渠首交通桥。按规定编制《工程巡查手册》，确定了巡查路线和巡查频次，并按要求开展工程巡查，做好工程巡查App相关工作，发现问题及时整改。

（四）安全监测管理

陶岔渠首枢纽工程安全监测系统由变形监测、渗流监测、结构内力监测，渠首上、下游水位监测等监测项目构成。2018年，陶岔管理处安全监测各项工作正常开展，按照要求完成安全监测频次，制定安全监测数据采集计划，监测数据及时进行整理整编，定期进行初步分析，编写并上报月报。建立异常问题台账，对异常问题及时进行更新并不断完善。

（五）应急度汛管理

建立防汛领导小组，明确有关人员职责。编制2018年陶岔管理处防汛值班表并上报渠首分局，开展防汛值班。完成陶岔管理处度汛方案和防洪度汛应急预案编制工作，并在相关部门备案。完成闸前、闸后及总干渠（K0+350）处左右岸救生箱施工安装。

三、运行调度

渠首枢纽水电站运行调度按照"五班两倒"方式排班，中控室24小时值班，调度值班人员至少10名，且相对固定，每班调度值班人员2名，其中值班长1名，调度值班员1名；值班人员都经过业务培训，值班期间要根据岗位要求，严格遵照调度流程及相关文件，认真履行岗位职责，开展输水

调度工作。调度值班人员值班期间接听调度电话及时，能够规范使用调度术语和文明用语，能够熟练使用日常调度管理系统开展输水调度工作。

（一）金属结构机械电气设备维护管理

组织开展对 2 号发电机组透平油含水量超标问题、引水闸闸门工作状态下滑问题、大坝门机行走机构故障、主轴密封水故障报警、机组服务器死机、高压空压机损坏、低压空压机故障、48V 高频开关电源柜充电模块损坏、引水闸低温工况下关闸停止瞬间闸门下滑等影响枢纽工程安全运行的缺陷进行处理，确保渠首枢纽工程电站正常运转；为确保运行维护人员和设备安全，组织完成了全厂电气盘柜绝缘胶垫购置及敷设、电站变压器防护栏安装、引水闸护栏安装、交通钢爬梯制作项目；组织完成厂区安全标识标牌制作安装、全厂设备标示标牌制作安装、上墙制度牌制作安装、宣传栏制作安装，并积极酝酿水电站整体标准化建设；对全场消防系统进行了消缺整改，更换灭火器材，修复损坏的闭门器、应急灯、疏散标示灯等消防设施；组织完成特种设备资质培训取证，共取得电厂必备的特种设备资格证十余项；梳理水电站及引水闸设备运行维护工作内容及标准，签订渠首枢纽工程水电站及引水闸设备运行维护委托项目合同；建设电站仓库，对淮委移交物品进行清点入库，对电站设备维修备品备件进行采购；对飞检、监督队检查出的问题进行整改；制作安装柴油发电机室导流罩、排风扇，对配电室风机控制箱改造；解决坝顶门机传感器主轴与卷筒轴不同心等遗留疑难问题；配合办理供用电合同、发电业务许可证；完成厂房信号覆盖工程；组织电站巡查 App 前期信息收集及录入工作；对管理处园区 10kV 电源进行改造，解决管理处园区备用电问题；组织开展渠首水电站水轮发电机组 C 级检修工作；组织水电站日常运行及维护工作。

（二）信息自动化系统运行管理

陶岔管理处根据现有人员实际情况，对信息自动化管理工作进行划分，明确分管工作领导以及自动化管理专员；根据各级检查发现问题建立问题缺陷台账，依据时限要求和实际整改情况，定期更新上报处理情况；根据信息自动化实际运行情况，信息自动化建设项目实施明确责任人，按时完成相关建设工作，未被上级通报批评；认真组织运行维护单位进行维护工作，按要求对维护单位进行月考核，考核结果以正式下发，同时抄送分局。积极参加中线建管局及渠首分局组织的相关业务培训，提高专业技能。

四、工程效益

渠首枢纽工程是南水北调中线一期工程的重要组成部分，具有供水和发电的双重任务。其中渠首水电站安装两台灯泡贯流式发电机组，装机容量 50WM，多年平均发电量 2.378 亿 kW·h。2018 年 6 月 1 日开始试运行，截至 2018 年 12 月 31 日，累计发电量 8859.620 万 kW·h，电站安全运行 214 天，平均日发电量 41.4 万 kW·h，最高日发电量 75.63 万 kW·h，创造直接经济效益 2835 万元。

五、环境保护与水土保持

陶岔管理处按要求开展渠道清漂及工程区域内的环境保洁工作，并对渠道周围沉淀池进行定期清理，保障了外来水的有效沉淀和排水畅通；在运行管理过程中，认真落实环境保护和水土保持等相关规定，做好施工区的环保、水保工作，防止因工程施工造成环境污染和破坏；联合淅川县政府开展渠道周边污染源排查工作；开展各种形式的宣传活动，增强了广大职工的资源与环境保护、水土保持的意识。

（高 义 王伟明）

丹江口大坝加高工程

一、工程概况

2018 年，丹江口水库有效满足了中线干线、汉江中下游和清泉沟用水要求，圆满完成年度水量调度计划。水库累计供水 374.2 亿 m^3：自陶岔枢纽向中线干线供水 74.6 亿 m^3（含生态补水），汉江中下游结合防洪、供水、生态等综合下泄 289.0 亿 m^3，清泉沟供水 10.5 亿 m^3。全年先后顺利实施了 3 次生态调度，生态供水近 15 亿 m^3，首次实现了洪水资源化利用和对华北实施生态补水，显著地改善了受水区河湖水质，使部分地下水被超采的区域地下水位逐步上升，区域水生态环境质量明显提高，有效发挥了水库的功能效益。

陶岔供水水质监测断面设置在陶岔枢纽上游 63m，主要监测指标为水温、pH 值、浊度、电导率、溶解氧、高锰酸盐指数、氨氮、总磷、总氮等 9 项，并按照《地表水环境质量标准》（GB 3838—2002）对 pH 值、溶解氧、氨氮、高锰酸盐指数、总磷等 5 项指标进行评价。根据 2017 年 11 月 1 日至 2018 年 10 月 31 日水质资料统计，陶岔断面水质综合评价结论为符合或优于 I 类水质标准的有 336 天，占 92.1%，为符合或优于 II 类水质标准的有 29 天，占 7.9%。

二、工程管理

2018 年，健全工程运行管理体系，完善工程运行管理相关制度，明确和规范运行管理要求，制定巡查管理办法及工作责任制，组织管理单位抓好工程管养维护，按规定巡查范围、路线、内容、频次抓好工程日常巡检，对检查发现的问题进行翔实记录和按要求处理，认真落实加高工程隐患排查整改，严格落实工程防汛责任，

做好了防汛组织、设备维护、度汛方案防洪预案编制审查，组建了专家、技术人员、抢险队伍，准备好了防汛器材设备、抢险物资，开展了提高应急处置能力的防汛应急演练。

2018 年，在《工程运行安全生产管理办法》基础上编制完成《工程运行安全生产检查与隐患排查治理管理办法》（中水源安〔2018〕114 号），进一步明确和细化安全生产检查和隐患排查治理相关要求。每月组织加高工程相关责任单位对安全生产情况进行联合检查，同时召开安全生产例会，分析当月安全生产状况并提出下月安全生产工作计划，督促相关生产单位规范安全生产行为，严格落实安全专项方案和隐患排查治理制度，对存在的问题隐患进行通报或下达隐患整改通知单。全年共排查整改隐患 35 起，均填报水利安全生产上报系统。

三、运行调度

2018 年，接收调度函对陶岔渠首流量调整 51 次，日均最大供水流量 395.0 m^3/s，日均最小流量 117.9 m^3/s，平均流量 236.29 m^3/s。

四、环境保护与水土保持

（1）水库管理工作。配合完成丹江口水库水流产权确权试点工作，完成库区征地的基本控制测量、原设置的土地征收线界桩损毁情况的普查、对损坏界桩恢复和加密及告示牌方案的编制等工作，待上级明确了经费来源后，着手实施工作开展；委托长江设计公司编制《丹江口水库管理和保护范围划定方案》，并完成初审和上报。修编丹江口库区巡查管理办法，联合汉江集团共同开展水库巡查，共同履行水库管理职责；及时联系库区 6 县（市）防汛部门和地质灾害管理部门对库区地灾、水库度汛的事项进行洽商，完成 2018 年度汛期度汛巡查工作；

按照《南水北调工程供用水管理条例》的要求，联合汉江集团丹江电厂，开展汛期坝前水域清漂工作；完成丹江口水库安全围栏隔离设施的规划方案编制工作，修编后上报水利部。

（2）专项建设和运管工作。完成南水北调中线工程丹江口水库鱼类增殖放流站的建设并已正式投入运行，并于10月26日完成了丹江口水库首次放流任务；完成水库及入库支流河口的31个人工断面水质监测、7个自动站的日常自动监测、陶岔渠首每日定点监测，并对监测资料进行系统的分析与评价，提交了监测月报和年报；承担水利部对口扶贫郧阳区的扶贫任务，完成20万元专项扶贫资金的筹集和拨付，采购3万元的扶贫农产品物资，并与郧阳区建立了扶贫联系。

（夏　杰　黄朝君　张乐群）

汉江中下游治理工程

概　述

2018年是湖北省南水北调工程"规范化、科学化、精细化、信息化"运行管理的创新发展之年，也是《湖北省南水北调工程保护办法》正式实施的第3年。湖北省南水北调局在国务院南水北调办和湖北省委、省政府的坚强领导和大力支持下，根据稳中求进、务求创新的工作总基调，抓实工程运行管理各项工作，确保工程安全平稳运行和效益充分发挥。

（湖北省水利厅）

汉江兴隆水利枢纽工程

一、工程概况

兴隆水利枢纽位于汉江下游湖北省潜江、天门市境内，上距丹江口水利枢纽378.3km，下距河口273.7km。其作为南水北调汉江中下游四项治理工程之一，是南水北调中线工程的重要组成部分。其开发任务以灌溉和航运为主，兼顾发电。

该工程主要由泄水闸、船闸、电站、鱼道、两岸滩地过流段及交通桥等组成。水库库容约4.85亿m³/s，最大下泄流量19400m³/s，灌溉面积21.84万hm²，规划航道等级为Ⅲ级，电站装机容量为40MW。工程静态总投资30.49亿元，总工期4年半。

2009年2月26日，兴隆水利枢纽工程正式开工建设。2014年9月26日，电站末台机组并网发电，标志着兴隆水利枢纽工程全面建成，其灌溉、航运、发电三大功能全面发挥，工程转入建设期运行管理阶段。

二、工程管理

2018年，枢纽电站超额完成了年度发电任务，船闸通航数量及载货量再创新高，枢纽灌溉航运及发电效益充分发挥。

（1）"四化"管理上新台阶。认真落实水利部"飞检"、专项通信湖北省南水北调局存在问题的整改工作。2018年，水利部"飞检"发现的16个问题已整改完成14个，水利部通信发现的9个问题已整改完成7个，剩下的正在加紧推进。编制印发《兴隆水利枢纽管理局工程维修养护项目管理办法（试行）》和《兴隆水利枢纽管理局工程管理考核办法（试行）》等，做到依法依规管理。出台《兴隆水利枢纽标准化创建与考核办法》，制定"四化"管理工作方案，下发统一的管理表单，于2019年1月1日正式实施。

（2）防洪度汛保工程安全。健全防汛组织体系，调整防汛办公室和应急抢险队，积极与地方相关部门联络沟通，构建防汛联系机制。完成调度规程和防汛预案修编工作。加强防汛风险排查，先后组织 2 次汛前检查，完成泄水闸下游柔性海漫水毁修复和被撞闸墩修复工作。组织开展 4 次防汛演练，圆满承办了湖北省防汛办在兴隆举办的2018 年全省防汛抗旱军地联合演练。制定生态调度方案，6 月，配合省防办开展联合生态调度工作。

（3）安全生产常抓不懈。完善安全生产管理机构，组织签订《2018 年安全生产目标管理责任书》和《2018 年度消防安全工作责任书》。全年组织安全生产检查 21 次，发现各类安全隐患 50 项，整改完成 49 项，还有 1 项正在整改中；对 7 台特种设备进行了年检，对 3 台通用门式起重机进行改造，增设了安全监测系统。加强安全生产宣传教育工作。开展"安全生产月"活动，每月组织一次安全生产工作会议，完成 35 人次的安全取证和复审工作。初步建成安全生产标准化体系，建立"八大体系、四项清单"。

（4）推进信息化建设进程。2018 年，实施管理局网络升级项目、办公自动化系统程序开发完善运行平台采购、软件正版化、电站信息安全保护等级测评和整改项目等。完成电站电力监控系统信息安全问题整改和信息安全等级保护测评等项目、完成船闸集控室大屏安装等工作。

三、工程效益

（1）电站年发电量创新高。电站年发电量设计值为 2.25 亿 kW·h，2018 年度计划发电量为 1.85 亿 kW·h，实际完成发电量 2.38 亿 kW·h，完成计划的 128.65%。

（2）船闸年通航创纪录。2018 年累计过船量达 13022 艘，年累计实际载货量达 664.4 万 t，年累计核定载货量达 1233.16

万 t，已接近设计 2030 年远景水平。

（3）库区调度零差错。泄水闸全力做好"水文章"，根据水文信息提前预判，实时精准调度，全年执行调度规程无延误、无差错、无失误。在应对汉江"水华"、联合生态调度、水情监测等工作中发挥积极作用，为枢纽灌区农田灌溉提供了有力保障。

（4）农业灌溉有保障。兴隆枢纽建成后，上游水位常年保持在 35.9m 以上，天门市罗汉寺、潜江市兴隆闸站的供水保证率达到 100%，灌溉面积已达到设计规划的 21.84 万 hm²。一改过去枯水期靠机械抽水灌溉的状况，保证了汉北和兴隆灌区工、农业生产和生活长远发展的需要，同时通过东荆河倒虹吸工程，潜江地区的灌溉面积进一步扩大，城区环境用水得以保障，水生态环境得到有效改善。

（5）生态环保成效显著。认真落实习近平总书记关于长江经济带"共抓大保护，不搞大开发"的指示，2018 年，组织开展汉江增殖放流活动，放流各类成鱼、幼鱼 3 万多尾、5000 余 kg，对汉江水生态平衡起到良好作用。加强对鱼道的监测管理，多次与地方执法部门配合，联合打击周边水域非法捕捞行为，为保护渔类资源做出应有贡献。加强对生活污水的处理，生产生活污水排放达到《城镇污水处理厂污染物排放标准》（GB 18918—2002）一级 A 标。加强枢纽两岸湿地保护，水生植物长势喜人，中华秋沙鸭、黑鹳、绿头鸭等珍稀动物大量栖居于此，生态效益显著。持续植树造林，2018 年，兴隆水利枢纽绿化面积达到 43.3hm²，绿化率达 80% 以上。乔木有樟树、栾树等 60 余种、5 万余株；灌木有金叶女贞、红继木等 20 余种、50 万余株。

四、尾工建设

新建管理用房建筑及装饰、水电安装、室外围墙、给排水工程等基本完工，完成产值约 800 万元。完成安全监测合同项目验收、环境整治标合同项目验收和船闸剩余工程的合同验收，泄水闸单位工程和合同项目验收、电站安装标合同项目验收已基本具备验收条件。完成 4 个合同的完工结算工作，还有 2 个合同已具备完工结算条件。完成 3 个标段工程档案验收，2 个合同工程档案具备验收条件，办理 6 个项目工程档案移交，新增档案 1500 余卷。完成蓄水影响整治工程 8 个标段的招标工作。

（湖北省水利厅）

引江济汉工程

一、工程概况

引江济汉工程主要是为了满足汉江兴隆以下生态环境用水、河道外灌溉、供水及航运需水要求，还可补充东荆河水量。引江济汉工程供水范围包括汉江兴隆河段以下的潜江市、仙桃市、汉川市、孝感市、东西湖区、蔡甸区、武汉市等 7 个市（区），及谢湾、泽口、东荆河区、江尾引提水区、沉湖区、汉川二站区等 6 个灌区，现有耕地面积 43 万 hm^2，总人口 889 万人。工程建成后，可基本解决调水 95 亿 m^3 对汉江下游"水华"的影响，解决东荆河的灌溉水源问题，从一定程度上恢复汉江下游河道水位和航运保证率。

工程从长江荆州附近引水到汉江潜江附近河段，工程沿线经过荆州、荆门、潜江等市，需穿越一些大型交通设施及重要水系，部分线路还将穿越江汉油田区，涉及面广，情况复杂。同时，工程连接长江和汉江，受三峡、丹江口两处大型水利工程影响较大，规划设计条件十分复杂。

引江济汉工程进水口位于荆州市李埠镇龙洲垸，出水口为潜江高石碑。在龙洲垸先建泵站，干渠沿东北向穿荆江大堤、太湖港总渠，从荆州城北穿过汉宜高速公路，在郢城镇南向东偏北穿过庙湖、海子湖，走蛟尾镇北，穿长湖后港湖汊和西荆河后，在潜江市高石碑镇北穿过汉江干堤入汉江。渠道全长 67.23km，设计流量 350m³/s，最大引水流量 500m³/s，其中补东荆河设计流量 100m³/s，补东荆河加大流量 110m³/s，多年平均补汉江水量 21.9 亿 m^3，补东荆河水量 6.1 亿 m^3。进口渠底高程 26.50m，出口渠底高程 25.00m，设计水深 5.72～5.85m，设计底宽 60m，各种交叉建筑物共计 78 座，其中涵闸 16 座，船闸 5 座，倒虹吸 15 座，橡胶坝 3 座，泵站 1 座，跨渠公路桥 37 座，跨渠铁路桥 1 座，另有与西气东输忠武线工程交叉一处。穿湖长度 3.89km，穿砂基长度 13.9km。渠首泵站装机 6×2100kW，设计提水流量 200m³/s。

二、工程管理

2018 年，引江济汉工程管理局聚焦"四化"建设，力阔运管之路，加强安全管控，多措并举提升运管水平，为保障汉江中下游供水安全和水生态安全奠定了坚实基础。

（1）抓制度建设，推动标准化体系落地。结合实际修订完善各类管理制度、操作规程、专项应急预案的同时，重点推进了工程标准化创建工作。针对委托单位江苏水源有限责任公司编制完成的标准与考核办法，多次组织会议讨论，在全局范围内开展了试运行活动，并在实践中征集反馈意见，经过多次修改完善，目前正在进行试运行。

（2）抓"飞检"整改，提高运行管理质量。针对国务院南水北调办"飞检"和各类专项通信问题，多次组织召开专题会，研制方案，成立专班，明确责任人、督办人、责任期限和措施，定期复核问题整改进展情况。2016 年以来，"飞检"发现问题 340 项，已整改 313 项，整改率 92.06%；专项通信发现问题 253 项，已整改 200 项，整改率为 79.05%。

（3）抓深化改革，渠道面貌焕然一新。2018 年，综合之前委托管理和自己管渠的经验，通过更加细致、科学的合同条款，将管理模式从结果管理转变为事中管理，管理角色随之发生变化：管理局从"监理"变成了"管家"，服务公司从"老板"变成了"出纳"；渠道管理人员从"传声筒"变成了"唱主角"。上述改变使得划拨到渠道管理上的资金得到最大限度利用，极大地提高了渠道管理人员干劲，管理创新推动渠道面貌焕然一新。

（4）狠抓安全生产管理，提高运行平稳系数。2018 年，分别组织召开 8 次安全生产例会，及时宣贯上级文件，总结部署安全生产工作；开展 8 次安全生产月度检查，对工程运行安全重要部位和风险点进行全面排查和梳理，对消防、食品、车辆等安全进行督查，并及时下发安全生产简报；开展"电气火灾专项治理""打非治违"和"安全生产月"等专项活动；设置荆江大堤、汉江干堤管理范围分界标识牌、在沿线增设 7 处限宽墩项目（限宽 2.4m）；封闭 56 处防汛通道违法出口，挖除 12 处违建道路，拆除 6 处违建垃圾池；制止 200 余起钓鱼、游泳、捕捞等违反《湖北省南水北调工程保护办法》的行为；制作发放 2000 份安全宣传册、1100 把《办法》宣传伞；引江济汉工程开工至今，已连续 8 年多未发生一起等级以上安全事故。

（5）狠抓信息化建设，促进管理效能提升。从信息化基础设施建设入手，加快信息化软件、硬件配备换代升级，加强设备及网络维护管理，注重日常安全监测，为工程运行提供科学、准确的数据。完成湖北省南水北调局机关和各分局个人办公电脑操作系统、办公软件和杀毒软件正版化工作，建立软件正版化工作台账，汇总撰写《2018 年省引江济汉工程管理局使用正版软件工作材料汇编》。对引江济汉工程 78 处水工建筑物（泵站、水闸、倒虹吸、船闸等）布设的沉降监测点以及沿线渠道两岸埋设的边坡监测点按季度进行二等水准沉降观测，对引全线渠道、水工建筑物埋入式仪器按频次要求按月进行测量，形成季度和月度监测报告。

三、在建工程

为规范在建工程管理工作，安排专人负责在建工程管理，协调和督办各参建单位的工作进度，并进一步明确 3 个分局的工程技术人员辖区段质量管理责任。进一步健全和完善质量管理规章制度。主动谋划，积极推进，多次组织人员并协同质监项目站，对施工现场进行检查，了解施工进度，并要求现场管理人员和监理人员严格把控施工质量，确保在建工程质量目标实现。截至 2018 年年底，工程设施完善项目，合同总金额 2139.86 万元，已完成投资 1852.18 万元，完成比例 86.6%；渠顶道路防护工程，全长约 70.68km，合同总金额为 2217.25 万元，已完成投资 1852.13 万元，完成比例 83.5%；膨胀土高边坡渠段加固工程，合同总金额 3269.29 万元，完成投资 1747.11 万元，完成比例 53.4%。

四、验收工作

截至 2018 年年底，完成 2 个合同验收，1 个单位工程验收，9 个分部工程验收，1 个泵站机组试运行阶段验收，1 个消防专项验收，3 个土建专项验收，1 个金属结构初步验收，3 个金属结构最终验收，2 个电气最终验收。

五、工程结算

2018 年，结算资金约 10051 万元，其中建设资金约 9007 万元。运管资金约 1044 万元。2018 年，签订完工结算定稿 13 个、完工结算咨询报告 10 个。具体工作情况如下：

（1）计划内项目。根据湖北省南水北调局 2018 年合同完工结算工作计划，引江济汉工程管理局 2018 年需完成 8 个标段完工结算，截至 2018 年年底，已完成 13 个标段完工结算。

（2）计划外项目。完成渠道段电气设备采购 2 标，防护网标、进口泵站泵组及其附属设备、进口护岸标等 10 个项目咨询报告签订，正在完善变更程序及审签流程。

六、工程效益

全年调水 42.64 亿 m^3，其中向汉江补水 31.98 亿 m^3，汉江兴隆以下河段生态、航运、灌溉、供水条件得以改善；向长湖、东荆河补水 10.15 亿 m^3，及时满足了荆州市江陵县、监利县等 10.67 万 hm^2 农田灌溉和渔业用水需求；向荆州古城护城河补水 0.51 亿 m^3，极大改善了城区水环境，且通过工程调度基本解决了拾桥河防汛难题。综合效益显著发挥，取得了良好社会反响。2018 年新年伊始，为应对汉江中下游可能出现的"水华"，及时启动进口泵站对汉江、长湖、东荆河实施应急调水，2 月 10 日至 3 月 9 日调水 4.58 亿 m^3，充分证明了即使是长江枯水期，引江济汉工程也能正常发挥工程效益。7 月中旬至 8 月底，湖北省持续干旱，为满足农业灌溉紧急用水需求，及时开闸引水，有效地缓解了长湖流域和汉江下游地区的旱情，原湖北省防办专门印发简报予以表彰。

截至 2018 年年底，工程建成通水以来，已累计调水 142.12 亿 m^3，其中向汉江补水 118.01 亿 m^3，向长湖、东荆河补水 21.98 亿 m^3，向荆州古城护城河补水 2.13 亿 m^3，有效缓解了汉江中下游生产生活用水矛盾，改善了长湖等流域和荆州古城生态环境。通航方面，截至 2018 年年底，已累计通航船舶 29905 艘次，船舶总吨 795.20 万 t，货物 1228.81 万 t。其中，2018 年通航船舶 8638 艘次，船舶总吨 649.17 万 t，货物总吨 433.52 万 t。

七、科学技术

2018 年 8 月 17 日 18 时 55 分，随着进水节制闸闸门开度调整为 1.35m，出流降到 340m^3/s，引江济汉工程设计最大引水流量 500m^3/s 试验圆满完成，标志着工程所有设计参数通过了检验。

根据《引江济汉工程设计最大引水流量试验方案》，本次试验分为三个阶段：涨水阶段，8 月 16 日 8—12 时，通过渐次调节进水节制闸开度，引水流量从 350m^3/s（设计流量）上涨至 500m^3/s；设计最大引水流量下运行阶段，16 日 12：00 至次日 12：00，进水节制闸出流始终保持在 500m^3/s 以上，持续运行满 24 小时，高石碑出水闸实测流量也达到 500m^3/s；退水阶段，17 日 12 时后，通过渐次调节进水节制闸开度，引水流量回落至 350m^3/s。试验期间，进水节制闸下游水位始终控制在 33.50m 以下，高石碑出水闸上、下游水位也控制在 30.80m 以下，引江济汉工程经受住了持续高水位考验，全线运行正常，各建筑物及设备完好。

（朱树娥 余红枚）

部分闸站改造工程

一、工程概况

汉江中下游部分闸站改造工程由谷城至汉川汉江两岸 31 个涵闸、泵站改造项目组成。工程对因南水北调中线一期工程调水影响的闸站进行改造，恢复和改善汉江中下游地区的供水条件，满足下游工农业生产的用水需求。

二、工程效益

汉江中下游部分闸站改造工程交由原产权单位进行管理，工程发挥了巨大的效益，为助推地方经济社会发展发挥了重要作用。

汉江中下游部分闸站改造工程为湖北省农业灌溉和农民生产生活发挥了重要作用。东荆河倒虹吸工程将谢湾灌区30万亩农田灌溉调整为自流灌溉，使潜江市自流灌溉达90%以上。徐鸳泵站承担着仙桃、潜江两市共180万亩农田灌溉任务，多次在抗旱排涝的关键时刻，发挥过重要作用。

三、验收工作

2018年9月4日，水利部闸站改造完工财务决算审计小组进驻湖北省南水北调局，对南水北调汉江中下游部分闸站改造工程完工决算进行审计。2018年9月17—21日，南水北调工程设计管理中心对湖北省汉江中下游部分闸站改造工程泽口闸改造和其他闸站改造等2个设计单元工程档案进行了检查评定。

（湖北省水利厅）

局部航道整治工程

一、工程概况

根据南水北调中线工程规划，局部航道整治工程作为汉江中下游四项治理工程之一，是南水北调中线一期工程重要组成部分，是为解决丹江口水库调水后汉江中下游航运水量减少、通航等级降低，恢复现有500t级通航标准的一项补偿工程，全长574km。其中丹江口至兴隆河段384km按Ⅳ航道标准建设，兴隆至汉川长190km河段结合兴隆至汉川1000t级航道整治工程按Ⅲ航道标准建设。根据各河段特点，其主要工程内容是采用加长原有丁坝和加建丁坝及护岸工程、疏浚、清障和平堆等工程措施，以维持500t级航道的设计尺度，达到整治的目的。

二、工程建设

局部航道整治工程兴隆至汉川段（与汉江兴隆至汉川段1000t级航道整治工程同

步建设）于2010年5月开工建设。2014年9月施工图设计的工程项目全部完工，并通过交工验收，工程进入试运行，基本达到1000t级通航标准。

局部航道整治工程丹江口至兴隆段于2012年11月开工建设，截至2014年7月施工图设计的工程项目分7个标段全部按照设计要求建设完成，并通过交工验收，工程进入试运行。交工验收后，委托设计单位对全河段进行了多次观测，根据观测资料及沿江航道管理部门运行维护情况分析，库区部分河段仍存在出浅碍航、航路不畅或航道水流条件较差状况，根据航道整治"动态设计、动态管理"的原则，湖北省南水北调局又对不达标河段进行2次完善设计，已于2017年3月底完工。

三、验收工作

2018年8月14—15日，湖北省南水北调局在襄阳市主持召开南水北调中线一期汉江中下游局部航道整治工程竣工环保验收会。10月16日，湖北省南水北调局召开汉江中下游局部航道整治工程设计单元工程项目法人验收会议。11月27—28日，湖北省南水北调局在钟祥市主持召开南水北调中线一期工程汉江中下游局部航道整治设计单元工程完工验收技术性初步验收会议。11月29日，湖北省南水北调办在钟祥市组织召开了南水北调中线一期工程汉江中下游局部航道整治工程设计单元工程完工验收会议。

航道整治工程概算总投资4.61亿元，截至2018年年底，已到位资金4.61亿元，已完成投资4.61亿元。本项目已经完成完工决算，并通过水利部审核通过。

（湖北省水利厅）

南水北调中线后续工作

（一）碾盘山水利水电枢纽
碾盘山水利水电枢纽位于汉江干流湖北

省荆门市钟祥市境内,是国务院批复的《长江流域综合规划》中推荐的汉江梯级开发方案中的重要组成部分,已纳入国务院确定的 172 项节水供水重大水利工程。工程开发任务以发电、航运为主,兼顾灌溉、供水,为引江济汉工程良性运行创造条件。枢纽建成后,可有效开发汉江流域水能资源,改善汉江航道通航条件,提高通航标准,还可为钟祥市城镇供水、库周农田灌溉创造自流条件;与此同时,利用电站发电收益补偿引江济汉工程的部分年运行费用,为引江济汉工程良性运行创造条件。

碾盘山水利水电枢纽正常蓄水位为 50.72m,死水位为 50.32m,设计洪水位为 50.72m,校核洪水位为 50.84m;水库调节库容为 0.83 亿 m^3,总库容为 9.02 亿 m^3。电站装机容量为 180MW,多年平均发电量为 6.16 亿 kW·h。

2018 年 2 月,国家发展和改革委员会向湖北省南水北调局下发了《关于湖北省碾盘山水利水电枢纽工程可行性研究报告的批复》,批复原则同意兴建碾盘山水利枢纽。4 月 4 日,湖北省政府召开碾盘山水利水电枢纽工程建设专题会议,副省长周先旺出席会议并讲话,省政府副秘书长吕江文主持会议。6 月 12 日,水利部水利水电规划设计总院在钟祥市召开碾盘山水利水电枢纽

工程初步设计报告审查会。

（二）兴隆水利枢纽蓄水影响整治工程

南水北调中线一期兴隆水利枢纽蓄水影响整治工程位于受汉江兴隆水利枢纽蓄水影响的潜江市、天门市、钟祥市、沙洋县及沙洋监狱管理局境内。工程是为解决兴隆水利枢纽蓄水后上游库区出现的堤外岸坡崩塌、堤内低洼地渍水及内涝排泄不畅等问题而提出的整治项目,主要包括崩岸治理工程、排渍（渗）水工程、闸站改扩建工程三部分,崩岸治理工程总长度约 10km,排渍（渗）水系工程治理约 27km、改造涵闸泵站 2 座等。姚集中闸泵站工程规模Ⅲ等中型且穿堤段建筑级别为 2 级,其他建筑物级别为Ⅳ级或Ⅴ级,共划分为 6 个施工标段和 2 个监理标。工程实施后将进一步缓解兴隆水利枢纽对库区造成的不良影响,保障库区人民生命财产安全、改善人居环境、改善农业生产基础条件、保持水利设施安全运行、保障城市防洪安全。

2018 年 10 月,长江勘测规划设计研究有限责任公司完成并提交《南水北调中线一期兴隆水利枢纽蓄水影响整治工程实施方案报告（审定本）》。12 月 24 日,湖北省汉江兴隆水利枢纽管理局在武汉组织召开南水北调中线一期兴隆水利枢纽蓄水影响整治工程合同谈判会议。

（湖北省水利厅）

生 态 环 境

天津市生态环境保护工作

2014 年 12 月 12 日,南水北调中线一期工程通水。12 月 27 日,引江水正式进入天津。截至 2018 年年底,引江通水 4 年来,累计向天津安全输水 33.3 亿 m^3,有效缓解了天津水资源短缺问题,切实提高了城市供水保证率,水质常规监测 24 项指标保持在地表水Ⅱ类标准

及以上,明显改善了城镇供水水质,饮用水口感、观感得到全新提升,大大改善了城市水生态环境,对加快地下水压采进程起到了强大助推作用。目前,天津 14 个行政区、910 万市民从中受益,全市形成了一横一纵、引滦引江双水源保障的新的供水格局。

（一）南水北调中线工程切实保障了天津城市水安全

（1）有效缓解了天津水资源短缺问题。

天津是资源型缺水的特大城市，属重度缺水地区。引江通水前，城市生产生活主要靠引滦调水解决，农业和生态环境用水要靠天吃饭，地表水利用率接近70%，远远超出水资源承载能力，水资源供需矛盾十分突出。引江通水四年来，全市总用水量和城镇用水量均呈稳步增长，全市用水总量由2014年约26亿 m³ 增加至2017年约27.5亿 m³，城镇用水量由14亿 m³ 左右增加至17亿 m³ 左右，外调水供水量由约10亿 m³ 增至约11.6亿 m³。引江供水区域覆盖中心城区、环城四区、滨海新区、宝坻、静海城区及武清部分地区等14个行政区，除北部的蓟州区、宁河区，基本上实现全市范围全覆盖，910万市民从中受益，水资源保障能力实现了战略性突破。通水4年来，引江供水量不断加大，到2017年，已超过天津城镇生产生活用水量的70%，成为城镇供水的主要水源。

（2）切实提高了城市供水保证率。引江通水前，天津作为一个特大城市，城市生产生活主要依靠引滦单一水源，有很大的风险。引江通水后，在引滦工程的基础上，天津又拥有了一个充足、稳定的外调水源，中心城区、滨海新区等经济发展核心区实现了引滦、引江双水源保障，城市供水"依赖性、单一性、脆弱性"的矛盾得到了有效化解，城市供水安全得到了更加可靠的保障。

（3）成功构架了城乡供水新格局。引江通水前，天津供水格局为城市以引滦为主，地下水作补充，辅以再生水和海水淡化水，引黄济津作应急；农村农业生产以当地地表水、入境水为主，地下水做补充，农村生活以地下水为主。引江通水后，成功构架出了一横一纵、引滦引江双水源保障的新的供水格局，形成了引江、引滦相互连接、联合调度、互为补充、优化配置、统筹运用的天津城市供水体系。

（4）明显改善了城镇供水水质。引江通水前，天津城镇主要供水水源为引滦水，原水长期为地表水Ⅲ类标准。引江通水以来，原水水质常规监测24项指标一直保持在地表水Ⅱ类标准及以上，氯化物、硫酸盐等指标大幅低于引滦水源，水质波动平稳，耗氧量维持在2.0mg/L左右，叶绿素、藻类计数、总磷指标也大幅低于引滦水，水质明显优于引滦水。由于引江水耗氧量、叶绿素等指标优于引滦水，自来水出厂水浊度大大降低，管网水浊度指标也明显下降，市民饮用水口感、观感得到全新提升。

（5）有力促进了节水型社会建设。由于水资源严重短缺，天津节水工作始终走在全国前列，先后被命名为国家节水型城市和全国节水型社会建设示范市，成功建成全国首个省级节水型社会试点，各项主要节水指标保持全国领先水平。截至2018年年底，全市年用水总量控制在27.49亿 m³，万元GDP用水量降至14.25m³，万元工业增加值用水量控制在6.46m³，全部16个区县全部达到了节水型区县标准。引江通水以来，天津市城市生产生活用水有所改观，但农业和生态用水依然缺乏，水资源状况仍不容乐观，节水工作还在继续实行最严格的水资源管理制度。同时，借助南水北调通水等契机多次组织开展宣传活动，让南水北调、节约用水再次成为公众舆论热点，进一步激发了全市人民的节水热情，更加深刻地认识引江水的来之不易和节约用水的必要性，进一步增强了节约用水的自觉性，为实现科学用水、文明用水、节约用水创造了良好的舆论环境。

（二）南水北调中线工程有效修复了天津城市水生态

（1）大大改善了城市水生态环境。由于水资源短缺，生态用水长期得不到补给，引江通水前，天津河道大多断流、河湖水域面积萎缩，河道水质难以保证。引江通水为

生态补水创造了条件，2016 年，天津首次通过子牙河退水闸利用引江水向海河补充生态水量，截至 2018 年年底，累计利用引江水向中心城区及环城四区生态调水 7.36 亿 m^3。同时，由于引江水有效补给了城市生产生活用水，替换出一部分引滦外调水，有效补充农业和生态环境用水，同时水系循环范围不断扩大，水生态环境得到有效改善。三年多来，天津市河道水质明显好转。2018 年，全市国考断面水体优良比例达到 40%、同比提高 5 个百分点，劣 V 类水体比例降至 25%、同比下降 15 个百分点；重要江河湖泊水功能区达标率达到 30.7%、同比提高 11.5 个百分点。

（2）强力助推了地下水压采进程。地下水曾是天津最为可靠的供水水源之一，历史上开采量最高曾达到 10 亿 m^3。引江通水以来，天津加快了滨海新区、环城四区地下水压采进程，2015—2017 年累计压采地下水 6400 万 m^3，到 2016 年，全市深层地下水开采量已降至 1.76 亿 m^3，提前完成了《南水北调东中线一期工程受水区地下水压采总体方案》中明确的"天津 2020 年深层地下水开采量控制在 2.11 亿 m^3"的目标。同时，地下水压采一定程度上对减缓地下水位起到了积极作用，天津共设有地下水监测井 414 眼，截至 2017 年，38% 的监测井水位埋深有所上升，54% 的监测井水位埋深基本保持稳定，全市整体地下水位埋深呈稳定上升趋势，局部地区水位下降趋势趋缓。

（刘丽敬）

河北省生态环境保护工作

按照国务院南水北调办和河北省政府的要求，积极协调有关部门，依据国家有关法律法规，紧密联系河北省实际，充分考虑行业规程规范和发展规划，组织编制完成《河北省南水北调中线干线生态带建设规划》。2018 年 1 月 16 日，经河北省政府同意，印发沿线各市人民政府，要求认真组织实施，2020 年前完成南水北调中线总干渠生态带建设任务。

协调有关部门积极推进总干渠两侧潜在污染源治理工作。向河北省水污染防治工作领导小组办公室报送了南水北调中线建管局对河北省境内南水北调中线总干渠两侧水源保护区内潜在污染源全面排查成果，商请协调组织有关部门，采取有效措施，尽快予以解决。依据河北省委、省政府制定的《河北省生态环境大排查大整治实施方案》，组织有关单位和各市南水北调办依据总干渠饮用水水源保护区和石津干渠生态红线范围，对影响河北省南水北调供水水质安全的各类污染隐患进行全面排查，按属地工作安排纳入当地排查清单，为生态环境大整治提供依据，推进河北省总干渠水质安全工作。

（袁卓勋）

河南省生态环境保护工作

（一）概述

河南省南水北调办公室围绕全省水污染防治攻坚战任务，制订《河南省南水北调中线工程 2018 年水污染防治攻坚战实施方案》，进一步明确有关单位年度工作目标：河南省南水北调办完成南水北调中线工程干渠两侧饮用水水源保护区划定工作；督促沿线各市政府负责建设保护区标识、标志等工程；协调南水北调中线工程管理单位对干渠河南段水质实施动态监测，完善和组织落实日常巡查、污染联防、应急处置等制度，保障干渠水质稳定达标。

2018 年 8 月，根据河南省环境污染防治攻坚战领导小组办公室《关于抓紧组织编制污染防治攻坚三年行动实施方案的通知》（以下简称《通知》）要求，按照工作职责分工，河南省南水北调办公室编制

《河南省南水北调办公室水污染防治攻坚三年行动实施方案（2018—2020年）》，对年度工作目标进行划分，明确三年行动计划主要任务是强化南水北调中线工程干渠（河南段）水环境风险防控，建设干渠饮用水保护区标识、标志等工程，开展南水北调干渠饮用水保护区风险源整治工作。

2018年通过开展水污染防治攻坚战，南水北调中线工程生态环境得到大幅度改善，南水北调中线工程水源地丹江口水库及干渠输水水质持续稳定达到Ⅱ类。

（二）水污染防治攻坚战实施方案

2018年，进一步推进实施国家《水污染防治行动计划》《中共中央办公厅国务院办公厅关于全面推行河长制的意见》《河南省碧水工程行动计划（水污染防治工作方案）》和水污染防治攻坚战"1+2+9"系列文件，持续打好打赢全省水污染防治攻坚战，制订《河南省南水北调中线工程2018年水污染防治攻坚战实施方案》，进一步明确有关单位年度工作目标。

（三）干渠饮用水水源保护区调整

河南省南水北调办按照原国务院南水北调办的要求，经河南省政府同意，会同有关厅局开展南水北调中线工程干渠（河南段）饮用水水源保护区调整工作。要求保护区的划定要确保干渠输水水质安全，依法依规并结合沿线的经济发展规划科学合理划定。河南省南水北调办委托服务单位编制《南水北调总干渠（河南段）饮用水水源保护区调整方案》，相继召开专家咨询会、审查会、评审会，并两次向沿线政府和有关省直部门征求意见，针对各种意见建议，逐条进行研究分析，进一步调整完善方案，确保调整方案科学合理。经河南省政府同意，2018年6月28日，由河南省南水北调办、省环境保护厅、省水利厅、省国土资源厅联合制定的《南水北调中线一期工程总干渠（河南段）两侧饮用水水源保护区划》正式印发实施。

（四）防恐及水污染应急演练

2018年12月13日，南水北调渠首分局举行防恐暨水污染应急演练。演练内容是南水北调中线干线镇平管理处何寨东跨渠生产桥右岸下游大门被一辆皮卡车撞开，两名男性"恐怖暴力分子"下车向渠道内倾倒不明物品，并欲实施爆炸，危及干渠输水安全和水质安全。通过此次演练，南水北调运行管理单位及沿线群众的风险意识得到进一步提高，各项应急预案的可操作性得到有效检验，进一步提高管理单位突发事件及水污染防治应急处置能力，促进南水北调管理单位与地方单位建立联防联控机制，确保南水北调中线工程安全、水质安全和人身安全。

（五）干渠污染风险点整治督导

贯彻落实中央第一环境保护督察组对河南省开展"回头看"工作动员会议精神，推动南水北调中线工程总干渠两侧污染风险点的整治进度，确保干渠输水水质安全，2018年6月10—14日，成立黄河南、黄河北两个督导组，同时开展南水北调中线工程干渠两侧污染风险点整治工作督导活动。督导组到乡镇，实地查看南水北调中线工程干渠两侧污染风险点，向当地政府、群众了解污染风险点形成原因，针对发现的风险隐患，现场向当地政府负责人提出，能够及时整改的，要求当地政府立即采取措施整改，不能马上整改落实的，要求采取预防措施，及时研究方案，及时上报，尽可能把污染风险降到最小，保障一渠清水永续北送。

（六）干渠沿线保护区标牌标识设立

根据《南北水调中线工程丹江口水库及总干渠（河南辖区）环境保护实施方案（2017—2019年）》要求，干渠两侧饮用水水源保护区要建设标识、标志。委托河南省水利勘测设计研究有限公司编制《南水北调中线一期工程总干渠（河南段）两侧饮用水水源保护区标志、标牌设计方案》，并于 6 月 28 日召开设计方案专家评审会获一致通过。8 月，《南水北调中线一期工程总干渠（河南段）两侧饮用水水源保护区标志、标牌设计方案》印发至南水北调沿线各市政府，要求各市按照保护区标志、标牌设计方案，尽快安排有关部门组织实施。保护区标牌标识设立工作正有序推进。

（七）饮用水水源保护区规范化建设学习考察

为学习北京市密云水库饮用水水源保护区规范化建设的经验，河南省南水北调办公室一行 4 人于 7 月 5—7 日开展密云水库学习考察活动。考察组调研密云水库饮用水水源保护区规范化建设情况，主要内容包括：密云水库消落区管理情况，饮用水源保护区标志标牌、隔离设施设置情况，保护区内水污染防治情况，密云水库水质保护及监测情况等。

（八）干渠两侧饮用水水源保护区内污染源处置

2018 年，根据河南省污染防治攻坚战安排部署，对调整后的南水北调中线一期工程（河南段）干渠两侧饮用水水源保护区内违法违规问题加快推进整治，与省环境保护厅联合在全省组织开展南水北调中线一期工程干渠两侧饮用水水源保护区违法违规问题专项排查整治工作，并于 8 月 21 日联合印发《关于开展全省南水北调中线一期工作总干渠（河南段）两侧饮用水水源保护区违法违规问题专项排查整治工作的函》（豫环函〔2018〕195 号），要求南水北调沿线地方政府高度重视，开展排查，列出清单，安排计划，加快整治。

（九）水源保护区内建设项目专项审核

干渠两侧水源保护区划定后，河南省南水北调办严格落实豫政办〔2010〕76 号文要求，发挥环境影响评价对建设项目的把关和调控功能，河南省南水北调办出台《南水北调中线一期工程总干渠（河南段）两侧水源保护区内建设项目专项审核工作管理办法》，规范干渠两侧水源保护区内建设项目专项审核工作程序，为干渠水质保护工作奠定基础。截至 2018 年年底，河南省南水北调系统共受理新建扩建项目 1100 余个，其中因存在污染风险否决 700 余个。

（十）"十三五"规划实施

2018 年，河南省南水北调办公室征求河南省发展和改革委、南阳市、洛阳市、三门峡、邓州市政府意见，按照河南省政府批示，代表省政府与水源地 4 市政府签订《丹江口库区及上游水污染防治和水土保持"十三五"规划目标责任书》。起草《关于丹江口库区及上游水污染防治和水土保持"十三五"规划实施考核办法修改意见的报告》并报省政府。

开展 2018 年度第二、第三季度规划项目实施督导。会同河南省发展改革委联合印发《河南省丹江口库区及上游水污染防治和水土保持项目建设督导方案》《2018 年河南省丹江口库区及上游水污染防治和水土保持工作计划》。在第二、第三季度督导水源区有关县（市）区域内规划实施、项目建设、水质目标、保障措施等工作开展情况，督促有关部门和项目建设单位加快规划实施和项目建设进度，会同有关方面及时研究解决工作中存在的问题，向河南省联席会议办公室提出加快工作进度的意见和建议。截至 2018 年年底，规划 53 个项目中完成 45 个，在建 4 个，未实施 4 个。

（十一）南水北调受水区地下水压采

配合省水利厅督促南水北调受水区贯彻落实《河南省南水北调受水区地下水压采实施方案（城区 2015—2020 年）》及 2018 年度地下水压采计划。

南水北调受水区 2018 年度计划压采井数 1051 眼，压采水量 6258.21 万 m^3。截至 6 月底，全省共封填、封存地下水井 568 眼，削减地下水开采量 2246.92 万 m^3，其中浅层地下水 1894.75 万 m^3、深层地下水 352.17 万 m^3。河南省水利厅会同河南省住建厅、河南省南水北调办开展 2018 年度南水北调受水区地下水压采专项工作检查,加大南水北调水利用力度。

(十二) 干渠压矿评估工作进展

干渠压矿补偿涉及河南省 15 家矿权人,由于干渠压矿补偿久拖不决,矿权人意见较大,存在不稳定因素。按照国务院南水北调办的要求,就压覆矿权人有形资产损失的计算方法与矿权人、评估机构、中线建管局等单位进行沟通,得到各方的认可。2 月 6 日,河南省南水北调办将《评估报告》报送中线建管局,中线建管局于 3 月下旬报送国务院南水北调办,南水北调设管中心于 8 月中旬在北京召开概算审查会,组织专家对补偿投资进行评审。

2018 年 11 月 30 日,水利部批复《评估报告》,并将压矿补偿资金列入水利部 2019 年资金支出计划。

(十三) 南阳市生态环境保护

河南省水源地邓州市、淅川县、西峡县、内乡县,2018 年共申请到生态补偿资金 10.27 亿元,自 2008 年以来,累计补偿 69.8 亿元(其中,市本级 2.6 亿元、邓州市 15.6 亿元、淅川县 25.9 亿元、西峡县 13.4 亿元、内乡县 12.3 亿元);2018 年,干渠沿线生态补偿资金 21800 万元(其中,市本级 4000 万元,淅川县 4000 万元,镇平县 3700 万元,卧龙区 3100 万元,宛城区 3000 万元,方城县 4000 万元),比 2017 年同比增长 229%;

2018 年,完成水源涵养林营造 1.7 万 hm^2,中幼林抚育 8.2 万 hm^2,低质低效林改造 1.1 万 hm^2,申报批建水源区淅川丹阳湖国家湿地公园、淅川凤凰山省级森林公园、淅川猴山省级森林公园。

(十四) 邓州市生态环境保护

《丹江口上游水污染防治及水土保持

"十三五"规划》项目涉及农村污水垃圾处理、生态清洁小流域治理、农村环境综合整治、环库生态隔离带、水源涵养林建设等 5 类 9 个项目,总投资达 9157 万元,其中中央资金 5450 万元,市级拟配套资金 3707 万元,2018 年有 4 个项目完成。

2018 年,邓州市对沿线 4 乡镇及一、二级保护区范围内的企业开展拉网式的排查,对查实登记的 8 个潜在风险点提出整改意见,并制定整改计划和时间节点。2018 年年底,5 个整改到位,3 个正在整改之中。根据《邓州市南水北调中线干渠沿线涉河水环境整治"雷霆"行动实施方案》,11 月 9 日再次彻底整治干渠沿线的乱排乱放、乱搭乱建、乱倾乱倒、乱捕乱捞、乱采乱挖等"五乱"现象。

(十五) 栾川县生态环境保护

栾川是洛阳市唯一的南水北调中线工程水源区,水源区位于丹江口库区上游栾川县淯河流域,包括三川、冷水、叫河 3 个乡镇,流域面积 320.3 km^2,区域辖 33 个行政村、370 个居民组,总人口 10.8 万人,耕地 2133.3 hm^2,森林覆盖率达 82.4%。

2018 年,申请到中央预算内资金水源区污水管网项目 3 个,总投资 6643 万元,其中申请到中央资金 3310 万元,分别是叫河镇污水处理设施及管网建设项目、冷水镇污水管网建设项目、三川镇污水收集处理工程建设项目。申请到对口协作项目资金 2800 万元,昌平区对口帮扶资金 3000 万元。截至 2018 年 12 月底,栾川县众鑫矿业有限公司庄沟尾矿库、栾川县瑞宝选矿厂、栾川县诚志公司石窑沟 3 个尾矿库综合治理项目,叫河镇、冷水镇、三川镇 3 个乡镇污水管网项目基本完工,栾川县丹江口库区农业粪污资源化利用工程完成工程量的 30%。

(十六) 卢氏县生态环境保护

(1) 重点流域治理工程。洛河流域乡镇的污水处理厂建设工程、畜禽养殖综合利

用工程、官道口河治理工程、杜荆河治理工程、县城集中式饮用水防护隔离工程等5个重点流域治理工程持续推进，2018年各项工程建设任务基本完成。

（2）三个断面周边环境排查整治。2018年对断面上游5km、下游500m和左右两岸500m范围内进行排查整治。集中对沿河排污口、散乱污企业、涉水企业、畜禽养殖、河道采砂、村庄生活垃圾和污水处理等内容进行排查整治，定期开展断面周边环境卫生整治，对老灌河朱阳关段河道1个采砂点和淇河瓦窑沟段2个采砂点予以拆除，恢复河道原貌。2018年，涉及的4个乡镇9个村庄全部整治到位。

（3）实施西沙河黑臭水体治理。治理工作主要以截污纳管接入城市管网、河道清理恢复生态为主。2018年，采取应急管控措施，从莘源路西沙河桥下将污水拦截进入城市主管网，下游河道完成河道清淤。黑马渠河正在清淤，管网也进行设计，待清淤之后开始管网铺设。对县域内涉及洛河、老灌河的7个入河排污口全部按要求封堵到位。

（4）开展重点村庄农村环境综合整治。组织有关乡镇结合45个重点村庄实际，编制各村整治方案，按照生活污水处理、生活垃圾处理、畜禽养殖粪便综合利用、饮用水合格等4项指标进行全面整治，一村一档，2018年全面整治完成。

（5）全面实施养殖污染综合治理工程。2018年，完成取缔关闭南水北调水源涵养区、城市饮用水水源地禁养区内55家重点污染养殖场户，涉及淇河流域的瓦窑沟乡27家，老灌河流域27家（汤河3家、五里川5家、朱阳关19家），沙河1家，折合生猪当量6760头；完成雏鹰农牧、信念养猪、昊豫卢氏鸡种鸡场、何窑发酵床养鸡、官木发酵床养鸡、郭清涛鸡场畜禽规模养殖场粪污处理利用设施配套场6个，折合生猪当量57043头；共计完成综合治理64803头生猪当量。

（马玉凤　王磊　石帅　范毅君　崔杨馨）

湖北省生态环境保护工作

（一）积极推动，主动配合，确保"一库清水永续北送"

（1）积极配合国家相关部门完成规划编制，上报了意见建议。目前规划实施方案已由湖北省发展改革委、湖北省南水北调办、湖北省水利厅、湖北省环保厅、湖北省住建厅联合下发。协助湖北省政府同国务院南水北调办签订《湖北省南水北调中线水源保护"十三五"目标责任书》。配合国家有关部门实地调研，推动规划项目实施；参加规划实施部际联席会议办公室会议，提出湖北省相关建议；积极研究，对《丹江口库区及上游水污染防治和水土保持"十三五"规划实施考核办法（征求意见稿）》提出修改意见。

（2）继续督促十堰市按照《丹江口库区及上游十堰控制单元不达标入库河流综合治理方案》开展综合治理。"五河"水质持续好转，已有3条河流达到《湖北省水污染防治目标责任书》确定的2020年水质目标要求，另2条河流污染物浓度大幅下降。

（3）组织十堰市相关部门核查调查湖北省涉南水北调网络舆情以及群众举报件，先后处理舆情举报共3件。

（二）加强汇报，主动争取，积极维护汉江中下游生态环境安全

（1）配合湖北省发改委积极争取国家在重点流域水污染防治中央预算资金中支持汉江中下游生态环保项目。

（2）通过湖北省人大、政协、民主党派争取国家重视汉江中下游生态环保，给予资金和项目补偿。

（3）积极开展汉江中下游水文特征与趋势变化水文分析、水生态环境基础数据调

查与研究、鱼类资源与产卵场跟踪调查研究、汉江中下游水华现状及趋势调查研究等4个环保科研项目，完成中期成果报告。

（4）积极开展中央环保督察反馈问题整改工作。为完成《湖北省贯彻落实中央环保督察反馈意见整改方案》和《整改任务清单》中明确的涉湖北省南水北调工程的整改工作，在已完成整改销号的前提下，按要求上报周报、月报及工作信息。

（湖北省水利厅）

征 地 移 民

河北省征地移民工作

2014年12月，南水北调中线工程通水后，仍有一些征迁遗留问题尚未解决，这些问题直接关系到工程安全运行和沿线群众切身利益，且解决难度相对较大。2014年以来，每年按照计划解决了一些问题。2018年，按照国务院南水北调办和河北省委省政府维护稳定的工作要求，针对群众反映和中线建管局提出的问题，深入市县和工程一线，主要协调解决了干线工程邢台市沙河市皇褡线交通道路恢复、临城县五河取土场临时占地延期补偿、邯郸市永年区马记湾水库小坝拆除、石家庄市新华区杜北大街污水管道穿越、鹿泉区计三渠设计变更、中线建管局河北分局保定管理处永久占地、保定市易县段防洪影响工程修复、石家庄和保定市段淹地赔偿，以及配套工程满城段临时占地延期补偿等问题，保障了群众利益，维护了沿线社会稳定。

2018年5月16日，水利部在机构改革后召开了验收专题会议，对南水北调中线工程征迁安置验收工作提出了时间要求。其中，京石段工程要求2018年年底完成，天津干线和邯石段工程要求2019年6月完成。2018年12月，河北省水利厅主持完成了南水北调中线干线京石段工程完工阶段征迁安置省级验收。开展河北省配套工程征迁安置验收工作，沧州市部分县市完成档案验收和征迁安置县级自验，启动市级验收。

（包　辉）

河南省征地移民工作

（一）丹江口库区移民

2018年，丹江口库区移民安置通过了国家终验技术验收，紧抓"乡村振兴"战略历史机遇，以"美好移民村"创建为抓手，坚持稳中求进总基调，持续实施移民村社会治理和"强村富民"战略，扶持发展移民乡村旅游。全省208个移民村村村都有集体收入，部分达到200万元，移民人均可支配收入达12393元，移民社会大局稳定。

（1）移民安置通过国家终验技术验收。2018年10月29日至11月22日，国家终验技术验收组分为档案管理、文物保护和移民安置3个组，对河南省南水北调丹江口库区移民工作进行了技术验收，验收结论均为合格。为做好迎接国家验收准备，采取了多项措施，对验收有关问题进行了深入整改。制定《河南省南水北调丹江口库区移民安置总体验收工作大纲》，编制《河南省南水北调丹江口库区移民安置总体验收工作实施细则》，举办全省总体验收培训班，委托中介机构赴各地开展技术指导。针对存在问题，印发《省级初验技术验收发现问题整改通知》，列出未完成整改任务清单，建立问题整改台账，明确每项问题的牵头领导、责任人，促进问题整改。河南省南水北调移民安置指挥部办公室对各地验收问题整改情况进行督导检查，印发《验收问题整改督办通知》，并派驻一名处级干部常驻南阳市，实行问题整改周报制度，召开了移民安置总体验收问题整改推进会，验收问题整改暨督促重点问题整改落实。河南省移民办先后召开迎接国家终验动员会、国家终验技术验收培训会，安排部署，促进落实。10月底，河南省验收问题全部整改到位，具备国家验收的条件。

（2）九重镇试点项目实施。按照国家发展改革委、财政部、国务院南水北调办等部门有关批复要求，根据南阳市发展改革委、移民局、财政局批复的《淅川县九重镇南水北调移民村产业发展试点2018年项目实施方案》，2018年共4个项目，涉及淅川县九重镇4个南水北调移民村。经淅川县财政投资评审，投资总计2128.87万元。2018年4月，河南省财政配套1000万元已下达南阳市。截至2018年年底，3个项目完成验收，剩余1个项目正在扫尾。

（3）移民后续规划立项工作。河南省《南水北调中线工程河南省丹江口水库移民遗留问题处理及后续帮扶规划》2016年经省政府上报国务院后，国家发展改革委等3部委予以批复，建议通过既有渠道解决。在国务院南水北调办的组织下，长江设计公司会同河南、湖北两省，按照3部委批复意见，进一步梳理了通过既有渠道无法彻底解决的困难和问题，对后续帮扶规划进行修编。2018年11月，河南省政府将移民后续规划修编版上报国务院，并积极向国务院、水利部领导汇报，争取国家早日立项实施。

（二）中线工程干线征迁

河南段南水北调中线工程总干渠南起淅川县陶岔渠首，北至安阳县漳河，全长731km，征迁安置涉及南阳等8个省辖市所辖44个县（市、区）和1个省直管邓州市。初设批复总干渠建设用地2.65万hm²，

其中永久用地1.1万hm²，临时用地1.55万hm²；需搬迁居民5.5万人，批复征迁安置总投资233.96亿元。

（1）南水北调干线征迁工作通过省级终验。按照国务院南水北调办公室验收工作安排，河南干线征迁验收工作于2017年启动以来，通过建立制度、细化方案、组织培训、强化责任等举措，先后完成了县级自验和市级初验，并于2018年6月30日完成省级技术验收；8月30日召开了干线征迁验收委员会会议，并顺利通过省级终验。河南省南水北调干线征迁工作得到武国定副省长的肯定。

（2）资金属结构算工作。累计清理各项征迁资金240.73亿元，2018年3月，完成河南省移民办和相关省辖市、河南省直管县征迁机构的资金属结构算工作，为总干渠资金决算、验收创造条件。制订了南水北调总干渠征迁安置财务决算未完投资确定和审批意见，指导各地开展未完投资确定和审批工作。

（3）征迁问题处理。截至2018年年底，剩余554亩临时用地已返还，河南省南水北调干线征迁临时用地全部返还到位。推动用地手续办理工作，对剩余未办理手续的283.53hm²建设用地情况进行了排查，统计地块清单并函报南水北调中线干线工程建设管理局，为下步开展手续办理工作提供条件。

（三）资金管理

（1）基本完成了全省南水北调丹江口库区完工财务决算工作。组织丹江口库区6市1直管市、27个县编制完工财务决算，清理资金达208亿元，编制完成了库区移民决算报告。按照河南省政府移民办公室关于印发《河南省南水北调丹江口库区移民安置完工阶段财务结算未完投资确定和审批的意见》的通知（豫移库〔2018〕12号）意见，对全省未完投资进行统一确定和审批。

（2）推进南水北调中线干线征迁完工财

务决算工作。按照原国务院南水北调办公室有关要求，制定《河南省南水北调中线干线征迁完工财务决算实施细则》，通过引进社会中介机构介入，稳步推进决算工作。印发了征迁投资确定和审批指导意见，组织编制了未完投资并批复执行。截至12月底，决算外业工作已经结束，正在抓紧落实整改。

（3）配合国务院南水北调办审计工作。根据国务院南水北调办公室《关于开展南水北调工程资金审计的通知》（经财函〔2018〕9号）要求，派出审计组于2018年4—5月对河南省南水北调工程2017年度征迁资金使用管理情况进行了年度审计。组织有关市县全力做好审计配合，积极准备有关资料，做好协调沟通，坚持"边审边改原则"，督促相关单位对审计提出问题采取措施，及时整改。

（4）完成《河南省征地移民财务管理工作手册》汇编。为进一步加强移民财务管理，规范经济活动，落实国家审计署驻郑州特派员办事处、河南省审计厅审计整改意见，对十八大以来中共中央、国务院、水利部、国务院南水北调办、河南省委省政府等出台的与中央"八项规定"精神联系紧密的有关资金管理方面的相关规定进行了系统整理汇编，形成了《河南省征地移民财务管理工作手册》，供征地移民机构在工作中参照使用。

（四）信访稳定

按照"七项机制""两个办法"规定，在移民信访、接访、处访等各环节都严格执行、认真落实，不断提升信访工作制度化、规范化水平，有效防止了矛盾升级，促进了信访问题妥善解决。执行信访案件台账管理和领导分片负责制，尤其针对重点访民和重点案件，采取领导包案制，推进了信访问题处理，提高了工作效率，维护了和谐稳定。在全国和河南省"两会"期间，实行信访工作"零报告"制度，建立省市县乡村五级联动的立体化维稳网络，确保了敏感时期大局稳定。

（邱型群　王跃宇）

湖北省征地移民工作

（一）总体概况

2018年，湖北省南水北调中线工程丹江口水库移民工作认真贯彻落实党的十九大精神，以习近平新时代中国特色社会主义思想为指导，积极落实国务院第八次建委会精神，坚持"稳中求进，提质增效"总要求，紧紧围绕"六以六抓"（以乡村振兴战略实施为契机，着力抓好移民发展增收；以移民群众安全为目标，着力抓好地质灾害防治工作；以迎接终验为目标，着力抓好初验问题整改工作；以确保移民稳定为目标，着力抓好矛盾纠纷排查化解；以后续规划立项为目标，着力做好多渠道的争取工作；以工程、资金、干部安全为目标，着力推进全面从严治党）的总体思路，攻坚克难、砥砺前行，圆满完成各项工作任务。

（二）移民国家技术性验收工作

（1）移民档案验收通过国家技术性验收。2018年6月10日至7月26日，南水北调工程设计管理中心组织专家组成验收组，对湖北省南水北调工程丹江口水库库区和外迁安置区移民档案工作开展技术验收。验收组对移民档案管理、归档、整理、保管、利用五个方面进行检查，对移民档案信息化建设情况进行了解。针对验收组指出的问题，湖北省进行了为期2个多月的整改，并接受国家验收组的专项复查，率先通过南水北调移民国家档案验收。

（2）丹江口水库移民安置通过国家技术性验收。2018年8月13—17日，南水北调工程设计管理中心组织专家对湖北省郧阳区、丹江口市、天门市和团风县等4县（市、区）南水北调移民安置进行总体验收

（终验）技术性验收条件核查，总体结论为满足国家验收条件。在核查的基础上，根据水利部的安排部署，国家验收组于2018年10月16—23日对湖北省南水北调移民搬迁安置进行了技术性总体验收。技术性验收涉及湖北省16个县（市、区），农村移民安置共抽查25个淹没涉及村、41个安置点（库区22个、外迁安置区19个）。验收工作组一行40多人分5个组分别听取有关县（市、区）人民政府工作情况汇报，查阅档案资料，现场抽查集中居民点基础设施、公共服务设施、房屋建设、生产安置土地等情况；入户调查移民"三证"（房屋所有权证、土地使用证、农村土地承包经营权证）办理发放情况，填写了分户走访调查表，随机选取部分村召开村干部及移民代表座谈会，了解移民资金兑付、生活安置、生产安置、政策落实等情况。专家组认为，湖北省移民安置任务已经全部完成，移民居住环境大幅改善，生产生活水平得到恢复和提高，实现了"搬得出、稳得住"的阶段性目标，社会总体和谐稳定。湖北省丹江口水库移民安置总体验收技术性验收评定为合格，建议验收委员会通过验收。

（3）丹江口水库移民环保水保项目通过省级验收。根据国务院南水北调办《关于丹江口水库建设征地移民安置工程环境保护和水土保持验收有关事宜的函》（国调办征移〔2018〕20号）的要求，组织开展湖北省移民环境保护和水土保持项目验收工作，并通过省级验收。

（三）移民后续帮扶规划立项争取工作

（1）加快开展移民后续帮扶规划修编工作。原湖北省移民局加强与规划设计部门的衔接，加强指导，完成了后续帮扶规划修编工作。2018年8月3日，湖北省向国务院报送了《湖北省人民政府关于恳请批复〈南水北调工程丹江口水库移民遗留问题处理及后续帮扶规划〉（修编版）的请示》

（鄂政文〔2018〕40号）。国务院高度重视，批转给国家发展改革委、水利部等有关部委研究并提出意见。

（2）深入推动移民后续规划立项工作。积极主动向湖北省省委、省政府报告后续帮扶规划争取工作进展，得到湖北省委、省政府主要领导的充分肯定和大力支持。湖北省省长王晓东进京期间专程到国家有关部委汇报移民后续帮扶规划工作。原湖北省移民局积极协调湖北省发展改革委、湖北省财政厅、湖北省物价局等有关部门，并陪同有关部门到对口的国家有关部委汇报争取。在湖北省省委、省政府的高度重视和国家有关部委的大力支持下，后续帮扶规划争取工作取得突破性进展。

（四）丹江口库区地质灾害防治工作

（1）抓紧做好地灾防治规划编制工作。按照原国土资源部、国务院南水北调办《关于切实做好丹江口库区地质灾害防治工作的函》和湖北省政府领导的批示，原湖北省移民局协助湖北省国土资源厅、湖北省发展改革委等部门，配合十堰市政府编制上报了《湖北省南水北调丹江口库区地质灾害防治规划》（以下简称《地灾防治规划》）。《地灾防治规划》通过水利部审查后上报国家发展改革委，初步审定投资为23亿元，其中蓄水影响地灾项目投资为18亿元，自然引发地灾项目投资为5亿元。

（2）切实抓好地灾紧急项目治理工作。按照原国务院南水北调办《关于丹江口库区地质灾害防治工程紧急项目的批复》（国调办设计〔2017〕191号）和中线水源公司《关于开展丹江口库区地质灾害防治工程紧急项目治理的函》（中水源移函〔2017〕68号），湖北省移民局及时跟踪督办丹江口市和郧阳区5个紧急地灾治理项目。截至2018年年底，丹江口市4个治理项目主体工程基本完工，郧阳区黄家坪地灾防治项目开展了规划和居民点选址工作。

（3）大力开展库区地灾群测群防工作。原湖北省移民局及时跟踪关注和处置丹江口水库在 2017 年蓄水期间产生地灾后对移民群众生产生活的影响与恢复情况。重点加强对库区塌岸、滑坡和移民安置点地灾易发地段、路段的隐患排查及巡查，加强地灾监测预警和群测群防，加大预防次生灾害事故再次发生，确保移民生命财产安全。

（五）移民乡村振兴和增收致富工作

湖北省以乡村振兴为契机，大力实施"三乡工程"（市民下乡、能人回乡、企业兴乡），依托优势资源，培植特色鲜明的主导产业，逐步形成一村一品、一村一业，促进移民发展。如武汉市南水北调移民村获得市（区）"三乡工程"建设财政专项资金 1.1124 亿元。大力发展电子商务，在每个移民安置点培育发展有影响力的移民电商平台。大力开展移民培训，2018 年全省累计培训南水北调移民近 3000 人次，量身设计治村理政、农村电商、生态农业、智慧农业、种养技术、农旅结合等实用课程，整体提高移民技能水平和综合素质，为移民发展提供坚实的人力资源保障。大力推进美丽家园建设，认真贯彻落实湖北省委 2018 年 1 号文件，选择 30 个南水北调移民安置点，按照每个补助 200 万元的标准，打造省级移民示范村。据初步估算，2018 年南水北调丹江口水库移民人均可支配收入为 12350 元，较 2017 年上涨 8%。

（六）移民矛盾纠纷排查和维稳工作

（1）移民矛盾纠纷排查化解工作。认真落实国务院南水北调办要求，在湖北省开展移民矛盾纠纷大排查、大化解。湖北省移民局班子成员主动带队下访，开展大调研、大走访活动，深入基层倾听移民呼声，详细了解移民诉求，努力把问题和矛盾解决在基层、化解在萌芽状态。对不同类别的矛盾，

通过现场联合办公、专案办理等形式，有的放矢、实事求是地加以解决。对移民重访、缠访的问题，组织有关市（县）移民部门、长江设计公司、监督评估部门集中"个案会诊"，成功稳控和化解了一批重访、缠访个案。2018 年，没有发生一起进京上访，赴省上访 28 人次、赴市（县）上访 566 人次，分别比上年下降了 57%、13%。

（2）移民维稳工作。湖北省建立信访维稳信息员制度，构建了省、市、县、乡、村五级共 627 人的信访维稳信息员网络，组建了南水北调移民信访 QQ 群，坚持每天"有事报事，无事报平安"。将移民赴省、进京的来信来访情况进行梳理分析，督促有关县（市、区）抓紧解决。对向下交办的信访件要求在规定时间内办结并反馈原湖北省移民局；对情况复杂的问题，原湖北省移民局采取发函督办、重点跟踪的办法抓落实；对不按时办结的，则通报批评，限期整改。

（七）移民资金计划情况

1. 移民投资包干协议情况

在国务院南水北调办公室与湖北省人民政府签订的南水北调主体工程建设征地补偿和移民安置责任书的框架下，按照《南水北调工程建设征地补偿和移民安置暂行办法》及《南水北调工程建设征地补偿和移民安置资金管理办法（试行）》等规定，南水北调中线水源有限责任公司与原湖北省移民局签订了投资包干协议。

（1）大坝加高工程。南水北调中线水源有限责任公司与原湖北省移民局经协商达成了协议，大坝加高工程包干总额为 18448.13 万元。其中，2005 年包干协议总额为 15731.39 万元，2007 年追加 1163.19 万元，2011 年追加 1314.8 万元，2018 年追加 238.75 万元。

（2）库区和外迁安置区。2018 年，南水北调中线水源有限责任公司和原湖北省移

民局签订了移民投资包干协议，协议包干总投资2730007.42万元，扣减原国务院南水北调办动用预备费用与丹江口水库建设征地永久界桩测设费用3281.1万元，协议包干资金为2726726.32万元。其中，农村移民安置补偿费1172625.22万元；集镇迁建补偿费120607.95万元；工业企业迁建补偿费75696.68万元；专业项目恢复改建补偿费195276.39万元；库底清理费8153.13万元；其他费用100934.03万元；基本预备费168611.57万元；地质灾害监测与防治费3679万元；湖北丹龙化工补偿和污染治理费3000万元；有关税费511052万元；建设期价差预备费92511.01万元；水库移民房屋及点内基础设施增加价差79620.05万元；库区环、水保项目费20735.83万元；库区文物保护资金36386.6万元；库区湖北省内安移民点高切坡防护经费56048万元；库底清理补充规划增加投资15601.17万元；库区地灾防治紧急项目8332万元；水库建设征地移民新增投资41951.79万元；水库移民剩余价差19185万元。

2. 移民投资计划下达情况

截至2018年年底，共下达南水北调移民投资计划2625382.17万元。

（1）大坝加高工程。截至2018年年底，原湖北省移民局共计下达丹江口大坝加高工程移民投资计划18448.13万元。其中，农村移民安置计划4105.61万元，城集镇迁建计划7050.36万元，工业企业迁建计划2503.15万元，专业项目复建计划326万元，有关税费计划1206.44万元，其他费用计划3256.57万元。按行政区划分包括：十堰市1370.85万元，丹江口市14656.65万元，河南省淅川县170.91万元，老河口市120.8万元，长江水利委员会设计院315.4万元，原湖北省移民局1813.52万元（含有关税费1206.44万元）。

（2）库区和外迁安置区。截至2018

年年底，原湖北省移民局累计下达湖北省南水北调中线工程丹江口水库库区和外迁安置区征地移民资金计划2606934.04万元。其中，农村移民安置1422119.67万元，集镇迁建补偿费150104.38万元，工业企业迁建补偿费85893.44万元，专业项目恢复改建补偿费246470.58万元，地质灾害监测防治费18323.34万元，防护工程54519.42万元，库底清理费23811.02万元，其他费用100615.49万元，有关税费505076.7万元。2018年度下达投资计划50931.16万元。

3. 征地移民资金拨入情况

截至2018年年底，原湖北省移民局累计收到南水北调中线水源公司拨入的南水北调中线工程征地移民资金2684368.98万元，其中2018年拨付资金61588.49万元。

（1）大坝加高工程。截至2018年年底，原湖北省移民局累计收到南水北调中线水源公司拨入的丹江口大坝加高工程移民资金18448.13万元，其中2018年拨入238.75万元。

（2）库区和外迁安置区。截至2018年年底，原湖北省移民局累计收到南水北调中线水源公司拨入的南水北调中线工程丹江口水库征地移民资金2665920.85万元，其中2018年拨入61349.74万元。

4. 征地移民资金拨出情况

截至2018年年底，原湖北省移民局累计拨出南水北调征地中线工程征地移民资金2496187.11万元。

（1）大坝加高工程。原湖北省移民局累计拨出十堰市移民局南水北调中线工程大坝加高工程征地移民资金16027.5万元。

（2）库区和外迁安置区。原湖北省移民局累计拨出南水北调中线工程库区（含库区和外迁安置区）征地移民资金2480159.61万元，其中2018年拨出50868.77万元。

5. 征地移民资金支出情况

截至 2018 年年底，原湖北省各级移民管理机构累计支出南水北调征地移民资金 2470185.5 万元，占累计下达移民投资计划 2625382.17 万元的 94.09%。

（1）大坝加高工程。截至 2018 年年底，湖北省大坝加高工程累计支出征地移民资金 16171.99 万元，占大坝加高工程移民资金累计计划的 18448.13 万元的 87.66%。其中，各大类支出包括：农村移民安置支出 3743.86 万元，城集镇迁建支出 6167.59 万元，工业企业迁建支出 2503.15 万元，专业项目复建支出 278.97 万元，税费支出 994.57 万元，其他费用支出 2483.84 万元。

（2）库区和外迁安置区。截至 2018 年年底，湖北省南水北调中线工程丹江口水库库区和外迁安置区累计支出征地移民资金 2454013.51 万元，占累计征地移民资金计划 2606934.04 万元的 94.13%。其中，农村移民安置支出 1300791.22 万元，城集镇迁建支出 162954.63 万元，工业企业迁建支出 81799.29 万元，专业项目复建支出 234595.28 万元，高切坡防护治理支出 41591.65 万元，库底清理支出 16754.67 万元，地质灾害监测防治支出 10867.47 万元，税费支出 502776.37 万元，其他费用支出 101882.93 万元。

（郝　毅）

文　物　保　护

河南省文物保护工作

（一）概述

2018 年，河南省南水北调文物保护工作主要围绕南水北调文物保护技术性验收工作而展开，同时兼顾报告出版、档案整理等后续保护工作。

（二）文物保护技术性验收

2018 年，河南省文物局下发文件要求各项目承担单位加快进度，在规定时间内完成考古发掘资料移交、出土文物移交、科研课题结项、科研成果统计等工作。11 月，河南省通过国家组织的丹江口库区文物保护技术性验收；干渠验收资料的准备工作正在进行。

（1）丹江口库区文物保护技术性验收。整理自 2005 年以来为开展南水北调丹江口库区文物保护工作出台的规章、制度、文件等材料，编制技术性验收综合性资料；整理国家组织验收被抽查的 13 个文物保护项目的协议书、开工报告、中期报告、完工报告、验收报告、文物清单、发表成果等材料，编制每个项目的验收汇报材料；完成丹江口库区 35 个文物保护项目发掘资料的移交工作；维修维护淅川县地面文物搬迁复建后的古建筑，整治古建筑园区的绿化、道路等环境，修建停车场、卫生间等配套设施；完成丹江口库区已移交考古发掘资料的整理建档与集中存放工作。

（2）干渠文物保护技术性验收筹备。考古发掘资料移交工作完成近 70%。干渠沿线的 8 个省辖市中，7 市境内的文物保护项目基本完成资料移交工作；干渠的文物保护工作报告、自验报告基本编写完成，需进一步修改完善；整理干渠文物保护工作相关的规章制度和文件，编辑综合性资料。

（三）新增南水北调文物考古发掘项目

2018 年，河南省对受到南水北调工程施工范围和施工进度影响的一些文化遗存丰富、学术价值很高的文物保护项目继续开展考古发掘工作。为深入了解这些项目的学术价值，

2017年经报请国家文物局审批同意，河南省组织文博单位继续开展田野考古发掘工作。2018年，干渠文物保护项目新郑铁岭墓地、邓州王营墓地、宝丰小店遗址5个项目田野考古发掘工作完成并通过专家组验收。受水区供水配套工程文物保护项目鹿台遗址、鲁堡遗址的田野考古发掘工作正在进行。

（四）南水北调文物考古成果

2018年，完成《南水北调工程河南段丹江口库区新石器时代出土石器研究》《南水北调河南省出土汉代空心砖墓研究》等3项南水北调科研课题结项工作。2018年，出版考古发掘报告《辉县路固墓群》《许昌考古报告集（二）》《荥阳后真村墓地》。《泉眼沟墓群》《淅川马岭墓群》《申明铺遗址》等完成校稿工作，预计2019年出版。

（五）档案整理

2018年，河南省文物局聘请的专业档案公司对南水北调文书档案和文物保护项目的发掘资料进行标准化整理。文书档案和丹江口库区文物保护项目考古发掘资料完成标准化整理，存放入档案室；干渠及受水区配套工程文物保护项目的考古资料正在整理中。

（王双双）

湖北省文物保护工作

2018年，在水利部和国家文物局的正确领导下，湖北省扎实推进南水北调工程文物保护扫尾工作，取得丰硕成果。

（一）高水平做好南水北调丹江口库区文物保护项目技术性验收

2018年10月8—12日，水利部组织有关专家赴湖北省开展南水北调工程丹江口水库移民总体验收——湖北省文物保护项目技术性验收工作。

验收组召开会议听取了湖北省南水北调工程丹江口库区文物保护工作情况汇报，审查了15处考古发掘项目、3处地面文物保护项目验收资料及出版成果，考察了南水北调工程湖北丹江口库区出土文物精品展、湖北南水北调工程文物保护资料库、郧阳府学宫大成殿文物搬迁复建工程、丹江口蒿口泰山庙古戏楼文物搬迁复建工程等。并在此基础上，经专家组讨论，形成《南水北调工程丹江口水库移民总体验收——湖北省文物保护项目技术性验收报告》。

验收组对湖北省南水北调工程丹江口库区文物保护工作给予了充分肯定，认为该省文物保护工作"管理科学、组织有序、成效显著，取得了丰硕成果，创新了一套行之有效的管理机制，对延续库区文化脉络、传承地方优秀文化传统、加强社会主义文化建设、服务和满足群众精神文化需求发挥了积极作用，实现了工程建设与文物保护的双赢"，并评定为合格。

（二）强化督办地面文物复建工程进度

2018年，湖北省以武当山遇真宫原地垫高保护工程为重点，强化督办南水北调地面搬迁复建文物保护工程进度。在遇真宫原地垫高保护工程中，为加快文物复建工程建设，湖北省拨付遇真宫原地垫高保护工程专项资金尾款4355万元，与此同时，强化现场督办与业务指导，全年完成武当山遇真宫中宫建筑屋面分项工程、中宫建筑室内地墁分项工程、宫墙屋面分项工程、宫墙墙面传统抹灰分项工程、爬廊及回廊木结构扫尾工程和遇真宫垫高保护工程消防设计工作。截至2018年年底，武当山遇真宫文物复建工程总体完成约90%。此外，督办丹江口浪河老街、孙家湾过街楼、郧阳区赵保长老屋、赵文同老屋4处文物搬迁复建项目完成文物本体复建工程；完成黄龙古建筑群——理发店原址修缮工程。

（三）迅速组织开展南水北调工程文物保护经费决算

根据水利部关于开展南水北调工程经费决算工作的要求，湖北省于2018年10

月迅速启动南水北调工程文物保护经费决算工作。为做好此项工作，原湖北省文物局参照三峡文物保护经费决算经验，制订了决算工作方案，对决算工作范围、工作依据及决算方法、工作组织等进行了安排，经专题会议讨论后，迅速按照有关规定采购第三方审计机构，实施经费决算工作。与此同时，下发文件要求南水北调工程涉及的各地文物行政部门提高认识、高度重视，认真配合第三方审计机构，如实完整提供文物保护项目有关的经费收支会计及项目实施的相关资料，高质高效开展文物保护项目经费决算。

（四）加快推进考古发掘项目结项与成果出版

2018 年，湖北省先后与项目承担单位对丹江口龙口林场墓群、郧县李营墓群等近 20 个考古发掘项目的田野考古工作情况、出土文物暂存情况、考古发掘资料提交情况、考古报告（简报）发表情况、经费拨付情况进行清理，并分别完成结项确认手续；全年先后拨付郧县龙门堂墓地、郧县杨溪铺遗址等 25 个考古发掘项目经费（尾款）共 818 万元。

为加快推进考古发掘成果出版，原湖北省文物局印发通知，对少数发掘面积较大的连续性考古发掘项目要求限期提交考古发掘成果报告（鄂文物综〔2018〕30 号），收效良好。新出版《郧县刘湾》（2018 年 11 月），完成《湖北省南水北调工程考古报告集（第九卷）》《郧县乔家院》《郧县店子河遗址》《郧县大寺遗址》《武当山月亮地墓群》《丹江口龙口林场墓群》等 6 本书编辑出版服务的政府采购工作，确定由中国科技出版集团承担；完成《湖北省南水北调工程重要考古发现Ⅲ》《湖北省南水北调工程重要考古发现Ⅳ》编辑出版服务的政府采购工作，确定由文物出版社承担。此外，《湖北省南水北调工程考古报告集（第八卷）》《丹江口莲花池墓群》即将完成终校与出版。截至 2018 年年底，湖北省南水北调工程已出版文物保护成果 21 本，正在编辑出版的有 10 本。

（杜　杰）

对　口　协　作

北京市对口协作工作

编制《2018 年京豫、京鄂南水北调对口协作项目计划》，2018 年安排项目 123 项（河南 40 项，湖北 83 项），协作资金 5 亿元（河南、湖北两省各 2.5 亿元）。其中，精准扶贫项目 24 项 2.6 亿元，占总资金的 52%；保水质项目 18 项 1.67 亿元，占总资金的 33%；交流合作及其他项目 81 项 0.73 亿元。

加强水质保护，实施老灌河、淇河、剑河、西沟河等主要河流和小流域综合治理生态修复工程，完善污水垃圾处理、水土保持、水质净化等系统；实施库区生态隔离带建设及沿岸乡村环境综合治理，防治水土流失，促进水质稳定达标。南水北调中线工程通水以来，丹江口水库所有监测断面水质稳定达标，供水水质均符合或优于Ⅱ类水质标准。

落实丹江口库区及上游地区对口协作工作协调小组会议要求，进一步深化京豫（鄂）战略合作，组织京能集团、北京市农林科学院、京东等 28 家企事业单位赴河南、湖北分组调研。调研组在河南、湖北两省水源区淅川县、丹江口市、房县等 15 个县

（市、区），深入贫困村、生态环保项目点、田间地头、施工现场、产业园区等地，通过现场会、交流会、推广会、座谈会、项目踏勘、慰问挂职干部等方式，对生态环保、精准扶贫、产业合作、区县结对、文旅开发、学校、医院等8个领域36个项目进行调研，签订了文化创意产业、医药产业、大数据、蔬菜供应等方面的4份协议，达成8个合作意向。积极推进重点项目渠首北京小镇，发挥北京市设计、建设、管理、运营、市场等方面优势，探索北京企业组团式产业协作扶贫模式，是继北京市组团式教育援建、组团式医疗援建取得中央认可后对口援建工作又一重大创新，对深化京豫对口协工作将起到立标杆、做示范作用。

深入推进区县结对协作，结对区县政务、商务对接交流顺畅，在教育、医疗、水质保护、产业对接、人才培养等领域合作成效显著；"1+4"结对关系（区县大结对及中小学、职业学校、医院和工业园区的"四小结对"）不断深化，探索乡镇、村和部门结对协作，部分结对区县实现乡镇结对全覆盖；大兴、石景山、平谷、东城、海淀、怀柔等区党政代表团赴结对区县深入对接，开展结对协作扶贫活动。

强化人力资源开发合作，发挥北京科技、人才优势，加大交流合作力度，提高水源区内生动力。积极开展多层次、多领域人员交流交往等活动，省（市、县）级层面干部双向挂职500多人次。连续5年组织开展院士专家行活动。2018年，组织两批院士专家十堰行、南阳行活动，共有10多名院士、40多位专家先后到水源区十堰市、南阳市开展高层次人才服务，深入近100家单位解决各类难题100余个。积极开展各类培训班，双向培训环保、教育、医疗、致富带头人、科技、农业、旅游等方面党政干部专业技术人才1000余人次。

（北京市水务局）

天津市对口协作工作

根据《天津市对口协作陕西省水源区"十三五"规划（2016—2020年）》（以下简称《规划》），天津市对口协作陕西省水源区工作范围为汉中市、安康市、商洛市三市所辖28个县（区）及宝鸡市太白县、凤县和西安市周至县，共31个县（区）。2018年，天津市认真贯彻落实《丹江口库区及上游地区对口协作工作方案》和《天津市对口协作丹江口库区上游地区工作实施方案》。全年按时足额安排协作资金3亿元，实施项目47个。其中，生态环境类项目25个、产业转型升级类项目10个、社会事业类项目9个、经贸交流类项目3个。根据《国务院关于丹江口库区及上游地区对口协作工作方案的批复》《天津市对口协作丹江口库区上游地区工作实施方案》和《规划》要求，2018年2月，天津市合作交流办会同陕西省发展改革委共同制定了《津陕对口协作项目资金管理办法》。为落实《规划》扎实做好对口协作陕西省水源区工作，4月24—28日，天津市合作交流办先后赴陕西省安康市、商洛市，重点考察了21个对口协作项目。其中，2016年、2017年已实施项目8个，2018年拟申报项目13个。对项目的筛选、申报、审核、审定、计划下达、监督检查等各环节工作开展调研考察。

（1）对口协作项目。2018年7月，陕西省发展和改革委员会发来《关于2018年津陕对口协作资金拟安排项目有关情况说明的函》（陕发改区域函〔2018〕1028号），在"十三五"规划项目库中新增15个项目，均是水源区政府意愿强烈，有利于改善群众生活的、社会亟须解决的民生类项目。经呈报天津市政府和国家发展改革委批示同意，安排实施。

（2）两地交流对接。2018年5月，市政府副秘书长李森阳带队赴略阳县参加"5·12"汶川地震灾后重建10周年纪念有关活动，并与陕西省政府副秘书长夏晓中进行了工作交流；2018年10月15—16日，时任副市长赵海山带队赴西安市、商洛市、汉中市考察调研，与陕西省副省长魏增军召开津陕对口协作工作座谈会；市合作交流办与陕西省发展改革委每年开展至少2次工作交流，就当年工作主要任务及项目安排进行研讨对接。

（3）人才培训。2018年，天津市接收来自陕西省水源区的副处级挂职干部10名；开设西部地区"一带一路"与经济发展专题培训班和西部地区美丽乡村建设专题培训班，培训30余人次；市教委与陕西省教育厅紧密合作，积极组织市属高校投放陕西省招生计划，其中安排本科招生计划968人，比2017年增加了30人。

（4）助推陕西经济发展。2018年1月，天津渤海银行西安经开支行成立，确定了"立足陕西、辐射西部、经营稳健、服务领先、文化卓越、特色鲜明"的发展定位，助力陕西经济发展；2018年4月23日，天津渤海财险西安中心支公司成立，下设5个业务团队及2家四级机构，扩大了社会保障服务范围和辐射区域。

（王海林）

河南省对口协作工作

（一）举办河南省运行管理培训班

河南省联合北京市南水北调办举办京豫对口协助运行管理培训班。培训内容包括：工程运行管理问题及处理，泵站运行管理，维修养护管理，运管制度体系及突发事件处置。参加培训的人员主要是河南省南水北调配套工程从事运行管理工作的业务骨干。2017—2018年，河南省对口协作建设类项目共26个，截至10月底，完成3个，在建23个。落实南水北调京豫战略合作协议，做好对口协作干部人才培训工作。结合河南省运行管理工作实际，商定培训项目，研究培训内容，2018年在北京水利水电学校举办两期培训班，5月，举办运行管理干部培训班，10月，举办水质保护培训班，每期培训班30人，80学时。

（二）栾川县对口协作工作

3月17日至5月14日，栾川县代表团参加第六届北京农业嘉年华活动，布置以"奇境栾川·自然不同"为主题的栾川展厅，并在展厅内展出无核柿子、栾川槲包、玉米糁、蛹虫草等六大系列81款"栾川印象"特色农产品。4月18日，北京市昌平区发展改革委、人社局、工商联等20余家相关单位负责人到栾川县考察指导对口协作工作。7月24日，昌平区对2018年昌平区对口支援项目进行审计。8月6日，昌平区霍营街道办事处到栾川调研结对，其中，霍营中心小学与冷水镇龙王庙村完全小学结对，北京市昌平区霍营街道办事处与栾川县冷水镇结对。8月9日，由栾川县投资促进局主办、昌平区投资促进局协办的栾川县对外经济技术合作推介洽谈会在昌平区召开。8月28日，昌平区卫计委到栾川县调研对接，并谋划下步重点工作。9月17日，北京市昌平区宣传部到栾川就对口协作工作开展以来昌平区对栾川的工作成效进行媒体采访。

栾川县2018年对接下达对口协作项目4个，协作资金2800万元，其中，精准扶贫类项目1个，协作资金1050万元；生态环保类项目2个，协作资金1700万元；交流合作类项目1个，协作资金50万元。2018年栾川县美丽村庄示范工程、冷水镇生态修复项目、昌平旅游小镇项目正在实施。

2018年组织栾川县企业入驻北京市受

援地区消费扶贫产业双创中心。经过近3个月的筹备，栾川县组织栾川川宇农业开发有限公司、洛阳市柿王醋业有限公司等4家公司60余种产品入驻双创中心，带动贫困户150余家，进行全年持续的特色农产品展销和线上网络营销，双创中心2019年1月开门营业。

（三）卢氏县对口协作工作

2018年，卢氏县申请到对口协作项目资金2786万元，协作项目资金达历年之最。2018年对口协作项目是卢氏县五里川镇特色文化小镇项目，协作资金850万元；卢氏县双槐树乡绿胜源扶贫工厂项目，协作资金500万元；卢氏县灌河淇河水生态修复工程，协作资金800万元；卢氏县汤河乡特色产业基地建设项目，协作资金550万元；合作类项目，使用协作资金86万元。项目均开始建设。

全面完成2014—2016年京豫对口协作项目审计，并对审计中的问题予以整改。2018年全面完成对口协作项目7个，总投资2820万元。其中，合作类项目2个，总投资220万元，资金全部拨付完毕；5个建设类项目，总投资2600万元，全部完工，部分标段待验收审计。2017—2018年卢氏县共使用对口协作项目资金5606万元。这些项目实施完工后，在脱贫产业方面发展猕猴桃核心示范园33.33hm²、皇菊核心示范园33.33hm²、食用菌示范园0.4hm²、金沙梨10hm²、核桃21.33hm²，改造农家乐128户。在基础设施建设方面，铺设灌溉管网72km，修缮河道3.4km，土地整治6.33hm²，修建拦水坝3座。在水质保护方面，埋设污水管5500m，修建垃圾池60座，修建蓄水池7座，生态湿地治理2.3km。在美丽乡村建设方面，新建特色文化小镇1处。项目竣工后可改善1万余人的生产生活环境，可带动1000余贫困人口脱贫致富。

2018年，怀柔、卢氏两地部门协作交流20余次，怀柔送教下乡培训1000余人次，医疗人才培训10人次，科技人才培训500余人次。通过多层次、全方位培训学习，使得水源地区干部群众在思维方式、发展理念方面有质的飞跃；推动怀柔、卢氏两地乡镇、部门之间的深入对接与互动，更加全面开展对口协作工作。

2018年3月16—17日，县委书记王清华带队到北京对接交流，3月17日，由北京市怀柔区教委组织的北京市高招学科名师团队到卢氏县就高招二轮复习备考工作开展对口援教活动，400余名高中教师分学科参加援教交流活动。4月14日至5月1日，第八届北京电影节嘉年华活动在北京市怀柔区杨宋镇中影基地举行，卢氏县作为怀柔区南水北调对口协作单位，成为河南省唯一一家受邀布展的单位，组织7家本土企业参展。卢氏县县长张晓燕与北京春风药业有限公司就连翘产业扶贫项目签署框架合作协议。4月16—20日，卢氏县副县长魏奇峰带领各乡镇主管对口协作或旅游工作人员、文明诚信标兵户、专业合作社和农家宾馆负责人等65人到北京市怀柔区，参加京豫对口协作"实施乡村振兴战略、发展全域旅游"专题培训。4月16—20日，各乡镇、县直各党委及部分党建工作突出的县直单位科级领导干部及春季科级干部进修班全体学员，参加卢氏县2018年清华大学远程教育培训班第二期暨执政能力提升与党建科学化专题培训班培训。5月3—6日，卢氏县副县长魏奇峰带领发展改革委主任符永卫、副主任孙新文、五里川镇党委书记姚振波、河南村党支部书记程海波、镇政府旅游专干金鑫、朱阳关镇党委书记刘富军、副镇长胡江卫、朱阳关村党支部书记周振海到怀柔区怀北镇和怀柔镇开展对接交流活动。5月14—18日，卢氏县常务副县长孙会方带领59名科级干部，到北京市怀柔区参加对口协作卢氏县科级干部综合能力提升班培训。4月8日至5

月 7 日。瓦窑沟、沙河、县委农办主要负责人到怀柔区，参加怀柔区区委党校第 30 期处级干部进修班进修。5 月 20 日至 6 月 5 日，朱阳关、官坡、汤河、徐家湾、五里川等乡镇主要负责人到北京，参加 2018 年清华大学教育扶贫中青年后备干部培训班培训。7 月 4 日，河南省南水北调对口协作项目审计监督工作会议在卢氏县召开，来自南水北调水源地的 6 县（市）相关领导齐聚交流经验，加强协作，共谋发展。7 月 12—13 日，北京市怀柔区区长卢宇国带领党政代表团，到卢氏县开展对口协作工作，怀柔区怀北镇、怀柔镇分别与卢氏县五里川镇、朱阳关镇签署结对交流战略合作框架协议。怀柔区青龙峡旅游公司、怀柔京实职业培训学校、北京博龙阳光新能源高科技开发有限公司、北京春风药业有限公司分别与卢氏县五里川镇河南村，朱阳关镇王店村、岭东村、涧北沟村签订帮扶协议，双方还交接了帮扶款项。

（马玉凤　范毅君　崔杨馨）

湖北省对口协作工作

为了推进中线水源区经济社会可持续发展，确保调水水质长期稳定达标，中央决定充分利用京津发达受水地区经济、技术、人才和市场优势，对口协作湖北、河南、陕西水源区，通过政策扶持和体制机制创新，推动生态型产业发展，实现"南北两利、南北双赢"。根据 2013 年国务院批复的《丹江口库区及上游地区对口协作工作方案》，北京市对口协作湖北省十堰市、神农架林区。

编制完成 2018 年度南水北调对口协作项目计划，共下达项目 83 个，资金 2.5 亿元。其中，十堰市 2.25 亿元，神农架林区 0.25 亿元。

2018 年 2 月 28 日，京鄂两省（直辖市）在北京召开了南水北调对口协作工作促进会。

2018 年 6 月 21 日，中央政治局委员、北京市委书记蔡奇、市长陈吉宁与湖北省委书记蒋超良、省长王晓东共同出席在北京举行的《深化京鄂战略合作协议》签字仪式。在签字仪式上，蔡奇指出，北京市将把南水北调对口协作工作放在重要位置，当作分内的事，坚持首善标准，认真组织实施好对口协作工作方案，促进京鄂两地优势互补，合作共赢。蒋超良表示，要认真学习北京市在推动经济高质量发展、全面深化改革开放、推进生态文明建设、切实保障和改善民生等方面的宝贵经验，进一步深化两地交流合作，推进对口协作工作常态化、制度化。通过京鄂对口协作，搭建了水源区和受水区合作的桥梁、情感的桥梁，实现了水通、心通、商通的三通目标，为实现库区率先在秦巴山区全面建成小康社会奠定了坚实的基础。

（湖北省水利厅）

拾 西线工程

THE WESTERN ROUTE PROJECT
OF THE SNWDP

综　述

前　期　工　作　进　展

2018 年 5 月，水利部批复《南水北调西线工程规划方案比选论证任务书》，组织开展有关专题研究工作，计划 2020 年年底完成。目前水利部黄河水利委员会（以下简称"黄委"）正在组织开展研究论证工作。

（袁　浩　王九大）

重　点　研　究　项　目

重点研究项目进展情况

2018 年，与中国城市发展研究会、中国水利水电科学研究院、黄河勘测规划设计研究院有限公司等有关科研机构就西线工程协调工作开展深入合作，完成"西北生态发展与黄河水安全年度研究""经济社会发展、水资源远期需求和效益预期年度研究""南水北调西线规划断面可调水量专题研究"等课题研究。

（一）西部缺水严重性研究

2018 年 5 月，原国务院南水北调办投计司委托中国水利水电科学研究院（以下简称"中国水科院"）开展"南水北调西线工程前期工作协调专项（2018 年度）——经济社会发展、水资源远期需求和效益预期年度研究"项目，并成立课题组，由中国工程院院士王浩教授、全国人大代表中国水科院副总工郭军教授担任课题组顾问。6 月，组织课题组赴黄委调研，与黄委规计局、黄委水调局、黄河勘测规划设计有限公司就黄河流域的缺水和节水问题及西线有关问题和情况进行了详细座谈。7 月，与南水北调工程设计管理中心就工作大纲和工作计划进行了座谈交流。

2018 年 8 月，水利部调水司专题听取中国水科院研究进展汇报，督促课题组按照"过程控制、加强沟通、按时完成、确保质量"要求继续推进研究工作。10 月，组织中国水科院邀请中国国际工程咨询有限公司等单位专家对成果进行初步咨询和研究讨论。11 月，邀请原国务院南水北调工程建设委员会专家委员会（以下简称"专家委员会"）、中国水利学会等单位专家对中国水科院提交的成果进行咨询和评审；专家一致认为研究报告梳理了西北地区水资源状况、经济社会发展现状、生态文明建设条件下用水状况和缺水状况，分析了西北地区缺水严重性及生态缺水现状，研究了节水空间和节水代价，提出了有建设性和可操作性的意见和建议。

（二）西部调水必要性研究

2018 年 5 月，原国务院南水北调办投计司委托中国城市发展研究会（以下简称"中国城发会"）开展"南水北调西线工程前期工作协调专项（2018 年度）——西北生态发展与黄河水安全年度研究"项目，并成立课题组，由中共中央国际战略研究院副院长、中国城发会副理事长、东北财经大学中国战略与政策研究中心主任周天勇教授担任课题组长。6—8月，组织课题组与相关领域的专家学者就课题框架设计、重点问题调研等进行多次研讨，与中国水利学会进行座谈调研交流。

9月，水利部调水司专题听取中国城发会研究进展汇报，督促课题组按照"过程控制、加强沟通、按时完成、确保质量"要求继续推进研究工作。同月，组织课题组召开"绿水西输战略及新空间经济带北京座谈会"，中国工程院院士一曾恒、王浩以及中国科技产业化促进会、中国铁建股份有限公司、水利部科技推广中心、清华大学、上海交通大学、北京林业大学、大连海水淡化工程研究中心等单位的专家学者受邀参会研讨。

10月，组织中国城发会邀请中国国际经济交流中心、国务院研究室工交贸易研究司、农业农村部、自然资源部、经济日报、中国水利学会等单位的专家对成果进行初步咨询和研究讨论。

11月，邀请专家委员会、中国水利学会等单位专家对中国城发会提交的成果进行咨询和评审；专家一致认为成果报告研究了实施西部调水对破解当前内需不足、产业过剩等发展瓶颈及提供发展新动能的现实作用，以及保障国家水安全、推进生态文明建设的远期作用，分析了发挥西部调水作用的

主要问题，并提出了建设性政策建议。

（三）西线规划断面可调水量专题研究

2018年10月，南水北调工程设计管理中心会同黄河勘测规划设计研究院有限公司组成调研组，赴四川、云南和西藏3省（自治区）对南水北调西线工程大渡河、雅砻江、金沙江、澜沧江、怒江、雅鲁藏布江等水源的规划取水口、坝址和专用水文站等进行了现场调研。现场了解了相关调水河流水资源开发利用现状、规划断面可调水量及河道内生态环境需水量等情况，并根据长江经济带发展及调水河流地区城市发展规划要求，分析了新形势下调水河流河道内、外合理的需水量，编制完成《南水北调西线规划断面可调水量专题研究报告》。为深入论证推进西线工程前期工作提供了工作基础。

（1）完成西部缺水严重性及调水必要性两个研究报告，以翔实的数据和深入的分析为基础，提出了加快南水北调西线工程的意见建议。专家评审认为研究报告分析了西北地区缺水现状，研究了实施西部调水对破解当前内需不足的现实作用，提出了有建设性的意见和建议。

（2）从提供发展新动能等角度对西部调水作用进一步扩展研究，为西部调水研究提供了新的思路，有利于更全面认识西部调水作用。

（孙庆宇）

CHINA SOUTH-TO-NORTH WATER DIVERSION PROJECT CONSTRUCTION YEARBOOK

拾壹 配套工程
THE MATCHING PROJECTS

北 京 市

概况及进展

（1）大兴支线工程。大兴支线工程位于北京市大兴区及河北固安县，主要连通南干渠与河北廊涿干渠，使北京与河北的南水北调水互联互通，为规划北京新机场水厂提供双水源通道，同时亦为北京市增加一条南水北调中线水进京通道。大兴支线连通管线采用 1 根 DN2400 球墨铸铁管，全长约 46km，设计输水流量 $6.1m^3/s$；新机场水厂连接线采用 2 根 DN1800 管线，全长约 14km，设计输水流量 $4.9m^3/s$；新建加压泵站 1 座。截至 2018 年 12 月底，主管线完成总量的 73%，泵站完成 60%。

（2）东干渠亦庄调节池扩建工程。东干渠亦庄调节池扩建工程位于北京市东南部南海子公园以东，已建亦庄调节池（一期）工程的东侧和北侧，承担第十水厂和亦庄水厂的水源切换任务。调节池总调节容积 260 万 m^3，其中亦庄调节池（一期）调节容积 52.5 万 m^3，扩建亦庄调节池调节容积 207.5 万 m^3。扩建工程主要建筑物包括 2 号调节池、进水管、2 号和 3 号进水口、2 号泵站进水间、亦庄水厂 2 号取水口、2 号退水溢流管等。截至 2018 年 12 月底，调节池完成总量的 70%，微地形完成总量的 47%，进水管线完成总量的 84%，溢流管线完成总量的 84%。

（3）河西支线工程。河西支线工程为丰台河西第三水厂、首钢水厂、门城水厂供水，为丰台河西第一水厂、城子水厂及石景山水厂提供备用水源。河西支线工程设计规模 $10m^3/s$，自大宁调蓄水库取水，管线终点为三家店调节池，总长 18.8km，采用 1 根 DN2600 管道；于大宁调蓄水库中堤、东

河沿村、坝房子村新建 3 座加压泵站；沿线为丰台河西第一水厂、丰台河西第三水厂、首钢水厂、门城水厂、城子水厂设 5 处分水口；末端出口于永引渠上设三家店连接站；新建调度中心一座（结合园博泵站建设）。截至 2018 年 12 月底，中堤泵站完成总量的 28%，园博泵站及调度中心完成总量的 40%，管线完成总量的 12%。

（4）团城湖至第九水厂输水工程二期。团城湖至第九水厂输水工程（二期）是北京市南水北调配套工程的重要组成部分，承担着向第九水厂、第八水厂、东水西调工程沿线水厂供水的任务。本工程是配套工程"一条环路"中的最后一段未建工程，该工程建成后，环路将会实现贯通，全线闭合。工程位于北京市海淀区颐和园与玉泉山之间，紧邻京密引水渠，隧洞从团城湖调节池环线分水口末端取水，终点与团城湖至第九水厂输水工程一期龙背村闸站预留的接口连接，总长度约为 4.0km。隧洞工程主体采用盾构法施工，输水隧洞为 1 条内径 4700mm 的钢筋混凝土双层衬砌结构。沿线布置有排气阀井 4 座，排空阀井 1 座，东水西调分水口、龙背村进水闸改造、团北取水闸站及相关管理用房。截至 2018 年 12 月底，管线工程完成总量的 51%。

（5）工程管理设施建设。东干渠调度中心已完成招标工作；大宁调度中心第一分部工程已完成验收；密云水库调蓄工程调度中心主体结构已完成；通州支线工程调度中心正在建设中。

（北京市水务局）

建 设 管 理

加强监督管理，督促建设单位每周报送

工程周报，及时掌握工程建设进展情况；按时组织召开工程建设周例会，协调解决工程前期及建设过程中的难点问题，对各单位的工作限时督办，保障了工程建设的顺利进行。同时，加强与各相关单位的沟通协调，努力推动工程建设进展。2018 年共组织召开工程建设例会 22 次，编印《北京市南水北调配套工程建设周报》34 期。

（北京市水务局）

质量管理

采取巡回抽查、重点检查、专项检查、质量大检查、监督检测和驻场监督相结合"5+1"的监督模式，利用常态化的质量工作考核机制，促进工程质量管理水平的全面提升，实现工程实体质量持续向好，确保全年工程质量零事故。2018 年对所监督的 10 项在建及续建市南水北调配套工程共组织质量抽查 272 次、专项检查 7 次、质量大检查 2 次、质量监督交底 3 次，监督抽样检测 268 组，形成《工程质量监督抽查记录表》450 余份，向项目法人下达《质量监督检查结果通知书》3 份、编印《质量监督工作月报》12 期。

（北京市水务局）

招投标监管

招投标管理规范从严，全面梳理了招投标制度，修订了《北京市南水北调配套工程招标投标实施细则》，北京市南水北调工程的招投标全面进入北京市公共资源交易平台，确保工程招投标公正、公开、阳光透明。2018 年度对通州支线调度中心工程、大兴支线工程水保、环保监测、东干渠调度中心等工程进行了招标。共启动招标 6 批次、6 个标段，签订合同 4 份。签订合同金额约 2799.6 万元。其中监理合同 1 份，合同金额约 58 万元；施工合同 1 份，合同金额 2602.3 万元；服务类合同 2 份，合同金额 139.3 万元。

（北京市水务局）

文明施工监督

按照《北京市建设工程施工现场管理办法》等施工标准规范，要求在建工地落实"六牌一图"挂设、"六个百分百"等标准，对不符合文明施工要求的施工单位进行通报批评。各单位对工程范围进行绿化美化，组织开展一年一度的义务植树活动，推动南水北调工程沿线的生态文明建设。配合有关部门进行扬尘管控工作，采取集中检查、随机抽查、下发整改单等方式，加大文明施工检查力度，提升文明施工水平。

（北京市水务局）

南水北调中线干线北京段工程验收工作

与水利部、中线建管局、北京市消防局等单位沟通，研究梳理验收流程。2018 年完成了"南水北调中线京石段应急供水工程（北京段）总干渠下穿铁路立交工程"和"西四环暗涵穿越五棵松地铁车站工程"两个设计单元工程完工验收，北京市水务局成为南水北调中线第一家完成设计单元工程完工验收的单位。

（北京市水务局）

科技创新

"多水源多目标复杂原水调水系统运行调度关键技术及应用"荣获北京市科学技术奖二等奖；"基于大数据分析的调水监测管理关键技术研究及应用"荣获北京市科

学技术奖三等奖；"预应力钢筒混凝土管碳纤维补强加固技术"荣获大禹水利科学技术奖二等奖。

（北京市水务局）

天 津 市

概 述

2018 年，天津市南水北调配套工程计划投资 10.9496 亿元，截至 12 月 31 日，实际完成配套工程投资 10.6348 亿元，占计划投资的 97.1%。王庆坨水库工程基本完成。宁汉供水工程管线和泵站工程全部完成建设任务，宁河及汉沽支线工程进展顺利，宁河北地下水源地供水管线收购任务圆满完成。武清供水工程泵站全部完成建设任务，管线工程进入收尾，末端段工程启动施工。

水利部先后两次共批复天津市 2017—2018 引江调水年度（2017 年 11 月 1 日至 2018 年 10 月 31 日）引江调水指标 10.37 亿 m³。为切实管好、用好引江水，天津市水务局科学调度引江、引滦双水源，切实做好配套工程运行监督管理，确保引江供水系统整体安全平稳运行、水质良好，2017—2018 引江调水年度实际完成调水 10.33 亿 m³，水质常规监测 24 项指标保持在地表水 Ⅱ 类标准及以上，确保了城市供水安全。引江供水区域覆盖 14 个行政区，910 万市民从中受益，天津市水资源短缺问题得到有效缓解，城市供水保证率大幅提高，一横一纵、引滦引江双水源保障的城市供水新格局愈加完善。

（丛 英）

前 期 工 作

2018 年 7 月 6 日，天津市调水办依据

天津市发展改革委核定的工程概算批复了武清供水管线工程（A32+880 至武清规划水厂段）初步设计报告，标志着该段管线工程进入实施阶段。9 月 13 日，天津市发展改革委批复了工程管理信息系统项目可行性研究报告。5 月 26 日，天津市调水办批复了西河泵站至凌庄水厂红旗路线 DN2200 原水管道重建工程安全检测与评估工作大纲，根据安全检测与评估工作成果，水务投资集团有限公司组织设计单位编制完成了工程可行性研究报告。

（高旭明）

投 资 计 划

2018 年初，天津市南水北调配套工程年度投资计划安排 11.0646 亿元，主要包括武清供水工程 4.187 亿元、宁汉供水工程 5.0466 亿元、王庆坨水库工程 0.4 亿元、天津市内配套工程管理设施一期工程 1.281 亿元、西河泵站至凌庄水厂红旗路线 DN2200 原水管道工程 0.05 亿元。2018 年中期，根据工程进展情况，调整南水北调配套工程 2018 年度投资计划为 10.9496 亿元，较原计划减少了 0.115 亿元，其中包括核减王庆坨水库工程 0.065 亿元、西河泵站至凌庄水厂红旗路线 DN2200 原水管道工程 0.05 亿元。

2018 年，天津市南水北调配套工程实际完成投资 10.6348 亿元，为年度计划投资的 97.1%。其中，王庆坨水库工程完成投资 0.335 亿元，为年度投资的 100%，累计完成投资 19.18 亿元，占总概算投资的

99.6%；宁汉供水工程完成投资 4.95 亿元，为年度投资的 98%，累计完成投资 11.51 亿元，占总概算投资的 99.1%；武清供水工程完成投资 4.07 亿元，为年度投资的 95%，累计完成投资 5.45 亿元，占总概算投资的 97%；市内配套工程管理设施一期工程完成投资 1.281 亿元，为年度投资任务的 100%，累计完成投资 1.5 亿元，占总概算投资的 100%。

（宋　涛）

资金筹措和使用管理

2018 年，天津市调水办协调天津市财政局落实天津市南水北调配套工程偿还银团贷款本息 4.3503 亿元、南水北调配套工程建设资金 5 亿元，并及时下达资金计划。为加强对南水北调工程建设投资计划、资金以及合同管理的监管，委托中介机构对南水北调市内配套在建工程〔武清供水工程（含管线、泵站及末端工程）、宁汉供水工程（含管线及支线工程）、北塘水库维修加固工程、北塘水库完善工程〕开展了专项检查工作，检查涉及建设资金 15.8 亿元，于 2018 年 12 月底完成。

2018 年，开展财政资金 2017 年度部门预算审计工作及南水北调工程前期费清理工作；开展 2013—2017 年度征迁资金的审计工作和干线征迁财务决算审计工作；组织天津市调水办内控制度培训，制定并执行《天津市调水办内控制度》，不断规范完善天津市调水办机关财务管理工作。

（宋　涛）

建　设　管　理

2018 年，安排实施的 3 项配套工程中，王庆坨水库工程基本完成；宁汉供水工程管线和泵站工程全部完成建设任务，宁河及汉沽支线完成管道安装 9.57km、混凝土套管顶进 628m，占总长度的 75%，宁河北地下水源地供水管线收购任务圆满完成；武清供水工程泵站全部完成建设任务，管线工程完成管道安装 32.78km，占总长度的 98.5%，末端段工程启动施工。截至 2018 年年底，已完成单元工程一次验收合格率为 100%，优良率达到 90% 以上，安全生产和扬尘问题始终处于可控状态。

（一）监督检查

（1）日常检查。共开展质量安全等监督检查逾 160 项次，对发现的隐患和问题，做到小问题即查即改，大问题下达整改通知书限期整改。重点抓专项检查。重点开展了隐患大排查、大整治、建筑施工安全专项治理行动、汛前及汛期安全生产工作专项、扫黑除恶专项斗争等 6 项检查，均制定了检查实施方案，明确检查范围、检查内容、检查方式和检查要求，并对检查中发现的问题及时督促有关单位整改落实。项目稽察。联合局安监处对王庆坨水库工程项目开展为期 4 天的稽察，对稽察中发现的质量安全等问题，及时督促项目法人组织整改。

（2）阶段目标。对在建的三项工程每两个月向水务集团和水投集团通报一次工程形象进度，分析原因，督促参建单位在保证质量安全的前提下，采取措施加快进度，全力完成年度建设任务。节点目标，加大对关键节点的巡视检查和通报力度，督促项目法人和有关参建单位，加强管理，合理调配施工人员和机械等资源，落实责任，确保了武清泵站和上马台段管线工程、宁汉泵站和干线管线工程按计划节点时间完工。

（二）运行工程监督管理

对南水北调配套工程运行管理进行有效监管，实现工程设施设备运行安全，全年安全输送引江水 10.33 亿 m^3，确保了天津市供水安全。与水务集团保持安全运行月信息通报制度，及时了解、掌握各运行管理单位工程安全运行、检修及巡查巡视情况。会同水务集团持续推进安全生产隐患排查治理工作，共组织专项运行及安全检查 17 次，安排专人跟踪督促整改落实到位。督促各运行管理单位，建立健全共计 170 余人的防汛应急抢险队伍，开展应急演练和培训教育，提高应急处置应变能力。

（高啸宇）

运 行 管 理

南水北调天津市内配套工程负责从干线取水后将水送至各大水厂。截至 2018 年，工程主要包括"4 线 5 站 1 库"，分别为：中心城区供水工程的西干线、西河原水枢纽泵站，负责向中心城区供水；滨海新区供水工程的曹庄泵站、南干线，负责向滨海新区供水；尔王庄水库至津滨水厂供水工程的引滦入津滨管线，负责向环城区域供水；北塘水库完善工程的北塘水库、塘沽水厂供水泵站、开发区水厂供水泵站，负责向滨海新区供水；引江向尔王庄水库供水联通工程的永青渠管线、永青渠泵站，负责向北部地区供水。

2017—2018 调水年度（2017 年 11 月 1 日至 2018 年 10 月 31 日），天津市引江调水总量为 10.37 亿 m³，其中 2017 年 10 月 31 日，水利部《关于印发南水北调中线一期工程 2017—2018 年度水量调度计划的通知》，批复天津市引江水量为 9 亿 m³，在调水期间又增加 0.9 亿 m³（未批复）；2018 年 4 月 13 日，水利部办公厅《关于做好丹江口水库向中线工程受水区生态补水工作的通知》，批复增加天津市引江生态水量 0.47 亿 m³。

2017 年 11 月 1 日至 2018 年 10 月 31 日，中线建管局向天津市输水量为 10.43 亿 m³（中线建管局王庆坨连接井流量计表读数），完成调水计划的 110%。天津市供水量为 10.3265 亿 m³（各水厂进口流量计表读数），完成调水计划的 109%，其中引江向新开河、芥园、凌庄子、津滨、塘沽、开发区水厂和北塘水库供水 6.311 亿 m³；由永青渠向北部地区供水 0.9583 亿 m³；向海河补水 3.0572 亿 m³。

2017 年，天津市南水北调工程运行管理单位紧紧围绕引江安全供水中心任务，组织各管理单位持续做好设备设施维护管理工作，多措并举加强设备维护，确保设备管理体系的良好运行。在认真落实设备维护保养制度的基础上，坚持抓好各级人员的日常巡检工作，建立隐患排查制度，夯实设备管理基础工作，不但避免了因违规操作造成的设备设施损坏问题，也减少了维修费用和停机时间，降低了设备故障率，设备安全运行等指标得到极大提高。2018 年，完成设备设施日常维护投资约 704 万元，确保设备完好率达 98% 以上，安全输水保证率达 100%。

（丛 英）

质 量 管 理

2018 年，为保证工程质量，组织专家研究宁汉支线蓟运河故道围堰工程加固措施，并持续检查措施落实情况，确保围堰安全度汛。组织专家对王庆坨水库护砌试验段质量进行咨询评估，确定了护砌施工工艺、控制方法和养护标准，为全面推广提供技术支持。组织专家对王庆坨水库截渗沟试验段干砌石质量进行评估，提出了干砌石质量施工控制要求和建议，为后续施工提供了有力保证。

配套工程验收。组织制订 2018 年南水北调工程验收工作进度计划，明确 2018 年验收工作目标和任务，并正式印发项目法人等有关参建单位。推动验收工作，明确专人负责，定期分析推动，先后多次召开配套工程验收工作会议，研究解决验收准备过程中存在的各项问题，及时提出解决办法和要求。推动南水北调西干线应急段工程和津滨水厂加压泵站工程顺利通过验收，基本实现了"保二争四"的年度验收目标。

（高啸宇）

文明施工监督

2018年，为进一步加大文明工地监管力度，天津市调水办对各在建工程项目法人（建设管理单位）提出了明确要求，各参建单位对重点施工部位都要实行围挡封闭施工，工地四周设置封闭式围挡，工地现场大门整齐，主要出入口设置"五牌一图"，并要求工地上各类材料、成品、半成品、废品等分区成垛、成堆、成捆堆放，并挂牌标明，施工区域或危险区域都设有醒目的安全警示标志，使施工现场达到了"布局合理、功能完备、环境整洁、物流有序、设备完好、生产均衡"的要求。同时，还要求项目法人（建设管理单位），加强与周围相关单位沟通，征求意见，及时协调和解决施工中存在的问题，做到共建文明工地，把扰民工程变为"利民、便民、爱民"工程，使之成为展示南水北调工程良好形象的"窗口"。

（高啸宇）

征 地 拆 迁

南水北调工程征迁工作由水投集团（项目法人）委托南水北调征迁中心组织实施，2018年，征迁中心完成南水北调市内配套各项工程征迁工作。

（1）武清供水泵站工程征迁。工程位于宝坻区，涉及宝坻区尔王庄镇、尔王庄水库管理处、滨海水业逸仙园管理泵站。该工程主要征迁实物量包括：临时占地1.31hm²；拆迁房屋面积310.36m²；砍伐树

木5960株；围墙75.25m³；铁艺围栏179.96m；草坪854.8m²；坟墓27丘；污水管道178m；暖气管道164m等。该工程历时2个月完成全部征迁工作。

（2）武清供水管线工程征迁。工程全长32.88km，其中宝坻区段4.15km、武清区段28.73km。该工程征迁主要实物量包括：临时占地162.08hm²；拆迁房屋1495.09m²；砍伐树木16988株；坟墓177丘；机井14眼；排灌渠道15.4km；泥结石道路9019.48m²，沥青路13849.22m²；2家副业，4家单位等。截至2018年年底，该工程征迁工作已全部完成。

（3）武清供水管线末端工程征迁。工程全长2.16km，位于武清区，涉及武清开发区、南蔡镇。该工程主要征迁任务包括：临时占地3.69hm²，其中草地1.87hm²，鱼塘0.61hm²，公园绿地1.21hm²；零星树木51株；排灌渠道1.19km；泥结石路56.5m²等。该工程历时4个月完成全部征迁工作。

（4）宁汉供水管线工程征迁。工程全长43.014km，其中宝坻区段18.314km、宁河区段24.7km。该工程征地拆迁任务涉及的主要实物量包括：临时占地260.57hm²；拆迁房屋781.53m²；砍伐树木13373株；坟墓1155丘；机井21眼等。该工程征迁工作及电力、通信等专项切改工作已全部完成。

（5）宁汉供水支线工程征迁。工程全长13.539km，位于宁河区，涉及宁河区廉庄乡、大北镇、芦台镇3个乡镇。该工程主要征迁任务包括：临时用地39.96hm²；拆迁房屋面积384.1m²；农村副业2家；工业企业1家；砍伐零星树木1866株；占压道路3037m²；占压排灌渠道2452m；坟墓135丘，机井4眼等。该工程已完成12.054km征迁工作，剩余1.485km征迁难点节点正在积极协调推动。

（肖　艳）

河 北 省

概 述

河北省南水北调受水区包括石家庄、廊坊、保定、沧州、衡水、邢台、邯郸7个设区市和辛集、定州等92个县（市、区）。南水北调配套工程分为水厂以上输水工程和水厂及配水管网工程两部分，水厂以上输水配套工程由省级主导负责，水厂及配水工程由各市、县负责。水厂以上输水配套工程自2013年全面开工建设以来，在河北省委省政府的正确领导下，在各级政府的大力支持下，通过建设者们的不懈努力，至2017年6月底，河北省水厂以上输水配套工程全部建成，线路总长2056km，概算投资283亿元，年输水能力30.4亿 m^3。

（梁　韵）

前 期 工 作

（1）固安支线。初步完成了初步设计技术方案和工程概算的批复。

（2）廊坊市北三县供水工程。督促廊坊市按照河北省政府同意的廊坊市北三县供水工程有关事项开展工作，致函廊坊市政府进一步督促其加快推进工程前期及建设工作。

（3）东线二期规划。按照水利部南水北调东线二期规划工作方案要求，会同河北省水利厅组织完成了河北省南水北调东线二期工程规划的需水量初步成果，经河北省政府同意，报送海河水利委员会汇总。

（4）东线一期北延应急供水。按照海河水利委员会的要求，组织设计单位完成了线路查勘和基础资料收集等工作，配合中水北方勘测设计研究院编制完成了东线一期北延应急供水实施方案，并完成了河北省水利厅对实施方案意见反馈工作。

（袁卓勋）

运 行 管 理

2017—2018调水年度，水利部下达河北省的计划供水量13.38亿 m^3。2018年4月，水利部召开南水北调中线一期工程水量调度工作协商会，对河北省综合施策多用江水予以充分肯定，同意将河北省分配水量调整到18亿 m^3。2018年4—6月及8月，水利部提出利用丹江口水库汛期产生弃水的有利时机，安排河北省生态补水3.0亿 m^3。至此，河北省水量计划调至21亿 m^3。本年度实际供水22.4亿 m^3，超额完成年度计划。

2018年4月14日至6月30日，按照水利部"南水北调中线一期工程水量调度工作协商会"提出的生态补水要求，河北省在省政府的大力支持和地方政府积极配合下，完成了3.51亿 m^3 的生态补水（其中向白洋淀放水1.1亿 m^3，入淀2800万 m^3），超额完成了3亿 m^3 的生态补水计划。2018年8月，正值汛期，为充分利用丹江口水库弃水，河北省科学调度本地水库，在保证河道防汛安全的前提下，引调生态水0.53亿 m^3。2018年9月11日，开始实施华北地下水超采综合治理河湖地下水回补试点工作，向河北省滏阳河、滹沱河、南拒马河进行补水，截至2018年10月31日，补水量已达2.5亿 m^3。

（袁卓勋）

安全生产及防汛

根据南水北调中线干线工程运行管理和配套工程建设实际情况，河北省南水北调办公室在做好日常、汛期、节假日、重点部位安全生产宣传、检查、督导工作的同时，还主要围绕原国务院南水北调办和河北省安全生产委员会办公室安全生产工作部署，积极组织开展了建设工程落实施工方案专项治理行动，根据工程建设实际情况，积极开展宣传动员，制定了具体实施方案，认真开展了自查自纠及检查督导。重点对配套工程穿越铁路、公路的深基坑开挖防护、暗涵泵站的模板支立拆除、PCCP 和大口径钢管的安装、高压线下起重设备作业等施工方案的编制、审批、交底、实施、验收等环节进行了检查。共组织检查组检查 8 次，检查设计单元 14 个，共发现 4 项安全隐患，全部整改完成。会同河北水务集团对有关单位和人员开展了培训、抽检等工作，要求有关单位做好输水调度、设备运行、维修养护、水质监测、应急抢险等工程管理和保护工作，做好输水运行和节日期间安全生产管理工作。

按照原国务院南水北调办和河北省防汛抗旱指挥部要求，与河北水务集团密切配合，加强运管单位与工程沿线地方水利、防汛、南水北调等部门的工作联系，排查确定度汛风险点，共同研究防范措施，共享防汛资源信息，全面做好南水北调配套工程防汛工作。2018 年 5 月，按照水利部关于加强南水北调工程周边外部洪水风险防范工作要求和河北省南水北调办"关于组织开展南水北调配套工程防汛检查工作的通知"安排，成立分市检查组，对河北省南水北调中线干线工程沿线周边和配套工程沿线进行防汛检查，查看度汛风险点，共同研究了解决措施，确保南水北调工程安全度汛。2018年 7 月 13 日，针对防汛工作存在的问题，在南水北调中线建管局惠南庄管理处组织召开了南水北调中线干线工程河北境内防汛调度会，工程沿线南水北调办、中线建管局及北京、河北、天津分局参加会议。各单位对防汛风险点再次梳理，共同商讨了应对措施。2018 年的防汛工作，既为安全度汛做好了准备，也为南水北调工程防汛积累了经验。

（梁　韵）

河　南　省

概　述

在河南省南水北调工程运行管理体制机制尚未明确的情况下，河南省南水北调办按照河南省委、省政府统一部署，工作重点由建设管理向运行管理转变，成立河南省南水北调配套工程运行管理领导小组，组建运行管理办公室，安排专人负责运行管理工作。2018 年，河南省南水北调配套工程运行平稳安全，全省共有 36 个口门及 19 个退水闸开闸分水。

（河南省水利厅）

职责职能划分

河南省南水北调办（建管局）负责河南省配套工程管理工作。负责河南省工程运行调度，下达运行调度指令；负责工程维修养护管理；负责供水水质监测；负责水量计量管理及水费收缴；负责拨付运行管理经费；负责工程安全生产、防汛及应急突发事件处置管理；负责工程宣传及教育培训；完成上级交办的其他事项。按照河南省委、省政府机构改革决策部署，河南省南水北调办并入河南省水利厅，有关行政职能划归河南省水利厅。2018年12月11日，河南省水利厅、河南省南水北调办联合印发《关于河南省南水北调办公室公文印信事宜的通知》（豫调办〔2018〕93号），明确自2019年1月1日起，不再以河南省南水北调办公室名义开展工作，河南省南水北调办公室公文文头和印章停止使用；鉴于河南省南水北调工程建设尚未完成，河南省南水北调中线工程建设管理局继续行使原建设管理职能，公文运转途径不变。2018年12月21日，河南省南水北调建管局印发《关于各项目建管处职能暂时调整的通知》（豫调建〔2018〕13号），明确由河南省南水北调建管局5个项目建管处在承担原项目建管处职责的基础上，分别接续河南省南水北调建管局机关综合处、投资计划处、经济与财务处、环境与移民处、建设管理处等5个处室职责，确保河南省南水北调运行管理工作不断档不断线，保障河南省南水北调工程安全平稳高效运行。

各省辖市、省直管县（市）南水北调办（配套工程建管局）负责辖区内配套工程具体管理工作。负责明确管理岗位职责，落实人员、设备等资源配置；负责建立运行管理、水量调度、维修养护、现地操作等规章制度，并组织实施；负责辖区内水费收缴，报送月水量调度方案并组织落实；负责对河南省南水北调办（建管局）下达的调度运行指令进行联动响应、同步操作；负责辖区内工程安全巡查；负责水质监测和水量等运行数据采集、汇总、分析和上报；负责辖区内配套工程维修养护；负责突发事件应急预案编制、演练和组织实施；完成河南省南水北调办（建管局）交办的其他任务。

（河南省水利厅）

规章制度建设

在《河南省南水北调配套工程供用水和设施保护管理办法》（河南省人民政府令第176号）出台后，河南省南水北调办2018年制定印发《河南省南水北调受水区供水配套工程泵站管理规程》和《河南省南水北调受水区供水配套工程重力流输水线路管理规程》，工程运行管理逐步走向制度化规范化。

（河南省水利厅）

队伍建设

在继续委托有关单位协助做好泵站运行管理的基础上，逐步充实运行管理专业技术人员，尤其是运行管理一线生产人员；2018年11月17—22日，河南省南水北调办委托河南水利与环境职业学院在郑州市举办河南省南水北调配套工程2018年度运行管理培训班，重点宣传贯彻配套工程泵站和重力流输水线路管理规程与运行管理问题剖析，河南省共有100名现地在岗运管、巡视检查、维修养护等人员参加培训；按照"管养分离"的原则，通过公开招标选定的维修养护单位继续承担河南省配套工程维修养护任务。

（河南省水利厅）

规范管理

2018年3月20日，河南省南水北调办印发《关于开展河南省南水北调配套工程2018年运行管理"互学互督"活动的通知》（豫调办建〔2018〕20号），组织开展配套工程运行管理"互学互督"活动，查找整改存在问题、交流借鉴管理经验和方法，促进管理水平共同提高，保障工程安全平稳运行。8月27—29日，河南省南水北调办在南阳市组织召开河南省南水北调工程规范化管理现场会暨运行管理第36次例会，现场观摩南阳市南水北调配套工程运行管理的经验和做法。河南省南水北调办持续召开河南省南水北调工程运行管理例会，通报上月例会纪要事项及工作安排落实等情况，研究解决工程运行管理中存在的问题，形成会议纪要，督办落实。截至2018年年底，累计召开38次运行管理例会。

（河南省水利厅）

水 量 调 度

河南省南水北调配套工程设2级3层调度管理机构：省级管理机构、市级管理机构和现地管理机构。省级管理机构负责全省配套工程的水量调度工作；在省级管理机构的统一领导下，市级管理机构具体负责本区域内的供水调度管理工作；在市级管理机构的统一领导下，现地管理机构执行上级调度指令，具体实施所管理的配套工程供水调度操作，确保工程安全平稳运行。

河南省南水北调办配合河南省水利厅提出全省年度用水计划建议，依据下达的年度水量调度计划，每月按时编制月用水计划，函告南水北调中线建管局作为每月水量调度依据；督促各省辖市、省直管县（市）南水北调办规范制定月水量调度方案，每月底及时向受水区各市、县下达下月水量调度计划，计划执行过程严格管理，月供水量较计划变化超出10%或供水流量变化超出20%的，应通过调度函申请调整。2018年，根据需要共发出调度函180份。

（河南省水利厅）

水 量 计 量

河南省南水北调办、各省辖市、省直管县（市）南水北调办配合南水北调中线建管局，以问题为导向，在不影响工程正常供水的情况下，开展流量计比对工作。河南省南水北调办建设管理处根据工作安排，汇总统计河南省南水北调工程2017—2018年度暂结计量水量，提交财务部门作为计量水费核算依据。

（河南省水利厅）

创 新 管 理

为规范运行管理工作、提高应急处置辅助决策能力，2018年，河南省南水北调办通过公开招标选定河南省南水北调受水区供水配套工程基础信息管理系统及巡检智能管理系统建设项目承担单位，通过公开询价方式选定河南省南水北调受水区供水配套工程基础信息管理系统及巡检智能管理系统建设项目监理单位，主要开展河南省南水北调受水区供水配套工程全部范围内阀井、管理房、泵站定位测量，并结合河南省南水北调建管局建设的配套工程自动化系统，完成数据资源规划与建设、硬件支撑环境及平台的补充完善、基础信息管理系统和巡检智能管理系统的建设等。

（河南省水利厅）

供 水 效 益

2017年10月30日，水利部印发《南水北调中线一期工程2017—2018年度水量调度计划》（水资源函〔2017〕193号），明确河南省2017—2018年度供水计划量为17.73亿 m^3。截至2018年10月31日，河南省累计有36个分水口门及19个退水闸开闸分水，向引丹灌区、69个水厂供水，5个调蓄水库充库及10个地市生态补水，供水目标涵盖南阳、漯河、周口、平顶山、许昌、郑州、焦作、新乡、鹤壁、濮阳、安阳等 11 个省辖市及邓州、滑县 2 个省直管县（市），供水累计 61.99 亿 m³，占中线工程供水总量的 36.5%。2017—2018 年度河南省累计供水 24.05 亿 m³（其中丹江口水库 2017 年秋汛期向河南省生态补水 0.91 亿 m³、2018 年 4—6 月生态补水 5.02 亿 m³），完成年度计划的 136%。扣除丹江口水库 2017 年秋汛期和 2018 年 4—6 月生态补水量，河南省 2017—2018 年度累计供水 18.12 亿 m³，完成年度计划的 102%。

2018 年汛前，丹江口水库高水位运行，为实现洪水资源化，更好地发挥南水北调中线工程供水效益，自 2018 年 4 月 17 日起至 6 月 30 日止，通过干渠湍河、白河、清河、贾河、澧河、沙河、北汝河、颍河、双洎河、沂水河、十八里河、贾峪河、索河、闫河、香泉河、淇河、汤河、安阳河等 18 个退水闸和配套工程 4 条管线向南阳、漯河、平顶山、许昌、郑州、焦作、新乡、鹤壁、濮阳和安阳等 10 个省辖市和邓州市生态补水 5.02 亿 m³（其中通过退水闸补水 4.67 亿 m³）。

（庄春意）

投 资 计 划 管 理

（一）概述

按照 2018 年河南省南水北调工作会议确定的工作总思路，投资计划管理坚持"稳中求进"的总基调和"质效双收"的总要求，加快自动化调度系统建设，加强投资控制管理，推进南水北调水资源综合利用专项规划前期工作，统筹完善配套工程管理设施，严格后穿越项目审批。

（二）调蓄工程前期工作

（1）新郑观音寺调蓄工程。2018 年开展项目前期工作，编制《南水北调中线新郑观音寺调蓄工程可行性研究报告》，其中《调蓄工程取水口专项设计》《调蓄工程及取水口安全影响评价报告》南水北调中线

建管局已组织审查，《水资源论证报告》已报河南省水利厅待审查，《杨庄、五虎赵水库任务及规模调整论证报告》郑州市水利局已审查，待批复。《规划选址论证报告》《压覆矿床评估报告》《节能评估专题报告》等专题报告正在加紧编制。

（2）禹州沙陀湖调蓄工程。经与河南省水利厅、水利部多次汇报对接，初步确定两个建设方案，作为一期工程先行实施。禹州市准备成立沙陀湖调蓄工程建设领导小组，安排专项经费启动前期工作。计划 2018 年 12 月完成勘察及可研等项目招标，2019 年上半年完成可研报告编制工作。

（3）新乡洪洲湖调蓄工程。2018 年，新乡洪洲湖调蓄工程规划方案编制完成。南水北调中线建管局、辉县市政府和国家电力投资集团有限公司河南电力有限公司将签订新乡洪洲湖调蓄工程战略合作框架协议。

（三）新增供水项目前期工作

2018 年，协调指导开封、登封等新增供水项目开展前期工作。开封利用十八里河退水闸取水事宜，按照南水北调中线建管局第二次审查后的要求，河南省南水北调办公室将河南省水权收储转让公司的水量转让方案转报南水北调中线建管局。内乡县初步设计报告已报送河南省发展改革委，按照河南省发展改革委要求，内乡县正在完善项目的土地预审和规划选址意见书等手续。登封供水工程已开工建设。驻马店"四县"、周口淮阳、郑州高新区、新乡"四县一区"、汝州等供水项目前期工作正推进。完成驻马店市南水北调中线工程取水方案、舞钢市引水工程 10 号口门取水方案、南乐供水工程连接 35 号分水口门输水工程专题设计、安阳市第四水厂支线原水管工程连接 39 号口门线路专题设计和安阳中盈化肥有限公司供水工程连接 35 号口门专题设计的审批工作。南乐县供水工程已通水。

（四）南水北调水资源综合利用专项规划

2018年，贯彻落实河南省省长陈润儿"充分发挥南水北调工程效益，促进河南省经济转型发展"和"抓以水润城、结构调整"等指示精神及副省长武国定"确保供水安全、科学调度、综合利用、服务发展"的要求，按照河南省政府的决策部署，河南省南水北调办公室组织编制《河南省南水北调水资源综合利用专项规划》，各省辖市、省直管县（市）南水北调办组织编制所辖区域内的南水北调水资源综合利用专项规划。

2018年，设计单位已编制完成《河南省南水北调水资源综合利用专项规划》（以下简称《专项规划》）的编写大纲、调查大纲和项目清单，并统一受水区省辖市、省直管县（市）《专项规划》的编制内容及方法要求。《专项规划》着力解决南水北调工程供水不平衡、效益发挥不充分等问题。通过优化南水北调水资源配置，合理扩大供水范围，提高供水保障能力，加大生态用水，构建系统完善、丰枯调剂、循环畅通、多源互补、安全高效、保障有力的南水北调工程供水新格局。

《专项规划》科学布局市域内调整用水指标新增供水工程、水权交易新增供水工程、干线调蓄工程和配套调蓄池工程，经相关省辖市、省直管县（市）政府确认，基本确定2018—2022年规划建设项目，共计4大类56项，总投资约551亿元，并对2030年和2035年的规划项目进行展望。2018年，部分省辖市、省直管县（市）的《专项规划》完成，部分已经过审查，修订完善工作正抓紧进行。

（五）自动化与运行管理决策支持系统建设

（1）通信线路工程。自动化调度系统通信线路总长803.76km（其中，设计长度751.52km、新增供水项目长52.24km），2018年完成新增线路施工23.6km。截至12月31日，累计完成设计线路施工717.38km，同比完成率95.5%；完成新增线路施工49.0km，同比完成率93%。

（2）流量计安装。流量计合同总数167套，设计变更后为165套（变更取消4套，新增2套）。通过现场排查，建立问题台账，并及时督办整改等措施，具备安装条件的流量计全部安装完毕。2018年完成流量计安装24套，累计整套安装完成144套，部分安装11套，尚有10套未安装。新增供水线路增加8套，整套安装完成2套，未安装6套。合同内未完全安装或未安装的主要原因是管理房未建成。

（3）设备安装。2018年，加强设备安装条件监管，完成安阳、鹤壁、新乡、焦作、郑州、周口、漯河、平顶山等市管理处所和现地管理房建设情况及设备安装条件排查，建立问题台账，督促有关单位加快土建施工进度。2018年全部完成濮阳、许昌、南阳市自动化设备安装，并实现与河南省南水北调建管局联网。其他地市由于受管理处所建设影响，不具备安装条件。

（六）配套工程设计变更

2018年，完成设计变更审批4项，共计增加投资10343.17万元。许昌配套工程17号口门增设经开区供水线路设计变更，增加投资3383.96万元（其中，工程增加1962.88万元、征迁增加1421.08万元）。焦作市配套工程27号分水口门输水线路设计变更，增加投资6525.41万元（其中，工程增加5422.24万元、征迁增加1050万元）。新乡供水配套工程31号泵站水泵布置调整设计变更，增加投资78.4万元。漯河三水厂支线穿越沙河设计变更增加投资355.4万元（其中，工程增加259.16万元、征迁增加96.24万元）。

（七）管理处所施工图及预算审批

2018年，河南省南水北调建管局会同有关省辖市南水北调建管局联合审查获嘉、卫辉管理所，安阳管理处、市区管理所，舞阳、临颍管理所施工图及预算。截至2018

年年底，河南省 11 个管理处、46 个管理所除新乡管理处、新乡市区管理所没有上报外，其他均完成联合审查。

（八）配套工程变更索赔处理

截至 2018 年年底，配套工程变更索赔台账共计 2058 项，预计增加投资 11.56 亿元。全年完成审批 137 项，累计批复 1733 项，占总数的 84.21%，增加投资 5.15 亿元。预计还有 325 项需审批，其中，投资变化 100 万元以上变更 138 项（含监理延期 53 项），预计增加投资 5.92 亿元；100 万元以下变更 187 项，预计增加投资 4856 万元。

（九）穿越配套工程审批

依据《其他工程穿越邻接河南省南水北调受水区供水配套工程设计技术要求（试行）》和《其他工程穿越邻接河南省南水北调受水区供水配套工程安全评价导则（试行）》。2018 年共组织审查穿越、邻接配套工程项目 24 项，批复 16 项。

（王庆庆）

建 设 管 理

2018 年，河南省南水北调配套工程建设管理工作的主要内容有配套工程验收、配套尾工建设、配套工程管理和保护范围划定及标志牌设计、防汛度汛、信访稳定等。

（河南省水利厅）

工 程 验 收

河南省南水北调建管局制定印发《河南省南水北调受水区供水配套工程 2018 年度工程验收计划》（豫调建建〔2018〕8 号），指导全省的配套工程验收管理工作；坚持《配套工程验收月报》制度，及时统计发现并协调解决配套工程验收工作中存在的问题；2018 年 5 月，河南省南水北调办公室印发《关于我省南水北调受水区供水

配套工程工程验收进展情况的通报》（豫调办建〔2018〕44 号），督促加快配套工程验收进度；8 月，组织调整印发《河南省南水北调受水区供水配套工程 2018 年下半年工程验收计划》（豫调建建〔2018〕15 号），指导下半年的配套工程验收工作。

根据配套工程验收导则规定，及时派员参加各省辖市配套工程的单位工程验收、合同项目完成验收和泵站启动验收等验收活动，发现问题及时研究制定措施；9 月中旬，组成检查组对南阳、周口、新乡和郑州等市的配套工程验收工作情况进行专项检查，针对验收工作存在的问题，与有关单位共同研究对策，并形成《河南省配套工程输水线路尾工建设进度及配套工程验收工作检查情况报告》，规范推进配套工程验收工作。及时组织完成配套分部工程验收及以上级别的验收成果备案工作。

2018 年，河南省南水北调配套工程供水线路新增完成单位工程验收 18 个，合同项目完成验收 27 个。开工以来累计完成单位工程验收 106 个，占总数的 66.7%；合同项目完成验收 97 个，占总数的 64.7%。

（河南省水利厅）

工程尾工和新增项目建设

实行配套工程《剩余工程建设月报》制度，对配套剩余工程项目建立台账，实行销号制度。针对尾工项目存在的工程进度等问题，分别于 2018 年 7 月 17 日、8 月 2 日、9 月 17 日约谈河南水建集团、郑州黄河工程公司、山西水利工程局等施工单位。9 月、11 月分别组织检查组，对平顶山、周口、许昌、郑州、焦作等配套工程输水线路尾工建设进度进行专项检查，协调督促加快配套工程尾工及受水水厂建设。截至 2018 年年底，河南省南水北调配套工程输水管线剩余的 7 项尾工中，3 项建成通水，2 项具备通水条件，2 项正在建设。具

体进展情况：新乡 32 号口门凤泉支线末端变更段于 2018 年上半年建成通水；周口 10 号口门新增西区水厂支线向二水厂供水线路于 10 月 1 日正式通水；漯河 10 号口门线路穿越沙河工程于 11 月 14 日正式通水；安阳 38 号口门线路新增延长段于 2018 年第三季度建成并具备通水条件，因地方欠缴水费暂未通水；平顶山 11－1 号口门鲁山线路穿越鲁平大道及标尾管道铺设全部完成，具备通水条件；郑州 21 号口门尖岗水库向刘湾水厂供水工程，因受环境治理管控等因素影响未能完工，出库工程基本建成，剩余穿南四环隧洞衬砌 72.5m、顶管段 477m、明挖埋管 60m；焦作 27 号分水口门府城输水线路变更段，7 月底完成招标，施工单位进场，泵站工程开工。

根据既定的《南水北调配套工程 23 个未开工管理设施建设计划》，4 月中旬、5 月下旬和 7 月下旬，3 次对配套工程尾工项目建设情况进行督导，加快配套工程管理处所建设。2018 年，河南省配套工程管理处所新增完成 8 座：叶县、鲁山、宝丰、郏县、鄢陵、武陟、汤阴、清丰管理所；新增开工建设 15 座：漯河市管理处和市区管理所合建项目、安阳市管理处和市区管理所合建项目、黄河南仓储和维护中心合建项目，以及郑州港区、中牟、荥阳、上街、温县、修武、卫辉、获嘉、清丰管理所。截至 2018 年 12 月底，河南省配套工程 61 座管理处所中，建成 26 座、在建设 27 座、处于前期阶段（未开工建设）的 8 座。

（河南省水利厅）

安 全 生 产

2018 年 7 月 30 日至 8 月 7 日，组织开展安全生产大检查活动，对河南省 11 个市南水北调配套工程 28 处施工现场和管理站所安全生产及防汛工作情况进行全面检查。印发《河南省南水北调配套工程安全生产

及防汛检查情况的通报》，对发现的安全隐患及时整改。加强节假日及特殊时段安全生产管理，严格落实安全责任，督促施工单位完善施工措施，加强值守，确保安全。在建项目全年未发生安全生产事故。

（河南省水利厅）

防 汛 度 汛

（1）统筹安排工程防汛工作。2018 年 5 月 23 日，筹备召开河南省南水北调 2018 年防汛工作会议，贯彻落实河南省政府第九次常务会议和河南省防汛抗旱指挥部第一次全会精神，安排部署 2018 年南水北调工程防汛工作。在河南省防汛抗旱指挥部的统一安排部署下，省水利厅、省防办、省南水北调办和南水北调中线建管局多次会商，研究河南省南水北调工程的安全度汛工作，组织开展汛前检查，督促协调沿线各级地方政府及工程建管、运管单位，按照责任分工进行工作落实。

（2）完善风险项目度汛措施。按照河南省防汛指挥部门的统一安排，组织工程管理单位和沿线市、县南水北调办排查防汛风险点，共确定防汛风险点 149 个（其中一级 13 个、二级 18 个、三级 118 个）。组织各省辖市南水北调建管局对配套工程防汛工作重点进行排查梳理，确定防汛重点和关键部位。各有关单位根据工程实际，分别制定度汛方案和应急预案，组建防汛队伍、配备防汛设备物资，开展各项准备工作。

（3）加强汛前督导检查。4 月下旬至 5 月中旬，河南省南水北调办、河南省防汛办联合对南水北调工程防汛准备工作进行全面检查，对防洪影响处理工程建设进度进行督导，对检查发现的问题建立台账，责任单位研究方案限期整改。

（4）开展应急演练。2018 年 6 月 25 日，河南省政府、水利部在新乡辉县石门河倒虹吸工程现场，联合举办防汛应急抢险和

防御山洪灾害应急演练。河南省水利厅、中线建管局、河南省南水北调办、新乡市政府承办演练，河南省长陈润儿、副省长武国定，水利部副部长蒋旭光现场观看演练。演练模拟由于普降暴雨致石门河倒虹吸处河道水位高于警戒线，进口裹头处发生滑塌险情。演练分为信息报告、应急响应、先期处置、应急抢险和群众避险转移，中线建管局河南分局组织应急抢险人员和设备投入抢险演练，辉县政府组织有关乡村干部群众及卫生人员参与群众避险转移演练。10时30分，应急演练正式开始，抢险人员首先对石门河倒虹吸进口裹头局部被冲毁部位进行抢险，通过制作、抛投铅丝石笼、混凝土四面体对裹头部位进行抢险加固。10时45分，抢险人员对干渠左岸渠堤外坡脚进行加固。10时55分，当地市政府组织遇险群众转移至安全地带。11时5分，根据险情，拆除河道内阻碍行洪的生产堤，对干渠裹头及渠堤进行加高。11时20分，裹头险情处置完毕，子堰修筑完毕，应急演练结束。

（5）开展干渠防溺水工作。持续开展暑期防溺水专项活动，联合河南省教育厅，重点开展中小学生暑假期间防溺水工作，组织各地南水北调办通过多种渠道加强宣传教育，组织发动沿线中小学生争做护水小天使宣传活动。组织运行管理单位设置警示标牌，完善隔离和救生设施，加强巡查监控。

（河南省水利厅）

工程保护范围划定

以郑州段配套工程为试点，委托河南省水利勘测设计研究有限公司开展郑州配套工程管理范围和保护范围划定方案研究，编制《河南省南水北调受水区郑州供水配套工程管理范围和保护范围图册》。经河南省南水北调办多次组织讨论研究、修改完善后，于2018年9月10日以《河南省南水北调办公室关于划定河南省南水北调受水区郑州段配套工程管理范围和保护范围的报告》（豫调办建〔2018〕75号）报送河南省水利厅审批。其他省辖市配套工程管理范围和保护范围划定工作依照审定的郑州段试点划定方案，待招标确定技术服务单位后组织开展编制。

（河南省水利厅）

信访稳定

（1）涉企保证金清理规范。贯彻落实国务院关于进一步清理规范涉企收费、切实减轻建筑业企业负担的精神，按照河南省政府办公厅印发的《河南省进一步清理规范涉企保证金工作实施方案》（豫政办明电〔2018〕80号）要求，组织开展保证金清理规范工作，形成"拟保留涉企保证金目录清单""现存涉企保证金明细台账"，及时印发《关于办理退还质量保证金工程结算的通知》（豫调建建函〔2018〕2号），督促限时退还超出规定部分的质量保证金。截至2018年12月底，河南省南水北调系统保证金清理规范工作全部完成。

（2）农民工工资清欠。按照国务院南水北调办《关于做好农民工工资支付有关工作的通知》和河南省财政厅、省发展改革委、省住建厅、省人社厅《关于做好政府工程拖欠农民工工资问题全面排查工作的紧急通知》要求，组织对河南省南水北调系统拖欠农民工工资情况进行全面排查，建立健全台账，制定整改措施。及时约谈配套风险标段施工单位（新乡31号供水线路施工3标郑州黄河工程公司），致函其上级主管部门（郑州黄河河务局），并组织现场办公，督促其履行合同责任，维护农民工合法权益；向干渠风险标段总部（潮河5标中国水利水电第五工程局有限公司）致函，督促其提供资金，及时兑付农民工工资。

（3）处理群众信访工作。按照《中华人

民共和国信访条例》等有关规定，根据职责分工，开展干线工程和配套工程的信访维稳工作。2018 年 1 月中下旬、2 月中旬，分别进行干渠潮河段、禹长段、方城段群众来访接访工作，协调解决新乡监理 3 标内部纠纷，并专题致函中国水利水电第五工程局有限公司，解决拖欠农民工工资问题；3 月中旬、4 月上旬，配合协调处理南阳市赵以凤长期上访问题；7 月中下旬，协调解决周口配套商水县境内施工围挡信访问题；8 月下旬，配合进行干渠郑州段中原西路交通事故郭才忠诉讼案件有关应诉准备工作；8 月初在郑州组织约谈，9 月初专题致函，9 月 17 日在辉县组织现场办公，基本解决郑州黄河工程公司拖欠配套工程农民工工资问题。2018 年，河南省南水北调工程总体和谐稳定。

（刘晓英）

工 程 征 迁

河南省配套工程征迁安置工作基本完成，进入征迁扫尾验收阶段。2018 年主要对配套工程征迁资金使用情况进行全面梳理复核，组织专家开展资金复核审核工作，解决各类征迁遗留问题，启动县级征迁验收试点工作，结合征迁实际对《河南省南水北调受水区供水配套工程征迁安置验收实施细则》进行修订并印发实施。

（1）征迁资金梳理。要求各省辖市、省直管县（市）严格按照资金梳理工作标准和资金梳理计划开展工作，每月召开河南省配套工程征迁安置资金梳理工作推进会，听取各市资金梳理工作进度，集中研究解决资金梳理、征迁遗留问题，确保资金梳理工作按时保质保量完成。河南省配套工程征迁资金梳理工作于 2018 年 6 月 30 日全部完成。

（2）资金复核。印发《关于开展配套工程征迁安置资金复核工作的通知》（豫调办移〔2018〕26 号），要求各市按照统一制定的资

金梳理复核方案，根据各市资金梳理工作进度，组织开展资金复核工作，高标准编制资金复核报告。2018 年复核工作全部完成。

（3）资金复核审核。为保证配套工程征迁资金梳理、复核工作的质量，邀请相关专家成立资金复核审核组，到各市逐县（区）对复核成果开展审核，2018 年全面完成全省资金复核审核工作。

（4）征迁验收。印发《河南省南水北调受水区供水配套工程征迁安置县级验收试点实施方案的通知》（豫调办移〔2018〕24 号），正式启动县级验收试点工作。黄河南试点宝丰县、许昌市试点襄城县、周口市商水县配套工程征迁安置验收工作完成。

（5）验收实施细则修订。对 2014 年印发的《河南省南水北调受水区供水配套工程征迁安置验收实施细则》（以下简称《实施细则》）进行修订。广泛多次征求设计、监理及各市征迁机构意见，多次组织专家召开座谈会研究讨论，对《实施细则》进行修改完善。2018 年《实施细则（修订稿）》正式印发实施（豫调办〔2018〕78 号）。

（马玉凤）

档 案 管 理

（一）概述

2018 年，河南省南水北调工程档案管理突出重点"促验收，抓整编"，推进档案验收进度，提高档案整编质量。完成水利部、南水北调设计管理中心组织的档案验收 19 次；完成濮阳配套工程档案预验收；完成配套工程档案及征迁安置档案检查督导 11 次；完成配套征迁档案整编培训 3 次；移交 7 个设计单元工程档案至项目法人。协助水利部档案专项验收、档案检查评定验收；组织河南省配套工程建设档案专项验收、预验收；组织河南省配套工程征迁安置档案验收等。

（二）中线工程档案验收

根据水利部及中线建管局工程档案验收计划，河南省南水北调建管局安排2018年验收工作。先后15次指导检查各参建单位整理进度和整编质量；协调各有关单位参与验收、编制验收报告与备查资料；在验收过程中进行现场答疑；在验收后逐项落实验收问题整改并组织复查。2018年完成中线工程各阶段档案验收共19次：完成水利部档案专项验收前10个设计单元工程的检查评定；9个设计单元工程通过水利部档案专项验收。

（三）中线工程档案移交

2018年，向中线建管局项目法人移交禹州长葛段、焦作2段、石门河倒虹吸、新乡潞王坟试验段、宝丰郏县段、方城段、南阳试验段7个设计单元工程两套档案共计89580卷。

（四）配套工程档案验收

2018年，印发《河南省南水北调工程档案技术规定（试行）》，对9个省辖市配套工程档案整编情况进行检查督导，现场解决各参建单位在工程档案整编中出现的问题。11月，组织机关有关处室及特邀专家对濮阳供水配套工程档案进行预验收，验收档案1254卷。

（五）配套工程征迁安置档案验收

2018年，印发《河南省南水北调受水区供水配套工程征迁安置档案验收实施方案》，先后8次对南阳市、平顶山市、许昌市、安阳市、滑县、漯河市、新乡市、鹤壁市征迁档案整理、验收情况进行现场检查督导。

（六）配套工程档案培训

2018年，印发《河南省南水北调配套工程征迁安置档案整理培训教材》，组织培训3次，其中河南省配套工程征迁安置档案整编培训1次，培训70余人；周口、新乡培训各1次，培训60余人。对征迁档案收集、整理、验收的要求进行讲解，并对有关问题进行答疑。

（七）机关档案管理

2018年，整理完成2017年机关档案2818件，补充历年未归档文件1630件；河南省南水北调建管局库房接收禹州长葛段、焦作2段、石门河倒虹吸、新乡潞王坟试验段、宝丰郏县段、方城段、南阳试验段7个设计单元工程档案44790卷。2018年，提供档案资料日常借阅113人次，数量1285件（卷）；大事记编撰借阅11364件；竣工审计与结算借阅8179卷。

（宁俊杰　张　涛）

山 东 省

概　述

截至2018年年底，山东省南水北调配套工程已基本建成，列入山东省南水北调配套工程建设考核的37个供水单元（不包括引黄济青改扩建工程）总投资213亿元，已累计完成投资211.54亿元，完成比例为99.31%，有36个供水单元已经建成，分别为济南市区、章丘；青岛市区、平度；淄博市区；枣庄市区、滕州；东营广饶、中心城区；烟台市区、招远、龙口、蓬莱、莱州、栖霞；潍坊寿光、昌邑、滨海开发区；济宁邹城、高新区、兖州曲阜；威海市区；德州市区、武城、夏津、旧城河；聊城冠县、莘县、临清、高唐、阳谷、东阿、茌平；滨州邹平、博兴；菏泽巨野。另外，聊城市东昌府区供水单元已基本建成。山东省南水北调配套工程已基本具备接纳承诺调引江水量的能力。截至2018年12月底，37个单元工程中包含济南市区等12个供水单元完成竣工验收。

（于锋学）

前 期 工 作

2018 年 5 月 29 日，山东省南水北调工程建设管理局组织专家对聊城市水利勘测设计院编制的《南水北调东线一期工程东昌府区续建配套工程变更设计报告》进行评审。根据专家评审意见，山东省水利厅（山东省南水北调工程建设管理局）批复同意在南水北调东线一期东昌府区续建配套凤凰湖水库内增设枫叶岛、桃花岛和映雪岛三座湖心岛，并明确三座湖心岛禁止建设开放性的旅游、娱乐设施；变更后增加投资561.61 万元，新增投资由地方自筹，不使用南水北调国家资金。

（于锋学）

建 设 管 理

山东省委、省政府高度重视南水北调配套工程建设，山东省领导多次专门听取南水北调配套工程建设情况汇报，调度工程进展情况，有力促进了南水北调配套工程各项工作的开展。山东省南水北调局每月采取现场督导、月度通报制度，督促配套工程建设及验收进度。各配套工程项目法人按照水利工程建设管理有挂规定，贯彻落实招投标制、监理制、合同管理制，建立了项目法人管理、监理单位控制、施工单位保证和政府监督相结合的质量控制体系。各配套工程质量、进度、投资等方面总体可控。

（于锋学）

运 行 管 理

（一）2017—2018 年度水量调度计划

2017 年 9 月，水利部印发《水利部关于印发南水北调东线一期工程 2017—2018 年度水量调度计划的通知》（水资源函〔2017〕177 号），批复山东省 2017—2018 年度南水北调工程各分水口门及东平湖、双王城水库供水合计 7.04 亿 m^3。山东省 2017—2018 年度省界调水量为 10.88 亿 m^3，调水时段为 2017 年 10 月至 2018 年 5 月。

（二）水量调度计划执行情况

2018 年 5 月 29 日，完成山东省界调水计划，调入山东省水量 10.88 亿 m^3。南水北调工程向枣庄、济宁、聊城、德州、济南、淄博、滨州、潍坊、青岛、烟台、威海 11 个受水地市的 29 个配套工程单元供水，占全部配套工程供水单元的 78%。聊城市的大秦水库、陈集水库、莘州水库、张官屯水库、东邢水库、太平水库，滨州市的辛集洼水库、博兴水库等多座新建中型平原水库投入使用，累计供水 1.07 亿 m^3。配套工程的建成通水有效补充了受水区水资源总量，保障了城市居民生活用水和工业用水，为置换当地地下水水源，促进地下水压采，改善生态环境创造了条件。

完成干线各分水口门分水，完成城市供水 6.55 亿 m^3，完成南水北调 3 座调蓄水库入库 8941 万 m^3。2017—2018 年度调水量及向各受水地市供水量均创历年之最。调水期间，工程运行平稳，工况良好，水质稳定。

（于锋学）

江 苏 省

概 述

江苏省南水北调一期配套工程主要目标是统筹江水北调工程和南水北调东线一期新建工程，完善江苏境内输配水体系，充分发挥南水北调东线工程整体效益。

2010 年年底，江苏省南水北调配套工

程规划编制完成；2011 年 1 月，通过江苏省发展改革委组织专家审查。2011 年，为保障南水北调东线的水质安全，江苏省政府决定新一轮治污工程，配套工程规划中的 4 个水质保护补充工程项目先期实施。其中，新沂市、丰县沛县、睢宁县等 3 个尾水资源化利用和导流工程项目于 2015 年全部建设完成，宿迁市尾水导流工程项目于 2017 年 6 月开工建设。

2014 年 9 月，江苏省水利厅、江苏省南水北调办启动南水北调一期配套工程实施方案编制工作；2016 年 7 月，江苏省政府以苏政复〔2016〕84 号文批复一期配套工程实施方案，并明确一期配套工程的主要任务和目标是围绕提高消化利用输水干线新增供水保证率、提高水资源配置水平、发挥东线南水北调工程整体效益的目标，完善江苏供水配套工程体系，提高输配水系统的节水、管水和水质保护能力，实现对南水北调供水区的科学调度和科学管理，更好地满足经济和社会发展对水资源的保障需求。主要工程建设内容包括：输水线路完善工程、输水干线水质保护完善工程、输水干线节水计量与监测监视工程 3 大类工程约 20 个单项工程，估算总投资约 40.55 亿元。工程建设按照"突出重点、远近结合、先急后缓、分步实施"的要求，合理确定实施计划，先行安排地方迫切需要、初步具备实施条件、直接影响主体工程效益发挥的单项工程，其余项目根据情况适时推进。

2017 年年底，经与国务院南水北调办建管司协商，江苏省南水北调一期配套工程中宿迁市尾水导流工程（先期实施的尾水导流工程项目）、郑集河输水扩大工程（配套工程实施方案中输水线路完善工程中的重要项目）等 2 个设计单元工程，列入国家发展改革委、国务院南水北调办的南水北调东、中线一期配套工程建设督导范围。

（江苏省水利厅）

前 期 工 作

2018 年，江苏省南水北调一期配套工程前期工作取得新进展。配套工程实施方案中输水线路完善工程大类中的重要项目，郑集河输水扩大工程可行性研究报告和初步设计报告获得江苏省发展改革委批复通过，为工程年内开工建设奠定了基础。徐州尾水导流贾汪段完善、淮安市境内输水干线口门加固改造及完善、输水干线节水计量与监测监视等 3 项单项工程可行性研究报告进一步修改完善，已陆续上报江苏省水利厅待批。

（江苏省水利厅）

投 资 计 划

江苏南水北调一期配套工程规划中的 4 项治污工程，其中新沂市尾水导流工程、丰县沛县尾水资源化利用及导流工程、睢宁县尾水资源化利用及导流工程等 3 项，均全部建成并移交管理运行，正在进行竣工验收准备，总计完成投资 96300 万元。宿迁市尾水导流工程于 2017 年 6 月开工建设，截至 2018 年年底，完成沿通湖大道、开发大道、新扬高速管道铺设 72km，顶管工程 21 处等，年度完成投资 17300 万元，总累计完成投资 37500 万元。

郑集河输水扩大工程，批复概算总投资 83194 万元，2018 年 10 月正式开工。截至 2018 年年底，丰县梁寨站、沛县侯阁站、郑集东站已完成临时工程建设，正在进行基础处理；铜山区河道工程龙沟全线贯通，南支河已完成 5km 河道施工，沿线配套建筑物工程正在进行基坑开挖施工；各区段征地拆迁和移民安置工作有序推进。2018 年，累计完成投资 16000 万元，占年度投资计划的 160%。工程总累计完成投资 16000 万元，占工程概算总投资的 19.2%。

（江苏省水利厅）

资金筹措和使用管理

江苏南水北调一期配套工程规划中先期实施的 4 项尾水导流工程，建设资金主要由省级财政投资和地方配套组成，其中省级投资约 67%，地方配套约 33%。已实施完成的新沂市尾水导流工程、丰县沛县尾水资源化利用及导流工程、睢宁县尾水资源化利用及导流工程，投资计划已完成，省级资金全部到位、地方配套资金基本到位；宿迁市尾水导流工程省级投资计划 36065 万元已全部下达，地方配套资金陆续筹集到位。

根据江苏省政府关于江苏南水北调一期配套工程实施方案的批复意见，后续实施的配套工程项目，资金筹措方案根据工程性质和建设单位组建情况具体研定。2018 年，郑集河输水扩大工程开工实施，该工程批复概算总投资 83194 万元，其中省级财政资金采取定补形式投资 53600 元，其余建设资金由工程所在地徐州市及所属区县地方财政自行筹措、配套到位。截至 2018 年年底，该工程已下达投资计划 17000 万元，其中省级 10000 万元。

（江苏省水利厅）

运 行 管 理

截至 2018 年，江苏省南水北调一期配套工程规划中的 4 项治污工程，其中已完成的 3 项工程均已落实了运行管理单位，管理人员基本到位，管理责任体系和规章制度逐步健全完善；丰沛尾水导流工程中县区交界的闸站由徐州市截污导流工程运行养护处运行管理，其余工程由丰县、沛县水利部门成立管理所进行管理；睢宁尾水导流工程由睢

宁县尾水导流工程管理服务中心负责运行管理；新沂市尾水导流工程由新沂市尾水导流管理所负责运行管理。2017 年，这 3 项尾水导流工程与东线一期江苏省境内主体工程中的其他 4 项截污导流工程一道，参与了 2016—2017 年度江苏省南水北调工程向江苏省外调水运行，对江苏省境内输水干线的水质保障起到了重要作用。2018 年 11 月，江苏省南水北调办在宿迁市组织举办尾水导流工程运行管理培训班，努力提升投运项目管理单位的人员工程管理能力和技术应用水平。2018 年，江苏省南水北调一期配套工程中丰沛、新沂、睢宁等 3 项尾水导流工程与东线一期江苏省境内主体工程中的其他 4 项截污导流工程一道，参与了 2017—2018 年度江苏省南水北调工程向江苏省外调水运行，为江苏省境内输水干线的水质保障起到了重要作用。

（江苏省水利厅）

科 技 工 作

2018 年，结合配套工程规划建设与运行管理，江苏省南水北调办继续推进有关科研及应用工作。

推进江苏省水利科技课题《南水北调尾水导流工程生态湿地净化尾水效果及不同季节最大水环境承载能力研究》的研究工作进展，开展原位观测试验和室内静水试验，建立生态动力学数字模型对湿地最大水环境承载力进行计算。2018 年，该课题研究内容已基本完成，报告初稿已形成。

协调完成江苏省南水北调一期配套工程规划中"供水区管理体制与运行机制试点研究"专项研究的配套项目——"南水北调供水区管理体制与运行机制试点研究江都沿运灌区配套研究"的合同验收。

（江苏省水利厅）

CHINA SOUTH-TO-NORTH WATER DIVERSION PROJECT CONSTRUCTION YEARBOOK

拾贰 队伍建设

TEAM BUILDING

国务院南水北调工程建设委员会办公室

概　　述

国务院南水北调办 2018 年干部人事工作，深入学习贯彻党的十九大精神，认真贯彻落实中央深化机构改革重大决策部署，坚持围绕中心、服务大局，以高度的政治责任感和使命感，按照"改革工作不乱、常规工作不断"的原则，严格遵守各项纪律要求，坚决拥护改革、积极投身改革、全力服务改革，扎实做好日常工作，稳步推进工作交接，为南水北调工程平稳运行和机构改革任务顺利完成提供了坚实保障和有力支撑。

队　伍　建　设

（一）认真落实机构改革专题组相关工作

"三定"工作组方面，3 月，机构改革启动后，积极参与水利部新"三定"规定起草有关研究协调工作。按照中央关于机构转隶工作要求，4 月中旬，将国务院南水北调办转隶函报水利部，原环境保护司转隶生态环境部。人事工作组方面，参与研究水利部人员安排方案，做好机关公务员基本情况调查摸底工作。根据国务院南水北调办干部职工队伍结构和特点，研究起草机关公务员安排工作方案以及机关聘用、借调人员安排建议。水利部新"三定"规定印发后，按照人事司统一安排部署，分三轮做好总师、机关司局一把手、其他司局级干部、处级及以下干部的人事安排动员会、民主测评、岗位意向填报等组织工作。根据中央组织部关于机构改革期间做好干部档案有关工作要求，完成干部档案材料收集、查缺、整理和

数字化工作，逐卷审核，8 月，顺利移交水利部人事司。与水利部相关职能机构做好干部工资关系、医疗关系、社保关系转移以及因私出国（境）证件管理对接工作。

（二）稳妥推进干部队伍建设

年初，按干部选拔任用工作程序，完成办管干部和机关处级干部调整工作。根据中央要求，机构改革启动后，干部选拔任用工作冻结。按照水利部党组关于机构改革过渡期领导干部任职试用期满考核工作意见，按原工作程序，组织完成办管干部和处级干部试用期满考核工作，协调水利部人事司发文任职。按照国家公务员局要求，完成 2018 年度新录用公务员面试、体检和考察工作，协调水利部人事司完成公示、备案、商调工作。按中央组织部要求，做好上一批西老革地区挂职干部、驻村第一书记期满考核工作和新一轮选派工作。

（三）有序开展干部教育培训

按照中央要求，做好习近平新时代中国特色社会主义思想和党的十九大精神轮训工作，会同机关党委分两期在京举办了处级以上领导干部学习贯彻党的十九大精神专题培训。组织 55 位厅局级干部参加了"学习贯彻党的十九大精神"网上专题班，全部按时完成学习要求取得结业证书，有关情况按要求报送中央组织部。积极争取 2018 年中央组织部调训名额和司局级干部专题研修名额，组织完成年度调训选学报名工作。机构改革后，及时与水利部人事司对接，继续做好人员参训服务。组织做好年度培训班计划申报和批复工作，机构改革后，与水利部人事司沟通，按同类型班次合并、分别执行财政预算的方式督促完成培训计划和经费，并协调各司各单位参加水利部年度培训班事

宜。按计划组织召开干部考核、个人事项报告两期专题干部人事工作交流会议，收到良好效果。

（四）统筹做好各项考核工作

配合中央组织部完成中管干部年度考核民主测评。组织完成 2017 年度办管干部、机关公务员和聘用人员考核，根据考核结果做好工资晋级晋档和年终一次性奖金发放工作。根据新修订的考核办法，组织完成办管企业 2017 年度和 2015—2017 年任期经营业绩考核工作。按照细化量化指标的要求，组织编制 2018 年度办管干部年度考核指标和办管企业经营业绩考核指标。

（五）坚持强化干部监督管理

配合中央组织部完成办党组 2017 年度选人用人"一报告两评议"工作。扎实做好 2018 年度领导干部个人有关事项报告工作，开展"两项法规"和典型案例专题培训，按时保质完成百余名领导干部年度个人有关事项报告集中填报、信息录入和综合汇总工作。5 月，按不低于 10% 的比例分级分类随机抽取 12 名核查对象；6 月，根据中央组织部反馈的查询结果进行对比，对不一致的调查核实后综合研判，严格掌握政策，严肃认真处理。

（六）深入细致做好干部人事日常管理

为保障广大干部职工切身利益，在咨询机构改革期间职称评审工作有关政策和调研兄弟部委做法的基础上，协调推进国务院南水北调办 2017 年度职称评审工作纳入水利部进行统一评审。按照事业单位绩效工资改革要求，完成国务院南水北调办所属事业单位 2015—2017 年绩效工资执行情况数据核查汇总和实施绩效工资监督检查工作。组织申报办管企业 2018 年工资总额计划，加强与人力资源社会保障部相关部门的沟通联系，争取支持。做好办管企业负责人 2017 年度和 2015—2017 年任期薪酬审核、清算工作。组织申报并分解下达 2018 年度高校毕业生接收计划，完成拟接收高校毕业生相关材料审核报送工作。机构改革过渡期，按原工作程序做好因私出国（境）信息备案、证照管理和审批工作。

人 事 任 免

2018 年 1 月 17 日，国务院南水北调办以办任〔2018〕1 号文件，任命谭文为国务院南水北调工程建设委员会办公室征地移民司副司长（试用期一年）。

2018 年 1 月 24 日，国务院南水北调办以办任〔2018〕2 号文件，经任期试用期满考核合格，任命赵存厚为南水北调工程设计管理中心主任。

（何韵华　刘德莉　赵海冰）

有关省（直辖市）南水北调工程建设管理机构

北 京 市

组织机构及机构改革

按照党中央、国务院批准的机构改革方案，2018 年 11 月 16 日，北京市南水北调工程建设委员会办公室并入北京市水务局，由北京市水务局行使北京市南水北调建设、管理、运行各项职能。

（北京市水务局）

人 事 管 理

（1）结合工作需求，优化队伍结构。一是执法机构实现历史突破。合理调控现有编制资源和人员力量，协调北京市编办批复成立北京市南水北调工程执法大队，在沿线各省市中率先成立独立的、专门的南水北调执法机构，为北京市南水北调工程保护提供了坚实的组织基础。协调北京市人力社保局，做好执法大队筹备组建工作，完成3名事业单位人员身份转换工作，接收8名军队转业干部，完成执法大队组建并且顺利开展工作。二是人员结构进一步优化。积极协调北京市编办批复2名军转干部编制，北京市南水北调办行政编制增至44名。同时，多渠道、多途径地吸纳优秀人才，增加高端专业人才储备。2018年，先后组织开展了2次事业单位公开招聘工作，面向社会公开招聘人员53名；安置退役大学生士兵3名；接收军队转业干部8名。三是干部晋升工作规范有序开展。结合干部工作实际，规范有序推进干部晋升工作，按时完成公务员晋升、试用期满转正工作。同时，指导各单位认真落实《事业单位人事管理条例》，做好科级干部晋升和专业技术人员聘用工作。

（2）围绕中心工作，加强人才建设。一是摸清人才家底。不断完善事业单位人员信息库，"清点"人才家底，定期更新数据，进一步细化《人事工作基础数据手册》，为人才队伍建设提供数据支撑。同时，以打造"干部之家"为切入点，深入13个办属单位，与100名科级干部通过问卷调查和面对面座谈的形式，对中层干部队伍建设的现状进行深入了解。二是做好优秀年轻干部工作。按照市委组织部《关于发现储备和培养选拔优秀年轻干部的实施方案》要求，开展调研走访，对优秀年轻干部情况进行综合分析，深入了解年轻干部培养储备情况。同时，按要求做好副处级和正科级优秀年轻干部的发现储备工作，并配合上级部门做好优秀年轻干部人才入库和维护管理工作。

（3）着眼日常细微，规范干部人事管理。一是加强制度建设。印发《关于进一步规范下属事业单位工资管理工作的通知》，对工资及津贴的发放范围及发放标准等进行明确规定，实行工资发放情况定期上报制度。修订《北京市南水北调办公室机关公务员休假请假暂行规定》，对年休假、婚假、生育假等休假要求进行明确，对请销假的批准权限和程序进行重申，形成了规范的请销假制度、备案制度。同时，全面梳理人事工作制度，组织编印《人事工作手册》《北京市南水北调办人事工作制度汇编》，使其成为系统人事干部的工具书。二是做好干部考核工作。扎实做好事业单位领导班子和领导干部考核工作。组织全办13个事业单位领导班子和31名领导干部进行述职述德述廉，开展干部群众民主评议，并将测评结果统计分析后报办党组。根据办党组的要求，及时部署各单位召开民主生活会，反馈考核结果，加强监督整改。完成机关公务员2017年考核奖励工作，按照比例评选确定考核优秀人员和奖励人员13名。三是加强干部监督管理。按时完成2017年度48名处级以上干部个人事项报告材料的填报、录入等工作。严格按照市委组织部干部个人事项抽查核实工作要求，对6名处级干部的个人事项进行比对核实。按照"应备尽备、应交尽交、应查尽查"的工作要求，完成办系统处级以上领导干部因私出国（境）人员信息备案、证件集中保管、情况全面核查等工作。新增备案人员1人，集中保管因私出国（境）证件83本、因公出国（境）证件15本。严格按照北京市委组织部"市管干部出国、离京情况备案工作"的要求，对局级领导因私和因公出国（境）、出京的情况进行周填报。四是严格做好机构改革期间人事管理工作。认真落实《关于机构改革期间进一步严明工作纪律的通知》（京组通〔2018〕11号）的相关要求，严格开展机构改革期间相关人事管理工作。强调各项组织工作纪律，确保机构改革期间思想不乱、工作不断、队伍不散、干劲不减。

（4）加强教育培训，提升干部队伍素养。一是积极组织干部培训。在南阳干部学院举办第十期新入职人员培训班，共有28名新入职人员参加培训；在人民大学举办"新时代新担当新作为"专题干部培训班，150余人次参加培训。二是加强干部培训档案管理。制定2018年培训工作计划，经党组会审议通过后组织实施，并定期对各处、各单位的培训开展情况进行指导和督促，推动培训工作规范有序开展。同时，加强"互联网+"干部教育培训，依托北京干部教育网平台，加强培训信息化、智能化管理，实现纸质培训证书向电子培训档案的有序转移。

（北京市水务局）

党建与精神文明建设

（1）从严抓教育，夯实思想根基。坚持从讲政治的高度抓创新理论学习，抓思想教育，增强党员干部立足本职岗位，建功南水北调事业的积极性、主动性。抓紧抓实理论中心组学习。结合上级要求与办党组实际，制定年度学习计划，建立健全"述学、考学、评学"体系，提前筹划，抓好每月集中学习落实，组织集中学习19次，其中专题研讨3次。《北京机关党建》第6期刊发了办党组《精选内容，规范组学，实践转化，提升理论学习中心组学习实效》的经验做法。为基层党组织购买《习近平谈治国理政》100册、《习近平新时代中国特色社会主义思想三十讲》300册，作为基本读物。开展纪念马克思诞辰200周年活动。组织学习讨论《共产党宣言》，参观纪念马克思诞辰200周年主题展览，500余人观看电影《青年马克思》。开展"不忘初心，牢记使命"主题系列活动。自下而上组织"最美南水北调人"演讲比赛，宣扬广大干部职工中先进典型，激发正能量，凝聚干好南水北调事业的磅礴力量。组织"两优一先"评选，通报表彰10个先进基层党组织、15名优秀共产党员、15名优秀党务工作者，激励大家创先争优。组织"共产党员献爱心捐款"，办系统共计捐款33065元。为庆祝建党97周年，组织办系统党员干部职工自编自导自演"唱支赞歌给党听"汇报演出，讴歌党近百年革命建设征程，讴歌北京市南水北调办十五载奋斗发展历程。四是充分利用网络载体。每天上班前在"南水北调微党建"微信群推送党性修养格言警句和党建知识，为广大党员干部送上清晨的"醒脑茶"。跟随当前热点，编辑11期《党建参考》，发布在内网供大家学习。

（2）从严抓规范，提升组织功能。持续深入推进"两学一做"学习教育，坚持以党支部规范化建设为抓手，增强落实组织生活制度的"四性"。严肃政治生活，北京市南水北调办党组认真开好民主生活会，查摆出6个方面17条具体问题，从5个方面剖析了原因，制定了15条整改措施并明确了牵头领导和责任部门。落实党员领导干部双重组织生活制度。结合实际对党员领导干部双重组织生活制度进行细化和量化，办系统党员领导干部自觉遵守，以普通党员身份参加支部学习和支部活动，起到良好的示范作用。办领导结合形势任务分别为党员干部上党课。开展述职评议，召开基层党组织书记现场述职评议考核工作会议。8名基层党支部书记现场述职，4 名任职不到半年的党支部书记书面述职。办领导对述职人员现场点评，全体参会人员作为评委对 8 位书记履职情况评议打分。各支部以党员大会形式，按照个人自评、党员互评、民主测评等程序，民主评议党员，激励先进、鞭策后进。严把进入关口，根据现实表现，确定办系统2018 年党员发展对象先后序列。选送 3 名党员发展对象、9 名新党员参加市直机关工委培训班。搞好经费保障，下拨党费 37.8 万元给办属单位。认真落实《基层党组织党建活动经费管理办法》，确保人均经费不低于 300 元。加强阵地建设，因地制宜，建设要素齐全、功能完备的党员活动室，把有阵地落实到位。以召开市直机关第五组机关党委书记第一次联席会议为契机，重点推进信息中心党支部、团城湖管理所党支部党员活动室建设，两个党支部的阵地建设得到市直机关领导和参会单位的高度肯定和一致好评。组织 16 名管理员参加的专题培训，强化各党支部运用互联网技术和信息化手段能力。

（北京市水务局）

党 风 廉 政 建 设

坚持不松劲、不停步、再出发，严明纪律约束，严厉纠风整治，严格监督问责，推进作风纪律建设。压实主体责任，从办党组成员到基层党组织班子成员、业务部门负责人逐级签订个性化党风廉政建设责任书，构建横向到边、纵向到底全覆盖的责任体系。制定《市南水北调办领导指导督促分管联系部门单位党组织抓党建工作制度》，进一步明确办领导班子成员履行全面从严治党责任的工作方式。依托中国人民大学，组织落实"两个责任"工作交流及业务培训、"新时代新担当新作为"专题培训，联合市水务局组织纪

检干部专题培训班，推动全面从严治党向纵深发展。开展教育整顿，以付新生违法违纪案件为反面教材，在全系统开展作风纪律教育整顿，召开处以上干部警示教育大会，解析付新生案件前因后果，刀口向内，剖析办系统干部队伍的问题、不足，对干部队伍提出了"政治要强、担当要硬、工作要实、纪律要严、形象要好"五条具体要求。通过学习教育"进脑子"，自查自省"照镜子"，专项检查"过筛子"，驰而不息"扎笼子"，基本达到"改进作风、严肃纪律、纯洁队伍、推动工作"的目的。深入专项整治，办党组专题研究全系统落实全面从严治党突出问题专项整治工作，深刻领会北京市委办公厅、市政府办公厅《关于对全面从严治党突出问题开展专项整治的意见》精神，扎实推进专项整治。运用 2017 年度党风廉政建设责任制落实情况检查考核结果，约谈考核排名靠后的 3 家单位主要负责人；书面函询个人有关事项申报核实结果与本人填报情况不一致的 5 人，经党组研究认定为漏报，由主管办领导对其进行批评教育；约谈 1 名未书面报请党组审批的因私出国（境）退休局级干部，并将有关证件上交办机关人事处管理；研究制定贯彻落实《中共北京市委贯彻落实〈中共中央政治局贯彻落实中央八项规定实施细则〉办法》的实施意见和《关于进一步加强基层党风廉政建设的实施意见》，紧盯节假日关键节点，坚持"一节一部署、一节一检查、一节一总结"原则，多途径严明"十个禁止"等纪律要求，以明察与暗访相结合、全面检查与重点抽查相结合等方式严格督促检查，严防"四风"反弹回潮；通过自查自纠，新制定招标采购管理制度 4 项，修订完善相关制度 11 项。严肃执纪问责，积极运用监督执纪"四种形态"，各级

党组织提醒谈话，约谈 30 余名工作状态不佳、形象不好的人员。依纪依规对一名严重违纪的处级领导干部实施开除党籍纪律处分。对于信访件，办领导深入基层与一线职工面对面地座谈，了解实情，区别不同情况，有的约谈了单位负责人，指出问题，提出整改要求；有的采取集体谈心交流的形式，开展教育引导和解释说明。

（北京市水务局）

天 津 市

概 述

2018 年，在天津市水务局党委的领导下，天津市南水北调办深入学习贯彻习近平新时代中国特色社会主义思想和党的十九大精神，坚决贯彻落实中央和市委决策部署，切实把思想认识和行动统一到党中央、市委和局党委决策部署上来，不断强化"四个意识"，坚定"四个自信"，坚决做到"两个维护"。持续推进全面从严治党向纵深发展，狠抓全面从严治党主体责任落实，为做好南水北调各项工作提供坚强保证。扎实推进"两学一做"学习教育常态化制度化，深化"维护核心、铸就忠诚、担当作为、抓实支部"主题教育实践活动，充分发挥支部战斗堡垒和党员先锋模范作用。深入开展"不作为不担当问题专项治理行动"和"大兴学习之风、深入调研之风、亲民之风、尚能之风"活动，强化责任担当意识，推进作风大转变、能力大提升。严格落实全面从严治党主体责任和"一岗双责"，坚持党建工作和业务工作同部署、同检查、同考核、同落实，加强工程建设资金监管，对关键岗位、关键环节加强监督，全年未发现干部违规违纪问题。

（李宪文）

人 事 管 理

2018 年，开展公务员年度考核测评推优、领导干部谈话、领导干部报告个人有关事项和人事档案专项审核认定等工作。杜铁锁、高洪芬参加市委组织部组织的干部专题研修，陈菁同志参加处级公务员任职培训；全体处级干部参加市水务局组织的处级干部培训。杜铁锁、高洪芬晋升为一级调研员职级，王柔、许光禄晋升为三级调研员职级，周维薇晋升为四级调研员职级。在 2018 年度干部考核中陈菁、高旭明、高啸宇确定为优秀等次。

（李宪文）

党建与精神文明建设

结合南水北调工程建设实际，加强党的建设和精神文明建设。5 月初，按照天津市水务局机关党委要求，建立天津市南水北调工程建设委员会办公室总支部委员会，成立了综合处、规划设计处、计划财务处、建设管理处 4 个党支部。注重思想政治建设，认真学习习近平新时代中国特色社会主义思想和党的十九大精神，把《习近平新时代中国特色社会主义思想三十讲》和《习近平谈治国理政》作为每周必学内容，着力在学懂弄通、武装头脑、指导实践上下功夫。深入推进"两学一做"学习教育常态化制度化，进一步深化"维护核心、铸就忠诚、担当作为、抓实支部"主题教育实践活动，党支部战斗堡垒作用和党员先锋模范作用充分发挥，党员干部担当作为的意识显著增强。压实全面从严治党主体责任，坚持党建工作和业务工作同部署同落实，统筹推进全面从严治党和南水北调工程建设。深入净化政治生态，整治圈子文化和好人主义，坚决肃清黄兴国恶劣影响。坚决落实中央八项规定精神，坚持不懈反对"四风"，深入自查自纠，持续用力抓好整改落实。深入开展"大兴学习之风、深入调研之风、亲民之风、尚能之风"活动，组织支部和党员到社区报到，参加服务活动；与南水北调天津市内配套工程宁汉供水工程项目部建立联系点，积极主动做好服务工作。广泛开展争当"三个表率"、建设"模范机关"活动，党员干部以上率下，担当作为，促进了工作落实。组织开展创建天津市文明单位活动，大力宣扬社会主义核心价值观，开展学雷锋志愿服务活动和结对帮扶活动，组织捐款捐物，积极开展职工文体活动。

（李宪文）

党风廉政建设

认真贯彻落实中央、天津市委和市水务局党委关于全面从严治党要求，紧密结合南水北调工程建设实际加强党风廉政建设。各处主要负责人与分管局领导签订《全面从严治党主体责任书》，每季度汇报党风廉政建设情况，进行廉政谈话。注重加强思想教育，认真学习党章、纪律处分条例等党内法规和典型案例，组织观看警示教育片，参观"利剑高悬、警钟长鸣"警示教育主题展览，召开廉政专题组织生活会，进一步强化党员干部的纪律意识，筑牢拒腐防变的思想防线。认真梳理廉政风险点，研究制定防范措施，加强检查监督，防范违规违纪问题发生。切实压实从严治党主体责任，严格落实"一岗双责"，坚持党风廉政工作和业务工作同部署、同检查、同落实，加强工程建设资金监管，规范领导干部权力运行，对关键岗位、关键环节加强监督。认真落实中央八项规定精神，严格执行各项纪律规定，加强公务用车、公务接待和经费使用管理，有效防范"四风"问题。

（李宪文）

河 北 省

组织机构及机构改革

2018 年 12 月机构改革，河北省南水北调工程建设委员会办公室（以下简称"河北省南水北调办"）撤销，并入河北省水利厅。

（梁　韵）

党建与精神文明建设

2018 年，河北省南水北调办坚持十九大报告确定的新时代推进党的建设伟大工程的总要求，按照河北省水利厅党组、厅机关党委的统一部署，结合南水北调工作实际，按要求完成各项党建工作任务。

（1）认真谋划，压实支部书记主体责任。坚持党建与业务工作同安排、同部署，落实党风廉政建设责任书。每月组织召开专题会议，集中学习省委、省纪委巡视整改、"一问责八清理"专项行动"回头看"、纠正"四风"和作风纪律专项整治等文件精神，研究落实具体措施，及时督促各支部认真梳理查摆问题并认真整改。加强对党员干部的廉政警示教育，不断提高了党员干部的拒腐防变能力。

（2）严肃政治生活，认真组织党员学习。坚持每月制定、下发政治理论学习重点。根据省直工委推荐书目，为每位党员干部购买发放了《习近平谈治国理政》《习近平新时代中国特色社会主义思想三十讲》《新时代面对面》等 10 本理论读物。围绕深入学习贯彻习近平新时代中国特色社会主义思想、党的十九大精神，定期搜集、汇集《人民日报》《河北日报》等重点党报党刊刊载的论坛、思想纵横、红船观澜等最新权威文章约 80 篇，编印了 4 期《理论学习文章摘编》发给每位党员。摘编了《学习党的十九大精神要点提示本》，发每位党员人手 1 册，促进每位同志更好地理解掌握党的理论政策，形成经常学习、自我教育的浓厚氛围。

（3）深化"两学一做"学习教育，增强党员干部"四个意识"。创新支部组织生活形式，组织机关党员干部到鹿泉区西山水厂开展联学联做，到正定县塔元庄村进行"不忘初心、牢记使命"专题教育。为推进机关作风建设，加强党员干部党性锻炼，开展了"3·23"警醒日专题教育活动。在中国共产党建党 97 周年前夕，组织党员和入党积极分子到保定市易县狼牙山红色教育基地进行主题教育。弘扬时代英模精神，根据省直工委等 7 部门通知要求，组织党员集中观看电影《李保国》。

（4）严肃组织生活，提高支部组织生活质量。印发专门通知，强调每周五党员集中学习制度、三会一课制度，组织党员干部积极参加驻厅纪检组、厅机关党委举办的各类学习培训，不断强化党员干部"四个意识"，坚定"四个自信"。发挥典型引领作用，开展评先评优，组织各支部召开党员大会进行民主评议，按规定评选表彰了 2017 年度优秀基层党组织和优秀党员，树立党员干部学习标杆，充分发挥先进模范作用。发展了 2 名新党员，完成了党费收缴上报工作。

（5）助力脱贫攻坚，开展驻村干部关爱服务。按照厅"做好精准脱贫驻村干部关爱服务工作的通知"要求，在省直工委为每个驻村临时党小组划拨 1000 元党建经费的基础上，经领导批准，为驻村工作队增拨 2000 元党建工作经费。先后 4 次牵头组织党员干部到扶贫村开展对口帮扶慰问，为贫困群众做好帮扶服务。

（梁　韵）

党 风 廉 政 建 设

为切实加强党的作风建设，深入推进反腐倡廉工作，筑牢廉政防线，河北省南水北调办多措并举，成效显著。主要工作包括：按"一岗双责"要求，将 2018 年度党风廉政建设责任进行任务分解，将各项工作任务分解到每一个工作岗位和每一个人；坚持把党员干部的党风廉政建设作为党风廉政教育工作的关键来抓，把反腐倡廉理论作为学习的重要内容，定期安排专题学习；认真贯彻落实中央八项规定精神和《廉洁自律准则》《纪律处分条例》，坚持加强教育、制度约束、监督管理并重的方针，把反腐倡廉贯穿于各个方面；认真落实民主集中制，加强对权力运行的制约和监督，确保权力正确行使，凡属重大决策均召开会议讨论做出决定；进行警示教育，时刻警钟长鸣，组织学习典型案例警示教育，不断增强党员干部的廉政意识；按照党风廉政建设廉政风险防范管理要求，组织全体党员干部深入查找个人作风、岗位职责风险点，力争将隐患消灭在萌芽状态。

（梁　韵）

河　南　省

概　述

2018 年，河南省南水北调系统贯彻落实党的十九大精神，牢记"四个意识"，学习在前，统筹谋划，调查研究，突出问题导向，务实重干，完成各项工作任务。南水北调工程运行安全平稳，水质稳定达标，累计向北方调水超过 200 亿 m³，综合效益再上新台阶。

（1）提高政治站位。河南省南水北调办落实全面从严治党责任，准确把握十九大精神科学内涵，学习领会习近平新时代中国特色社会主义思想这一党的行动指南，把坚定理想信念作为党的思想建设的首要任务，进一步坚定"道路自信、理论自信、制度自信、文化自信"。把党的十九大精神与南水北调工作实际联系起来，与人民群众新期待新要求结合起来，用实际行动"坚决维护习近平总书记党中央的核心、全党的核心地位，坚决维护以习近平同志为核心的党中央权威和集中统一领导"。贯彻中央和河南省委、省政府决策部署，持续推进"两学一做"学习教育、"不忘初心、牢记使命"专题教育常态化，坚持每周二、周五学习制度，加强学习引导，提高全体干部职工的思想认识和业务能力。

（2）加强理想信念教育培训。结合河南省南水北调办（建管局）2018年工作重点，在广泛征求意见的基础上编制完成《河南省南水北调办公室2018年度干部职工培训计划》，报备河南省委组织部批复同意，并以便函形式印发实施。动态关注党员干部网上学习进度，稍有差距及时督促提醒帮助。3月24—30日，由河南省南水北调办副主任杨继成带队，组织全省南水北调系统部分党员干部到复旦大学开展党的十九大精神及综合能力提升培训。10月15—19日，由杨继成带队，组织河南省南水北调办副处级以上党员领导干部到愚公移山干部学院进行党性教育培训。学习感受愚公移山精神，观摩小浪底水利枢纽被誉为河防堡垒杜八联事迹展。

（3）规范开展内部审计。加强内部监察审计和内部控制，完善长效监督制约机制，实现决策权、执行权、监督权相互制约又相互协调。规范开展内部审计，2018年完成河南省南水北调办（建管局）2017年第四季度内部审计、2018年上半年内部审计工作，完成建管局调度中心财务竣工决算报告编制和审核工作、省南水北调办质量监督站历年质量监督费使用情况内部审计工作、省南水北调办（建管局）2016年以来配套工程内部审计工作。对大额资金（1万元以上）票前审核把关。

（4）完成巡视整改"回头看"。规范人事档案，按照河南省委组织部《关于转发〈中共中央组织部关于进一步从严管理干部档案的通知〉的通知》《关于印发河南省干部人事档案专项审核工作实施方案的通知》要求，对"三龄两历一身份"造假等违规违纪问题，开展干部人事档案专项清理活动，对干部档案中改年龄、改学历、改履历等违纪现象保持高压态势。理顺干部档案，重点对专项清理活动中发现的干部个人在出生时间、参加工作时间、入党时间、学历学位、工作经历、干部身份、家庭主要成员及重要社会关系等方面存在的问题进行整改，把不规范的部分规范起来，没有归档的部分归档，并整理装订成册，严格规范使用和管理。2018年河南省南水北调办干部档案按照人事管理权限移交河南省水利厅人事处。排查违规兼职，按照河南省委组织部要求，对领导干部在社团和企业兼职情况进行自查，经自查未发现河南省南水北调办有领导干部在社团和企业兼职情况，相关表格按照零报告要求上报河南省委组织部。

（5）开展专项问题治理。按照《中共河南省水利厅党组印发〈开展整治"帮圈文化"专项排查工作方案〉的通知》精神，及时召开专题组织生活会，以整治"帮圈文化"为主题，每位党员干部对照检查，查找自身存在的问题和不足，开展批评与自我批评。全体党员干部公开作出自觉抵制"帮圈文化"的承诺并签订承诺书。经排查，河南省南水北调办未发现有党员干部参加五类"酒局圈"；不存在党员干部热衷于拉关系、找门路、套近乎、站队伍、广织关系网的行为；不存在党员干部将上级领导当成个人靠山的人身依附行为。开展违反中央八项规定精神专项整治，按照河南省水利厅党组《关于开展违反中央八项规定精神问题专项整治工作方案的通知》要求开展工作，对"八项规定"责任落实、监督检查、警示教育的内容开展自查。经排查，河南省南水北调办全体党员干部职工能够以身作则，自觉遵守有关规定；能够坚持简朴、务实、高效的原则，注重会议质量，提高会议效率；能够按照"八项规定"精神要求，做到廉洁自律；能够严格执行请销假制度，按照规定程序及时履行请销假手续；能够严格执行有关待遇规定，规范配备使用办公用房，遵守公车管理有关制度。

（河南省水利厅）

组织机构及机构改革

南水北调工程经国务院批准于 2002 年 12 月 27 日正式开工。河南省依据国务院南水北调工程建设委员会有关文件精神，2003 年 11 月成立河南省南水北调中线工程建设领导小组办公室（豫编〔2003〕31 号），作为河南省南水北调中线工程建设领导小组的日常办事机构，设主任 1 名，副主任 3 名，副巡视员 1 名，与河南省水利厅一个党组，主任任河南省水利厅党组副书记，副主任任河南省水利厅党组成员。2004 年 10 月成立河南省南水北调中线工程建设管理局（豫编〔2004〕86 号），是河南省南水北调配套工程建设的项目法人。同时明确，办公室与建设管理局为一个机构、两块牌子。

2018 年，河南省南水北调办公室（建管局）下设综合处、投资计划处、经济与财务处、环境与移民处、建设管理处、监督处、审计监察室 7 个处室和南阳、平顶山、郑州、新乡、安阳 5 个南水北调工程建设管

理处（豫编〔2008〕13 号）。根据工作需要，内设机关党委、机关纪委、机关工会。受国务院南水北调办公室委托，代管南水北调工程河南质量监督站。批复人员编制 156 名，其中行政编制 40 名，工勤编制 12 名，财政全供事业编制 104 名。

按照河南省政府机构改革方案，2018 年 12 月，河南省南水北调办并入省水利厅，省南水北调建管局随事业单位机构改革再行明确。原河南省南水北调办主任王国栋出任省水利厅党组副书记、副厅长（正厅级），原河南省南水北调办副主任贺国营出任省水利厅党组成员、副厅长，原河南省南水北调办副主任杨继成出任省生态环保厅党组成员、副厅长，原河南省南水北调办副巡视员李国胜到退休年龄按规定办理退休手续。具有行政编制的领导干部及工作人员除 3 名调入省生态环保厅、1 名调入省林业局任职外，其余全部并入省水利厅任职。12 名工勤编制人员和 104 名财政全供事业编制人员留置省南水北调建管局。

（河南省水利厅）

精 准 扶 贫

河南省南水北调办把定点扶贫村肖庄村脱贫致富作为重大政治任务和第一民生工程，凝神聚力，精准施策，分步实施。截至 2018 年年底，肖庄村的村容村貌显著改善，贫困人口稳步减少，脱贫致富任务取得显著成效。

（1）抓牢党建。为脱贫攻坚提供坚强组织保证，河南省南水北调办主要领导现场调研、驻村第一书记走访了解、驻村工作队成员逐户摸排，解决肖庄村基层党组织薄弱、干部队伍力量不强问题。开展"不忘初心、牢记使命"学习教育、三会一课、党员活动日活动。组织镇、村干部外出学习考察，参观学习农村基本设施建设、农村经济发展及乡村旅游开发的经验。建立

以竹沟镇镇长为组长，驻村第一书记、县烟草局干部、村支部书记、村委会主任、镇包村干部为成员的脱贫责任组，宣传党的扶贫开发和惠农富农政策，组织制定肖庄村脱贫规划，组织落实扶贫项目，培植主导产业和特色产业，为脱贫攻坚提供完善的制度保障。落实基层民主科学决策制度，运用"四议两公开"工作法推动肖庄村基层治理民主化、法制化、规范化，凡是涉及农村经济发展、集体财产管理、农民切身利益的重大事项，一律按照"四议两公开"工作法组织实施。

（2）精准把握。河南省南水北调办多次召开精准扶贫专题会议，学习研究中央和河南省委精准扶贫政策，研究制定肖庄村精准扶贫措施。主要领导要求驻村工作队要精准识别、建档立卡，做到贫困人口清、贫困户情况清、致贫原因清。按照"六个精准"，完善建档立卡，因村因户因人分类施策。在确定肖庄村51户贫困户中，享受低保补贴的贫困户9户33人，分散供养五保老人16户16人，享受残疾人补贴4人。2018年危房改造7户，为所有51户132人建档立卡贫困户交纳基本医疗保险、大病保险、意外保险、补充医疗保险。2018年贫困人口住院10人次，报销25万元，享受重症慢性病补助19人；享受教育惠民补贴24户40人，其中大专及以上教育补贴5人，享受高中教育补贴9人，享受中学教育补贴8人，享受小学教育补贴15人，享受学前教育补贴3人；转移就业7户8人，个人年收入都在1万元以上，安置公益性岗位保洁员21人；推动特色种植脱毒红薯19户141亩，艾叶27户71亩，特色养殖养牛3户24头。

（3）增加投入。对肖庄村基础设施及公共服务设施投入不足、历史欠账较多的问题，河南省南水北调办领导班子成员多次到肖庄村现场办公，协调各种社会资源，加大投入，学校教育、农村道路、供水供电等基础设施建设步伐不断加快，生产生活条件逐步改善，美丽宜居乡村建设取得明显进展，农民共享扶贫成果的获得感进一步增强。截至2018年年底，肖庄村在乡村道路公共服务设施建设、电网改造、饮用水、文化广场、人居环境及改善学校教育等方面共投资3000余万元。

（4）产业扶贫。省南水北调办把发展产业、增加群众收入作为脱贫攻坚的核心举措，因地制宜、创新思路，制定以乡村旅游发展为主线，带动特色养殖与特色种植，实现强村富民的发展思路。2018年，肖庄村旅游开发初具规模，游客数量逐渐增多，"五一"节假日期间接待游客屡创新高，甚至出现一餐难求的情况。协调引进爱必励健康产业有限公司，对艾草种植进行深加工，租用扶贫车间年租金3万元。入股恒久机械加工有限公司150万元，每年分红11.25万元。光伏发电450kW年效益15万元。扶贫体验餐厅投资120万元，建成后年收入8万元。引进一家电子管件厂，投资600余万元。引进一家小提琴厂，投资500余万元。两厂建成后，可解决肖庄村60名以上村民的就业问题。

2018年，河南省南水北调办派驻的"第一书记"获河南省委、省政府表彰为先进个人。监察审计室党支部获河南省水利厅2016—2017年度脱贫帮扶工作先进集体。

（杜军民）

党 建 工 作

（1）突出学习重点。2018年，河南省南水北调办公室机关党委组织各支部重点学习党章党规、习近平新时代中国特色社会主义思想，党的十九大精神、全国两会精神。学习习近平总书记在纪念马克思诞辰200周年大会上的讲话、《习近平新时代中国特色社会主义思想三十讲》等，学习河南省委十届六次全会精神。各支部组织党员干部参加党的理论知识网上答题活动，组织干部职工观看《榜样3》。全年各支部累计开展学习党的十九大精神专题活动50余次，党员学习教育覆盖率达到100%。

（2）加强学习管理。印发《河南省南水北调办公室机关党委2018年度理论学习的安排意见》，各支部每周二下午自学，每周五下午集中组织学习。印发《新时代干部职工应知应会常识》手册，人手一本，包括政治建设、经济建设、文化建设、社会建设、生态文明建设、省委十届六中全会知识和水利部门业务知识等7个方面共264条。机关党委每周五下午对各支部的学习情况进行巡查，落实"三会一课"制度，对各支部《党支部手册》的记录情况进行2次检查指导。

（3）拓展学习载体。组织处级干部共78人次参加河南省水利厅党组集中学习党的十九大精神轮训，组织干部职工参加"学习十九大 奋进新时代"党的理论知识网上答题活动，组织开展科级以下干部职工学习十九大精神应知应会知识考试，参考率为82%；组织干部职工参加2018年政府工作报告在线学习答题活动；开展文明使用微信微博客户端承诺践诺活动；"七一"期间各支部开展以学习弘扬焦裕禄同志"三股劲"为主题的组织生活会，支部书记讲党课、重温入党誓词等党日主题活动；组织开展"弘扬焦裕禄精神 争做出彩河南人"微型党课比赛，选派选手参加河南省水利厅举办的微型党课比赛，获三等奖。

（4）巡视整改。2018年，转发河南省水利厅党组《关于建立巡视整改台账及定期报告制度的通知》，各支部整改工作进展情况按时向河南省水利厅党组报送。按要求整理中央巡视整改落实工作有关文件资料，配合开展资料检查、应知应会知识测试、填写调研检查情况统计表、个别访谈等工作。转发《中共河南省水利厅党组关于召开巡

视整改专题民主生活会和组织生活会的通知》，各支部在9月15日前完成巡视整改专题组织生活会。

（5）党费管理。2018年共收缴党费3.32万元，上缴河南省水利厅机关党委1.66万元。向每个支部拨付活动经费1000元，用于支部订阅党报党刊，开展主题党日活动、创先争优活动。

（6）党员管理。2018年，河南省南水北调办公室有4名同志被发展为预备党员，4名同志被列入发展对象，6名同志列入入党积极分子；按照河南省水利厅机关党委要求，组织各支部对十八大以来发展党员工作进行全面回顾排查。经排查，符合党章和《细则》规定的各项标准；根据人员岗位变化情况及时调整理顺党员组织隶属关系，100名党员都在党组织的管理之中；关爱慰问困难党员3名，共补助救济金3000元。根据河南省水利厅党组安排，河南省南水北调办13名退休干部的党组织关系转到水利厅。

（河南省水利厅）

精 神 文 明 建 设

2018年，河南省南水北调办公室机关精神文明建设把培育和践行社会主义核心价值观、传播文明风尚、学雷锋志愿服务活动、争创文明单位等作为文明创建重要内容，细化考评指标，提升党建权重，"抓党建促文明"贯穿于文明创建全过程，完成年度省级文明单位的复查验收。

（1）思想道德建设。以加强自身职业道德和个人品德、传承家庭传统美德和社会公德、弘扬社会主义核心价值观为主题，开展道德讲堂活动。开展爱国主义教育活动，在清明节和"七一"建党节期间分别组织党员干部到郑州烈士陵园缅怀英烈，重温入党誓词，参观中原英烈纪念馆、焦裕禄烈士纪念馆、竹沟革命烈士纪

念馆；举办"社会主义核心价值观"中国特色社会主义和"厉害了，我的国"爱国主义教育活动等。

（2）社会主义核心价值观。开展机关文化、家风家教宣传教育，加强干部职工爱岗敬业、诚实守信、服务群众教育。以"六文明"为主题，开展"践行价值观　文明我先行"实践活动。开展"诚信，让河南更加出彩"主题活动。连续三年开展文明家庭评选活动，对表现突出的 11 个文明家庭进行表彰。

（3）创先争优。持续开展创先争优流动红旗评比活动，开展 2018 年"省直好人"和学雷锋志愿服务先进典型网上投票活动，持续开展文明处室、文明职工评选活动，2018 年对表现突出的 3 个优秀文明处室、13 名文明职工进行表彰。

（4）志愿者服务。组织党员志愿者到社区报到，定期参加社区组织开展的"全城大清洁"行动、政策宣传等志愿活动；组织开展义务植树、义务献血、维护市容市貌等志愿服务活动；组织志愿者先后到定点帮扶村小学开展夏季防溺水宣传和慰问活动，开展以"清洁家园"为主题的文明乡风活动；持续两年开展"微爱环卫"公益活动，在夏、冬两季为社区所辖范围的环卫工人送去关怀和慰问。完成党员志愿者注册 99 人，在职党员注册人数达到在职党员总人数的 97%，完成省级文明单位党员志愿者注册工作。

（5）职工文体活动。2018 年，组织在春节、元宵节、清明节、端午节、中秋节开展具有传统民俗特色的活动，增强民族文化认同感。参加全民健身运动，在河南省十三届运动会（省直组）中，河南省南水北调办代表团共有 35 名干部职工（其中厅级 3名）分别参加射击、拔河、篮球、乒乓球 4个项目的比赛，射击获"体育道德风尚奖"，男子篮球、男子乒乓球、拔河均获团体二等奖，8 人获"体育道德风尚奖"；组

队参加"水投杯"河南省水利系统乒乓球比赛，获男子团体第一名，女子单打第二名。在"三八"妇女节、"五一"劳动节，组织开展健步走、篮球友谊赛。组织观看《幸福快车》影片。

（河南省水利厅）

党风廉政建设

（1）全面从严治党。2018 年，及时传达学习上级有关精神。组织党员干部职工认真学习《廉洁自律准则》《纪律处分条例》《问责条例》；组织机关纪委委员学习习近平总书记在第十九届中纪委第二次全会上的讲话精神、全会公报及相关通报；组织党员干部学习贯彻河南省水利厅党组《中共河南省水利厅党组贯彻实施中央八项规定精神实施细则实施办法》和中共河南省委十届六中全会会议精神，驻河南省水利厅纪检组"三化一体"落实全面从严治党监督责任实施方案等。印发《关于贯彻省纪委"八个严禁"确保清明期间风清气正的通知》《关于转发〈中央纪委公开曝光七起违反中央八项规定精神问题〉的通知》《关于做好驻厅纪检组推进"三化一体"落实全面从严治党监督责任实施方案工作的通知》《关于认真开展学习扫黑除恶专项斗争应知应会知识的通知》等。转发河南省水利厅党组《关于开展违反中央八项规定精神问题专项整治工作方案的通知》《关于开展整治"帮圈文化"专项排查工作实施方案的通知》等。建立"省南水北调办党风廉政微信群"，适时发布反腐倡廉工作动态、廉洁政策、倡廉漫画等内容。

（2）纪委日常工作。2018 年，配合驻河南省水利厅纪检组开展工作，办理驻厅纪检组转交举报工作及全省纪律处分决定执行情况专项检查工作；按照驻厅纪检组的要求对机关内部食堂及项目建管处内部食堂进行

统计；河南省纪委、水利厅党组关于双节期间的廉政要求及时传达到每一位党员，并及时向驻厅纪检组报送"双节"期间"四风"问题工作情况报告；按照《推进"三化一体"落实全面从严治党监督责任实施方案》要求开展工作，制定"三化一体"细化（分工）表，及时报送有关资料；开展整治"帮圈文化"专项排查工作，组织全体党员签订不参加"帮圈"承诺书，向河南省水利厅机关纪委报送整治"帮圈文化"工作总结；按要求开展违反中央八项规定精神问

题专项整治工作，结合工作实际自查自纠；开展"以案促改"工作，对上级通报的典型案例进行剖析，查摆问题，剖析原因，开展廉政风险点调研，推动以案促改工作制度化常态化。

（3）警示教育。2018年，组织党员干部职工观看《诱发公职人员职务犯罪的20个认识误区》《巡视利剑》和《交通事故》警示教育片；组织党员干部102人签订节假日廉洁过节承诺书。

（崔 堃）

湖 北 省

组 织 机 构

（1）《中共湖北省委、湖北省人民政府关于湖北省省级机构改革的实施意见》（鄂发〔2018〕31号）：将湖北省移民局并入湖北省水利厅，不再保留湖北省移民局；将湖北省南水北调管理局并入湖北省水利厅，其原承担的南水北调工程项目区环境保护职能划入湖北省生态环境厅，不再保留湖北省南水北调管理局。

（2）《中共湖北省委编办关于原省移民局、原省南水北调管理局所属事业单位转隶有关事项的通知》（鄂编办函〔2018〕204号）：将原湖北省移民局所属1家事业单位、原湖北省南水北调管理局4家事业单位整体划入湖北省水利厅。

（3）湖北省委组织部、湖北省机构编制委员会办公室、湖北省人力资源和社会保障厅《关于机构改革中省南水北调管理局向省水利厅转隶人员的通知》：同意湖北省南水北调管理局划出27名事业编制及28名工作人员（含2018年军转干部1名）到湖北省水利厅。

（湖北省水利厅）

人 事 管 理

（1）稳慎做好公务员职务与职级并行制度试点工作。确定一级巡视员1名、二级巡视员2名；一至四级调研员21名，其中，一级调研员2名、二级调研员8名（军转干部职级单列2名）、三级调研员3名、四级调研员8名。机关有37人次晋升职级，其中职级晋升一次17人，职级晋升二次10人。结合职务与职级并行改革，同时调整副处长4名。

（2）扎实开展人事制度改革工作。组织完成了直属事业单位岗位管理，落实完成210余人定岗工作；加大干部教育培训培养力度，选派23名干部到行政学院参加省级主体班学习培训，选派5名优秀年轻干部赴引江济汉管理局、兴隆管理局、碾盘山建管局挂职锻炼，办理5名工作人员上派机关工作；加强直属单位干部队伍建设，选拔4名副处级干部充实直属单位领导班子力量，组织专项招聘和公开招聘16名，引进人才1名；积极指导做好2018年职称申报工作，推荐2人申报正高级职称、2人申报副高职称；组织开展"三超两乱"治理、个人持有

护照（证件）情况、干部职工多占政策性住房清理情况等 7 个专项"回头看"；落实干部个人有关事项报告制度，组织完成系统内 7 名厅级干部、32 名处级领导干部 2018 年领导干部个人报告事项及信息上报，随机抽查 2 人；严格落实凡提必审制度，对拟提拔或职级晋升人员，严格审核干部档案、人员"三龄两历一身份"信息，以及书面听取纪检监察部门意见，防止"带病提拔"；积极指导实施绩效工资分配制度改革工作，落实直属事业单位"同城同待"，指导直属事业单位制订《2018 年绩效工资分配和实施方案》。

（3）推进机关事业单位养老保险工作。完成局机关和监控中心参保人员 2018 年养老保险和职业年金缴费基数的申报、机关和监控中心参保人员 2018 年养老保险和职业年金的缴费标准调整；办理机关 2 名军转干部的养老保险新增手续；积极指导直属单位做好养老保险制度改革缴费衔接工作。

（湖北省水利厅）

机 关 党 建

（1）基层党的建设基础不断夯实。夯实政治建设基础，始终把学习贯彻党的十九大精神和习近平新时代中国特色社会主义思想作为政治任务摆在首位，党组开展中心组集体学习 11 次，在省内各类党刊发表调研文章 4 篇，持续开展课题调研式理论学习。组织建设基础不断夯实，局党组高质量召开了领导干部专题民主生活会，全年各党支部分别召开组织生活会 3 次，严格落实"支部主题党日"活动，各党支部年度落实党课教育 4 次以上，党课教育的质量不断提升，党内政治生活进一步规范。重视做好意识形态工作，局党组坚持把意识形态工作纳入党组重要议事日程，常抓常议。党组书记

"七一"前夕为全体干部职工开展了一次意识形态工作报告会，加强了意识形态思想教育，党务干部工作能力稳步提升，全年有 6 名党务参加了省直机关工委组织的各类培训班，局于 5 月组织开展了系统内党务干部能力培训。重视做好党员发展工作，严格按标准、条件、程序发展党员 12 名。

（2）"不忘初心、牢记使命"主题教育形式多样。深入开展"不忘初心、牢记使命"主题教育培训班，以推进"两学一做"学习教育常态化制度化为抓手，组织 44 人赴梁家河开展"不忘初心、牢记使命"主题教育。认真组织习近平视察湖北重要讲话精神的学习，邀请湖北省委党校教授作专题辅导报告，集中开展专题学习 3 次，利用支部主题党日活动时间，各支部组织党员重读《入党申请书》，增强了党员干好本职、服务群众的初心使命意识。认真组织开展竞赛活动，9 月，通过层层比赛选拔，选取 5 个代表队开展了"学习习近平新时代中国特色社会主义思想和党章党规知识竞赛"决赛。

（湖北省水利厅）

纪 检 监 察 工 作

（1）认真谋划开展了"第十九个党风廉政建设宣传教育月"活动，计划安排的八项内容全部落实到位。

（2）深入开展"十进十建"活动。认真学习贯彻省纪检监察宣传教育工作会议精神，围绕"三宣"等具体内容，紧贴实际研究制定了"十进十建"活动实施方案，并结合第三季度党建工作督查，确保各项工作件件有回应。

（3）及时开展"两个责任"检查。8 月中旬，组成专班对机关和直属各单位落实全面从严治党主体责任和监督责任情况，开展了一次专项检查。

（4）稳步推进巡察工作。积极发挥巡察

领导小组办公室职能作用，协调两个巡察组于6—8月，对4个基层党组织开展了政治巡察，坚持用政治标准对被巡察单位进行"巡诊"。

（5）加强监督执纪问责力度。一年来，配合纪检组和湖北省直属机关纪工委对查处的违法违纪问题责任人进行了党纪处分，另对5名责任人进行诫勉谈话和工作约谈，认真组织对问题线索处理，组织处分决定执行工作，维护了党纪政纪严肃性。

（湖北省水利厅）

山 东 省

概 述

2018年，山东省南水北调工程建设管理局不断加强人才队伍建设，组织修订规章制度，健全完善组织体系，严格干部选拔任免、强化干部教育培训、完善干部考核评价，取得了显著的成效，人才队伍能结构大大改善，职工队伍整体素质明显增强，为山东省南水北调事业又好又快发展奠定了坚实的基础。

（安琳琳）

组 织 机 构

（一）山东省南水北调工程建设管理局

截至2018年年底，山东省南水北调工程建设管理局实有编制47名，共有在职人员39名，其中处级干部25名，主任科员及以下人员14名。

（二）地方办事机构

随着续建配套工程的全面建设，各有关地市、县级办事机构也逐渐完善，工程沿线济南、青岛、淄博、枣庄、东营、烟台、潍坊、济宁、泰安、威海、临沂、德州、聊城、滨州、菏泽等市相继成立领导机构，其中，济南、淄博、枣庄、济宁、泰安、德州、聊城、潍坊、东营、滨州、临沂等市成立市南水北调工程建设管理局；淄博市高青县，枣庄市台儿庄区、滕州市，济宁市市中区、任城区、微山县、鱼台县、梁山县、嘉祥县、金乡县，泰安市东平县、宁阳县，德州市夏津县、武城

县，聊城市东阿县、临清市、冠县、阳谷、高唐、茌平等多个县（市、区）成立相应的县一级办事机构，具体负责辖区内的续建配套工程建设。各级办事机构的建立，为山东省南水北调工程建设提供了强有力的组织保证。

（安琳琳）

人 事 管 理

紧紧围绕抓山东省委巡视反馈问题整改落实各项人事工作，健全完善人事管理工作制度，圆满完成干部调整、轮岗交流等工作，高效完成日常人事事务；指导山东干线公司狠抓职工队伍管理，有序推进完成2018年年初确定的人事重点工作任务目标。

（一）梳理完善人事管理制度

结合落实山东省委巡视整改要求，按照局党委部署要求，有针对性地制定《局科级干部选拔任用工作纪实办法》《局机关年轻干部下基层交流锻炼》等工作制度，进一步规范强化局机关干部管理工作。指导山东干线公司修订完成《公司章程》《公司党委议事规则》《工作规则》《公司人员招聘管理办法》《公司中层管理人员轮岗交流实施办法》等10余项管理规定，严把"入口"关，防止"近亲繁殖"，加强人员交流，调动职工工作积极性。印发《2018年度全系统目标管理考核实施方案》，坚持问题导向，发挥考核指挥棒作用，加快推进工

程建设向运行管理转变。

（二）规范选拔任用干部

（1）严格按规定选人用人。认真贯彻习总书记提出的好干部标准，严格干部选拔任用原则、条件和资格，始终树立良好的用人导向。

（2）严守组织人事纪律。对拟提任干部的现实表现、廉政勤政等情况进行全面考察、准确评价，及时对干部任用的数量、标准、条件、结果等公示公告，自觉接受群众监督，没有打招呼拉票等行为发生。

（3）严防干部带病提拔。严把干部的推荐关、考察关、征求意见关，年初以来选拔任用副处级干部 3 名、四级主任科员 2 名，招录公务员 1 名，均严格按照干部选拔任用的规定和程序组织实施，群众满意度高，未发生信访举报和群众反映等问题。

（三）强化干部管理监督

（1）关心爱护干部。认真落实谈心谈话制度，局党委书记与局机关各支部、公司党委书记每年至少谈话 2 次，干部公司党委书记与所属党支部书记谈心谈话每年不少于 2 次，局机关支部成员、公司党委委员之间相互交流思想每月至少 1 次，公司党委委员、各党支部成员每季度与所联系党员谈心交心至少 1 次，提高了支部的凝聚力、战斗力。

（2）从严管理干部。加大学习教育、自查自纠、监督检查和通报力度，不断增强全体干部的政治意识、纪律意识和规矩意识，组织领导干部如实填报个人有关事项报告，认真执行廉政谈话、双向约谈、干部任前谈话等制度，严格执行干部人事档案管理规定，畅通群众举报反映干部问题渠道，及时受理并配合上级干部和纪检问题查处干部违规违纪问题，营造风清气正、敢于担当、勤政廉洁的良好政治生态。

（3）教育培训干部。年初制订培训计划，每季度跟踪督导抓好落实，不断丰富培训教育形式，组织开展自学和学习成果展

评，邀请专家开展依法执政等专题辅导授课，提高了全体党员干部的政策理论水平和党性素养。

（四）高标准抓好日常事务

在抓好重点工作的同时，积极克服人员少的矛盾，加强协调配合，提高工作效率，认真完成大量人事管理日常事务性工作。按时发放工资，及时缴纳社保基金、住房公积金、职业年金，对职务变化及考核进档等人员的工资及时进行调整，完成在职人员职务、职级并行改革各类信息数据报送以及社保申报、公务交通补贴发放等工作，做到了零误差。完成法人及组织机构代码年检、残疾人就业保障金缴纳、党费缴纳基数核算、各类年报统计等工作。对局副处以上干部和山东干线公司中层以上人员个人有关事项报告工作进行专题培训，确保填报符合要求。跟踪统计和督促落实年休假，按规定认真管理机关事业单位年休假台账系统，没有出现遗漏和发生任何问题。严格外事管理，加强局编制人员和山东干线公司中层副职以上人员及财务人员的因私护照管理，积极协调公安部门将干线公司列为单独审批单位，完善有关人员的备案手续。

（五）服务"第一书记"

帮助"第一书记"核准贫困人口相关信息，建立底数清单、对策清单和责任清单，压实工作责任，协调完成局领导到帮包村调研、慰问贫困群众和老党员及到帮包村讲党课等任务。积极配合第二轮"第一书记"顺利通过山东省委组织部的考核，山东省南水北调工程建设管理局扶贫脱贫工作取得优异成绩，圆满完成山东省委、省政府和山东省水利厅党组赋予的工作任务。压茬组织选拔第三轮"第一书记"，协助"第一书记"尽快进入角色，开展扶贫工作，按月调度工作推进情况并书面报山东省水利厅，及时解决"第一书记"工作经费和生活保障方面的困难，全力做好后勤服务工

作，解除后顾之忧，使其全身心投入到扶贫帮包工作之中。

（六）严密组织综合考核工作

按时完成山东省水利厅科学发展综合考核任务，组织认真自查并及时报送书面报告，经考核，2018 年度，山东省南水北调工程建设管理局获得优秀成绩。认真完成山东省南水北调工程建设管理局和山东干线公司 2018 年度个人考核，考核结果客观公正，得到广大干部职工的认可。圆满完成全系统目标管理考核任务，及时制发通报、兑现奖励措施，考出了干劲、提振了士气、推动了工作。同时，针对考核中发现的问题，及时调整和修订出台《2018 年度综合考核工作方案》，切实发挥考核指挥棒和正导向作用，有力促进了年度党建和各项业务重点工作任务的落实。

（安琳琳）

江　苏　省

概　　述

2018 年，江苏省南水北调办按照省水利厅党组的要求，认真贯彻中央和省委推进全面从严治党的决策部署，紧紧围绕"两聚一高"目标和建设"强富美高"新江苏的总体要求，深入学习党的十九大报告和习近平总书记系列重要讲话精神，进一步巩固和拓展"两学一做"学习教育成果，结合南水北调中心工作，持续推进学习型、服务型、创新型党组织建设，组织开展形式多样的学习教育、组织建设和作风创建活动。全年，教育成果显著，作风建设优良，群众口碑较好。

（江苏省水利厅）

组　织　机　构

2018 年，江苏省南水北调办（江苏省南水北调工程管理局）下设综合处、建管处、拆迁办和治污处 4 个处室，共有编制 20 名，在岗 16 人。

（江苏省水利厅）

人　事　管　理

2018 年，江苏省南水北调办严格按照人事工作相关要求，紧密结合实际，着力加强能力建设，认真开展各项工作，圆满完成了年度任务。努力提升干部队伍素质，以每月的办工作例会为主要载体，全年组织集中理论学习 12 次；组织赴安徽金寨县开展"不忘初心、牢记使命"主题教育，提高全体人员政治素养；组织干部职工参加各类培训教育活动，包括全体处级干部参加的"876"培训，3 名同志参加的江苏省水利厅科级干部培训等。认真开展干部考核工作，对照《江苏省水利厅公务员平时考核实施办法（试行）》，认真落实日记录、月记实、季评鉴各个环节，将平时考核结果作为年度考核的主要依据；同时认真对待年度考核工作，严格落实处级干部述职述廉、民主测评、专题讨论研究考核等次等环节，增强考核结果的说服力。按时完成信息统计变更工作，认真做好全国公务员管理信息系统、全国公务员统计系统、全省公务员信息采集、水利人事管理信息系统、省直单位工资年报系统录入上报；同时，及时做好养老保险、工伤保险和医疗保险申报等工作。

（江苏省水利厅）

党建与精神文明建设

2018 年，面对从中央国家机关到省级机关机构改革和职能调整的大环境，在南水北调工作走向新阶段的背景下，江苏省南水北调办党支部高举习近平新时代中国特色社会主义思想伟大旗帜，认真学习贯彻党的十九大精神，遵从江苏省委和江苏省水利厅党组的决策部署，紧紧围绕"服务中心、建设队伍"的核心任务，按照"抓落实、提质量、创品牌、重实效"的工作思路，认真落实全面从严治党要求，不断提升支部党建工作质量。同时，将党建与业务工作深度融合，注重理论与实践的结合，团结全办党员干部和职工，不忘初心、牢记使命，平稳有序地履行职责、完成上级部门交办的各项工作，顺利完成国家下达的年度向江苏省外调水 10.88 亿 m³ 的任务，有序推进南水北调东线二期工程规划研究，不断提升工程运行管理水平。2018 年度有 3 项一期完建的设计单元工程荣获国家大禹奖，为江苏省南水北调工作和江苏水利事业的改革发展贡献了力量。落实全面从严治党责任，切实强化全面从严治党责任，以政治建设为统领，以充分发挥南水北调基层党组织战斗堡垒和党员先锋模范作用为目标，坚持思想建党、组织建党和制度建党相结合，推进南水北调党建工作再上新台阶，为业务工作提供坚实思想基础和政治保障。统筹党建工作与业务工作，将党建工作与业务工作同部署、同推进、同落实、同检查、同考核；通过细化主体责任清单，层层签订党风廉政建设责任状和承诺书，运用经常性督察、党建考核等多种手段，落实廉政目标管理、责任管理、监督管理责任。狠抓学习教育，围绕"党的十九大精神、全国两会精神、习近平新时代中国特色社会主义思想、《中共中央关于深化党和国家机构改革方案》《中华人民共和国宪法（修正案）》《中华人民共和国监察法》《中国共产党章程（修正案）》"等专题内容和重要时事政治、南水北调与水利业务工作热点难点，有针对性地开展了 22 次集中理论学习，学习形式包含文件传达、专题报告、视频观看、PPT 演示等，支部党员同志平均参学率达 80% 以上。抓实作风建设，围绕身边事、行业事、热点事，每季度开展至少 1 次典型案例学习讨论和党纪党规专题警示教育活动，强化党风廉政教育；强化节假日前的八项规定、"四风"要求和廉政操守的警示与提醒，落实节假日后的遵规守纪情况报告；深入开展"大走访　大落实"调研活动，加强对作风建设执行情况的监督检查和效果评估，进一步提高作风建设各项制度、规定的执行力和遵守力，用制度管权、按制度办事、靠制度管人的氛围日益浓厚。认真开展精神文明创建活动，与徐州市截污导流工程运行养护处党支部开展结对共建，并利用各自条件，开展丰富多彩的支部共建活动；积极组织开展义务植树志愿者服务、"沿江步行健步走""保护母亲河 争当河小青"等公益活动，在促进日常工作的同时，激发全体党员同志的凝聚力和创造力。

（江苏省水利厅）

项 目 法 人 单 位

南水北调中线干线工程建设管理局

组织机构及机构改革

2018 年，中线建管局组织机构和人员编制未作调整。组织架构依旧按三个管理层级设置，实行三级扁平化管理。一级机构为局机关，内设 15 个职能部门；二级机构为分局，下设 5 个分局；三级机构为现地管理处，设45个现地管理处（不含北京市委托段的大宁管理处和团城湖管理处）。人员总编制为1819人，一级管理机构197人，二级管理机构320人，三级管理机构1302人。

为更好保障工程运行管理，2018年9月，在原有南水北调中线工程保安服务有限公司基础上，新设立南水北调中线实业发展有限公司和南水北调中线信息科技有限公司，均为中线建管局的全资子公司。

（王升芝 贾 斌）

人 事 管 理

（1）重要人事调整。中共南水北调中线干线工程建设管理局党组2018年12月19日决定：任命庞敏为副总工程师，免去其档案馆馆长职务；任命黄礼林为副总会计师，免去其审计稽察部部长职务；任命尚宇鸣为总调度师，免去其水质保护中心主任职务；任命陈志荣为北京分局局长，免去其综合管理部部长职务；任命王志文为综合管理部部长，免去其宣传中心主任职务；任命肖军为宣传中心主任，免去其工会工作部部长职务。

（2）干部培训。结合中线建管局干部培训教育情况，2018年，举办了第一期中层干部培训班。重点对如何激励引导员工、沟通交流如何更加顺畅高效、如何有效提高员工工作积极性、如何增强系统决策及执行效率等管理工作进行了培训。并结合运行管理主要业务开展了审计稽察、问题查改、应急管理等专业知识培训，共组织专业培训7场次，历时5天，培训干部21人。

（王升芝 贾 斌）

党建与精神文明建设

（1）政治理论学习。制定印发了《南水北调中线建管局2018年党组中心组学习计划》（中线局机党〔2018〕19号），组织局党组中心组（扩大）学习专题学习11次，专题学习习总书记"3·14"重要讲话精神7次，切实把政治、思想和行动同以习近平同志为核心的党中央保持高度一致。持续开展"不忘初心、牢记使命"主题教育，在井冈山、延安共举办三期"不忘初心、牢记使命"加强党性修养培训班（其中，井冈山2期、延安1期），选派202名党员干部接受党性教育、提升党建工作本领，并撰写心得体会200余篇；组织全局开展"不忘初心，重温入党志愿书"主题党日活动，组织2017—2018年度"两优一先"受表彰人员赴天津周恩来邓颖超纪念馆参观学习。采取多种形式加强理论学习，积极参加党的十九大精神网上专题培训班；组织部门副职以上党员干部参加了国务院南水北调办学习贯彻党的十九大精神专题培训班；组织部分党员干部参加中央党校中央国家机关分校培训以及中央和国家机关工委纪检监察培训；利用微信群、QQ群、"支部工作"App等移动多媒体拓展党员党性教育阵地。

（2）思想政治工作。扎实做好"七一"、春节、机构改革期间的思想政治工作，及时传达上级有关精神，教育引导党员提高政治认识和思想自觉，深刻理解全面深化改革大局，认真开展谈心活动，及时了解干部职工思想动态。共组织开展谈心谈话1860次，筑牢思想之基。加强党内激励关怀帮扶，做好服务党员工作，组织探访关怀退休党员和困难党员共53名；通过调研座谈及时掌握职工诉求；每逢干部职工生日，送上生日慰问；考虑职工意愿，根据实际解决部分职工跨分局调动问题。严格落实意识形态工作责任制，做好"两会"、改革开放四十周年以及重要节假日维稳工作，利用中线建管局网站、《中国南水北调报》、"两微一端"等宣传平台，抓好网络舆论引导工作。

（3）党组织建设。进一步完善党组织结构，组织换届成立了中国共产党南水北调中线干线工程建设管理局直属机关委员会。截至2018年年底，中线建管局共有党员997名，87个基层党组织，包括1个机关党委、5个分局党委、81个党支部（含局机关15个部门党支部、1个退休人员党支部、1个保安公司临时党支部和45个三级管理处党支部）。目前已有纪检委员67名，纪检监察联络员45名。积极开展创先争优活动，2018年年底，考核认定表彰局级优秀"党员示范岗"80名，优秀"党员责任区"24个；评选表彰2017—2018年度局先进基层党组织14个，优秀共产党员56人，优秀党务工作者13人。严把发展党员工作，举办2018年度党的发展对象培训班，82名党的发展对象全部顺利通过考试并获得结业证书。积极争取发展党员指标，2018年全局共发展党员34名。以督导检查为契机，助推党建工作上水平，机关党委组织各分局党委成立联合专项督导小组，采取以南北交叉互查为主、"飞检"为辅督导交流模式，先后开展了党的十九大学习督导、落实中央巡视整改情况"回头看"督导、党建工作与中心业务融合工作试点调研。积极开展党建与业务融合探索，成立党建与业务互融互促试点管理处共7个（河南、河北分局各2个，其他分局各1个），研究提出《基层党建与中心业务深入融合工作调研建议方案》，总结提炼出"五抓五融合"工作法，扎实推进基层党建与中心业务深度融合工作持续发力、发挥效能。

（4）制度建设。进一步健全党建工作制度体系，制定印发《中线建管局党组关于贯彻落实中央八项规定实施细则精神的实施办法》《南水北调中线建管局党组"三重一大"决策制度实施办法（试行）》《南水北调中线干线工程建设管理局党组织工作经费管理办法（试行）》《中线建管局纪检监察问题线索管理处置办法》等制度。编制修订党建工作制度汇编，组织各分局编制完成《廉政风险防控手册（第二册）》，并督促指导各分局党委建立健全党建纪检制度体系。抓好各项制度的宣传贯彻工作。探索在各项办法出台后，增加办法解读内容，加深对办法的理解，做好办法宣传贯彻工作，切实强化制度执行力。

（5）工青妇工作。中线建管局坚定不移地奉行"促进企业发展、维护职工权益"的企业工会工作原则，2018年以文体协会为抓手，广泛开展群众性文体活动；以关爱员工为抓手，打造"特色职工之家"，做好送温暖和权益维护工作。力求"稳中求进、提质增效"，助力企业文化建设和通水运行中心工作。加强理论武装，深化学习教育，推动习近平新时代中国特色社会主义思想进基层一线；组织开展"喜迎党的十九大知识竞赛""喜迎十九大文化艺术展""学习工会十七大"等主题宣传教育活动。大力开展职工文体活动，2018年举办了第一届全局职工运动会暨运行管理演练项目竞赛活动、第三届"中线杯"篮球赛、第四届"中线杯"羽毛球赛、第二届"中线杯"乒乓球赛和足球赛以及健步走活动。组织文艺小队举办了"圆月圆梦　我唱我歌"文艺展演活动和迎新春游艺丰富文体活动内涵，有效助力了企业文化建设与精神文名建设。组织编制并印发《南水北调中线建管局工会经费收支管理办法（暂行）》。并根据该办法，增加了慰问节日种类，并扩大了发放范围、创新了发放内容，让更多职工享受到了节日的慰问；"三八妇女节"和"六一儿童节"，也花费心思为相关员工挑选发放了慰问品。给大家送去了单位的关怀与温暖。除此之外还根据新办法实施工龄关怀，为退休职工发放纪念品和感恩卡，让他们感受到来自单位的关怀和敬意。困难帮扶及时到位，统计上报中线建管局2017年困难职工情况表，为18名员工申报争取了中央国家机关的困难补助70000元，为47名员工申请发放了局困难补助72400元；2018年7月河南分局员工刘家鑫因孩子重病致困，工会工作部及时了解情况后，提请局工会委员会审议通过，提前发放了困难补助，并为其申请了大病补助。"三室"（母婴室、瑜伽室、健身室）建设细致入微。加强场地和器械物品管理，开设瑜伽、舞蹈课程，丰富职工业余文化生活。女工活动有声有色，组织做好"恒爱行动"——为新疆贫困地区儿童编织毛衣献爱心活动。组织开展中央国家机关妇工委"一个都不能少"——全家福相片征集活动。组织中央国家机关妇工委、原国调办机关妇工委开展的评优推选工作及各项工作，其中刘国玉荣获"第十一届全国五好家庭"荣誉称号。配合上级工会及女工组织开展各类活动及各类信息的采集、统计和上报工作。

（6）精神文明建设。深入开展精神文明创建活动，评选2017—2018年度文明部门14个，文明员工115名，文明家庭77个。组织开展学雷锋志愿服务活动，组织参加水利系统第二届水工程与水文化有机融合案例征集展示活动，组织第一届全局职工运动会（暨运行管理演练项目竞赛活动），举办以"筑梦新时代　奋发新青年"为主题的"五四"青年朗诵会，在工程一线举办青年员工集体婚礼等活动，不仅激发了南水北调新青年的蓬勃朝气，而且展现了青年员工甘于奉献、踏实肯干的精神风貌。

（曹晶　武娇）

纪检监察工作

（1）积极落实巡视整改任务。认真贯彻落实十九届中央纪委二次全会精神，以及水利部党组和国务院南水北调办党组关于廉政建设的有关指示精神。落实中央巡视整改

情况"回头看"督导，切实抓好巡视整改工作，及时报告巡视整改工作开展情况，持续抓好中长期整改任务的落实工作，确保巡视整改工作取得实效。

（2）坚持严格执纪，抓好纪律审查工作。2018年，依纪依规处理收到的21件反映干部违规违纪相关问题线索，对经立案审查发现存在问题的1名党员进行了党内警告处分，根据驻部纪检组和国务院南水北调办直属机关党委的要求和指示，完成1名党员党内警告处分的手续履行报批及结论执行工作。对于纪律审查中查找出的问题，坚持边查边改、立行立改，拟定相应的跟进措施，建立长效机制。

（3）深化运用"四种形态"。每季度由机关纪委组织计划、人事、财务、审计等关键部门召开联席会议，分析业务工作中发现的问题和风险。及时对出现形式主义等违反"四风"苗头性问题的党员干部进行提醒谈话、批评教育等。2018年，中线建管局共开展谈话提醒7人次，批评教育7人次。广泛开展谈心谈话活动，把谈心谈话作为严肃党内政治生活的重要举措。

（曹晶）

党风廉政建设

（1）注重廉政警示教育。组织学习贯彻了新修订的《中国共产党纪律处分条例》等，教育引导党员干部模范遵守纪律、严格执行纪律。通过组织集中学习警示案例、参观廉政教育基地等形式，持续推进党性党风党纪教育，进一步增强党员干部的纪律意识和规矩意识。

（2）完善廉政风险防控工作。2018年年初，组织筹备了中线建管局廉政工作会议，局党组书记与各分局领导之间、各分局与三级管理处之间层层签订《党风廉政建设责任书》，进一步推动党建和廉政责任落

实。根据水利部编制的《水利行业廉政风险防控手册》，组织编写中线建管局及各分局廉政风险防控手册，努力构建权责清晰、风险明确、措施有力的廉政风险防控机制。

（3）保持反"四风"高压态势，抓好中央八项规定及其实施细则精神的贯彻落实。起草印发《中线建管局党组关于贯彻落实中央八项规定实施细则精神的实施办法》，提出了"23不准"，进一步强化纪律

约束，规范党员干部的行为。组织协调有关部门和单位制定修订了车队管理办法、采购管理办法、物资管理办法等管理制度，进一步加强对涉及人、财、物等重点岗位和关键环节的管理。紧盯节假日，在节假日向党员干部编发廉政短信，及时传达关于违反"四风"问题的通报和反对四风确保廉洁过节的通知，提醒党员干部廉洁过节。

（曹　晶）

南水北调东线总公司

概　　述

2018年，东线总公司队伍建设成绩显著，组织机构持续调整优化，人才引进力度加大，干部选配严守标准，关键岗位到位率大幅提升，培训渠道不断拓宽，"师带徒"传帮带机制稳步推行，绩效管理持续改进，薪酬激励机制行之有效，员工队伍凝聚力和战斗力持续提升，为东线工程平稳高效运行提供了有力支撑。

（东线总公司）

组织机构及机构改革

2018年9月7日，水利部人事司印发《关于南水北调东线总公司内设机构和人员编制调整的通知》（人事机〔2018〕3号），新设档案中心，调整后人员总编制160名，内设机构11个。10月11日，东线总公司印发《关于调整内设机构和人员编制的通知》（东线人发〔2018〕119号），落实公司总部机构和人员调整。

2018年4月16日，南水北调东线一期工程运行管理防汛领导小组调整为南水北调东线一期工程防汛抗旱工作领导小组（东

线人发〔2018〕45号）。4月18日，东线总公司招标工作委员会调整成员（东线人发〔2018〕48号）。8月9日，东线总公司招标工作委员会更名为东线总公司招标采购工作委员会，并调整工作职责及组成人员（东线人发〔2018〕101号）。8月23日，成立苏鲁省际管理设施和调度运行管理系统工程验收工作领导小组（东线人发〔2018〕102号）。10月23日，成立东线总公司资金需求应急处置领导小组（东线人发〔2018〕124号），并对东线总公司预算管理委员会组成人员进行了调整（东线人发〔2018〕125号）。11月2日，成立东线总公司配合中央脱贫攻坚专项巡视工作组（东线人发〔2018〕130号）。

（东线总公司）

人　事　管　理

2018年2月11日，召开总经理办公会、党委会，聘任滕海波为总调度中心主任、闫飞为综合管理部副部长、许开健为人力资源部副部长、华勤晓为资产经营部副部长。5月11日，召开总经理办公会、党委会，免去林永峰计划合同部部长职务。5月14日，召开总经理办公会、党委会，同意

李振按期转正，聘任为财务审计部副部长。11 月 1 日，召开总经理办公会、党委会，聘任刘纲为党委办公室主任、叶茂盛为水质管理中心主任、李庆中为档案中心主任。12 月 6 日，召开总经理办公会、党委会，聘任张元教为计划合同部部长、滕海波为资产经营部部长、马兆龙为总调度中心主任。

2018 年 4 月 9 日，副总经理胡周汉参加中国浦东干部学院第 5 期提高媒体沟通与危机管理能力专题培训班，为期 14 天。9 月 1 日，副总经理赵月园参加中国井冈山干部学院学习贯彻习近平新时代中国特色社会主义思想加强党性修养培训班，为期 21 天。

（东线总公司）

党建与精神文明建设

2018 年，在水利部党组的坚强领导下，在直属机关党委的正确指导下，南水北调东线总公司党委以习近平新时代中国特色社会主义思想为指导，深入贯彻落实党的十九大精神，坚持问题导向，以推动全面从严治党向基层延伸为主线，以建设"政治过硬、本领高强"的新时代中国特色社会主义答卷人队伍为重点，持续加强党的领导，推动党的建设，坚决筑牢东线全面规范化管理的"根"和"魂"。

（一）政治理论学习

（1）深入学习宣传贯彻党的十九大精神。在全面学、密集学、反复学、系统学的基础上，充分发挥党委理论学习中心组龙头辐射作用，制定并下发了党委理论学习中心组 2018 年学习计划；先后组织开展学习贯彻中共十九届二中、三中全会、十九届中央纪委二次全会精神、全国"两会"精神和习近平"3·14"重要讲话精神的专题学习研讨；通过采取指定重点发言人员、撰写发言提纲、党委书记作点评等方式，进一步提高学习质量和效果。

（2）持续深入推进"两学一做"学习教育常态化制度化。为实现真学实做目标，2018 年，继续以"政治体检"和"业务体检"为主要内容的"双对标"特色活动为抓手，深入推进"两学一做"学习教育常态化、制度化，做到学习教育有计划、有落实、有检查，并将"两学一做"学习教育情况纳入党支部考核中，支部开展政治学习的思想自觉和行动自觉已基本形成。为检验学习效果，公司党委组织了 3 次党建知识考试，围绕《党章》、十九大精神、党规党纪以及当期的学习热点，按照抽签确定参加考试人员的方式组织考试，对于考试不合格人员给予及时教育和补考，以考促学。

（3）开展"人人讲党课"活动。通过党员领导干部带头讲，带动党员人人讲党课，帮助党员干部解决"理论学习不主动、不系统、不深入"的问题。同时，为激发学习动力、检验学习效果，2018 年 5 月 9 日开展"用心读党报、用情谈体会、用力促发展"主题党日活动，7 月 2 日开展"迎七一讲党课暨读党报谈体会"主题党日活动，12 月 24 日开展"人人读《中国纪检监察报》分享会暨党课大讲堂"活动，以讲促学，学出对党的真感情，讲出对党的无限热爱。

（二）思想政治工作

公司党委积极做好机构改革期间职工思想政治工作，对关注职工思想动态，维护职工队伍稳定，扎实推进公司督办工作，保证调水安全、水质稳定等提出具体要求。各党支部通过"三会一课"，学习《中共中央关于深化党和国家机构改革的决定》和《深化党和国家机构改革方案》，贯彻落实公司党委会议精神。各党支部组织开展专题谈心谈话活动，通过与党员群众谈心谈话，及时传达政策、释疑解惑、消除顾虑、统一思想。各部门认真落实"稳中求进、提质增效"工作总思路，认真梳理年度工作计划，根据原国务院南水北调办和公司督办任务安排，抓紧抓好抓实公司 27 项督办事项。

（三）党组织建设

（1）加强党委自身建设。认真落实公司"三重一大"决策制度实施办法，制定公司 2018 年党建重点工作任务分解一览表，严格按照民主生活会程序要求，细化专题学习、征求意见、谈心交心、对照检查等，深入开展批评和自我批评。为加强公司党委领导对支部建设亲历亲为的指导帮助，公司党委严格落实班子成员参加所在党支部活动每季度至少两次，参加联系点支部活动每季度至少一次的要求，多次深入到公司各支部和员工群众中开展针对性言传身教，具体指导各支部提高党内政治生活质量并帮助员工释疑解惑。

（2）狠抓党支部规范化管理。以落实《公司落实党建工作责任制考核评价实施办法》为抓手，优化考核方式，完善考核指标，从基本组织、基本队伍、基本制度抓起，将党建工作完成情况纳入公司绩效考核，实现硬碰硬的挂钩，切实发挥考核指挥棒作用。落实"三会一课"、谈心谈话等基本组织生活制度，采取分级负责、个人谈心与集体谈心相结合的方式开展了"集中谈心周"活动，做到谈心对象全覆盖，谈心活动取得预期效果。

（3）狠抓支部带头人队伍建设。公司党委于 7 月 30 日至 8 月 2 日开展为期 4 天的党支部书记（委员）培训班，邀请国内著名党建专家、学者以及行业内精英围绕马克思主义深刻内涵、加强新时代国企党建、新时代党建创新和国企智慧党建实践等内容开展培训，培训取得了预期效果。"请进来"的培训方式提升党支部书记的党建工作能力和理论修养水平，对学懂弄通做实新时代党建工作有很大促进作用，进一步强化其"用心、用情、用力、主动、创新"开

展党支部工作的意识，推动公司政治活动强起来、政治生活严起来、支部工作实起来，让党建真正成为公司持续健康发展的生产力奠定了基础。

（4）打造"政治过硬、本领高强"的党员干部队伍。公司召开新入职员工和新提拔干部思想教育会，公司党委书记讲党课提要求、党委副书记进行集体廉政谈话，进一步将"政治过硬、本领高强"要求内化于心、外化于行。公司党委书记带头落实党员"深入一线接'地气'，蹲点基层取'真经'"活动，深入生产一线调研，开展防汛抗旱检查，检查工程防汛和运行情况。探索建立"以师带徒"传帮带机制，制定员工导师制暂行办法，从机关总部和基层单位中寻找经验丰富的工作人员作为导师，开展思想政治教育和技能培训活动，增强适应新时代东线总公司发展要求的能力，努力培养出一批具有工匠精神的人才。

（四）制度建设

结合公司实际，增补东线总公司党组织工作经费管理办法、贯彻落实问责条例实施细则、基层党组织监督办法、提醒谈话办法、员工沟通渠道管理和员工思想动态反馈工作规定等五项制度；修改完善《公司落实党建工作责任制考核评价实施办法》，7 月进行了检查，使党建工作在制度层面更加符合全面从严治党新要求。

（五）工青妇建设

认真贯彻落实《中共中央关于加强和改进党的群团工作的意见》，坚持党建带群建，指导和支持工青妇组织依据各自章程开展工作。

（1）工会方面。组织召开 2018 年工会工作会议，审议通过了《公司工会 2018 年度工作要点》《公司工会财务管理办法》《公司工会工作制度》和《公司劳动争议调解委员会工作制度》。开展丰富多彩的文化体育活动，先后举办了由职工自编自演自导

的春节联欢会、"快乐工作、健康生活"主题健步走活动，与国务院南水北调办政研中心、南水北调工程设管中心联合开展篮球、羽毛球友谊赛，组队参加国务院南水北调办直属单位拔河比赛，组建青年合唱队参加国务院南水北调办迎新春联欢会。开展"东线论坛"讲座活动，请公司职工为大家分享自己熟悉领域的知识，全年围绕网络安全、海军知识、美食文化等内容举办三期论坛讲座，开拓职工视野。维护职工权益，邀请中医专家为职工现场把脉问诊，提供养生保健常识；定期发放职工福利，组织新职工东线行考察活动，增加新职工对东线工程的了解。

（2）妇女小组方面。召开"庆三八"妇女工作会，对 2017 年妇女工作小组工作进行了总结，对 2018 年工作进行了安排部署，并对在中央国家机关家风建设、家庭助廉系列活动中获得优秀的家庭，以及在公司妇女工作中表现突出的女职工进行了表彰。维护女职工合法权益，按照《北京市人口和计划生育条例》规定，核发公司成立以来职工独生子女费，组织女职工妇科防癌体检，为符合要求的职工子女发放"六一"儿童节慰问金，邀请海淀妇幼专家开展乳腺保健专题讲座关心生育哺乳女职工，建立哺乳室并购买专用小冰箱，开展女职工的谈心谈话，了解女职工所思所想，帮助他们排解工作和生活压力。举办"迎三八"健步走活动，丰富女职工文化体育生活。积极参与"家风建设在行动·家庭助廉"系列活动，组织职工参加"一个都不能少"全家福照片征集活动。

（3）团青方面。组织青年员工参加国务院南水北调办机关团委组织的"学雷锋志愿者植树暨与雄安集团青年联学联做"活动。召开"五四"青年节专题大会，以表彰先进集体和个人的形式庆祝青年自己的节日。与工会联合举办了"庆祝改革开放

40 周年"主题演讲比赛。

（六）精神文明建设

2018 年，精神文明创建活动开展 5 次。与国务院南水北调办政研中心、设管中心联合开展篮球、羽毛球友谊赛，锻炼体魄，增进友谊。举办庆祝改革开放 40 周年主题演讲比赛，展示职工风采，搭建展示才华的舞台。组织干部参观"伟大的变革——庆祝改革开放 40 周年大型展览"活动，进一步增强"四个自信"，坚定跟党走中国特色社会主义道路、改革开放道路，实现中华民族伟大复兴中国梦的信心和决心。开展"快乐工作、健康生活"主题健步走活动，凝聚职工力量。创新开展"东线论坛"活动，自己职工讲自己最熟悉的领域知识，分享给大家，促进彼此交流，实现资源共享。

（东线总公司）

纪检监察工作

（1）围绕专题领学，强化政治学习。公司党委及时开展学习贯彻党的十九大、十九届中央纪委二次全会精神专题学习研讨。2018 年 3 月，党委理论中心组学习（扩大）会议以"正风肃纪巩固和拓展落实中央八项规定精神"为主题开展中央八项规定精神专题辅导；8 月，开展新修订《中国共产党纪律处分条例》专题解读，带动各支部及时学习掌握党中央、部党组的新要求，切实把思想和行动统一到践行"两个维护"、认真落实公司党委决策部署上来。

（2）开展职业资格证书挂靠、寻租等问题专项检查。加强公司廉政风险防控，根据水利部党组和中央纪委国家监委驻水利部纪检监察组关于深化纪律教育的指示精神，按照公司党委安排部署，2018 年 7 月，在全公司范围内开展针对职业资格证书挂靠、寻租等问题的清理检查，使广大干部职工正确理解组织的严管就是对自己

厚爱，自觉养成在监督和约束的环境中工作生活的习惯。

（3）用好典型案例，强化警示教育。2018年5月，按照中央纪委驻水利部纪检组《关于对南水北调东线总公司计划合同部林永峰严重违纪问题实施纪律处分的函》（驻水纪函〔2018〕90号）要求，公司党委和纪委严格依照有关程序实施对林永峰开除党籍、责令辞职的处理意见，深入查摆在教育、管理、监督党员方面存在的突出问题并认真整改，切实督促全体党员深刻吸取案件教训。以中纪委网站通报的违纪案例和水利部直属机关纪委印发的典型案例为重点内容，结合工作实际，组织各支部集中学习，通过以案为鉴、释纪明纪，教育党员干部引以为戒，强化遵规守纪的底线意识和行为自觉。按照水利部直属机关党委关于《转发中央和国家机关工委办公厅〈中央和国家机关纪检监察工委关于5起醉驾典型案例的通报〉的通知》有关要求，于2018年元旦前，集中开展酒驾醉驾专题警示教育活动，引导干部职工消除模糊认识、认清严重危害、强化法纪意识，自觉远离酒驾醉驾违法行为。

（4）开展以赛促学，抓好纪律教育。2018年11月，公司党委举办"学习新《条例》，践行新要求"主题知识竞赛，检验和巩固全体党员学习新修订的《中国共产党纪律处分条例》（以下简称《纪律处分条例》）成效。各支部书记亲自带队，支部纪检委员带领队员上场参赛，广大党员通过"每日一测""赛前测试"持续强化学习，熟读《党章》《廉洁自律准则》和《纪律处分条例》，营造了学习新《纪律处分条例》的浓厚氛围，实现了学习《纪律处分条例》全覆盖。

（5）探索廉政风险防控处置信息化建设。根据《廉政风险防控手册》明确的廉政风险点和风险等级，综合运用"制度+科技"手段，按照"流程—关键环节—涉及对象—廉政风险点及等级—防控措施—责任主体"的对应关系，探索建立廉政风险防控信息系统，实现对管理流程的前置风险识别、预警和处置，达到源头管控的目的，实现"抓早抓小"的要求。

（6）加强廉政谈话，营造廉洁从业氛围。2018年3月，组织开展2017年新入职员工、新晋级干部思想政治教育会，上好廉政谈话第一课；2018年11月，举办2017—2018年新入职员工培训班，集中开展廉政谈话并进行廉洁从业教育。在2018年清明节、"五一"、端午节、中秋节、国庆节、元旦、春节等"四风"问题易发多发的关键节点强化廉洁提醒，要求干部职工坚决反对"四风"，严防"节日病"。2018年11月22日，邀请中共中央党校党史研究室王学斌副教授，以"新时代政绩观建设与基层纪检工作"为主题给全体干部职工讲一堂廉政课，引导广大干部职工树立正确政绩观，营造良好的企业廉洁文化氛围。

（东线总公司）

党风廉政建设

（1）召开党风廉政建设工作会。2018年1月29日，公司党委召开党风廉政建设工作会，按照"稳中求进，提质增效"总要求，全面研究部署2018年工作，细化分解党风廉政建设各项任务，明确班子成员"一岗双责"。会后，分别与各部门、直属分公司签订党风廉政建设责任状。

（2）开展"不忘初心，牢记使命"主题活动。2018年7月，公司党委组织开展"不忘初心，牢记使命"主题活动，认真落实"四个一"要求，组织全体党员观看警示教育片《为了政治生态的海晏河清》、重读《入党志愿书》、分享入党故事和成长历程、重温入党誓词。各党支部采取"走出去"的方式，赴"没有共产党就没有新中国"纪念馆、李大钊烈士陵园、微山湖铁道游击队纪念园等地接受红色教育，赴南水北调中线以及山东干线、江苏水源等工程管理单位开展学习交流、联学联做，取得良好效果。

（3）针对作风建设强化监督检查。认真履行党风廉政建设监督职责，紧盯公款吃喝、公款旅游、公车私用、违规收送礼品等不正之风，强化监督执纪问责，巩固和拓展作风建设成果，教育和引导广大干部职工从

内心深处远离"四风"、抵御"四风"。

（4）建立完善党风廉政建设制度体系。印发《南水北调东线总公司落实党风廉政建设党委主体责任和纪委监督责任实施办法》《中共南水北调东线总公司委员会关于贯彻落实〈中央八项规定实施细则〉的实施意见》《践行监督执纪"四种形态"实施办法（试行）》等制度文件，进一步优化完善制度体系，为推进标本兼治打下基础。

（东线总公司）

南水北调东线江苏水源有限责任公司

概　　述

2018年，按照国企改革总要求，江苏水源公司进一步加强改革创新，狠抓队伍建设，激励导向作用更加明显，活力后劲进一步增强。健全法人治理结构，修改公司章程，修订公司党委会、董事会、总经理办公会议事规则，进一步明确党委会、董事会、总经理办公会的权限，建立协调有效的法人治理结构。优化组织机构，对公司组织机构进行调整，搭建新的经营管理架构。压减三级以下参股子公司，强化三级控股管理，初步形成市场导向、分工明晰的经营管理体系。完善企业法制化管理体系，加强风险防控，全面梳理排查内控规章制度不足，编制《风险清单》，量化《风险管理指标体系》，按制度、按流程开展一切经营活动。完善经营考核体系，推进"干部能上能下、员工能进能出、收入能多能少"三项制度改革，推进绩效管理综合考核改革，以绩效考核为重点实施薪酬改革。加强人才队伍引进与培养，全年组织引进水利水电工程、金融等相关专业人才24名，其中博士、硕士研究生占54.17%。一如既往高度重视党风廉政建

设，切实抓好"两个责任"落实，扎实推进巡视整改，持续深化作风建设。

（王晓森）

组织机构及机构改革

根据有关规定和江苏水源公司章程，公司设立董事会、监事会，实行董事会领导下的总经理负责制。公司董事会设董事长1名，董事会成员4名。公司设总经理1名，副总经理3名。公司党委书记1名，党委副书记2名。公司内设机构设党群工作部、行政事务部、人力资源部、工程管理部、调度计划部、经营发展部、财务部、审计部、律师事务部、监察室等10个职能部门。

（1）党群工作部（董事会办公室、工会、团委）。主要负责公司党务、干部、群团、宣传、企业文化等工作。

（2）行政事务部。主要负责公司行政事务和办公事务。设立后勤服务中心，为公司中层副职配置，主要负责公司后勤事务有关工作。保留档案馆，为公司中层副职配置。主要负责公司各类档案的整理归档、保管利用和检查验收等工作。

（3）人力资源部。主要负责公司人力资源开发管理工作。设立科技研发中心，为公司中层副职配置。主要负责水生态修复、智慧泵站重点实验室筹建和运营、科技管理、科技人才队伍建设以及涉水业务技术支持等工作。

（4）工程管理部（安全生产办）。主要负责南水北调工程运行管理、工程建设、安全生产等工作。

（5）调度计划部。主要负责南水北调运行业务发展计划、调度、防汛等工作。

（6）经营发展部。主要负责市场拓展、项目前期开发、经营管理等工作。

（7）财务部。主要负责公司资金、财务管理和监督指导等工作。财务部内设资金结算中心。

（8）审计部。主要负责公司内部审计和配合外部审计工作。

（9）律师事务部。主要负责公司法律事务工作。

（10）监察室。主要负责公司纪检监察和效能建设等工作。

（王晓森）

人 事 管 理

（一）聚焦发展，扎实推进人才工作

加强人才引进，根据江苏水源公司发展需要，年内组织引进环境工程、市政工程、水利水电工程、金融、投资、中文、财务、审计、法律等专业人才 24 名，平均年龄 32 岁，其中博士、硕士研究生占 54.17%。2018 年江苏水源公司人才总量为 146 名，同比增长 56%。其中，40 岁以下增幅为 84%，研究生及以上增幅为 33%，中级职称及以上增幅为 36%，经营管理、专业技术和技能类人才分别占 36.67%、47.26% 和 15.07%；江苏水源公司有国务院特贴人才 1 名，省 333 人才 7 名、省有突出贡献中青年专家 2 名、省市劳动模范 5 名，省中高评委专家库 6 名，人才队伍总体年轻，学历层次较高，发展空间较大，助推企业创新快速发展的潜力巨大。

（二）提升能力，精心组织学习培训

按照党委要求，研究落实员工学习培训方案，分类分层组织实施教育培训，着力提升员工综合素质和业务能力。围绕"333"人才培养、领导力提升、经营管理、人力资源、科研管理（博士后工作站）、泵站运行等 8 个专题，组织培训与拓展训练 14 场次，累计培训 310 人次；与南京大学、河海大学、江都管理处等高校与行业单位合作，策划制定个性化培训方案，成功举办企业管理能力提升、经营管理业务、工程运行与调度管理业务、泵站运行技能、人力资源管理业务等 6 期专题培训班，通过授课、讨论、交流、实战等形式，培育干部员工领导思维、管理意识、专业视野和综合素养，培训成效初步显现。此外，为确保新员工尽快融入岗位，组织近两年新参加工作的 30 名年轻员工开展了入职培训，强化新进员工对南水北调事业的自豪感。

（王 翰）

党建与精神文明建设

（一）坚持党的领导，充分发挥党的核心作用

（1）强化党委定向把关作用。公司党委多次召开会议，研究公司发展战略、目标定位、工作重点，明确调水运营主责主业，同步拓展市场经营。2018 年 1 月，召开党员大会，提出建设一流创新型现代水务企业集团的目标。按照江苏省委、省国资委党委部署，深入开展解放思想大讨论活动，研究高质量发展问题。在多次研究讨论的基础上，修订公司"十三五"发展战略，制定三年行动计划。2018 年年底结合整治形式主义和官僚主义活动，紧紧围绕主责主业，进一步提出了"谋布局、建平台、促发展，补短板、强管理、创品牌，涵生态、新作为、树形象"发展思路，得到了广大职工的支持拥护。

（2）深入推进党的领导融入公司治理。根据党章、《公司法》等法律法规，修订了公司章程，明确党建工作总体要求、地位作用、职责权限。2018年9月，公司党委集中批复6个子公司章程，各子公司在其章程中单设"党组织"章节，把党的建设要求写入了子公司章程。

（3）切实提高决策重大问题能力。修订公司"三重一大"事项决策实施办法、重大事项清单以及党委会议事规则、董事会议事规则和总经理办公会议事规则。进一步明确公司党委会、董事会、总经理办公会的具体决策事项和程序。进一步组织分公司、子公司修订"三重一大"决策制度实施办法，特别是将党总支、党支部"三重一大"事项具体化，进一步明确法人企业基层党组织参与企业重大问题决策职能。

（二）强化政治意识，推动全面从严治党责任落实

（1）推动各级党组织特别是党组织书记，增强做好党建工作的行动自觉。深入学习贯彻习近平新时代中国特色社会主义思想和党的十九大精神，树牢"四个意识"，坚定"四个自信"，坚决做到"两个维护"，在思想上政治上行动上始终同以习近平同志为核心的党中央保持高度一致，贯彻落实好中央和省委方针政策，坚持南水北调主责主业不动摇。

（2）从严从实落实全面从严治党主体责任。认真学习贯彻江苏省委《关于落实全面从严治党党委主体责任、纪委监督责任的意见》。按照"管人管党建相统一"的原则，各级党组织负责人切实履行好第一责任，加强对班子成员和下级党组织的管理和

监督，班子成员履行好"一岗双责"。完善公司党建工作考核办法，推进经营业绩、党建工作与领导班子年度考核"三考合一"，将党建工作考核结果与经营管理人员绩效、使用、奖惩挂钩。

（三）补齐短板，夯实基层党建工作基础

（1）调整完善公司基层党组织设置。2018年，结合公司党委换届，调整完善公司机关支部设置，将业务性质相近的支部进行合并，成立支部委员会，配齐支部书记和组织、宣传、纪检委员。

（2）推动基层党建工作规范化。把落实基层支部组织生活作为推动党建提质增效的重要抓手，制定印发《关于进一步提高基层党支部组织生活质量的实施意见》，细化规范了"三会一课"、组织生活会、民主评议党员、谈心谈话、请示报告、党费收缴等7项制度。

（3）推进基层党建工作创新。探索推进党建工作创新，指导基层组织紧密结合生产经营开展工作。

（4）打造党建工作品牌。以品牌化推进基层党建工作，着力打造基层党建"一企一品牌、一支部一特色"，创建一批有特点、有实效、受欢迎、可推广的企业党建品牌。

（四）加强企业文化和群团建设，凝聚发展正能量

加强思想引领，维护员工权益，组织丰富职工文化生活，先后组织女职工开展"三八"节插花游园活动、新进年青员工开展团队精神拓展训练、"东源生态杯"篮球比赛活动、"伴绿色江水 建清水工程"户外徒步公益宣传等活动。修订公司《工会经费收支管理办法》，及时研究提高福利标准，购置发放了游园卡和节日福利。更换新的体检医院，提高体检额度，增加体检项目。参加省部属企业职工演讲比赛，选送的

"誓当南水北调护航员"演讲获得银奖。履行国企责任，选派公司两名骨干分别赴淮阴区西宋集镇戴梨园村、省国资委驻点帮扶村泗洪县曹庙乡盛圩村帮扶，除 15 万元的泵房改造和办公用品捐赠外，直接帮扶资金 67 万元。开展"慈善一日捐"，募集款项 6 万多元。

（张超峰）

纪 检 监 察 工 作

（一）坚持问题导向，持续加强作风建设

按照作风建设最新要求，找准工作着力点，以踏石留印、抓铁有痕的劲头抓作风，巩固公司作风建设成效。突出关键时间节点，在元旦、"五一"、中秋等法定节日，及时编发廉洁短信，提醒注意事项，通报有关案例，组织专项检查。加强"三公"消费管理监督，针对公务和商务接待，公司纪委转发通知，明确要求不得用酒。2018 年，纪委每季度对公司"三公经费"及津补贴使用情况进行督查，对执行不力的部门和人员均以书面形式发函要求作出说明；针对出现的违规用车问题，要求当事人说明情况，严肃问责，进行诫勉谈话；针对办公经费，加强日常监督，经常过问，要求减少采购成本，严格经费管理，严禁奢侈浪费。加强对江苏水源公司部门工作的监督，组织征求基层单位对公司部门工作的意见建议，有针对性地提出整改措施，明确办结时限和标准。8 月 15—21 日，组织两个工作组分赴分子公司，开展了基层对部门工作的评价，分析了存在问题。

（二）加强监督检查，落实重点监督

按照江苏水源公司党委"纪律年"工作部署，公司纪委认真履行监督职责，针对重点领域和关键环节，研究确定了年度八项监督重点，强化监督工作主动性。针对巡视反馈意见整改，要求各责任部门细化分解目标任务，明确时间节点，及时跟踪反馈落实情况，并加强与省委巡视组的对接沟通，及时反馈有关问题解决情况，争取上级支持；针对"三重一大"决策制度落实，组织赴分子公司开展专项督查，向各单位反馈检查结果，要求按照公司党委批复的办法，严格履行决策程序，规范做好决策记录；针对工程年度岁修，协调审计部门结合年度审计内容，有针对性地开展专项审计，着力发现成本控制、计划落实等方面的问题，推动提高资金使用效益；针对干部选拔任用，公司纪委加强廉洁把关，根据掌握的情况，及时出具书面廉洁意见。

（三）坚持挺纪于前，严肃执纪问责

（1）正确运用"四种形态"，坚持无禁区、零容忍，加大问责力度，树立纪律权威。今年以来，公司纪委共收到 5 件信访举报，全部办结。其中江苏省纪委转交的 3 件已按要求上报省纪委八室。根据调查了解到的情况，对 3 名党员和干部进行了诫勉谈话。对违反会议纪律，没有事先报告缺席纪检工作例会的 2 名纪检委员进行了通报批评。及时梳理问题线索。严肃认真处理接报信访举报件，对照"六大纪律"，具体问题具体分析，结合日常掌握的个人表现等情况，有针对性地提出工作方案。

（2）全面调查核实。及时成立核查组，对进入处置程序的问题线索，综合采取现场台账核查、实地检测印证、人员谈话函询等多种纪检查证手段，不放过苗头性、倾向性问题，查明隐蔽性、可能性问题。

（3）严肃问责处理。在初核基础上，根据"六大纪律""四种形态"，本着抓早抓小要求，该提醒的及时提醒，该问责的必须问责，切实把纪律树起来，把规矩立起来。同时，坚持严管与厚爱相结合，在问责有关人员时，及时向省纪委八室请示汇报，最大限度地保护党员干部干事创业激情，最大限度地维护党员干部工作积极性。

（四）完善制度机制，加强能力建设

探索开展巡察工作。落实中央和江苏省委巡视工作要求，根据省委巡视工作领导小组《关于规范省属企事业单位党委（党组）巡察工作的指导意见》，提交江苏水源公司党委制定印发公司巡察工作实施办法，明确了巡察有关要求，公司党委成立巡察工作领导小组及办公室，为下一步开展巡察工作做了充分准备。

（张如晨）

党风廉政建设

（1）切实抓好"两个责任"落实。坚持把党风廉政建设"两个责任"抓在手上、落实到行动上，制定了党风廉政建设"责任清单"。

（2）扎实推进巡视整改。按照江苏省委巡视反馈意见整改要求，江苏水源公司领导班子成员结合分工，主动认领问题，牵头推进分管范围内的整改工作。各相关单位和职能部门，按照整改任务清单，狠抓落实。截至12月底，江苏水源公司制定的107项整改措施，已完成105项，整改完成率98.1%。

（3）持续深化作风建设。按照作风建设最新要求，找准工作着力点，巩固江苏水源公司作风建设成效。深入学习贯彻中央八项规定及实施细则和江苏省委具体办法，针对公务和商务接待、办公经费、公务用车等开展专项监督，对"三重一大"执行情况开展常态监督，首次开展中层正职离任审计工作。按照江苏省委部署要求，开展形式主义、官僚主义集中整治工作，成立集中整治工作领导小组，印发工作方案，明确目标要求和工作重点，推动整治工作在全公司开展。

（张超峰）

南水北调东线山东干线有限责任公司

组织机构

南水北调东线山东干线有限责任公司（以下简称"山东干线公司"）。设董事会、监事会和经理层，实行董事会领导下的经理层负责制。

山东干线公司一级机构内设综合部、工程管理部、安全生产办公室、调度运行部、发展运营部、财务部、法律事务部、纪检督查室、信息运行管理中心、工会10个部门。二级机构设济南、枣庄、济宁、泰安、德州、聊城、胶东7个管理局和济宁应急抢险分中心、水质监测预警中心2个直属分中心。三级机构设3个水库管理处、7个泵站管理处、9个渠道管理处、1个穿黄河工程管理处共20个管理处，按属地分别由7个管理管辖。

（杨 捷）

人事管理

（1）制度建设。为创建具有先进水准的现代化水利工程运营企业，按照工作部署，科学筹划，制定实施《南水北调东线山东干线有限责任公司请休假管理制度（试行）》《南水北调东线山东干线有限责任公司教育培训管理办法（试行）》《南水北调东线山东干线有限责任公司挂职锻炼管理办法（暂行）》《南水北调东线山东干线有限责任公司劳动合同管理办法》《南水北调东线山东干线有限责任公司企业年金实施方案（修订）》，并通过《南水北调东线山东干线有限责任公司目标管理考核办法》和《南水北调东线山东干线有限责任公司绩效考核办法》的实施，提出"大数据"、KPI考核的理念，探索了人力资源管理的新路子。

（2）日常工作。严格按照干部选拔程序组织实施，周密组织，细致落实，做好人员调配工作；严审干线公司中层以上人员个人有关事项报告；将公司中层副职以上人员及财务人员因私护照进行统一管理；完成2018年度职称评审工作，2018年度评审通过正高级工程师2人、正高级会计师1人、高级工程师9人、高级经济师3人、工程师18人；认真做好公司员工基本养老关系转移、医疗保险关系转移、社保关系合户、社保费补缴、工伤保险申报、异地医院住院备案、生育保险报销、社会保险卡办理领取等服务工作；2018年，完成人事档案审核整理工作，并做好日常的档案收缴、转移等工作；完成经营范围变更、残疾人就业保障金缴纳、党费缴纳基数核算、各类年报统计等工作；做好公司全体人员年休假督促落实、跟踪统计工作。

（3）为加快推进山东省南水北调由工程建设向运行管理转变，促进工程效益充分发挥，针对公司实际和职工队伍现状，本着按需实施实效化、形式灵活多样化的原则，2018年度，组织了"临沂红色教育""延安党性教育""上海中高层管理研讨班""扬州大学专业技能"培训班等，共5个批次，共计260余人参加培训。既包括中层副职及以上管理人员、业务骨干、泵站运行值班人员，也包括党团员、入党积极分子等，内容涵盖企业管理、专业技能、泵站运行管理、信息化建设及红色革命教育等。培训过程管理严格，圆满完成年度培训计划，达到了预期的培训效果。

（杨　捷）

党建与精神文明建设

（一）基层党组织结构及党员情况

山东干线有限责任公司党委下属党支部17个，现有在册正式党员173名、预备党员13名。

（二）基层党建工作情况

山东干线公司党委紧跟山东省水利厅党组工作部署，紧紧围绕南水北调党建和运行管理重点工作，以深入学习党的十九大精神和习近平新时代中国特色社会主义思想为主线，以"大学习、大调研、大改进"活动为载体，认真履行从严治党主体责任，抓基层、强基础、促规范，党建工作取得初步成效，为圆满完成10.88亿 m³ 省界调水任务、工程安全平稳运行提供了有力保障。

（1）压实党建责任，把牢政治方向。认真领会习近平总书记对国有企业党建工作的重要指示精神，切实发挥山东干线公司党委把方向、管大局、保落实作用。年初召开党建专题会议，印发《党的建设工作要点》和《履行全面从严治党主题责任清单》，与业务工作同部署、同落实、同考核，层层传导压力。干线公司党委及所属党支部按时召开民主生活会和组织生活会2次，查摆存在问题26条，形成问题、责任及整改三张清单，确保每个问题落实整改到位。严格执行民主集中制、个人事项报告等制度，召开党委会32次，党委班子成员带头为党员讲党课10次、开展谈心谈话59次。结合"大学习、大调研、大改进"，完善领导干部基层联系点制度，带头到管理处蹲点调研，面对面听意见、解难题，形成重实干、勇担当、善作为的良好风气。

（2）强化理论武装，筑牢思想根基。坚持把政治理论学习和思想政德教育摆在首位，全年组织党委理论中心组集体学习

23 次，组织观看政论专题片和廉政教育专题片 14 部；组织 40 名中高层管理人员到上海交通大学专题研修，组织 40 名党员赴延安进行党性教育培训，分两批组织 120 名党员、党员发展对象、入党积极分子和优秀职工到临沂开展红色教育。通过走出去、请进来、线上线下等多种形式，使山东干线公司党员干部职工进一步树牢"四个意识"，坚定"四个自信"，自觉同党中央保持高度一致。

（3）加强组织建设，夯实基层基础。坚持一切工作到支部，着力强化基层组织建设。调整党支部设置，确保全覆盖。对山东干线公司机关有 3 名以上正式党员的部门设立党支部，并按期完成党支部换届工作，3 名以上正式党员的管理处全部设立党小组。发展党员取得新突破，2018 年，有 13 名同志被接收为中共预备党员，培养发展对象 13 名、入党积极分子 61 名，另有 43 人递交了入党申请书。举办党支部书记和党务骨干培训班、印发《关于进一步规范"三会一课"制度严格党内组织生活的实施意见》《基层党务工作实用手册》《南水北调东线山东干线有限责任公司发展党员工作流程》等文件，规范基层党务工作。以枣庄局党支部为试点，开展示范支部创建，并于 11 月召开现场观摩交流会，全面推动山东干线公司党支部标准化、规范化建设。

（4）强化党内监督，促进作风转变。山东干线公司党委高度重视内部监督工作，多次召开会议安排部署。认真落实巡视整改、"八项规定"精神执行情况检查、违规配备使用公车、好人主义圈子文化码头文化专项清理，形式主义、官僚主义集中整治等，严查"四风"和违规问题，加大查处力度，共处理通报 11 人；组织开展德廉知识和党规党纪学习测试，组织开展廉政谈话，以案说法加强典型案件和到监狱警示教育；修订完善干线公司会议、公务接待和公务用车管理办法等；对材料物资采购、招投标等重点环节全程监督，严格落实工程合同与廉政合同双签制度，防控廉政风险。

（5）创新宣传形式，丰富党建文化。山东干线公司党委着力抓好党建阵地建设，不断创新宣传形式，营造浓厚党建文化氛围，增强党组织的生机与活力。加强阵地建设，从硬件环境改善上入手，要求各支部、党小组有条件的都建立党员活动室，并在显要位置制作党建宣传栏，山东干线公司机关及所属单位共设置党建宣传栏 34 处。创新宣传形式，山东干线公司开办《南水北调·山东》报纸，设置党建专栏；利用灯塔-党建在线、QQ 等新媒体，及时传递党建动态、政策法规、理论学习等信息，不断提高教育的吸引力和感染力。举行形式多样的文体活动，开展"我身边的模范党员"征文活动，共征集 40 篇，组织"五四"青年座谈会及文艺汇演；举办"七一"庆祝建党 97 周年演讲比赛。

（张慧清　晁　清　郭桂邹）

党风廉政建设

2018 年，山东干线公司党委坚持以习近平新时代中国特色社会主义思想为指导，全面落实党的十九大精神，树牢"四个意识"，坚定"四个自信"，做到"两个维护"，坚持和加强党的全面领导，坚持党要管党、全面从严治党，持续推进干部作风好转，从严查处违纪问题，公司党风廉政建设不断取得新成效。

（一）充分发挥公司党委核心作用，全面履行党风廉政建设领导职责

自觉担负起全面从严治党主体责任，切实加强党委对公司各项事业的领导，定期召开党风廉政建设工作会议，坚持把管党治党与重点工作同谋划、同部署、同落实、同检

查、同考核，将党风廉政建设工作融入工程运行管理全过程。结合实际制定完善《履行全面从严治党主体责任清单》《党风廉政建设工作制度》等规章制度，明确责任主体和责任内容，健全完善管党治党主体责任的制度措施。落实党委书记"第一责任人"责任，切实做到重要工作亲自部署，重大问题亲自过问，重点环节亲自协调，重要事件亲自督办，切实管好班子、带好队伍，坚持原则，敢抓敢管。自上而下层层签订党风廉政责任书，责任内容坚持因岗定责、因人而异、环环相扣，形成人人有责、人人负责的责任链条，编织横向到边、纵向到底的党风廉政责任网，打通主体责任传导"最后一公里"。落实公司党委问责实施细则，激发从严治党担当精神，从严从紧推动问责内容、对象、事项、主体、程序、方式的制度化，以强有力的问责追责倒逼主体责任落实。

（二）紧盯政治纪律和政治规矩，落实巡视整改工作

贯彻中央巡视组巡视山东反馈意见和山东省委整改落实工作要求，以问题为导向，研究梳理巡视整改责任，确保责任落实、整改过程不走过场。提高政治站位，强化责任担当，加强对巡视整改落实情况全过程监督督办，通过督任务、督进度、督成效，查认识、查责任、查作风，坚决纠正巡视整改重点问题。坚持举一反三、吸取教训，切实把问题教训转化为管党治党的制度措施，创造风清气正的良好政治生态，进一步巩固拓展巡视整改成果。

（三）落实日常监督管理，加强权力运行监督制约

管理是推进党风廉政建设工作的基础，监督是惩治和预防腐败工作的关键。进一步深化内部管理，促进运行管理制度化、规范化、标准化进程，逐步建立健全岗位责任体系，形成权利层层分解，工作环环相扣，责任互相制约的管理体系，筑牢廉洁从业基础。强化党员干部日常监管，严格执行述职述廉、廉政谈话和个人有关事项报告等制度，坚持运用"咬耳扯袖、红脸出汗"方式，早提醒、早防范、早查纠，及时解决苗头性、倾向性问题。建立公司廉政风险防控长效机制，加强对公司重大事项决策、执行环节全过程监督，紧盯工程运行管理中的工程验收、调度运行、工程维修养护、发展运营、设备及物资采购、资金管理、干部人事管理等重点工作，材料采购、招标投标、资金结算等重点环节，定期排查廉政风险，完善防控措施，不断深化廉政风险防控管理。严格落实工程合同与廉政合同双签制度，落实相互监督的责任，把廉政监督的触角延伸到工程运行管理的各个角落。

（四）加强廉政教育培训，强化党员干部拒腐防变意识

制定印发党风廉政警示教育制度，进一步强化教育在惩治腐败工作中的基础性地位。2018年年初制定本年度廉政警示教育计划，要求各支部每月开展一次廉政专题学习，每季度观看一部警示教育片，同时通过开展纪检干部专题培训，到山东省监狱开展警示教育，开展党规党纪及德廉知识测试，及时转发学习上级纪委典型问题通报等活动，扎实推进廉政教育工作水平，强化干部职工特别是党员领导干部拒腐防变意识。突出专题教育，根据公司党委总体工作部署，山东干线公司纪委书记高德刚同志分别赴7个管理局开展廉政专题教育活动，以《学习条例，严守纪律》为题，为各管理局党支部党员讲廉政党课，并开展廉政谈话，切实增强了广大党员干部廉洁从业意识。创新教育形式和内容，开展形式多样的廉政教育、党规党纪教育和廉政文化创建活动，坚持集体学习与个人学习结合，在个人自学的基础上采取"大讲堂"、研讨交流、专家授课等方式开展廉政警示教育活动，调动职工学习积极性，引

导职工树立正确的世界观、权力观，摆正个人利益与公司利益的关系，始终保持风清气正、干事创业、求真务实的良好作风。

（五）贯彻落实中央八项规定精神，积极开展各项作风整治

公司党委带头贯彻执行中央八项规定精神，发挥表率示范作用，以实际行动践行改进作风的根本要求，让中央八项规定精神深入人心。深入基层调研期间不饮酒，同职工一起食堂就餐，严格按规定使用公车等情况已经成为常态。狠抓落实，强化监督，积极开展八项规定精神自查自纠工作，开展形式主义、官僚主义专项整治工作；落实兼职取酬和以专家身份领取报酬问题整改工作，开展会议费使用管理情况自查自纠工作；落实节日作风建设专项督查等工作，对违规公款接待、公款吃喝，违规报销相关费用，违规发放津贴补贴，违规公务用车，违规接受公款宴请、收受礼品等问题及时进行自查自纠；对违规问题发现一起、查处一起、问责一起、通报一起，真正做到严字当头、全面从严、一严到底。

（六）强化监督执纪问责，形成对违纪违规问题持续震慑

拓宽监督渠道，认真落实党务公开制度，设立举报信箱、开通举报电话，形成"人人可监督""人人可举报"的监督模式，把权力运行置于广大职工的监督之下，杜绝暗箱操作。注重执纪质量，规范执纪程序，认真遵守已出台的各项纪律审查规定，发现问题线索，公司纪检督查室及时向纪委报告并提出核查建议，根据批示开展调查初核，重要事项及时汇报请示，核查结果形成书面报告，经公司纪委研究后按照管理权限提出初步处理建议，党委研究确定处理意见，形成了组织严密、分工明确、责任到位的工作机制。加大对违规违纪问题追责问责力度，及时对在工程维修养护、公务接待、公车管理、会议费管理等方面发现的问题进行调查处理，并对相关责任人员进行问责，对处理情况进行通报，充分发挥问责的威慑作用，达到"问责一人、警示一片、教育一方"的效果。

（张慧清　郑　浩　庞　飞）

南水北调中线水源有限责任公司

组 织 机 构

根据国务院南水北调工程建设委员会《关于〈南水北调中线水源工程项目法人组建方案〉的批复》（国调委发〔2004〕2号）中的要求，按照政企分开、政事分开、政资分开的原则，南水北调中线水源有限责任公司于2004年8月由水利部组建。公司作为南水北调中线水源工程建设的项目法人，在国务院南水北调工程建设委员会办公室的领导和监督下，负责南水北调中线水源工程的建设运行管理工作。

公司法人治理结构完备，权责清晰。公司成立之初，即成立了股东会、董事会和监事会，并制定了《公司章程》。

公司内设综合部、工程部、计划部、财务部、环境与移民部5个部门和陶岔分公司。其中，综合部内设审计纪检监察处、人力资源处、综合处；计划部内设经济管理处、计划合同处；工程部内设工程技术处、质量安全处、机电设备处、陶岔项目处。2008年12月，随着丹江口水库移民试点工作的启动，经公司董事会批准，环境与移民部内设一处（湖北省）和二处（河南省）。

2006年1月公司临时党委成立后，又相应地成立了党委办公室（与综合部合署

办公）和工会，并分别组建了 3 个党支部和 3 个工会小组。

（杨　硕）

人 事 管 理

（一）人事任免

2018 年 11 月，《中共长江委党组关于吴道喜同志免职的通知》（长党〔2018〕53号），免去吴道喜同志中共南水北调中线水源有限责任公司临时委员会书记职务。

根据水源公司干部人事工作管理现状，修订了公司《中层管理人员选拔任用管理办法》，并根据该办法和公司党委的统一部署，认真组织了水源公司第一批中层干部选拔任用工作，提拔任命了综合部等三个部门的部门主任，提拔任命并和汉江集团交流了财务部副主任各一名，一定程度上缓解了水源公司相关部门长期无正职主任且中层干部年龄偏大的困境。同时，根据长江委和公司党委进一步精简机构、提高工作效率的要求，取消了公司部门内的处级机构设置，理顺了管理关系，并在相关中层管理人员现有职级不变的情况下，按照相关程序，对 5 名中层管理干部重新进行了任职任命。

（二）人才队伍建设

2018 年，中线水源公司为适应由建设管理向运行管理的职能转变，保障中线供水安全和工程平稳高效运行，把干部培训工作纳入重要日程，拟定了年度培训计划，精心组织和实施好包括指定书目自学在内的各类培训，鼓励和支持员工参加各类培训及高学历教育，全年参加各类培训达 175 人次，采用集中培训和现场教学的方式，成功举办了一期南水北调中线工程运行管理培训班，2018 年各级各类人员培训学时均达标。

（杨　硕）

外 事 工 作

制定了《南水北调中线水源有限责任公司干部因私出国（境）管理暂行办法》，建立了干部因私出国（境）证件管理台账，规范了干部因私出国（境）证件管理工作，做到了因私证件应交尽交，从源头上堵住漏洞。

（杨　硕）

薪 酬 管 理

根据《水源公司薪酬制度调整方案》，经总经理办公会议研究，提高了公司管理类员工工龄工资和辅助类员工部分津贴、补贴标准，调整了公司管理类员工防暑降温、冬季取暖津贴、补贴发放标准。在春节、端午、中秋、元旦节日期间，向退休员工发放节日慰问补贴。

（杨　硕）

党建与精神文明建设

（一）政治理论学习

公司临时党委充分发挥党委中心组的示范引领作用，把学习贯彻习近平新时代中国特色社会主义思想作为首要的政治任务，印发了《党委理论学习中心组学习制度》及《党委中心组 2018 年理论学习计划》，采取集体学习研讨、个人自学相结合的形式，全年开展中心组学习 14 次，班子成员讲党课 8 人次。为全体党员干部发放理论学习资料 235 份。

（二）党建工作

召开了 2018 年党建会，签订了 2018 年党建工作责任书，印发了《2018 年党建工作要点》《中线水源公司领导班子成员 2018 年党风廉政建设主体责任清单》《中线水源公司部门、党支部 2018 年党风廉政建设主体责任清单》《2018 年党建及党风廉政建设重点工作推进表》等，将党建工作要求写入公司章程，明确党组织在公司治理中的法定地位。组织举办了"公司基层党务干部暨中层管理干部培训班"。组织党员及入党积极分子赴尧治河村开展党员专题教育。

（三）基层组织建设

印发了《关于加强中线水源公司党支部建设工作的实施方案》，明确了《党支部建设任务清单》，认真开展好"三会一课"、组织生活会、主题党日活动、民主评议党员等活动，2018 年，1 个党支部及 1 名党员受到长江水利委员会党组命名表彰，1 个支部工作法获评长江水利委员会优秀支部工作法。全年发展预备党员 1 名，确定党员发展对象 1 名。

（四）群团工作

《加强和改进党的群团工作的实施意见》，推动群团组织在公司转型发展中发挥作用。召开职工大会审议年度工作报告、综合计划、财务预算等；召开公司民主管理意见征求座谈会，形成书面建议报公司决策参考。开展工会会员关爱活动，高温期、度汛期对一线职工进行慰问。举行了职工趣味运动会、远足健身活动。与兄弟单位交流文体活动，参加了汉江集团排球、乒乓球比赛等，与长江水利委员会长江科学院开展了文明创建篮球友谊比赛，营造了和谐稳定的工作氛围。

（班静东）

党 风 廉 政 建 设

公司党委认真履行好党风廉政建设的主体责任。组织召开了 2018 年党风廉政建设工作会议，学习了长江委党风廉政建设工作会议精神，总结了 2017 年工作，对 2018 年党风廉政建设和反腐败工作进行了部署。推行主体责任清单管理工作，制定了部门和支

部党风廉政建设主体责任清单。制定了 2018 年党风廉政建设工作计划，进行了任务分解，明确了责任部门。按照巡察整改意见，对党风廉政建设责任书、承诺书进行了细化、完善，层层签订了党风廉政建设责任书、承诺书。通过自评和测评，对 14 名中层干部党风廉政建设责任制进行了公开考核。认真落实了巡察整改意见，开展了巡察整改落实情况自查自纠。加强对党建和党风廉政建设重点工作的监督检查，梳理了党建和党风廉政建设重点工作完成情况，形成了党建和党风廉政建设重点工作推进表，进一步明确了责任主体、工作要求和完成时限。印发了《"三重一大"决策制度实施办法》，严格了决策程序，规范了领导干部决策行为。

（班静东）

纪 检 监 察 工 作

（一）监督责任

中线水源公司纪委聚焦主业主责，在监督执纪问责上下功夫，制定了 2018 年纪检监察工作任务清单。深化廉政风险防控工作，根据人员变化，对廉政风险点和防控措施进行了完善，完成了廉政风险防控手册的修订，实现了从公司、部门到岗位风险防控的全覆盖。立足于早，深化运用好监督执纪四种形态，坚持早介入、早发现、早完善，防止"小节"酿成"大错"。对福利、津贴、补贴发放等易发多发问题，通过及早提醒和警示，将违纪消灭在萌芽状态。继续做好容错纠错实施办法的贯彻落实工作，鼓励干部干事创业的积极性。督促巡察整改意见的落实工作，确保所有问题按照要求整改到位。开展了党风廉政建设工作专项检查，对支部学习贯彻落实党的十九大精神情况、党建及党风廉政建设工作计划完成情况、党风廉政建设主体责任清单完成情况、长江水利委员会巡查整改意见落实情况、党风廉政建

设责任制落实情况进行了专项检查。严把选人用人政治关、廉洁关、形象关，为2名干部进行了廉政考试、出具了廉政报告。及时上报了信访举报统计表、四种形态统计表、重大网络舆情和突发性群体性时间报告表、问题线索或反映情况表等资料。

（二）贯彻落实中央八项规定及其实施细则精神

纪委把监督检查贯彻落实中央八项规定及实施细则精神作为纪委的重点任务和经常性工作，继续做好重要时间节点的监督检查和廉政提醒。党委中心组、支部组织学习了《中共中央政治局贯彻落实中央八项规定的实施细则》。春节前，公司召开了节前廉政教育会，元旦、春节、清明节、"五一"、端午节、中秋节、国庆节前公司也下发了文件，对节日期间党风廉政建设工作提出了要求。建立了纪委节假日值班制度，公布了监督电话，对节日期间的廉政工作提出要求，加强了对公车使用等的监督检查，完善了监督检查记录等痕迹资料，及时上报重要节假日监督检查情况报告表，没有发现违反八项规定精神的行为，也没有收到职工违纪的举报。

（三）廉政教育工作

以理想信念宗旨和党章、党规、党纪为重点，组织开展了形式多样的党风廉政宣传教育活动。开展了《监察法》《中国共产党纪律处分条例》的专题学习，发放了学习资料。组织全体员工观看了《厉害了我的国》，增强了员工民族自豪感和荣誉感。组织开展了2018年党风廉政宣传教育月活动，召开了动员会，收看了《不忘初心、警钟长鸣》警示教育片，王新才总经理以《警钟长鸣、防微杜渐，构筑全面从严治党的牢固防线》为题，为全体党员上了廉政党课，公司主要领导以廉政为主题，为支部党员上了专题党课。制作了宣传橱窗，为公司全体员工发放廉政书籍62本。组织全体党员赴湖北省党员教育基地尧治河开展了"深化廉政教育、聚焦生态环境"党员教育活动。以支部为单位开展了"加强纪律建设，维护党中央集中统一领导""坚定理想信念，共产党员不能信仰宗教"主题党日活动。2018年累计在公司内网刊登纪检监察信息48篇。

（四）纪检监察干部队伍建设

组织支部书记、纪检委员、纪检监察干部参加了"学通弄懂做实党的十九大精神、开创全面从严治党新局面"专题研修班，组织纪检监察人员参加了水利部纪检监察综合业务培训班和长江委党风廉政建设业务培训班，对党的十九大、十九届中央纪委二次会议精神、《中华人民共和国监察法》《中国共产党纪律处分条例》进行了系统学习，提高了大家对深化运用四种形态的认识，累计培训纪检监察人员9人次，提高了他们的监督执纪能力。纪委书记官学文为综合党支部和纪检委员上了廉政党课。开展了党规党纪测试，基层党务干部及中层管理人员19人参加了答题活动。为纪检监察干部发放廉政专业书籍18本，推荐2名同志参加长江委执纪审查人才库。加强对纪检监察干部的监督管理，按时上报纪检监察干部违纪违法情况表。

（班静东）

拾叁 统计资料

THE STATISTICAL INFORMATION

基 建 投 资 统 计

概　述

截至 2018 年年底，水利部和国务院南水北调办累计安排南水北调主体工程建设项目投资计划 2678.7 亿元，按投资来源分：中央预算内投资 254.2 亿元，中央预算内专项资金（国债）106.5 亿元，南水北调工程基金 215.4 亿元，国家重大水利工程建设基金 1626.7 亿元，贷款 475.9 亿元。累计安排投资计划如图 1 所示。

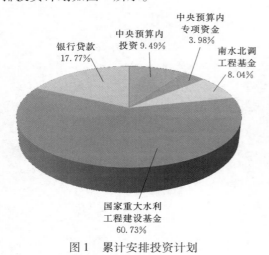

图 1　累计安排投资计划

其中，工程建设投资 2497.5 亿元，前期工作投资 21 亿元，文物保护工作投资 10.9 亿元，待运行期管理维护费 10.9 亿元，特殊预备费 0.5 亿元，中线一期工程安全风险评估费 0.8 亿元，丹江口大坝加高施工期电量损失补偿 1.1 亿元，过渡性资金融资费用 136 亿元。

（王　熙）

2018 年投资安排及完成情况

2018 年，国家安排南水北调主体工程建设项目投资计划 39.3 亿元，包含南水北调工程基金 15 亿元，国家重大水利工程建设基金 24.3 亿元。其中，安排工程建设投资 39.2 亿元（用于中线一期工程价差投资 37.6 亿元、中线一期丹江口库区地质灾害防治工程紧急项目 0.8 亿元、中线一期中线水源调度运行管理系统工程管理设施和安全监测项目 0.6 亿元、中线一期京石段应急供水工程征迁投资 0.2 亿元），安排丹江口水库施工期电量损失费用 0.1 亿元。

（王　熙）

投 资 计 划 统 计 表

南水北调东、中线一期设计单元项目投资情况表

截至 2018 年年底

序号	工程名称	在建设计单元工程总投资/万元	累计下达投资计划/万元	累计完成投资/万元	投资完成比例/%	2018 年完成投资/万元
	总计	26879569	26787313	26258055	98	517507
	东线一期工程	3346247	3346247	3317746	99	24664

续表

序号	工程名称	在建设计单元工程总投资/万元	累计下达投资计划/万元	累计完成投资/万元	投资完成比例/%	2018年完成投资/万元
	江苏水源公司	**1138667**	**1138667**	**1123929**	**99**	**10760**
一	三阳河、潼河、宝应站工程	**97922**	**97922**	**97922**	**100**	
二	长江—骆马湖段2003年度工程	**109821**	**109821**	**109821**	**100**	**0**
1	江都站改造工程	30302	30302	30302	100	
2	淮阴三站工程	29145	29145	29145	100	
3	淮安四站工程	18476	18476	18476	100	
4	淮安四站输水河道工程	31898	31898	31898	100	
三	骆马湖—南四湖段工程	**78518**	**78518**	**78518**	**100**	**0**
1	刘山泵站工程	29576	29576	29576	100	
2	解台泵站工程	23242	23242	23242	100	
3	蔺家坝泵站工程	25700	25700	25700	100	
四	长江—骆马湖段其他工程	**693788**	**693788**	**693788**	**100**	**0**
1	高水河整治工程	15996	15996	15996	100	
2	淮安二站改造工程	5464	5464	5464	100	
3	泗阳站改建工程	33447	33447	33447	100	
4	刘老涧二站工程	22923	22923	22923	100	
5	皂河二站工程	29268	29268	29268	100	
6	皂河一站更新改造工程	13248	13248	13248	100	
7	泗洪站枢纽工程	59784	59784	59784	100	
8	金湖站工程	39954	39954	39954	100	
9	洪泽站工程	51817	51817	51817	100	
10	邳州站工程	33138	33138	33138	100	
11	睢宁二站工程	25518	25518	25518	100	
12	金宝航道工程	102722	102722	102722	100	
13	里下河水源补偿工程[①]	182118	182118	182118	100	
14	骆马湖以南中运河影响处理工程	12527	12527	12527	100	
15	沿运闸洞漏水处理工程	12252	12252	12252	100	
16	徐洪河影响处理工程	27609	27609	27609	100	
17	洪泽湖抬高蓄水位影响处理江苏省境内工程	26003	26003	26003	100	
五	江苏段专项工程	**118613**	**118613**	**104341**	**88**	**9760**
1	江苏省文物保护工程	3362	3362	3362	100	
2	血吸虫北移防护工程	4643	4643	4643	100	
3	江苏段调度运行管理系统工程	58221	58221	44193	76	9000
4	江苏段管理设施专项工程	44505	44505	44301	100	760

续表

序号	工程名称	在建设计单元工程总投资/万元	累计下达投资计划/万元	累计完成投资/万元	投资完成比例/%	2018年完成投资/万元
5	江苏段试通水费用②	4010	4010	3970	99	
6	江苏段试运行费用②	3872	3872	3872	100	
六	南四湖水资源控制、水质监测工程和骆马湖水资源控制工程	**17240**	**17240**	**16774**	**97**	**1000**
1	姚楼河闸工程③	1206	1206	1206	100	
2	杨官屯河闸工程③	4164	4164	4164	100	
3	大沙河闸工程③	6793	6793	6793	100	
4	南四湖水资源监测工程③	1996	1996	1530	77	1000
5	骆马湖水资源控制工程	3081	3081	3081	100	
七	南四湖下级湖抬高蓄水位影响处理（江苏省）	**22765**	**22765**	**22765**	**100**	
	安徽省南水北调项目办	**37493**	**37493**	**37089**	**99**	**0**
一	洪泽湖抬高蓄水影响处理工程安徽省境内工程	**37493**	**37493**	**37089**	**99**	
	东线总公司④	**22579**	**22579**	**19451**	**86**	**2383**
一	东线其他专项	**22579**	**22579**	**19451**	**86**	**2383**
1	苏鲁省际工程管理设施专项工程	3793	3793	3793	100	154
2	苏鲁省际工程调度运行管理系统工程	14461	14461	11936	83	1784
3	东线公司开办费	4325	4325	3722	86	445
	山东干线公司	**2147508**	**2147508**	**2137277**	**100**	**11521**
一	南四湖水资源控制、水质监测工程和骆马湖水资源控制工程	**45673**	**45673**	**46328**	**101**	**420**
1	二级坝泵站工程	31962	31962	32846	103	
2	姚楼河闸工程③	1206	1206	1326	110	
3	杨官屯河闸工程③	1650	1650	1692	103	
4	大沙河闸工程③	4927	4927	4849	98	
5	潘庄引河闸工程	1497	1497	1591	106	
6	南四湖水资源监测工程③	4431	4431	4024	91	420
二	南四湖下级湖抬高蓄水位影响处理（山东省）	**40984**	**40984**	**40984**	**100**	
三	东平湖蓄水影响处理工程	**49488**	**49488**	**49488**	**100**	
四	济平干渠工程	**150241**	**150241**	**150241**	**100**	
五	韩庄运河段工程	**85495**	**85495**	**87237**	**102**	
1	台儿庄泵站工程	26611	26611	26874	101	
2	韩庄运河段水资源控制工程	2268	2268	2268	100	

续表

序号	工程名称	在建设计单元工程总投资/万元	累计下达投资计划/万元	累计完成投资/万元	投资完成比例/%	2018年完成投资/万元
3	万年闸泵站工程	26259	26259	27190	104	
4	韩庄泵站工程	30357	30357	30905	102	
六	**南四湖—东平湖段工程**	**260492**	**260492**	**263656**	**101**	
1	长沟泵站工程	30091	30091	30238	100	
2	邓楼泵站工程	27730	27730	28685	103	
3	八里湾泵站工程	28683	28683	28683	100	
4	柳长河工程①	52499	52499	52499	100	
5	梁济运河工程①	79445	79445	79445	100	
6	南四湖湖内疏浚工程	23348	23348	24132	103	
7	引黄灌区影响处理工程	18696	18696	19974	107	
七	**胶东济南至引黄济青段工程**	**798696**	**798696**	**805569**	**101**	
1	济南市区段工程	305319	305319	312192	102	
2	明渠段工程	271371	271371	271463	100	
3	东湖水库工程	102099	102099	102099	100	
4	双王城水库工程	86804	86804	86804	100	
5	陈庄输水线路工程	33103	33103	33011	100	
八	**穿黄河工程**	**70245**	**70245**	**70245**	**100**	
九	**鲁北段工程**	**495110**	**495110**	**495110**	**100**	
1	小运河工程	262601	262601	262601	100	
2	七一·六五河段工程	66672	66672	66672	100	
3	鲁北灌区影响处理工程	35008	35008	35008	100	
4	大屯水库工程	130829	130829	130829	100	
十	**山东段专项工程**	**151084**	**151084**	**128419**	**85**	**11101**
1	山东段调度运行管理系统工程	81736	81736	75010	92	5719
2	文物保护	6776	6776	6776	100	
3	山东段管理设施专项工程	57521	57521	41582	72	5382
4	山东段试通水费用②	2887	2887	2887	100	
5	山东段试运行费用②	2164	2164	2164	100	
	中线一期工程	**22156122**	**22063866**	**21869025**	**99**	**492501**
	中线建管局	**15564033**	**15476010**	**15374651**	**99**	**389722**
一	**京石段应急供水工程**	**2311299**	**2311299**	**2309687**	**100**	**27269**
1	永定河倒虹吸工程	37138	37138	38240	103	
2	惠南庄泵站工程	87037	87037	85066	98	
3	北拒马河暗渠工程④	15991	15991	19561	122	
4	北京西四环暗涵工程	117506	117506	116591	99	

续表

序号	工程名称	在建设计单元工程总投资/万元	累计下达投资计划/万元	累计完成投资/万元	投资完成比例/%	2018年完成投资/万元
5	北京市穿五棵松地铁工程	5872	5872	5823	99	
6	北京段铁路交叉工程	19595	19595	20505	105	505
7	惠南庄—大宁段工程、卢沟桥暗涵工程、团城湖明渠工程	417931	417931	459461	110	9879
8	滹沱河倒虹吸工程	67060	67060	63956	95	
9	釜山隧洞工程	24773	24773	24389	98	
10	唐河倒虹吸工程	33187	33187	32117	97	
11	漕河渡槽段工程	102610	102610	102387	100	
12	古运河枢纽工程	22677	22677	22445	99	
13	河北境内总干渠及连接段工程④	1170788	1170788	1170125	100	
14	北京段永久供电工程	7586	7586	4124	54	
15	北京段工程管理专项	4673	4673	0	0	
16	河北段工程管理专项	9369	9369	5905	63	
17	河北段生产桥建设	36944	36944	36675	99	
18	北京段专项设施迁建	26926	26926		0	
19	中线干线自动化调度与运行管理决策支持系统工程（京石应急段）	55970	55970	53330	95	10000
20	滹沱河等七条河流防洪影响处理工程	6224	6224	5777	93	2000
21	南水北调中线干线工程调度中心土建项目	22684	22684	25569	113	2885
22	北拒马河暗渠穿河段防护加固工程及PCCP管道大石河段防护加固工程	18716	18716	17641	94	2000
二	**漳河北—古运河南段工程**	**2571061**	**2571061**	**2521214**	**98**	**4000**
1	磁县段工程	378089	378089	381106	101	
2	邯郸市—邯郸县段工程	224446	224446	231076	103	
3	永年县段工程	143980	143980	149127	104	
4	洺河渡槽工程	39342	39342	36038	92	
5	沙河市段工程	196493	196493	191590	98	
6	南沙河倒虹吸工程	104640	104640	101995	97	
7	邢台市段工程	197490	197490	193328	98	
8	邢台县和内邱县段工程	290084	290084	285804	99	2000
9	临城县段工程	247039	247039	241429	98	2000
10	高邑县—元氏县段工程	316964	316964	312948	99	
11	鹿泉市段工程	129802	129802	126825	98	
12	石家庄市区工程	207191	207191	207367	100	

续表

序号	工程名称	在建设计单元工程总投资/万元	累计下达投资计划/万元	累计完成投资/万元	投资完成比例/%	2018年完成投资/万元
13	电力设施专项迁建	34979	34979	34979	100	
14	邯邢段压矿及有形资产补偿	27602	27602	27602	100	
15	征迁新增投资	32920	32920		0	
三	**穿漳河工程**	**45750**	**45750**	**42477**	**93**	
四	**黄河北—漳河南段工程**	**2601250**	**2591015**	**2662648**	**102**	**158710**
1	温博段工程	193175	193175	192667	100	8000
2	沁河渠道倒虹吸工程	42636	42636	41882	98	1270
3	焦作1段工程	279498	279498	312794	112	
4	焦作2段工程	450111	450111	453463	101	30000
5	辉县段工程	519256	519256	517778	100	20000
6	石门河倒虹吸工程	31716	31716	29900	94	
7	新乡和卫辉段工程	231701	231701	229574	99	12000
8	鹤壁段工程	293142	293142	308033	105	25000
9	汤阴段工程	228222	228222	227917	100	24000
10	膨胀岩（潞王坟）试验段工程	31222	31222	34422	110	4445
11	安阳段工程	268964	268964	314218	117	33995
12	征迁新增投资	21372	21372		0	
五	**穿黄河工程**	**373670**	**373670**	**366169**	**98**	**601**
1	穿黄河工程	357303	357303	364046	102	
2	工程管理专项	1527	1527	2123	139	601
3	征迁新增投资	14840	14840		0	
六	**沙河南—黄河南段工程**	**3158075**	**3158075**	**3095483**	**98**	**121000**
1	沙河渡槽工程	309244	309244	307321	99	8000
2	鲁山北段工程	73396	73396	72577	99	2000
3	宝丰—郏县段工程	477019	477019	476736	100	12000
4	北汝河渠道倒虹吸工程	68904	68904	66896	97	
5	禹州和长葛段工程	572356	572356	571886	100	24000
6	潮河段工程	554387	554387	550887	99	38000
7	新郑南段工程	169912	169912	168665	99	5000
8	双洎河渡槽工程	81887	81887	79331	97	2000
9	郑州2段工程	391097	391097	389887	100	22000
10	郑州1段工程	166467	166467	164602	99	5000
11	荥阳段工程	251356	251356	246695	98	3000
12	征迁新增投资	13778	13778		0	
七	**陶岔渠首—沙河南段工程**	**3171516**	**3171516**	**3144014**	**99**	**73142**

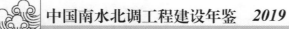

续表

序号	工程名称	在建设计单元工程总投资/万元	累计下达投资计划/万元	累计完成投资/万元	投资完成比例/%	2018年完成投资/万元
1	淅川县段工程	874725	874725	872805	100	25000
2	湍河渡槽工程	49486	49486	48221	97	
3	镇平县段工程	386393	386393	378816	98	
4	南阳市段工程	507907	507907	506212	100	10000
5	膨胀土（南阳）试验段工程	22291	22291	22448	101	3630
6	白河倒虹吸工程	56680	56680	60073	106	5512
7	方城段工程	619408	619408	612102	99	17000
8	叶县段工程	364860	364860	363832	100	
9	澧河渡槽工程	45653	45653	43189	95	
10	鲁山南1段工程	138741	138741	136867	99	6000
11	鲁山南2段工程	100431	100431	99449	99	16000
12	征迁新增投资	4941	4941		0	
八	**天津干线工程**	**1074149**	**1074149**	**1035469**	**96**	
1	西黑山进口闸—有压箱涵段工程	87354	87354	83042	95	
2	保定市1段工程	292561	292561	279729	96	
3	保定市2段工程	96940	96940	91409	94	
4	廊坊市段工程	384505	384505	376044	98	
5	天津市1段工程	178088	178088	171319	96	
6	天津市2段工程	27081	27081	26306	97	
7	天津干线河北段输变电工程迁建规划	7620	7620	7620	100	
九	**中线干线专项工程**	**251983**	**202467**	**193970**	**77**	**5000**
1	中线干线自动化调度与运行决策支持系统工程	199496	149980	141564	71	5000
2	中线干线文物专项	41025	41025	38567	94	
3	中线干线测量控制网建设（京石段除外）	2400	2400	3524	147	
4	北京2008年应急调水临时通水措施费	9062	9062	10315	114	
十	**特殊预备费**	**5280**	**5280**	**3520**	**67**	**5000**
1	中线京石段漕河渡槽防洪防护工程	2723	2723	1701	62	
2	中线邢石段槐河（一）渠道倒虹吸防洪防护工程	2557	2557	1819	71	
	淮委建设局	**58847**	**58847**	**58847**	**100**	**0**
一	**陶岔渠首枢纽工程**[5]	**58847**	**58847**	**58847**	**100**	**0**

续表

序号	工程名称	在建设计单元工程总投资/万元	累计下达投资计划/万元	累计完成投资/万元	投资完成比例/%	2018年完成投资/万元
	中线水源公司	**5389795**	**5385562**	**5344710**	**99**	**83029**
一	丹江口大坝加高工程	312588	309530	307280	99	6670
二	库区移民安置工程	5011826	5011084	4978139	99	74314
三	中线水源管理专项工程	11356	10923	5266	48	2045
四	中线水源文物保护项目	54025	54025	54025	100	0
	湖北省南水北调管理局	**1143447**	**1143447**	**1090817**	**95**	**19750**
一	兴隆水利枢纽工程	342789	342789	322636	94	710
二	引江济汉工程	694460	694460	668390	96	19040
1	引江济汉工程	684738	684738	659738	96	18302
2	引江济汉调度运行管理系统工程	9722.00	9722.00	8652	89	738
三	部分闸站改造	56423.00	56423.00	50020	89	0
四	局部航道整治	46142.00	46142.00	46137.47	100	0
五	汉江中下游文物保护	3633	3633	3633	100	0
	设管中心	**17000**	**17000**	**13025**	**77**	**342**
1	前期工作投资	8500	8500	8500	100	0
2	东、中线一期工程项目验收专项费用	500	500	297	59	297
3	中线一期工程安全风险评估费	8000	8000	4228	53	45
	过渡性资金融资费用	**1360200**	**1360200**	**1058260**	**78**	**0**

① 里下河水源补偿工程、梁济运河工程和柳长河工程总投资和累计完成投资为南水北调工程分摊投资，不含地方分摊投资。

② 江苏段试通水费用和山东段试通水费用各含苏鲁省际段试通水费用40万元；江苏段试运行费用含苏鲁省际试运行费用42万元，山东段试运行费用含苏鲁省际试运行费用43万元。

③ 姚楼河闸总投资2412万元，杨官屯河闸总投资5996万元，大沙河闸总投资11776万元，南四湖水资源监测工程总投资5486万元，由江苏和山东两省各执行一部分投资。

④ 按照中线建管局以中线局计〔2018〕67号文备案的材料，项目法人根据工程建设实际情况和验收需要，将2017年下达北拒马河暗渠工程的防洪防护项目投资5227万元调整至河北总干渠及连接段工程中。

⑤ 陶岔渠首枢纽工程总投资和累计完成投资不含电站投资。

（牛文钰　高立军）

拾肆 大事记

MAJOR EVENTS

一　月

2日，上午，国务院南水北调办党组书记、主任鄂竟平主持召开主任办公会，审议到期督办事项、讨论系统工作会主报告。国务院南水北调办党组成员、副主任张野、蒋旭光出席。总经济师程殿龙出席。派驻纪检组有关负责同志参加。机关各司、各直属单位负责同志参加。

同日下午，国务院南水北调办党组成员、副主任蒋旭光主持召开主任专题办公会，听取监督司2017年工作总结情况汇报，安排部署2018年重点工作。

3日，上午，国务院南水北调办党组书记、主任鄂竟平主持召开主任办公会，传达中央农村工作会议精神。国务院南水北调办党组成员、副主任张野、蒋旭光出席。总经济师程殿龙出席。派驻纪检组有关负责同志参加。机关各司、各直属单位负责同志参加。

同日，国务院南水北调办党组书记、主任鄂竟平主持召开主任专题办公会，听取南水北调东中线一期工程调水控制系统信息安全加固基础设施整合方案有关情况汇报。国务院南水北调办党组成员、副主任张野出席。派驻纪检组有关负责同志参加。综合司、建管司、设管中心、中线建管局、东线公司负责同志参加。

同日下午，国务院南水北调办党组成员、副主任蒋旭光主持召开主任专题办公会，听取直属机关党委、直属机关纪委2017年工作总结情况汇报，安排部署2018年重点工作。

4日，上午，国务院南水北调办党组书记、主任鄂竟平主持召开主任专题办公会，听取稽察大队2017年"飞检"工作情况汇报。国务院南水北调办党组成员、副主任蒋

旭光出席。建管司、监管中心、中线建管局、东线公司负责同志参加。

5—8日，国务院南水北调办党组书记、主任鄂竟平参加新进中央委员会的委员、候补委员和省部级主要领导干部学习贯彻习近平新时代中国特色社会主义思想和党的十九大精神研讨班。

8日，下午，国务院南水北调办党组成员、副主任蒋旭光主持召开直属机关党委全体委员会议，研究近期直属机关党建工作。直属机关党委全体委员参加。

9日，上午，国务院南水北调办党组书记、主任鄂竟平主持召开主任办公会，审议到期督办事项、讨论系统工作会主报告、安排部署个人事项填报工作。国务院南水北调办党组成员、副主任张野、蒋旭光出席。总经济师程殿龙、总工程师张忠义出席。派驻纪检组有关负责同志参加。机关各司、各直属单位负责同志参加。

9—11日，国务院南水北调办党组成员、副主任蒋旭光赴河南省南阳市、平顶山市、许昌市等地检查工程运行监管工作，调研基层党支部学习贯彻落实党的十九大精神情况。监督司、监管中心、稽察大队负责同志参加。

10日，国务院南水北调办党组书记、主任鄂竟平赴河北省保定市检查中线工程冰期输水运行管理工作。建管司、监督司、监管中心、稽察大队、中线建管局负责同志参加。

10—11日，国务院南水北调办党组成员、副主任张野带队检查中线天津干线段工程冰期输水工作。总经济师程殿龙参加。投计司、建管司、中线建管局负责同志参加。

11日，国务院南水北调办党组书记、主任鄂竟平参加十九届中央纪委二次全会。

12日，上午，国务院南水北调办党组书记、主任鄂竟平主持召开国务院南水北调办党组2018年第1次会议，研究2017年度

司局级党员领导干部民主生活会工作方案、南水北调工作会议主报告等。国务院南水北调办党组成员、副主任张野、蒋旭光出席。派驻纪检组有关负责同志列席。综合司、直属机关党委主要负责同志列席相关议题。

16 日，上午，国务院南水北调办党组成员、副主任蒋旭光主持召开国务院南水北调办党组 2017 年度民主生活会征求意见座谈会，听取直属机关各单位负责人、工青妇组织负责人、党外人士对国务院南水北调办党组及党组成员的意见建议。

17—18 日，2018 年南水北调工作会议在北京召开。国务院南水北调办党组书记、主任鄂竟平作会议报告。派驻纪检组组长田野出席并讲话。国务院南水北调办党组成员、副主任张野、蒋旭光出席。总经济师程殿龙、总工程师张忠义出席。派驻纪检组有关负责同志参加。机关全体公务员、各直属单位处级以上干部，各省（市）南水北调办（建管局），河南省、湖北省移民办（局），江苏省、山东省治污机构，各项目法人负责同志参加。

18—19 日，国务院南水北调办党组书记、主任鄂竟平参加中国共产党第十九届中央委员会第二次全体会议。

同日，国务院南水北调办党组成员、副主任蒋旭光赴河北省石家庄市检查工程运行监管情况，并调研征迁及配套工程建设工作。征移司、监督司、监管中心负责同志参加。

22 日，上午，国务院南水北调办党组书记、主任鄂竟平参加国务院有关会议。

同日下午，国务院南水北调办党组成员、副主任蒋旭光出席贯彻党的十九大精神专题培训班（第二期）开班动员会并讲话。专题培训班（第二期）全体学员参加。

23 日，上午，国务院南水北调办党组书记、主任鄂竟平主持召开党组（扩大）会议，传达中共十九届二中全会和十九届中

央纪委二次全会精神。派驻纪检组组长田野出席。国务院南水北调办党组成员、副主任张野、蒋旭光出席。总经济师程殿龙出席。派驻纪检组有关负责同志参加。机关各司、各直属单位负责同志参加。

同日上午，国务院南水北调办党组书记、主任鄂竟平主持召开国务院南水北调办党组 2018 年第 2 次会议，传达中央会议精神、研究干部事宜。派驻纪检组组长田野出席。国务院南水北调办党组成员、副主任张野、蒋旭光出席。派驻纪检组有关负责同志列席。综合司主要负责同志列席。

24 日，下午，国务院南水北调办党组书记、主任鄂竟平，国务院南水北调办党组成员、副主任蒋旭光参加中央国家机关第 32 次党的工作会议暨第 30 次纪检工作会议。

25 日，下午，国务院南水北调办党组成员、副主任张野参加全国安全生产电视电话会议。

25—26 日，国务院南水北调办党组成员、副主任蒋旭光赴河南省新乡市、焦作市、郑州市等地检查工程运行监管及水毁项目修复工程进展情况，并出席稽察大队年度工作会。监督司、监管中心、中线建管局负责同志参加。

29 日，上午，国务院南水北调办党组书记、主任鄂竟平主持召开主任办公会，传达学习习近平总书记 1 月 5 日在中央党校研讨班上的重要讲话精神。国务院南水北调办党组成员、副主任张野、蒋旭光出席。总经济师程殿龙、总工程师张忠义出席。机关各司、各直属单位司局级干部参加。

同日下午，国务院南水北调办党组成员、副主任张野出席东线公司 2018 年工作会议。总经济师程殿龙、总工程师张忠义出席。机关各司、各直属单位负责同志参加。

30 日，上午，国务院南水北调办党组书记、主任鄂竟平主持召开直属机关党建述

职评议考核会并讲话。国务院南水北调办党组成员、副主任蒋旭光出席。直属机关党委委员，机关各司、各直属单位党组织书记和党员代表参加。

30—31日，国务院南水北调办党组书记、主任鄂竟平赴河南郑州检查丹江口库区移民安稳发展情况。综合司、征移司负责同志参加。

31日，上午，国务院南水北调办党组成员、副主任张野出席中线建管局2018年工作会议。总经济师程殿龙、总工程师张忠义出席。机关各司、各直属单位负责同志参加。

1月30日至2月1日，国务院南水北调办党组成员、副主任蒋旭光赴湖北省十堰市调研丹江口库区移民稳定发展及定点扶贫工作，期间赴中线水源公司调研。投计司、征移司负责同志参加。

二　月

1日，上午，国务院南水北调办党组书记、主任鄂竟平主持召开主任专题办公会，听取南水北调验收工作进展及存在问题情况汇报。国务院南水北调办党组成员、副主任张野出席。综合司、经财司、建管司、环保司、征移司、监督司、监管中心、设管中心、中线建管局、东线公司负责同志参加。

2日，上午，国务院南水北调办党组书记、主任鄂竟平主持召开国务院南水北调办党组2018年第3次会议，学习中央有关文件。国务院南水北调办党组成员、副主任张野、蒋旭光出席。

同日下午，国务院南水北调办党组书记、主任鄂竟平主持召开国务院南水北调办党组2018年度民主生活会。国务院南水北调办党组成员、副主任张野、蒋旭光出席。第31督导组和派驻纪检组有关负责同志

参加。

同日上午，国务院南水北调办党组成员、副主任张野参加专家委会议。专家委主任陈厚群院士主持会议，副主任高安泽、宁远、汪易森参加。

5—6日，国务院南水北调办党组书记、主任鄂竟平赴河北省邢台市检查南水北调中线工程冰期输水运行工作。建管司、监督司、监管中心、稽察大队、中线建管局负责同志参加。

5日，下午，国务院南水北调办党组成员、副主任张野主持召开会议，听取河北省南水北调办关于雄安新区供水情况的汇报。投计司、建管司、中线建管局负责同志参加。

7日，上午，国务院南水北调办党组书记、主任鄂竟平参加国务院第198次常务会议。

同日下午，国务院南水北调办党组书记、主任鄂竟平主持召开国务院南水北调办党组2018年第4次会议，研究挂职干部事宜。国务院南水北调办党组成员、副主任张野、蒋旭光出席。综合司主要负责同志列席。

同日下午，国务院南水北调办党组书记、主任鄂竟平主持召开主任专题办公会，研究2018年扶贫工作。国务院南水北调办党组成员、副主任蒋旭光出席。综合司、环保司、征移司、直属机关党委、中线建管局、东线公司主要负责同志参加。

同日下午，国务院南水北调办党组书记、主任鄂竟平主持召开主任专题办公会，研究库区移民后续帮扶下一步工作。国务院南水北调办党组成员、副主任蒋旭光出席。征移司主要负责同志参加。

8日，上午，国务院南水北调办党组书记、主任鄂竟平主持召开主任专题办公会，听取所属企业2015—2016年运行经费内部审计情况汇报。经财司、中线建管局、东线

公司主要负责同志参加。

同日，国务院南水北调办党组成员、副主任蒋旭光赴河北省保定市检查工程运行监管情况，并调研基层党建工作。监督司、监管中心、稽察大队负责同志参加。

9日，上午，国务院南水北调办党组书记、主任鄂竟平主持召开主任办公会，研究2018年督办事项。国务院南水北调办党组成员、副主任张野、蒋旭光出席。总经济师程殿龙、总工程师张忠义出席。机关各司、各直属单位负责同志参加。

同日下午，国务院南水北调办党组书记、主任鄂竟平，国务院南水北调办党组成员、副主任张野、蒋旭光参加国务院有关会议。

同日，国务院南水北调办举办迎新春职工文化联谊活动。国务院南水北调办党组书记、主任鄂竟平，国务院南水北调办党组成员、副主任张野、蒋旭光出席。总经济师程殿龙、总工程师张忠义出席。机关各司、各直属单位干部职工参加。

12日，国务院南水北调办党组书记、主任鄂竟平赴涞水、易县检查中线工程运行管理和节日值班工作，慰问工程一线干部职工。建管司、监督司、中线建管局、稽察大队负责同志参加。

同日，国务院南水北调办党组成员、副主任蒋旭光赴北京市房山区检查中线工程运行监管和节日值班工作，慰问工程一线干部职工。监督司、监管中心、稽察大队负责同志参加。

14日，上午，国务院南水北调办党组书记、主任鄂竟平参加中共中央国务院春节团拜会。

23日，上午，国务院南水北调办党组书记、主任鄂竟平主持召开主任专题办公会，听取中线干线水质系统专项检查情况汇报。国务院南水北调办党组成员、副主任蒋旭光出席。环保司、监督司、监管中心、稽

察大队、中线建管局主要负责同志参加。

同日上午，国务院南水北调办党组书记、主任鄂竟平主持召开国务院南水北调办党组2018年第5次会议，研究2017年办管干部考核事宜。国务院南水北调办党组成员、副主任张野、蒋旭光出席。派驻纪检组有关负责同志列席。综合司主要负责同志列席。

同日下午，国务院南水北调办党组成员、副主任蒋旭光主持召开主任专题办公会，研究部署全国"两会"期间南水北调办信访维稳工作。机关各司、各直属单位负责同志参加。

24日，上午，国务院南水北调办党组书记、主任鄂竟平主持召开主任专题办公会，研究中线退水闸供水有关问题。国务院南水北调办党组成员、副主任张野出席。建管司、中线建管局主要负责同志参加。

同日下午，国务院南水北调办党组书记、主任鄂竟平主持召开国务院南水北调办党组年度考核暨选人用人"一报告两评议"会议。国务院南水北调办党组成员、副主任张野、蒋旭光出席。总经济师程殿龙、总工程师张忠义出席。中组部干部四局、监督局有关同志参加。国务院南水北调办机关司局级干部及直属单位主要负责同志出席。

同日上午，国务院南水北调办党组成员、副主任蒋旭光参加国务院有关会议。综合司主要负责同志参加。

26—28日，国务院南水北调办党组书记、主任鄂竟平出席中共中央十九届三中全会。

27日，晚上，国务院南水北调办党组书记、主任鄂竟平接见郧阳区委书记一行，并就2018年对口扶贫工作召开座谈会。国务院南水北调办党组成员、副主任蒋旭光出席。环保司、征移司、中线建管局、东线公司负责同志参加。

国务院南水北调办党组成员、副主任蒋

旭光赴河南省郑州市出席丹江口水库移民后续帮扶规划有关工作座谈会。征移司、设管中心、河南省移民办、湖北省移民局，中线水源公司，长江勘测规划设计研究有限责任公司负责同志参加。

28日，上午，国务院南水北调办党组成员、副主任张野主持召开国务院南水北调办安全生产领导小组第十七次全体会议。国务院南水北调办安全生产领导小组全体成员参加。

同日下午，国务院南水北调办党组成员、副主任蒋旭光主持召开主任专题办公会，部署保障2018年全国"两会"有关工作。机关各司、各直属单位负责同志参加。

三　月

1日，国务院南水北调办党组书记、主任鄂竟平会见甘肃省省长唐仁健一行，并就南水北调西线工程有关问题座谈。国务院南水北调办党组成员、副主任张野参加。综合司、投计司、设管中心负责同志参加。

同日，国务院南水北调办党组书记、主任鄂竟平会见湖北省副省长周先旺一行。环保司、征移司负责同志参加。

同日，国务院南水北调办党组成员、副主任蒋旭光赴河北省邯郸市、邢台市检查工程运行监管及"两会"保障措施部署情况。监督司、稽察大队负责同志参加。

2日，上午，国务院南水北调办党组书记、主任鄂竟平主持召开主任办公会，审议2018年督办事项、南水北调工程2017年十大新闻。国务院南水北调办党组成员、副主任张野、蒋旭光出席。总经济师程殿龙出席。机关各司、各直属单位负责同志参加。

同日下午，国务院南水北调办党组书记、主任鄂竟平主持召开党组扩大会议，学习贯彻党的十九届三中全会精神。国务院南

水北调办党组成员、副主任张野、蒋旭光出席。总经济师程殿龙出席。机关各司、各直属单位负责同志参加。

5—20日，国务院南水北调办党组书记、主任鄂竟平旁听第十三届全国人民代表大会第一次会议。

6日，上午，国务院南水北调办党组书记、主任鄂竟平主持召开主任专题办公会，听取中线干线设计单元投资使用抽查情况汇报。国务院南水北调办党组成员、副主任张野出席。投计司、设管中心、中线建管局负责同志参加。

同日上午，国务院南水北调办党组成员、副主任蒋旭光主持召开国务院南水北调办保密委员会全体会议，研究部署2018年保密工作。保密委员会全体成员参加。

同日下午，国务院南水北调办党组成员、副主任蒋旭光列席全国政协会议。

7日，上午，国务院南水北调办党组书记、主任鄂竟平主持召开主任专题办公会，听取中线漕河渡槽等检修发现较多问题有关情况汇报。国务院南水北调办党组成员、副主任张野、蒋旭光出席。建管司、监督司、监管中心、稽察大队、中线建管局负责同志参加。

8日，上午，国务院南水北调办党组书记、主任鄂竟平主持召开主任专题办公会，听取中线建管局9个问题落实情况汇报。国务院南水北调办党组成员、副主任蒋旭光出席。建管司、监督司、监管中心、稽察大队负责同志参加。

同日上午，国务院南水北调办党组成员、副主任张野列席全国政协会议。

9日，上午，国务院南水北调办党组书记、主任鄂竟平主持召开主任专题办公会，听取政研中心"河长制与南水北调工程关系分析"课题研究情况汇报。国务院南水北调办党组成员、副主任蒋旭光出席。总工程师张忠义出席。综合司、建管司、中线建

管局、东线公司负责同志参加。

12 日，上午，国务院南水北调办党组成员、副主任蒋旭光主持召开主任专题办公会，传达中央文件精神。机关各司、各直属单位负责同志参加。

同日下午，国务院南水北调办党组成员、副主任蒋旭光主持召开主任专题办公会，研究近期加强运行监管有关措施。监督司、监管中心、稽察大队负责同志参加。

13 日，上午，国务院南水北调办党组成员、副主任蒋旭光主持召开直属机关党委会议，研究近期党建工作。直属机关党委委员参加。

13—14 日，国务院南水北调办党组成员、副主任张野带队检查中线河北段工程运行安全管理工作。建管司、中线建管局负责同志参加。

14 日，上午，国务院南水北调办党组书记、主任鄂竟平主持召开主任专题办公会，听取每日汇报 15203 期和 15097 期有关情况汇报。环保司、政研中心、监管中心、中线建管局负责同志参加。

同日上午，国务院南水北调办党组成员、副主任蒋旭光主持召开主任专题办公会，研究移民稳定有关工作。综合司、征移司负责同志参加。

15 日，上午，国务院南水北调办党组书记、主任鄂竟平主持召开主任专题办公会，听取穿黄工程缺陷处理情况汇报。国务院南水北调办党组成员、副主任张野、蒋旭光出席。建管司、监督司、监管中心、稽察大队、中线建管局负责同志参加。

同日下午，国务院南水北调办党组成员、副主任蒋旭光主持召开主任专题办公会，研究运行监管有关工作。监督司、监管中心、稽察大队、中线建管局负责同志参加。

同日下午，国务院南水北调办党组成员、副主任蒋旭光会见河南省南阳市有关负责同志，就南水北调干部学院有关事宜进行座谈。综合司、中线建管局负责同志参加。

16 日，上午，国务院南水北调办党组书记、主任鄂竟平主持召开主任专题办公会，听取东中线一期工程技术总结工作汇报。国务院南水北调办党组成员、副主任张野、蒋旭光出席。总经济师程殿龙出席。投计司、建管司、环保司、监督司、监管中心、设管中心、中线建管局、东线公司负责同志参加。

同日下午，国务院南水北调办党组成员、副主任蒋旭光出席《中国南水北调工程》丛书首卷出版座谈会。总工程师张忠义出席。丛书编纂委员会成员、中国水利水电出版社负责同志参加。

同日下午，国务院南水北调办党组成员、副主任蒋旭光主持召开《中国南水北调工程》丛书编纂出版督导会。总工程师张忠义出席。丛书编纂委员会成员、中国水利水电出版社负责同志参加。

21 日，下午，国务院南水北调办党组成员、副主任蒋旭光主持召开会议，研究运行监管有关工作。监督司、监管中心、稽察大队负责同志参加。

22 日，上午，水利部部长鄂竟平出席水利部干部大会并讲话。

同日下午，水利部副部长蒋旭光主持召开会议，研究南水北调近期重点工作。总经济师程殿龙、总工程师张忠义出席。机关各司、各直属单位负责同志参加。

24 日，下午，水利部副部长蒋旭光出席水利部研究机构改革有关工作会议。

同日下午，水利部副部长蒋旭光出席水利部部长办公会，学习讨论国务院有关文件。

25 日，上午，水利部副部长蒋旭光出席水利部 2018 年第 15 次党组扩大会议。

26 日，水利部副部长蒋旭光主持召开办公会，研究南水北调建设管理、投资计划重点工作。

27日，水利部副部长蒋旭光主持召开办公会，研究南水北调环保治污、经济财务和中线建管局重点工作。

28日，上午，水利部副部长蒋旭光主持召开办公会，研究南水北调东线公司近期重点工作。

29日，水利部副部长蒋旭光赴江苏省徐州市出席南水北调工程运行监管工作会议。建管司、监督司、监管中心、稽察大队等单位负责同志参加。

30日，下午，水利部副部长蒋旭光研究南水北调有关工作。

四　月

2日，上午，水利部副部长蒋旭光研究南水北调审计有关工作。

同日下午，水利部副部长蒋旭光赴审计署商谈南水北调审计有关工作。

4日，上午，水利部副部长蒋旭光赴河北省检查南水北调工程运行情况。

同日下午，水利部副部长蒋旭光主持召开会议，部署南水北调工程通水运行安全工作。

5—7日，水利部副部长蒋旭光赴河南省、河北省检查南水北调工程运行及节日值守情况。

8日，下午，水利部副部长蒋旭光研究南水北调工程运行监管工作。

9日，下午，水利部副部长蒋旭光研究南水北调工程验收计划。

10日，下午，水利部副部长蒋旭光主持召开原国务院南水北调办党建工作联席会议。

11—13日，水利部副部长蒋旭光赴郑州市出席南水北调工程安全管理暨防汛工作会，检查南水北调中线河南省境内工程防汛

工作。

24日，上午，水利部副部长蒋旭光研究南水北调工程技术管理有关工作。

同日下午，水利部副部长蒋旭光调研南水北调东线公司工作。

25日，下午，水利部副部长蒋旭光送原国务院南水北调办环保司转隶同志到生态环境部。

26日，上午，水利部副部长蒋旭光调研南水北调东线公司工作。

26—28日，水利部副部长蒋旭光赴湖北省出席南水北调工程验收管理工作会。

五　月

3日，上午，水利部副部长蒋旭光研究南水北调资产清理及预算工作。

4日，水利部副部长蒋旭光赴河北省检查南水北调中线工程运行监管情况。

7日，上午，水利部副部长蒋旭光研究南水北调移民稳定工作。

同日下午，水利部副部长蒋旭光主持召开南水北调支部书记学习会。

8日，上午，水利部副部长蒋旭光研究南水北调工程运行问题整改工作。

9—10日，水利部副部长蒋旭光赴山东省检查南水北调工程防汛工作。

11日，下午，水利部副部长蒋旭光研究南水北调工程运行管理规范化工作。

15日，上午，水利部副部长蒋旭光组织召开南水北调支部（党委、党组）书记会。

同日下午，水利部副部长蒋旭光研究南水北调审计问题整改工作。

同日下午，水利部副部长蒋旭光研究南水北调中线工程大流量输水安全问题。

同日下午，水利部副部长蒋旭光听取南水北调监管中心工作汇报。

16日，上午，水利部副部长蒋旭光研究南水北调防汛准备工作及工程验收突出问题。

17—18日，水利部副部长蒋旭光赴河南省调研检查南水北调中线工程大流量输水安全问题及防汛准备工作。

21日，上午，水利部副部长蒋旭光研究南水北调审计重点问题整改工作。

同日下午，水利部副部长蒋旭光主持召开南水北调支部（党委、党组）书记会。

29日，下午，水利部副部长蒋旭光研究南水北调重点审计整改工作。

30日，上午，水利部副部长蒋旭光研究南水北调工程完工决算工作。

同日下午，水利部副部长蒋旭光研究南水北调工程监管工作。

5月31日至6月1日，水利部副部长蒋旭光赴河北省调研南水北调中线防洪影响处理工程实施情况。

六 月

4日，上午，水利部副部长蒋旭光参加"水到渠成共发展"网络主题活动记者见面会。

同日下午，水利部副部长蒋旭光研究南水北调中线防汛水毁项目修复有关工作。

5日，上午，水利部副部长蒋旭光研究南水北调生态工程课题有关工作。

同日上午，水利部副部长蒋旭光研究南水北调审计整改工作。

同日下午，水利部副部长蒋旭光研究南水北调移民重点工作。

6日，上午，水利部副部长蒋旭光赴湖北省十堰市参加南水北调移民稳定工作会。

同日下午，水利部副部长蒋旭光调研湖北省十堰市郧阳区扶贫工作。

7—8日，水利部副部长蒋旭光调研湖北省襄阳市南水北调移民稳定发展工作。

12日，上午，水利部副部长蒋旭光出席南水北调督办事项质量评价会。

同日上午，水利部副部长蒋旭光研究南水北调审计重点问题整改工作。

同日下午，水利部副部长蒋旭光出席南水北调系统新闻发布与舆情管理培训班开班式。

同日下午，水利部副部长蒋旭光研究部署端午节期间南水北调工程安全运行有关工作。

13日，上午，水利部副部长蒋旭光主持召开原国务院南水北调办机关党委（扩大）会议。

同日上午，水利部副部长蒋旭光听取南水北调渠首电站发电工作情况。

14—15日，水利部副部长蒋旭光检查调研南水北调中线陶岔渠首电站运行及大流量供水河南段工程运行管理情况。

20日，上午，水利部副部长蒋旭光研究南水北调审计重点问题整改工作。

同日上午，水利部副部长蒋旭光研究南水北调丹江口库区移民后帮扶规划工作。

同日下午，水利部副部长蒋旭光主持召开南水北调工程防汛周例会。

21—22日，水利部副部长蒋旭光赴河北省"飞检"南水北调中线干线工程运行及防汛工作。

22日，下午，水利部副部长蒋旭光听取南水北调配套工程进展情况汇报。

同日下午，水利部副部长蒋旭光研究南水北调审计重点问题整改工作。

25日，水利部副部长蒋旭光赴河南省出席南水北调中线工程防汛抢险应急演练。

26日，上午，水利部副部长蒋旭光研究南水北调管理体制问题。

同日上午，水利部副部长蒋旭光主持召开南水北调工程防汛周例会。

27日，上午，水利部副部长蒋旭光主

持召开原国务院南水北调办"3·14"重要讲话学习交流会。

29日,下午,水利部副部长蒋旭光听取南水北调工程档案管理工作汇报。

七　月

2日,下午,水利部副部长蒋旭光主持召开南水北调工程防汛周例会。

同日下午,水利部副部长蒋旭光研究南水北调东线工程有关问题。

3日,下午,水利部副部长蒋旭光研究南水北调审计整改报告。

4日,水利部副部长蒋旭光赴河北省检查南水北调中线工程安全运行和防汛工作。

5日,下午,水利部副部长蒋旭光研究南水北调中线工程大流量输水安全运行工作。

同日下午,水利部副部长蒋旭光研究南水北调东线工程有关问题。

6日,下午,水利部副部长蒋旭光研究南水北调宣传工作。

10日,上午,水利部副部长蒋旭光主持召开南水北调督办事项月度考评会。

同日上午,水利部副部长蒋旭光研究南水北调东线工程有关问题。

同日下午,水利部副部长蒋旭光研究南水北调中线工程生态补水效益。

同日下午,水利部副部长蒋旭光主持召开南水北调工程防汛周例会。

11日,下午,水利部部长鄂竟平、副部长蒋旭光听取国务院副总理胡春华关于南水北调批示研究落实情况汇报。

同日上午,水利部副部长蒋旭光研究南水北调工程水费收缴工作。

同日上午,派驻纪检组组长田野赴原国务院南水北调办办公区出席严肃机构改革期间纪律座谈会。

12日,水利部副部长蒋旭光出席南水北调中线一期陶岔渠首枢纽工程电站机组启动验收会议。

13日,水利部副部长蒋旭光飞检南水北调中线工程。

16日,下午,水利部副部长蒋旭光研究南水北调东线有关工作。

同日下午,水利部副部长蒋旭光听取湖北省南水北调有关工作汇报。

17日,上午,水利部副部长蒋旭光主持召开原国务院南水北调办直属机关党委(扩大)会议。

同日上午,水利部副部长蒋旭光研究南水北调中线工程生态补水宣传方案。

同日下午,水利部副部长蒋旭光研究南水北调工程验收工作。

18日,上午,水利部副部长蒋旭光听取中央巡视原国务院南水北调办党组任务整改进展情况汇报。

同日上午,水利部副部长蒋旭光主持召开南水北调工程防汛周例会。

18—19日,水利部副部长蒋旭光调研湖北省移民稳定及安置点防汛工作。

20日,上午,水利部副部长蒋旭光研究南水北调东线有关工作。

22日,水利部副部长蒋旭光检查南水北调中线工程防汛准备及值班值守情况。

23日,上午,水利部副部长蒋旭光研究移民稳定有关工作。

同日下午,水利部副部长蒋旭光研究南水北调工程验收有关工作。

24日,上午,水利部副部长蒋旭光主持召开南水北调工程防汛周例会。

25日,上午,水利部副部长蒋旭光研究原国务院南水北调办定点扶贫工作。

25日,上午,水利部副部长蒋旭光研究移民稳定工作。

26日,水利部副部长蒋旭光赴河南省检查南水北调中线工程防汛准备情况。

31 日，下午，水利部副部长蒋旭光主持召开南水北调防汛周例会。

同日下午，水利部副部长蒋旭光研究原国务院南水北调办督办工作。

八　月

1 日，上午，水利部副部长蒋旭光研究南水北调工程运行监督工作。

同日下午，水利部副部长蒋旭光研究原国务院南水北调办机构改革协同配合工作。

2—3 日，水利部副部长蒋旭光检查南水北调湖北省境内工程防汛及运行管理工作情况。

6 日，下午，水利部副部长蒋旭光研究南水北调中线工程调剂分配水量事宜。

同日下午，水利部副部长蒋旭光主持召开原国务院南水北调办党建联席工作会。

7 日，上午，水利部副部长蒋旭光主持召开原国务院南水北调办督办事项月度考评会。

同日上午，水利部副部长蒋旭光研究南水北调工程验收工作。

同日下午，水利部副部长蒋旭光主持召开原国务院南水北调办党建联席工作会。

13 日，下午，水利部副部长蒋旭光主持召开南水北调工程防汛周例会。

15 日，下午，水利部部长鄂竟平、副部长蒋旭光研究动态清样反映南水北调东线工作有关问题。

同日上午，水利部副部长蒋旭光研究南水北调工程运行安全工作。

同日上午，水利部副部长蒋旭光研究南水北调中线工程生态补水情况。

16 日，水利部副部长蒋旭光飞检南水北调中线工程防汛工作情况。

20 日，下午，水利部副部长蒋旭光听取南水北调工程招投标情况汇报。

21 日，上午，水利部副部长蒋旭光听取南水北调工程科技项目管理工作汇报。

同日上午，水利部副部长蒋旭光研究南水北调宣传工作。

同日下午，水利部副部长蒋旭光主持召开南水北调工程防汛周例会。

同日下午，水利部副部长蒋旭光研究南水北调工程保护区划定有关工作。

22 日，上午，水利部副部长蒋旭光主持召开原国务院南水北调办直属机关党委（扩大）会。

23 日，上午，水利部副部长蒋旭光主持召开原国务院南水北调办督办事项考评会。

25 日，水利部副部长蒋旭光赴河南省检查南水北调工程防汛工作。

30 日，晚上，水利部部长鄂竟平、副部长田学斌研究原国务院三峡办、原国务院南水北调办后勤聘用人员安置问题。

九　月

4 日，上午，水利部副部长蒋旭光研究南水北调东线一期工程 2018—2019 年度水量调度计划。

4—6 日，水利部副部长蒋旭光赴江苏省调研南水北调东线工程运行管理及调水准备情况。

18 日，下午，水利部副部长蒋旭光研究南水北调工程建设企业脱钩事宜。

20 日，上午，水利部副部长魏山忠研究河南省焦作市南水北调行政复议案件有关事项。

十　月

8 日，上午，水利部副部长蒋旭光研究

南水北调工程运行安全有关工作。

15日，下午，水利部副部长蒋旭光研究南水北调体制有关工作。

16日，下午，水利部部长鄂竟平陪同国务院副总理胡春华视察南水北调中线陶岔渠首工程。

17—18日，水利部副部长蒋旭光赴河南省飞检南水北调工程运行管理有关工作。

22日，上午，水利部副部长蒋旭光出席南水北调东中线一期工程领导小组验收会议。

24日，上午，水利部副部长蒋旭光赴国务院国资委商谈南水北调工程建设企业体制问题。

25—26日，水利部副部长蒋旭光飞检南水北调工程运行情况。

十 一 月

5日，上午，水利部副部长蒋旭光赴南水北调政研中心宣布干部任命。

同日下午，水利部副部长蒋旭光研究部署南水北调工程冰期输水工作。

6日，上午，水利部副部长蒋旭光研究南水北调所属企业体制问题。

同日上午，水利部副部长蒋旭光听取南水北调工程生态效益研究报告。

13日，上午，水利部副部长蒋旭光出席南水北调运行管理工作会。

14日，下午，水利部副部长蒋旭光研究南水北调所属企业体制问题。

19日，上午，水利部副部长蒋旭光研究南水北调工程水量水价运行机制。

22日，上午，水利部副部长蒋旭光出席湖北省十堰市郧阳区定点扶贫工作推进会。

23日，下午，水利部副部长蒋旭光研究南水北调工程中线运行监管工作。

十 二 月

10日，上午，水利部副部长蒋旭光研究南水北调东中线全面通水四周年宣传工作。

11日，上午，水利部副部长蒋旭光出席南水北调中线一期惠南庄泵站设计单元工程完工验收会。

12日，上午，水利部副部长蒋旭光出席南水北调工程验收暨财务决算工作会，总工程师张忠义出席。

同日下午，水利部副部长蒋旭光研究南水北调工程生态功能及对策。

14日，水利部副部长蒋旭光赴河北省检查南水北调工程冰期输水工作。

17日，下午，水利部副部长蒋旭光研究南水北调工程经济财务工作。

25日，下午，水利部副部长蒋旭光研究南水北调工程"两节"期间运行安全工作。

Contents

Chapter Two   Important Speeches

Chapter Three   Important Events

Chapter Four　Important Files

Chapter Five　Visit and Inspection

Chapter Six   Article and Interview

Chapter Seven   General Management

Chapter Eight   The Eastern Route Project of the SNWDP

Chapter Nine   The Middle Route Project of the SNWDP

Chapter Ten   The Western Route Project of the SNWDP

Chapter Eleven   The Matching Projects

Chapter Twelve   Team Building

Chapter Thirteen   The Statistical Information

Chapter Fourteen   Major Events

（目录翻译：牛群）

南水北调系统有关单位规范名称

全 称	简 称
国务院南水北调工程建设委员会	建委会
国务院南水北调工程建设委员会专家委员会	专家委员会
国务院南水北调工程建设委员会办公室	国务院南水北调办（南水北调办）
机关各司及直属事业单位	
国务院南水北调办综合司	综合司
国务院南水北调办投资计划司	投资计划司（投计司）
国务院南水北调办经济与财务司	经济与财务司（经财司）
国务院南水北调办建设管理司	建设管理司（建管司）
国务院南水北调办环境保护司	环境保护司（环保司）
国务院南水北调办征地移民司	征地移民司（征移司）
国务院南水北调办监督司	监督司
国务院南水北调办直属机关党委	机关党委
国务院南水北调工程建设委员会办公室政策及技术研究中心	政研中心
南水北调工程建设监管中心	监管中心
南水北调工程设计管理中心	设管中心
各省（直辖市）南水北调办（建管局）	
北京市南水北调工程建设委员会办公室	北京市南水北调办
天津市南水北调工程建设委员会办公室	天津市南水北调办
河北省南水北调工程建设委员会办公室	河北省南水北调办
江苏省南水北调工程建设领导小组办公室	江苏省南水北调办
山东省南水北调工程建设管理局	山东省南水北调建管局
河南省南水北调中线工程建设领导小组办公室	河南省南水北调办
湖北省南水北调工程领导小组办公室	湖北省南水北调办
项 目 法 人	
南水北调中线干线工程建设管理局	中线建管局
南水北调东线总公司	东线总公司
南水北调中线水源有限责任公司	中线水源公司
南水北调东线江苏水源有限责任公司	江苏水源公司

全　称	简　称
南水北调东线山东干线有限责任公司	山东干线公司
湖北省南水北调管理局	湖北省南水北调管理局
淮河水利委员会治淮工程建设管理局	淮委建设局
安徽省南水北调东线一期洪泽湖抬高蓄水位影响处理工程建设管理办公室	安徽省南水北调项目办
淮河水利委员会沂沭泗水利管理局	淮委沂沭泗管理局
其　他　常　用　单　位	
河北省南水北调工程建设管理局	河北省南水北调建管局
河南省南水北调中线工程建设管理局	河南省南水北调建管局
河南省人民政府移民工作领导小组办公室	河南省移民办
湖北省移民局	湖北省移民局
水利部水利水电规划设计总院	水规总院

注　淮委建设局、安徽省南水北调项目办、淮委沂沭泗管理局不具有项目法人身份，但承担相关工程建设任务，为方便行文统称为项目法人。